中国专门史文库
编辑委员会

主　编　冯天瑜

副主编　陈　锋　何晓明

编　委（以姓氏笔画为序）

　　　　冯天瑜　刘爱松　杨　华　何晓明

　　　　陈　锋　陶佳珞　麻天祥　谢贵安

作者简介

汪建平 现任美国视网膜药物公司总裁，兼职加州大学（旧金山）医学院教授。毕业于加州大学（伯克利），后获普渡大学博士学位。曾任加州州立大学理学院、堪萨斯大学研究院，及香港生物科技院的院长。被选为美国、英国及澳洲化学院院士。被邀任美国斯坦福大学、德国柏兰克研究所及东京大学的客座教授。从事医药生化研究，已发表文献70多篇。现专注于血管增生研发及其抑制剂对肿瘤转移和视网膜病变治疗的探索。

闻人军 1945年生。上海交通大学本科毕业，获杭州大学硕士学位。前杭州大学历史系文博教研室主任，1986年破格提为副教授。长期任职美国硅谷电子公司的资深工程师。发表科技史论文约50篇，为《中国大百科全书》物理卷、机械卷撰稿人之一。专著有《考工记导读》（1989年获首届全国科技史优秀图书一等奖）、《考工记译注》、《中国科学技术史纲》（合作）、《周髀算经译注》（合作）等。

中国专门史文库

汪建平　闻人军　著

中国科学技术史纲

（修订版）

武汉大学出版社

图书在版编目(CIP)数据

中国科学技术史纲(修订版)/汪建平,闻人军著.—武汉:武汉大学出版社,2012.1
 中国专门史文库
 ISBN 978-7-307-09241-9

Ⅰ.中… Ⅱ.①汪… ②闻… Ⅲ.科学技术—技术史—中国 Ⅳ.N092

中国版本图书馆 CIP 数据核字(2011)第 202119 号

责任编辑:王军风　　责任校对:刘　欣　　版式设计:马　佳

出版发行:武汉大学出版社　(430072　武昌　珞珈山)
　　　　(电子邮件:cbs22@whu.edu.cn　网址:www.wdp.whu.edu.cn)
印刷:武汉中远印务有限公司
开本:720×1000　1/16　　印张:37　字数:531 千字　插页:3
版次:2012 年 1 月第 1 版　　2012 年 1 月第 1 次印刷
ISBN 978-7-307-09241-9/N·29　　定价:92.00 元

版权所有,不得翻印;凡购我社的图书,如有质量问题,请与当地图书销售部门联系调换。

总　序

冯天瑜

人类历史是一个有机整体的发展历程，社会、经济、政治、文化等要素彼此交融、相互渗透在这个整体之中，起伏跌宕、波澜壮阔地向前推进。因此，历史研究不能满足于现象的"个体描述"，而应当关注"总体历史"，关注社会综合结构（社会形态）的演化，从而发现历史大势及其规律，诚如太史公所称，他治史绝非满足于枝节性的记载，其宏远目标是"究天人之际，通古今之变"。

然而，"总体"由"专门"综合而成，"一般"植根于"个别"之中，对于"总体历史"的认识、对于社会结构的真切把握，必须建立在历史现象分门别类的深入辨析的基础之上。太史公通过"本纪"探究自五帝、夏、商、周、秦，直至汉武帝的纵向专史进程；通过"世家"开辟横向的列国专史；又以八"书"，并述礼、乐、律、历、天官、封禅、河渠、平准，开文化、科技、财经等专门史之先河；"大宛列传"、"货殖列传"实为民族史、中外交通史、商业史之雏形……正是有了诸多专门史具体而微的考实，太史公方能造就整体史学大业，"成一家之言"。《汉书》以下的正史又将《史记》的"书"扩设为"志"(律历志、礼乐志、刑法志、食货志、天文志、地理志、艺文志,等等),形成较为翔实、细密的专史篇章。

中国史学有着深厚的专门史传统,不仅表现在《史记》、《汉书》等正史为其保留较充分的展开空间,而且自成格局的专志也纷至沓来,如后魏郦道元《水经注》是专论山川地理的志书发轫,两宋以下,各种专史(如金石志、画谱、学案、盐政、畴人传,等等)相继从通史中独立出来,斐然成章,构筑一个大的学术门类。中国的专史之早成、之丰硕,置之古代世界史坛,亦足称先进。

时至近现代,随着学术分科向广度与深度拓展,专门史更成为历史研究蓬勃兴盛的领域。上世纪前半叶,商务印书馆出版王云五主编的《中国文化史丛书》,在"大文化"名目下,囊括了各类专门史论著,从《文学史》、《美术史》到《财政史》、《赋税史》、《中外交通史》,以至《赌博史》、《娼妓史》,尽纳其中,反映了古今中西文化激荡之际的民国学界专史研究的实绩。上世纪80年代,上海人民出版社推出新的《中国文化史丛书》,收入"文化热"时期的数十种论著(包括《小学史》、《甲骨史》、《杂技史》、《园林史》、《染织史》等以往少见的分科史著),是我国专门史成果的又一次结集。

近年来,专门史研究有新的发展,在高等教育的一级学科历史学之下,设置专门史二级学科,多所大学及科研院所设立经济史、文化史、社会史等专门史研究机构,探究领域有所拓展,新史料的开掘、新方法的运用皆有创获,人才成长、论著涌现,蔚然大观。武汉大学出版社推出的《中国专门史文库》便在此种新气象之下应运而生。

本文库以几种早年蜚声学坛的专史作为引领篇什,更多地选入近十年来的专史佳品,其中又分两类,一为曾经出版,现经作者认真修订补充,二为新作。本文库拟分数辑,分批推出,期以共襄专门史研习之大业。

2011年10月19日 书于武昌珞珈山

初版前言

人类社会即将跨入21世纪，几千年来包括科学技术在内的历史发展愈来愈证实李约瑟的名言："科学史是人类文明史中一个头等重要的组成部分。"不管世事如何变迁，科学技术史最能确切地反映出人类进步的历史。当今世界，科学技术在人类生活中所起的作用愈来愈大，科学史的重要性已经变成愈来愈广泛的共识。

中国科学技术史是世界科学技术史中极重要的组成部分。以中国为代表的东方文明曾经在古代世界大放异彩。除了大家耳熟能详的四大发明以外，第五大发明生铁冶炼，长江三角洲的河姆渡文化、黄河流域富有天文学意义的蚌塑龙虎墓、辽河流域的红山文化、四川三星堆遗址青铜瑰宝、湖北曾侯乙墓地下乐队、陕西秦始皇陵兵马俑、甘肃放马滩秦汉墓、湖南马王堆汉墓、甘肃敦煌壁画、新疆阿斯塔那唐墓、福建泉州宋船……层出不穷的出土文物与被深入研究的历史记载相配合，加上现代科技提供了新的研究方法和更为广阔的视野，进一步加深了人们对中国古代科技成就的认识。近代的几百年，世界科技一度让西方专美于前，也足以引起我们的反思。展望21世纪，必将是东西方文明互补缔造新世界的时代。为了继往开来，迎接即将到来的科学技术新高潮，我俩不揣浅陋合作编著了这本《中国科学技术史纲》。我们愿以不多的章节展现中国古代和近代科技发展的脉络和特色，以便各方面的读者从中找到自己需要的东西。学术性和可读性并重固我们所愿，能否达到这一目标要请读者来检验。一部科学技术通史所涵盖的知识面极为广泛，诚非我们个人的学识经验所能及。故本书中除了作者多年的研究成果外，还尽可能地参考了学术界现有的资料和研究成果。可惜囿于条件和见闻，错漏之处尚祈识者指正。

在本书写作过程中，承加州大学 Berkeley 分校东亚图书馆、斯坦福大学东亚图书馆、哈佛大学燕京图书馆、英国剑桥大学东亚科学历史图书馆等提供图书资料，加州大学 San Diego 分校程贞一教授提供当时待刊的二篇论文副本供参考，谨对他们以及所有提供帮助的单位和个人表示衷心的感谢。在本书编辑出版过程中，余光雄教授在百忙中对于文字用词各方面给予了诸多帮助，谨致特别的谢意。

汪建平、闻人军于美国加州

修订版前言

本书繁体字版在 1999 年初版于台湾，今应武汉大学出版社之邀出版简体字版。其间虽然只过了短短的 12 年，人类社会却从风起云涌的 20 世纪跨入了崭新的 21 世纪。随着人类文明发展的脚步越来越快，科学技术双刃剑的作用日益明显，作为人类文明史中一个头等重要的组成部分，鉴古然后知今，继往才能开来，科学史比以往任何时候都更值得重视。

中国科学技术史是世界科学技术史中极为重要的组成部分。以中国为代表的东方文明曾经在古代世界大放异彩。近代的几百年，世界科技一度让西方专美于前。落后追赶之际，中国古代科技成就提供经验，激励斗志，为奋发图强鼓气。高速发展时期，历史教训又能启发盛世危言，使人冷静理智，均衡合理发展，以造福千秋万代为念。这也是我们不揣浅陋，撰写这本中国科学技术史纲的初衷，愿与有志者共勉。

此次再版，承蒙武汉大学出版社先将繁体初版本转换成简体字电子文档，为我们的修订、增补工作提供了很大的便利，特此致谢。我们根据近年新的考古发现和研究，学术界特别是科技史界的研究成果，以及自己的研究心得，作了一些增订补充，也校正了初版的一些刊误。以期拙著借此重版的机会，随时代的脚步有所进步。可惜囿于见闻，限于水平，错漏之处，仍在所难免，尚祈识者指正。

汪建平、闻人军

2011年8月于美国加州

目 录

第一章 文明曙光 …………………………………………… 1
  一、文明的源头 ………………………………………… 2
    （一）击石、用火、射箭 ………………………… 3
    （二）神农耕而作陶 ……………………………… 6
    （三）黄河之水天上来 …………………………… 7
    （四）不尽长江滚滚来 …………………………… 17
    （五）红山上的曙光 ……………………………… 21
    （六）南疆海外遗踪 ……………………………… 22
  二、神话与科学的萌芽 ………………………………… 23
    （一）话说神话世界 ……………………………… 23
    （二）神话是科学的萌芽 ………………………… 24
    （三）神话毕竟是神话 …………………………… 29

第二章 华夏文化 …………………………………………… 30
  一、若隐若现的夏代文明 ……………………………… 31

（一）城堡和宫室建筑 ……………………………………… 31
　　（二）水利底定，农业发展 …………………………………… 32
　　（三）《夏小正》 ……………………………………………… 33
　　（四）陆行乘车的肇始 ………………………………………… 34
　　（五）青铜时代的先锋 ………………………………………… 34
二、商代青铜冶铸技术 …………………………………………… 36
　　（一）青铜冶铸技术的形成 …………………………………… 36
　　（二）鼎盛期的青铜冶铸 ……………………………………… 37
　　（三）青铜文化的凝聚和扩播 ………………………………… 39
三、周代的农业立国 ……………………………………………… 41
　　（一）周的崛起 ………………………………………………… 41
　　（二）周初风情画——《豳风·七月》 ……………………… 42
　　（三）井田制时代的农业技术 ………………………………… 42
　　（四）《诗经》中的农学知识 ………………………………… 43
四、首批职业科学家——畴人 …………………………………… 44
　　（一）天文学的萌芽 …………………………………………… 44
　　（二）二十八宿起源于中国 …………………………………… 45
　　（三）气象知识的积累 ………………………………………… 46
　　（四）计数和简单的运算 ……………………………………… 47
　　（五）同律度量衡 ……………………………………………… 48
五、百工的技艺 …………………………………………………… 50
　　（一）都邑和宫殿建筑 ………………………………………… 51
　　（二）从陶器到原始瓷器 ……………………………………… 53
　　（三）纺织和染色 ……………………………………………… 55
　　（四）殷周的车子 ……………………………………………… 58
六、阴阳五行与《易经》 ………………………………………… 60
　　（一）阴阳五行学说的起源 …………………………………… 60
　　（二）超越时代的奇书——《易经》 ………………………… 64

第三章　科学之春 ……………………………………………… 67
一、科学社会史的思考 …………………………………………… 68

目 录

  (一) 变革的时代 ………………………………… 68
  (二) 竞争的机制 ………………………………… 69
  (三) 奖励耕战的科技政策 ……………………… 70
  (四) 手工业者的崛起 …………………………… 71
  (五) 勃兴的私营工商业 ………………………… 72
  (六) "士"的双向市场 ………………………… 73
  (七) 自由的学术空气 …………………………… 75
  (八) 空前的文化交流 …………………………… 76
  (九) "人定胜天"的进取精神 ………………… 78
  (十) 余论 ………………………………………… 79
二、从青铜时代跨入铁器时代 ……………………… 80
  (一) 青铜时代尾声嘹亮 ………………………… 80
  (二) 铁器时代一鸣惊人 ………………………… 85
三、迈向小农经济 …………………………………… 89
  (一) "三才"思想和精耕细作传统的形成 …… 89
  (二) 点点滴滴的生物学知识 …………………… 90
  (三) 水利工程建设的高潮 ……………………… 92
四、上下求索天文地理 ……………………………… 96
  (一) 天文学从垄断到普及提高 ………………… 96
  (二) 盖天说的代表作《周髀算经》 …………… 97
  (三)《天问》与反响 …………………………… 99
  (四) 古四分历 …………………………………… 102
  (五) 从《山海经》到《禹贡》的地学知识 …… 103
  (六) 关于天地关系的争论和思辨 ……………… 105
五、初探人体科学 …………………………………… 107
  (一) 扁鹊时代的医说、医术 …………………… 107
  (二) 奠定中国医学体系的《黄帝内经》 ……… 108
  (三) 从《山海经》到马王堆医书 ……………… 111
六、墨子与《墨经》 ………………………………… 112
  (一) 墨翟其人 …………………………………… 113
  (二)《墨经》其书 ……………………………… 114

（三）光学八条中的实验科学 …………………………… 114
　　（四）演绎科学的萌芽和时空观的争论 ………………… 118
　　（五）墨家的衰落和复兴 ………………………………… 120
七、最早的手工艺经典——《考工记》 ………………………… 121
　　（一）手工艺的最早经典 ………………………………… 122
　　（二）《考工记》的内容 ………………………………… 122
　　（三）《考工记》的价值 ………………………………… 123

第四章　确立体系 ………………………………………………… 129

一、秦帝国决定了中国科技体系的走向 ………………………… 129
　　（一）混一车书、统一度量衡 …………………………… 130
　　（二）物质、军事的统制与科学技术 …………………… 132
　　（三）焚书坑儒及其影响 ………………………………… 134
　　（四）秦代科技的缩影——宫室和陵墓建筑 …………… 136
二、汉初的学术思想和科技发明 ………………………………… 138
　　（一）道家为尊，休养生息的文景之治 ………………… 139
　　（二）造纸术的发明和蔡伦的改进 ……………………… 140
　　（三）汉初科技成就的镜子——马王堆文物 …………… 146
三、汉代第一次科技高潮 ………………………………………… 151
　　（一）汉武帝、董仲舒独尊儒术 ………………………… 151
　　（二）张骞凿空，打通丝绸之路 ………………………… 153
　　（三）盐铁官营，钢铁技术大发展 ……………………… 157
　　（四）大办水利，推广农耕新技术 ……………………… 161
　　（五）律历体系的形成 …………………………………… 164
　　（六）《九章算术》式的实用数学体系 ………………… 166
　　（七）神仙方术影响下的《神农本草经》 ……………… 171
四、东汉科技高潮和重心的南倾 ………………………………… 174
　　（一）"两刃相割"，《论衡》出世 …………………… 174
　　（二）东汉科技高潮的代表——张衡 …………………… 180
　　（三）地学体系的典范——《汉书·地理志》 ………… 186
　　（四）医学和内丹的分门独立 …………………………… 188

（五）南洋舵踪、帆影与交通 …………………………………… 192

第五章　动荡交融 ………………………………………………… 197
　一、三国相格，群英立后学之本 ………………………………… 198
　　（一）刘徽、赵爽分注《九章》、《周髀》 …………………… 199
　　（二）马钧巧思擅做奇器 ……………………………………… 201
　　（三）裴秀入相立"制图六体" ……………………………… 203
　　（四）针灸、脉学双传经典 …………………………………… 205
　二、北魏改革，实用名著先后问世 ……………………………… 207
　　（一）孝文帝改革 ……………………………………………… 208
　　（二）集六朝地志之大成的《水经注》 ……………………… 209
　　（三）北方农业的宝典——《齐民要术》 …………………… 211
　三、天文学的新发现和科技世家祖冲之 ………………………… 215
　　（一）历法、星图和仪象 ……………………………………… 216
　　（二）岁差和太阳、五星视运动不均匀性的发现 …………… 217
　　（三）科技世家祖冲之 ………………………………………… 219
　四、炼丹、医药两大明星 ………………………………………… 223
　　（一）继往开来的抱朴子葛洪 ………………………………… 223
　　（二）炼丹术黄金时代的代表人物陶弘景 …………………… 227
　五、陶瓷的新篇章——翠色类玉白类雪 ………………………… 231
　　（一）青瓷发明名窑开 ………………………………………… 231
　　（二）白瓷彩瓷放光彩 ………………………………………… 233
　六、新宗教的传播融和与思想界的两军对垒 …………………… 234
　　（一）佛教的中国化和佛教建筑 ……………………………… 234
　　（二）《神灭论》和思想界的两军对垒 ……………………… 237

第六章　隋唐盛世 ………………………………………………… 239
　一、经济重心的南移和南方耕作技术体系的形成 ……………… 240
　　（一）南北交通的大动脉——大运河 ………………………… 241
　　（二）水利和太湖汙田 ………………………………………… 242
　　（三）"苏湖熟，天下足" …………………………………… 244

（四）《耒耜经》和江东犁 ·················· 245
　　（五）茶和《茶经》 ······················ 245
二、三大发明及其相关问题 ······················ 247
　　（一）雕版印刷术的发明 ·················· 248
　　（二）炼丹术黄金时代的顶峰和结束 ············ 251
　　（三）火药的发明与西传 ·················· 254
　　（四）指南针的发明与西传 ················· 256
三、算经十书和历法改革 ······················· 262
　　（一）算经十书与数学教育 ················· 263
　　（二）隋唐的历法改革 ···················· 264
　　（三）太史李淳风的科技工作 ··············· 266
　　（四）沙门天文大师一行 ·················· 267
四、求大趋精的手工业技术 ····················· 271
　　（一）登峰造极的都城宫室建筑 ·············· 271
　　（二）现存最古的石拱桥 ·················· 274
　　（三）求大求精的冶金技术 ················· 277
　　（四）五光十色的丝织印染 ················· 279
五、医学的官方化和民间边域的进展 ················ 282
　　（一）医学教育制度的发展和健全 ············· 282
　　（二）巢元方奉敕撰《诸病源候论》 ············ 283
　　（三）世界上第一部国颁药典《新修本草》 ········ 283
　　（四）孙思邈《千金方》和王焘《外台秘要》 ······· 285
　　（五）藏医和维医 ······················ 287
六、面向全国、放眼域外的地理学 ·················· 288
　　（一）贾耽《海内华夷图》和李吉甫《元和郡县图志》
　　　　 ·· 288
　　（二）玄奘西游和《大唐西域记》 ············· 289
七、全方位的中外交流 ······················· 291
　　（一）与朝鲜的交流 ····················· 292
　　（二）与日本的交流 ····················· 292
　　（三）与印度的交流 ····················· 294

（四）与西方的交流和造纸术等的西传 …………………… 296

第七章　科技高峰 …………………………………………… 299
　一、雕版印刷的发达和活字印刷的发明 ……………………… 300
　　（一）雕版印刷入宋大盛 ……………………………………… 300
　　（二）布衣毕昇发明活字印刷术 ……………………………… 301
　　（三）活字的发展与雕版的进步 ……………………………… 303
　二、中国科学史上的骄傲——沈括 …………………………… 305
　　（一）不平凡的一生 …………………………………………… 306
　　（二）全面丰收的科技成就 …………………………………… 307
　　（三）进步的科学思想 ………………………………………… 314
　三、数学的辉煌成就和宋元四大家 …………………………… 315
　　（一）古代数学的诸座高峰 …………………………………… 316
　　（二）秦、李、杨、朱四大家英名录 ………………………… 320
　四、医学的全面发展和金元四大家 …………………………… 323
　　（一）医学全面发展 …………………………………………… 324
　　（二）起自私家的官修《证类本草》 ………………………… 325
　　（三）学派的创立和四大家的特色 …………………………… 326
　　（四）解剖、针灸、法医知识的系统、形象化 ……………… 329
　五、天文、仪器、历法攀登高峰之路 ………………………… 332
　　（一）大规模、持久的天文观测 ……………………………… 332
　　（二）精密时计——莲花漏和玉壶浮漏 ……………………… 333
　　（三）登峰造极的水运仪象台和简仪 ………………………… 336
　　（四）四丈高表 ………………………………………………… 339
　　（五）郭守敬和最优古历——《授时历》 …………………… 340
　六、农业、农学的高度发展和农书、谱录的涌现 …………… 342
　　（一）水利新成就——木兰坡和捍海塘 ……………………… 343
　　（二）水稻跃居首位主粮 ……………………………………… 344
　　（三）从陈旉南方《农书》到王祯全国《农书》 …………… 344
　　（四）动植物谱录的百花园 …………………………………… 347
　七、建筑、造船和制瓷 ………………………………………… 347

（一）李诫和《营造法式》……………………………… 348
　　　（二）辽代应县木塔 ……………………………………… 349
　　　（三）两宋名桥 …………………………………………… 350
　　　（四）百舸争流 …………………………………………… 351
　八、衣着原料和纺织机械的革命……………………………… 354
　　　（一）棉花普及、棉布风行 ……………………………… 355
　　　（二）水力大纺车 ………………………………………… 356
　　　（三）纺织机械专著——《梓人遗制》………………… 357
　九、火器与冷兵器并行的新阶段……………………………… 358
　　　（一）火药武器接连发明 ………………………………… 358
　　　（二）良弓强弩继续改进 ………………………………… 361
　十、方志、地图的独立和大发展……………………………… 362
　　　（一）方志名著垂范后世 ………………………………… 362
　　　（二）《守令图》和宋代石刻地图 ……………………… 363
　　　（三）元代地理学家朱思本 ……………………………… 364
　十一、哲学界两军对垒、内丹家独辟蹊径…………………… 365
　　　（一）"气"本体论的代表——张载 …………………… 365
　　　（二）集理学之大成的朱熹 ……………………………… 366
　　　（三）张伯端和内丹经典《悟真篇》…………………… 368
　十二、中外交流的又一次高潮………………………………… 369
　　　（一）海外贸易与医药、植物的交流 …………………… 369
　　　（二）陶瓷之路 …………………………………………… 370
　　　（三）西辽的特殊作用 …………………………………… 370
　　　（四）大元帝国的开放与交流 …………………………… 371

第八章　全面总结……………………………………………… 375
　一、惯性作用的收获…………………………………………… 376
　　　（一）商用数学和珠算的盛行 …………………………… 376
　　　（二）继续领先的冶金术 ………………………………… 378
　　　（三）治理黄河的科学化 ………………………………… 379
　　　（四）温病学说和人痘接种法 …………………………… 381

（五）宫殿建筑和明修万里长城 ·················· 384
　　（六）瓷器的黄金时代 ·························· 388
二、首尾呼应的明代旅行家——郑和、徐霞客 ············ 391
　　（一）三宝太监郑和七下西洋 ···················· 391
　　（二）地理学家徐霞客遨游中华 ·················· 395
　　（三）王士性和《广志绎》 ······················ 399
三、从"三分损益法"到"十二平均律" ················ 400
　　（一）先秦三分损益法 ·························· 400
　　（二）律制改革的尝试 ·························· 404
　　（三）朱载堉创立十二平均律 ···················· 406
四、炼丹式微、本草独上高峰 ·························· 408
　　（一）《普济方》和《救荒本草》 ················ 409
　　（二）丹书殿军——《庚辛玉册》 ················ 409
　　（三）《本草纲目》及其作者李时珍 ·············· 411
　　（四）《本草纲目拾遗》和《植物名实图考》 ······ 415
五、宋应星与17世纪技术百科全书《天工开物》 ········ 417
　　（一）宋应星的生平与著述 ······················ 418
　　（二）17世纪农艺、手工艺百科全书
　　　　　——《天工开物》 ······················ 418
　　（三）宋应星的自然哲学思想 ···················· 423
六、治历明农近代科学先驱徐光启 ······················ 425
　　（一）徐光启之路 ······························ 425
　　（二）《几何原本》与度数旁通十事 ·············· 426
　　（三）《崇祯历书》的编译 ······················ 428
　　（四）《农政全书》的编撰 ······················ 428
七、明遗民的质测之学和启蒙思想 ······················ 430
　　（一）方以智与他的同志们 ······················ 431
　　（二）17世纪方氏百科全书——《物理小识》 ······ 432
　　（三）启蒙思想的出现与传统科学思想的深化 ······ 437
八、总结易，奋进难 ·································· 439
　　（一）资本主义萌芽受封建专制束缚 ·············· 440

（二）科举八股弊多利少 ………………………………… 441
　　（三）引进西学阻力重重 ………………………………… 442
　　（四）政局变幻和社会动乱的干扰 ……………………… 443

第九章　西学东渐 …………………………………………… 445
　一、西学东渐第一波 ……………………………………… 447
　　（一）西学东渐第一师——利玛窦 ……………………… 448
　　（二）"聪明了达"李之藻 ……………………………… 451
　　（三）徐光启的历局和《崇祯历书》 …………………… 452
　　（四）奇器热结晶《远西奇器图说》 …………………… 455
　二、不可避免的中西冲突 ………………………………… 457
　　（一）钦天监正汤若望 …………………………………… 458
　　（二）分歧与冲突 ………………………………………… 460
　三、康熙时代 ……………………………………………… 462
　　（一）最后的盛世 ………………………………………… 462
　　（二）康熙皇帝与西洋科学 ……………………………… 463
　　（三）《几暇格物编》——绝无仅有的皇帝科技书 …… 468
　四、《皇舆全览图》和《律历渊源》 …………………… 469
　　（一）从《皇舆全览图》到《乾隆内府舆图》 ………… 470
　　（二）御定《律历渊源》 ………………………………… 473
　五、明清间在华西方传教士科技译著表 ………………… 474
　六、精赅王锡阐、博大梅文鼎 …………………………… 480
　　（一）王锡阐和《晓庵新法》 …………………………… 481
　　（二）清初天算宗师梅文鼎 ……………………………… 482
　七、从中西"会通"到"西学中源"说 ………………… 483
　　（一）"欲求超胜，必须会通" ………………………… 484
　　（二）"西学中源"说的发明和影响 …………………… 484
　八、闭关期的乾嘉学派 …………………………………… 486
　　（一）清中期的闭关锁国 ………………………………… 486
　　（二）乾嘉学派对科技古籍的大整理 …………………… 487
　　（三）乾嘉人物戴震、程瑶田的科技史研究 …………… 489

第十章　中体西用 … 491

一、师夷制夷 … 491
（一）鸦片战争和改良主义的反思 … 492
（二）金三角的数理学派 … 493
（三）项名达和戴煦的交谊与成就 … 493
（四）数学大师和翻译家李善兰 … 495

二、洋务运动和实业救国 … 499
（一）洋务运动 … 499
（二）汉冶萍煤铁厂矿公司 … 501
（三）蒸汽机、轮船和铁路 … 502
（四）工程师的楷模——詹天佑 … 505

三、近代科学知识引进的高潮 … 509
（一）科技书籍的翻译 … 509
（二）日心说在中国的胜利 … 511
（三）近代科学的启蒙者——傅兰雅 … 513
（四）徐寿和近代化学知识的引进 … 514
（五）华蘅芳的数学地学译述 … 517
（六）进化论的传入和影响 … 518
（七）光学等物理学知识的传入和研究 … 520

四、科技别动队 … 524
（一）近代西医的传入 … 524
（二）殖民色彩的地质地理考察 … 525

五、变法与变革 … 526
（一）百日维新 … 527
（二）负笈海外 … 529
（三）新式学校取代科举 … 531
（四）科技学会的兴起 … 533

第十一章　近代科技 … 536

一、近代化之路 … 536
（一）科学和民主 … 536

（二）十年建设 ································· 537
　　（三）八年抗战 ································· 538
二、教育和科研组织 ································· 539
　　（一）科技教育 ································· 539
　　（二）中国工程师学会和中国科学社 ················· 541
　　（三）中央研究院和北平研究院 ····················· 543
三、民国时期的科学 ································· 545
　　（一）地质学和生物学 ····························· 546
　　（二）天文学和气象学 ····························· 549
　　（三）数理化的成就 ······························· 551
四、重工业和交通事业 ······························· 556
　　（一）矿冶工业 ································· 557
　　（二）机械工业 ································· 559
　　（三）陆海空交通 ······························· 561
五、建筑、水利和纺织 ······························· 564
　　（一）建筑风格多样化 ····························· 564
　　（二）李仪祉和水利建设 ··························· 566
　　（三）近代纺织业的曲折发展 ······················· 567
六、电力、电讯和计量 ······························· 568
　　（一）电力事业及电工技术 ························· 569
　　（二）电讯技术 ································· 571
　　（三）度量衡国际化 ······························· 573

第一章
文明曙光

在宇宙中也许是微不足道的地球，对于人类文明的诞生和发展却是一个至今尚称广阔的天地。

地球之大，足以容纳多种原始文明从不同的地方起源。各大文明圈之间及其内部，各种文明的发展中，平衡是相对的，不平衡是绝对的。地球文明的多样性，发展不平衡性，加上彼此的竞争、交流和影响，将地球文明交织成绚丽多彩的画卷和激动人心的史诗，为茫茫宇宙增添了光辉。位于东亚、南亚文明圈中的中国文明，在人类文明的发展中扮演了非凡的角色。

中国东临大洋大海，西枕世界屋脊，北国千里冰封之际，南疆依然郁郁葱葱。在这片辽阔的土地上，多种地形错综复杂，自然风貌变化多姿，气候环境差异显著，自然资源分布丰富。地理环境是文化形成的决定性因素之一，特别是在生产力水平低下的远古时代。从生态环境来说，大自然对中国的先民既谈不上溺爱厚赐，也不能说刻薄亏待。总之，中国是一块适宜文明形成和生长的土地，同时又是一个需要全力以赴，努力奋斗的战场。

一、文明的源头

根据世界考古学家、古人类学家对古人类化石的调查、发掘和研究，人类祖先的活动，已可上溯到 300 多万年前的非洲东部。1994 年 11 月在衣索匹亚（Ethiopia）的 Hadar 发现的古人类颚骨化石，已有 233 万年的历史。① 不过在亚洲出土的人类化石也非常古老，不时对人类单一"非洲起源"说提出挑战。

中国也是人类的发源地之一。距今 1000 万年前后的腊玛古猿（Rama pithecus）是人类的直接祖先。20 世纪 80 年代初，云南省禄丰县也出土了腊玛古猿头骨及上颌断块。1986—1987 年云南省元谋县发现的蝴蝶腊玛古猿和东方人化石，距今分别为 400 万年和 210 万年；随后湖北省郧县发现了距今约 200 万年的南方古猿化石；接连架起了通往人类的桥梁。1965 年 5 月 1 日云南元谋上那蚌村西北的一个小山岗上，出土了著名的"直立人元谋新亚种"（Homo erectus yuanmoensis）门齿化石。元谋人一度是早期类型的直立人代表，大约生活在 170 万年前。当地发现的石器、炭屑遗迹，云南马、剑齿象、爪蹄兽、原始狗等脊椎动物化石，表明元谋人早已进入了旧石器时代。比元谋人更早踏进旧石器时代的是"巫山人"。1984 至 1988 年在四川省巫山县大庙镇的龙骨坡一洞穴堆积中，发掘出一个人类门齿和一段人类下颌骨，颌骨上带有两个牙齿。后被定名为"直立人巫山亚种"（Homo erectus wushanensis），一般称之为"巫山人"。经古地磁和最先进的电子自旋共振法测定，其年代为 200 万年。与巫山人化石一起被发现的还有包括巨猿在内的 116 种哺乳动物化石及石器等。就在"巫山人"是人还是猿争议不休的时候，与"巫山人"同时甚至更早的早期人类活动遗址开始重返历史舞台。1998 年 5 月，安徽省芜湖市繁昌县人字洞发现了距今约 200 万年至 240 万年的早期人类活动遗址。② 十多年来，经

---

① John Noble Wilford, 2·3-Million-Year-Old Jaw Extends Human Family, The New York Times, Nov. 19, 1996. Al, C5.

② 金昌柱、刘金毅主编：《安徽繁昌人字洞——早期人类活动遗址》，科学出版社 2009 年版。

过第一至第七次挖掘，已发现了7000多件更新世早期的哺乳动物化石标本，300多件石骨器制品。石器用原始的锤击法打制，其中十多件骨制品有加工痕迹，这些石骨器很可能是古人类制作的工具。惜人类化石尚未在此找到，有待继续发掘。

元谋人之后，110多万年前的陕西蓝田人，70万年前的内蒙古呼和浩特大窑文化遗址和58.5万年前的北京人，分别在远古文明史上留下了里程碑式的作品。此外，山西匼河、垣曲，河南南召，湖北郧县、大冶，安徽和县，贵州黔西，辽宁营口、本溪，南京汤山等地，也都生活着创造旧石器时代初期文化的猿人。中国文明史就此开始。

（一）击石、用火、射箭

劳动工具的制造和使用，曾被认为是人类特有的以此有别于其他动物的活动。然而近几十年来的研究和发现表明，其他动物中的"佼佼者"有时也有使用工具的"惊人之举"。不过，它们与人类的进化相比，远不能望其项背。人类的文明史，首先就是制造和使用工具的历史。巫山人、元谋人已使用打制的粗糙石器。据报道，与元谋人化石同地层出土的七件刮削器，可能是加工猎物的工具（图1-1）。20世纪80年代考古工作者在云南省江川县发现了百万年前的石器，有倾斜刃口和刮削痕迹的骨器。70年代发现的内蒙古大窑石器制造场，已进行了三次发掘，先后出土了大量的旧石器和哺乳动物化石，证明早在70万年以前，内蒙古大草原就有人类活动。

许多谋生的技能，其他动物曾给人类作出榜样，然而，火的使用完全是人类的独创。正是火的利用，使人类文明跃进了一大步。有人认为元谋人和蓝田人已经用火，与元谋人同期的山西芮城西侯度旧石器初期遗址也有用火的遗迹，可惜证据不够有力。无论如何，至迟北京人已经用火毋庸置疑。在北京人穴居之处，考古学家发现了几层灰烬，有的地方厚达6米。灰烬中有许多被火烧过的兽骨、石块和朴树籽（图1-2）。最上一层的灰烬被分成两大堆，暗示北京人不仅知道用火，而且已具备保存火种和管理火的能力。北京周口店是现有人类明确用火最早的遗迹之一。火的应用使人类征服自然的

图 1-1 元谋人的刮削器(各长 42、43、48 毫米,1965 年云南元谋出土)

能力大为增强。从"茹毛饮血"到用火熟食,人类体质不断改善,大脑渐趋发达。可以说,火的应用开辟了人类历史的新纪元。

图 1-2 北京人用火遗迹(烧过的角、骨和朴树籽,北京周口店出土)

人工取火的发明,是远古又一个划时代的事件,惜乎何时发明人工取火，至今仍乏考古证据。

距今30万年至10万年左右的旧石器时代中期，辽宁金牛山猿人、陕西大荔人、广东马坝人、湖北长阳人、贵州桐梓人、山西许家窑人、丁村人、辽宁喀左人、河南许昌人等纷纷登上历史舞台。1976年山西省阳高县许家窑的旧石器时代遗址出土的2000多个石球，是10万年前猎人所使用的"飞石索"的遗物。1953年山西省襄汾县丁村出土的石器是旧石器时代中期石器的代表。从旧石器时代中期开始，氏族社会逐渐形成。几万年后，山西又出现了弓箭，同时文明的脚步进入了旧石器时代晚期。

距今3万年至1万年前的旧石器时代晚期，各种旧石器晚期文化遍地开花。云南元谋、广西柳江、四川资阳、北京周口店、宁夏水洞沟、内蒙古河套、山西峙峪、下川、河南小南海、河北阳原、内蒙古呼和浩特、四川富林、福建漳州、青海昆仑山……除了新疆，几乎每个省（或自治区）都发现了这类文化遗址。1990年福建东山县发现的距今一万年前后的石器和发掘的漳州文化遗址，具有旧石器时代末期向新石器时代过渡的特征，同时证明台湾的史前文化源于福建。

旧石器时代晚期，人类已进化到基本上接近现代人的"新人"阶段。著名的北京山顶洞人、四川资阳人、广西柳江人正是这批"新人"的代表。尤其是山顶洞人，古人类学家认为他们代表了原始黄种人，中国人、爱斯基摩人、美洲印第安人都是他们的子孙散布于各地后逐渐演变而成的。

弓箭的发明是我们的祖先献给这个时期的一份厚礼。在人类早期的生产工具中，弓箭具有重大的意义。古史传说："夷牟作矢，挥作弓。"说明弓矢早已不是一种简单的工具。早期的弓，或许以土丸注发，"飞土逐肉"。初期的矢，或许以徒手投掷，类似标枪。待到两者合而为一，威力大增。弓箭系统实已具备组成一台机器的三大要素：动力部分、传动部分和工具部分。从徒手投掷到"飞石索"，再到使用弓箭，人们可以更迅速、安全地打击野兽，大大提高命中率。正如恩格斯所言，弓箭对于蒙昧时代乃是决定性的武器。在距今约28000年前的山西朔县峙峪旧石器晚期文化遗址中发现的燧石箭镞,标志着中国弓箭已经问世(图1-3)。

图1-3 燧石箭镞(长约2.8厘米,1963年山西朔县峙峪出土)

(二)神农耕而作陶

大约10000多年前,随着冰期结束后气候的转暖或干燥,生态环境发生变化。当人类由食物采集者升格为食物生产者的时候,先后告别旧石器时代,迎来了新石器时代。西亚首先出现原始的农业、畜牧业,不久,又发明制陶术。几乎与此同时,我国在旧石器文化打下的基础上,经过以细石器为代表的中石器文化的过渡,开始跨入以农业为特征的新石器时代。

原始农业和其他生产发展的需要，促使石器加工技术有了很大的进步，磨制和穿孔技术相继出现，石器的种类也大为增多。陶器的发明是技术概念上的一大突破，它使物体的性质变得适合人们的需要，又可随心所欲地塑造便于使用的器具的形状。然而，新石器时代特有的标志是动物的驯养、繁殖和植物的种植。这个转折乃是一个大的飞跃，被称为人类文明史上的第一次绿色革命。

大量考古发掘资料表明，远在七八千年前，从中国北部到南海之滨，特别是黄河、长江流域，已有了一定水平的原始农业、畜牧业或综合经济。距今5000年前左右，是我国新石器文化的昌盛时期。散于各地的新石器文化，因自然环境、地域资源等条件的不同，形成了各自的特色。据1985年的统计，当时全国所发现的新石器文化遗存已逾7000处。20多年来，又有不少新的发现。由于新的发现层出不穷，有些简直出乎人们的意料之外，考古学家的认识不得不随之更新。迄今为止，尚不能说我们对中国新石器文化的类型和分布已了如指掌。现根据已有资料，把中国新石器文化大体上划分为四大类型或四大区域。即：

（1）黄河流域文化
（2）长江流域文化
（3）北部文化
（4）珠江流域文化

当然，这种粗略的划分并不能包括我国新石器文明的全部，如1990年发掘的西藏拉萨曲贡新石器文化遗址表明，大约4000年前，拉萨河谷也已出现了农业文明，下文将结合诸文化对中国古代科技发展的贡献，就上述四大文明区域逐一介绍。

(三) 黄河之水天上来

黄河流域早就以中华民族的摇篮闻名于世，黄河上游、中游、下游地区的新石器文化各有特色。其中，黄河中游地区的新石器文化，在中国传统文化的长河中占有特殊重要的位置。

黄河中下游的新石器文化，可以划分为三个阶段。

第一阶段或先驱是河北徐水南庄头文化、河北武安磁山文化和河南新郑裴李岗文化，距今已有7000至10000年的历史。1986—1987年间河北省徐水县南庄头遗址出土了十几块陶片，以及一批石器、骨器和有加工痕迹的木头、鹿角。经测定，距今10000年左右。此外，1962年江西万年县仙人洞出土了一万年前的绳纹陶罐，(图1-4)广西桂林甑皮岩也出土过万年之久的陶器。我国至少已有10000年的制陶史。

20世纪20年代以来即闻名于世的仰韶彩陶文化，因首次发现于河南省渑池县仰韶村而得名，距今约6080—5600年，可视为第二阶段的代表。仰韶文化遗址见诸报道的已逾千处，其中陕西西安东部的半坡遗址堪称典型。

图1-4　万年仙人洞绳纹陶罐(1962年江西万年仙人洞出土)

第三阶段的代表是龙山黑陶文化，它因首次发现于山东章丘龙山镇城子崖而得名，山东、河南、河北、山西、陕西都已发现这种文化的遗址。这一阶段，黄河中游各地区文化在保持共同的区域文化传统的基础上，具有小地区特征的各种文化类型继续发展，形成了河南龙山文化、陕西龙山文化和山西龙山文化陶寺类型三大支派。在河南龙山文化中又可分出王湾类型、后岗类型和王油坊类型等。王湾类型中发展出来的二里头文化，就是夏文化，成为华夏文化的源头。

中原原始农业、远古天文学、北方建筑、文字、科学思想和音乐的起源，与这一地区对新石器文化的贡献是分不开的。

中国是世界上农业诞生最早的国家之一，也是多种农作物的起源中心之一。黄河流域的原始农业，以种植耐干旱的粟为主。河北磁山遗址曾发掘到储存粮食的窖穴。磁山出土的家鸡已有七八千年的历史，在现有的考古资料中属世界之最。河南裴李岗遗址出土了较多数量的农业生产工具，分别用于土地开垦、农作物收割、谷物加工等活动。裴李岗遗址还出土了猪骨。猪作为从事农业生产的氏族部落的主要家畜，长盛不衰，几千年来一直是中国农家普遍的副业之一，也是中国汉族食用肉类的主要来源。西安半坡遗址的储粮窖穴中发现了一个带盖的陶罐，内盛保存完好的粟粒。在另一个陶罐中发现有白菜（或芥荼）类的种籽。可见我国蔬菜和谷物种植的历史几乎同样悠久。民以食为天。以粟、白菜、猪肉等为主的黄河流域华夏族食谱，几千年来始终据有主导的地位，给中华民族的体质和文化以巨大的影响。

我国是天文学起源和发达最早的国家之一。至迟在新石器时代中期，我们的祖先已开始观测天象，"辨方正位"、"观象授时"了。裴李岗、半坡等遗址中，房屋、墓穴多有一定的取向，当以观测太阳的特定方位为根据。因为通过观测天象来确定四时季节比观察物候更为准确，以天象的观测和研究为基础的天文学在早期农业社会中获得了异乎寻常的重视，所谓"火历"便应运而生了。

根据天文学资料的推算，公元前2400年左右，黄昏在东方地平线上见到红色亮星"大火"（心宿二）时，正当春分前后，正是春播的时节，所以"大火"星特别引人注目。《史记·历书》称颛顼时已设立"火正"一职，专门负责观测"大火"，根据其出没规律来指导农业生产。后来由于氏族之间混战不已，观测一度中止，生产陷于混乱，到帝尧时任命羲和，恢复了"火正"的职能，因而风调雨顺，国泰民安。《尚书·尧典》说，帝尧曾组织了一批天文官员到东、南、西、北四个地方去观测天象，以编制历法，向人们预报季节。这种历法，大概就是"火历"。1993年北京天文馆、河南省博物馆等对商丘县城西南约1.5公里处的一座古天文观测台遗址作了详细考察，认为它建于四千多年前帝尧时代，史称"阏伯台"或"火星台"。无独有偶，2005年在山西省襄汾陶寺发现了疑似尧舜时代的观象遗址。商丘"火星台"与陶寺观象遗址几乎同时问世，恐非偶然。在东方，1960年代，在山东省莒县陵阳河出土的大汶口文化陶尊上，发现了太阳、大火星和山岗连在一起的刻画符号。（图1-5）《尚书·尧典》提到，羲仲被派到东方嵎夷旸谷的地方，观测仲春季节的星象，祭祀日出。陵阳河陶尊的年代距今约4500年，正与传说中帝尧的时代相近，山东又是古代东夷所居之处，陶尊上的天文记事符号很可能与祭祀日出，制订"火历"有关。1979年，在江苏省连云港市西南锦屏山南麓将军崖，人们发现了三组风格原始、线条粗率、画面怪异的岩画。距今4000—6000年。学术界普遍认为将军崖岩画的B组图案是天象记录，这是一处祭祀或举行宗教活动的场所，也可能是祭日坛或观星台。①

图1-5　陶尊上的太阳、大火星和山岗组合刻纹符号（山东莒县陵阳河遗址出土）

---

①　王玉民：《将军崖岩画古天象图新探》，《自然科学史研究》，2007年第1期，第30~43页。

我国原始的宇宙模式,在新石器时代已经出现。1987年6月发现的河南濮阳西水坡45号(蚌塑龙虎)墓,便是突出的一例。① 该墓距今约6400—6500年,墓穴的形状和墓中成龙虎、北斗形的蚌塑图案,(图1-6)前所未见,含义深刻。该墓穴的形状,选取了盖图中的春秋分日道、冬至日道和阳光照射界限,再加上以方形代表大地,构成了一幅完整的宇宙图形,实际上就是最原始的盖图。外视简单,实含天圆地方的宇宙模式,寒暑季节的变化,昼夜长短的交替,春分秋分的标准天象以及太阳周日和周年视运动轨迹等一整套古老的宇宙理论。龙虎和北斗的蚌塑星象,明显地反映了北斗和后世二十八宿之东西二宫的若干星象,乃是迄今为止我国最古的星象图。② 西水坡45号墓的天文学含义表明,中国二十八宿体系早已滥觞,盖天说早已产生。伊世同认为:濮阳西水坡45号墓室天文图"不仅可以证明是一幅六千多年前的星象图,而且还表明当年星象已形成后世所承传星象的初步体系,显示先民早已觅得北天极,并对天极和北斗有着极为隆重的牺牲奉献"③。这一发现将把中国有据可考的天文史提前3000多年。这个天文图比埃及金字塔中的天文图早2000多年,比巴比伦的界标天文图早3000余年。东亚文明的曙光,竟是那样出人意料地辉照人间,它与西方远古天文学体系的比较研究,值得继续深入探讨。

黄河流域的先民身处地势高亢干旱的黄土地带,一旦从巢居的树上下来,或从穴居的天然洞穴出来,便因地制宜地修建了半地穴式房屋或原始地面建筑以供居住。半坡遗址的房屋即典型的半地穴式,大部分是取土形成竖穴,上部用树木枝干等构筑顶盖。建筑面多呈方形或圆形,地穴一般深0.5—1米,中部有一根或多至四根对称的中柱,自四周向中柱架椽,成方锥形或圆锥形屋顶,内外都

---

① 濮阳市文物管理委员会、濮阳市博物馆、濮阳市文物工作队:《河南濮阳西水坡遗址发掘简报》,《文物》,1988年第3期,第1~6页。

② 冯时:《中国早期星象图研究》,《自然科学史研究》,1990年第2期,第108~118页。

③ 伊世同,《北斗祭——对濮阳西水坡45号墓贝塑天文图的再思考》,《中原文物》,1996年第2期,第22~31页。

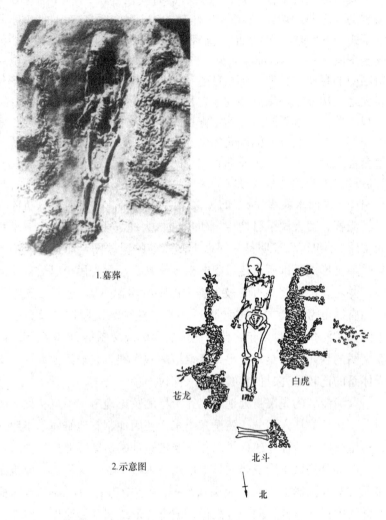

图 1-6　濮阳蚌塑龙虎、北斗图案墓葬(1987年河南濮阳西水坡出土)

涂草筋泥。外围结构上采用了承重直立的构筑体,也就是墙壁。这种半地穴式房屋的意义在于:原始时期木骨涂泥的建筑方式,后来发展为土木混合结构,成为中国古代建筑传统中的主流。居住面渐渐上升到地面,则成为古代砖瓦平房的前身。构架、墙体和斜坡的屋顶构成的房屋，后来成了我国建筑的基本体形。

原始文化发展到最后，具备了必要的经济和社会条件，就有原始城市的出现。仰韶文化晚期，我国已有早期城市。1995年在河南省郑州市北郊揭露面世的西山古城，兴建、废弃于仰韶文化晚期，距今已有4800—5300年。这一座不很规则的圆形古城，城墙采用了先进的方块版筑法。① 时代进入距今4000—4600年的龙山时代，大小形殊的龙山文化古城纷纷出现。20世纪80年代以来，它们在大江南北、长城内外接连出土，至20世纪末已发现的总数达40有余。例如：1989—1990年，山东章丘县城子崖遗址发现了近似方形的龙山文化城址，东西宽430多米，南北最长处约530米，墙宽8—13米，全城面积约20万平方米，距今4600年左右。时代稍后的原始城址，是河南淮阳平粮台龙山文化城址，距今也有4300多年了。

古者"结绳记事"，"契木为文"。古史传说"仓颉作书"，② 发明文字。距今七八千年的甘肃省秦安县大地湾一期文化遗址发现的陶钵形器内壁上，有用颜料绘写的几何形符号。1984—1987年河南省舞阳县贾湖距今7000至8000年的新石器时代遗址中，出土的龟甲、骨器、石器上发现有契刻符号。③ 半坡等仰韶文化遗址以及年代稍晚的马家窑文化遗址出土的彩陶钵口沿上，已发现各种各样的刻画符号50来种。距今4500至4800年的山东大汶口文化晚期遗址出土的一些陶尊上，刻有多种象实物之形的符号。此外，在长江流域，1994年湖北宜昌县杨家湾遗址距今6000年左右的出土陶器上发现了170余种刻画符号。这些早期文字符号均刻画在陶器的圈足底外面，有的如水波、闪电、太阳升起等自然景观，有的似谷穗、垂叶、花瓣、大树等植物，有的似乎反映了房屋建筑与人类劳作的场景。这些符号已代表固定的含义，有一定的规则，应属早期象形文字。远在日本，1995年在日本东北地区山形县的中川代遗

---

① 许顺湛：《郑州西山发现黄帝时代古城》，《中原文物》，1996年第1期，第1~5页。
② 《吕氏春秋·君守》。
③ 河南省文物研究所：《河南舞阳贾湖新石器时代遗址第二至六次发掘简报》，《文物》，1989年第1期，第1~14，47页。

址发现了大约5000年前的中国石斧，上面刻有甲骨文字类的象形文字。凡此种种，应是我国原始文字的先驱。其中有些符号（包括一些数字记号）长期沿用，后来被吸收进汉字体系中。

阴阳八卦是原始科学思想的核心，它的起源至少可以追溯到半坡仰韶文化。1955年半坡遗址出土的一个陶盆上带有双鱼人面的纹饰（图1-7），当是后世太极图中阴阳鱼的原始图像。双鱼之间的人面象征着由两条配对的雌雄鱼创造的新生活，实含阴阳二气化生万物之意。八卦的起源也与仰韶文化陶器上的鱼纹及原始祭祀仪式中的某种排列有关。《周易》记载："河出图，洛出书，圣人则之。"传说伏羲时黄河中龙马负河图而出，大禹时洛水中神龟背载洛书而出。河图洛书原本是什么样子，一直是千古之谜。20世纪80年代安徽省含山县长岗乡凌家滩相当于大汶口文化中期的墓地出土了一件玉龟，中夹一块玉片，研究者认为玉龟和玉片有可能分别是五千年前的洛书和八卦（图1-8）。①

图1-7 半坡陶盆上的双鱼人面纹饰（1955年陕西西安半坡遗址出土）

---

① 陈久金，张敬国：《含山出土玉片图形试考》，《文物》，1989年第4期，第14~17页。

1.玉龟腹甲　　　　2.玉龟背甲

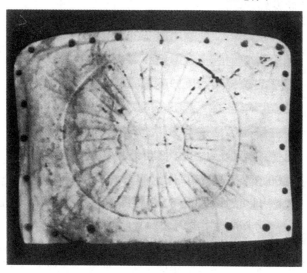

3.玉片

图1-8　含山玉龟和玉片(安徽含山长岗乡凌家滩大汶口文化遗址出土)

在这文明的进程中,少不了音乐的伴奏。令人惊异的是,河南舞阳贾湖遗址内，20世纪80年代发现了16支原始骨笛，大多为七孔，有的还有设计刻画和调音的痕迹。经测试研究，说明七八千年前，我国已出现了具有明显音乐性能的真正乐器。其七个音孔连同全按筒音，可以奏出八个音级，从而形成一个八音级序列，可能构成某种六声或七声音阶。这一超越时代水平的成果，不但改写了中国古代音乐发展史，而且使世界音乐史界对中国先民的创造力刮目相看。

黄河上游地区在新石器时代所担当的角色远比现在重要。几万年，甚至几千年以前，青海、甘肃一带是气候和生态环境适宜动植物繁衍，文明生长的好地方。柴达木盆地曾出土35000年前猎人所用过的石锤。1994至1995年间，北京大学昆仑山科学考察队在青海省东昆仑山垭口地区发现了多处古人类活动遗址、大量的石制品和一块陶片，表明今日的青藏公路一线早在两万年前就是中原地区与西藏联络的重要通道。黄河上游不仅有先进的制陶业，而且中国冶铜也从此发轫。

1979年甘肃东部秦安县大地湾出土了距今七八千年的原始彩陶，其表面有红色条纹，这是现已发现的世界上最古老的彩陶之一。甘肃的原始陶器在距今7000至6000年前达到成熟阶段。半坡等仰韶文化遗址中出土的一类小口尖底瓶，可以巧妙地利用重心的变化和力的平衡原理，方便地提水，甘肃的原始彩陶中也已发现这种小口尖底瓶。

在近东，最早的轮制陶器见于苏买的乌鲁克（Uruk）时代，约当公元前4000至公元前3500年之间。差不多同时，伊朗也有了轮制陶器。转轮可以快速加工精美的陶器，是后世一切旋转机械的始祖。至迟四千多年前，甘肃的彩陶业已使用转轮。1988年9月北京中国历史博物馆展出的一个甘肃彩陶盆，直径50厘米，高约20厘米，厚4—5毫米，加工之精美，非专业陶工莫属；清晰规则的条纹系用毛刷笔借助于转轮描绘而成。

黄河上游年代较晚的新石器文化，以分布于甘肃、青海东部和陕西、内蒙古毗邻地区的齐家文化，分布在甘肃、青海的马家窑文化为著，其时已经出现冶金技术的萌芽。1977—1978年，在距今五六千年的甘肃东乡林家马家窑文化层发现了一把完整的铜刀。（1973年陕西临潼姜寨出土的黄铜片和黄铜管各一件，可能已有6000多年的历史。）距今4000多年的龙山文化、齐家文化等遗址中，不断发现刀、锥、凿、斧等红铜或青铜、锤制或铸造的小件铜器，预示着一个新时代的莅临。

（四）不尽长江滚滚来

20世纪长江流域远古文明逐渐重见天日，打破了黄河流域是中国文明唯一摇篮的神话，北部红山文化的重大发现，进一步支持了中国文明有多元起源的观点。长江流域新石器文化对中国文明的重大贡献有水稻种植、养蚕织丝、干栏建筑、造船航海、玉器文化等等。

水稻是长江流域和华南各地的主要栽培农作物。野生水稻可能起源于古代喜马拉雅山谷一带，在漫长的岁月中，逐渐向东方和南方传播。1995年在湖南道县玉蟾岩遗址中出土了距今约10000年的几颗人工栽培稻（壳），其中一颗保存有野生稻、粳稻和籼稻的综合特征。这是目前世界上已经发现的最早的人工栽培稻遗存。湖南省澧水流域和长江三峡西陵内外，八九千年前的稻谷遗存已发现多处，如湖南澧县洞庭湖西北岸的彭头山遗址，遗址陶片中夹大量稻壳和稻谷。70年代浙江省余姚县河姆渡新石器文化遗址距今六七千年的第四文化层，出土了大量的稻谷、稻壳、稻秆和稻叶，这是经过相当长时期的人工栽培的品种。江南水稻不断传播和改良，长江流域和华东、华南的一些省份，如江苏、浙江、江西、安徽、山东、湖南、湖北、四川以及云南、广东的新石器遗址中，都发现了四五千年前的水稻遗迹。由河姆渡所在的宁绍平原往北，越过钱塘江，杭嘉湖平原上首先培育出粳稻。5000多年前的浙江吴兴钱山漾遗址中发现的稻谷，已有粳稻和籼稻之分。1994年在5500多年前的江苏高邮龙虬庄遗址中发现的4000多粒碳化稻米，已是有意识的人工选择稻种。后来中国水稻由长江口向海外传播，约3000年前，日本开始种植水稻。

河姆渡人过着耜耕的定居生活，其稻作农业的进步与重视养猪不无关系。河姆渡遗址中出土了一只小陶猪,体态肥胖,腹部下垂,四肢较短,前后体躯的比例为一比一,整个体形介于野猪和现代家猪之间。更意味深长的是,河姆渡出土的一只圆钵上,还把猪和稻穗刻在一起,暗示先民们对猪多——肥多——粮多——猪多这一良性循环已有所认识(图1-9)。

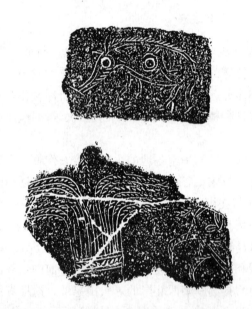

图1-9 河姆渡陶钵上的猪和稻穗刻纹(浙江余姚河姆渡文化遗址出土)

原始纺织技术的出现,由遍布全国各地新石器时代遗址的纺坠作了无声的证明。长江三角洲还发现了原始的纺织品。江苏吴县草鞋山遗址中曾出土了一块约6000多年前的葛纤维织物,经线由双股纱并合而成,系用简单纱罗组织制作,罗孔都比较规整匀称。浙江吴兴钱山漾遗址中则发现了苎麻布残片。除了利用野生麻、葛类植物纤维外,中国在世界上率先利用蚕丝织作,使丝绸之利,衣被天下,是对人类文明的一大贡献。

河姆渡遗址出土的一件骨盅上刻有一条蚕的纹饰,头部和身上的横节纹历历在目。河姆渡遗址虽未发现蚕丝织物,但出土了管状骨针、木刀和小木棒等装置原始腰机和引纬的工具。世界上最早的一段丝带和一小块绢片,是从吴兴钱山漾遗址出土的,距今约5000年。绢片经纬密度均为每厘米48根,丝缕相当均匀,比较坚密平整。从河姆渡到钱山漾,我们隐约可见中国原始丝织工艺如何在起步不久就取得了可观的成就。

中国原始建筑大致可以分为南北两大类型。北方以半地穴式为代表,它对于干燥地区确是简易良好的栖身之所。南方湿热多雨,又多沼泽,河姆渡先民创造了把居住面架设在桩柱上的干栏式房屋。令人惊叹的是,仅仅依靠石制工具,河姆渡人居然加工制作了多种规整的榫卯木构件,出土的榫卯木构件有柱头和柱脚榫卯、平身柱和梁枋交接榫卯、转角柱榫卯、受拉杆件带梢钉孔的榫卯、栏干榫卯、企口板等六种之多。尽管这些榫卯大多是垂直相交,远在六七千年之前能有如此高的木构技术,诚非易事。

与河姆渡人进步的木加工技术相应,具有海洋文化特点的百越民族的先民早就发明了独木舟、木排和竹排,开始了我国的造船史。《易·系辞》说:"伏羲氏刳木为舟,剡木为楫。"我们不能排除北方独立发明舟船的可能性,但迄今所发现的早期独木舟和木桨均出土于浙江地区。河姆渡、杭州水田畈、吴兴钱山漾遗址中都曾发现过木桨实物,前者有7000年的历史,后两者也有5000年之久,且与后世的木桨形制相似。浙江省博物馆中陈列的一只河姆渡出土的小陶舟,(图1-10)很可能是河姆渡独木舟的造型。2002年浙江省杭州市萧山跨湖桥遗址出土了距今7000—8000年的独木舟,残长约560厘米,宽约52厘米。在独木舟两端各发现一片木桨,其中保存完整的一支长约140厘米。① 这是迄今发现最早的独木舟。萧山跨湖桥遗址独木舟及其相关遗迹的发现和研究,将对我国造船史、交通史及世界造船史产生重大而深远的影响。

正当河姆渡文化走在同期其他文明前列之时,不幸周期性的海侵一度淹没了宁绍平原,使河姆渡的后人不得不南退丘陵地区,文明前进的脚步一时受阻。继河姆渡文化之后,长江流域又出现了马

---

① 楼卫:《"世界第一舟"——萧山跨湖桥遗址独木舟及其遗迹》,《浙江文物》2009年第5期。引自http://www.zjww.gov.cn/magazine/2009-11-09/11101734.shtml。

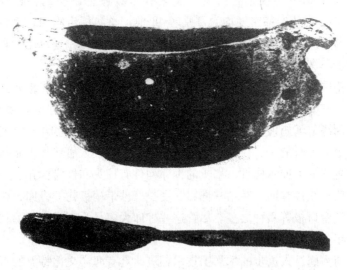

图1-10 小陶舟和木桨(浙江余姚河姆渡文化遗址出土)

家浜文化(主要分布在江苏)、良渚文化(江苏、浙江)、屈家岭文化(湖北)等有代表性的新石器文化。这些文化遗址表明,四五千年前,长江流域私有制和家庭生活已经出现。因受盛行玉器的良渚文化传统的影响,古今都有玉器时代介于石器和青铜时代之间的说法。

良渚文化发现于20世纪30年代,几十年来,良渚文化的考古发掘又取得了重大的收获。1986年浙江省余杭县反山良渚文化大型墓地的11座墓葬中出土了1200多件随葬品,其中玉琮、玉璧等玉器占90%以上。玉琮的中部呈正方柱形、两端呈圆柱形,琮体上大多刻有神徽图案。最大的"琮王"射径17.1—17.6厘米,孔径4.9厘米,高8.8厘米,重6500克。玉琮的"圆"代表天,"方"代表地,乃是盖天说在祭祀法器上的体现。1987年余杭县瑶山发掘出江南首例良渚文化的祭坛,距今约4000年,正与下文将要叙及的北部红山文化的祭坛遥相呼应。盛行1000年的良渚文化,在其进入文明时代的前夜,于江南突然消失,尔后其重要因素又在黄河流域奇迹般地冒了出来,加入了华夏文化的主流。

(五)红山上的曙光

20世纪红山文化的新发现,向世人宣告,东起辽河流域,西到阴山山脉,中国北部新石器时代的原始文化,与中国其他新石器文化之间,既有共同的一面,又有自己的独特风格,从而使它卓立于新石器文化诸强之林,成为中华文明的又一个摇篮。

1906年西辽河流域赤峰地区首次发现了新石器文化遗存,1935年被再次发现,以赤峰城外的红山命名为红山文化。红山文化有五六千年的历史。辽河流域的前红山文化遗迹屡有发现。如在辽宁西部阜新发现了距今8000多年的村庄的遗迹。在这个遗址中发现有许多石制农具,房屋的规格几乎一致,陶器上带有锯齿形刻纹。辽宁沈阳新乐出土了7000年前的碳化粟粒。内蒙古敖汉旗内发现了七八千年前的兴隆洼、赵宝沟两个类型的新石器时代遗址,出土了8000年前的阴刻浮雕女神石像和约7000年前的陶瓷女性人头像,发现房址构造独特,人由屋顶出入。发展至红山文化,已是一种分布范围广阔、彩陶与细石器共存,属农耕经济类型的原始文化。

1979年5月,在辽宁喀喇沁左翼蒙古族自治县东山嘴村,发现了一个按盖天说的天圆地方建筑的石祭坛。1983年在距东山嘴村50公里的凌源牛河梁村发现了包括六组积石冢和一个女神庙在内的又一批红山文化遗迹。积石冢显示了一种比濮阳西水坡45号墓穴更为进步的盖图。在众多的出土文物中,除了玉龙等精美玉器以外,有两个女神塑像和一个真人大小的女神头像引人注目。女神塑像一个高5厘米,另一个高5.8厘米,可能是生育女神或农业女神。女神头像高22.5厘米,嵌有一双青玉眼睛,其面容正与如今中国北方妇女相似。1990年在女神庙西南约4公里处,又发现了一座酷似金字塔的土石丘建筑,其地上部分为人工夯起的石丘,直径近40米。外包巨石,内圈砌筑整齐的圆形石墙,直径达60米,整个建筑分布面积约一万平方米。以玉龙、积石冢、女神庙为代表的红山文化,是中国北方原始文化发展高峰的重要标志。

种种迹象表明,辽河流域的先民正从自然崇拜和图腾阶段向一个文明程度较高的社会迈进,这儿也是中华五千年文明的曙光升起的地方。

(六)南疆海外遗踪

从文明形成的地理因素考虑,珠江流域完全有可能被发现为中国文明的又一个摇篮。

旧石器时代,距今 13 万年前的广东曲江马坝人,还有广西柳江人早已活动于珠江流域。

新石器时代,曲江石峡地带的新石器文化遗址经初步发掘,发现了柱洞、灰坑、灶坑、陶窑和颇有特色的石器:包括大小成套达七种形式的卷刃凹口锛和凿,圆口凿的刃口如同近代木工所用,可以凿出圆孔和圆槽。广东南海西樵山的新石器时代采石场,留有利用热胀冷缩原理火烧采石的痕迹。广西桂林甑皮岩出土的约 10000 年前的陶器碎片,已展示在中国历史博物馆的《中国通史陈列》之中。可以预见,随着考古资料的不断积累,珠江文明终将重见天日。

中国远古文明不仅在本土到处开花结果,而且远播海外。不少学者指出,美洲印第安人实在就是横渡重洋或经白令海峡而去的华人后裔。1981 年以来,云南楚雄彝族文化研究所所长刘尧汉等人继发现彝族十月太阳历之后,1989 年又在云南省武定县望德乡自乌村发现了十月太阳历的前身——十八月太阳历。该历一年分为十八个月,每月二十天,共三百六十日,其余五日为"过年日"。而美洲印第安人的玛雅文化中,也有一种几乎完全相同的十八月太阳历(惟最后五日称作"禁忌日"),已行用 6000 年之久,它的中国"血统"似乎不难确认。

此外,中国大汶口文化(或良渚文化)时代的刻有甲骨类文字的石斧传入 5000 年前的日本;我国长江三角洲先民制造独木舟的专用工具——有段石锛,在太平洋南部地区,西起中国东部,东至智利复活节岛的链状地带不断被发现,也已勾勒出一条古代航海英雄的独木舟之路,激励着人们进一步探索。

二、神话与科学的萌芽

大自然在地球上创造了人类,又以人类智慧认识它自己,这是宇宙发展史中又一次伟大的进军。进军中充满了前进与曲折、现实与幻想、欢乐和痛苦……幻想的结果,创造了神话,给一部本来实实在在的文明史披上了一层神秘的色彩。如果去掉这层神秘的色彩,早就可以揭示一些被长期掩盖的重要史实,但当年要是没有涂上这层色彩,或者说排除它的影响,几千年的文明史就要重写,我们的世界也不会是现在这个样子了。

(一) 话说神话世界

人类思维的一个重要特点是幻想,神话则是人们借助幻想企图征服自然力的表现。中华民族的祖先立足于神州大地,以其丰富的想象力创造了许许多多动人的神话,在漫长的历史时期中,经过交流和演变,发展为富有东方特色的中国神话体系。

中国神话流传至今的,总数约三千有余,[①] 并可分作两大类。第一类是原始神话,即先民们在与大自然作斗争的过程中创造出来的各种解释自然现象、人类起源,以及追述祖先活动的幻想故事。这是本章讨论的重点。第二类是所谓新神话,即原始社会解体以后,各历史时期陆续涌现的以人—神为中心的各种幻想故事。

原始神话包括创世神话、说明神话、自然神话、祖先神话、图腾神话,等等。在文明刚刚滥觞、科学尚处于萌芽状态的远古时期,各种原始神话往往采用超现实的幻想来反映人们对周围世界及自身生活的认识,而在它的流传中又打上了文明各发展阶段的烙印,故在无意中已为后人留下了寻根的可贵线索。

原始神话一方面通过口耳相传,形诸文字,另一方面又不时通过各种艺术作品沉淀下来。因此,先秦和秦汉时期的许多作品,现

---

① 袁珂《中国神话传说词典》(上海辞书出版社1985年版)收录中国古代神话3006条(附参考词目267条)。

在成了挖掘原始神话的资料宝库；近年陆续发现的出土文物和岩画之类，又给人们打开了研究原始神话的新天地。

神话研究告诉我们，原始神话构成了原始文化的主体，深刻地影响到原始文化的许多方面，诸如观念、信仰、风俗、艺术、历史、文学以及科学等等。从这层意义上说，神话不仅仅是幻想，它是哲学的发轫、科学的萌芽、历史的先河、文学的滥觞。笔者在此无意于对神话在历史上的作用、地位和意义作全面的探讨，下面将怀着浓厚的兴趣一探神话与科学萌芽之间不同寻常的关系。

（二）神话是科学的萌芽

以今天的标准来衡量，原始神话自然只是一种肤浅的、非科学的幻想，但它不是凭空而来的，它是客观世界（包括外星文明）在先民头脑中的反映。即使是超现实的反映，其中也不乏自然现象的描述，原始科学的灵感、见解和大胆猜测，孕育着科学的萌芽。

1. 神话与宇宙、生命、人类起源说

关于天地万物和人自身的来历，世界上没有一个民族未曾寻求它的答案。在古代中国，盘古开天辟地说最为有名。其说有二。《三五历纪》说："天地浑沌如鸡子，盘古生其中，万八千岁，天地开辟。阳清为天，阴浊为地。盘古在其中，一日九变……"此说肯定自然界的变化，有其进步的一面。《五运历年纪》则曰："元气濛鸿，萌芽兹始，遂分天地，肇立乾坤，启阴感阳，分布元气，乃孕中和，是为人也。首先盘古，垂死化身，气成风云，声为雷霆，左眼为日，右眼为月，四肢五体为四极五岳，血液为江河，筋脉为地里，肌肉为田土，发髭为星辰，皮毛为草木，齿骨为金石，精髓为珠玉，汗流为雨泽，身之诸虫，因风所感，化为黎甿。"原始神话在流传中，所携带的信息往往有所增减。如果抽掉上述神话中的"盘古"这一媒介，实际上它表达的是元气开天辟地说：天上的日、月和地上的一切都是由元气发展变化而来的。此说虽属原始思辨，但可视为康德星云说的先驱。晚清学者俞樾把"盘古"训为"盘互"，以为即指"元气"，确是过人之见。按这种理解，所谓"盘古"的种种活动，即是"元气"的活动变化，大千世界均来源于元气的发展变化。由是观之，第二说比第一说更为进步。

人类生殖之谜关系到人类的繁衍生存，有关的神话传说很多。流传甚广的女娲作人说曰："俗说天地开辟，未有人民。女娲抟黄土作人，剧务，力不暇供，乃引绳于泥中，举以为人。"①这则神话的意义至少在于，黄种的中国人源于中华大地，完全是土生土长的。有的神话则说，女娲氏手搓泥丸，放在嘴里，吐出来便是一个个人。中国原始岩画至少已有五千年的历史，其一个源头始自江苏省连云港锦屏山的将军崖，那里有一幅岩画正是表现女娲造人的：在平整的石头上，镌刻了近十个人面像，人像的嘴里多有一条线向下延伸。似乎在不停地造人。其中最大的人面像高90厘米，宽110厘米，据考证，她就是女娲的形象。这则神话反映的是人们但知其母，不知乃父的时代。从积极的方面说，它也可看作是对无性生殖可能性的大胆肯定。

当古人认识到生殖有赖于男女交媾时，进一步的神话便出现了。在汉代画像石中，中华民族的始祖伏羲氏和女娲氏是两个人头人身，下半截为蛇形的动物。他俩以尾相交，形成双螺旋结构，构成一幅生动形象的人类生殖图，（图1-11）神奇的是，这种双螺旋结构的构思竟与当代分子生物学中双螺旋脱氧核糖核酸结构不谋而合。

2. 神话与自然现象的解释

上至日月运行，星空变幻，下至地理形势，山川草木，还有四季的变换，风雨雷电的形成，甚至洪水泛滥等等，都与先民的生产、生活有密切的关系，与之有关的神话也特别多。这些神话虽然都把自然现象归结为神灵的作用，其内涵却以对自然现象的观察为依据，不宜一概斥之为无稽之谈。

例如，先民把日月周而复始的运行解释为"日乘车驾以六龙，羲和驭之"。古人以为日神羲和、月御望舒驾着日月之车巡行天空，正说明当时地上最先进的交通工具是车子，先民以为天体的运行也靠它。有的神话以为驾车的不是龙，而是三足鸟。也有的说太

---

① 《太平御览》卷七八引《风俗通》。

图 1-11　山东嘉祥武梁祠东汉女娲、伏羲规矩画像石

阳中有只"金乌"。"三足乌"、"金乌"之类当是古人观察到太阳黑子以后的想象。

　　古人对中国地理环境主要的特点的认识，生动地反映在共工怒撞不周山的神话之中。《淮南子·天文训》载：共工与天帝争斗失败，怒而撞坏天柱不周山，"天倾西北，故日月星辰移焉；地不满东南，故水潦尘埃归焉"。这一神话指出了我国地理形势西高东低、江河东流入海这个大趋势，借助共工，几近荒谬，其实也有一点道理。

　　与共工撞不周山的传说相辅而行的是女娲补天说。《淮南子·览冥训》载："往古之时，四极废，九州裂，天不兼覆，地不周载，火爁炎而不灭，水浩洋而不息。猛兽食颛民，鸷鸟攫老弱。于是女娲炼五色石以补苍天，断鳌足以立四极，杀黑龙以济冀州，积芦灰以止淫水。"女娲补天说固然离奇，但这则神话反映出：古人认为天地是由同样的物质构成的，诸因素相互关联，万一天地之间的合理平衡被破坏，就会动荡成灾，影响人类的生存。当时冶炼技术已有相当的水平，人们对它的威力充满信心，即使天之破缺也能用冶炼的方法加以重建，人类有能力以各种方法修天补地。据当代科学家的研究，地球大气层内的臭氧层已发生某种破缺，以致紫外光乘虚而入，打破了地球生态系统的某种平衡，皮肤癌等异常疾病随之出现。为了恢复臭氧层，现在不正需要又一个"女娲"来修补吗？

中国气候的主要特点是南方多雨，北方常旱，相应的神话是雨师居南，旱神居北。诸如此类，不一而足。

3. 神话与生产技术的发明创造

神话是先民与自然界作斗争的一种反映，有关发明创造的神话传说在科学史上有其内在价值，不能以单纯的神话视之。

远古发明不管是集体智慧的结晶，还是肇始于某个杰出人物的特殊作用，人们习惯于把发明权归功于某个圣贤，他们表面上是神或神的子孙，其实可能是部落名称或部落首领的名字。

传说古有"三皇"，一作"燧人氏"、"伏羲氏"和"神农氏"，一作伏羲、神农、黄帝，又作伏羲、神农、女娲，等等。无论如何，这些圣人都与生产斗争有关。

"燧人出火"说，① 和人工取火的发明联系在一起，《韩非子·五蠹》谓：燧人氏教民"钻燧取火，以化腥臊"。此说流传最广。但别的记载说："黄帝作钻燧生火，以熟荤臊。"②或"伏羲禅于伯牛，错木作火"。③ 各种传说的差异反映了古代发明的时代、地点和发明者的多元性。有些重要发明往往经过发明、失传、再发明的过程。

伏羲氏是渔猎和畜牧之神。传说伏羲制先天八卦，又说"庖牺（即伏羲）制九针"，④"九针"是九种针灸用针，此说说明针灸术在中国源远流长。

炎帝神农氏是农业和医药之神，他上承伏羲，下启黄帝，实现了从渔猎时代到农耕时代的转变。今陕西省宝鸡市南郊的姜水是炎帝的生息地和炎帝部落的发祥地。世传炎帝神农氏，"植五谷"，"尝百草"，和药济人，"一日而遇七十毒"。⑤ 用现代的语言来说，神农氏的创业和献身精神，凡事经过试验的科学态度和方法令人肃然起敬。这则传说同时反映了古人对植物药性的认识，知道有许多

---

① 《世本》。
② 《管子》。
③ 《河图·始开图》。
④ 《淮南子·务修训》。
⑤ 《淮南子·务修训》。

植物可以治病救人，有许多则有毒性，使用之前必须经过试验。

黄帝时代比伏羲、炎帝更为进步，黄帝也成了许许多多古代发明的箭靶式的人物，被尊为"人文初祖"。传说黄帝的妻子嫘祖（西陵氏）教人养蚕治丝，被后人尊为蚕神，有些传说虽然比较简单，有时却可和出土文物资料相互补充，说明一些问题。

4. 神话与科学幻想、科学理论的萌芽

神话是古人企图从自己的认识水平来对自然加以说明和解释的一种尝试，富有幻想的成分。试看科学的历史，由科学幻想引发科学发明的事例举不胜举。我国原始神话中可以纳入科学幻想范畴的也不乏其例。

古史传说："羿请不死之药于西王母，姮娥（即嫦娥）窃以奔月。"①这就是脍炙人口的嫦娥奔月的幻想，表达了古人进入太空、登上月球的美好愿望。过去是幻想，现已化为现实。对不死之药的追求，历史上曾经刺激了炼丹术的发展，从而为近代化学的诞生准备了条件。

古人相信，除了正常的生育方式之外，可能还存在着一些特殊的生育方式，于是产生了诸如"简狄吞卵而生契"之类的神话传说。这在古代是异想天开，而如今的遗传工程不正在创造着一个又一个的奇迹吗！

原始社会时期，人们运用推理、发挥想象力，力图对自然规律作出某种解释，往往通过神话传说的形式流传下来，因此，神话也是原始科学思想的载体，理论科学发展的先声。

《易经》是中国哲学的鼻祖，医学的根本，浸透了原始科学思想。传说"古者庖牺氏之王天下也，仰则观象于天，俯则观法于地，观鸟兽之文与地之宜，近取诸身，远取诸物，于是始作八卦，以通神明之德，以类万物之情"。②伏羲氏始创"先天八卦"的故事，把《易经》为代表的原始科学理论框架的创始一直上溯到伏羲

---

① 《淮南子·览冥训》。
② 《易·系辞下》。

氏时代。最新研究表明，这并不是不可能的。

神话中不仅会有科学理论的萌芽，科学发明的背景，而且有些所谓"神话"，其实不一定是真正的神话。随着科学技术的进步和神话研究的深入，古籍中记载的一些奇闻异事有可能被证明是历史事实，或是曾经发生过的异常天文现象，有些可能是人体特异功能的反映，有些甚至与外星来客有关。人们期望有朝一日能揭开一个个千古之谜，但现在还为时尚早。

(三) 神话毕竟是神话

由于原始社会时期生产和社会活动的规模和生产力水平的限制，原始神话对自然现象的解释离科学地反映自然界的本来面目相去甚远，会有大量的迷信成分，推理和想象带有原始和初级的特点，所以，神话毕竟是神话。

在原始神话中，原始自然观与原始宗教思想一同发生，始终交织在一起，因此，研究神话在科学史上的意义，必须进行去粗取精、去伪存真的工作。而这种研究工作，又受当代科学水平的制约，我们不能指望毕其功于一役，需要付出一代又一代人的努力。但愿我们这一辈留给后代的，不是又一曲新神话，而是对客观世界比较客观、比较科学的解释。

第二章
华夏文化

鲧和大禹父子为代表的杰出人物前仆后继,在黄河、长江流域的治水斗争中取得了有史以来与大自然斗争的第一个辉煌胜利,有力地推动着历史的车轮向我国第一个奴隶制王朝前进。

大约5000年以前,铜器开始在我国露面。夏代有了原始的冶铸手工业,青铜时代发轫。发展到商中期,形成颇有特色的陶范熔铸技术之后,我国进入了青铜冶铸技术的鼎盛期。从著名的"后母戊鼎"到近年发现的古蜀和江西青铜奇葩,遍布全国的青铜文化正勾勒出一幅绚丽多彩的商代青铜文明史;关于合金配比的"金有六齐"体现了它的理论高峰。

周王朝确立了以农立国的传统,带有浓厚农事色彩的《诗经》历来脍炙人口。从工奴发展成的"百工",向手工业技术领域进军,三代时已在制车、原始青瓷、丝织媒染等方面取得一系列的成就。

世代相传的"畴人"构成中国最早的知识分子队伍。他们为天文观测和记录、十月历和阴阳合历的创作和流传、数学知识的积累和发展、"律度量衡"体系的建立,立下了不朽的功勋。

《易经》和"太极图"相辅相成,是中国原始综合科学的骄傲,它所蕴含的思想宝藏，至今取之不尽。

一、若隐若现的夏代文明

黄帝以降，史前三个贤明的部落首领尧、舜、禹相继禅让之后，禹的儿子启世袭了禹的职位，建立了中国历史上第一个奴隶制国家——夏。夏代从禹算起，到桀灭亡，共传十四世，十七王，前后约从公元前21世纪至公元前1700年，凡四百多年。由于长期以来关于夏代只有传说记载，缺乏考古证据，对于夏代存在与否，学术界曾有尖锐的分歧。近年随着考古发掘资料的不断积累，逐渐明确：殷商以前，我国境内的新石器和早期青铜文化已有相当程度的发展。先商也即夏文化显然在生态适应性和社会适应性上优于同时代的其他区域文化，故在中华文明的早期阶段起到了承上启下的作用。接着的问题是，如何在这众多的新石器晚期和早期青铜文化之中，特别是在黄河流域，找到夏文化的遗踪。

值得庆幸的是，现已在考古学上揭起了大幕的一角，也就是说追到了夏文化的踪迹。以河南偃师二里头遗址为代表的二里头文化、以山西夏县东下冯遗址为代表的二里头文化东下冯类型，被初步判明为夏文化的遗存。夏代大约和河南龙山文化晚期与二里头文化早期相当，在公元前21至17世纪创造了我国早期的青铜文化。不难相信，假以时日，夏文化之谜将越揭越明。

(一) 城堡和宫室建筑

上承龙山文化时代的早期城市，下启商代的建设高潮，夏代的夯土筑城之风是历史上不可或缺的一环。

相传夏禹之父鲧用传统的治水之法，或堙或障，多筑堤防，经营九载，未能成功，被尧殛死于羽山。但他也有功劳，由于夯土技术的改进，为原始城堡和早期城市的发展提供了条件。

大禹用新法治水，决流江河，重视测量的作用。据载，他望山川之形，"随山刊木"，① "左准绳、右规矩"，② 定高下之势，而

---

① 《尚书·皋陶谟》。
② 《史记·夏本纪》。

后从事疏凿。山东武梁祠汉画像石上刻有伏羲、女娲分别手执矩和规的形象，虽然我们至今还无法证实规矩最早起源于何时，大禹治水时代已有规矩，测量技术已有一定水平是完全可能的。

以大禹为代表的全民治水的成功，达到了平治水土、诸夏艾安的目的，促进了农业生产和交通的发展，使定居生活相对稳定下来。为了保护日益增长的私有财产，改善定居生活，夏代修建了一系列的原始城堡或早期城市。考古工作者不仅在夏的大本营河南、山西，而且远至山东，均有发现。现已初步判明的有：河南登封王城岗古城遗址，山西夏县东下冯村城堡遗址，以及山东章丘城子崖岳山文化城址。

大禹"卑宫室"，① 不求享受，而"夏启有钧台之享"。② 至夏朝最后一个君主桀时，"筑倾宫，饰瑶台，作琼室，立玉门"。③ 极尽大兴土木之能事。尽管我们不能把这些名称高雅的古建筑与后世同名的宏伟建筑物等量齐观，它们代表了夏代建筑的最高水平是不容置疑的。在当时，这一夯土台基木构建筑群不知有多少人为之倾倒，又不知激起多少奴隶的诅咒。

（二）水利底定，农业发展

大禹治水，不独排泄洪水，而且整治土地。《尚书·皋陶谟》载："禹曰：予决九川，距四海，浚畎浍，距川。"所以孔夫子对大禹十分佩服。称"卑宫室，而尽力乎沟洫。禹吾无间然矣"④。治水大获胜利，奠定了农业社会发展的基础。在黄河中下游伊、洛、汾、济等河流冲积的黄土地带及河济平原上，农业生产有了较大的进步。随着粮食生产的发展，少康中兴时开始制造秫酒。

夏代除了农业外，还有畜牧业和蚕桑业。《尚书·禹贡》说"莱夷作牧"，莱夷是专门从事畜牧业的氏族部落。《夏小正》中对马的饲养、管理和繁殖等技术均有所记载，将阉割术称作"攻驹"。《夏小正》还载有蚕桑事务，称三月"妾子始蚕"，"执养宫事"。"宫"

---

① 《论语·泰伯第八》。
② 《左传·昭公四年》。
③ 《竹书纪年》。
④ 《论语·泰伯第八》。

是指蚕室，可见当时的养蚕业已有相当的规模了。

(三)《夏小正》

《夏小正》是我国最早的为农事服务的通俗历书。它是汉代戴德编的《大戴礼记》中的一篇，由"经"和"传"两部分组成，共400多字。经文古奥简朴，可能写于商周之际，有些内容甚至可以上溯到夏朝，传文则是战国时人加入的。为了掌握农事活动的季节，古人先是靠观察物候，尔后又在天文学知识日渐积累的基础上创设历法，《夏小正》正是这一发展过程的历史见证。

我国现存最早的物候学知识的系统记载，属于《夏小正》。书中除了详述每月的物候外，也记载了有关的气象、天象和农事活动，因此，它实际上是物候历和天文历的结合体。以正月为例，物候有：启蛰，雁北乡，雉震响，鱼陟负冰，囿有见韭，田鼠出，獭祭鱼，鹰则为鸠，柳稊，梅杏杝桃则华，缇缟，鸡桴粥等。气象方面：时有俊风，寒日涤冻涂。天象是：初昏参中，斗柄悬在下。相应的农事活动为：农率均田。

《夏小正》中的天象记事，特别重视一年内各月里晨昏时北斗斗柄的指向和若干恒星的见、伏、中天等星象。如正月"初昏参中"，"斗柄悬在下"，七月"初昏织女正东乡"，"斗柄悬在下则旦"等等。这种天文历甚易普及。

我国上古时曾行用过一种十月太阳历，即将一年分为 10 个阳历月，每月为 36 天，其余 5 天为过年日。中原地带这种历法在东周早已停用，却由夏人的一支苗裔繁衍而来的彝族沿用至今。今本《夏小正》将一年分为 12 个月，可能已非旧貌。刘尧汉、陈久金认为《夏小正》原是十月太阳历的产物。① 今本《夏小正》十一月，十二月名下的冬猎之事，很可能原本是一年十个月过完之后所剩余日的活动。

我国传统的天干纪日法，即用甲、乙、丙、丁、戊、己、庚、辛、壬、癸十个天干周而复始地来纪日，始于夏代。夏代后期的几

---

① 陈久金：《论夏小正是十月太阳历》，《自然科学史研究》，1982 年第 4 期，第 19~33 页。陈久金、刘尧汉：《论彝族太阳历》，《中央民族学院学报》，1982 年第 3 期，第 75~80 页。

个帝王如孔甲、履癸等，就用这时髦的玩意儿取名字。

(四) 陆行乘车的肇始

5000多年前，亚洲西部两河流域出现了原始的车子，车轮滚滚，促进了各大文明之间的交流。中国的车子起步较西亚为晚，它被独立发明还是曾经接受外来的影响，长期以来存在着"西来说"和"本土说"两种不同的观点。尽管现在下结论还为时过早，但考古证据和推理表明中国马车很可能是传自西方。①

《史记·夏本纪》说：大禹"陆行乘车，水行乘船，泥行乘橇，山行乘樏"。这种车子大概相当原始。商代开国君主成汤的先十四代祖契与禹同时，契的孙子相土是一位具有雄才大略的部族长。传说相土发明了以马驾车。史称"相土烈烈，海外有截"。说不定正是凭借马车这种先进的交通工具和军事装备，相土的大军才威风烈烈，远征辽东或朝鲜。然而，商人的祖先在夏代还算不上最善于造车的部落。《左传·定公元年》说："薛之皇祖奚仲居薛以为夏车正。""夏车正"是夏朝的车辆总管。制车水平当属一流。汉代的陆贾在《新语》中说奚仲"桡曲为轮，因直为辕"，将没有轮辐的原始车轮"辁"改进为有辐的车轮。杜佑《通典》进一步发挥说："夏后氏俾车正奚仲建旗旐，尊卑上下，各有等级。"实际上，夏代车子究属何种发展阶段，有待于考古发现。而从出土所见殷商马车之进步，联系到上述传说，推测夏代已有车子当无问题。

(五) 青铜时代的先锋

自丹麦考古学家汤姆逊于1819年第一次将石器、青铜器和铁器这三类生产工具按时代序列陈列展示于世后，一般均将古代划分为石器时代、青铜器时代和铁器时代。近年我国有些考古学家根据良渚文化、红山文化大量玉器的发现，认为在我国的石器时代和青铜器时代之间存在着一个玉器时代。上溯2000余年，《越绝书》的作者借风胡子之口，已作出四个时代的划分。风胡子对楚王说：

---

① 龚缨晏：《车子的演进与传播——兼论中国古代马车的起源问题》，《浙江大学学报》(人文社会科学版)，2003年第3期，第21~31页。

"轩辕、神农、赫胥之时,以石为兵……至黄帝之时,以玉为兵……禹穴之时,以铜为兵……当此之时,作铁兵……"①这里把铜器作为有夏一代新生产力的标志,是颇有见地的。

夏代的孕育、诞生和发展,与我国青铜文化的孕育、诞生和草创阶段几乎同步。至20世纪80年代初,时代相当于夏代或更早的铜器已发掘到近50件,可惜证据明确的夏器尚付阙如,仅在二里头文化遗址中发现了铸铜的陶范残片,在东下冯遗址中发现了石范,有待继续探寻。

探寻夏器,最令人感兴趣的是禹铸"九鼎"。《左传·宣公三年》说:"昔夏之方有德也,远方图物,贡金九牧,铸鼎象物,百物而为之备。"后来"九鼎"成了传国的重器,国家权力的象征。据说周显王三十三年(公元前336年),九鼎没于泗水。自战国至秦汉,历代均有寻找九鼎之举,都未成功。这样,九鼎之有无,夏代铸鼎的能力到底有多高,变成了历史悬案。

图2-1 青海齐家文化铜镜(直径8.9厘米,1977年青海贵南尕马台出土)

---

① 《越绝书》卷十一。

夏代九鼎似乎可遇而不可求，考古发掘中另有重要发现。距今约3600年前的齐家文化后期已经有了青铜镜。1975年和1977年，甘肃广河齐家坪和青海贵南尕马台25号墓各出一面青铜镜，直径分别为6和8.9厘米，系用较为进步的合范铸造而成。（图2-1）此距世界上最早制造和使用铜镜的埃及，晚了大约一千年。然此后中国青铜文化急起直追，后来居上，前途不可限量。

二、商代青铜冶铸技术

夏代草创的青铜文化开辟了中华文明的新时代。公元前1700年左右，东夷的商汤取夏桀而代之，建立起商朝。商朝共传十七世，三十一王，前后达六百多年。

商代的文化有三异，一为迁都频繁，二为喜好田猎，三为崇尚祭祀。这些特点，既反映了商代的经济特征，又刺激了有关的科学技术，如青铜冶铸，取得长足的进步。

（一）青铜冶铸技术的形成

商人好迁，传说自商的先祖契至汤八迁。自成汤建国，至盘庚定都于殷（今河南安阳西部），国家五盛五衰，六次迁都。商人好迁，是从游牧时代带来的习性，他们视利而迁，注重向大自然索取，但缺乏保护生态环境的观念。这种生活和生产方式，不利于农业生产的长期稳定发展，国力时有盛衰，青铜文化在比较艰难的条件下渡过了它的形成期。

考古学和科技史上把偃师二里头晚期到郑州二里岗期列为我国青铜冶铸技术的形成期。偃师二里头遗址发现了冶铸用的陶制坩埚、陶范的碎块及铜渣，还有造型别致的青铜爵（图2-2），铜镞、铜戈、铜戚等兵器。

商代早期已经用泥范来铸造铜锛、铜凿和铜爵。商代中期已从单合范、双合范发展到用多块范、芯装配而成的复合范，铸造百斤以上的大型铸件。郑州商代中期铸铜遗址中出土过大量镢范和其他铸范。1974年郑州张寨出土的两件大方鼎，分别重达64.25和82.25公斤。至此，具有中国特色的陶范熔铸技术基本形成。

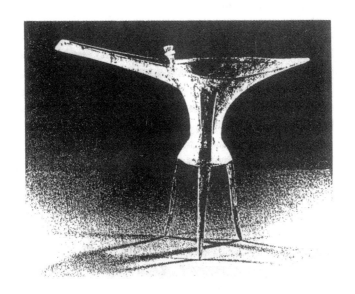

图 2-2　商代早期铜爵(高 22 厘米，河南偃师二里头遗址出土)

(二) 鼎盛期的青铜冶铸

肇始商代后期的盘庚是一中兴之主。他迁都殷之后安居下来不再迁都，在这片肥沃的土地上率领子民从事生产和建设，农业经济有了显著进步，对青铜农具的需求随之增加。铲、锄、镬、锛等青铜农具纷纷出现，迅速增加，青铜制的手工业工具也开始推广使用。

同时，商代君主好田猎武功，促进了青铜兵器和车马器的发展。商人崇尚祭祀，尊尚礼乐，这就需要精冶祭器。于是，以铜钺为代表的青铜兵器数量大增，钟、鼎、尊、彝之制大兴，各种青铜礼乐器和生活用具大盛。中华大地盛开以晚商为中心的青铜文明之花，从商代后期到西周早期，我国青铜冶铸达到鼎盛时期。

商代晚期出现了规模宏大的青铜冶铸作坊，含有采料、配料、冶炼、制模、制范、浇铸、修整等一系列程序和分工。据考古发现，河南安阳殷墟苗圃北地的铸铜作坊遗址面积至少在一万平方米以上。当时铜料可能来自湖北大冶铜绿山铜矿等处，锡料可能来自遥远的云南。为了维持大规模正常生产，商王朝需要投入大量的配套力量，以保证运输畅通。

商代青铜业不但在量上发展，而且在质上飞跃。质的提高主要得力于高温的熔炉、原料的合理配比、陶范分铸等先进技术。

龙山文化黑陶的烧成温度大约在 950—1050℃，已接近铜的熔点。偃师二里头、安阳殷墟等出土过炼铜坩埚，郑州二里岗出土过熔铜的大口尊。商末周初，大型熔铜炉的内径达 80 厘米，炉温高达 1200℃ 左右，为冶炼优质青铜器，也为日后铁器时代的一鸣惊人创造了条件。

商代前期，青铜器中铜的含量偏高，约在 90% 以上；至商代后期，锡、铅的含量有了显著的增加。这是由于在长期的冶铸和使用实践中，冶铸工匠发现，如把青铜合金中铜、锡、铅所占的比例加以适当调配，可使青铜的性能按用途变化。以世界闻名的青铜重器——商代晚期的后母戊鼎来说，(图 2-3)在这重达 875 公斤的庞然大物中，铜的含量占 84.77%，锡占 11.64%，铅占 2.79%，已与《考工记》中所总结的"钟鼎之齐"的要求一致。对商代铜器的大量分析化验结果表明，当时的青铜配料经验数据正在逐渐系统化，不久就形成了"金有六齐"这一世界上最早的青铜合金工艺总结。

图 2-3　后母戊鼎(通高 133 厘米，1939 年河南安阳殷墟出土)

在近代采用砂型铸造之前，泥质陶范一直是我国最主要的铸造型范。商代泥范铸造技术发展到殷墟小屯时期已臻于成熟的境地，为了获得高度复杂的器形，开创使用焚失法、分铸法等先进技术，或是先铸器件，再在其上接铸附件；或是先铸附件再嵌到泥范中和器件铸接到一起。由此，中国终于开创出一条和欧洲古代不同的具有中国特色的范铸技术道路。商代的四羊方尊、殷墟的后母戊鼎、妇好墓781号圆斝等堪称典型。781号圆斝使用了22块芯、范，分两次铸接成型。后母戊鼎的鼎身由八块外范、鼎底由四块外范拼成。每条鼎足由三块外范拼成。鼎耳、鼎足中空，鼎耳系预先铸好，再嵌到泥范中接铸在鼎身上面。四羊方尊以四羊为柱脚，与酒器上半部融为一体。羊角卷曲，四羊之间又有四条双角小龙，羊角龙头系接铸而成。造型生动逼真，纹饰精细美观，反映了高度的铸造技术水平。

西周前期各种青铜器种类繁多，铸造精美，铜器上多有铭文。如西周初年的毛公鼎（清道光末年出土于陕西岐山），上有长达497言的铭文，是迄今所见西周青铜器铭文中最长的一篇。西周中期以后，青铜冶铸的规模和分布地区继续扩大，陶范熔铸技术不断延伸发展。商周时期留给后人的大量青铜杰作，技术上的精湛和艺术上的独具匠心，至今令人叹为观止。可以说，商周青铜器是中国奴隶制时代高度发达的文化艺术和先进的科学技术相结合的典型代表，业已成为中国青铜时代的鲜明标志。

（三）青铜文化的凝聚和扩播

以青铜文化为主要特征的商文化的核心虽然在黄河中下游地区，但其辐射影响所及，北至内蒙古、东北，南到江西、四川、云南，西至陕西、甘肃，东到大海，它作为中国版图内具有压倒性影响的文化，在很大程度上促成了以黄河中下游地区为核心的具有很高的内聚力和扩播力的华夏文化圈的形成。

近年的考古发现和研究表明，在华夏文化圈的形成过程中，青铜文化之花不仅盛开于商周王朝的势力范围以内，而且绽放在其周边地区。

远在西南的云南，青铜时代滇国的石范已经出土，当地盛产的锡料远输殷商王畿的冶铸业。1986年以来，四川成都北边广汉三星堆遗址一、二号祭祀坑出土了约700件文物，加上四川和汉中盆地近年出土的各种文物正在揭示与中土的夏、商、周相始终的古代巴、蜀王国文化面貌。时代相当于殷墟晚期的古蜀国三星堆遗址二号坑出土了3000年前的约1.8米高的青铜立人雕像，附以近80厘米高的垫座，象征王巫合一的首脑人物正在祭祀。(图2-4)这座大型青铜立人像通高260厘米，系我国现已发现的同期青铜雕像中之最高者。三星堆遗址二号坑还发现了大小不一、形式多样的青铜人头像41件和青铜人面像15件，① 以及两棵三米多高的青铜神树，树上有许多枝叶、花卉、果实，栖有各种飞禽走兽和人首鸟身异人等。不但体现了鲜明的地方特色，而且暗示中国与埃及、古希腊青铜文明之间似乎早已有过某种交流。

图2-4　四川广汉三星堆青铜立人像(通高260厘米)

---

① 四川省文物管理委员会、四川省文物考古研究所、广汉市文化局、文管所：《广汉三星堆遗址二号祭祀坑发掘简报》，《文物》1989年第5期，第1~20页。

远在3000多年前，长江三角洲江南地区已出现一些人口稠密、经济发达的城市雏形，逐渐形成了吴越文化。1989年9月，江西省新干县大洋洲乡发掘了一座晚商大墓，除玉器、陶器外，出土青铜器480多件，包括鼎、甗、铙、钺等礼乐重器，戈、矛、刀、剑等兵器、铲、锸、耒、耜等农具。其数量之多，造型之奇，品类之全，纹饰之美，铸工之精，为江南地区所罕见。1988年江西瑞昌发现了迄今年代最早的古铜矿采炼遗址。它始采于商代中期、兴盛于西周、春秋，分布面积超过5000平方米。始于西周的安徽南陵县大工山古铜矿遗址群，总分布面积达400平方公里，采冶延续时间长达1000多年。一系列的考古发现说明，自3000多年前以来，长江流域已有相当发达的青铜文明。

商代中后期，北方草原地区形成了根植于辽河流域，具有鲜明地方特色和浓郁草原风格的北方青铜文明。现已出土公元前14世纪的大型青铜礼器，各种具有游牧民族特色的草原青铜器，如曲刃青铜短刀、短剑、马具、饰物等。草原青铜文化与中原商文化相互影响，如草原兽首刀传入中原，影响了商文化铜刀形制的演变。

三、周代的农业立国

商自盘庚迁殷，农业已成为重要的社会生产部门。奴隶主贵族对农业的关心和重视已在畜牧业之上，经常卜问年成丰歉等与农业生产有关的事项，举行有关农业的宗教仪式，有时还亲自下地监督奴隶们劳动，观察农作物的生长状况。此时，在西方的渭水流域，正在兴起一个以农业见长的国族，号为"周"。"周"字的古文为田，象田中有种植之形，旗帜鲜明地表示它的立国之本在于农业。

（一）周的崛起

周王室的始祖叫后稷，后来被周人奉为谷神，实际上他乃是一个被神化的农业专家。后稷的子孙以经营农业为主，辗转迁徙于黄土高原和泾渭流域。至古公亶父从豳（今陕西郊县附近）迁居岐山之下，这一带土地特别肥沃，《诗经》中描述为"周原膴膴，堇荼如饴"。良好的地理环境为周人的迅速壮大提供了有利的条件。立足于农业，周室勃兴，同时开始大营宫室、宗庙和城郭，向强大的诸侯国迈进，数十年间，蔚成气候。在政策上，周王族注意与商朝联姻，吸引商的人才，加速吸收东方先进的文化，有力地促进了周人的开化。

(二)周初风情画——《豳风·七月》

脍炙人口的《诗经》名篇《豳风·七月》对周初西部农村的情形作了详细的描绘。因为这首诗歌使用豳历，在长期流传中编排次序已非原貌，现在读来并不那么明白易懂。豳历可能是一种十月历法，与农历的每月天数不同，故不能一一对应。现按豳历试列出农夫一年中的活动和有关的物候如下：

三之日。修理准备耜等农具。

四之日。开始耕种，农妇送饭到田头，督耕的农官嘻笑而来说长道短。

三、四月。春光明媚，葽开了花，黄鹂在枝头上歌唱，农家少女携着竹筐到陌上采桑。

五月。知了叫，螽斯动股发声。

六月。莎鸡振羽而鸣。

七月。䴗(伯劳)鸣叫。看见大火星下沉。煮食葵、菽和瓜。

八月。开始收获某些庄稼。女儿在家里缲丝，染成黑、黄、红等各种鲜明的颜色，预备织做公子的衣裳。

九月。霜降。天冷之前预备寒衣。修筑场圃，收割菽苴，采伐茶、樗。

十月。割稻。酿酒，以便明春给贵人上寿之用。早熟和晚熟的禾稷，还有禾麻菽麦稻都收好，堆放好了，便到贵人家里做工。白天铺茅草，晚上搓麻绳，把房屋修理好，准备好明年播种的种子。

一之日。出去打猎，寻觅狐狸和貉，为公子作皮袍。

二之日。联合左邻右舍，一齐出猎，接受军事训练。捕获的小兽留给自己吃，打得了大兽，献给公家。凿冰藏于冰室。过年的时候，杀羊备酒，前往公堂上，大家举觥庆贺道："万寿无疆。"

(三)井田制时代的农业技术

西周是木、石、骨、蚌和青铜农具并用的时代。正如《诗经·周颂·臣工》所说："命我众人，序乃钱镈，奄观铚艾。"青铜农具的使用日渐增多。

《诗经·小雅·甫田之什》描述丰收的景象:"曾孙之稼,如茨如梁;曾孙之庾,如坻如京。"诗画中奴隶主们的粮食堆积如山,如小岛,这些劳动成果是靠大群的奴隶,大规模耕作得来的。这时,以农业为主的自然经济开始形成,农业生产成了决定性的生产部门;畜牧业虽仍不可或缺,毕竟已下降到从属的地位。于是,我国大部分地区居民的食物构成以植物为主的局面开始形成。

随着"熟荒耕作制"的发展,历史上著名的井田制诞生了。井田即方块田,往往划分为"井"字形,布置沟洫水利系统。井田的大小有一定的规格,有的还有公田和私田之分。一般把地开辟为井田需要花费三年的工夫。耕种二三年之后,地力减退,便任其撂荒,让土地自己慢慢地恢复地力。下次再要利用这块土地时,需重新耕垦。除了让土地休闲来恢复地力外,商人已懂得施用粪肥,发明牛耕。甲骨文中"耰"、"钱"、"镈"等中耕专用农具的出现,也反映出整田中的碎土平田技术,田间管理中的中耕除草技术,在当时已相当成熟了。周人重视用农具"以薅荼蓼"的除草工作,已知道被除掉的杂草也是肥料。《诗经·周颂·良耜》说:"荼蓼朽止,黍稷茂止。"正是这个意思。由于施用肥料恢复地力,有的地方出现了少量可以连年耕种的"不易之田",起到了示范的作用。

在井田制中,水利沟洫系统是提高农作物产量的一项基本措施。古公亶父率领全族迁居岐山周原,整治土地,"乃疆乃理,乃宣乃亩,自西徂东",① 逐渐建立起许多排灌沟洫设施。沟洫既能蓄水,又能排水,有利于减轻水土流失,防止农田盐碱化。这一时期逐渐积累起来的小规模沟洫建设经验,为春秋战国时期大规模兴修水利工程,作了技术上的初步准备。

(四)《诗经》中的农学知识

甲骨文为后人保存了不少关于商代农作物的名字,《诗》三百篇更是关于周代农业的资料宝库。

《诗经》中描述的植物很多,大致可以分为谷类(如黍、稷、禾、粱、麦、稻等)、豆类(如菽)、麻类(如麻、纻等)和蔬菜类(如瓜、瓠、葵、韭等),黍和稷是当时黄河流域的主要粮食作物,

---

① 《诗经·大雅·绵》。

甲骨卜辞和《诗经》中提到它们的次数最多。《诗经》中还有不少果树的名称，其中可以确定为人工栽培的尚属少数。然《夏小正》说："囿有见韭"、"囿有见杏"，可见春秋以前，韭、杏已是人工栽培的蔬果了。

人工栽培需要考虑选种的问题，《诗经》中有不少关于农作物有不同品种和有关选种的记载。《诗·大雅·生民》说："种之黄茂。"说的是，播种时，选用色泽光亮美好的种子，才能长出苗壮的好苗来。诗中又说："诞降嘉种，维秬维秠，维穈维芑。"嘉种即优良品种，秬、秠、穈、芑都是优良品种。《诗经·鲁颂·閟宫》说："黍稷重穋，植稚菽麦。"《毛传》曰："后熟曰重，先熟曰穋"；"先种曰植，后种曰稚"，这种把农作物分为早熟、晚熟、早播、晚播等不同品种的概念，也从侧面反映出当时对农作物的选种和留种技术有了重要的进展。

四、首批职业科学家——畴人

商周的天文工作，起初由巫、祝、史、卜等宗教人员或史官兼任，由于天文历法和数学工作的专业性，逐渐形成了世代相传、专门掌管这类专业知识的所谓"畴人"。畴人是中国最早的科学家群体。因为初期的天文学和占星术不能分家，时常受到占星术的影响和制约，发展惟艰。然而，正因为两者之间的密切关系，天文学轻而易举地得到了统治阶级的垂青。畴人们一般有较优厚的工作条件，推进了天文历法和数学知识的发展。同时，这支专业队伍，也是推行"同律度量衡"制度的最佳人选。

(一) 天文学的萌芽

商代是天文学萌芽迅速成长的时期。根据殷墟出土的甲骨片，商代在夏代天干记日的基础上进一步使用干支记日法，60日一个循环。武乙时的一块牛胛骨上刻着完整的六十甲子。可能是当时的日历，以每月30日计，共两个月。另有一组胛骨卜辞算出来两个月共有59天，应该是大月30天，小月29天。商代正由观象授时向推步历法前进，甲骨卜辞中的"十三月"是年终置闰的表现，晚商形成的用大小月和连大月来调整朔望、年终置闰的阴阳合历，在中国一直沿用了好几千年，形成了具有中国特色的历法制度体系。

商代发明了用圭表测度日影的方法，以确定方向，当时叫做"立中"。周代已能用圭表测影的方法，确定冬至和夏至等节气，并设有天文台。《春秋公羊传》谓：天子有灵台以观天文，时台以观四时施化。诸侯无灵台而有时台。

商代把一日粗分为若干区间，并用特定的称呼，如旦（清晨）、夕（晚上）、明（黎明）、中日（中午）、昃日（下午）、昏（黄昏）等来表示。周代把一天分为十二时辰，并用十二地支来记时，作了定量化的规定，随之出现了计时仪器——漏壶。《周礼·夏官》说："挈壶氏掌挈壶……以水火守之，分以日夜。"这种漏壶须及时添水，但有照明，日夜都可使用。或许还在冬天以"火"加温，使漏壶免受气温过低的影响，计时较为精确。

殷墟甲骨片中有不少天象记事，当时是为占星术服务的，现在都成了宝贵的历史天文学资料。就目前所知，甲骨文中至少有五次日食记录。如公元前13世纪的"殷契佚存"374片说："癸酉贞日夕又食，匪若？"（癸酉日占，黄昏有日食，是不吉利的吗？）月食记录在甲骨卜辞中也有不少。如一块公元前14—12世纪的甲骨卜辞称："旬壬申夕月有食"（壬申这天晚上有月食）。① 距今约3300年的甲骨文中有世界上最早的关于新星的记录："七日己巳夕兑，有新大星并火。"[七日（己巳）黄昏有一颗新星接近"大火"（心宿二）]及"辛未有殷（毁）新星"（辛未日新星消失了）等。我国日期明确可考的早期日食记事出现在《诗经》中，《诗·小雅·十月之交》说："十日之交，朔日辛卯，日有食之，亦孔之丑。"这次日食发生在周幽王六年（公元前776年）十月初一，古书中提到朔日也以此为早。又史载"懿王元年天再旦于郑"。科学家已确认在日食的西端点附近能看到"天再旦"（两次日出）的现象，从而推断周懿王元年应为公元前899年。也就是说，中国有确切纪年的历史应从公认的西周共和元年（公元前841年）上推到懿王元年（公元前899年）。

（二）二十八宿起源于中国

中国二十八宿体系的萌芽远比印度、巴比伦和阿拉伯为早，从

---

① 《簠室殷契徵文·天二》。

6500年前的河南濮阳蚌塑龙虎墓,到周代形成完整的体系,经历了很长的发展过程。在漫长的岁月中,对域内外的天文学产生了重要的影响。几个文明古国的二十八宿体系,流派虽然不同,很可能同出一源,即中国。先秦天文学家试图将天空恒星背景划分为若干特定的部分,建立一个统一的坐标系统,以此作为日月五星和许多天象发生的位置的依据。他们将天球黄赤道附近的恒星分为二十八组,即将黄赤道附近的天区划分为二十八个区域,叫做二十八宿。其名称为:东方苍龙七宿:角、亢、氐、房、心、尾、箕;北方玄武七宿:斗、牛、女、虚、危、室、壁;西方白虎七宿:奎、娄、胃、昴、毕、觜、参;南方朱雀七宿:井、鬼、柳、星、张、翼、轸。每一宿中取一颗较易辨认的星作为该宿的量度标志,称为此宿的距星。

迄今所知包含二十八宿全部名称的文物,以湖北随县曾侯乙墓出土的战国初期漆箱盖为早,但二十八宿中许多恒星的名称早已见之于《尚书》和《诗经》。《书经·尧典》说:"乃命羲和,钦若昊天,历象日、月、星、辰,敬授人时。分命羲仲,宅嵎夷,曰旸谷,寅宾出日,平秩东作。日中星鸟,以殷仲春。厥民析,鸟兽孳尾。……申命羲叔,宅南交,平秩南讹,敬致。日永星火,以正仲夏。……分命和仲,宅西土,曰昧谷,寅饯纳日,平秩西成。宵中星虚,以殷仲秋。……申命和叔,宅朔方……日短星昴,以正仲冬。……朞三百有六旬有六日,以闰月定四时成岁。"

这里记述尧任命羲氏和和氏两家畴人子弟,到东南西北四方制定季节的情况。第二至第五段中的"鸟"、"火"、"虚"、"昴"星,分别是二十八宿南宫朱雀、东宫苍龙、北宫玄武、西宫白虎中央的星。《诗经》中出现的星名有:火(心)、箕、斗、定(室、壁)、昴、毕、参、牛、女等,这些名称反映出古人习惯于用常见的事物来命名恒星,同时体现了中国二十八宿体系鲜明的民族特性。

(三)气象知识的积累

"文者,象也。"气象原本是"天文"的一部分。人们很早就观察天气情况,在彩陶器上留下了一些简单的图画。有文字记载的材料是从甲骨卜辞开始的。商人对于风雨、阴晴、霾雪、虹霓等天气变化十分关注,关于晴雨的卜辞举不胜举,甚至有长达十天的连续气象记录,开创了后世气象记录的传统。

卜辞对风、雨,按强弱、大小、多寡有所区分。风分为"小风"、"大风"、"大撤风"(骤风)和"大飓"(狂风),雨分为"大雨"、"小雨"和"多雨"、"无雨"之类。其中关于雨的记载特多,这是因为降雨量与农业生产有密切的关系之故。

在长期的实践中,人们对风、云和雨、雪的相互关系进行了不断的观察,逐渐形成了一些经验知识,并以诗歌的形式代代相传,成为后世气象谚语的先声。如《诗·小雅·信南山》说:"上天同(彤)云,雨雪雰雰。"意思是说天上彤云密布,就要下大雪。甲骨卜辞中把"虹"写作" ",已有看到虹霓出现以卜晴雨的记载。周代《诗·鄘风·蝃蝀》进一步总结出"朝跻于西,崇(终)朝其雨"的经验性规律,用现代的语言来说就是,早晨太阳东升时,如西方出现了彩虹,不久就要下雨了。

(四)计数和简单的运算

陶文和甲骨文中已出现许多计数的文字。甲骨文中从一到九和十、百、千、万十三个计数单字均已辨认出,当时分别记作:

十、百、千、万的倍数在甲骨文中是用合文写的,如:①

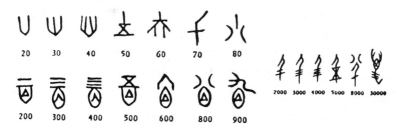

---

① 钱宝琮主编:《中国数学史》,科学出版社1981年版,第5页。

其中三万是甲骨文中现已发现的最大的数字。商代的计数法遵循十进制，并含有明显的位值制的意义。如2656被记作￥⦿文∩。有时商人在百位数字、十位数字和个位数字之间添一个"у"或"ჟ"字。如果把千、百、十和у、ჟ的字样去掉，便和位值制计数法基本一样了，这种简洁明了的计数法比古巴比伦和古埃及同一时代的计数符号更为先进。

西周时期，数学已成为当时的"士"阶层必修的"六艺"（礼、乐、射、御、书、数）之一，测量，绘图和数学知识已有相当的积累。占卜中使用的蓍草，后来演变成算筹。简单的四则运算，大概产生于西周，甚至更早。20世纪70年代中期，陕西周原遗址清理中出土了40多枚西周时期的陶珠，状为球形，径约1.5厘米，呈青、红两色。专家们认为这是珠算的雏形，这种陶珠是算盘的鼻祖。

（五）同律度量衡

度量衡的起源和形成制度，来源于物质生产和生活的需要；乐律的起源，则来自于精神生活的需要；两者的结合，"同律度量衡"，乃是中国的独创。

杜佑《通典》说："自殷以前，但有五声。"1987年出土的七八千年前的河南舞阳贾湖骨笛，表明六声或七声音阶也早已出现。半坡遗址出土的陶哨，乃是商代晚期定型的旋律乐器陶埙的前身。石器时代乐器的宠儿则是中国独有的石磬。

石磬脱胎于新石器时代的有孔石器。先民劳动之余，"击石拊石，百兽率舞"。① 原始石磬已在山西襄汾县陶寺和夏县东下冯夏代文化遗址和内蒙古喀喇沁旗不断露面。1978年冬山西闻喜县发现了距今4000多年的龙山文化晚期的大石磬。商代玉工在磬上大下功夫，经过琢磨，雕以纹饰，制成精美的特磬，以供宫廷之用。1950和1973年，安阳殷墟先后发现了雕饰精美的虎纹石磬（图2-5）。商代晚期开始出现成套的编磬，一般三至五具为一套。周代编磬中的磬数逐渐增多，形制亦渐趋规范化。由于磬的调音比较简单，编磬的出现为古代律制的形成奠定了基础。

---

① 《尚书·益稷》。

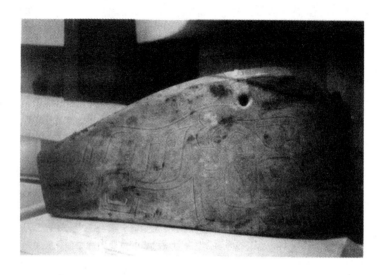

图 2-5　虎纹石磬（1973 年河南安阳殷墟出土）

周代性能最高的旋律乐器是编钟。我国原始社会晚期已有钟。浙江余姚河姆渡文化遗址第四层曾出土 20 多件髹漆的木筒形打击乐器，说不定是钟的前身。陕西省长安县客省庄龙山文化遗址中已发现矩形陶钟。商初已有扁圆形铜铃。商代晚期出现了三枚一组的编铙。西周中期有三件一组的编钟；西周晚期，编钟的钟数已增为八枚。春秋中晚期，每套编钟又增为 9 枚或 13 枚，甚至 16 枚。战国时期出现了大型的编钟群。"钟鸣鼎食"成了贵族生活的生动写照（图 2-6）。

中国、印度和欧洲都有钟，但印度和欧洲的是圆钟，中国商周的钟却呈合瓦式的扁圆形。扁钟的主要优点有二：一是每只乐钟声音的衰减较快，有利于编列成组。二是分别敲击钟的正鼓部和侧鼓部，能发生相隔一个小三度或大三度音程的两个声音，丰富了乐音，扩大了钟的实用功能。

商周时期使用的乐器约有六七十种，光是《诗经》中提到的就有 29 种（包括打击乐器 21 种、吹奏乐器 6 种、弹弦乐器 2 种）。当时制作乐器的材料种类很多，音色各有特色，而以土、匏、皮、竹、丝、石、金、木这"八音"为代表。

图 2-6　曾侯乙墓编钟（1978 年湖北随县出土）

随着社会音乐活动的普遍开展和乐器制造技术的进步，需要对乐音进行定量的研究，终于出现了物理声学和数学知识的结晶——乐律。它与度量衡一起，构成了中国特有的"律度量衡"系统。《虞书·舜典》曰："岁二月，东巡守，至于岱宗柴望，秩于山川，肆觐东后，协时月正日，同律度量衡。"只有发现了弦或管的长度与音高（频率）之间存在某种定量的关系，才会想到"调律品"、"同度量"，①用律来统一长度标准。《礼记·明堂位》说："周公六年，朝诸侯明堂位，制礼作乐，颁度量，而天下大服。""作乐，颁度量"中实包含了"同律度量衡"的内容。这种做法后来成了历代尊奉的优良传统。

五、百工的技艺

分工日细是手工业技术进步的一个标志。商代前期，不仅铸铜、制陶、制骨、制玉等手工业已从农业中分化出来成为独立的生产部门，而且在各行手工业内部也有了一定的分工。定都于殷之后，手工业更大规模地从农业中分化出来，特别是王室贵族所掌握

---

① 《世本》。

的官营手工业，生产规模大，种类多，分工愈来愈细，水平愈来愈高。甲骨文中已出现"百工"之称，① 甲骨文中所见的工匠有陶工、酒器工、椎工、旗工、绳工、马缨工等。考古资料表明，商代工匠遍布于青铜冶铸、制陶、兵器制造、制车、建筑、造船、乐器、骨器、玉石工艺、皮革、竹木等行业。每个重要的行业内部还有更细的分工。

周初不但继承了商朝的治国人才，而且下至陶、冶、柯、匠之徒，均为新王朝所用。手工业分工又有发展。《逸周书》提到十二大类，即所谓"十二末"："一弓二矢归射；三轮四舆归御；五鲍六鱼归蓄；七陶八冶归橐；九柯十匠归材；十一竹十二苇归时。"《尚书·洛诰》中也有"百工"之称。后来，所有审视曲直，观察形势，整治五材，制作器具的工匠统称"百工"。《考工记》曰："知者创物，巧者述之，守之世，谓之工。"即是说：聪明有才能的人创制器物，工巧的人加以传承，工匠世代遵循。手工技术的世代相传和越分越细，可保证有一定的专门人才从事技术工作，促进技术的积累和进步，但圈子的狭小，却妨碍了技术改进的及时推广。

（一）都邑和宫殿建筑

几十年来商周建筑遗址的发掘和复原研究，使沉睡了二三千年的一座座商周建筑重见天日，反映出商周建筑的长足进步得力于各项工艺技术的进步：青铜工具进入建筑施工队伍，青铜构件成为建筑物的一部分；制陶业为建筑业提供了陶水管，发明了瓦；丝织品和各种雕刻品用于建筑装饰，兼收实用和美观之效。随着测量和夯土版筑技术的不断改进，粗具规模的都邑和相当宽敞的宫殿先后落成，逐渐形成了中国式都市规划传统，长久影响后世，余波及于海外。

现已发现的河南郑州和湖北黄陂盘龙商城遗址，城墙主体均用分段版筑法，以夯土版筑而成。郑州商城遗址规模甚大，有一定的规划布局。城内北中部高地上有大面积的夯土台基，是宫殿和宗庙

---

① 萧一楠：《试论卜辞中的"工"与"百工"》，《考古》1981年第3期，第266~270页。

的遗址。城的四周分布有各种手工业作坊和半穴居式居宅遗址及墓葬区。城墙的上部建筑已荡然无存，但从甲骨文 ⊕ 字的形象来看，商代城墙四门之上应该已有门楼之类的建筑了。

夏代开始兴建宫室，入商以后，郑州二里头早商宫殿宗庙遗址和黄陂盘龙城中商宫室建筑基址表明，当时已有比较成熟的营造设计。如以夯土筑成的高台为殿基，台基上有大型木骨泥墙构成的堂、庑、门、庭等建筑物。有的地方地面下还铺设有排水用的陶水管。

安阳殷墟曾发现过50座版筑基地，大部分是殷商王宫和宗庙之所在。《考工记》曰："殷人重屋，堂修七寻，堂崇三尺，四阿重屋"，指的就是这类建筑的主体。殷墟宫殿基址的规划布局，大多采用东西南北屋两两相对，中为广庭的四合院组织的形式。最大的基址长约46.7米，宽约107米，房基上整齐地排列着许多扁圆的大砾石柱础，石础上建立木柱，有的木柱和石础间还垫有一块扁圆的铜片。

夏代已用白灰粉刷墙壁，商代出现了简单的壁画。考古工作者曾在安阳小屯殷墟遗址一个为王室磨制玉石器的处所内，发现了一块涂有白灰石的彩绘墙皮，上面绘有红色花纹和黑圆点，纹饰似由对称的图案组成。

河北藁城台西中商建筑遗址的基槽壁上有用云母粉画出的平直的线，可能用于基础定平，说不定已使用了原始的"水准仪"。台西晚商居住遗址中发现了用夯土和土坯混筑的墙，土坯是烧砖的前身。

周之先人公刘居豳之时，仅有简陋的庐馆、宫室和公堂，与土穴相去不远。至太王迁岐，始步商代建筑之后尘，大营城郭、宫室。至周灭商，加速吸收商代文化，从现已发掘的陕西岐山凤雏村西周早期的宫殿（或宗庙）和扶风召陈村西周晚期大型建筑群遗址来看，建筑技术与商代的大致相同，但在城市规划方面，有了长足的进步。

《周书·洛诰》记载："伻来以图，及献卜。""伻"即使者。这里说的是，周公在洛阳选建城址时，曾作了规划，并绘成地图，遣使呈献给周成王。周公营建洛邑是周初大规模营城建邑活动的代表，各路诸侯和受封的卿大夫纷纷营建都城，形成了周代第一次城市建设的高潮。如古蓟国的都城建于现在的北京，公元前1045年，它已具备城市聚落的功能。周代第一次城建高潮的经验总结，体现在《考工记》"匠人"节中。

《考工记·匠人》曰："匠人营国，方九里，旁三门。国中九经九纬，经涂九轨。左祖右社，面朝后市，市朝一夫。"建筑史界认为《考工记·匠人》王城规划的意匠和方法渊源于井田制系统，宫城规划体现了传统的择中建都的理论，整个规划充分体现出一个大一统的奴隶制王国首都的宏伟气概。①

《考工记》对夏后氏世室、殷人重屋和周代明堂均有描绘，大约关于重屋的记载比世室可靠，明堂的资料又比重屋可靠。除《考工记》之外，《尚书·顾命》中有一段记载康王即位仪式的文字，也是重要的周代建筑文献，文中提到的宫殿建筑有"五宫之门"、"堂"、"室"、"东房"、"西房"、"庭"、"东序"、"西序"、"东垂"、"西垂"等名目，反映出周代宫殿的规模已颇为宏大。

周代建筑的另一项进步是用瓦。《豳风·七月》提到用茅草铺屋顶。凤雏村遗址中瓦的数量还不多，当时仅用于屋面的重要部位上。召陈村遗址已有大量的瓦片堆积，有板瓦、筒瓦之分，大小、形制、纹饰各不相同。西安客省庄西周遗址还发现了专用于屋脊的人字形瓦，瓦上都有瓦钉和瓦环，有的在顶面，有的在底面，用来固定瓦的位置。当然，西周虽然发明了瓦，使用还不很普遍。进入春秋以后，瓦才获得普遍使用。《考工记·匠人》中规定了瓦屋屋架高度和进深的合理比例。

（二）从陶器到原始瓷器

《老子》曰："埏埴以为器，当其无，有器之用。"陶器的发明使烹饪技术大大前进了一步，有助于改善人的体质；陶器中可以存放多种东西，方便了生活和生产；陶器比石器容易达到所需的形状，陶制纺轮、陶刀、陶锉等生产工具开始出现；陶器上的纹饰刻画易

---

① 贺业钜：《考工记营国制度研究》，中国建筑工业出版社1985年版，第58~59页。

于表达保存，孕育了最初的文字、艺术和科学；陶器对农耕部落十分重要，是常见的随葬品。这样，人们不但从远古陶器上发现了制陶技术进步的足迹，而且通过陶器找到了解决文化史上不少难题的钥匙。

在新石器时代，西安半坡遗址中的陶窑，已有竖穴窑和横穴窑两种。到新石器时代晚期，制陶技术进步有种种表现：制坯已广泛采用快轮；烧制温度高达1000℃左右；已掌握控制窑温和含氧量烧制灰色或灰黑色陶器的方法；以高岭土为原料的白陶亦在5000年前的熊熊烈火中诞生。

步入青铜时代，商代的制陶业已设有专门的作坊，内部有固定的分工。制陶作坊生产的品种包括：一般的灰陶、红陶和黑陶，以及先进的釉陶和白陶。

白陶制作技术代表了当时制陶工艺的最高水平，它以高岭土作胚胎，烧成温度达1000℃以上，陶质较坚硬。新石器时代晚期出现了印纹硬陶，至商代，烧成温度已可高达1200℃。由于瓷土的发现和利用，高温窑（如龙窑）的出现，玻璃质釉的发明，再加上还原焰的运用，商代（甚至更早）已烧出了青釉器，即通常所谓"原始瓷"或"原始青瓷"。

近几十年来，原始青瓷在黄河中游、长江下游等广大地区屡有发现，完整的器皿有：瓮、罐、瓶、碗、尊、豆等（图2-7）。其特性介于瓷和陶之间而倾向于瓷，如胎质较陶器细腻坚硬，但精细不及瓷器。胎色以灰白居多，白度欠高，尚无透光性。烧成温度一般高达1100—1200℃以上，但与烧成瓷器的1300℃相比，还略嫌偏低。胎质基本烧结，但程度参差不齐。吸水性较陶器为弱，但还有一定的吸水性。器表已施有一层石灰釉，釉层较薄，胎和釉结合较差，容易剥落。

无论这批青釉器多么原始，它的出现是向瓷器过渡的必要阶段。春秋战国时期，原始瓷技术在越国有较大的发展。浙江绍兴的战国墓中出土过大批的青釉器，胎质坚密，器形规整大多仿青铜器。后因越国的灭亡和战乱的影响，原始瓷生产技术一度中断，至东汉东山再起，发明出成熟的青瓷。

图 2-7　商原始青瓷尊（高 28.2 厘米，1965 年河南郑州出土）

(三) 纺织和染色

夏代的纺织技术，依稀可见于遗留在陶器上的织物印痕和遗存的起纺织作用的骨针和骨梭。商周的遗存大为增加，加上文献的记载，可使后人清晰地看到这个五彩斑斓的古代世界。

甲骨卜辞中蚕、茧、丝、帛以外，还有从"系"的字数十个。残留在商代铜觯、铜钺、铜觚之上的丝织品，已发现多种品种。如河北藁城台西商代遗址出土的铜觚上的丝织物残痕包括纨、绢、纱罗、绉等；另有一块丝织物，据鉴定为平纹绉丝织物"縠"，这是我国目前所知的最早的縠的实物。又据鉴定，商代使用已缫的桑蚕丝，当时经纬丝的投影宽度为 0.1—0.5 毫米，可见应用多粒茧的热釜缫丝工艺渐趋完善。甲骨文中与缫丝有关的象形字还说明商代已使用绕丝框的丝篗子工具。

肇始于商殷时期，周代有显著进步的提花技术，是中国古代对于纺织技术的一项非常重要的贡献。商绮最初是用踞织机（腰机）生产的。由于对织物花纹的要求渐趋复杂，对产量的要求愈来愈高，促成了有框架的多综多蹑织机的发明，瑞典远东博物馆收藏有一件中国商代青铜钺，上面粘附的丝织物的残痕，即是在平纹底上起菱形花纹的提花织物。北京故宫博物院所藏商代铜器上粘附的丝织物，在平纹底上起斜纹花构成回纹图案，每个回纹由25根经线和28根纬线组成。图案对称协调，层次分明，做工精巧，已具有相当高的工艺水平。

从商周到战国，花纹从商绮、周锦的对称几何纹逐步向动物纹、人物纹等较复杂的花纹发展，出现了多彩和组织相当复杂的大提花织物。《易·系辞上》说："参伍以变，错综其数，通其变遂成天地之文，极其数，遂定天下之象。"虽是借用纺织提花技术作比喻，不难看出商周提花技术的进步和在社会上的影响。当然，多综多蹑机难以胜任组织复杂的花纹循环变化更大的纹样要求，至迟在汉代终于出现了束综提花机。汉以后，中国的提花技术逐渐传至西方，对世界提花技术的发展起了重要的作用。

商周时期，随着丝织技术的提高，丝织物品种大量增加，见于记载的有：缯、帛、素、练、纨、缟、纱、绢、縠、绮、罗、锦等。其中既有生织，又有熟织；既有素织，又有色织，而且有了多彩织物——锦。真是五光十色，琳琅满目。不过，这些鲜明的衣饰是属于贵族奴隶主的，平民穿的是麻葛衣料，奴隶只能穿粗布。

由于需求量大，葛麻纺织技术在商周有了明显的进步，并已进入手工机械纺织阶段。使用的原料有麻、苎、葛、蕡（苘麻）、楮、菅、蒯等植物。麻和葛必须经过脱胶才能利用，《诗经》中对葛脱胶和麻脱胶的方法都作了记载。《诗经·周南》说："是刈是濩，为絺为绤。"这是说把葛藤收割回来，放在沸水中煮练，然后剥取松软的葛纤维，纺织成粗细不同品种的葛布。《诗经·陈风》又说："东门之池，可以沤麻。"由于大麻和苎麻的韧皮组织与葛藤不同，不能简单地用煮的办法脱胶。需在浸沤中经过一定时间的发酵，使麻皮中的胶质被分解，起脱胶作用。

为了保证麻织品的质量，周代开始出现统一的纱支标准，按标准织作粗细不同的各种麻布。计算纱支的主要单位是"升"，在幅宽为 2 尺 2 寸的经面上有经纱 80 根，为一升。制冕用的最精细的 30 升布，每厘米的经纱密度约 48 根，已和当今较细密的棉布不相上下。

纺织品的质地固然重要，为了赏心悦目，进一步分出尊卑，色彩也必不可少，在奴隶制社会里，服饰从头到脚都按规定的颜色和花纹分成等级。随着等级制度的发展和完善，产生了所谓"十二章服制"，统治阶级越来越讲究服装的彩色和花纹，染色技术得到了相应的发展。

我国原始的印染，是在纺织物上按纹样着色填彩，这就是《书·益稷》上所说的："以五采彰施于五色，作服，汝明。"至商周时期人们已掌握利用多种矿物颜料给服装着色和用植物染料染色的技术，能染出黄、红、紫、蓝、绿、黑等多种颜色。染的方法分为浸染和画缋。浸染又分为石染和草木染。石染是将矿物着色材料研磨成微细粉末，再用水调和，把纱、丝或织物浸入其中。草木染是用植物染料的色素，进行浸染、套染和媒染染色。画缋是在织物或衣裳上用调制的颜料或染料，循花纹涂绘刺绣。

据《周礼》的记载，周代设有专职掌管染丝帛之事的"染人"。《考工记》中介绍了染羽的"钟氏"和管"画绘之事"的工师的工作，随着分工越来越细，人们对于千变万化的色彩世界和利用化学反应染色的知识与日俱增。

周代所用的矿物颜料有：染红的赭石、朱砂；染黄的石黄，染绿的空青，染蓝的石青和染白的蜃灰等。靛蓝是最早利用的植物染料。《夏小正》说："五月……启灌蓝蓼。"夏代已可能种植蓝草以供染色。靛蓝色泽浓艳，牢度好，几千年来一直深受人们的喜爱。商周时的植物染料还有：染红的茜草，染紫的紫草，染黄的荩草、地黄、黄栌、染黑的皂斗、麻栎等。其时色谱已较全面，可以满足五彩齐备的需要。

媒染工艺的发明，媒染染料和媒染剂的使用，更是染色技术上的重大突破。茜草中的茜素和紫草中的紫草宁如不加媒染剂，丝、毛、麻均不能著色；而当它们与椿木灰、明矾等媒染就能得到鲜艳的红色和紫红色。《诗经》中多处提到茜草（茹藘）和茜染的服装。《考工记》中记载："三入为纁，五入为缌，七入为缁。"这种工艺品以茜草色素作为红色媒染染料染纁（绛色）为底色，再以绿矾等交替媒染而成深青透红的"缌"色和赤黑的"缁"色。这一工艺知识的积累应在西周就开始了。

（四）殷周的车子

车是古代重要的交通运载工具，又有作战仪仗等种种特殊的用途，实际上是一个国家机械制造工艺水平发展程度的集中代表，从考古发掘资料来看，商代晚期的独辕车已相当成熟。"周人上舆，故一器而工聚焉者，车为多。"①两周时期工艺技术的进步，在车子上得到了集中的反映。

20世纪30年代，河南安阳殷墟和辉县的考古发掘中发现了考古界期待已久的古车遗迹，（图2-8）1950年在辉县琉璃阁的考古发掘中成功地解决了剥剔古车遗迹的技术问题。此后几十年来，我国已积累起商、西周、春秋、战国、秦、西汉等各个时代的独辀马车的大量资料。1996年在河南偃师商城遗址发掘中发现了商代早期遗留的两道车辙。现有的资料表明，春秋以前的马车都是独辕的，双辕车始于战国。商周至战国，我国马车的系驾法采用世界上独特的轭靷式，不会压迫马的气管，车子加速时，马也奔跑自如，比同一时期地中海地区普遍采用的"颈带式系驾法"优越。

---

① 《考工记·总叙》。

图 2-8　商代战车复原图

《诗·秦风·小戎》对两周之交的秦军战车作了形象生动的描绘,其诗曰:"小戎俴收,五楘梁辀,游环胁驱,阴靷鋈续,文茵畅毂,驾我骐馵。"根据古车研究成果,我们可以将这首古代名诗用现代汉语再现出来:

  小兵车,好神气!
  后部的横木,低浅为易登,
  前翘的梁辀,花箍加五道。
  长革带,好齐整!
  背上系游环,两旁有胁驱,
  车板遮住靷轨,靷环镀有白锡。
  驾马车,好舒服!
  上有虎皮的褥子,下有安稳的长毂。
  漂亮的青黑花马,扬起雪白的左蹄。

为了减少车轴与毂之间的摩擦与磨损，改善和维护车子的性能，古人早就懂得对马车的轴承进行润滑。这就是《诗经·邶风·泉水》所说的"载脂载辖，还车言迈"。其意思是说：起程前，用油脂，将车子润滑；在轴端，把销钉检查。在实践中，这种润滑保养工作逐渐制度化，到春秋时期，还出现了专司其事的官员，叫做"巾车"。春秋战国时期，攻伐征战对战车的需求与日俱增，新式青铜工具的出现改进了木工工艺，《考工记》对制车工艺作了全面的总结，木车进入了它的全盛时代。后来，钢铁兵器出现称雄战场，强弩大量用于装备部队，对战车构成了致命的威胁，迫使它不得不逐渐退出历史舞台，让位于骑兵的纵横驰骋。

六、阴阳五行与《易经》

阴阳五行学说是中国古代颇具特色的一种自然哲学，《易经》是以卜筮之书的面目出现的一部奇书。阴阳五行学说和《易经》的体系，在中国传统科学思想中几乎无处不在，对中国古代科学技术的发展产生了深远广泛的影响。

（一）阴阳五行学说的起源

阴阳和五行是相互密切联系，又有区别的两种概念。这两种观念从问世到书于竹帛，经历了很长的时间。从传世的文献来看，"阴阳"的概念，最早见于《易经》；"五行"之说，最早见于《尚书》的《甘誓》、《洪范》篇，它们与"气"一起，构成了解释世间万物的一个原始理论系统。

人类社会从原始社会进化到奴隶制社会，随着生产力的发展，社会物质财富的增长，各种科学知识的初步积累，一部分人从体力劳动中脱离出来，专门从事脑力劳动，形成了"卜"、"占"、"巫"、"史"等宗教、文化、科学专业队伍，大大促进了人们宗教思想和自然观的变化。

先是"万物有灵"的观念逐渐为宇宙间一个至高无上的神，即"帝"或"上帝"所取代，奴隶主们事无巨细，生产、战争、天气、吉凶祸福、生老病死……一切都要祈求上帝。他们认为"蓍神龟灵"，龟卜蓍占是沟通人和神之间联系的有力工具，逐步形成了一整套宗教神学思想体系，即天命观。天命观对于科学技术的发展，害处大大多于好处，占星术之于科学的天文学，巫术之于科学的医药学，就是两个极好的例子。人们在改造自然的活动中，不时发现基于实践经验的种种知识竟与"天命观"相抵触，"神"的观念不得不动摇。万物无知，则自有定则。人若能得其定则，即可从而驾驭之。于是，朴素的唯物主义的自然观开始萌芽，它的最初形态就是五行观念。

五行观念由来已久，它究竟起源于何时？它最初的含义是什么？至今众说纷纭，莫衷一是。其中较有影响的是五祀说、五星说、五方说、五数说、五工说及四时说等，不拟在此详列。这个观念系统以"五"为纲，很可能与一只手有五个手指有关！五行观念将五种基本物质定为金、木、水、火、土，它的形成应在中国进入铜器时代之后。《尚书·甘誓》说："有扈氏威侮五行，怠弃三正。"夏代出现"五行"的初步观念是完全可能的。人们为了把"五行"与春、夏、秋、冬四时的概念联系起来，遂在"四时"之中，加上一个中央后土，凑成整齐的"五"数。

自"五行"所代表的五种不同类别的基本物质出发，加以引申，五行也就代表了大自然中五种不同的基本作用、功能、属性和效果。由此建立起来的一个庞杂的几乎无所不包的观念系统，与阴阳学说相配合，成为中国古代解释宇宙事物本原，大自然运行秩序的思维模式。阴阳五行说与《易经》体系的结合，则试图囊括人类社会和自然界的所有知识和活动。

关于"五行"的具体论述出现在《尚书·洪范》中，文中说："五行，一曰水，二曰火，三曰木，四曰金，五曰土。水曰润下，火曰炎上，木曰曲直，金曰从革，土爰稼穑。润下作咸，炎上作苦，曲直作酸，从革作辛，稼穑作甘。"这则史料的可靠性尚有争议，有的学者认为水、火、木、金、土之说是战国或汉代人窜入的。不管水、火、木、金、土之说形成的早晚，五行说中的"金"是从铜、金、银、锡、铅（甚至可能包括铁）等金属的共性中抽象出来的一种基本物质元素，它是其他地区的古代文化中所没有的。如古希腊人认为水、空气、火和土是构成世界的四大要素，印度哲学家羯那陀则以地、水、火、风为"四大"要素。古希腊和古印度的四种基本物质元素几乎完全相同。古希腊把无形的空气，古印度把空气的流动——风作为一种基本物质元素，中国的五行说却显然愿意选择有形的实体——金来充数。除了"金"之外，"木"也是中国所特有的。木材和木炭的大量利用，金属冶炼业的产生和发达，正是五行说形成和发展的物质基础。然而，中国古代的自然哲学家并没有忘掉"风"和"气"。他们把"风"作为八卦之一，更从"气"的概念不断发展，形成了有中国特色的元气学说。

春秋战国间，对五行之间的相互关系和影响的探求，逐渐发展为一整套的"相生"、"相克"的关系，即：水生木、木生火、火生土、土生金、金生水；水克火、火克金、金克木、木克土、土克水，借此解释万事万物的发展变化。至战国时期，齐国的邹衍更提出了系统的五德终始说，主张五行相生相克，循环往复，一切天时人事，政治盛衰，都可用五行来解释，背离了五行说向科学化方向发展的轨道。

阴阳的观念来自于对天象、气候、生物之运动的观察和思考。古人发现，昼夜之此消彼长，寒暑之往来变化，牝牡之相求繁衍……许许多多相关的事物中，都能导出一组对立的概念，而"阴阳"正是这一组组对立统一体的最传神抽象的概括。"气"的概念和应用又是中国人的一大发明。从自然界中具体的空气和风，到原始气功实践中令人捉摸不透的气感，到宇宙万物间许多有形无形的相互作用，冥冥之中似乎无不有"气"的存在。人们用阴气和阳气的矛盾运动可以解释众多自然现象。

西周时，人们已用阴阳的观念来解释四季的变化。古人认为春夏秋冬的更替，就是一种阴阳消长的过程。天气属阳气，性质是上升的；地气属阴气，性质是沉滞的。阴阳两气上下对流而生成万物，是天地的正常秩序。反之，阴阳气不和，自然界就会发生地震、洪水等种种灾异。说到底，正如《易·系辞上》所说的："一阴一阳谓之道。"对于阴阳两气的发展变化，最简明扼要而又意蕴无穷的描述乃是"太极图"。(图2-9)《易·系辞上》说："易有太极，是生两仪,两仪生四象,四象生八卦。"太极之图应该早已有之,但它的图案形象却晚至唐宋时代的文物和文献中方始露面。

图 2-9　唐(或宋)透光镜中央的太极图和八卦(采自《金石索》)

宋代理学家周敦颐在《太极图说》中描述道:"太极动而生阳,动极而静,静而生阴,静极复动,一动一静互为其根。分阴分阳,两仪立焉。阳变阴合而生水、火、木、金、土。五气顺布,四时行焉。"在此,阴阳五行说用太极图统一起来,不能不说是"易"学的重大创造和发展。唐宋时的透光镜上已有太极图的形象。此后,太极图风行于世,成为道家的特有标识。近代,太极图又走向世界,成了中国传统文化的鲜明象征。

(二)超越时代的奇书——《易经》

如果说太极图以极其简洁的直观图形对阴阳双方的矛盾运动作了高度的抽象和概括,简直放之四海,用之无穷而皆准,那么《易经》借助于象数的排列,隐含义理,对客观世界错综复杂的阴阳矛盾运动列出了一系列的模写和文字谜面,谜底难以穷尽,意蕴也就无穷无尽。

《易经》从自然界和人类社会的复杂现象中抽象出阴(--)和阳(—)两个基本范畴,由阴和阳不同的二爻排列得到八种符号,即震☳、离☲、兑☱、乾☰、巽☴、坎☵、艮☶、坤☷,俗称八卦,分别代表雷、火、泽、天、风、水、山、地。这样,八卦即与季节、方位相对应,它的用途之一就是远古历法。当然,八卦的含义不止于此。把八卦再互相排列,成为六十四卦。每卦六爻,共三百八十四爻,情形就更为复杂,足以覆盖古人可以预见的人事和自然现象。于是,《易经》通过阴阳的不同排列构成万事万物,由阴阳排列的变化导致万物的变化,加上"物极必反"的辩证思想,颇为成功地解释了自然和社会的许多现象。《四库全书总目提要》"易类总序"说:"易道广大,无所不包,旁及天文、地理、乐律、兵法、韵学、算术以逮方外之炉火,皆可援易以为说,而好异者,又援以入易。"这并非夸大之辞。

根据当代自然科学的进展和易学研究的新成果,易理不但是中国传统医学之本,传统科学思想之源,而且近现代一些重大的自然科学的进展,与《周易》(《易经》和《易传》的合称)的思想有密切的关系。如将阳爻视为1,阴爻视为〇,六十四卦实际上是从000000至111111的64个二进制数字。计算机二进制的算术概念的形成,新型电脑的软硬件的改进,生物遗传密码的研究进展,特别是现代混沌理论的产生,耗散结构的问世,均在不同程度上受到《周易》思想的鼓舞或启示。1703年德国大学者莱布尼兹(G. W. von Leibniz,1646—1716年)从耶稣会士白晋得到中国六十四卦资料,发现与他1678年所发明的二进制算术完全符合,大为惊喜。20世纪著名的丹麦物理大师尼耳斯·玻尔（Niels Bohr，1885—1962年）认为中国的太极图和物理学哲学中的互补原理相通，因而采用太极图作为自己族徽的中央图案，已传为科学史上的佳话。

《周易》在中国历史和当代世界上都有广泛的影响，它以及"河图"、"洛书"的来源却是一个谜。按古史传说，《易经》是由伏羲画八卦①，周文王将八卦增益为六十四卦，文王或周公作爻辞而成。与《易经》相辅的《易传》又称《十翼》，即：象传上下、彖传上下、文言传、系辞传上下、说卦、序卦和杂卦。《十翼》传为孔子所作，实由众说集成，非出于一人之手笔。其实，《易经》更不是一人一时之作。

《易经》之作，与"河图"、"洛书"大有关系。河图、洛书在两汉的著作中常提到，但它的图形直到宋代才由陈抟等易学家描绘出来。据陈抟的《河洛理数》，河图是以五、十居中的四方图形，洛书是以九个数排成了三方格的幻数图。（图2-10）然而远推"河出图，洛出书"的传说，② 近观安徽含山凌家滩大汶口文化中期的玉片、玉龟，可以想象河图洛书的出现的确很早，有关传说虽带有神话色彩，却不宜全盘否定，当有尚未为人所知的事件背景。如果作一更大胆的推测，这种神话传说是否具有星际文化交流的背景，也是值得考虑的。

《易经》之作，与商代甲骨文也有渊源。卦象的文字来源、语法用词、书写原则、数字系统，甚至思想内容，与甲骨卜辞一脉相承。故《易经》可能是古代巫、占、卜、史之流，在科学水平尚低下的条件下，借助于天象、天气观察，远古历法，历史经验和原始气功实践，苦心研得的一项超越时代水平的重要成果。它源远流长，至少是好几代人的集体创作，不断增益，至西周整理成书，春秋时又有所增补，成为最早的历法书和最受尊重的卜筮体系之一。

---

① 《易·系辞下》："昔者庖牺氏之王天下也，仰则观象于天，俯则观法于地，观鸟兽之文与地之宜，近取诸身，远取诸物，于是始作八卦，以通神明之德，以类万物之情。"

② 《易·系辞上》。

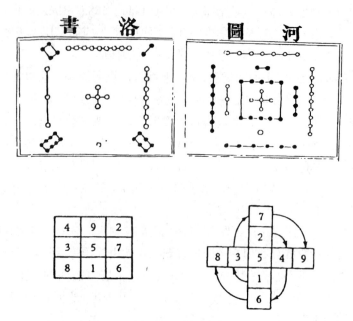

图 2-10 河图洛书

现在看来,《周易》无异于一门高深的应用学、预测学和决策学。

大自然归根结底遵守和谐的定律,应当可以高度概括为某种简单的法则。《周易》对这种规律的探求和概括,实际上符合了简单和概括这两个现代科学原理的目标。在我国历史上,《周易》培育了一代又一代哲学家,几乎每一个哲学大师,都对《易经》有精深的研究。它不仅与中国古代天文历法和天文图式深有渊源;而且它的理论构架和思维方式对中医理论的建立和发展具有指导作用。应当说,以《周易》为主导的中国古代理论体系基本上是完备的。但是,《周易》中自发的、朴素的辩证法思想脱离了具体条件,不可避免地过于抽象,显得神秘化。它的理论体系缺乏具体实践,脱离了具体条件,无论如何不能代替近代自然科学。即使如此,《周易》中蕴含的丰富的高层次的自然科学内容,并没有也不可能为当代的人类所完全认识。人们可望从中汲取高深的指导思想和似乎取之不尽的启示,不断建立新的理论基础,从而推动自然科学的进一步发展。

第三章
科学之春

夏、商、周三代的华夏文化，在阴阳、五行、八卦的烟雾缭绕之中，青铜业、农业和陶瓷等手工业三足鼎立，与原始时代的科学技术已不可同日而语。众所周知，一部埋藏地下尚未为人所知的三代文明史比目前已知的不知要丰富多少倍。然而，如果不作比较，先人自然不知道，这时的华夏大地，农业自然经济占统治地位，商业贸易远不能与之分庭抗礼，生产力水平尚低，经济、科学发展速度相当缓慢。这一切，与埃及、印度等文明古国的情况有些相似。假如作一比较，或者通过某种交流，先贤们可能大吃一惊，原先并不怎么起眼的地中海古希腊文化，正在迎头赶上。

古希腊为欧洲文化的发源地。公元前十世纪前后开始从原始社会向奴隶社会过渡，从原始社会后期的军事民主基础上发展起来的以工商业奴隶主为主的城邦共和国的政体和半岛形的地理环境，造成了有利于手工业生产和海上贸易发达的格局。希腊人继承了被他们征服的古埃及和巴比伦文明影响下的爱琴海地区的技术遗产，利用了先进的生产力，特别是西亚和小亚细亚一带以及本地区已经出现的铁器，手工业技术发展较快。他们利用腓尼基人发明的字母来拼写自己的语言，拼音文字的潜移默化之功，不同于讲究综合的象形文字，有助于分析能力的培养；唇枪舌战的论辩之风，对提高反应的灵敏度不无益处……由于上述种种因素，古希腊经过几百年的时间，迅速发展成为繁荣的奴隶制国家。泰勒斯(Thales，约公元前624—约前547)、柏拉图(Plato，约公元前427—前347)、亚里士多德(Aristotle，公元前384—前322)、欧几里得(Euclid，活动于公元前300年左右)、阿基米德(Archimedes，约公元前287—约前212)等著名哲学家、自然哲学家如雨后春笋般成批涌现，他们往往结成不同的学派，对包括自然科学在内的许多问题进行广泛的研究，在天文学、几何学、物理学、医学以及建筑等领域内取得了举世瞩目的成就，形成了西方古代科学技术发展的一个高潮。

正当古希腊攀登世界科学技术的高峰，尼罗河上的夕照非复昔日之斜晖，恒河之畔的芳草欲争一季之菲绿之时，中国奴隶制开始出现崩溃的趋势。公元前770年，申侯联合缯和西夷犬戎攻杀周幽王，平王即位，被迫东迁洛邑，依附于诸侯。从此王室日益衰微，诸侯争霸称雄，战火纷飞，中国进入了历史上著名的春秋战国时期。值此多事之秋，适逢科学之春，中华民族在人类科学史上写下了足与古希腊文明珠璧交映的新篇章，至今令人回味无穷。

一、科学社会史的思考

春秋战国时期中国科学技术的飞跃有多方面的原因，择其要者可归纳为：社会的大变革、竞争的机制、奖励耕战的科技政策、手工业者的崛起、勃兴的私营工商业、"士"的双向市场、自由的学术空气、空前的文化交流和"人定胜天"的进取精神。

(一) 变革的时代

春秋战国时期的五个半世纪，正处于中国社会由奴隶制向封建制转变的大变革的时代。由于生产力的发展，周礼制文化的主角——周王室的统治基础被动摇，礼崩乐坏，社会变革成了不可逆转的历史潮流。

春秋时期，五霸迭兴，历史车轮滚滚向前。鲁国在公元前594年实行"初税亩"，意味着井田制正在瓦解，然大局势在必变而尚不能遽变。从春秋到战国，魏、赵、韩三家分晋，公元前403年册封为侯。17年后，田氏代齐。周王室名存实亡，各诸侯国陆续实现了向封建制的过渡，好比从安流的平川驶入奔流的湍濑，导演出一幕幕变革图强的活剧。李悝在魏国实行新税法，使魏国一度强盛。后秦孝公求贤，年轻的公孙鞅（商鞅）挟着李悝的《法经》来到秦国，实行变法。后来商鞅虽被车裂而其政策不灭，秦国之强遂无敌于天下。提倡"胡服骑射"的赵武灵王也认识到"齐民与俗流，贤者与变俱"。① 总之，新的封建制和变革的潮流基本上适应了当时生产力发展的要求，劳动者的生产积极性有了提高，以铁器的利用为代表的新生产力得到了前所未有的发展，灿烂的政治经济之花结出了丰硕的科学技术之果。反之，科技的长足进步也为变革的潮流推波助澜，形成了良性循环。一直到水遭千流归大海，秦汉以降开始了以封建大一统为特征的新时代。

（二）竞争的机制

春秋战国时期，周王室衰微，对真命天子的迷信被打破。如果说春秋争霸还需要以周天子作幌子，那么战国时期连这个"尊王"的招牌也可以丢弃了。不少诸侯跃跃欲试，旨在问鼎中原。谁的力量强大，就可望取得对全国事务的发言权。就连无力逐鹿中原的弱小诸侯国，也必须在这弱肉强食的竞争中努力以自保。否则，等待它的必然是灭亡的命运。当时除了几个弱小的诸侯外，没有一个不想乘四邻的间隙扩张领土。列强以军事、科技、经济实力为后盾，径以血染的锋刃相向，攻城掠地不再需要寻找借口。在这种情势下，先进的科学技术之受人欢迎，自然是不言而喻的了。

《考工记》自齐国问世后，迅速向其他国家传播，显然是这部手工艺技术专著迎合了各国富国强兵的需要。冶铁业的发展，更是

---

① 《史记·赵世家》。

一个典型的例子。春秋末和战国初年，冶铁业还集中在几个地区，至战国中后期，已在全国普及，生产规模大为扩大，并出现了许多著名的冶铁中心。连原先认为冶铁较落后的秦国，也已由考古发掘证明，早在公元前384年把国都从雍（今陕西凤翔）东迁栎阳（今陕西临潼东北）以前，就有相当发达的冶铁技术和冶铁业。后经商鞅变法，秦国益强。荀子说：秦使"民所以要利于上者，非斗无由也。陀（压迫）而用之，得而后功之，功赏相长也"。正是由于采取竞争的政策，加上武器的精良，"故齐之技击，不可以遇魏氏之武卒；魏氏之武卒，不可以遇秦王之锐士"。

竞争也体现在人才的使用上，春秋重世臣，战国凭智力，在优胜劣败的环境中，高贵的血统不怎么灵光了，出身低微的能人也能加入竞争的行列，以至成为叱咤风云的人物。真是时势造英雄，英雄造时势，竞争成了社会和科技发展的强大动力。

（三）奖励耕战的科技政策

无论是为了称霸争雄，还是为了免被淘汰，有为之主无不力图富国强兵，而从根本上做起，必须搞好农业生产，加强军备，所以各国大多奖励耕战，尤把农业作为立国之本。管仲辅佐齐桓公，李悝辅佐魏文侯，秦国商鞅变法等均是奖励耕战的科技政策获得成功的著名例子。

奖励农桑的政策，鼓励了农业生产的发展和农业科学技术的总结提高。虽然被讥为"小人"，孔门弟子樊迟敢于"学稼"、"学圃"，打破了儒家和农学的界线。后起的儒家大师荀子，对农业生产常有引述。《荀子·则阳》论述了"深耕而熟耰之"的重要性。先秦诸子中，谈"神农之学"，主张国君"与民并耕而食"的农家学派出现了。专门的农书《神农》二十篇与《野老》十七篇问世了，可惜没有流传后世。现存最古的四篇农学论文《上农》、《任地》、《辩土》、《审时》，保存在吕不韦的门客编著的《吕氏春秋》中，部分地反映了春秋战国时期农业科学技术发展的水平。

大规模水利工程的兴建，往往是施行以农为本的政策的直接结果。公元前246年兴建的郑国渠，虽说是例外，也与秦国的农业大计有关。当时韩国有一个有名的水工叫郑国,由韩廷派往秦国,劝秦廷开凿一条沟通泾水和洛水的大渠,长300余里,想借此消耗秦的国力,延缓它对外扩张的步伐。这渠开到一半时,韩的计谋泄露。但秦王嬴政听了郑国的申诉,明白这渠实际上对秦国的农业和国计民生大大有利,终于使它竣工。先是都江堰的兴建,使成都平原大约300万亩良田纳入灌溉系统,"水旱从人"、"沃野千里"。①郑国渠的建成,又"溉泽卤之地四万余顷,收皆亩一钟",使"关中为沃野,无凶年"。秦国的农业生产大大发展,为称雄六国,进而统一全国提供了坚强的后盾。

随着农业生产的发展,对天时提出了更严格的要求,春秋战国时历法大为进步,各诸侯国纷纷使用四分历,与农时关系密切的二十四节气的划分和安排也在战国时期趋于齐备。同时,对新式铁农具和铁兵器的需求,大大刺激了冶铁业和冶铁技术的发展。

(四) 手工业者的崛起

《国语》曰:"工商食官",古代的手工业者实际上是一群官府统治下的手工业奴隶,在严格的管理制度下,他们挟青铜文化之余威,继续以大量的血汗和惊人的智慧,创造着像随县曾侯乙墓编钟群这样的不朽的科学和艺术精品。

随着手工业技术的发展,内部分工越来越细,生产管理和技术日益规范化,于是,出现了我国第一部手工艺专著《考工记》。从《考工记》到"物勒工名,以考其成",官府手工业在组织分工、质量检验、生产责任、奖赏惩罚等方面逐渐形成了一整套管理制度,在一定的范围内保证了技术的持续发展和广泛传播。

《考工记》开宗明义曰:"国有六职,百工与居一焉。"这是宣告,"百工"在社会生产和生活中已经崛起,预示着百工起更大作用的社会新秩序的建立。这时,春秋以前"工商食官"的格局已经发生了变化,除了官府手工业之外,出现了众多的民间小手工业和少数私营大手工业,《考工记》以"粤无镈(匠)、燕无函(匠)、秦

---

① 《华阳国志·蜀志》。

无庐(匠)、胡无弓车(匠)"这种别致的语言,生动地描述了粤、燕、秦、胡等地民间特产手工业十分发达,凡是成年男子都有技术专长的情景。新兴的手工业部门以冶铁、煮盐、漆器业为代表,因为大多私营,与官府工官制度的陈规旧章相比,束缚较少,很快兴盛起来。战国时期,封建制的生产关系在手工业中逐渐孕育和发展,手工业者的精神面貌和科学技术水平随之面目一新。

《管子·治国篇》说:"今为末作技巧者,一日作而五日食,农夫终岁之作,不足以自食也。"然而在手工业者看来,高技术手工业者的经济收入虽高,而社会地位相当低下,这是多么的不相称!作为手工业者利益的政治代表,墨家学派应运而生。墨家的创始人是墨翟,他的300多个弟子大多来自下层社会。墨家的首脑叫"钜子",墨翟是首任"钜子"。在当时,墨家是社会上唯一的有组织的永久性团体,一个过问政治、军事的手工业行会。它的作用兼有墨家理想的传播、职业的合作、技术的传授和新知识的探索。墨家对丰富的手工业生产实践经验和某些科学实验进行了科学抽象的初步尝试,不时有所收获,集思广益的结晶便是先秦科学著作的瑰宝——《墨经》。

(五)勃兴的私营工商业

在生产力水平较低的条件下,集结了大量奴隶劳动力的工官制度,在一定的程度上有利于科学技术的发展;但当生产力进一步发展,需要调动生产者的积极性时,它已成为科技进步之累。战国时代私营工商业的兴起和发达,正好发挥了工官制度所难以发挥的作用。

当时在私营工商业的浪潮中涌现了不少著名的实业家。如洛阳的大实业家白圭,经营谷米和丝漆业,"能薄饮食,忍嗜欲,节食服,与用事僮仆同苦乐",行事与以前的奴隶主贵族迥然不同。他又以善于治水筑堤著名,能够及时发现堤防上的白蚁的洞穴,"塞其穴",以免"千丈之堤以蝼蚁之穴溃",① 解决了护堤的一个重大

---

① 《韩非子·喻世》。

问题。又有以制盐起家的猗顿,以铁冶成业的赵国郭纵、卓氏,魏国孔氏,齐国程郑,继承了擅利数世的丹穴的巴蜀寡妇清等,俱有心计和才智,或富埒王侯,或名利双收。私营工商业的发展,需要先进的管理和科学技术。白圭尝言:"吾治生产,犹伊尹、吕尚之谋,孙吴用兵,商鞅行法。""丹(白圭本名)治水也愈于禹。"如此经营,成功的机会当然大得多。与因循守旧的工官制度不同,私营工商业在开发先进的科学技术方面也起到了带头的作用。这一时期冶铁技术节节进步,冶铁业成长为最重要的手工业部门,并非偶然,因为冶铁业正是新兴的私营工商业的重要的大本营。

与工商业的发达相偕的是城市经济的繁荣,交通、货币、度量衡的进步,人口的增长和城市规模的扩大。《战国策·赵策三》说:"古者四海之内,分为万国,城虽大,无过三百丈者;人虽众,无过三千家者。""今千丈之城,万家之邑相望也。"齐的都城临淄,在公元前四世纪后期,人口已上七万户。"甚富而实,其民无不吹竽、鼓瑟、击筑、弹琴,斗鸡、走犬、六博、蹋踘者。临淄之途,车毂击,人肩摩,连衽成帷,举袂成幕,挥汗成雨,家敦而富,志高而扬。"①洛阳在战国末年户数达十万户以上。近几十年来,考古工作者发掘了大量的春秋战国都城和数以千计的春秋战国墓,不但证实了历史记载并非言过其实,而且揭示了许多从未见诸记载的科技史实。陕西凤翔的秦公大墓出土了青铜手钳和许多铁工具。齐国临淄故城探得冶铜遗址一个,而冶铁遗址星罗棋布,不下18个,无言地宣告青铜文化步入尾声,而铁器时代如日东升,前途不可限量。

(六)"士"的双向市场

春秋开始的社会大变革,不仅打破了"工商食官"的格局,同时也打破了"学在官府"的局面。文化教育不再是奴隶主贵族的一统天下,私学骤兴。孔子提倡"有教无类",不分贵贱贫富,一律施教。这样,出身贫贱的人也有可能成为"士",士所受的教育,一般六艺(礼、乐、射、御、书、数)全修,侧重点当然有所不同。

---

① 《战国策·齐策一》。

春秋末年以前以培养武士为主，春秋以后，为适应人才市场的需要，造就了大批文士。随后，逐渐形成了用人者和人才之间可以双向选择的机制。

英明的魏文侯首开战国招贤养士的风气，在他的朝廷里汇聚了孔门子弟子夏、李悝、吴起等国内外的人才。各诸侯国为了达到称霸或自卫的目的，纷纷采取所谓"礼贤下士"的政策，"取其所长，弃其所短"，将各种士人收为己用，求士、养士之风盛行。形形色色的士，怀着各种各样的目的，依附于不同的阶级、阶层和社会集团。合则留，不合则去。李斯《谏逐客书》曰："士不产于秦，而愿忠者众。"其他各国未尝没有士人投奔。文士们大多奔走呼号，必求闻达于诸侯。躬耕读书，隐居于乡里者也有，但毕竟只占少数。于是，在各国诸侯或贵族士大夫的周围逐渐形成了一个个由知识分子构成的智囊团。他们不仅在政治、军事、外交等问题上出谋划策，著书立说，有时还借重科技知识，增强自己观点的说服力。据《晏子春秋·内篇杂下》记载，齐国的使臣晏子对楚王说："橘生淮南则为橘，生于淮北则为枳，叶徒相似，其实味不同，所以然者何？水土异也！"晏子使楚是一个脍炙人口的故事，晏子的花言巧舌毕竟需要丰富的科学知识作后盾。这类故事的广为流传使一些科学常识更为普及。

值得注意的是，在"士"中间，有的还从事文化、哲学和科学技术的研究，取得了重要的成果。清儒江永认为，《考工记》是"齐鲁间精物理、善工事而工文辞者为之"，① 所见大致不差。齐国这类知识分子至稷下学派时达到全盛时期。齐国政府在临淄稷门外的稷下造高门大屋给一些有名的学者居住，人称稷下先生。齐宣王时，稷下先生达76人，地位未到"稷下先生"的知识分子恐怕还有不少。稷下学派前后100多年，出过不少人才和著作。稷下先生之首淳于髡，"博闻强记，学无所主"，涉猎甚广，智出不尽。邹衍、荀子也出自稷下。邹衍"必先验小物，推而大之，至于无垠"，②

---

① 江永：《周礼疑义举要》卷六。
② 《史记·孟子荀卿列传》。

这种研究方法有可取之处。荀子曾三度出任稷下先生的领袖（祭酒），他作《荀子》数万言，其中含有不少科技知识。在科技史上具有重要意义的《管子》一书，可能是稷下学派的集体创作。《管子·地员篇》中对乐律史上十分重要的三分损益法首次作了明确的记载。正当《考工记》、《墨子》、《管子》、《荀子》等学术著作流行的时候，拥有三千食客的秦相吕不韦，靠他门下的"士"，用他的名义编写了一部庞大的杂家著作《吕氏春秋》，成为先秦科技文化著作的殿军。

（七）自由的学术空气

春秋战国，特别是战国时期，王室既微，诸侯力政，政出多门，好恶殊方。由于出身、经历、所受教育的不同，知识分子也各有特点。他们"蠢出并作，各引一端，崇其所善，以此驰说，取合诸侯"①。东方不用西方要，失了南方奔北方，思想上大胆解放，学术上言论自由，出现了"百家争鸣"的局面。

先是儒家一枝独秀。孔子甫给春秋时代以光彩的结束，墨翟便带给战国时代以光明的开端，接着道家崛起，儒、墨、道三家成鼎足之势。又有法家、名家、阴阳家、纵横家、农家、杂家、兵家、数术家、方技、小说家等，亦各折一枝，乘机蜂起。战国中期并起争鸣的"百家之学"里面，形形色色的思想包罗万象，几乎无奇不有，但占主流的是推动社会前进的真知灼见。各家为了实现自己的主张，不同程度地关心科学技术的进展，以此作为实现政治目的的手段之一。从"公输盘九设攻城之机变，子墨子九距之"的故事中，② 即可看出科学技术对于实现墨家的主张是何等的重要。

然而，春秋战国时期科学思想的发展并非全部取决于短期的实用目的，诸子中有许多人对宇宙万物有特别的兴趣。战国初、中期之交，思想界出现了一颗光芒四射的怪星——惠施。他的思想向着自然哲学的领域驰驱，著书有五车之多，其道乖杂。有人问他"天

---

① 《汉书·艺文志》。
② 《墨子·公输》。

地所以不坠不陷，风雨雷霆之故"，他能"不辞而应，不虑而对，徧为万物说，说而不休，多而无已，犹以为寡，益之以怪"，如此口若悬河、滔滔不绝，谅对自然哲学多所思考。可惜他的著作绝大多数早已佚失，仅存吉光片羽保留在《庄子·天下篇》中，言语简短，含义深刻，有的话至今尚不明所指。

春秋战国时期，盟会和外交活动十分频繁，时人非常重视辞令论辩的训练。论辩也是锻炼思维能力，推动科学发展的有力一环。墨家从儒家脱颖而出，与之对抗。《墨子》说得很明白："夫辩者，将以明是非之分，审治乱之纪，明同异之处，察名实之理，处利害，决嫌疑焉；摹略万物之然，论求群言之比。"墨子本身是杰出的辩才，又是伟大的科学家。名家又从墨家析出，独树一帜，更热衷于能言善辩。特别是"惠施日以其知，与人辩，特与天下之辩者为怪"，天下之辩者亦以一连串的哲学与自然哲学命题"与惠施相应，终身无穷"。其著名的如"飞鸟之影，未尝动也"。"镞矢之疾，而有不行不止之时。""一尺之捶，日取其半，万世不竭"等等。①就像古希腊的辩论之风有利于演绎科学的发展一样，春秋战国时期对口才的注重和训练也成了促进科学发展的有利因素。由于思想倾向的差异和对自然现象认识程度的不同，参与论辩的各方往往从不同的角度进行论述和辩难，有时相互补充，相得益彰；有时各执一辞，针锋相对；丰富了学术思想的园地，加强了自由争鸣的气氛，为自然科学的创新和发展提供了有利的条件。这与秦汉大一统之后罢黜百家、独尊儒术的沉闷空气迥然不同，堪称中国学术思想自由发展的黄金时代。

（八）空前的文化交流

春秋战国时期空前规模的科技文化交流是在两个层面上展开的。一是国内各民族、各地区之间，二是中外之间的科技文化交流。

从东北到珠江流域，"广谷大川异制，民生其间者异俗，刚

---

① 《庄子·天下篇》。

柔、轻重、迟速异齐，五味异和，器械异制，衣服异宜"①。在中国广大的本土上原已具备交流或相互促进的格局。春秋战国时期，由于加强耕战竞争的需要，知识分子周游列国，百家争鸣的风气，各国使者的频繁往来，组合不定的联盟关系，治国人才的流动，特别是商业贸易活动的日益扩大，各地区、各民族的思想文化和科技成果在这一时期得到了空前的融会交流。

举例来说，公元前307年，赵武灵王为加强边防，实行军事改革，提倡"胡服骑射"，窄袖、短衣、长裤的胡服开始出现在中原民族的服饰中，为骑射和体力劳动者提供了方便。鲁国的公输盘（即鲁班）是我国历史上著名的能工巧匠，曾"削竹木以为鹊，成而飞，三日不下"②。公元前445年左右，他为楚国攻宋发明了攻城的云梯。墨子闻讯赶到鄢郢与公输盘斗攻守之术，说服了楚王罢兵。其间实已进行了多个回合的军事技术交流，随着这一故事的广泛流传，"云梯"等攻具开始引人注意，墨家的守城技术，经过不断实践和总结，后来汇成了《墨子》中的《备城门》、《备穴》诸篇。鲁班则成了古代机械工具发明家的箭垛式人物。

大规模的科技文化交流则应归功于商业贸易活动之助。商人小则"通四方之珍异以资之"，③ 大则如吕不韦深通"奇货可居"之道，以商人出身拜相说。地处中原交通中心的郑国，自郑桓公受封时便有了一群富于经验的商人，郑君与他们约法三章，确定了有利于商业的政策，因此商业活动特别发达。郑人的贸易范围，东至齐国，南至楚国，西北到了王城、晋国，在春秋战国时期扮演过并非无足轻重的角色。我国指南针的前身"司南"的发明，据说乃是"郑人之取玉也，必载司南，为其不惑也"④。亦与郑人的工商业活动有直接关系。

中国地大物博，相互贸易为两利之事，自然千方百计，互通有

---

① 《小戴礼记·王制》。
② 《墨子·鲁问》。
③ 《考工记》。
④ 《鬼谷子》。

无。同时，对外贸易其利更甚，亦日盛一日。

不知从什么时候起，商人开辟了一条从中国北部，穿过天山南北，跨过西伯利亚大草原，以游牧民族为媒介，通往西亚，甚至欧洲的草原之路。据报道：在前苏联乌兹别克斯坦以南的 25 座墓穴中，发现了约为公元前 1700—前 1500 年的丝绸衣物的碎片。德国南部斯图加特的霍克杜夫村，发掘出一个公元前 500 多年的古墓，墓主人骨骼上发现有用中国蚕丝绣制的绣品。① 法国也发现公元前的中国丝绸遗物。反过来，继春秋战国之际带钩传入中国之后，战国时期又引进了铁铠甲。

与物质的交流同时发生的，还有地理视野的扩大，地理知识的丰富和提高，特别是学术思想上的交流或"激发传播"，意义更为重大。可惜这种交流（如二十八宿、五度相生律等）难以留下痕迹，尚难确认。可以相信，随着先秦中外文化交流史上铁证的增多，人们对《山海经》、《墨子》等先秦著作的研究不断深入，笼罩在先秦中国与地中海文明之间学术相似性上的迷雾，迟早会被驱散，从而显示两者之间的交流或激发传播如何转化为促进这两大文明迅速发展的一大动力。

（九）"人定胜天"的进取精神

春秋战国时期，由于奴隶制的没落，旧思想的基础逐渐崩溃，天命观开始动摇和衰落。伴随着自然科学的进步和政治斗争的需要，无神论思潮逐渐兴起。无神论和天命观的斗争，有力地推动了哲学思想和自然科学的发展。

公元前六世纪后半叶，郑国由不迷信天象的子产执政，革新建树甚多，孔子对他相当佩服。《老子》否认有一个世界的主宰者，以为宇宙间的万物都遵循一定的法则。这一派的学者把天地万物的原始称为"道"，后人就称他们为道家。庄子也喜欢称"道"，主张把人与天地万物视为一体。人们说他善于用恢奇的比喻，解说玄妙

---

① 黄时鉴主编：《解说插图中西关系史年表》，浙江人民出版社，1994年版，第 41 页。

的道理。其实，有时候，他是在用隐喻阐发气功实践的体验。庄子的著作是科学、哲学和文学的结合，其浪漫主义的情思和文采，只有稍后楚国的大诗人屈原可与之媲美。屈原在《天问》中对种种神话传说提出了一个又一个大胆的怀疑，他的思想光芒非芸芸众生可比。

儒家著作《孟子·公孙丑下》提出了"天时不如地利，地利不如人和"的观点。荀况在《荀子·天论》中明确阐发了自然界本身没有意志，而是按一定的规律运动的反天命的思想。他说："天行有常，不为尧存，不为桀亡。""日月之有蚀，风雨之不时，怪星之党见"，"星之队（坠）、木之鸣"等均是"天地之变，阴阳之化"的结果。进而提出："大天而思之，孰与物畜而制之！从天而颂之，孰与制天命而用之！""因物而多之，孰与骋能而化之！"等主张，号召人们突破天命观的束缚，能动地了解大自然变化的规律，并利用这种规律战胜自然，改造自然。

上述进步的认识和主张，从"天命可畏"转变到"人定胜天"，有助于克服人们在上天、鬼神面前无所作为的思想，显示了新兴地主阶级的自信与进取精神，提高了人们探索自然界固有规律的自觉性和积极性。

（十）余论

春秋战国时期是中国科学文化史上最为活跃的开拓和创造的时期。构成后世中国古代科学技术体系的许多科技知识以及阴阳五行、元气学说等科学思想，都在这时奠基。尽管这一切带有初始状态的特征，它所闪耀的思想火花，蕴藏的文化内涵，千百年来哺育了一代又一代精英，至今仍取之不尽。许多炎黄子孙加以反思，努力汲取其中富有生命力的东西；不少海外知音重新认识，现正致力于将其移植到西方文明之中。《周易》、《老子》、《孙子兵法》等先秦著作蜚声海外便是典型的例子。一旦各具特色的东西方文明相互补充提高，地球文明可望走向层次更高，更完美的未来。

当然，我们并不是说春秋战国时期好得无以复加而应该回复到那个时代去。那时贵族、奴隶主、封建地主阶级与奴隶、农民的生活有天渊之别，多少创造力被压抑？科技文明的新成果有多少人可享受？战乱之中，贻误和毁灭了多少科技成就？现在已经没有办法统计。百家争鸣之中，有一些观点与科技进步背道而驰。如田骈、慎到之流劝人学石头一样无知无觉。即使连充满了智慧的《老子》书，也错误地认为文明是人类痛苦和罪恶的源泉，力主愚民、弃绝知识、废除文字、废弃舟车和一切节省人力的利器。也就是扫除一切人类后起的知识、情欲，恢复到"结绳记事"，"邻国相望，鸡犬之声相闻，而民至老死不相往来"的原始社会去。如此返璞归真，达到"大顺"，岂不荒谬！

总之，春秋战国时期的文明遗产精华和糟粕并存，而糟粕并不能抹去精华的光辉。这一时期，在科学、技术、哲学、历史、艺术、文学等方面，出类拔萃的人物、光耀千古的著作层出不穷，中国文化和科技史上出现了前所未有的繁花似锦的黄金时代，不仅与同时期达到鼎盛的古希腊文明遥相呼应，交相辉映，而且为历史上，甚至现代的中国科学技术的发展树立了一种可资参考的榜样。

二、从青铜时代跨入铁器时代

我国进入青铜时代虽比西亚为晚，但借陶瓷技术之东风，冶铸技术的发展速度很快，终于后来居上，攀上了青铜文化之巅，为铁器时代的一鸣惊人准备了有利的条件。

(一) 青铜时代尾声嘹亮

在商周已取得辉煌成就的基础上，春秋战国时期的青铜冶铸业和生产技术继续有所发展，主要体现在理论的总结、新工艺和新器形的创造、生产规模的扩大等方面。

1. 文献记载显示的理论总结

商和西周，青铜冶铸是最重要的手工业，发展到《考工记》时代，青铜冶铸至少拥有六个以上的工种，历代口耳相传的冶金工艺知识逐渐总结成"金有六齐"和"铸金之状"，载入了《考工记》中，得以流传下来。表明先人不但有巧夺天工的技艺，而且有能力进行理论的总结和提高。

(1) 金有六齐

战国初期成书的《考工记》最早收载了青铜合金配比工艺的资料，它说："金有六齐；六分其金而锡居一，谓之钟鼎之齐；五分其金而锡居一，谓之斧斤之齐；四分其金而锡居一，谓之戈戟之齐；三分其金而锡居一，谓之大刃之齐；五分其金而锡居二，谓之削杀矢之齐；金、锡半，谓之鉴燧之齐。"文中"金有六齐"的"金"，是指青铜；后面的"金"，系指红铜。如钟鼎之类的配方，红铜占6/7，锡（及铅）占1/7，余类推。最后的"鉴燧之齐"，红铜占2/3，锡（及铅）占1/3。上述调剂比例，从现代合金知识来看，大体上是合理的。一般青铜含锡17%—20%最为坚利，"六齐"中的斧斤和戈戟之齐正与此相当。大刃和削、杀矢要求锋利，即更高的硬度，含锡量相应增加，但韧度不及斧斤和戈戟。"六齐"中把钟鼎类的含锡量定为14.3%左右。据专家研究，当锡含量在14%左右，铅含量在2%—4%时，乐钟的机械、工艺和声学综合性能最优。含锡量为12%—15%时，还可以用淬火回火工艺有效地调整音频并使之稳定。曾侯乙编钟的锡含量为12.5%—14.6%，铅含量一般小于2%，个别略高于3%。① 说明当时的确在用经验总结指导生产实践。青铜的颜色随含锡量的增加逐渐由黄变白，硬度也随之增加。鉴燧要经磨制，面呈灰白之色，而不怕刚脆，故含锡量最高。一般说来，古青铜器化学成分的化验结果情形比较复杂，有的与"六齐"符合较好，有的有较大偏差。如战国铜镜的锡铅含量明显低于《考工记》的记载，约占1/4。

"六齐"规则是商周青铜冶铸长期实践的经验总结，不可能每一件古铜器的成分都与它完全一致。在《考工记》成书和流传开后，由于铸工们对"金有六齐"节中"金"指青铜还是红铜可能有歧见，加上原料纯度不同，烧损程度参差不齐，古铜器实际化学成分与"金有六齐"记载之间存在某种偏差也是可以理解的。然而，无论

---

① 曾侯乙编钟复制研究组：《曾侯乙编钟复制研究中的科学技术工作》，《文物》，1983年第8期，第55~60页。

如何,我国先秦时总结出了世界上最早的比较科学的合金配比规则,并用之指导生产,这是了不起的成就。

(2)冶铸火候

火候古称"火齐",它是时间、温度等因子的函数,一种难以用近现代科学术语定义的模糊的古代科学概念。因为火候是否掌握得当与产品质量、生产效率关系甚大,所以陶瓷、冶铸、炼丹、砖瓦、烹饪以及其他多种手工艺都很讲究火候。《荀子·强国》也把"火齐得"作为铸造优质产品的必要条件。先秦铸工在长期的生产实践中,勤于观察,对青铜冶铸火候作了科学、生动的总结。《考工记·桌氏》说:"凡铸金之状,金与锡,黑浊之气竭,黄白次之;黄白之气竭,青白次之;青白之气竭,青气次之,然后可铸也。""铸金之状"的不同颜色的"气",是在加热时,由于蒸发、分解、化合、激发等作用而生成的火焰和烟气。开始加热时,附着于铜料的木炭或树枝等碳氢化合物燃烧而产生黑浊气体。随着温度的升高,氧化物、硫化铜和某些金属挥发出来形成不同颜色的火焰和烟气。例如,杂在锡料中的锌,沸点仅907℃,极易挥发,气态锌原子和空气中的氧原子在高温下结合生成的氧化锌(ZnO)是白色粉末状烟雾。又,青铜合金熔炼时的焰色,主要取决于铜的黄色和绿色谱线,锡的黄色和蓝色谱线,铅的紫色谱线及黑体辐射的橙红色背景。根据色度学原理,随着炉温的升高,原子焰色的混合结果逐渐由黄色向绿色过渡,铜的绿色所占的比重愈来愈大。在1200℃以上,铜的青焰占了绝对的优势,到了"炉火纯青"的地步,此时意味着精炼成功,可以烧铸青铜器了。这种原始火焰观察法实是近世光测高温术的滥觞。

2. 考古实物揭示的新式工艺

铸造工艺在很大程度上受到铸件的几何形状的制约,春秋战国时期器薄形巧、纹饰纤细而又清晰的青铜器大量涌现,反映出青铜冶铸从较为单一的陶范铸造转变为综合地使用浑铸、分铸、失蜡法、锡焊、铜焊、红铜镶嵌等多种金属工艺,达到了新的技术高度。

1978年出土的随县曾侯乙墓青铜器群,是公元前五世纪青铜造型、纹饰、加工工艺达到新的高度的一个重要标志。各种编钟在浑铸法的基础上，更娴熟地使用了分范合铸、镶嵌花纹等技术。建鼓底座上的龙群，由22件铸件和14件接头通过铸接和焊接相互联结。焊接工艺既使用了强度较高，操作不易的铜焊；又使用了低熔点合金，作强度较低、操作简便、经济实用的镴焊。

失蜡法（即熔模铸造）的文献记载仅能上溯到唐代，但考古实物揭示，这一铸造技术的重大革新，在春秋晚期即已发明。1978年河南淅川下寺出土的饰有12条龙的楚国铜禁，已采用失蜡法铸造。随县曾侯乙墓出土的尊和尊盘，采用了失蜡法铸造颈部透空附饰，表层有蟠虺纹和蟠螭纹内外两层纹饰，和中间铜梗分层联结，剔透镂空，失蜡技术已较为成熟（图3-1）。

图3-1　曾侯乙墓的尊和尊盘（1978年湖北随县出土）

青铜宝剑的炼制和表面处理技术，从另一个角度凸显了当时青铜器制作的高超水平。古代文献中常提到的干将、莫邪、巨阙、纯钩等千古名剑，现已下落不明，但近几十年陆续出土的越王勾践、吴王夫差等的宝剑，证明吴越之剑的确名不虚传。1965年在湖北江陵望山一号墓出土了一把越王勾践剑（图3-2），虽已在地下躺了二千五百多年，出土时却完好如新，光彩照人，锋刃锐利。此剑全长55.7厘米，制工精美，剑身满布菱形暗纹，上有八个错金的鸟篆体铭文"越王鸠浅自作用鐱"。鸠浅就是那位立志改革、卧薪尝胆、终于兴兵灭吴、报仇雪耻的勾践。经仔细观察研究和用 X 光衍射分析,业已证明剑的基体是锡青铜,含微量的镍,而花纹则是锡、铜、铁的合金。这把铜剑的铸炼和表面合金化处理技术水平,堪与其主人的盖世功业相称。时至 1997 年底,上海博物馆等合力破解了先秦这种特殊而又精湛的表面合金化技术,已能用模拟方法复制出与古剑相同的菱形饰剑,兼收装饰和抗蚀之效。

图 3-2 越王勾践剑(长 55.7 厘米,1965 年湖北江陵望山出土)

世界最早的金属弹簧标本已在中国发现。1988 年夏,河南光山县流庆山春秋早期的黄国季佗父墓出土了 110 件金属弹簧形器,均为螺旋线左旋圆柱体,高 1.4 厘米,旋圆为五至七圈,其金属含量以锡铅较多,还有微量的铜、铁、铋、锑等。① 这批金属弹簧形器与箭镞、丝线伴出,可能与弓箭的使用有关,它在冶金史和机械工程史上的意义值得进一步研究。

春秋战国时期,除了在青铜器表面嵌入金银丝的"金银错"工艺以外,在青铜器表面涂金泥的"鎏金"和刻画花纹的"刻纹"等工艺也开始流行,不但使青铜器更加华丽精美,而且形形色色的纹饰生动地反映了当时的生产和生活画面,发挥了文字记载所难以起到的作用。

---

① 王心喜:《弹簧探幽》,《发明与革新》,1995 年第 3 期,第 22 页。

3. 生产规模

随县曾侯乙墓青铜器群和湖北大冶铜绿山古铜矿井是春秋战国时期青铜冶铸规模和采矿技术的实证。

曾侯乙墓出土的青铜器群总重量达十吨左右,据估计,当年需要铜、锡、铅等金属原料约 12 吨。一个小小的诸侯国就能铸造如此多的优良铸件,诸强国的生产能力可想而知。

大冶铜绿山的春秋矿井已分竖井和斜井两种,井深达 40 米左右,井筒的支护结构完全采用"密集法搭口式接头"。到战国时期,矿井已深达 50 余米,由竖井、斜巷、平巷等组成了较合理的矿井体系。矿工选择断层接触带中矿体富集、品位较高的地段,采用分段上行采矿法掘进,保证运出的大多是富矿,减少了提运量。采矿工已采用铁斧、铁锤、铁钻,此外还有木棰、竹篓、竹筐、藤篓、木辘轳、大水槽、木桶等,较好地解决了井下的通风、排水、采集、提运、照明和竖井、巷道的支护等一系列复杂的技术问题。如利用不同井口气压的高低差形成自然风流,密闭已废弃的巷道,引导风流沿着采掘方向前进,保证风流到达最深的工作面,从而有效地解决了通风问题。大冶铜绿山古铜矿区前后开采的时间很长,大约从商周到汉代均有开采,为我国青铜文化的高度成就作出了巨大的贡献。

(二)铁器时代一鸣惊人

目前已知的人工冶铁制品,以西亚两河流域发现的公元前 2700—2500 年代的匕首铁柄为最早。① 与西亚、地中海文明一样,中国用铁的历史分成两个阶段,即利用天然陨铁的阶段和人工冶炼的阶段。但中国冶铁的历史又与西方大不相同。西方从块炼铁到生铁经历了十分漫长的发展道路。欧洲一些国家在公元前 1000 年前后已能生产块炼铁,公元初罗马偶尔得到生铁而不知利用,直到公元 14 世纪西方才真正生产和使用生铁。而中国只用很短的时间,就

---

① M. E. L. Mallowan, *The Cambridge Ancient History*, Vol. I, part II, Cambridge University Press, Cambridge, 1971, pp. 304-305.

完成了从块炼铁到生铁的技术突破,一鸣惊人,实现了冶金史上划时代的技术进步,因而有人把生铁视为中国古代的五大发明之一。

中国用铁可上溯到商代的铁刃铜钺。早年发现的商代铁刃铜钺有几件已流落海外。1972和1977年河北藁城台西和北京平谷县刘家河各出土了一件商代中期铁刃铜钺,其刃以天然陨铁为原料,经过锻打加工与青铜本体铸接成器,这是我国早期典型的陨铁制品。

1986年我国新疆已发现相当于商末周初的人工冶铁制品。[①]中原地区人工冶铁的发明时间,现在虽难确指,但考古发现不断传来令人振奋的消息,不但证实了《左传·昭公二十九年》晋"铸刑鼎"等记载的可靠性,而且将中原地区人工冶铁的发明时间上推到两周之交。

《左传·昭公二十九年》曰:"冬,晋赵鞅、荀寅,帅师城汝滨,遂赋晋国一鼓铁,以铸刑鼎,著范宣子所为刑书焉。"昭公二十九年冬,为公元前513年初,范宣子的刑书被孔子批评为"夷之蒐也,晋国之乱制也",实乃向旧制的挑战。以新材料铁来铸鼎,而不是沿用青铜,也意味深长。铸刑鼎的一炉铁料,是以军赋的名义从民间征收来的,这就表明,至迟春秋末期我国已出现民间和官方的冶铁作坊。又,出土的春秋齐灵公时的叔夷钟,铭文中有"造戜徒四千"之语,戜即古铁字,说明公元前570年左右,齐国已有大批工徒参与制铁。

1990年河南三门峡市上村岭周代虢国墓地M2001号墓中出土了一把铜柄铁剑。此剑经北京科技大学冶金史教研室鉴定,是以固体还原法精心制作的人工冶铁制品,铜柄外镶以美玉及绿松石,剑身与柄的结合处也镶有绿松石片。此剑利用了铁、铜、玉三种材料,显示了我国早期冶铁工艺制品的特色,是迄今为止我国中原地区最早的人工冶铁实物,[②] 制作年代约在西周晚期至春秋初期。现

[①] 新疆维吾尔自治区文化厅文物处:《新疆哈密焉不拉克墓地》,《考古学报》,1989年第3期,第65~102,135~142页。

[②] 李而亮、王京生:《黄河中游考古又一重要发现,虢国墓地出土大量珍贵文物》,《人民日报》海外版,1991年1月8日。

已陈列于中国历史博物馆的甘肃灵台所出春秋初期的秦国铜柄铁剑,也是我国较早的人工冶铁制品。

发展到春秋战国之交和战国早期,我国在冶铁术方面获得了三项重大的进展。

1. 生铁冶铸技术

1964 和 1972 年,江苏省六合县程桥先后清理了二座吴墓,一号墓出土有铁弹丸,二号墓出土了铁条。铁条由块炼铁锻成,而铁丸正是白口铸铁,时代属春秋晚期,这是迄今发现的世界上最早的生铁铸件,比欧洲出现生铁的时间要早 1900 多年。1977 年湖南长沙窑岭也出土了春秋晚期的白口生铁铸鼎。

中国生铁的发明,实得力于我国高度发展的青铜冶铸技术。商周时代青铜竖炉冶铸工艺和丰富的铁矿资源,从矿石、燃料、筑炉、高温熔炼、鼓风和范铸技术等方面,为生铁的出现创造了有利的物质技术条件。生铁冶炼技术的发明,提高了生产率,降低了成本;它较简便省力,且使铸造器形较为复杂的铁器成为可能,战国时期已能用白口铁范铸出壁厚薄于三毫米的铸件;同时,它又刺激了生铁柔化术的出现,为铁器的普及打下了必要的基础;从而为我国古代钢铁冶炼业的发展开拓了广阔的道路。

2. 生铁柔化术

我国早期的生铁是含磷量甚高的白口铁,质硬性脆,为了在生产和生活上有广泛的应用价值,需要经过柔化处理,种种生铁柔化技术相继研制了出来。

河南洛阳水泥厂战国早期灰坑出土的铁锛和铁䦆,已被验明是经过柔化处理的生铁铸件。铁䦆经过较高的退火温度和较长的退火时间处理,是迄今为止最早出现的黑心韧性铸铁。铁锛经过较低温度的退火处理是白心韧性铸铁或原始的铸铁脱碳钢产品。湖北大冶铜绿山战国古矿井出土的六角锄,河北易县燕下都四十四号墓出土的镢、镈,亦是白心韧性铸铁。在西方,欧洲到 1722 年才使用白心韧性铸铁,黑心韧性铸铁在美国的研制成功已是 19 世纪的事了。中国在战国时期已能生产和推广使用这两种高强度铸铁,比欧美要早 2000 余年。

球墨铸铁比黑心和白心韧性铸铁质量更好。现代球墨铸铁是在1948年左右研制成功的。河南巩县铁生沟汉代冶铁遗址出土的铁䦆，具有和现代球墨铸铁的Ⅰ级石墨相当的带放射状的球状石墨，现已发现的这类球墨铸铁生产工具已不下六件，表明中国古代早已发明了这项技术。

生铁柔化技术和韧性铸铁的出现，是冶金史上的划时代事件。它使生铁有了实用价值，大大延长了铁器的使用寿命，从而加快了从青铜时代走向铁器时代的历史进程。

战国中后期，冶铁业已十分普遍，规模也大为扩大。山东临淄齐国故都冶铁遗址的面积达40余万平方米。河北石家庄市庄村赵国遗址出土的铁农具占全部农具的65%；辽宁抚顺莲花堡的燕国遗址出土的铁农具，已占全部农具的85%以上。铁农具在农业生产中逐渐取得了主导的地位。《管子·轻重乙篇》称："一农之事，必有一耜、一铫、一镰、一耨、一椎、一铚，然后成为农；一车必有一斤、一锯、一釭、一钻、一凿、一铢、一轲，然后成为车；一女必有一刀、一锥、一箴、一鉥，然后成为女。"各种铁器业已成为各行各业不可或缺的工具或用具。

3. 钢

块炼铁或铁进入实际应用的又一条途径是锻炼成钢。钢的含碳量介于熟铁和生铁之间。块炼铁是低温下炼成的劣质熟铁，以块炼铁为原料，在炭火中加热渗碳，可以得到块炼渗碳钢。虽然它的质量不够好，生产效率低，但已堪实际应用。淬火技术发明后，钢的质量又有所提高。河北易县燕下都出土的一些战国晚期钢剑，是用块炼渗碳钢制成的，已采用了淬火工艺。值得注意的是，1976年湖南长沙出土了一把春秋末期的钢剑，经取样分析，它所用的钢竟是含碳量0.5%—0.6%的中碳钢，剑身断面可以发现反复锻打的层次，它的制作工艺有待继续研究(图3-3)。

钢铁技术的出现及尔后的发展，给人类社会提供了比铁更为锐利、坚韧的新材料，它对于农具、手工工具、兵器质量的提高，对于有关科学技术的进步，都有深远的影响。

图 3-3　春秋末期钢剑(1976 年湖南长沙杨家山出土)

三、迈向小农经济

战国时期，伴随着封建制的诞生，以一家一户为基础的个体小农经济广泛产生并发展起来。所谓"五亩之宅，树之以桑，五十者可以衣帛矣。鸡豚狗彘之畜，无失其时，七十者可以食肉矣。百亩之田，勿夺其时，八口之家可以无饥矣"①。正是这种封建性自给自足小农经济的生动描绘。这种小农经济的农业结构，以粮食作物生产为主，以种植桑麻和家畜饲养为副业，个体家庭致力于精耕细作，政府主要抓大型水利工程；它自战国时期基本形成后，在我国一直延续了 2000 多年，对中国封建社会的长期延续，近代资本主义因素的发育迟缓，都产生了极其重要的影响。

(一)"三才"思想和精耕细作传统的形成

中国古代天、地、人"三才"统一的思想在农业上的应用，以二十四节气、地力常新和精耕细作三者为代表。它的形成始于战国时期，其代表作是《吕氏春秋》中的《上农》、《任地》、《辩土》、《审时》四篇农学论文。《吕氏春秋》指出："夫稼，为之者人也，生之者地也，养之者天也。"②短短的三四句话，已对农业生产中天、

---

① 《孟子·梁惠王上》。
② 《吕氏春秋·审时》。

地、人三才的关系作了独到的分析。

《上农》反映了新兴地主阶级的重农思想和奖励农桑的政策。《任地》、《辩土》、《审时》论述了从耕地、整地、播种、定苗到中耕除草、收获以及农时等一整套具体的农业生产技术和原则，表明我国农业生产已从粗放经营的阶段进入了精耕细作的时期。文中提出的耕作原则和办法，不少内容含有朴素的辩证法思想，对我国的传统农业具有指导的意义。

铁农具的盛行，耕作制度的改革，精耕细作的技术措施和作物的合理搭配，使黄河流域"一岁而再获之"成为可能。① 从此，我国农业生产开始走上了复种轮作的道路。"三才"思想则成为贯穿我国后世农书的基本思想，至明清时期登上了传统农业时代所能达到的理论高峰。

(二) 点点滴滴的生物学知识

春秋战国时期与农业生产技术的进步相偕，人们对天养地生的动植物的认识不断积累和丰富起来，形成了一些生物学知识。由于认识水平的限制，当时的生物学知识主要表现在植物生态学、动植物分类学方面。

《管子·地员》的作者，在大量的实地考察的基础上，记述了在土质优劣、地势高低和水泉深浅不同的土地上，所宜生长的各种植物，得出了"凡草木之道，各有谷造；或高或下，各有草物"的结论。前一句是说不同质地的土壤，所宜生长的植物各不相同。后一句指出了植物的分布与地势的高下有关。《管子·地员》还举例说明由于山地高度不同、温度差异而造成的植物垂直分布现象。它将山地按高度分为"悬泉"、"复崿"、"泉英"、"山之岝"、"山之侧"五个部分，分别列出所宜生长的植物名称，反映了华北地区山地的实际情况。书中还举出了一个小地区内植物垂直分布的例子，指出"凡彼草物，有十二衰，各有所归"。这十二衰为：茅、雚（萑）、薛（薛）、萧、芹、蒌、蓷（萑）、苇、蒲、苋（莞）、蘩、叶。

---

① 《荀子·富国》。

远古的祖先在从事简单的采集和渔猎之际，已开始学习如何分辨有用和有害的动植物。后来为生产和生活的需要，产生了对各种生物进一步分类的要求。

甲骨文中的象形文字，粗略地将植物分为禾本和木本，动物中有从羽的从虫的等等。《诗经》中列举的动物有100多种，植物有140多种。春秋战国时期，古代传统的动植物分类体系逐渐形成，有关知识散见于《考工记》、《周礼·地官》、《管子·幼官》、《礼记·月令》、《吕氏春秋·恃君览》、《尔雅》等古文献中。《考工记》代表了古人对动物总体从造型艺术来看的分类方法，《周礼·地官》是五行分类法的典型，古代传统分类法的代表作则是《尔雅》。

《考工记》把动物概括为大兽和小虫，小虫相当于现今分类学上的无脊椎动物，大兽包括脂者、膏者、臝者、羽者、鳞者五类，都是脊椎动物。脂者、膏者大概指牛、羊、猪之类，臝者指人类，羽者指鸟类，鳞者指鱼、蛇类。在五行说的影响下，《周礼·地官·大司徒》、《礼记·月令》等把动物分作毛、鳞、羽、介、臝（倮）五类。五行分类法在中国历史上有很大的影响，直到李时珍的《本草纲目》，仍把动物药物分为虫、鳞、介、禽、兽、人六类，终未跳出《考工记》、《周礼·地官》、《礼记·月令》设下的框框。然而在排列次序上有所改进，体现了动物由低级到高级的发展顺序。

《尔雅》是战国秦汉间缀辑旧文、递相增益而成的我国最早的一部词典，它第一次明确地把植物分为草、木两大类，将动物分为虫、鱼、鸟、兽四大类。《释草》和《释木》分别收有100多种草本和几十种木本植物。《释虫》篇有80多种动物名称。《释鱼》篇包括鱼类、两栖类和爬行类，有70余种，均为凉血动物。《释鸟》篇列举了90多种动物，除蝙蝠、鼯鼠应属兽类外，其余都是现代分类学上的鸟类。《释兽》篇中约有60多种兽的名称。《尔雅》中各类动植物名称的排列，显然经过了一定的考虑。例如：《释草》篇中把"蒮，山韭。茖，山葱。蒚，山蒜。薍，山蒜"等排列在一起，说明它们同属葱蒜类，同现代分类学上的葱蒜属相当。《释虫》把几种不同种类的蝉排列在一起，说明它们同属蝉类，相当于现代分类学上的同翅目蝉科。可见,《尔雅》时代比较精细的动植物分类中,有些已含有现今分类学中"属"或"科"的分类概念,表明了人们认识的深化和提高,也为动植物资源的开发利用展现了新的前景。

(三)水利工程建设的高潮

自古以来,水利水患对国计民生和农业生产影响至巨。周代井田制重视沟洫水利设施,春秋战国以加强耕战为国策,涌现了规模空前的水利建设的高潮。这时兴建的大型水利工程,可以大致分成三类,即农田灌溉工程、运河工程和堤防工程。与此同时,水工技术和理论也有了相应的发展。

1. 大型灌溉工程的修建

大型灌溉工程的修建发轫于春秋末期,至战国大盛,其中以楚国的芍陂、魏国的漳水十二渠、四川的都江堰和秦国的郑国渠四大工程最为有名。

芍陂位于安徽寿县安丰城南,建于春秋后期(公元前613—前591年间),是我国古代兴修较早的一座大型蓄水灌溉工程。这个周围约120多里的大水库,"陂有五门,吐纳川流",① 灌溉附近万顷农田,且水量可调,促进了这一带水稻种植的发展。芍陂施泽惠民二千余年,至今仍在发挥作用。

漳水十二渠是黄河流域专为灌溉农田而开凿的大型渠道。自西向东流过邺(今河北磁县、临漳一带)地汇入黄河的漳水,雨季时河水宣泄不畅,时常泛滥成灾。魏文侯(公元前445—前396年在位)时,西门豹任邺令,他机智地破除了当地肆行的"河伯娶妇"的骗局,接着发动群众开凿了十二条大渠,"一源分为十二流,皆悬水门",② 通过水门调节水量,变水害为水利。后来"西门豹治邺"经过太史公之手笔,变成了历史上有名的故事。西门豹之后约100年,魏襄王时史起出任邺令,再次大兴引漳溉邺工程,将大片盐碱

---

① 《水经注·肥水注》。
② 《水经注·浊漳水注》。

地改良成了水稻田，使魏国河内一带成为更加富庶的地区。

四川成都平原的都江堰是举世闻名的古老而宏伟的灌溉工程，至今仍发挥着巨大的经济效益。都江堰最初由公元前五六世纪的蜀相开明所修，至秦昭襄王（公元前306—前251年在位）时，蜀郡太守李冰主持增修，将它扩建为一个完整的水利工程系统。

四川岷江上游由山谷河道在灌县附近进入成都平原。都江堰修建之前，洪水暴涨时，平原一片泽国；遇到旱年，又往往赤地千里。李冰学识渊博，精通天文地理和水利技术。他根据岷江的水量变化和附近的地形，领导民众修建了由分水工程、开凿工程和闸坝工程组成的一整套系统工程。这套工程具有无坝引水、天然排沙和泄洪的良好功能。分水工程即灌县西北的江心洲上的分水鱼嘴，它正好选在河道弯段凹岸下段，岷江经此鱼嘴被劈为内外两江，西面的外江为岷江本流，东面的内江用于灌溉，经宝瓶口这一总闸流向成都平原。弯道环流使挟带大沙量的底层水，趋向外江；内江弯道长而流速缓，流进的是含沙量较少的表层水。因而鱼嘴具有正面取水、侧面排沙的功能。开凿工程是在开明时所修的工程基础上凿成的形似瓶颈的宝瓶口。枯水期有足够的内江水流入成都平原，而当内江流量大于每秒300立方米时，狭窄的宝瓶口又能使之回流，保护成都平原免受洪水之灾。闸坝工程包括飞沙堰和"旱则引水浸润，雨则杜塞水门"的一整套闸坝设施。① 其中飞沙堰的设计很有特点。飞沙堰是调节入渠水量的溢洪道，洪水时节内江水过多时，可从堰顶溢入外江，以确保内江灌溉区的安全。它构筑于弯道凸岸，挟泥沙的底流向堰外排沙，亦可使进入宝瓶口的泥沙减少，水流较清。这三项工程相辅相成，运作合理。加上"深淘滩，低作堰"的岁修制度，确保都江堰能经久不衰。

此外，在内江引水口还"作三石人，立三水中",② 起水尺的作用，用以测知内江的进水流量，为整个工程系统调节水位提供客观依据，考虑颇为周到。

都江堰的建成（图3-4），使成都平原大约三百万亩土地改良为

---

① 《华阳国志·蜀志》。
② 《华阳国志·蜀志》。

"水旱从人"的千里沃野,从长远利益看,它为四川变成蜚声中外的"天府之国"立了一大功劳。从短期的效益看,它和泾渭平原上灌田"四万余顷"的人造自流灌溉系统——郑国渠的先后兴修,对秦国农业生产的发展和国力的增强起到了重要的作用。

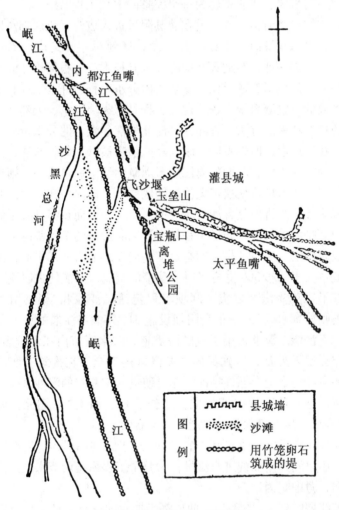

图3-4 都江堰水利工程示意图

2. 运河

春秋战国时期各诸侯国不可能闭关自守,故交通日见进步。水路方面，不仅利用天然河道，而且开凿了不少运河，如吴越在江、浙、淮，楚在汉水、云梦，魏在河南，齐在山东淄、济等地都开凿了运河。其中以吴国沟通长江和淮河的邗沟和魏国沟通黄河和淮河的鸿沟最为重要。

吴国打败越国，越王勾践卧薪尝胆之际，吴王夫差以为南无后顾之忧，一心一意北上争霸。于是在长江边上筑邗城（今江苏扬州东南），开凿邗沟，北经射阳湖至末口（今江苏灌南县北）与淮河相通。该工程完成后，又向北开凿"荷水"，使泗水和济水相连。这样，除了海路之外，吴的水师还可由长江沿水路北上山东，它的势力大大地向北推进了一步。后来勾践灭吴，越的势力也由此伸入山东。到隋代又将邗沟凿宽加深，将其纳入了南北大运河之中。

鸿沟是汴渠的前身，也是一条历史上有名的运河。魏惠王（公元前369—前319年在位）时，为了称霸中原，加强与宋、郑、陈、蔡等国的联系，从河南荥阳开始，北引黄河水，绕大梁城（河南开封），南入颍水，东南分别入淮入泗，凿成鸿沟，沟通了黄、淮水系。历史上鸿沟经常湮淀，需要不断修浚。

3. 堤防工程知识

堤防工程由来已久，最困难的是黄河，最重要的也是黄河。很难设想，如果没有黄河堤防，几千年来的中国历史将会是什么样子。春秋时期，沿河诸国将原有的堤防不断增修，最后连接成了一条气势雄壮的水上长城。在水利理论上，《考工记·匠人》、《管子·度地》互为表里，相互补充，不但总结了不少关于堤防的设计、施工、保护等技术问题，而且反映了春秋战国时期水利学知识迅速积累的一个侧面。

关于堤防的设计，《管子·度地》提出"大其下，小其上"，《考工记·匠人》进一步明确指出："凡为防，广与崇方，其杀参分去一。大防外杀。"即要求堤顶的宽度和堤防的高度相等，堤两面的坡度是"参分去一"，较高大的堤防，坡度还要平缓。这种设计兼顾了经济效益和水力学原理，是比较科学的。

关于堤防的施工，《管子·度地》说："春三月，天地干燥……山川涸落……故事已，新事未起"之时，"利以作土功之事，土乃益刚"。说明了施工的最佳季节。《考工记·匠人》说:"凡沟防,必一日先深之以为式,里为式,然后可以傅众力。"也就是说,在施工修筑堤防和渠道时,必须先以匠人一天的进度作为参照标准,又以完成一里工程所需的人工来估算整个工程量,然后可以调配人力,实施工程计划。这是组织施工的科学管理方法。

关于堤防的保护,《考工记·匠人》说:"防必因地势……善防者,水淫之。"也就是说,在修筑堤防时,要善于利用天然的地势。设计合理的堤防,会靠水中堤前留淤而加固。《管子·度地》说:"树以荆棘,以固其地,杂之以柏杨,以备决水。"提倡在堤上种植树木,加固堤身,防止水土流失,又可用作汛期防汛抢险的材料。

其他方面,《管子·度地》指出了水流以高走下的自然规律,说明"尺有十分之,三里满四十九者,水可走也"。即每三里,渠底降落四十九寸,相当于千分之一的坡降,渠水可以畅流无阻。它还指出了渠首工程要"高其上,领瓴之"。《考工记·匠人》进一步介绍了一种溢流堰的形状,指出:"凡行奠水,磬折以参伍。"这种泄水建筑物类似于现代的实用剖面堰中的折线形剖面堰,结构简单,施工容易,泄水能力较强。此外,《管子·度地》还对水流在行进中受阻时产生的一系列水文现象及引起的破坏性水力现象作了生动细致的描述,为如何顺应水流规律,防止水害,提供了理论性的说明。诸如此类,均为春秋战国时期灌溉和运河工程的勃兴提供了知识储备。

四、上下求索天文地理

《易·系辞上》曰:"仰以观于天文,俯以察于地理。"天文地理对于国家政权有重大的理论和实际意义,备受当政者和胸怀大志者的重视,可以说是春秋战国的带头学科。

(一)天文学从垄断到普及提高

经过西周末年的战乱,周王室的统治力和影响式微,在天文方面也无力垄断。《史记·历书》说:"幽厉之后,周世微,陪臣执政,史不记时,君不告朔,故畴人子弟分散,或在诸夏,或在夷狄。"由是天文学由周王室垄断趋向分散和普及,促进了中原与边远地区的文化交流。各诸侯国由于各自的政治和经济需要,乘机建立自己的天文观测和研究事业,人才辈出,使春秋战国时期的天文、历法有了较广泛的进步和发展。

据李淳风《晋书·天文志》记载,"殷之巫咸,周之史佚,格言遗记,于今不朽"。从公元前七世纪到前四世纪,"其诸侯之史,则鲁有梓慎,晋有卜偃,郑有裨竈,宋有子韦,齐有甘德,楚有唐昧,赵有尹皋,魏有石申,夫皆掌著天文,各论图验"。天文学界各家并立争鸣的状况,对于天象观测,恒星与行星的研究,历法的制订等,有竞争和激励的作用;彼此取长补短,加速了天文学的发展。当时的天文名家,最为后世推重和称引的是甘德和石申。石申著有《天文》八卷、甘德著有《天文星占》八卷,惜原书均佚,幸赖《史记》、《汉书》,唐代的《开元占经》等书摘引了甘、石著作的一部分内容,流传下来。后人搜辑甘德、石申的著作,合二而一,成《甘石星经》,流传至今。

(二)盖天说的代表作《周髀算经》

先秦时期的天文数学大家,远不止上文所点到的人物。李淳风说:"《周髀》者,即盖天之说也。其本庖牺氏立周天历度,其所传则周公受于殷商,周人志之,故曰《周髀》。"①《周髀》是中国古代先秦至西汉论天三家(宣夜、周髀、浑天)之一周髀家学说的经典记录,作者佚名。周髀,本意是周代测影用的圭表。到唐代国子监以李淳风等注释的十部算经作为教材,《周髀》改称《周髀算经》,列为十部算经的第一部,遂以《周髀算经》传世。

《周髀算经》的本文,虽仅6200余字,但言简意赅,内容充实深广,是一部以推理观测为基础的学术性著作,堪称古代研究自然科学的奇著。② 从行文体裁到内容分析,显然不是一个人也不是一

---

① 《晋书·天文志》。
② 程贞一,闻人军:《周髀算经译注》,上海古籍出版社,2011年版,前言第2页。

个时代的著作，至迟西汉已编辑成书。全书可分为三部分。最早部分是西周数学大师商高以对话方式与周公叙述当时的主要数学理论和成就，以及在观测天地上的应用。《周髀算经》引商高和周公的对话说："故折矩，以为勾广三，股修四，径隅五。既方其外，半之一矩。环而共盘，得成'三四五'。两矩共长二十有五，是谓'积矩'。"早在商高时代，我国已用"积矩法"对勾股定理作了一个合乎逻辑的普遍性的证明，"三四五"可能是"勾股定理"之称出现以前的古代叫法。① 商高积矩推导法的一个主要成就是把数学由经验层次发展到以推导证明的层次，从而奠定了中国理论数学的基石。以全球视角来分析，根据希腊科学史家普罗克鲁斯(Proclus，410—485 年)在其 *Eudemian Summary*(《欧德莫斯概要》)中的论述，西方有据可考的毕达哥拉斯(Pythagoras，活动于公元前六世纪)定理(即勾股定理)的最早证明出现在欧几里得的《几何原本》中。商高推导勾股定理的叙述是世界数学史现存最早证明勾股定理的原文记载。

《周髀算经》的第二部分记载了另一位天文数学家陈子的学说。陈子可能活动于公元前五世纪，《周髀算经》中有姓无名。据报道，2010 年北京大学整理曾流失海外的一批秦代简牍，从《算数书》简牍中发现一段长达 800 余字的数论佚文，以两位古人"鲁久次"和"陈起"问答的形式，论述古代数学的起源、作用和意义。如果这批秦简获得证实，这位陈起应该就是《周髀算经》中的陈子。② 在勾股定理、相似勾股比例公式、积矩法等数学知识的基础上，陈子假设了太阳轨道与平面大地平行的模式，以数学理论和测量知识相结合，导出了陈子重差公式：

$$髀距差 = \frac{夏至日髀垂直距离}{夏至日影长} \times 日影差$$

应用陈子公式，可以在同一观察地，用同一八尺髀，测量的南

---

① 程贞一：《勾股，重差和积矩法》，《刘徽研究》，陕西人民教育出版社和九章出版社联合出版，1993 年版，第 476~502 页。

② 北京大学出土文献研究所：《北京大学新获秦简牍概述》，《北京大学出土文献研究所工作简报》总第 3 期，第 2~8 页。2010 年 10 月。

北日影差，求出太阳在南北方向上不同时间的位置，即太阳轨道的半径和轨道随季节的迁移。尽管陈子天地模型假设有其局限性，他所采用的"天道之数"夏至日、髀垂直距离"万六千里"不可靠，以至计算结果并不精确。"但陈子运用数学的知识，把理论和测量结合起来分析自然现象，在当时是一个超时代的成就。"①

《周髀算经》的第三部分记载古代天文和历来周髀说的成就，内容包括"天象盖笠，地法覆盘"盖天说天地模型、北极璇玑结构、二十八宿、二十四节气和历学历法。《周髀算经》中的天文、历法计算用到的数学知识主要有：分数的乘除法、公分母的求法、分数的应用、等差级数演进次序，以及勾股定理等。

《周髀算经》作为我国最早的数理天文学著作，它在集盖天说之大成的同时，熔勾股定理的建立，重差公式的推导以及数理模式的发端于一炉，在中国和世界数学天文学史上均占有重要的领先地位。

(三)《天问》与反响

"天何所沓，十二焉分，日月安属，列星安陈？出自汤谷，次于蒙记，自明及晦，所行几里？"大诗人屈原(约公元前340—前278年)在《天问》中提出了诸如此类的许多天文学问题，以文学艺术的形式反映了当时人们对外部世界的好奇心和求知精神。在实际工作中，天文家们发明了浑仪等天文观测仪器，坚持长年累月的观测，增进了对行星和恒星的了解，记载了许多异常的天象，创造了古四分历法，给一些问题作出了切实的科学的回答。然而，对天文地理的探索并没有就此停顿，屈原的《天问》也余音绕梁，久久不绝。

古人把行星在天空星座背景上的运动称为"行"。自西向东是

---

① 程贞一(Cheng-Yih Chen), "Chen Zi and His Work on Measurement of the Sun", History of Science and Technology in China, World Scientific Press, Singapore, 1992, Proceedings of the 5th International Conference on the History of Science in China, Volume I, University of California, San Diego, 1988.

主要的运动,叫做顺行;反之,就是逆行。因为逆行的时间很少,所以不易觉察到。甘德和石申均已发现了荧惑(火星)和太白(金星)的逆行现象。《汉书·天文志》曰:"古历五星之推,无逆行者,至甘氏、石氏经,以荧惑、太白为有逆行。"据《开元占经》所引甘氏和石氏经,"甘氏曰:去而复还为勾,再勾为巳","石氏曰:东西为勾,南北为巳"。两家都用"巳"字形来描述行星逆行的轨迹,颇为简明形象。

二十八宿体系的建立,至春秋时期渐臻完成。天空恒星背景上有了这个坐标系统,部分解决了"日月安属?列星安陈?"的问题。由于各诸侯国在天文学上也各自为政,春秋战国时期出现了好几种大同小异的二十八宿体系。如《考工记·辀人》说:"盖弓二十有八,以象星也。龙旂九斿,以象大火也。鸟旟七斿,以象鹑火也。熊旗六斿,以象伐也。龟蛇四斿,以象营室也。"这种二十八宿体系与1978年随县出土的曾国二十八宿体系不尽相同。曾侯乙墓出土的一只漆箱盖上,围绕着中央的北斗,绘有二十八宿的全部名称。(图3-5)漆箱盖两侧有四象中青龙、白虎的形象,漆箱东、西、北三立面的星图,是十二次中大火、实沈、玄枵三次的形象物证。这一带有曾国特色的二十八宿体系,与《史记·天官书》、《史记·律书》中载录两种二十八宿体系又有所不同。其间的相似和差异,正可供进一步研究二十八宿的起源、演变和交流时参考。

图3-5 曾侯乙墓漆箱盖上的二十八宿和北斗图像

我国早期恒星定量观测的代表作是所谓"石氏星表"。石申学派在几百年中，对二十八宿距度和其他一些恒星的入宿度作了长期测量，积累了大量的数据，汇成了"石氏星表"。"石氏星表"共绘出121颗恒星的赤道坐标值和黄道内外度，现保存在《开元占经》论恒星部分中。《开元占经》的引文，载有"古度"和"今度"两套数据，当是测量时所采用的距星不同而形成的。有些学者认为，"古度"约测于公元前六世纪，"今度"约测定于石申时代。但直至西汉初年，"古度"仍然为部分人所采用。1977年，在安徽阜阳出土了一件汉文帝十五年（公元前165年）的二十八宿圆盘，盘上环周刻有二十八宿名称及其距度，其数据与《开元占经》所载今度不同，却与古度基本符合。

"何阖而晦？何开而明？"对异常天象的观察和记载史不绝书，春秋战国时期已相当丰富。自春秋以后，日食就被记录在史书内，其数量之多和准确程度，在当时世界上首屈一指。彗星是一种罕见的天象。《淮南子·兵略训》载："武王伐纣，东面而迎岁……岁星出，而授殷人其柄。"岁星即木星，"授殷人其柄"者，谅是彗星。武王伐纣之年出现的彗星，有人说即是哈雷彗星。无论如何，至迟春秋时期我国已有了关于哈雷彗星的明确记录。《春秋·文公十四年》载："秋七月，有星孛于北斗。"此星即是公元前613年的哈雷彗星，为世界上最早的记录。在此之后，从秦始皇七年（公元前240年）到清宣统二年（1910年），我国对29次哈雷彗星的出现作了连续性记录。这些详细的记录为中外学者推算哈雷彗星的周期及其轨道的变化提供了可贵的历史天文学资料。除哈雷彗星外，可靠的彗星记录，从殷末到清末，大约有300多次。战国时期已经对彗星作过仔细的观测，积累了不少关于彗星形态的知识。湖南长沙马王堆三号西汉墓出土的帛书中，有一幅彗星图，含29幅小图，画着各种形状的彗星，显示出彗尾的不同形象，彗头的构造和不同类型。这是楚人对彗星长期观测的成果。

木星的卫星之发现，是战国时期天文观测的意外收获。就目前所知，太阳系九大行星中除水星与金星外，都有自己的卫星，其中最大的卫星是木卫三，直径5270公里。《开元占经》卷二十三引甘氏曰:"单阏之岁,摄提格在卯,岁星在子与虚危,晨出夕入,其状甚大,有光,若有小赤星附于其侧,是谓同盟。"文中的"同盟"是明显带有战国时代特征的术语。席泽宗根据这段记载,证明国人用肉眼发现木星的卫星,即"小赤星",比意大利科学家伽利略用望远镜发现木星卫星早了二千年。

从《开元占经》所引甘德、石申的著作中还可得知,甘、石测定了金星和木星的会合周期的长度,并定火星的恒星周期为 1.9 年(实为 1.88 年),木星为 12 年(实为 11.86 年),与实际情况相差无几。

战国末期,人们对行星的定量化研究比甘、石时代(公元前四世纪)又有了很大的进步。如长沙马王堆出土的帛书《五星占》,给出了从秦王政元年(公元前 246 年)至汉文帝三年(公元前 177 年)凡七十年间,木星、土星和金星的位置表和它们在一个会合周期内的动态表。它给出的金星的会合周期为 584.4 日,比今测值仅小 0.48 日;土星的会合周期为 377 日,比今测值只小 1.09 日。这些成果,间接地表明战国时秦国所行用的颛顼历关于行星的知识已相当准确。

(四)古四分历

中国古代的历法,体现了农业生产的需要和对"历数"的领会,以及天文数学的进步。据《春秋》所载,当时人们用土圭测量日影,以日影最短的一天来定冬至日,得到一年(回归年)的长度为 365 ¼ 日。编历法时,可以 365 日为一年,每四年增加一日为 366 日。春秋战国时的多种历法,遵循这个原则,都是四分历;但因历元(历法起算年份)和岁首(每年开始的月份)有所不同,有黄帝、颛顼、夏、殷、周、鲁诸历之分。以 365 ¼ 日作为回归年的长度比真正的回归年只多 11 分钟。大约 500 年后,罗马人在公元前 43 年采用的儒略历,也使用这个数值。

为了调节回归年与朔望月长度之间的配合,早在公元前 722 年,中国已应用在十九个回归年中加进七个闰月的办法来制历。从公元前 589 到前 476 年,《春秋》中的编年完全依照十九年七闰法。十九年七闰法后来也为古希腊人默冬(Meton)在公元前 432 年所发现,中间是否存在交流,仍是一个谜。

中国人不仅在古四分历的两个基本数据方面居于世界先进水平,而且创造了特有的二十四节气。二十四节气以完整的面目出现是在《逸周书·时则训》、《周髀算经》和西汉的《淮南子·天文训》中,其在战国时期已经大致齐备。二十四节气实际上是一种特殊的太阳历,它对农业生产有重要的指导意义。二十四节气的划分和安排经历了一个不断完善和进步的过程。先秦时期简单地把一年平均分为24等分,这样定的节气叫"平气"。至隋代刘焯的《皇极历》,才考虑到太阳视运动的不均匀性,开始用"定气"法来定节气。

(五)从《山海经》到《禹贡》的地学知识

正如屈原的《天问》在发问天文问题之后,接着又提出了一系列的地理问题那样,先秦时代人们的视野,上至天文,下至地理,极为广阔。积千百年之传闻和经验,至春秋战国时期汇成了千古奇书《山海经》。接着,《禹贡》问世,无论在地学知识还是地学思想方面,都比《山海经》更上一层楼。

《山海经》由山经、海经和大荒经三部分所组成,全书共存十八篇,约三万多字。内容包括山川、物产、神祇、宗教、祭祀、远国异人、神话传说等,涉及天文、历法、地理、气象、动物、植物、矿产、医药、地质、水利、考古、人类学、海洋学、科技史等,堪称上古的一部科技史书。山经从内容、取材至形式结构都较朴实,大约成书于春秋之末。海经和大荒经是后来陆续增补进去的,包括不少神话传说和海外传闻,就中国自然地理知识来说,不如山经重要,但它给中外文化交流史提供了不少饶有兴味的线索,仍值得重视。

山经以山为纲,论述各地的位置、水文、动植物、矿物特产以及有关传闻,内容丰富。正是它首次对远比黄河、长江两大流域更为广大的地区进行了自然环境方面的综合概括,反映了先秦时代许多宝贵的自然地理知识。山经按方位把中国分为东西南北中五部分,"中山经"凡一百九十七山,分十二列,叙述最详;"东山经"四十六山,分四列;"西山经"共七十七山,分四列;"南山经"共四十山，分三列；"北山经"凡八十七山，分三列。中山经的核心地区在河南西部，作者最为熟悉。然整部山经涉及面广，有些记述与客观情况难以符合，故对山经所描述的地区，该指如今何地何山，学术界始终有不同的意见，至今仍难一致。

如果说山经中的地名山名至今众说纷纭，那么海经和大荒经的域外地名就更扑朔迷离了。《大荒西经》说道："有寿麻之国。南岳娶州山女，名曰女虔。女虔生季格，季格生寿麻。寿麻正立无景，疾呼无响。爰有大暑，不可以往。"①"正立无景（影）"的寿麻，可能指印度尼西亚的苏门答腊，也可能是两河流域的苏美尔之音译。有人把海经和大荒经的一些内容与美洲的地理环境联系起来，作了引人入胜的推测，不妨存其一说，以待进一步探索。

《禹贡》是今本《尚书》中的一篇，但非虞夏时代的作品，其成书年代尚有争议，主张战国说的较多。它比《山经》进步的地方在于，它不单是地理事实的罗列，而是从各种地理现象中，选择某些因素为标志，进行分区和区域对比。《天问》曰："地方九则，何以坟之？"《禹贡》亦把中国分为九州：冀、兖、青、徐、扬、荆、豫、梁、雍。九州区分的主要依据是河流、山脉、海洋等自然分界，虽然严格地说，它们既非自然区，也不是经济区，但已有自然区划思想的萌芽，将春秋战国时代的地理学水平推进了一大步。

《禹贡》的作者在大一统思想的指导下，打破了当时诸侯割据的疆界，描述了他所向往的统一王朝治下的广大地区，水文、土壤、植被等自然条件的特点，各式贡品、田赋和运输路线等方面的地区差异，其中以黄河为中心的水路运输网的描绘特别详细。他还根据土壤的颜色和性状分类，将九州的土壤分为白壤、黑坟、赤埴坟、涂泥、青黎、黄壤、白坟、坟垆等类别。在土壤分类方面，比《禹贡》的作者更有研究的是《管子·地员》的作者，后者根据土色、质地、结构、孔隙、有机质、盐碱性和肥力等各方面的性质，结合地形、水文、植被等自然条件，进一步将土壤分为"上土"、"中

---

① 袁珂校注：《山海经校注》，上海古籍出版社1980年版，第410页。

土"和"下土"三大等级，每一大等级又分成六类，故有十八类之多。列为"群土之长"的"息土"，"干而不垎，湛而不泽"，"淖（湿）而不觢（黏），刚而不觳，不泞车轮，不污手足"，蓄水力强，排涝性好，富含有机质，确是适宜于耕种的头等优质土壤。

除了九州部分外，《禹贡》还设"导山"和"导水"，专论山岳和河流。"导山"比"山经"具有更明确的山系概念。它所介绍的各条山列是自西向东延伸，且西部集中，东部分散，如实地反映了我国地形西部多高山，东部多平原的特点。"导水"部分从北而南，先主流后支流，井然有序地叙述了九条河流的水源、流向、流经地、所纳支流和河口等内容，是我国水文地理的滥觞。"导水"对九州内河流水系的分布概况，描述大多很准确，但有些地方令人困惑不解。如雍州在西北陕甘一带，"导水"说雍州"弱水，至于合黎，余波入于流沙"，"黑水，至于三危，入于南海"。弱水在甘肃张掖西，是一条内陆河流，确实北经合黎山，入于巴丹吉沙漠。而黑水入于南海之说就很难理解，故屈原也问："黑水、玄趾，三危安在？"可见这早就是个问题了。

（六）关于天地关系的争论和思辨

天、地、人古称三才，先秦诸子的探索不但上天入地，而且对天地之间的关系也充满了兴趣，围绕着宇宙论问题出现了许多新颖的想法。此时，以天圆地方说为标志的早期盖天说发生了变化和动摇，浑天说的萌芽应运而生。

《管子·地数》的作者认为："地之东西二万八千里，南北二万六千里，其出水者八千里，受水者八千里。"即以为地是一个浮于水中的有限实体，不过仍认为它是一个长方体。曾参（公元前505—前436年）认为"诚如天圆而地方，则是四角之不揜（掩）也"，① 对天圆地方说提出了怀疑。惠施进一步提出了"南方无穷而有穷"，"我知天下之中央，燕之北，越之南是也"等命题，② 这

---

① 《大戴礼记·曾子·天圆》。
② 《庄子·天下》。

二句话用"地方"说是无法圆满解释的，若用大地为球形的概念，则很容易理解。加上惠施曾提出"天与地卑"、"日方中方睨"等命题，① 我们大可推测惠施已有了大地是球形的想法。基于诸如此类新的认识，公元前318年，惠施为魏使楚时，"南方有倚人焉，曰黄缭，问天地所以不坠不陷，风雨雷霆之故。惠施不辞而应，不虑而对，偏为万物说"②，因为惠施有大地是球形的想法，所以他对天地所以不坠不陷的回答不会采用《管子·地数》中的水浮说。他到底是如何不假思索、滔滔不绝地发表议论的，现已不得而知。但从几种先秦文献的不同记载可知，当时对这一难题存在着多种假设，争论颇为热烈。《素问·五运行大论》中有大气举之说，《管子·侈靡》中有天地运动说。庄子也发表了自己的见解，他说："天其运乎？地其处乎？日月其争于所乎？孰主张是？孰维纲是？孰居无事推而行是？意者其有机缄而不得已邪？意者其运转而不能自止邪？"③ 在此，庄子对天动地不动的说法提出了质疑，用某种机制的存在作为天、地、日、月所以如此格局的原因，推测它们处在不停的运转中故无法停止。这些思辨的想法，实际上含有深刻的思想，可惜他始终徘徊于哲学和自然科学的交界处，未能进而探讨这种机制到底是什么。

盖天说以为"天圆如张盖，地方如棋局"，天是一个半圆球，地是平方形，这时遭到了某些人的怀疑。慎到（公元前395—前315年）一反盖天说的传统，指出"天体如弹丸，其势斜倚"，④ 提出了天体椭球的概念。天如椭球和大地球形的观念是浑天说的先导，而持盖天说者，也忙于作某种修正，《周髀算经》说："天象盖笠，地法覆盘。"（天好比覆盖在上的笠，地犹如被覆盖的盘）。盖天学说虽然不符合实际情形，但它提供了一个可以尝试数学计算的天地模式，自有其历史价值。

---

① 《庄子·天下》。
② 《庄子·天下》。
③ 《庄子·天运》。
④ 《慎子》。

五、初探人体科学

除了天地之外，先秦诸子，特别是医家、道家，对人类社会及人类自身，进行了全力以赴的探索和分析，建立了融养生、保健、食疗、治病、气功于一体的大医学观念，奠定了中医学理论体系的基础，这也是春秋战国时期科学发展的一个重要成果。

（一）扁鹊时代的医说、医术

医学和巫术的斗争和分家，是医学走上科学轨道的必要条件。继一些开明人士认为疾病是由"饮食哀乐"等生活因素造成的之后，医家根据阴阳五行学说，分析了自然界的多种致病因素，提出了六气致病说。公元前540年，秦国著名的医家医和说："天有六气，降生五味，发为五色，征为五声，淫生六疾。六气曰：阴、阳、风、雨、晦、明也。分为四时，序为五节，过则为菑（灾）。阴淫寒疾，阳淫热疾，风淫末疾，雨淫腹疾，晦淫惑疾，明淫心疾。"[①]他认为自然界存在阴、阳、风、雨、晦、明六气，如果由于某种原因，在人体内失去平衡，某一种气过多，就会产生相应的各种疾病。

医和的六气致病说与鬼神致病论划清了界线，扁鹊更提出"信巫不信医"作为"六不治"律条之一，表明了医家信心十足，与巫祝迷信势不两立的态度。扁鹊，姓秦，名越人，渤海鄚（今河北任丘县）人，约生于公元前五世纪，是我国医学史上扁鹊学派的创始人。扁鹊"为医或在齐，或在赵"，他在黄河中下游地区的长期医疗实践中获得了丰富的经验和高明的医术。扁鹊医术全面，内外科兼通，有时作"带下医"（妇科），有时作"耳目痹医"（五官科），有时又作"小儿医"（小儿科），视实际需要，"随俗而变"。他全面地掌握了切脉、望色、闻声、问病的四诊法，对切脉和望诊尤有独到

---

① 《左传·昭公元年》。

的功夫。太史公赞曰:"至今天下言脉者,由扁鹊也。"①推崇他在切脉诊断上作出了开创性的重大贡献。扁鹊的望诊,似有人体特异功能为助,故他能"不待切脉,望色、听声、写形,言病之所在"②。在治疗技术上,扁鹊对当时已普及与发展的砭石、针灸、按摩、汤液、熨贴、手术、吹耳、导引等方法都有研究,能驾轻就熟,多法兼施,综合治疗,收到显著的疗效。因此,他被神化为半鸟半人的神医,表现了后人对他的敬仰与怀念。(图3-6)实际上,扁鹊的医学成就,不仅代表了他个人所达到水平,而且反映了当时医学分科、诊断和治疗技术的新发展。

图3-6 东汉画像石上的扁鹊行医针灸图(山东微山出土)

扁鹊对中国医学的最大贡献,在于他开创了我国第一个医学学派——扁鹊学派。扁鹊医术高超,声名远播、遭人妒忌,遇刺而卒。而扁鹊学派在战国和秦汉时期享誉甚高,影响甚大。其代表作为《扁鹊内经》、《扁鹊外经》,《汉书·艺文志》曾予著录,后来失传。当时与之争鸣的学派不止一个,而能与之抗衡的则是黄帝学派。黄帝学派创立于战国时期,他们在医学理论上的造诣超过了扁鹊学派,其代表作是《黄帝内经》。

(二)奠定中国医学体系的《黄帝内经》

像其他战国时代内容丰富的科学巨著一样,《黄帝内经》也不

---

① 《史记·扁鹊仓公列传》。
② 《史记·扁鹊仓公列传》。

是一人一时之作，而是在无数医家的临床实践和不断进行总结的基础上，出现的一个时代医学进展的总结性巨著。它虽是黄帝学派的著作，也不可避免地受到其他学派的影响和渗透。它的成书约在战国晚期，经过秦汉时期的增补修改，更为充实。现在所传的是唐代王冰的注本。

《黄帝内经》一般简称《内经》，包括《素问》和《灵枢》两部分，各八十一篇。《素问》采用黄帝与岐伯相问答的形式，《灵枢》所论详于针刺。《内经》主要论述了人体解剖、生理、脉学、病因、病理、病症、诊断、治疗、预防、养生等广泛的内容，在易理的指导下，论述了脏腑学说、经络学说、气血学说、病因学说以及诊治法则等，为中医学理论体系的形成奠定了基础。

《内经》把人体视为一个有机的整体，"头者，精明之府"，"心主身之血脉"……内部各种器官各司其职，又存在着相互影响。它把人体放在一定的外界环境中进行考察和研究。如指出月亮盈亏的不同阶段，人的气血、肌肉、经络有不同的虚实变化，以之确定治疗和补泻的时间。书中贯穿了人体与外界环境相互感应的观点。换言之，人体既是大宇宙的一分子，本身又像一个小宇宙。这种整体观念加上阴阳五行学说的运用，形成了中医学理论体系的重要特点。

在《易经》的影响下，《内经》运用阴阳这一对立统一的原始科学概念，指出人体必须保持阴阳的相对平衡，"和于阴阳，调于四时"才不至于生病；主张以"提挈天地，把握阴阳"为纲，处理医学中的各种问题。它提出了"善诊者，察色按脉，先别阴阳"，"阳病治阴，阴病治阳"等原则。它应用五行的生、克、乘、侮等学说，试图说明人体各脏腑之间既相生又相克等内在联系，提出了"虚则补其母（整体），实则泻其子（局部）"等治疗准则。从《内经》开始形成的中医理论体系乃是阴阳五行学说运用于自然科学获得成功的一个突出的例子。

中医之所以成为一门科学，跟脏腑、经络学说是分不开的。《内经》对人身的五脏六腑、十二经脉、奇经八脉等的生理功能、病理变化及相互关系作了比较系统和全面的论述。它的知识来源于临床实践，有些更直接得之于解剖。书中指出："心者，生之本。""心主身之血脉"，"经脉流行不止，环周不休"。"经脉者，所以行血气而营阴阳"，"内溉五脏，外濡腠理"。说明当时已认识到心脏是主宰血液运行的中心，气血营养物质通过心脏血管系统流贯全身，循环运行不止。这是世界医学史上关于血液循环系统的最早描述。经络是客观存在，但解剖学上尚难以发现的人体运行气血的道路。古人把纵行的干线称为经，分出来的支脉称为络。《内经》说经络系统"内属于腑脏，外络于肢节"，把人体表里上下连结成一个相互沟通的统一整体。脏腑内发生的种种变化，往往通过经络反映到肤表腧穴上来。反之，针灸有关腧穴，可以通过经络的传递影响或控制脏腑的变化。经络学说既能诊断治疗，又有理论说明，在长期实践中行之有效，乃是中医体系中辨证论治的基本理论之一。

　　《内经》对于病因有比较正确的认识，对许多疾病的症状和特点作了剖析，贯彻了因人、因病、因时、因地制宜的治疗原则，强调以防为主的医疗思想。《内经》认为，人体内部的各部分之间，内部与外部环境之间相互协调，处于相对平衡状态时，就能维持正常的生理活动。如果这种协调和相对平衡关系遭到破坏，就会致病。它说，引起疾病的外来因素是邪气，"百病之始生也，皆生于风雨寒暑，阴阳喜怒，饮食居处，大惊卒恐"。然而，人体内部的机能和抵抗力十分重要，"邪之所凑，其气必虚"，"正气存内，邪不可干"。在《内经》中，虽然还没有认识到微生物致病的因素，但排除了鬼神致病的想法，正确地分析了内、外因的关系。《内经》记载了约三百种症状和疾病，涉及临床各科，论述颇为深刻。它认为各种疾病原则上都是可以医治的，强调以防病为主，提出"不治已病治未病"，提倡早期治疗，"上工救其萌芽"，"下工救其已成"。由于各人生活环境和体质的差异，治疗方法应灵活掌握，可以运用服药、外治、针灸、按摩、热敷和体育医疗等多种方法。服药包括药物和饮食治疗，医疗体育包括气功和导引等。在房中术方面，《内经》已有所谓"七损八益"的记载，"七损"是指七种有损人体健康的两性交媾活动，"八益"是将气功，导引与房室生活相结合的八种有益的两性交媾活动。毋庸讳言，这类知识对于整个人类的健康与进步是有益的。

如上所述，《内经》确是中国古代医学的宝典，它不仅奠定了中医学理论体系的基础，而且影响中医学的发展达二千年。它不但是中国历代中医的必修著作，而且早在 1000 多年前就已流传到国外。据日本富士川游《日本医学史》所载，公元 701 年，日本的医学校就曾以《内经》为主要教科书。《内经》全书或其部分内容已先后译成日、英、德、法等国文字，受到国外医学界和科学史界的高度重视。

（三）从《山海经》到马王堆医书

春秋战国时期药物学的知识逐渐丰富，反映在不是药物学专著的《山海经》中，也记载了 120 余种药用动植物和矿石。如补药类有"蓪"，"服之不夭"；生育药，如"鹕"，"食之宜子孙"；避孕药，如"黄棘"，"服之不孕"；预防药，如"青耕"，"可以御疫"；"三足龟"，"食者无大疾"；毒药，如"芒草，可以毒鱼"；"鲐鲐之鱼，食之杀人"；解毒药"耳鼠"，"御百毒"等等。主治的疾病包括胃病、心脏病、肺病、腹疾、五官疾病、皮肤病、痔漏、疽痈、肿疾、中热、寒疾、风疾、蛊疾等。《山海经》的本草知识为我国本草学的形成打下了一定的基础，实开我国本草著作之先河。

湖南长沙马王堆三号汉墓出土的十五种帛、简医书，共四万多字，内容质朴，有不少是战国时代流传下来的文献，基本上保持了上古医书的原貌，有些属于孤本，十分珍贵。

帛书《五十二病方》是我国现已发现的最古的医学方书。全书五十二题，每题列出治疗一类疾病的医方，多少不等，共记病名 103 种，方剂约 280 个，提到药名 240 多种，内容涉及内、外、妇产、小儿及五官等科，已经颇具规模。《足臂十一脉灸经》、《阴阳十一脉灸经》是我国最早论述经脉学的文献。《脉法》、《阴阳脉死候》是关于脉学、诊断学的文献，成书年代在《黄帝内经》之前。内容涉及妊娠、保胎、产后处理的《胎产书》是国内迄今所知的最早的妇产科专论文献。房中术著作《十问》、《合阴阳》、《天下至道谈》的内容则涉及养生学、性医学和性保健等知识。"导引"是"导气令和"和"引体令柔"的简称。这是一种呼吸运动和躯体运动相结合的医疗体育。战国初年的石刻文《行气玉佩铭》，铭文刻在一个十二面体的小玉柱上,共45字,乃是迄今发现的最早的气功导引口诀。郭沫若的《奴隶制时代》译作:"行气,深则蓄,蓄则伸,伸则下,下则定,定则固,固则萌,萌则长,长则退,退则天。天几春在上,地几春在下。顺则生,逆则死。"马王堆汉墓出土的《却谷食气》和《导引图》等亦属于早期的气功、导引文献。《导引图》共四十余幅(图3-7),其中包括纯粹以锻炼身体为目的的运动,也有为专治某种疾病而特别设计的动作,十分形象生动。

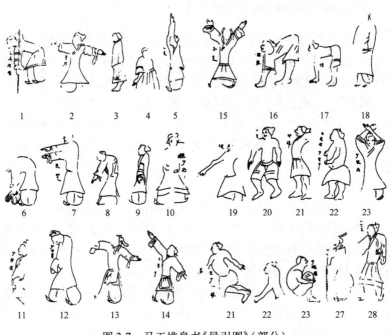

图 3-7　马王堆帛书《导引图》(部分)

六、墨子与《墨经》

战国晚期有名的法家韩非子说:"世之显学,儒墨也。儒之所至,孔丘也;墨之所至,墨翟也。"①墨翟是战国初期著名的政治活

---

① 《韩非子·显学篇》。

动家和伟大的科学家。他从儒家分化出来，竖起了墨家的大旗。在其身后，墨家分化为三四派，与儒家的后学一起，"孔、墨之后学显荣于天下者众矣，不可胜数"①。这支与战国时代相终始的队伍，其成员大多来自社会下层，包括不少手工业者，以刻苦自励，勇敢任侠著称。他们重"义"，提倡非攻、兼爱、节葬、节用、尊天、事鬼、尚同、尚贤、非乐诸说，亲身参加生产实践或社会活动。有的擅辩，有的善于著书立说，有的长于"从事"（即实验研究），②集思广益，加上国内外的学术交流，在科学技术上也有很高的造诣，在中国科技史上占了十分光荣的一席。

（一）墨翟其人

墨家的开创者墨翟是一个实实在在，其来历却又有点神秘的人物。

墨翟的生卒年代，已不能确考。根据他所交游的人物和《墨子》书中所反映的天下形势，可以大致划定他的活动年代。他大约生于春秋之末，活动于战国之初，在孔子之后，孟子之前，约略与子思同时代。有种说法认为他生于公元前478年左右，卒于公元前392年左右，大概出入不会很大。

墨子的本籍，也众说纷纭，莫衷一是。墨子的许多活动以鲁国为中心，所以不少人认为他是鲁国人。因为他在宋国时间较久，也有人以为他是宋国人。此外，还有楚国说、印度说、以色列华侨说等等，不一而足。总之，墨翟是中国人不应有什么疑问，但他的早期经历的确不清，其先人是否是两周之交散在夷狄的畴人子弟，还是值得考虑的。

墨子出身平平，自称"贱人"、"鄙人"，曾当过制作器具的工匠。《韩非子》载："墨子为木鸢，三年成，飞一日而败。"真假莫辨。他先"学儒家之业，受孔子之术"。后创墨学，周游列国，信徒满天下。墨家学派有强烈的平民色彩。政治上，他们是手工业小生产者的代言人。科学上，他们集体智慧的结晶《墨经》是早期实验科学的代表，并含有演绎科学的萌芽。

---

① 《吕氏春秋·当染篇》。
② 《墨子·耕柱》。

(二)《墨经》其书

据《汉书·艺文志》著录,《墨子》原有七十一篇。两汉重儒,墨学衰落,今仅存十五卷五十三篇。其中《经上》、《经下》、《经说上》、《经说下》四篇合称《墨经》,集中地记载了墨家的自然科学研究成果。《墨经》四篇和主要讨论逻辑推理的《大取》、《小取》两篇,又统称《墨辩》。从科学史的角度来看,《墨辩》,特别是《墨经》,是《墨子》的精华之所在。

《经》上、下的经文,系墨翟自著或弟子手记,大约成书于公元前五世纪下半叶,约略与《考工记》同时,间或有后学所增益者。《经说》上、下可能是后期墨家的作品,所以其文风、某些概念和内容与经文不同,成书年代应在公元前三世纪中叶之前。

墨家之文,质朴而少雕饰,用字极为简约,且有特殊的编例。汉后墨学衰微,研究乏人,传本误、衍、脱、窜相当严重,几乎不可句读。至清乾嘉间治墨子者始渐多,经过近现代许多学者的研究,《墨经》全文五千余字,已经整理为较接近原本的一百七八十条,但释读仍然不易,各家看法不尽一致,有少量文字尚未得到确切的解释。如将全经的内容分门别类,多数是逻辑学的知识,自然科学方面,专论光学的有八条,部分涉及光学的有二条,还有力学、数学等方面的内容。

(三)光学八条中的实验科学

《墨经》中的光学知识是古代实验科学的样板和骄傲。光学八条在次序安排上十分科学。[①] 从第 1 条至第 5 条论影,墨家根据从大量的观察事实中发现的光的直线传播原理,对针孔成像、各种影子的生成等光学现象进行实验、观察和分析,努力加以科学的说明。从第 6 条至第 8 条论像,叙述平面镜、凹面镜、凸面镜中物和像的关系。这八条首尾衔接,打下了古代几何光学的基础。

光学八条既是忠实的观察和实验记录,又含有规律性的知识,

---

① 谭戒甫《墨辩发微》列为《经下》第 16~23 条。

虽然文辞简古难懂，不妨介绍和选读几条。

第1条(《经下》第16条)为影的定义，谓"景(影)不徙，说在改为"。《经说》云："景：光至，景亡；若在，尽古息。"这里指出运动体的影子是不动的，视觉上影子的移动，只是原影不断消失，新影不断产生的连续的物理过程，即影子不断"改为"的过程。当时名家也认为"飞鸟之景未尝动也"，① 又说"影不移"。② 这种认识是符合现代的解释的。

第2条(《经下》第17条)解释了本影和半影现象。第3条(《经下》第18条)说："景到，在午有端与景长，说在端。"《经说》云："景：光之人，煦若射。下者之人也高；高者之人也下。足蔽下光，故成景于上；首蔽上光，故成景于下。在远近有端与于光，故景库内也。"这是我国历史上关于针孔成像实验的首次记载，学术界意见一致，但是对于本条所说的"景"，究竟是"像"还是"影"，存在着不同的看法。一类意见认为是"影"，另一类意见认为成像和成影两种情形都可能发生。"当人向着小孔站立，光源从人体的对面照射，成的就是像，当光源从人体的后面照射，成的就是影。"③此外，对经文的"与景长"，经说的"故景库内也"，尚有疑难未决，学术界的解释也有分歧。

第4条(《经下》第19条)记载的是利用反射光线造影的实验。第5条(《经下》第20条)记载表杆在地面上的投影的粗细长短的变化规律。接下去的第6条(《经下》第21条)"临鉴而立"，第7条(《经下》第22条)"鉴洼"和第8条(《经下》第23条)"鉴团"，分别记述平面镜、凹面镜和凸面镜的成像规律。为了更好地理解《墨经》论像，先让我们回顾一下先秦的铜镜制造技术。

我国在3600年以前的齐家文化后期已有照像的平面镜。1976年河南安阳小屯妇好墓出土了铜镜四枚，其中一枚直径11.8厘米，厚0.2厘米，面微凸。说明我国在殷商武丁时期(约公元前12世纪)已

---

① 《庄子·天下》。
② 《列子·仲尼》。
③ 王锦光，洪震寰：《中国光学史》，湖南教育出版社1986年版，第63页。

经发明了凸面镜。凸面镜可以在镜面较小的情况下,照出整个人面。凹面镜大多用于取火的阳燧。1959年河南陕县上村岭出土了春秋早期的阳燧一枚,直径为7.5厘米。(图3-8)1983年浙江绍兴306号战国早期墓又出土了一枚阳燧,直径3.6厘米。1995年陕西扶风周原遗址黄堆60号西周墓中出土了一枚阳燧,其质青铜,直径为8.8厘米,厚度0.19厘米,曲率半径20厘米。从这些考古实物,联想到《考工记》"金有六齐"中包括"鉴燧之齐",可见春秋战国时期凸面镜、凹面镜的生产技术已经规范化,这为墨家的光学实验提供了良好的条件;反之,墨家的实验也有利于铜镜生产技术的改进。

1. 阳燧背面　2. 背纹摹绘　3. 侧视示意图

图3-8　春秋阳燧(直径7.5厘米,1959年河南陕县上村岭出土)

第 6 条说："临鉴而立，景倒。多而若少，说在寡区。"《经说》云："正鉴：景寡，貌能、黑白。远近、柂正、异于光。鉴：景当俱；就、去，亦当俱。俱用北。鉴者之皋，于鉴无所不鉴，皋之影无数，而必过正。故同处其体俱，然鉴分。"经文指出，若人站在平面镜之上，其像是倒立的。《经说》首先说明了单面平面镜成像的情况，接着的解释可能是指两面平面镜平行相向横置成复像的情况。对于单面平面镜成像，学术界的意见比较一致。《墨经》说平面镜所成的像只有一种，物与像相对称。当人走向和离开镜面时，像总是取相反的方向作相应的移动。关于平面镜成复像的问题，学术界还有较大的分歧，仍在争鸣之中。

第 7 条说："鉴洼，景一小而易，一大而正，说在中之外、内。"《经说》云："鉴。中之内：鉴者近中，则所鉴大，景亦大；远中，则所鉴小，景亦小——而必正。起于中缘正而长其直也。中之外：鉴者近中，则所鉴大，景亦大；远中，则所鉴小，景亦小——而必易。合于中长直也。"有人认为这个实验是实验者从远处向着凹面镜走近的过程中，观察自身成像的情况。按此理解，实验用的凹面镜应相当大。从已发现的三面西周春秋战国凹面镜和沈括（1032—1096 年）《梦溪笔谈》记载的凹面镜来看，尺度均小，实验者观察的不可能是全身的像，应当是物体或手指之类的像。凹面镜的成像规律比较复杂，按近代几何光学，平行光线经凹面镜反射后聚焦于焦点（F），它的成像有五种情况。《经》文中讨论了其中两种情况，《经说》讨论得较多，但却把凹面镜的球面中心和焦点混称为"中"，不够严密。当物体在焦点和球心之间时，产生比物体大的倒立实像，故《经说》云："起于中缘正而长其直也。""缘正"是承上文的"必正"而来，"缘"字可能有讹。如果释"缘正"为"不正"，正与光学实验结果相符。

第 8 条说："鉴团，景一。"《经说》云："鉴。鉴者近，则所鉴大，景亦大；其远，所鉴小，景亦小——而必正。景过正，故招。"这里墨家正确地指出，凸面镜总是成一个正立的像。惟"景过正，故招"句较难确认墨家究竟何所指。

综上所述，尽管《墨经》中的光学知识缺乏量的分析，没有涉及折射问题,有所不足,但就体制、内容、年代而言,这"寥寥数百字,确乎可称二千多年前世界上的伟大光学著作","就体制而言,俨然是一部完整的几何光学;就内容而言,是不尚空论,而是老老实实的实验记录……就年代而言,《墨经》比今日欧美学者所认为世界上最古的光学书籍,传说为欧几里得所写的《光学》一书,还要早。"①

(四)演绎科学的萌芽和时空观的争论

《墨经》不仅以一部袖珍几何光学光耀千秋,而且其中的数学和力学知识体现了演绎科学的萌芽正在中国萌发。

《墨经》对一系列的几何概念,加以抽象概括,作出了科学的定义。如:"平,同高也。"用同样的高低定义"平"。"圜,一中同长也。"相当于现今数学教科书中把圆定义为"对中心一点等距离的点的轨迹"。对于点、线、面、体、直、同长等概念,《墨经》也分别作了定义。

在力学方面,《墨经》既有关于力的定义,又有一些具体的力学知识。《墨经》给力的定义是:"力,形之所以奋也。"也就是说力是使物体的运动发生变化的根源。它还补充说明"下举重,奋也"。以自下而上提举重物作为"奋"即人体用力的例子。

杠杆和衡器的广泛使用,促进了有关杠杆平衡问题的研究。《墨经》正确地指出:"衡木:加重于其一旁,必捶——重相若也。相衡:则本短标长,两加焉,重相若,则标必下——标得权也。"这就是说,杠杆的平衡不但取决于加在两端的重量,而且与"本(重臂)"、"标(力臂)"的长短有关。《墨经》还归纳出"长、重者下,短、轻者上"的定性结论,距杠杆原理仅一步之差。

与对杠杆问题的研究相似,《墨经》对浮力原理也作了定性分析。它说:"荆(形)之大,其沉浅也,说在具(衡)。"意即就同样的重量来说,形体越大的物体,在水中下沉越浅,其原因在于取得

---

① 钱临照:《论墨经中关于形学、力学和光学的知识》,《物理通报》1951年第3期,第5~10页。

某种均衡。本来,以这种对于浮力原理的朴素直观的认识为基础,上升到阿基米德浮力定律并不是非常困难之事,可惜墨家没有这种机遇。

墨家作为战国时代的显学,以其对于时空之间辩证统一关系的精彩论述和深刻的原子概念,从宏观和微观两方面积极参加了当时的学术争鸣。

关于空间、时间以及时空之间的关系,尸佼(约公元前四世纪)说:"四方上下曰宇,往古今来曰宙。"墨家进一步指出:"宇,弥异所也。""久(宙),弥异时也。"《墨经》中宇宙的定义包括所有不同的空间和时间,包含了无限时空的初步认识。它还认为,"宇或(域)徙,说在长宇久","长宇,徙而有处,宇南宇北,在旦有(又)在莫(暮),宇徙久"。这是说,物体位置的移动,总是经过一定的空间和时间,而且随时都有特定的位置。空间上,向南或向北,时间上由旦到暮,空间位置的变迁总是紧密地结合着时间的流逝。

关于宇宙空间无限性和物质无限可分性的问题,战国中期的宋钘、尹文,可能是墨家的一个支派,从对大自然的体验和原始气功实践中抽象出了气的概念。他们指出:"凡物之精,比则为生。下生五谷,上为列星,流于天地之间,谓之鬼神,藏于胸中,谓之圣人,是故名气。"他们的"气"是宇宙万物的本原,可以说"其细无内,其大无外"。[1] 惠施进一步论述:"至大无外,谓之大一;至小无内,谓之小一。"他把宏观物质世界称为"大一",大到没有边际;又把微观物质世界称为"小一",小到无限小。他认为万物都是由"小一"聚集成的。名家还提出了"一尺之棰,日取其半,万世不竭"这个著名的命题,[2] 即一尺长的棰,每天取它的一半,永远也取不完。我们知道这个过程始终大于零而趋于零,是对"小一"的绝妙注释,涉及物质无限可分性和极限的问题。

古希腊哲学家德谟克利特(Democritus,约活动于公元前 420 年

---

[1] 《管子·内业》。
[2] 《庄子·天下》。

前后)认为物质的最小单位是原子。墨家把物质的最小单位叫做"端",《墨经》指出:"非半弗䵺则不动,说在端。"也就是说,有形的物体,一半一半地分割下去,到再也不能分割的时候,剩下的就是"端"。反过来也可以说,物质是由"端"组成的。"小一"和"端"虽然只是一对思辨性的概念,两者相辅相成,代表了先秦学术界对微观世界的探索的重要成果。可惜后继乏人,竟成千年绝唱。

(五)墨家的衰落和复兴

《吕氏春秋·当染篇》说:孔墨"徒属弥众,弟子弥丰,充满天下,王公大人从而显之;有爱子弟者,随而学焉,无时乏绝"。墨家所注重的从实验中获得"亲知"的科学方法,从具体的事物中抽象出科学概念、统率学科的科学思想,"五行无常胜",[1] 即阴阳五行在一定条件下相互转化的辩证观点,反映了春秋战国时期人们在开拓科学发展的道路上活跃的新思想和新进展,代表了中国古代科学与古希腊科学相似的一种发展方向。但其中的纯科学理论曲高和寡,当时的中国社会一时接受消化不了。墨家的主张,本身也有弱点,尊天帝,敬鬼神,藉神权以伸其学说,迹近迷信。随着封建专制集权制的建立,墨家的政治主张也不为统治阶级所接受。至汉代,独尊儒术,罢黜百家,墨家诸派和他们的学说都归于消沉,不复能与儒家相抗衡。墨家迅速衰落,研读《墨子》者绝少,《墨经》中的科学知识长期得不到理解、重视和发掘。

至清代,墨学赖乾嘉学派重光,因西学东渐复兴。名家纷纷校注,光绪间,温州孙诒让集各家研究之大成为《墨子间诂》,尤为美备。晚清不少人为证明"西学中源说",竭力将西学与《墨经》的内容挂钩,或称西学在中国古已有之,或称《墨经》为西学之源。虽然流于牵强附会,但至少说明了《墨经》中的科学知识的强大生命力是千年尘封所掩盖不了的。现在需要的是,在众多研究者大量的研究成果的基础上,进一步深入《墨子》和其他先秦资料与同时

---

[1] 《墨经》。

期古希腊科学的比较研究，将《墨经》和《墨子》的研究提高到一个新水平，使这份宝贵遗产进一步发扬光大。

七、最早的手工艺经典——《考工记》

伴随着春秋战国时期诸子蜂起，百家争鸣的思想解放运动，知识分子出入宫廷，欲求闻达于诸侯，往往有思设鬼神之举；各种工匠努力将实用和美学效果相结合，充分表现劳动者的创造才能，不断创制工佴造化之物。此时诞生的《考工记》，上承我国古代奴隶社会青铜文化之遗绪，下开封建时代手工业技术之先河，忠实地记录了这一历史转变期的实际生产技术和有关的科学知识。它与几乎同时的《墨经》一起，犹如两颗璀璨的明珠，光耀于东方巨龙首次腾飞之时。而对后世的影响，《考工记》又远在《墨经》之上。

图 3-9 《考工记》书影（采自《唐开成石壁十二经》，1926 年张氏酾忍堂刻本，浙江省图书馆藏）

(一) 手工艺的最早经典

"国有六职,百工与居一焉。"①春秋战国时期官府手工业的日益发展,百工队伍的不断壮大,对生产技术的规范化提出了迫切的要求,我国最早的手工艺专著《考工记》应时而生(图3-9)。

《考工记》虽非一人一时所作,但其内容大体上能和战国初期的出土文物相互印证,它的主体应是战国初年所作。有些材料属于春秋末期或更早,编者间或引用周制遗文以壮声威,在流传过程中稍有增益或修订,但在总体上应视为我国上古至战国初期手工艺科技知识的结晶。《考工记》的作者佚名,从内容和体例上看,很可能原是齐国的官书。②

官书《考工记》和私家著作《墨经》,实际上代表了先秦科技结构的两种可能的发展方向。中国古代社会冷落与古希腊演绎科学相似的《墨经》,选择了与之匹配的《考工记》系统。虽遭秦始皇焚书之劫,《考工记》亦一度冷落。但它在西汉复出,与《周官》剩下的五官合编为《周官经》六篇,即《周礼》,以《周礼·冬官考工记》的身份行世,得以跻身经部。于是,不但胼手胝足的工匠们奉若经典,而且皓首穷经的经学家亦为之倾倒,在中国封建社会里发挥了异乎寻常的影响,促使中国古代科学技术走上了东方式的发展道路。后世"于器用、舟、车、水、火、木、金之属资于庙算世务者,率皆精究形象以为决胜之图。……然逆流寻源皆以《考工记》为星宿海"。③

(二)《考工记》的内容

《考工记》凡七千一百余字,记述了当时官营手工业中的三十个工种,即"攻木之工七,攻金之工六,攻皮之工五,设色之工

---

① 《考工记·总叙》。

② 闻人军:《〈考工记〉成书年代新考》,《文史》第23辑,中华书局1984年版,第31~39页。

③ 《徐光启著译集》,《考工记解·茅兆海跋》,上海古籍出版社1983年版。

五,刮摩之工五,搏埴之工二。攻木之工:轮、舆、弓、庐、匠、车、梓;攻金之工:筑、冶、凫、㮚、段、桃;攻皮之工:函、鲍、𩏑、韦、裘;设色之工:画、缋、钟、筐、㡛;刮摩之工:玉、榔、雕、矢、磬;搏埴之工:陶、瓬"。其中叙述"段氏"、"韦氏"、"裘氏"、"筐人"、"㮚人"和"雕人"六个工种的简策已佚,有目无文。另外在"舆人"之后,文中又设"辀人"一节,故实际上流传下来二十五个工种的内容。《考工记》的作者以简练之笔,根据述而不作的儒家伦理,遵循天时、地气、材美、工巧四原则,以及严格的质量管理制度,将三十工有机地组成了一个整体,即官营手工业系统。

按原作者的意图,《考工记》的"百工"系统可以分为六个子系统,即:攻木之工、攻金之工、攻皮之工、设色之工、刮摩之工和搏埴之工。按《考工记》的内容性质,也可以分为另外的六个子系统,即:一、以"轮人"、"舆人"、"辀人"和"车人"等为代表的制车系统。二、由"金有六齐"统率的铜器铸造系统,包括"筑氏"、"冶氏"、"桃氏"、"凫氏"、"㮚氏"及"段氏"等。三、以"弓人"、"矢人"、"庐人"和"函人"等为代表的弓矢兵器护甲系统。四、以"梓人"、"玉人"、"凫氏"、"𩏑人"、"磬氏"、"画缋"、"钟氏"、"㡛氏"等为代表的礼乐饮射系统。五、以"匠人"为代表的建筑、水利系统。六、以"陶人"和"瓬人"为代表的制陶系统。当然,其他内容(如"鲍人"等)也是"百工"系统的有机组成部分。无论从哪个角度看,《考工记》都不愧为集先秦科技之大成的著作。

(三)《考工记》的价值

我国古代最重要的技术著作是《考工记》和明末宋应星的《天工开物》。如果说《天工开物》是古代技术传统的成功总结,《考工记》则给古代技术传统以光彩的开端。

除了大量的技术知识外,《考工记》的字里行间还反映出丰富的物理学、化学、生物学、天文学、数学及度量衡知识,对于生产管理及造型艺术也有精辟的论述。在此,我们分门别类,择要简单介绍其历久弥新的科技价值。

(1) 木车设计制造技术之总汇

《考工记》时代,战车的制造工艺达到高峰,《考工记》也成了世界上第一部详述木车设计制造的专著。

关于车子的关键部件——车轮的设计制造和检验,《考工记》提出了一系列符合力学原理的设计原则,并规定了"规之,以视其圜也;萭之,以视其匡也;县之,以视其轮之直也;水之,以视其平沈之均也;量其薮以黍,以视其同也;权之,以视其轻重之侔也"这六种检验车轮制作质量的工艺。用到了圆规(规)、正轮之器(萭)、悬绳(县)、天平(权)等仪器方法。(图 3-10)"辀人"节指出:良辀"劝登马力,马力既竭,辀犹能一取焉",这是我国古籍中关于物理学的惯性现象的最早记载。

图 3-10 汉制车轮画像石(拓片,山东嘉祥洪山出土)

(2) 炉火纯青的青铜冶铸技术

《考工记》作为问世于青铜时代末期的科技文献,总结了当时冶金工艺知识的最高理论成就,即"金有六齐"和"铸金之状",详见本章二·(一)·1。关于铸造工艺,在"㮚氏"节中也有简要的说明。

(3) 登峰造极的铜兵和庐器

《考工记》时代,车战兵器和青铜冶铸及战车技术一起登峰造极,书中对青铜兵器的配方和形制分别作了规定。在讨论兵器之柄的"庐人"节中，除了规定各种不同用途的庐器的形制外，还总结了"置而摇之"、"灸诸墙"、"横而摇之"三种科学的测试方法。

（4）制弓矢和射箭术的高度总结

春秋战国时期的弓，是一种复合弓，弓身由竹木和动物的角、筋等粘合起来，制作技术相当复杂。《考工记》以大量的篇幅，对选材、配料、制作程序、规格、检验、保藏、选用等方面，作了详细的记载，为历史上著名的六条制弓经验，即"弓有六善"，① 奠定了基础。

《考工记》中有关弓矢的记载，又以其独特的方式开了空气动力学的先河。"矢人"节中，详细记载了箭羽的装置方法和各种弊病，进而指出箭羽的功效。更难能可贵的是发现了箭杆桡度和箭矢飞行轨道的关系，它指出："前弱则俛，后弱则翔，中弱则纡，中强则扬。""弱"是指箭杆柔弱，易于桡曲。"强"表示箭杆刚强，不易桡曲。如果箭杆前部偏弱，撒放时箭杆前部弯曲较大。撒放后，前部振动较甚，阻力增大，箭行迟缓，故飞行轨道较正常情况为低。如果箭杆后弱，则拉弓时后部弯曲较大。撒放后，后部振动较厉害，振动能量的一部分将转化为帮助箭矢前进的空气动力，前行速度较正常情况为快，故偏离正常的轨道而高翔。如果箭杆中弱，在弓弦压力下，箭杆过分弯曲。撒放后，由于箭杆本身的反弹作用强，箭杆将绕过中心线，偏离正常轨道飞出。如果箭杆中强，则弓弦受到的压力和随之而来的形变较大。撒放后，由于它对箭杆的反作用较强，箭矢将迅速飞离箭台，倾斜而出。② 此外，"弓人"节中建议的射手、弓、矢的搭配方式，对于现代的射箭运动仍有一定的参考价值。该节用悬挂重物测试弓力的方法，不但隐含弹性力学的知识，而且从定性向定量研究前进了一步。

（5）皮甲制作和皮革加工技术

---

① 沈括：《梦溪笔谈》卷十八。参见闻人军：《〈梦溪笔谈〉"弓有六善"续考》，《杭州大学学报》（哲社版），1985 年第 3 期，第 78, 82～84 页。

② 闻人军：《考工记导读》，巴蜀书社 1988 年版，第 43～46 页；闻人军：《考工记译注》，上海古籍出版社 1993 年版，第 69 页。

春秋战国之际车战风行之时，是我国皮甲胄的黄金时代。《考工记》中的记载与考古发掘的实物资料相互印证，已使这种古代工艺重现风采。

(6) 钟、磬、鼓和相关的声学知识

中国古代乐器一般分为打击乐器、吹奏乐器和弹弦乐器三大类。盛行于春秋战国的"钟鼓之乐"，是一种以编钟、编磬、建鼓为主要乐器，辅以管弦乐器的大型乐队。《考工记》对钟、鼓、磬的记述正好体现了时代的风尚和声学知识的进步。

"凫氏为钟"节对编钟的规范、音响和调音等问题作了总结性的论述，恰如一篇层次分明、逻辑严谨的制钟论文。关于钟的声学特性，它说："薄厚之所震动，清浊之所由出，侈弇之所由兴，有说。钟已厚则石，已薄则播，侈则柞，弇则郁，长甬则震。"又说："钟大而短，则其声疾而短闻；钟小而长，则其声舒而远闻。"前者完全符合声学原理，后者在一定的尺度范围内也是正确的。

"磬氏"节说：磬声"已上，则摩其旁；已下，则摩其耑（端）"。这种调音方法完全符合声学原理。说明古人早就认识到磬薄而广则音浊（频率低），短而厚则音清（频率高）。调音方法是反其道而行之，即能得到所需的音频。

"韗人"节说："鼓大而短，则其声疾而短闻；鼓小而长，则其声舒而远闻。"这种论述是实践经验的正确总结，符合声学原理，而不是机械重复"凫氏"节的类似提法。

(7) 施色工艺（略），参见第二章五·（三）。

(8) 建筑制度与技术

参见第二章五·（一）。《考工记》的城市规划传统和建筑技术对后世有不可估量的深远影响。进入封建社会后，虽有新兴地主阶级突破旧制度束缚的种种尝试，但充满了礼治气息的营国制度的基本规划结构却保存下来，影响日增。自东汉以降，直至清代，1900年间，我国都城规划基本上都是继承《考工记》王城规划传统的产物。其影响远及国外，日本仿效唐长安城设计了名都——平安京，追本溯源，亦源出《考工记》的王城规划传统。

《考工记》使百工之事登上了大雅之堂，历代工匠引以为荣，最突出的例子是北宋李诫的《营造法式》。这部建筑学名著不厌其烦地一再引用和称颂《考工记》，说明后世的建筑技术虽比《考工记》时代大为进步，但《考工记》的潜在的心理影响仍长存不衰，其传统被不断铺张扬厉。

（9）井田水利工程（略），参见本章三·（三）3。

（10）最早的陶瓷文献

我国宋以前有关陶瓷的著述极为零碎，研究先秦陶瓷史主要依靠考古实物，但《考工记》的"陶人"、"瓬人"及"国有六职"节的一些记载，毕竟提供了先秦文献中最集中的陶瓷史料，可作为考古资料的补充。何况书中提到的陶瓷业专用工具"㭒"，至今尚未在考古发掘中发现，其形制、用途不甚明确，引起了研究者的极大兴趣。

（11）生物地理分布的三条谚语

《考工记》"国有六职"节说："橘逾淮而北为枳，鹳鹆不逾济，貉逾汶则死。此地气然也。"其中隐含着生物分布地域界线的概念和古人对于物种可变的观察。英国博物学家达尔文（1809—1882年）的名著《物种起源》写道："即中国古代的百科全书，亦早提及将动物自一地向它地迁移，必须谨慎。"①这里所说的"中国古代的百科全书"，是李时珍的《本草纲目》。所谓"将动物自一地向它地迁移，必须谨慎"，指的是《本草纲目》"禽部"和"兽部"所引《考工记》的后两条谚语。显然，《考工记》的有关记载已经融入了达尔文的进化论巨著之中。

（12）动物分类（略），参见本章三·（二）。

（13）实用数学和度量衡知识

"车人之事"节说："半矩谓之宣，一宣有半谓之欘，一欘有半谓之柯，一柯有半谓之磬折。"矩、宣、欘、柯、磬折是中国特有的一套实用几何角度定义，它的形成约在春秋末期。至战国时期，磬折等角度定义曾广泛流传，在早期的工艺技术中起过一定的积极作用。《考工记》中还记载了另一种等分圆的角度表示法。由于角度的概念在秦汉以后的数学发展中没有受到足够的重视，"磬折"

---

① 达尔文：《物种起源》，科学出版社1955年版，第98页。

等角度定义也失传了。我国古代数学成就硕果累累，可是几何学的发展未能与代数学的发展并驾齐驱，原有的角度概念可供实用而不适于进一步的数学推导，也是原因之一。

"桌氏为量"节说："鬴，深尺，内方尺而圜其外，其实一鬴。其臀一寸，其实一豆。其耳三寸，其实一升。重一钧，其声中黄钟之宫。"这是关于战国中期以前嘉量形制的独家记载。鬴担负了律、度、量、衡四种标准器的角色，是同律度量衡制度的生动体现。

（14）二十八宿和四象（略），参见本章四·（三）。

（15）用漆经验的总结

漆器颇具中国特色，我国使用生漆的历史已可追溯到河姆渡文化时代。《考工记》"弓人"节指出："漆也者，以为受霜露也。"记文中规定了用料标准，叙述了多种通过漆纹检验的方法，是我国最早的关于用漆经验的总结。

（16）手工业生产管理经验

《考工记》的记载，从不同的角度反映出当时的手工业生产有了严密的组织和精细的分工，已形成了一套严格的管理制度。如：规定分工，统一产品部件名称，制订产品及建筑设计标准与规格，规定用料标准，总结选材方法，规定生产工艺，建立产品检验制度，规定了检验方法和标准，建立了律度量衡制度等等。最优化设计的思想和系统工程的萌芽，亦在《考工记》中不时表露出来，表明《考工记》不仅是属于它那个时代的，而且是属于未来的。

因为《考工记》内容丰富多样，价值历久弥新，英国著名科学史家李约瑟视《考工记》为"研究中国古代技术史的最重要的文献"，中国科学史界的权威钱临照（1906—1999年）称"考工记乃我先秦之百科全书"。毕瓯（É. Biot，1803—1850年）的《周礼·考工记》法文全译本问世于1851年，日本在1979年出版了本田二郎的《周礼通译·考工记》日文全译本。① 联合国教科文组织曾有意向世界译介这一中国古典著作，计划推出联合国六种工作语言版本的《考工记》，愿这一计划早日实现。

---

① 闻人军：《考工记译注》，上海古籍出版社2008年版，前言第1，7页。

第四章

确立体系

中国古代大一统科技体系的形成可以分成三个阶段：第一，春秋战国展新芽。第二，秦朝一统定方向。第三，汉随秦制建体系。

春秋战国时期，代表各种社会集团利益的诸子百家，书生论政，在政治、经济、文化、思想方面提出了形形色色的主张，为未来的中国社会描绘了一幅幅蓝图。中国仿佛面临着多种前景，而历史只能走一条路，逐鹿中原的得胜者才有最大的发言权。在科学技术领域内，来自传统的和外来激发的种种老枝新芽，纷纷迎接即将到来的选择和淘汰。战国时期并为显学的儒墨两家，声势和影响最大。与此相应，科学技术体系主要存在着两种可能的发展方向：以《考工记》为代表的封建大一统实用型和以《墨经》为代表的演绎和实验科学型。毫无疑义，中国社会向何处去，中华大地将出现什么样的社会制度，就将培育和形成什么样的科技体系，这是一个不以儒家、墨家或其他诸子百家的意志为转移的客观规律。

一、秦帝国决定了中国科技体系的走向

秦帝国享年甚短，竟出秦始皇意料之外，可是它对中国封建社

会的影响之大，在某种意义上，正合秦始皇的宿愿。秦始皇的所作所为，与兼爱、非攻、节用、节葬的墨家理想格格不入，他的攘外安内方策，以及心目中的万世基业，与其需要训练民智的抽象理论，还不如需要应用性的技术。墨家科学的精华正在于训练思想，属基础性的部分多，属应用性的成分少，因此，墨家由战国入秦由盛转衰是难以避免的遭遇了。儒家一旦去掉了这个颇具潜力的对手，便借注释《六经》，阐述先秦文明之机，扩大自己的阵地；通过汲取别家学说中有用的内容，增强自己的力量。焚书坑儒一劫，儒道均受打击，首先复甦的是道家，后来居上的是儒家。在汉代，儒家终于从潜在的影响到公开登上霸主的地位，执导了中国古代科学技术体系的形成。而其取向，实始于秦。

秦国靠变法图强，用武力扫平宇内，为封建大一统王朝奠定了基石。在严格的集权制度下，一切以统治者的利益为转移，其科技政策，在追求实用性方面，与儒家毫无二致。且秦以法家的手段管理国家，藉猛烈苛刻的政治之力，更加速了中国古代科技追求功利、讲究实用的走向。因此，我们可以说，秦始皇不仅是封建大一统帝国的缔造者，而且是向封建大一统科技体系进军的统帅。

(一) 混一车书、统一度量衡

秦王嬴政统一天下之后，把"皇"和"帝"这两个原来用于称呼天神的尊号，组合为一个新的至高无上的称呼——"皇帝"，用以标志新朝天子，自称"始皇帝"，欲"至千万世，传之无穷"。

他一改周朝分封的办法，把规模空前的大帝国分作三十六郡，郡仿中央，各置守、尉、监，建立了金字塔式的中央集权制。统一衡、石、丈、尺，车同轨，书同文字，则是国家统一的重要标识，也是秦始皇在科技文化标准化方面的重大建树。

商鞅变法时，"平斗甬、权衡、丈尺"，[①] 以新制统一了秦国的度量衡。公元前221年，秦初并天下的当年，就诏丞相隗状、王绾"法度量，则不壹歉疑者，皆明壹之"，[②] 即用秦制统一天下的度量衡。秦不但令天下尽如秦制，而且还有每年定时检查的制度。

---

① 《史记·商君传》。
② 吴承洛：《中国度量衡史》，商务印书馆1937年版，第147页。

《吕氏春秋》曰:"仲秋之月……一度量,平权衡,正钧石,齐斗甬。"①然而,由于先秦以来度量衡制度已十分复杂,科技水平、习惯势力和种种人为的影响,自秦至清,历代度量衡制度从来没有真正地统一过。

车同轨,书同文字也是同一年的命令。"车同轨"是道路和车辆的标准化。1980 年出土的秦始皇陵车马坑铜车(图 4-1),乃是标准化后的产物,工艺精湛,技术先进。如车毂与辐条的连接,利用了热胀冷缩原理,采用"红套法"。又如轴颈和轮毂的结合面,分别采用弧度不同的球状弧面,既是滑动轴承,间隙内又可贮存润滑油,因是线接触,还可起到止推作用。种种先进技术,不胜枚举。"书同文"是由李斯作小篆,使文字化繁为简,书法统一,便于交流和传承。

图 4-1　秦始皇出行用车马铜质明器(1980 年陕西临潼秦始皇陵西侧出土)

改朝换代,定正朔,颁历法,亦始于秦。中国古代历法的发展,向来与农业生产关系密切。秦朝的建立,按邹衍的五德终始说被解释为以水德取代周朝的火德,所以秦尚黑色。因为四时中与水相配的是冬季,而冬季从十月开始,因此秦在全国颁行了统一的历法——颛顼历,改以十月为岁首。榜样一开,后世改朝换代无不效

---

① 《吕氏春秋·仲秋纪》。

法,新朝上台,都将定正朔,颁历法视为大事。此举提高了中国天历界的地位,刺激了中国天文历算体系的发展,许多方面取得了高度的成就,有些方面则因屈从封建统治阶级的需要,裹足不前,显得不够平衡。

(二) 物质、军事的统制与科学技术

秦始皇经营他的万世基业,担心黔首造反,于是"夷郡县城,销其兵刃"。① 隳坏城郭,叛乱者将无险可守;收缴、销毁兵器,造反者就"手无寸铜"。在这个命令下,天下兵器聚集咸阳,"销以为钟镰金人十二,重各千石。置宫廷中"。② 这十二个重各千石、代表歌舞升平的钟镰铜人,给青铜时代的结束打上了一个大大的句号。此后,冶铁业完全压倒了青铜冶炼手工业,铁器和冶铁术更广泛地得到了使用和传播。同时,兵器铁器化的步伐骤然加快。秦始皇二十九年(公元前 218 年)东巡到旧韩境的博浪沙时,他遭刺客狙击,给他当头棒喝的是一个大铁椎。传说秦有的宫室以磁石为门,防范的也是铁兵器而非铜兵器了。秦始皇虽能下令收缴天下兵器,毁坏六国名城,但对匈奴鞭长莫及。为了对付匈奴铁骑,不但需要筑城,而且要大筑特筑,于是万里长城拔地而起。

秦万里长城西起临洮(今甘肃岷县),沿黄河到内蒙临河,北达阴山,南至山西雁门关、代县,河北蔚县,经张家口东达燕山、玉田、辽宁锦州,直至辽东碣石。系穷三十万之人力,以燕、赵、魏等诸侯国留下的长城为基础,大加修葺和扩充,傍山险,填溪谷,用夯土筑成,历时十多年。巍然屹立的万里长城是世界建筑史上的奇迹。在如此辽阔的地域,多种多样的地质、地形之上,穿崇山峻岭,跨流沙溪谷,构筑如此庞大、艰巨的工程,反映了当时测量规划设计,建筑技术和工程管理等的高超水平。

汉代除整修、重建秦长城外,又修筑了朔方长城(内蒙河套南)和凉州西段长城,后者一直深入到新疆。秦汉长城有助于抵御

---

① 《史记·李斯传》。
② 《史记·秦始皇本纪》。

匈奴等北方游牧民族的侵扰，保护汉族政权边境，对于保障丝绸之路的畅通，曾起了重大的作用。

万里长城是中国古代大一统科技体系创立期的一个象征。假如曾有什么外星人光临地球，首先映入其眼帘的人工建筑非长城莫属，作为地球文明的光荣代表，它也是当之无愧的。

除长城外，遍布全国的驰道网是秦代又一件宏大的军事和交通工程。驰道的修建开始于秦统一中国的第二年。秦始皇认为有了交通便利的驰道，任何地方倘有叛乱，中央政府的军队可以迅速赶去平定。实际上，驰道加上川陕栈道的修建，对于陆路交通的发达，促进各地经济文化的交流，产生了积极的作用。当时全国的驰道网以国都咸阳为中心，计有东方大道、西北大道、秦楚大道、川陕大道、江南新道、北方大道等，东达燕齐，南通吴、楚、闽、广，西至甘肃，北方与部分万里长城相并。1974年以来在内蒙古自治区和陕西省发现了部分驰道遗迹，系用红砂岩土填筑，现存路面高1—1.5米，残宽约22米。这是古秦驰道的一部分。整条驰道从河套外的九原（今内蒙包头）到关内的云阳（今陕西淳化），"堑山堙谷"，① 全长1800余里，系秦始皇北巡时，命蒙恬所修，旨在北拒匈奴。

秦在北方取守势，对南方百越，则取攻势。灭六国后不久，秦始皇即发兵南征百越，以便开辟南徼，进一步完成统一大业。为了克服五岭障碍，解决运送军粮的问题，他派史禄领导开凿了一条灵渠，连接湘江和漓水，从而沟通了长江和珠江两大水系，改善了南方水路交通条件。灵渠位于广西兴安县，在湘江上游用石筑成分水的"铧嘴"和起溢洪作用的大小"天平"，令湘水分流入南北两条水渠，北渠通湘水，南渠接漓水。当水源过多时，洪水由大小天平溢入湘江故道，可保证灵渠的安全。其总体布局和具体设计均很科学。

利用发达的水陆交通网，秦始皇在他做皇帝的12年中，有5年巡行在外，既为镇抚各方，又享游观之乐，到处立石纪功。秦始皇三十七年（公元前210年）十月，他又一次出游。十一月，南行

---

① 《史记·蒙恬传》。

至云梦。沿长江而下，从安徽转陆路到钱塘（今浙江杭州）。因钱江口水波险恶，乃溯江而上一百二十里过江，沿驰道到会稽（今浙江绍兴），祭大禹，立石刻颂秦德。又北上江苏南部，取海路北至山东琅邪，过之罘，至平原津得病。三十八年（公元前209年）七月，崩于沙丘平台（今河北省广宗县境内）。

生前，秦始皇为了秦帝国代代相传，可谓煞费苦心。军事的布置不够，还要加上文化的统制；物质的缴械不够，还要加上思想的控制，终于演出了焚书坑儒事件。

（三）焚书坑儒及其影响

秦国尊崇法家，实行霸道，虽在朝廷里养了约70个博士（儒生和其他学者），他们的职能似乎只是点缀宫廷，为秦始皇亘古未有的功业大唱赞歌。

秦始皇三十四年（公元前213年），于咸阳宫置酒作寿，仆射周青臣歌功颂德，始皇大悦。博士齐人淳于越认起真来，上书责备周青臣的阿谀，并是古非今地对郡县制度有所批评。始皇发难之前，先问丞相李斯，李斯迎合始皇心意，先称颂秦始皇"创大业，建万世之功，固非愚儒所知"，批驳了淳于越。又奏一本："古者天下散乱，莫之能一。是以诸侯并作，语皆道古以害今，饰虚言以乱实；人善其所私学，以非上之所建立。今皇帝并有天下，别黑白而定一。尊私学而相与非法教。人闻令下，则各以其学议之，入则心非，出则巷议。夸主以为名，异取以为高，率群下以造谤。如此弗禁，则主势降乎上，党与成乎下，禁之便。臣请史官非秦纪皆烧之。非博士官所职，天下有敢藏《诗》、《书》、百家语者，悉诣守尉杂烧之。有敢偶语《诗》、《书》弃市，以古非今者族。吏见知不举与同罪。令下三十日不烧，黥为城旦。所不去者，医药、卜筮、种树之书。若有欲学法令，以吏为师。"①始皇阅毕，正合己意，在这奏本上大笔一挥，批曰："可"，于是造成了中国文化史上空前的浩劫。

---

① 《史记,秦始皇本纪》。

能够逃过这场浩劫的，有医药书，"种树"即农业之书，卜筮（包括《周易》）之书，某些博士官所用的古书，以及一些有识之士转移到山岩屋壁中藏起来的书籍。人无分贵贱，包括秦始皇和李斯，大都需要医药，故医药书不焚。民以食为天，故农书也不在被焚之列。秦王朝的巨大开销全靠黔首供给，农业的重要性是不言而喻的。李斯的老师荀子等认为商人是不事生产专门剥削农民的大蠹，主张重农抑商。秦始皇采纳了这种主张，实行上农除末的政策，对商人压抑有加无已。由此看来，中国漫长的封建社会中，资本主义萌芽起步维艰，实由来已久。以卜筮之书的面目出现的《周易》，代表了中国原始综合科学的传统，它的幸存，是一件大好事。这时的《墨子》，正作为百家语之一，遭受被禁的厄运。墨家提倡和实行极端的节约和薄葬，秦始皇则反其道而行之。

秦始皇是一个大有作为之主，山东琅邪台的始皇纪功石刻曰："六合之内，皇帝之土，西涉流沙，南尽北户，东有东海，北过大夏，人迹所至，无不臣者。"气魄的确不凡。他的最大缺憾就是人生志愿无尽，而凡人生命有穷。于是，他作了两手准备。一是寻求长生不老之药，觅登仙之途。二是万一求仙不成，死后也要进入一个好得不能再好的地宫，故地宫的建筑，在物资和技术上无所不用其极。

先是战国时期就有方士求"不死之药"的活动，至秦时，所谓海中三神山——蓬莱、方丈、瀛洲的传说更是活龙活现。以始皇之尊，招致方士，易如反掌；寻找"灵芝"奇药，则难于上青天。他曾派方士徐市（福），率领三千童男童女，浩浩荡荡浮海求取仙人神药。结果徐市等到了日本，渺无回音。后有两个方士不满秦始皇行事专制，重吏轻儒，背地里说了他的坏话，不愿为他求仙药而出走。始皇闻讯震怒，派御史把咸阳的儒生们召来案问。诸生互相指攀，希图免罪，结果牵涉了460个儒生和方士，由始皇下令，统统活埋于咸阳。这一历史事件，与焚书一起，史称焚书坑儒。

焚书令规定以吏为师，坑儒令打击了道家和儒家，只是历史长河中的一个曲折。当后人千百次地评说"焚书坑儒"时，始作俑者始终安眠于长期经营的"地宫"之中，至今莫测其秘。

（四）秦代科技的缩影——宫室和陵墓建筑

建筑是秦始皇求长生之外的另一嗜好，他对建筑的嗜好又和兼并天下的宏图紧密相连。他一边扫平六国，一边兴建新宫。每灭一国，就"写放（倣）其宫室，作之咸阳北阪上"，① 于是咸阳渭水边的北阪上相继出现了一连串的仿六国宫室建筑，作为其盖世功业的纪念。

六国之中，首先被秦吞并的是韩，就在灭韩的那一年（公元前230年），秦开始兴建咸阳新宫。灭六国花了9年，造信宫用了10年。随后又以信宫为中心，建立甘泉宫、北宫等建筑，形成了包罗六国建筑不同形式特征的高台建筑群。这种建筑把夯土和木结构相结合，在一个阶梯形夯土台上聚合了许多单体建筑。庞大的宫室殿屋群就建立在夯土台群上，周围修筑高架的道路——阁道同其他的"离宫别馆"相通。从咸阳到雍城，秦始皇有离宫三百，殿屋、复道、周阁相属，极为华丽壮观。这还不够，秦始皇享帝王之乐日久，又觉得原有的宫殿不够气派，要在渭南的上林苑里另造一所。朝宫的前殿于三十五年（公元前212年）动工，这就是举世闻名的阿房宫。按设计，阿房宫东西广五百步，南北长五十丈。上可以坐万人，下可以树五丈的大旗。"周驰为阁道，自殿下直达南山，表南山之颠以为阙。为复道，自阿房渡渭，属之咸阳。"②但近年考古发现表明，阿房宫其实并未完工。秦末项羽屠咸阳时，火烧秦宫室，燃三月之久，足见秦宫室规模之大。当时地面建筑大多化为废墟，秦陵地宫则深埋地下，躲过了这一劫。

秦始皇陵坐落在西安市东约35公里处骊山北麓一座高大雄伟的封土内。秦王政即王位之初，就开始经营陵墓。及并天下，又拨了刑徒70余万加入工作，历时十多年，"下锢三泉，上崇山坟，其高五十余丈，周围五里有余"。③ 据当代考古工作者勘测，始皇

---

① 《史记·秦始皇本纪》。
② 《史记·秦始皇本纪》。
③ 《汉书·楚元王传》。

陵封土呈覆斗形，周围有两道南北狭长的"回"字形城墙，内城东西宽 585 米，南北长 1350 米，外城东西宽 940 米，南北长 2165 米。外城东三里处，是名闻遐迩的秦陵兵马俑坑。1974 年以来，对三个俑坑先后进行了勘探和发掘，出土大量战车、陶马、各类武士俑和实用兵器。这一奇观震惊中外，被誉为世界八大奇迹之一。一号坑发掘后，建成了博物馆，于 1979 年 10 月 1 日起对外开放。二号坑于 1994 年 3 月开始发掘，同年 10 月建成展厅，边发掘边开放。三号坑象征郎中令统领的宫廷侍从——郎卫室，即秦始皇的贴身禁卫室，已于 1989 年 10 月初对外开放。大小兵马俑复制品，作为中国古代文明的某种象征，在世界各地大受青睐。伴随兵马俑的发掘带出了一连串的科技之谜。例如：为什么随兵马俑一起出土的古青铜剑不锈不蚀，锋利如昔？经多种检测分析，原来剑表面加有一层厚约十微米的铬盐氧化层。尤有奇者，其中一把青铜剑被陶俑压住 2000 多年，早已变弯，现在陶俑移开后，竟能自动恢复至平直。韧性如此之好，如何产生，尚不得而知。说到彩绘秦俑的颜料，红的用朱砂，黑的用碳黑，白的用磷灰石，多为天然矿物质，然而紫色颜料却是人工合成的化合物——硅酸铜钡。这是 20 世纪 80 年代初研究超导时才合成的副产品，至今在自然界尚未发现过。可是秦俑却早已使用这种高科技产品，使人不得不联想到中国古代变幻莫测的炼丹术。兵马俑仅是始皇陵的陪葬，犹如此动人心魄，一旦秦陵核心建筑地宫重见天日，将如何震撼世界，现在还真难以想象。

地宫在内城南部正中。1987 年 11 月，西安地质学院物探系，在秦陵考古队和秦陵文物管理所的配合下，采用电法、磁法等地球物理勘探方法，根据反映地宫布局的电阻率和磁性强弱异常现象分析，发现地宫布局严谨，规模宏大。初步判断，秦陵地宫正门位于东侧，主体建筑依次排列于沿正门向西的中轴线上，有前殿、主殿和秦始皇陵寝等。1989 年以来，陕西省地矿局科研课题组，在陕西省文物局的支持下，对陵园进行勘察研究。他们在陵北发现了长约 2200 多米的神道遗址，由外城北门向此延伸，其中包括一段长约 400 米、宽 80 米的南北向水坝遗址。由于陵北神道，水坝遗址和秦陵南北中轴线完全重合，墓也有可能坐南向北。传说始皇之棺椁，

"合采金石冶,铜锢其内,漆涂其外,被以珠玉,饰以翡翠"①。80年代末发掘的陕西凤翔一号秦公大墓。证实早在春秋末年,秦国已有较发达的冶炼业,开始使用铁器,并已出现用合金灌锢棺椁的工艺。这种工艺技术,传至秦始皇时代,当更为进步。史载地宫神秘莫测。其"宫观、百官、奇器、珍怪徙臧满之。令匠作机弩矢,有所穿近者辄射之。以水银为百川江河大海,机相灌输。上具天文,下具地理。以人鱼膏为烛,度不灭者久之"。② 可恨封建统治者害怕泄密,为一己之私,竟将巧夺天工建造地宫的无数工匠们关死在陵内,既无人道可言,又使许多中华创造发明成为绝响。

因为秦陵的发掘,尤其是文物保护技术难度甚高,有些方面至今尚未过关,为了上对祖宗,下对子孙后代负责,始皇陵的发掘迄今还未动真格的,地下宝藏仍是一个谜。从历史文献记载,秦代的科技水平和艺术特征来分析,地宫应采拱顶结构,以便模拟天穹,"上具天文"。中国科学院地学部等单位,利用汞量测量的地球化学探矿法,探测到秦陵封土中有极强的汞异常,表明《史记》称地宫中"以水银为百川江河大海"的记载确非空穴来风。那些自动射击穿近者的机弩和灌输水银的机械,实在够得上自动或半自动机械的早期发明。司马迁所未能指明的地宫奇器,为数恐亦不少。

然而,仅就司马迁所追述,地宫中奇珍异宝之藏,自动机械之灵,铜锢棺椁之坚,宫殿台观之盛,天文地理之学,已令人叹为观止。有朝一日始皇陵获得科学发掘,人们对秦代科技文化史的认识必将大大前进一步。同时,它也将进一步证明,秦朝过于追求功利,讲究实用的价值取向,决定了中国古代科学技术将走上一条注重生产和实用技术,轻视基础科学和抽象理论的不均衡的发展道路。

二、汉初的学术思想和科技发明

道家是战国时期继儒墨之后的又一显学。道家学派创始人老子

---

① 《汉书·贾山传》。
② 《史记·秦始皇本纪》。

(李聃)生于安徽涡阳,其传世之作《道德经》即《老子》书五千二百八十字是道家的经典。战国中期道家中坚人物庄子和他的一派人喜欢借传说中黄帝的口吻发表自己的思想,因此,道家学说又称为"黄老"之术。战国后期,道家思想得到了广泛的传播,秦始皇的焚书坑儒给儒、道以沉重的打击,但过后的历史迅即来证明道家学说是多么有理。汉初是道家为尊的黄金时代,出现了休养生息的文景之治。1973年湖南长沙马王堆三号汉墓出土的两种帛书《老子》写本,反映了黄老之术在当时的巨大影响。此时最大的科技成就是造纸术的发明,逐渐增强的国力为汉代的前后两次科技高潮作了必要的准备。

(一)道家为尊,休养生息的文景之治

《老子》说:"为者败之;是以圣人无为,故无败。"秦始皇是一个大有作为之主,他穷全国的人力物力,勉力创建包括科技大工程在内的万世基业。他洋洋得意之际,正是黎民百姓为苦役重税所压难以喘息之时。但人民一个翻身,就把貌似强大的秦帝国推翻了,享年只有一十五,留下了深刻的历史教训。

接着楚汉相争。西楚霸王项羽不可一世,"战胜而不予人功,得地而不予人利",与道家学说相左,坚执的结果,只落得乌江自刎的下场。《老子》说:"夫唯不争,故天下莫能与之争。""柔弱胜刚强。"汉高祖刘邦就是这样一个典型。汉朝建立于多年苦战之后,锋镝余生,饱受战乱饥荒之苦的百姓劳极思息。刘邦以分封制之名,行郡县制之实,重农抑商,继续采取巩固和发展封建制的政策。重在改朝换代,建立刘氏天下,政府机构则一承秦制,连历法也沿用秦的颛顼历。虽然百废待举,但秦鉴不远,严酷有为的政策再也不敢采用了。汉惠帝四年(公元前191年),凡妨吏民之法令皆省约之,废除了秦始皇根据李斯的建议制定的"挟(藏)书者族"的法律。随着学术自由的恢复,被法家压抑的百家之学又有了出头之日。汉文帝时,"天下众书,往往颇出,皆诸子传说,犹广立于学官,为置博士"。百家之中,道家主张治道贵清静而民自定,犹如合口之味,对症之药,经过曹参、窦皇后等的大力倡导,在汉初

六七十年间达到了全盛时代。

由于黄老思想的影响和汉初的社会现实,使统治者不得不采取与民休养生息的政策,形成了汉初大体上和平安定的文景之治。当时政府提倡农桑,鼓励增殖人口和开垦土地,减徭薄赋,使地主和一般民众都能得益。道家主张一切听其自然发展,放任主义的潮流冲垮了刘邦的抑商政策,废除杂税和开放耕垦,给工商业以一个空前发展的机会。因此,封建和工商经济得到了恢复和一定程度的发展。《史记》记载:文帝、景帝之世,"非遇水旱之灾,民则人给家足,都鄙廪庾皆满,而府库余货财"。接着进一步描述道:"京师之钱累巨万,贯朽而不可校。大仓之粟,陈陈相因,充溢露积于外,至腐败不可食。众庶街巷有马,阡陌之间成群。"财富积累、物资充裕到如此地步,与皇帝也无力置备纯一色的驷马的汉高祖时代已不可同年而语。当然,贫富不均的现象依然存在。据《史记·货殖列传》记载,当时的大城市中至少有三十多种企业,各有一定的规模。大企业家虽无封君之名,实有封君之富。富商往往也是大地主,"专川泽之利,管山林之饶",① 或收田租。"衣必文采,食必粱肉。"②而处于下层的农民,遭受各方盘剥的结果,"饥寒切于民之肌肤",③ 治安状况也成了问题。总之,文景之世并不是人人的天堂。

由于政府执行"清静无为"的路线,这个时期科技发展的主要推动力,从政府移到了民间,工商业者和人民群众的主观能动性和创造力有了自由发挥的机会,出现了诸如造纸术等并非由政府主导的科技发明。

(二)造纸术的发明和蔡伦的改进

自古以来,人们发明了多种多样的记录信息的方法,纸的发明可以说是最重要的一种。二千年来,纸的发明,改进和传播,风靡

---

① 《汉书·食货志》。
② 晁错:《论贵粟疏》。
③ 贾谊:《治安策》。

全球，为人类文明的传播和发展立下了不朽的功勋。不管它未来何时进入历史博物馆，直至现在，它还是重要性无与伦比的记事材料。

早先，蔡伦作为造纸术的发明者，不仅家喻户晓，而且名扬海外。现在，考古工作者发现，蔡伦以前早已有纸。

有纸以前，中国的记事材料用过龟甲、兽骨、陶器、金石、竹简、木牍、缣帛等，印度人写经则利用天然的贝多罗树之叶，可谓琳琅满目。因为简牍体积大，又笨重，读书多，知识渊博的人往往有"学富五车"之称。据说秦始皇勤于治政的一个例子，就是每天要批阅一定分量的文牍，非批阅完毕不肯休息。因为文牍既重又大，故以重量计工作量。简牍笨重，缣帛昂贵，战国和秦最流行的这两种记事材料都不便推广。汉初废除挟书之律，知识的价值观起了变化。随着社会经济、文化的发展，寻求廉价，方便易得的新型书写记事材料成了迫切的社会需求，这一历史任务，首先是由民间的科技发明家来完成的。

《庄子·逍遥游》说道："宋人有善为不龟手之药者，世世以洴澼絖为事。"不龟手之药是一种保护皮肤，使手指不至于皲裂的复方中药。有人以百金买得此药方献给吴国，使吴国在吴越冬战中一度打了胜仗。洴，浮也。澼，漂也。絖，絮也。"洴澼絖"即洗绵絮于水中。秦汉之际，以次茧作丝绵的手工业已相当普及。这种民间手工业包括反复捶打以捣碎蚕衣，置水中漂洗等工艺。漂絮时残留在漂器上的薄丝绵层，晾干后就是一张薄薄的丝绵片，乃是有用的副产品。它和缣帛相比，质量虽次，但成本低廉，对造纸术的发明可能有直接的启示。

东汉许慎的《说文解字》释纸为："絮，一苫也。"《韵会》解释道："古人书于帛，故裁其边幅如絮之一苫。"苫，盖也。纸的本义是书写用的缣帛，引申为薄薄的一层棉絮，故从"系"旁。书写的缣帛，漂絮时残留的薄丝绵片，在早期都纳入过"纸"的范畴，但两者均以动物性纤维为原料，与后世的纸在本质上不同。

东汉的《释名》曰："纸，砥也，平滑如砥石也。"这一定义，表面上只谈纸的外观，不涉及它的原料，实际上比《说文解字》的定义进了一步,已把麻类纤维包括在其中。平民所用的麻布,功能类似缣帛,但表面不平滑,难以书写,且成本仍不低。这时,可能是漂絮时所得的丝绵薄片给人以启示:如果用麻纤维制造薄片,原料价廉易得,只要表面平滑,就不难着墨书写。如果这种推测成立,将有助于解决近几十年来关于造纸起源的争论。

现代学术界关于造纸起源的争论,焦点有二:一是纸的发明是否应从蔡伦起算?二是"西安灞桥纸"是不是"纸"?问题的关键是纸的定义。如果我们采用这样的定义:纸是以植物纤维为原料,经过人工加工(机械或化学)的薄薄的一层东西,上述的两项争议多少可以回答。1. 虽然史籍上只有关于蔡伦造纸的记载,考古发现已经证明,蔡伦以前确已有纸。2. 1957年西安市东郊的灞桥出土了质地粗糙的类纸品,时代属公元前二世纪,该"纸"呈泛黄色,已裂成碎片,最大的长宽约10厘米,最小的也有3×4厘米。经鉴定它的成分是大麻和少量苎麻的纤维。攻之者说,这是当年某考古工作人员弄虚作假的产物,经人为加工始成纸样。辩之者说,这是恶意的捏造和攻击,"灞桥纸"没有经过现代的人为加工。尽管这场争论尚未结束,由于新的考古发现,西汉初期有纸说获得了强有力的支持,"灞桥纸"是不是真的纸已无关大局。

20世纪80年代,考古工作者在曾经出土过不少汉代古纸的大西北获得了又一重要的发现。1986年甘肃省天水市放马滩发掘了十三座秦墓和一座文景时期的汉墓。汉墓棺内死者的胸部,有一纸质地图残片。据报道:"纸质薄而软,因墓内积水受潮,仅存不规则碎片。出土时呈黄色,现褪变为浅灰间黄色,表面沾有污点。纸面平整光滑,用细黑线条绘制山、河流、道路等图形,绘法接近长沙马王堆汉墓出土的帛图。残长5.6、宽2.6厘米。"①这一纸质地图是我国目前所知最早的纸张实物。(图4-2)它有力地说明,早在西汉文景时期,即公元前二世纪,我国就已发明了可以绘写的纸。这种纸张发现于遥远的边塞,它在内地的出现应更早。该"纸质薄

---

① 甘肃省文物考古研究所,天水市北道区文化馆:《甘肃天水放马滩战国秦汉墓群的发掘》,《文物》,1989年第2期,第1~11、31页。

而软",那么较粗糙的纸的出现应更早。汉代非常重视地图。原先地图只能绘在帛上或木板上,或成本高,或携带不便。纸质地图的优点不言自明。天水纸质地图的问世暗示,纸张的发明,或许一开始就旨在用作记事(特别是绘写)材料,作包装物等只是由纸的特性所派生出来的用途。

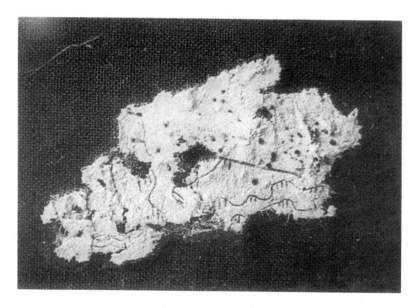

图 4-2 放马滩西汉纸质地图
(残长5.6、宽2.6厘米,1986年甘肃天水放马滩西汉墓出土)

由于古纸不易保存,几十年来发现的古纸实物都出土于比较干燥的大西北。1933年,新疆罗布淖尔汉烽燧遗址中出土了公元前一世纪的西汉麻纸。1974年和1978年,甘肃居延肩水金关西汉烽塞遗址和陕西扶风中颜村,先后出土过西汉宣帝(公元前73—前49年在位)时的麻纸。1990—1991年,甘肃汉代敦煌悬泉置遗址出土简牍15000余枚,与简牍共存同时出土的有西汉宣—元帝时期(公元前73—前33年)的30余张麻纸,其中三张纸上书有墨迹文字。

西汉古纸的一再出土，特别是天水纸质地图的发现，给人们送来了令人鼓舞的信息。尽管正史失载，造纸术的发明并没有湮没，恢复造纸术早期发明史的本来面目已为时不远了。然而，无论如何，我们不能忘记蔡伦对造纸术的改进和推广所作的重大贡献。

蔡伦，字敬仲，祖籍桂阳（今湖南耒阳），是一个有才学的太监。东汉和帝时为中常侍，有敦慎的名声，升为尚方令。永元九年（97年）监作秘剑及诸般器械，无不精工坚密，可为后世法。因蔡伦负责监制御用器物，颇有技术管理的领导经验，于是民间的造纸发明由蔡伦接了过来，打上了大一统科技体系的印记。为了改善早期纸的质量，提高生产的效率，蔡伦总结了西汉以来造纸的经验，凭借尚方令所辖的充足的人力物力，进行了大胆的试验和革新。在造纸原料上，除了前人利用过的麻绳头等废旧麻料外，"造意用树皮及敝布、鱼网作纸"①，大大扩充了原料的来源。在技术上，蔡伦改进了工艺流程，除淘洗、碎切、泡沤原料之外，还可能采用石灰进行碱液烹煮。这项革新，既能加快纤维的离解速度，又使植物纤维分解得更细更散。蔡伦的技术革新，为纸的推广和普及开辟了广阔的道路。元兴元年（105年），蔡伦把他用新法制成的纸献给朝廷，"帝善其能，自是莫不从用焉"，元初元年（114年），蔡伦被封为龙亭侯，"故天下咸称'蔡侯纸'"②（图4-3）。

蔡伦在我国造纸技术史上作为一个技术革新者，大规模生产组织者和普及推广者作出了不可磨灭的贡献。以他的官方身份和名声，并借助于皇上的权威，纸张得到了普遍的推广。自"蔡侯纸"出，天下"莫不从用"，因此，东汉是一个纸张取代竹帛的关键性的转折期。

在内蒙古额济纳河旁，曾出土过公元二世纪初的纸张，上有六七行残字，世称额济纳纸。从年代上看，额济纳纸正是蔡侯纸风行时的产品。种种考古发掘和文献记载的材料表明，东汉时期，从中原到边陲，从上层统治者到民间，纸已得到广泛的使用。三至四世

---

① 《东观汉记》。
② 《后汉书·蔡伦传》。

图 4-3　蔡伦像

纪，纸逐渐取代了帛、简，成为普遍的书写材料，有力地促进了我国科学文化的传播和发展。

　　魏晋南北朝时期，造纸术继续在原料来源的拓宽和工艺技术设备的改进两方面齐头并进。造纸的原料，除原有的麻、楮外，桑皮和藤皮成了造纸原料行列中的新生力量。桑皮纸产于北方，藤纸产于南方。西晋张华的《博物志》曰："剡溪古藤甚多，可造纸，故即名纸为剡藤。"剡溪在今浙江嵊县一带，古人之所以将"剡藤"作为纸的代称，乃是因为剡溪的藤纸质地优良，非常著名。藤纸也是当时官方文书的主要用纸之一。至唐代，剡溪的藤纸手工业已十分普遍，加速了这项自然资源的采伐和枯竭。以至在宋代，藤纸的原料难以为继，终于为竹纸所取代。活动帘床纸模和加工纸的出现，是工艺技术设备进步的两个主要标志。前者是用一个活动的竹帘放在框架上，可以反复捞出成千上万张湿纸，提高了工效，又使纸张生产有一定的规格。加工纸包括染色的色纸，涂刷涂料的涂布纸，涂刷胶矾水的施胶纸等。在色纸中，以黄檗树的溶液所染的纸，不仅增加了美观，而且兼有防蛀的作用。这种工艺称为"潢治法"。各种加工纸纤维交结匀细，外观洁整平滑，可谓"妍妙辉光"。

称手合用的纸，加上早已发明的笔、墨、砚，乃是古代文人学子从事文化创造的必需品，四者常常组合在一起，成了"文房四宝"。但这一称号的获得，似乎需要长期的考验，所以在历史文献上留下这一称号，已是明朝的事了。

(三) 汉初科技成就的镜子——马王堆文物

天水纸质地图的问世，标志着一种新型绘写记事材料的发明，而汉初地图绘制技术的代表，依然是帛质地图，其典型是长沙马王堆汉墓所出土的三幅帛质地图。

纸的发明宣告了帛质地图垄断时代的结束，而汉初丝绸技术依然不断向新的高度挺进，其典型还是马王堆汉墓所出土的许多优质纺织品。

除此之外，马王堆一、二、三号汉墓曾出土共十二万字的帛书，近五百件完整精美的漆器，埋藏地下达2100多年仍保存良好的女尸等，从某种意义上来说，马王堆文物不愧是汉初科技成就的一面镜子。

1. 地图

战国以来，战争扩张和巩固统治的需要，使地图的重要性不断提高，促进了地图测绘技术的发展。据《管子·地图》所言，当时的军事地图内容十分丰富，包括"辕辕之险，滥车之水，名山、通谷、经川、陵陆、丘阜之所在，苴草、林木、蒲苇之所茂，道里之远近，城郭之大小，名邑、废邑、困殖之地。"为了反映这些内容，遂有了方位、距离和比例尺等诸要素的制订。

目前所见的最早的古地图，是1986年在甘肃省天水市放马滩一号秦墓出土的。它们是战国晚期秦国所属的邦县的政区、地形和经济图，共七幅，分绘在四块木板上。这些地图按一定的方位绘制，不少地方有道里注记，有三幅地图还注明了森林分布和树木种类(图4-4)。

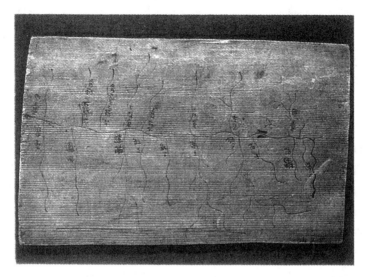

图 4-4　放马滩秦国木板地图
(长 26.8、宽 16.9 厘米,1986 年甘肃天水放马滩秦墓出土)

由于地图的价值不同一般,它在一些著名的历史事件中曾扮演了重要的角色。荆轲以献燕国最膏腴的地域督亢的地图为名,行刺秦王,在秦廷上出现了"图穷匕首现"的惊险场面。公元前 206 年,刘邦领兵西入咸阳,诸将皆争往藏有金帛财物之府,取而分之。惟独萧何先入秦丞相府,收其图籍藏之。以此,汉军对秦国的天下阨塞、户口多少,强弱之处了解得一清二楚,为统一大业提供了不少帮助。汉朝创立后论功行赏,萧何在诸功臣中居首,早年收藏秦国图籍应是一个重要的因素。

汉初继承了战国以来的地图测绘技术。从幸存的马王堆帛质地图上,我们可以看到当时地图的形制;根据测绘的精度等,可以推测当时的测绘技术。

马王堆三号汉墓(公元前 168 年入葬)1973 年出土了三幅西汉初年的地形图、驻军图和城邑图。(图 4-5)地形图长宽各 96 厘米,已有统一的图例,图的主要内容包括湖南一部分的山脉、河流、居民点和道路等。驻军图是一幅彩绘地图，长 98 厘米，宽 78 厘米，是地形图东南部地区的放大。除地形图的内容外，还标明了驻军的布防、防区界线、指挥城堡等，反映了汉初长沙诸侯国军队守备作战的兵力部署情况。地邑图是一个县城的平面图，绘有城垣和房屋等。这三幅地图的出现应属汉初地方政府的政绩。地形图所示的湘江支流潇水流域、南岭、九嶷山一带的精度相当高，如果没有相当科学的测绘方法作后盾，不经实地勘察、测量，缺乏以勾股术为基础的测算"高、深、广、远"的技术，不建立一定的制图原则，要达到这幅地形图的高精度是不可能的。此外，这些地图的清绘技术也相当熟练，显系出自行家里手。总之，这三幅帛质地图，反映了汉初地理知识和测量、计算、绘制等项技术的综合成就已达到相当高的水平，我国古代地理学体系的形成已经为期不远了。

2. 纺织品

马王堆的纺织品，汉代画像石、画像砖上的纺车、布机，汉代文学作品中的提花机等实物和形象文字史料相辅相成，交织出公元前后我国纺织技术的生动画面。

马王堆汉墓出土了大量的优质纺织品，几乎包括了迄今所知的汉代各种罗绮锦绣丝织品，代表了当时养蚕、缫丝和纺织技术的高度水平。经专家鉴定，马王堆丝织品所用的丝，丝缕均匀，纵面光洁，单丝的投影宽度和截面积同现代的家蚕丝极为接近。由于缫丝技术高，马王堆的素纱织物薄如蝉翼，轻若无物。有一块宽 49，长 45 厘米的纱料，重量仅 2.8 克。一件素纱禅衣，长 160 厘米，两袖通长 190 厘米，领口、袖头均用绢缘，然而总重量只有 48 克。(图 4-6)如此细韧的纱是用手摇纺车纺出来的，从山东滕县宏道院和龙阳店，江苏沛县留城镇和铜山洪楼等地出土的画像石上，我们可以见到当时纺车的形象，与后世所用大致相同。在江苏泗洪、山东滕县宏道院等地出土的汉画像石上，我们又可看到当时布机的样子。汉代布机是由㰍经轴、怀滚、马头、综片、蹑(脚踏木)等主要部件和一个适合于操作的机台所组成。由于机台和蹑的采用，操作者获得了比较好的工作条件，而且用脚提综变交，可以腾出手来更快地投梭引纬、打纬，提高织布的速度和质量。马王堆的许多

第四章 确立体系 149

图 4-5 马王堆汉代帛质地形图及其复原图
（长宽各 96 厘米，上南下北，1973 年湖南长沙马王堆三号汉墓出土）

绢，正是这种先进织机的实绩。据分析，这种平纹织物的经线密度大都在每厘米 80—100 根之间，最密的达 164 根之多，纬线密度一般在经线密度的 1/2 至 2/3 之间。

图 4-6　素纱禅衣（重 48 克，1972 年湖南长沙马王堆一号汉墓出土）

不仅如此，马王堆的纺织品中还有多种需要更高技术的提花织物：素色提花的绮、罗以及用不同的彩丝织成的锦。汉代王逸的《机妇赋》对当时提花机的工作情况作了生动的描绘："兔耳跧伏，若安若危。猛犬相守，窜身匿蹄。高楼双峙，下临清池。游鱼衔饵，澹瀗其陂。"在我国古代许多科学文艺作品中，技术术语往往被代之以文学词汇。粗看之下，令外行十分费解；一旦破译，则尤为生动形象。《机妇赋》就是这种作品之一。上文中的"兔耳"是控制怀滚的装置，"高楼"即花楼，"猛犬"用来形容引杆行筘的迭助木，"游鱼衔饵"是对于综丝的形容。这些描述表明，汉代提花机是具有机身和装造系统的联合装置，我国传统提花机的各种主要部件已经基本具备，足以织制非常复杂多变的纹样。如马王堆的提花织物，纹样繁多美观，有菱纹、对鸟纹、矩纹等。中国提花机在古代世界长期处于遥遥领先的地位。七八世纪和 12 世纪，它曾先后两次传入欧洲，对西方提花技术产生了深远的影响。此外，值得一提的还有，马王堆的纺织品中尚有一种起毛锦织物，它在应该提花显纹的地方用较粗的经线织成绒圈，从而使花纹处高出织物，带有明显的立体感。而要这样做，除了通常的提花装置外，还需外加能够织入起绒的方法。这种技术，是后世起绒织物(漳绒，即天鹅绒，或称平绒)的嚆矢。

与丝织品的高质量相应，马王堆麻织物的质量也是高的，反映出麻纺织技术在脱胶、漂白、浆碾等方面都达到了较高的水平。与此同时，染色技术也大有进步。马王堆纺织品虽说不上万紫千红，用到的浸染颜料有 29 种，涂染颜料有 7 种，可谓绚丽多彩。

三、汉代第一次科技高潮

随着大的单一的国家体制的确立和完成，像政治社会一样，学术思想的统一提上了议事的日程。要巩固大一统帝国的统治，非统一思想不可。从李斯到董仲舒，这一时期有头脑的学者，都看出了这一点，努力从事于这调整和统一的事业。秦灭而法家一蹶不振，墨家的精义为儒道所吸收，墨家学说中不合潮流的部分则被置之脑后，剩下来正反对抗的便只有儒道两大家。

汉初道家为尊，清静无为、放任自流的政策，有利也有弊。工商企业大兴，豪强乱法，农村均产破坏，贫富分化日益悬殊。一面是享有特权的富商骄奢淫逸，另一面是没有保障的贫民饥寒交迫，令主张世界大同的儒者不满。再加上政府软弱、外族窥边，治安不力，也叫主张天下太平的儒者着急。要解决这些问题，已非清静无为的道家所能，儒家独尊，势在必行。

一代英主汉武帝，借新起的儒家的冲劲和进取精神，文治武功，大有建树，并亲自导演了春秋战国以后的第一次科技发展高潮。

(一)汉武帝、董仲舒独尊儒术

汉武帝刘彻 16 岁即位，在位 54 年。他做太子时，少傅一职由儒家王臧担任。一旦立为皇帝，辅政的丞相、太尉和御史大夫等皆好儒术。在儒家的影响下,这位年轻的皇帝在汉历新年伊始就下诏荐举"贤良方正直言极谏之士",旨在搜罗儒家人才,向力主黄老思想的窦太皇太后一班势力挑战。河北广川的大儒董仲舒(约公元前179—前104年)应诏提出著名的"天人之策",他宣传天道与人世相通,提倡"天人感应"的神学目的论,在政治上论证了封建专制统治的合法性与合理性,以天意来树立地上君主的权威,武帝大为欣赏。据《汉书·董仲舒传》所载,在第三次对策的末尾,董仲舒画龙点睛地指出:

> 春秋大一统者,天地之常经,古今之通谊也。今师异道,人异论,百家殊方,指意不同,是以上无以持一统;法制数变,下不知所守。臣愚以为诸不在六艺之科、孔子之术者。皆绝其道,勿使并进。邪辟之说灭息,然后统纪可一,而法度可明,民知所从矣。

这就是学术思想史上著名的"独尊儒术,罢黜百家"的缘起。儒字的原义,本为一种通习六艺之士的称号。孔子对经书作了新的阐发,建立了儒家学派。儒家通过战国和秦汉之际的洗礼,不断地吸收别家学说的内容,经过充实和发展,理论上已经成熟到适合封建大一统国家的需要。建元六年(公元前135年)窦太皇太后寿终正寝,儒家最终毫无顾忌地坐稳了中国思想史中正统的宝座。

儒家思想对中国2000年的封建社会影响极大,在科学技术领域内,也有积极和消极两方面的影响。中国古代工艺技术、美术等,一切都自然地归附到人生实用,并寓有伦理教训方面的意味,主张入世有为的儒家大大加强了这种追求功利,讲究实用的倾向。以国家的需要,王权的意志为指示器,凡与国计民生的实用有关的生产技术,以及某些国家政治、社会迫切需要的学科,如天文、历法、算学、农学、医学等,备受重视而常获优先发展。然而,以董仲舒为代表的思想体系,排除了科学探索的必要性。它认为宇宙间的一切,从自然界到人类社会的所有现象,莫不是照着天的意志而显现的。天人之间的感应处处存在。从某种意义上讲,我们并不排除人体小宇宙和真正的大宇宙之间存在着某种感应，但依照腐儒的解释，自然灾异被认为是上天的谴告，四季和气候的变化也与天帝的喜怒哀乐有关，则完全是一派谬论。按照这种逻辑，人们对自然现象的规律进行任何探索都无必要，其影响所至，对中国古代自然科学的发展产生了极大的阻碍作用。结果，中国古代科学和技术各门类的布局不合理，发展不平衡，科学体系技术化，难以更上一层楼。

从李斯的奏牍到董仲舒的天人之策，更开了一个学术攀附政治，学派之争通过政治解决的先例。不过，在中国这种特定的社会环境条件下，董仲舒的对策并非全是歪点子。他主张"立大学以教于国，设庠序以化于邑"，建立全国性的教育网。汉武帝将秦以来的百家博士改为五经博士，规定了政府的学官五经博士有教授弟子的兼责，在长安城外给博士弟子建筑校舍，称为"太学"，这是中国历史上有正式的国立大学之始。

如果说董仲舒在历史上的影响是他始料所不及的，那么雄才大略的汉武帝却早有心揭开历史上新的一页。他依靠儒家而又不墨守儒家的陈规，故汉代中期，学术界时在动荡，虎虎而有生气，为武、昭、宣帝时期的科技高潮起了推波助澜的作用。

（二）张骞凿空，打通丝绸之路

年轻好动的刘彻当了皇帝，有许多事情好做，有许多事情要做。万里长城固然气势雄伟，但隔不断北方游牧民族和南面农耕社会的联系，匈奴铁骑的骚扰一直令汉廷头痛不已。建元三年（公元前138年），汉武帝派张骞出使西域，以断匈奴之右臂，乃是他对付匈奴的长期战略计划的重要一着。所谓西域，是指新疆一带以及帕米尔高原以西的一些国家和地区，汉武帝时有三十六国，稍后分至五十余国。它对于汉人是一片神秘的土地，所知甚少，故张骞被视为去西方探险的第一个大英雄，通西域之举，史称"凿空"。

张骞（约公元前164—前114年）为汉中人，他应募出使西域的时候，交通孔道尚在匈奴的掌握之中，来回时都做了匈奴的俘虏，一去一十三年始得归还。百余随从也只剩下一人。张骞这次第一次通西域，身履其境的有大宛、大月氏、大夏、康居，并听说旁边尚有五六个大国。他尽可能对武帝作了详细的报告，并说："臣在大夏时，见邛竹杖、蜀布。问曰：安得此？大夏国人曰：吾国人往市之身毒（今印度）。身毒在大夏东南，可数千里。……今身毒……有蜀物，此其去蜀不远矣。今使大夏……从蜀，宜径，又无寇。……诚得而义属之，则广地万里……威德遍于四海。"公元前二世纪以前，由四川成都经云南往南到缅甸的陆路已经通达，当时的中国物资（如邛竹杖、蜀布）可能经此道由缅甸转运往印度。汉武帝根据张骞的报告，于元狩元年（公元前122年）派张骞到四川，从犍为（今宜宾）发间使四出，各行一二千里，南面仅到了云南，未找到通往印度的捷径。但西出阳关的道路已起了变化。

自窦太皇太后去世以后，她在世时所镇抑着的几支历史潜流一齐迸发。儒家当政，政府由率旧无为变成发奋兴作，多次发兵挞伐匈奴，取得了不少战果。元狩二年（公元前121年），匈奴的昆邪王降汉，汉得河西走廊，置武威、酒泉郡，后又置张掖、敦煌郡。从内地徙民耕垦，巩固统治，西延长城，修筑亭障，以策安全。从此，中国和西域的交通由阻塞一变为畅通。元狩四年（公元前119年），汉兵又一次大败匈奴，武帝的兵威达到极盛。就在这一年，张骞受命第二次出使西域，规模比第一次大得多。这一次他到了乌孙，于元鼎二年（公元前115年）归还，过了年余逝世。张骞死后，他派往别国的副使陆续带了报聘的西域人回来。武帝派往西域的使者不绝于道，继续往西探行。一岁之中，派出的使者，多则十余批，少则五六批；来回时间，长的八九年，短的也有几年。西域丝绸之路进入了盛况空前的新纪元。

西域丝绸之路，东起长安，经过河西走廊，穿过敦煌，分三路过新疆，通往地中海的东岸和东罗马帝国首都君士坦丁堡（今土耳其伊斯坦布尔）（图4-7）。从汉至唐的1000多年间，这条丝绸之路虽然几度中断，但大部分时间是畅通的。由于经济贸易的需要，新疆一带出现了铸有中外两种文字的货币。和田曾出土一种铜钱，一面铸有汉文廿四铢字样，另一面铸着马的图像和源自天竺的佉卢文字。伴随着大规模的经济贸易交往，科技文化交流接连不断。

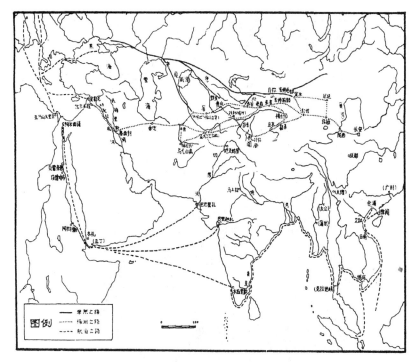

图 4-7 两汉罗马时期中西交通图
（采自黄时鉴主编《解说插图中西关系史年表》）

除了陆上丝绸之路（包括西域丝绸之路和通往印度的西南丝绸之路）外，海上丝绸之路也是中国对外交通的重要渠道，但当时最重要的是西域丝绸之路。（图4-8）西方人最初认识中国就是通过丝绸。在公元前四世纪的希腊文献中，已将中国人称为"丝国人"（Seres）。汉代西域丝绸之路的畅通，使中国丝织在中、西亚，特别是罗马帝国极为流行。贵族、富人崇尚丝绸，致使罗马货币大量外流，曾令罗马帝国的统治者十分恐慌，试图禁止穿用中国丝绸，然未成功。大约在六世纪中叶，中国蚕种传至罗马，欧洲逐渐掌握了丝帛生产技术。

通过丝绸之路出口的重要物资，还有中国的铁器和漆。技术交流也不时发生。据《史记·大宛列传》载："自大宛以西至安息（波斯，今之伊朗）……其地皆无丝漆，不知铸铁器。及汉使，亡卒

图4-8　人首马身纹缂丝残片(1984年新疆洛浦县赛依瓦克一号汉墓出土)

降,教铸作它兵器。"又云:"宛城中新得秦人,知穿井。"可见当时冶铁术和井渠法都已传入了中亚。

　　武帝使张骞通西域,最初是为了断匈奴右臂,后来发展为开疆拓土,远播国威。在物资上,付出了巨大的代价,收获也不小。大宛的汗血马、花蹄牛、鸵鸟;中、西亚的石榴、核桃、胡豆(蚕豆)等植物品种,毛布、毛毯等织物和象牙、犀角、瑅瑁等陆续传到中国。《释名·释乐器》曰:"枇杷(琵琶)本出于胡中,马上所鼓也。"以琵琶为代表的西域乐器和音乐艺术也踏入了中国的音乐领域。佛教文化正窥窬着进入中国的途径,西方文化已在中国留下了痕迹。在汉海马蒲桃镜和一些石刻壁画上,依稀可辨希腊艺术的风格。在新疆楼兰,曾发现织有中国和希腊混合风格的图案的汉代毛织品。地中海附近的黎轩魔术师随安息使者来到大汉帝国,表演幻术奇戏。既有此等有形的中外交流物证，不难想见尚有无形的中西文化交流存在。

解决了匈奴问题以后，汉朝又征服了以广东为中心的南越、西南夷，勘定闽越，成就了开辟南疆之业。在东北则把朝鲜也收为郡县，使汉的文化四向扩散。于是，中国的铁犁和牛耕等农业生产技术传入越南。漆器和髹漆技术先后传到朝鲜、日本、东南亚。陆上和海上丝绸之路不断延伸。

（三）盐铁官营，钢铁技术大发展

公元一世纪时，罗马博物学家普林尼（Plinius Secundus，约23—79年）在其百科全书式的著作《博物志》（公元77年成书）中说道："在各种各样的铁中间，最优的当推丝国铁（Serico），丝国人（Seres）把它和他们的织物、皮货一起运销给我们。其次是Parthian（里海东南的一个古国）铁。"[1]"丝国铁"就是中国铁。汉代中国钢铁随着丝绸之路远销地中海，蜚声海外，决非虚名，其本钱是世界先进的钢铁工业。中国古代钢铁工业体系奠基于战国，形成于汉代。汉代钢铁工业大发展的催化剂是汉武帝时的盐铁官营政策。

汉武帝的雄心宏图需要大量的财力支持，前世的积累和当世的岁入已远不敷需求，于是包括盐铁官营在内的一系列新经济政策出笼，晚年国力亏损，尤注重农本，加强农业水利基本建设。

元狩四年（公元前119年），他以商人之子，经济学家桑弘羊为大司农，主持财政。以大盐商东郭咸阳，大冶业主孔仅为大农丞，分别主管盐铁官营之事。铁的专利办法是政府在各地设"铁官"，主办铁矿的采冶及铁器的铸造和售卖。当时所设的铁官，分布在今河南、陕西、山西、山东、江苏、湖南、四川、河北、辽宁、甘肃等省。冶铁技术传播到边远郡县，以至境外，而核心基地仍在中原，其中以河南的冶铁业分布密集，规模最大。盐的专利办法是由"盐官"置备煮盐器具，供盐商使用，而抽重税。盐铁官多

---

[1] Plinius Secundus, C. *Natural History*, with an English Translation, by H. Rackham. Harvard University Press. Vol. 9, 1952, p. 233.

用旧日的盐铁大贾充任,这些人或有管理经验,或有专业知识,使用他们也算一种赎卖政策。凡敢私铸铁器、煮盐者,用刑具钳掉左脚趾,没收其器物。当时除盐铁外,酒也设厂公卖。武帝死后,公卖酒取消。盐铁公卖虽未取消,然其利弊,在朝野都有争议。朝廷上的一次辩论被后人记录下来。即著名的《盐铁论》。

尽管官营有追求数量,多为大器,不一定切合民用,往往粗制滥造,质次价高等弊病,由于国家经营冶铁业,使人力、物力、财力比较集中统一,生产技术可以在较大的范围内较快地推广和交流,对钢铁生产的发展和技术的进步起了重要的推动作用,仍是其主流方面。如汉元帝时,贡禹说:"今铸钱及诸铁官,皆置吏,卒徒攻山取铜铁,一岁功十万人以上。"① 东汉初年,铸铁重点基地所在的南阳郡的太守杜诗,从畜力鼓风得到启发,"造作水排,铸为农器",用水力鼓铸,结果"用力少,见功多,百姓便之"。② 得到了推广。考古发现的两汉冶铁遗址和出土的大量铁器,更是有力的历史见证。

考古发现表明,在西汉初期,铁制农具和工具的种类较战国时期有所增加,铁器普遍取代了铜、骨、石和木器。西汉中期以后,冶铁业增长惊人,冶铁技术不断革新,新的钢铁品种炒钢问世,百炼钢工艺日益成熟,出土铁器的种类猛增,锻铁工具增多,铁兵器也逐步占了主要的地位。到东汉时期,除了铁制工具、农具外,主要兵器亦已悉数为钢铁所制,从而完成了生产工具和兵器铁器化的进程。除了合金铸铁之外,现代铸铁的许多品种,在汉代都已具备;除了灌钢以外,古代各种钢铁生产技术,在汉代均已出现;除了锌之外,我国封建时代所能冶炼的八种金属(金、银、铜、铁、锡、铅、汞、锌),在汉代都已掌握了冶炼工艺。一言以蔽之,我国古代重要的钢铁冶铸加工技术,大部分在汉代已达到成熟的水平。其中突出的表现是冶铁和炼钢新技术,典型的冶铁遗址是河南的巩县铁生沟、郑州古荥镇、南阳瓦房庄和温县招贤村。

---

① 《汉书·贡禹传》。
② 《后汉书·杜诗传》。

巩县铁生沟遗址发掘于1958—1959年，附近有丰富的铁矿资源。该遗址属西汉中期至新莽时期，从出土铁器上的"河三"铭文推测，它可能是河南郡铁官所属的第三号作坊。由于遗址保存较完整，生动具体地反映出了西汉时期从采矿、选矿、冶炼、铸造到铁器的热处理加工等一整套生产程序如何有机地结合在一起，采冶程序及工艺之完善化大有进步。铁生沟遗址表明，人们已掌握了多种耐火材料的配制和使用的知识；当时冶铁已经用石灰石作碱性熔剂；生铁含硫量低，铁质好；生铁柔化处理工艺取得了重大进展，出现了古代球墨铸铁产品。巩县铁生沟遗址所出土的铁钁，具有和现代球墨铸铁的 I 级石墨相当的带放射状的球状石墨。1974年在河南渑池发现一批古代铁器的窖藏，时代早到西汉，晚至北魏，其中的一件铸铁斧（257号），亦发现球墨的组织。至20世纪末，我国古代球墨铸铁生产工具已发现不下六件，可见得来并非偶然。现代球墨铸铁是到1947年才研制成功的，中国汉代球墨铸铁曾独领风骚2000余年。

郑州古荥镇冶铁遗址本是西汉中晚期至东汉河南郡铁官的第一号作坊，以生产农具为主。该遗址发现了椭圆形炼铁竖炉二座，这种炉型藉鼓风技术的改进，扩大了炉缸容积。从遗存推测，一号炉面积8.48平方米，原高达5—6米，有效容积约50m^3，日产生铁可达0.5—1吨。古荥镇和铁生沟遗址中，都发现有煤或煤饼，证明西汉时已用煤作工业燃料，但用作炼铁能源和还原剂的燃料仍是木炭。

南阳瓦房庄遗址位于汉宛城内，系1959—1960年所发掘。宛是楚国著名的冶铁基地，秦灭楚改为南阳郡并置铁官。瓦房庄遗址是汉南阳郡铁官的第一号作坊，这是以铁料和废旧铁器为原料，进行大型铸造兼炒钢、锻造的工场，使用时期从西汉中期至东汉晚期。瓦房庄的熔铁炉，炉体用弧形耐火砖建造，耐火度可达1460℃。炉基附近出土有大量陶胎鼓风管，有的带有直角弯头，下侧泥层有明显的外加热痕迹。从风管烧硫情况推测，当年炉顶上架有预热风管。近代南阳地区土法热风化铁炉的结构尚与此类似。

温县招贤村遗址位于汉河内郡，1974年发掘东汉前期烘范窑一座，出土500多套叠铸泥范。叠铸技术始于战国，至汉代设计已相当科学：范腔轮廓清晰，互换性好，扣合严密，散热均匀，所以铸件有较高的精确度，生产效率高。一般一次可铸六至十层，每层二至六件；最多的如革带扣有14层，每层六件。一次可铸84件。

铁生沟遗址和瓦房庄遗址都发现了炒钢炉。炒钢技术的发明和百炼钢工艺的日趋成熟，是汉代钢铁技术获得重大发展的又一重要标志。

所谓炒钢，是以生铁为原料，将其加热到半液体、半固体状态，再进行搅拌，利用空气或铁矿粉中的氧，进行脱碳，以炒炼出熟铁，再经锻打渗碳成钢；或有控制地脱碳到需要的含碳量，生产出适用的高碳钢或中碳钢。炒钢技术出现于西汉中、晚期，方法简便易行，品质优，价格廉，适于大规模生产，是炼钢史上的一项重大的技术突破。

百炼钢以块炼铁为原料时，由于块炼铁生产效率低，虽然随着反复加热、锻打次数的增多，钢的质量有所提高，但终因在原料上先天不足，这项技术的进步十分缓慢。炒钢技术发明后，在炒"生铁"时加以控制，"炒"到所需的含碳量后，再反复加热锻打，去除杂质，并使其晶粒细化为致密组织，可以获得质量较高的精钢，从而大大促进了百炼钢技术的发展，使之臻于成熟的阶段。

从此，"攻金之工"纷求百炼之精钢，炒钢法以及以此为原料的百炼钢工艺在东汉进一步推广。1974年，山东苍山县汉墓出土了汉安帝永初六年（112年）"卅湅"环首钢刀。1978年，江苏徐州铜山汉砖室墓出土了汉章帝建初二年（77年）蜀郡工官制造的"五十湅"钢剑。据鉴定，它们都是以炒钢为原料，经过好几十次反复加热、折叠锻打而成的制品。三国时，著名冶匠蒲元铸造的钢刀，砍内装铁珠的竹筒，"如断刍草，应手虚落"。他所制造的宝刀，上面刻有"七十二炼"的字样。曹操曾命人制宝刀五把，有"百炼利器"之称。百炼钢之利，能"陆折犀革，水断龙舟"；[1] 百炼钢之韧，又可比作"绕指柔"。百炼钢的新生端赖炒钢的发明。炒钢需

---

[1] 曹植：《宝刀赋》。

要先炼生铁,再炼成钢,是两步炼钢法的肇始。欧洲直到18世纪中叶,才在英国出现炒钢技术,比中国约迟1900余年。

(四)大办水利,推广农耕新技术

在合适的自然环境中,生产力发展到一定阶段,一个粮食,一个钢铁,有了这两样东西就什么都好办了。秦汉时期,黄河流域依然是森林密布,湖泊众多,土地肥沃之乡。武帝时期,自觉不自觉地抓住了这两个关键。水利是农业的命脉和先行官,武帝从即位之初一直到他的晚年,几乎始终抓住水利不放,不少地方官忠实甚至主动地执行这一政策,因此成功地统治着越来越强、愈来愈大的汉帝国。

1. 中央和地方大办水利

元光年间(公元前134—前129年),郑当时为大司农,向武帝献计开漕渠,引渭水从长安向东开渠直通黄河,兼得漕运和灌溉之利。汉武帝采纳了他的意见。因地形复杂,令水工徐伯测量和选定渠道路线;动用数万兵卒,历时三年打通此渠,渠长三百余里,灌溉民田万余顷。

由于从漕渠获利,尝到了甜头,其后不久,武帝又发卒万人,开凿了龙首渠,引来洛河水,灌溉重泉(今陕西蒲城县东南四十里)附近万余顷盐碱地。这条大型渠道必须路经商颜山(今铁镰山),在山脚明控河渠易生塌方,施工者创造性地开凿竖井,令"井下相通行水",① 使龙首渠从地下穿过了七里宽的商颜山。这一发明称为"井渠法"。因为井渠可以减少渠水的蒸发,这方法很快就向西北干旱地区推广开了。后世新疆所行的坎儿井,用的就是井渠法。

此后,又在秦郑国渠上游开凿六辅渠(公元前111年),引水灌溉高地;堵塞黄河瓠子口之决口,水利工程的兴建有增无减。太始二年(公元前95年),采用了赵中大夫白公的提议,开凿了一条引泾水东南流入渭水的白渠,长约二百里,能浇地四万五千多顷,

---

① 《史记·河渠书》。

使关中地区的农业生产得到进一步的发展。这时，上行下效，良吏就所治之地兴修水利者很多，全国各地的大型水利工程，如雨后春笋纷纷出现，散见于《史记·河渠书》、《汉书·沟洫志》等记载。这些水利工程为后世农田水利事业和农业生产的发展，打下了良好的基础。

东汉前期，水利工程以修复和扩建为主，一度重见活跃。南阳民谚称"前有召父，后有杜母"，召父是指西汉南阳太守召信臣，杜母即发明水排的杜诗，两位父母官均对当地水利大有贡献，受人敬仰和纪念。公元42年，河南汝南的鸿却陂得到修复。公元69年，王景领导数十万民工治理黄河，修复汴渠，经过一年的奋战，修筑了自河南荥阳到山东千乘（今山东高清县北）一千多里的黄河大堤，疏濬改造了汴渠。桀敖不驯的黄河在此后的八百年内没有发生大的决溢改道，跟这次比较彻底的治理颇有关系。公元83年，时任庐江太守的王景，驱率吏民，修复了荒废已久的楚国著名的水利工程芍陂。先是该地百姓不知牛耕，王景又教用铁犁和牛耕之法，使境内的垦辟倍多，粮食丰给。铁犁和牛耕法在中原地区的推广，则已始于西汉武帝晚年。

2. 赵过推广代田法和新农具

汉武帝晚年，因为多年征战，国力疲竭，对政策作了检讨，称"当今务在禁苛暴，止擅赋，力本农，修马复令以补缺，毋乏武备而已"。于是农业专家赵过出任搜粟都尉，推广代田和耦犁之法。代田是一种适合干旱地区的耕作方法，赵过是行家，其耕耘、下种、农具皆有便巧。"播种于甽中，苗生三叶以上，稍耨垄草，因聩其土，以附苗根。"第二年再以垄处作沟，沟处作垄，如此轮番取代，故名"代田"。这种耕作制度，有利于抗旱保墒，防止倒伏，地力容易恢复。并由有经验的农人来指导耕田，"用力少而得谷多"，"一岁之收，常过缦田，畮一斛以上，善者倍之"。也就是说，代田法比原来的漫田法可提高1/3—2/3的产量。武帝以后，"边城、河东、弘农、三辅、太常民皆便代田"[①]，北方边疆田多垦辟。

---

① 《汉书·食货志》。

在推广代田法的过程中，赵过从平都令处学得以人挽犁之法，向全国推广"用耦犁，二牛三人"的方法，即用二牛挽一犁，由三人操作，分别掌握牵牛、按辕和扶犁等工作，使铁犁和牛耕法逐渐普及。西汉末年，随着活动式犁箭的发明，犁铧形式的改进，驭牛技术的提高和双辕犁的使用，有了一牛一人的犁耕法。东汉时，犁的设计已近完善，东汉画像石上的牛耕图反映的犁耕法，已与唐以后中国传统的牛耕没有多少差距了。

据崔寔《政论》记载，赵过"教民耕殖，其法三犁（耧脚）共一牛，一人将之，下种挽耧，皆取备焉"。它能同时完成开沟、下种、覆土三道工序，一次能播种三行，而且行距一致，下种均匀，播种效率和质量大为提高，每日可种一顷。东汉时，"三辅犹赖其利"，① 传到敦煌，"所省雇力过半，得谷加五。"②即劳力节省了一半多，还增产五成。

除耧车外，两汉时出现了不少新农具，使汉代农具的种类趋于完备。从整地、播种、中耕除草、灌溉、收获脱粒到农产品加工，各种农具机械多达三十余种。至迟在西汉晚期已经发明了风车，至晚在两汉之交发明了水碓，桓谭的《新论》赞道："因延力借身重以践碓，而利十倍杵舂。又复设机关，用驴骡牛马及役水而舂，其利乃且百倍。"

3.《氾胜之书》与区种法

氾胜之是西汉继赵过之后的又一个著名的农学家。据《汉书·艺文志》记载，当时的农书有九家一百一十四篇之多，其中《神农》、《野老》为战国时作品，其余七家则为西汉的新作。内中有《赵氏》五篇，《注》云不知何世。疑为赵过的书，可惜已佚。又有《氾胜之书》十八篇。氾胜之在成帝时为议郎，在三辅一带辅导农业技术，因功徙为御史。但《氾胜之书》已非全帙，现在流传的仅是辑佚本。《氾胜之书》记载和总结了关中地区提高单位面积产量的"区种法"等经验和发明创造，总结了农业生产六个基本环节的

---

① 崔寔：《政论》。
② 贾思勰：《齐民要术》。

理论和技术问题，及十多种农作物的栽培法，奠定了我国古代农书传统的作物栽培各论的基础。

赵过的"代田法"是合理利用大面积土地并使之增产的方法，《氾胜之书》的"区种法"则是一种在小面积土地上精耕细作夺高产的方法，两者都是战国时"垄作法"的进一步发展。区种法更适合于小农经济的特点，它的基本原理是在小块土地上深耕、密植，集中而有效地使用肥料，加强田间管理，使之高产。即使原来不是良田的零星土地，"以粪气为美"，采用"区种法"，皆可为区田。

（五）律历体系的形成

汉武帝时代，进行了历法改革，朝野天文工作者各显其能，最后由强调律和历联系的太初历击败众多对手，取得官颁历法的地位，为形成我国独特的历法体系奠定了基础。

汉初历法沿袭秦正朔，文帝时无为而治，自然不思大动。1972年，山东临沂银雀山 2 号汉墓出土的《汉武帝元光元年历谱》竹简，用的就是秦颛顼历。元光元年是公元前 134 年，《汉武帝元光元年历谱》竹简 32 枚，是迄今所知我国最早最完整的古代历谱。它以十月为岁首，九月为岁尾，因为时值闰年，九月之后，又加"后九月"为闰月，一年共十三个月。颛顼历在先秦六历中误差较小，然沿用下来，误差累积，日见疏阔。年终置闰的方法也难以适应农业生产发展的需要，改用新历乃大势所趋。恰巧，按那时的测算，汉武帝元封七年(公元前 104 年)十一月甲子日的夜半，正好合朔和交冬至。这样的时刻作为历元(历法的计算起点)颇为适宜。遂由大中大夫公孙卿、壶遂，太史令司马迁等提出："历纪废坏，宜改正朔。"①武帝采纳了这个意见，下诏改元，议造汉历。于是，定元封七年为太初元年，开始了观测、计算和治历的工作。

当时天文学界人才济济，司马迁以下，先后参加议造汉历的有治历邓平、长乐司马可、酒泉侯宜君、侍郎尊等官吏及方士唐都、巴郡落下闳等民间天文学家，凡二十余人。他们一共提出了十八家

---

① 《汉书·律历志》上。

不同的历法，经过比较和实测检验，汉武帝最欣赏邓平的八十一分律历，命令司马迁采用邓平的方案，于是有了著名的太初历。

太初历用夏正，改以寅月为岁首，原著虽已失传，西汉末年刘歆花样翻新的《三统历》，其主体仍是太初历，故后人由《汉书·律历志》中收载的三统历，可以了解太初历之大概。太初历比颛顼历进步之处在于：它首次规定以没有中气（雨水、春分、谷雨等十二节气）的月份为闰月，此法沿用后世，优于年终置闰的老法。它首次记载了交食周期，提出135个朔望月中有23个食季的食周概念，为日、月食预报打下了基础。太初历所测定的五星运行周期的精度较以前有明显的提高，并根据对于五星在一个会合周期内动态的认识，建立了一套推算五星位置的方法。太初历所具备的气朔、闰法、五星、交食周期等内容，为后世历法树立了样板。同时，围绕着太初历的制定，制造天文仪器和测定天体位置的工作得到了促进。落下闳根据他所创的浑天说，设计和制造了一个有关浑天说的仪器，以此重新测量二十八宿的距离，"运算转历，与邓平所治同"，给太初历以有力的支持。

然而，太初历有着非科学的先天缺点。古四分历一个朔望月为 $29\frac{499}{940}$ 日，太初历宁可误差增大，也要取一朔望月为 $29\frac{43}{81}$ 日，其原因只是81这个数字在音律上具有特殊的地位。《管子·地员篇》说："凡将起五音，凡首，先主一而三之，四开以合九九……"九九得八十一。汉代黄钟音的标准乐管长九寸，周长九分，所以有八十一来自"黄钟自乘"之说。相信术数的古人，觉得历法和乐律之间的这种联系，冥冥之中自有安排。那么，太初历的权威性岂非不言自明？所以《汉书·律历志》说："故，八十一为日法，所以生权、衡、度、量，礼乐之所繇出也。"自《汉书·律历志》开始，这种传统观念影响了许多正史的编排。实际上，度、量、权、衡的标准是人为的，的确可以借助律来制定，即《尚书》所谓"同律度量衡"。《汉书·艺文志》著录《律历数法》三卷，作者佚名，现在连这部书也早已佚失，可以想见其中不乏有趣的数学知识。但将律和历这般联系，十分牵强，缺乏科学根据。尽管大自然归根结蒂是和谐的，相互间自有某种联系存在。

自太初历问世起，政治需要和学术斗争相交错，围绕着历法的斗争时有发生。西汉末年，刘歆应王莽篡汉之需，改太初历为三统历。东汉初年，颁布了编䜣、李梵、贾逵等的后汉四分历。李梵、苏统还根据历代"史官候注考校"，发现由于"月道有远近"，"月行当有迟疾"，并且定出"率一月移故所疾处三度，九岁一道一复"。① 这种现象即月亮轨道近地点的进动。

东汉晚期，著名的乾象历(206年)的作者刘洪，将上述发现引进了历法计算，使乾象历成为第一部传世的考虑到月行有迟疾的历法。它定出一近点月长度的数据为27.5533590日，与当今的推算值27.5545689日相差仅约百秒，比较精确。它的回归年数值为365.2462日，回归年和朔望月数值(29.53054日)均较后汉四分历为佳。刘洪通过实测获得了许多重要的发现，他根据月亮在一近点月内每天实际所行度数，修正根据月亮的平均运动所算出的朔望时刻(即由平朔和平望，修正到定朔和定望)，提高了推算日月食发生时刻的准确度。刘洪在实测中发现了白道(月行轨道面)与黄道(太阳视运动轨道面)之间的夹角约六度，与现在测得的数值很相近。他还首次指出了黄白交点退行的现象。交食时限概念的提出，是刘洪的又一贡献。根据刘洪的见解，合朔时月亮离黄白交点不超过十五度半才发生日食，这就解答了原先令人困惑的为什么不是每次朔望都发生交食的问题。后世各种历法的交食预报都以这一数据作为判断依据。它同现代所用的数据亦大体接近。

尽管乾象历生不逢时，濒临崩溃的东汉王朝无力进行新的历法改革，乾象历到三国时才由孙吴政权颁行，但在历法史上，从太初历到乾象历，已经借助于一整套独特的研究方法，建立起研究课题广泛，风格特点鲜明的独特的历法体系。

（六）《九章算术》式的实用数学体系

1. 现存最早的数学专书——《算数书》

在数学知识的发展和积累的基础上，汉代开始出现一些专门的

---

① 《后汉书·律历志》。

数学著作，如已经失传的《许商算术》二十六卷、《杜忠算术》十六卷，传世的《九章算术》等。1983年12月至1984年1月，湖北江陵张家山三座西汉古墓出土大批竹简，其中M242号墓出土有《算数书》一部，约7000余字，下葬时间大约为吕后至文帝初年。这是我国现已发现的最早的数学专著。(图4-9)《算数书》是一部解答数学问题的汇集，也有运算一般法则的简文。全部算题分门别类归纳于几十个小标题下，现已整理出小标题60余个。如以题意命名的"金贾(价)"、"里田"、"方田"、"税金"、"程禾"等；以算法命名的"赠(增)减分"、"分乘"、"相乘"、"合分"、"经分"等；其内容包含了整数、分数的四则运算，各种比例问题，各类面积、体积的计算等。①

然而，无论从内容之丰富，还是对后世的影响来说，《九章算术》才是汉代数学著作的翘楚。

2. 从"九数"到《九章算术》数学体系的形成

《九章算术》定型于两汉之交，实际上早有其书。孔子授徒的"六艺"之一即"数"学课程。据《周礼》记载，当时的数学课程叫做"九数"，九者，代表这门课分九个细目。"九数之流，则《九章》是矣"，"九数"教材的发展形成了《九章算术》的前身。由于一方面春秋战国秦汉时实用数学知识不断丰富发展，另一方面，焚书之劫和战乱使《九章算术》的前身在流传中不免有所散佚，遂有人出来对其修订、补充。三国时曹魏数学家刘徽为《九章算术》作注时说："汉北平侯张苍(？—前152年)、大司农中丞耿寿昌(约公元前一世纪中叶)皆以善算命世。苍等因旧文之遗残，各称删补。故校其目与古或异，而所论者多近语也。"张苍和耿寿昌等作为有官职的数学家，对《九章算术》所作的删补，是《九章算术》最后定型前最重要的修补和编辑加工工作。总之，《九章算术》不是一时一人之作，而是春秋战国至西汉的数学知识的结晶，其中既有大量的"九

---

① 《湖北江陵出土西汉早期竹简》，《光明日报》1985年1月18日；杜石然，《江陵张家山竹简〈算数书〉初探》，《自然科学史研究》，1988年第3期，第201~204页。

图 4-9 《算数书》竹简(1983—1984 年湖北江陵张家山出土)

数"时期的数学成果,也有西汉时期新获得的数学成就。

《九章算术》的出现,形成了我国古代以算筹为计算工具,具有自己独特风格的实用数学体系。

3. 《九章算术》的内容

《九章算术》分为九章,解决实际数学问题是全书的主旨。各章根据需要按类纂集，题数多少不等，少则18题，多的达46题，全书共246题。或先举问题，后述解法；或先述解法，再举例题，为当时涉及的大量具体问题，大多是封建大一统帝国政府所需要解决的数学问题(如计算赋税、摊派徭役、规划水利和土木工程，以及商业贸易的核算、天文历法的计算等)，提供了解决问题的简便模式，无异于一本实用数学大全，使用堪称方便。

第一章，方田，介绍关于田亩面积的计算，讲述分数的四则运算和平面图形求面积的方法。

第二章，粟米，叙述比例问题，特别是各种粮谷间按比例互相交换的计算方法。

第三章，衰分，讲述按等级分配物资、摊派税收的比例分配问题的算法。

第四章，少广，讲述已知面积或体积，反求一边之长的算法，即开平方和开立方的方法。因为开平方和开立方的运算是通过分层排列的算筹来进行的，相当于布列出一个二次或三次的数字方程，用上下不同的各层表示一个方程的各次项的系数。这种创造，后来得到发展，终于在宋元时期攀上了具有世界先进水平的数字高次方程解法的高峰。

第五章，商功，讲述各种工程中多种体积的计算方法，以及各种情况下工程的预算问题。

第六章，均输，讲述按人口多少、路途远近、谷物贵贱推算赋税和徭役的方法，其中涉及正比例、反比例，以及复比例和连比例等比较复杂的比例分配问题。由于这类问题均以"今有"两字开头，所以后世把这种算法称为"今有术"。

第七章，盈不足，讲述盈亏类问题的解法。如：有若干人共买东西，每人出八就多三，每人出七就少四，问人数和物价各多少？这种问题一般有两次假设，所以中世纪的一些外国数学著作称之为"双设法"。其解法相当于一次"招差术"的计算方法，即直线内插法。对于一般的算术题，也可通过两次假设把它化为盈不足问题来解答。

第八章，方程，讲述联立一次方程组的解法，引入了负数的概念,给出了正负数的加减运算法则。

第九章,勾股,讲述勾股定理的应用和"高、深、广、远"等测量计算问题。

4.《九章算术》的意义和中外影响

由上文的介绍可见,《九章算术》包括了初等数学中算术、代数以及几何中的相当大部分的内容,形成了具有中国特色的算法体系,人们往往可惜它不是完备的数学体系,缺少了古希腊数学体系中的较高的抽象性和逻辑上的系统性。如果两者适时互补,古代数学的发展速度就会更快。然而,古希腊数学家以严格证明几何定理为乐事,中国古算家视构造精密算法为要务,双方各自代表了演绎和算法两种不同的发展方向。《九章算术》的成书"既标志着中国(还有后来的印度和阿拉伯地区)取代地中海沿岸的古希腊成为世界数学研究的中心,也标志着以研究数量关系为主、以归纳逻辑与演绎逻辑相结合的算法倾向取代以研究空间形式为主、以演绎逻辑的公理化倾向,成为世界数学发展的主流"①。中国古代数学家致力于强化实际计算方面的能力,发展出一整套在当时世界上堪称第一流的筹算算法,在解决实际问题的计算方面远胜西方,更为后世代数和计算数学的发展伏下了当时未必知道的好处。

《九章算术》所建立的数学体系,对我国的传统数学产生了巨大的影响。李约瑟的《中国科学技术史》第三卷(数学卷)说:"《九章算术》是数学知识的光辉的集成,它支配着中国计算人员一千多年的实践。"由于中国学术传统的保守性,《九章算术》给后世的许多数学精英提供了活动的舞台。他们以对《九章算术》进行注释的方式,不断引入新的数学概念和方法,发表新的研究成果,从而推动中国古代数学不断前进。如刘徽的《九章算术注》、唐李淳风的注等等。刘徽的《九章算术注》"析理以辞。解体用图",对《九章算术》中重要的数学概念、方法、公式和定理给出了严格的定义,完成了建立中国传统数学体系的任务。当然,注《九章算术》的模式,也束缚了后世数学家的思想,限制了他们的创造能力,给中国古代

---

① 郭书春:《九章算术译注》,上海古籍出版社2009年版,第1~2页。

数学的发展造成了不利的影响。

《九章算术》在世界数学史上占有很重要的地位。它是举世公认的古典数学名著之一，东方古典数学的代表作。它的许多内容在当时都居于世界领先地位，如分数四则运算、比例算法、负数概念的引入和正负数的加减运算法则等，都比印度和欧洲早得多。印度约到公元七世纪才认识负数，欧洲则迟至 17 世纪才认识负数的重要性。《九章算术》中已系统地提出一次联立方程组的消元解法，在欧洲，直到 16 世纪才正式记载法国数学家别朱的类似成果。在印度，也要到公元七世纪后，才获得一些特殊的一次联立方程组的解法。盈不足术西传阿拉伯以后，被呼为"契丹算法"（即中国算法），受到阿拉伯数学界的高度重视。隋唐时期，《九章算术》流传到朝鲜和日本，和中国一样，被定为教科书，其影响就远不止一二种算法的问题了。

近代由于电子计算机的出现，其所需数学的方式方法，正与《九章算术》传统的算法体系相符合，人们回头审视中国传统数学体系，眼前为之一亮。其中特别是数学家吴文俊从中国古算中发掘了机械化思想和程序性算法的精华，他在 20 世纪末就指出："《九章》所蕴含思想的影响日益显著，在下一世纪中凌驾于《原本》思想体系之上，不仅不无可能，甚至说是殆成定局，本人认为也决非过甚妄测之辞。"①

（七）神仙方术影响下的《神农本草经》

秦皇汉武，在建国治国方面，都是大有作为、好大喜功的皇帝；在生活方面，纵游幸、营宫室和求神仙也是同好。

武帝与秦始皇一样，迷信方士、鬼神，目的是求长生，遂有一班人，特别是道家人物，以长生神仙术作为进身之阶。在这种形势下，早期的金丹术出现了。早期金丹术分为北、南两派。北派的代表是李少君。李少君以祠灶、谷道、却老方献给武帝，说："祠灶

---

① 王渝生：《〈几何原本〉与〈九章算术〉》，《中国科学报》（海外版），1995 年 8 月 25 日。

则致物，致物而丹沙可化为黄金，黄金成，以为饮食器则益寿，益寿而海中蓬莱仙者乃可见。见之以封禅则不死，黄帝是也。"武帝受其迷惑，李少君病死后，竟以为他是化去登仙。于是海上燕齐一带怪迂的方士更起劲地炼起金丹来。元狩二年（公元前121年），齐人少翁以进鬼神方，官拜文成将军。属于同一门派的胶东宫人栾大，拜为五利将军，又佩多枚将军印，入海求仙。神仙毕竟不灵，文成将军和五利将军先后丢丑，被武帝诛杀。但武帝长生心切，求神如故。神仙之道是升官发财的捷径，从事者有增无已。南派的代表是汉高祖之孙、淮南王刘安，刘安喜欢藏书，善为文辞，也好神仙道家之术。他"招四方游士，山东儒墨咸聚于江淮之间，讲议集论，著书数十篇"。刘安及其门客所作的《淮南子》和《淮南万毕术》，集阴阳、儒道、墨、名、法诸家言于一身，涉及许多科技知识，其中就有神仙黄白之术。神仙家与医学关系极为密切，所以《汉书·艺文志》把神仙与医经、经方、房中术并列，反映了当时的真实情况。

　　早在原始时代，人们已开始用草本植物治病。春秋战国以前，大抵用药和针灸并行。战国以后，用药日趋普遍。秦汉之际，已有药物专著在民间流行。据说公乘阳庆传给汉初名医淳于意（仓公）一批医籍，其中有一本《药论》。淳于意诊病精于切脉，治病虽兼用针灸，然大多采用药物，或汤液，或药酒。待神仙服食之说兴起，轺车四出，广征药物；方士烧炼，多方寻求；药用植物和矿物更为增加。据《汉书·郊祀志》记载：公元前31年，已根据需要设立了"本草待诏"的专门官职。"本草"之义，当是由草类居诸药中之最多数而来。本草知识原在民间有广泛的基础，加上政府一抓，加快了汇集总结的进度，于是，《桐君采药录》、《神农本草经》等药物学专著相继出现。

　　《桐君采药录》三卷，作者的姓氏、时代不详，采药求道来到今浙江省桐庐县的东山，指桐为姓，被人称为桐君，山被称为桐君山。三国时孙吴置县，称为桐庐，也因桐君曾结庐山间而来。《严州府志》记述："或曰：'黄帝时人，与巫咸同处方饵。'未知是否？"方志中记载这种传说，不足为怪，而且作者存疑。桐君其人决不是黄帝时人，很可能是汉代采药风盛行时的道家人物。《桐君采药录》是一部有关采集本草的书，其中也有关于中药理论的论述，特别是"君、臣、佐、使"（即现称主药、辅药、佐药、引药）这一药物配伍原则的创立，为中药学奠定了基础。"君、臣、佐、使"等药物学基本理论已被收入《神农本草经》的序录中。

《神农本草经》四卷，和《黄帝内经》一样，也打着《神农》、《黄帝》的旗帜，实际上是总结战国、秦汉以来药物知识的药学手册，而不是一时一人之作。《神农本草经》的汇编和成书，是在汉代方士服食、求道成仙之说风行或尚未十分消沉的时期，因此开卷仙气扑鼻。

《神农本草经》收载药物不多不少正好365种，是因为一年等于365日，术数家把这个数视若神明所致。药分三品，亦出于神仙家言。纬书《尚书帝命期》曰："神仙之说，得上品者，后天而老；其中品者，后天而游；其下药伏苓、昌蒲、巨胜、黄精之类，服之可以延年。"《神农本草经》则稍变其说，上品120种，一般是毒性小或无毒的，大都是"主养命以应天"的补养药物，矿物类的"玉泉"、"丹砂"等延年之药居于前列。其次是植物类的"五芝"。书中屡言"长生不老"、"不老神仙"，明显地受有方士服食的影响。中品120种，有的有毒，有的无毒，大多是兼有攻治疾病和滋补作用的药物。下品125种，多是有毒性而专用于攻治疾病之药。每品中分玉石、草、木、人、兽、虫、鱼、果、米谷、菜等十类。据统计，全书植物药有252种，动物药有67种，矿物药有46种。

《神农本草经》在我国本草史上有重大的影响，它首开药物分类法之先河，自陶弘景的《神农本草经集注》到唐慎微的《证类本草》，历代本草莫不因循这一框架，罕有发展。直到李时珍的《本草纲目》，才突破这一藩篱，增加类别。《神农本草经》虽是药物专书，也从侧面反映了临床医疗经验，书中提到的主治疾病的名称达170余种，涉及内、外、妇科以及眼、喉、耳、齿等方面的疾病，书中所载的药品的治疗功效，绝大部分验之有效，时至今日仍有实用价值。

四、东汉科技高潮和重心的南倾

西汉时期,武帝导演的汉代第一次科技高潮,重心在北方黄河流域。武帝拓边,一度沉睡的南方渐次开发,再一次唤醒了南方居民的创造欲。凭借较优越的自然环境条件,江淮流域的人才一旦受到中原文化传统的感应,立即以引人注目的姿态登上了中国古代科技舞台。王莽的新朝是一个插曲。虽然他颇有一点革新的味道,对科学技术方面也表现了浓厚的兴趣,但因时间短暂,它的果实却要由继起的东汉王朝来收获。环视东汉科技英华,如王充、张衡、张仲景、华佗、魏伯阳、班固等等,半数以上出自人杰地灵的江淮流域,实际上已经宣告,从此以后,中国科技不再为黄河流域所垄断,从南北对峙到重心南移,成了发展的大趋势。

(一)"两刃相割",《论衡》出世

1. 一股反科学的逆流——谶纬

谶纬是西汉末开始兴风作浪的一股反科学的逆流,方术之士为了增加谶纬骗人的魅力,把它们与远古的河图挂上了钩,所以又有图谶,图纬之称。

谶是术数家、巫师、方士们编撰的谜语式的预言或启示,所以《说文·言部》曰:"谶,验也,有征验之书。"这种书在战国时已经出现。《吕氏春秋·观表》曰:"圣人上知千岁,下知千岁,非意之也,盖自有云也。绿图幡簿,从此生矣。"那么。圣人预言的根据是什么呢?按反图谶的科学家张衡的理解,他上疏论图纬之虚妄时说:"臣闻圣人,明审律历,以定吉凶,重之以卜筮,杂之以九宫,经天验道,本尽于此。或观星辰逆顺,寒燠所由:或察龟策之占,巫觋之言,其所因者非一术也。立言于前,有征于后,故智者贵焉,谓之谶书。"①如此说来,最初的谶并非全是无稽之谈,多少有一点来自天文气象的信息,它跟政治的关系也不那么密切。但到

---

① 《后汉书·张衡传》。

西汉末年，随着社会危机的加剧，图谶之说一浪高过一浪。王莽篡汉，本就水到渠成，尚借"符命"以示他代汉乃是天意所至。东汉光武帝刘秀的起兵、称帝，皆借谶文以提高威信，巩固地位。

纬是庸俗经学和神学的怪胎，由一班今文学家利用解说经文的方式，在经义之外附会一套与谶相配合的迷信说法，借经义的权威性欺骗世人。纬书中也收罗一些天文、历法和地理知识。（如《尚书纬·考灵曜》说："地恒动不止，而人不觉，譬如人在大舟中，闭牖而坐，舟行而人不觉也。"这个地动说所用的比喻，与16世纪哥白尼（N. Copernicus，1473—1543年）在《天体运行论》中所举的例子几乎完全一样。）如何把其中的科技知识从糟粕中分离出来，是一个需要认真对待的问题。

西汉末，刘歆在秘阁校书，发现了一批古文经。古文经学出现后，今古文两派争论不休。汉章帝于建初四年（79年）召集诸儒，在北宫白虎观考定《五经》同异，会后诏命班固撰成《白虎通义》一书，将今文经学和谶纬之说糅杂在一起，成了谶纬国教化的法典。变质的儒术和谶纬之学彼此利用，对科学思想和科学技术的发展形成了严重的障碍。幸好科学思想的发展，也在这股逆流嚣张的同时，开始造就它的对立面。

2. 反图谶的前哨战

早在董仲舒的神学世界观确立之初，学识广博的司马迁作为异端思想的代表人物，对"巫祝礼祥"的迷信思想和"天人感应"的神学世界观进行了批判。西汉末年，博学深思的扬雄，苦于口吃不能剧谈，思绪流于文章，曾拟《易经》作《太玄》，作《法言》以批《论语》，反对神仙迷信、星占卜筮和董仲舒的观点。东汉初，桓谭（约公元前23—公元50年）赞扬扬书文义至深，而论不诡于圣人。他发展了扬雄等人的无神论观点，指出谶纬之学是"奇怪虚诞之事"。当光武帝遇事求助于谶的时候，他拒不读谶，又"极言谶之非经"，差点惹来杀身之祸。桓谭为了表达他的主张，著书言当世行事二十九篇，号曰《新论》。在《新论》中，桓谭指出："天非故为作也"，"灾异变怪者，天下所常有，无世而不然"。他还把人的生长老死看作与四时代谢一样的自然现象，批驳长生不老说。桓谭的见解，的确很"新"，很进步，所以难以见容于当局。

西汉末，刘歆极力提倡古文经学。王莽当政后，古文经学也列入了学官。东汉初，涌现了一批古文大师，他们在反对谶纬的同盟军今文经学的同时，也反对谶纬之说。但因皇上正在提倡，反对谶纬不得不讲究策略。郑兴被光武帝问及郊祀事时，他先回答："臣不为谶。"当皇帝发怒时，他就说："臣于书，有所未学而无所非也。"既不搞谶纬，又巧言躲过了一场灾祸。

批判"天人感应"的神学目的论，反谶纬斗争的一大收获，是这场"两刃相割"、"两论相订"的激烈论争，锻炼和造就了南王（充）、北张（衡）等一批伟大的思想家和科学家。思想上的解放和社会重趋安定，使东汉时出现了秦汉时期科学技术的第二次高潮。

3. 王充著《论衡》

王充，字仲任，会稽上虞（今浙江上虞）人。生于光武帝建武三年（27年），卒于和帝永元年间（89—104年）。会稽本是浙东的政治、经济、文化中心。王充幼时"为儿童游戏，不好狎侮，父诵奇之。七岁教书、数"。① 年轻时游学洛阳太学、师事班彪。一生际遇不佳，只做过几任小官，为时也短，大部分时间是在故乡度过的。但是在中原获得的教育对他的一生有重大的影响。他远接先秦名法家之遗绪，近承司马迁、扬雄、桓谭等人的叛逆精神，将中原学术引入浙东。浙东成了人文荟萃之地，他自己也成长为一个伟大的唯物主义思想家。

王充耳闻目睹东汉初年朝野思想界激烈斗争的情形，又有条件长时间闭门潜思，花20多年心血，于60岁时撰成《论衡》一书，以著书立说的形式与"天人感应"的神学目的论和谶纬迷信进行了针锋相对的斗争，建立了一个反正统的唯物主义的思想体系。《论衡》写成后，最初只在浙东流传。后来蔡邕到江南，视为"异书"，仔细阅读。公元189年，蔡邕将《论衡》带回中原，它开始在少数人中流传，可惜仅被当作谈助之资。又过了九年，经过会稽太守王朗的介绍，《论衡》才在中原传播开来，为新道路的开辟提供了锐

---

① 《会稽典录》卷上。

利的武器。

《论衡》全书共三十卷，原有八十五篇，其中《招致》篇已佚，现存八十四篇。《论衡》这个书名，按王充本人的解释，表示言论的公平，像衡器一样，最符合客观真理。不怀偏见的史家也觉得，《论衡》持论而论核实，名符其实。因为王充大量利用当代科学技术的成果，以及自己对自然现象认真观测研究的心得，求真实、疾虚妄、匡时俗，所以《论衡》既是中国科学思想史上的杰作，也是汉代科学技术的资料宝库。就在王充作《论衡》的时候，罗马的普林尼写了一部百科全书式的《博物志》。两书在形式上不同，然各臻其妙，反映了东西方学术，自先秦和古希腊之后，正走着不同的发展道路。

4. 元气自然说和《论衡》中的科技知识

王充哲学和科学思想的理论基础是元气自然说。元气学说是先秦阴阳五行学说的一个发展，其灵感的触发或许与原始气功的体验有关。中国气功已有五千多年的历史。至战国中期，庄子在这方面大有造诣。他认为"阴阳者，气之大者也"。《庄子》中的许多隐喻，往往借用气功的体验，甚至有些篇章，描写的对象就是气功。与庄子约略同时的宋钘、尹文，从气功实践中引申出"气"的概念，他们认为："凡物之精，比则为生。下生五谷，上为列星，流于天地之间，谓之鬼神；藏于胸中，谓之圣人，是故名气。"①因为"气"的概念与气功实践的亲缘关系，当时又无法解释一些特异体验，在宋钘、尹文的气说中无法排除"鬼神"之说。

荀子反天命，不信鬼神。他认为"天地合而万物生，阴阳接而变化起"，②把气作为无机界、植物界、动物界乃至人的共同的物质基础，并指出："水火有气而无生，草木有生而无知，禽兽有知而无义，人有气、有生、有知亦且有义。"描述了大自然物质链上的不同发展阶段。

王充继承了荀子的元气说，继续发挥道："天地，含气之自然

---

① 《管子·内业》。
② 《荀子·礼论》。

也。""天地合气，万物自生，犹夫妇合气，子自生矣。"既然天地万物都是由"元气"自然而然地形成的，这就排除了上帝造物主的存在。在王充看来，天地万物的气是"茫苍无端末"的，也就是无限的。在这一点上，与汉代论天三家中的"宣夜说"是一致的。或者说，元气自然说的形成和宣夜说的系统化，两者本来就是相互影响的。以元气自然说为武器和出发点，王充力图解释许多自然现象，批判"天人感应"说等各种迷信说法。在这一战斗过程中，王充所应用的科学武器涉及天文气象、物理、生物、医学、冶金等领域，尽管有些见解不够正确，用数学计算作定量分析时出现谬误，全书依然反映出王充科技知识之博杂，东汉前期科技之水平和发展趋势。思想解放的呼吁，预示着新的科技高潮的出现。

天文数学非王充所长，气象上他却靠无神论的正确指导，正确地阐明了不少问题。如关于云雨的发生，《黄帝内经·素问》已说："地气上为云，天气下为雨。雨出地气，云出天气。"王充说得更明白："雨露冻凝者，皆由地发，不从天降也。"①先是"云气发于丘山"，② 尔后"初出为云，云繁为雨"。③ 即地气上蒸为云，云遇冷冻凝而成雨。降雨的机制完全是一种自然的现象，而非董仲舒之流所说的土龙致雨。王充还指出，云、雾、露、霜、雨、雪等，只是大气中的水分在不同的温度条件下的不同表现形式，合乎科学实际。

当时流行一种看法，以为雷电是所谓"天怒"的表现，雷电击杀人是"上天"对罪人的惩罚。王充由"一斗水灌冶铸之火"得到启发，假说雷电是由"太阳之激气"与云雨一类阴气"分争激射"而成，指出雷的本质是"太阳之激气"，是"火"。④ 人在树下、屋内，偶而被击中而死，实与上天惩罪毫不搭界。由于科学水平的局限，王充自然不能用近代科学术语来正确解释雷电成因，但他的解释类似

---

① 《论衡·说日》。
② 《论衡·感虚》。
③ 《论衡·说日》。
④ 《论衡·书虚》。

于近代的一种爆炸起雷说,在当时有一定的科学性。

由于王充住在杭州湾南岸,"近水楼台先得月"的地理条件,使这位有心人有机会观察潮汐和钱江涌潮,研究出"潮之兴也,与月盛衰、大小、满损不齐同",把潮汐涨落与月亮的盈亏联系起来。同时,他还用"殆小浅狭,水激沸起"解释天下壮观的钱江涌潮的成因,颇有道理,只是还不够全面。

有形的水,给了王充另一个启示:无形的声音抑或与有形的水波相似?从这点出发,王充成了历史上用水波来比喻声音传播的第一人。王充之所以作这种联想,乃是因为元气自然说引导着他努力寻找不同自然现象之间的内在联系。他在《论衡·乱龙篇》中说:"顿牟(玳瑁)掇芥,磁石引针……他类肖似,不能掇取者,何也?气性异殊,不能相感动也。"经过摩擦的玳瑁带有静电,能够吸引芥籽类的轻小物体;磁石吸引钢针,则是由于磁性。尽管使用的术语"气"太笼统,王充也不明白电与磁为何物,但他大胆地把它们的作用纳入类似的机制,应该说是一种勇敢的探索。人们还要特别感谢王充,正是由于他在《论衡·是应篇》中记载了司南的性能和用法,无异于为这一指南针的前身申请了发明权(详见第六章二(四))。

王充对医学和养身之道均有所研究,基于唯物主义的观点,他批判了"长生不老"的想法,提出养生的要点是:"养气自守,适食则(节)酒,闭明塞聪,爱精自保,适辅服药引导",① 这也是他的经验之谈。由于科学水平和思想认识上的限制,元气自然说有它的局限性,王充对自然现象的分析不可能都正确,他的唯物主义思想也是很不彻底的。彻底的唯物主义者是无所畏惧的,王充虽从心底里反对图谶,然而面对以皇帝为后台得到官方承认的图谶之学,他不得不说:"神怪之言,皆在谶记,所表皆效。孔子条畅增益,以表神怪。或后人诈记,以明效验。"②不只是王充,本节开头所引的张衡所上的疏,同样存在反图谶不彻底的问题,从好的方面说,也

---

① 《论衡·自纪》。
② 《论衡·实知》。

可能是一种斗争策略。无论如何，在当时的历史环境下，能做到王充、张衡这一步已是难能可贵的了。

(二) 东汉科技高潮的代表——张衡

王充在浙东悄然陨落之时，一颗年约二十的科学新星正在河南缓缓升起，他就是继墨翟之后的又一位大科学家张衡。

1. 张衡生平

张衡(78—139年)(图4-10)，别字平子，南阳西鄂(今河南邓县)人，他的家族是累世著名的大姓，祖父堪，做过蜀、渔阳两郡太守。张衡自小便有文学天赋，聪敏而好学不倦，曾游学三辅，"贯五经，通六艺"。他曾自述说："耻一物之不知，有事之无范。"对科学技术很有兴趣，对做官一途则颇冷淡。举孝廉、连辟公府，都未就，直到永初末年初仕为南阳郡主簿。其时发心拟班固《两都赋》撰《两京赋》，描写西汉京师宫馆苑囿之美，帝王游幸之乐，精思傅会，十年而成这一脍炙人口的文学名著。安帝听说他善术学，公车特征，拜为郎中，再升为太史令。十八年间，他先后三次出任太史令，"约己博艺，无坚不钻"，在天文、历学、数学、机械等领域纵横驰骋。发展浑天说，研究天文、数学、历法，制作浑天仪象、候风地动仪、指南车等机械。他著有科技书数种，又能文善画，以图辅说，兼得科学和艺术两者之长，实在是历史上罕见的全面发展的科学天才。他"虽才高于世而无骄尚之情"，① 但对于时髦的图纬之学，则深恶痛绝，力斥其虚妄，见识卓然。永和初，张衡出任为河间相，郡中大治。三年后离任，征拜尚书。六十二岁上，张衡逝世，学术上遗下不少未竟之志，然而他的贡献已使他在科技史、文学史上立于不朽的地位。

2. 论天三家

中国宇宙论从春秋战国时代发展到汉代，形成著名的"论天三家"，即盖天、浑天和宣夜说。

盖天说发端极早。它的产生，可能来自远古"天似穹庐"的直

---

① 《后汉书·张衡传》。

图 4-10　张衡像

观感觉。公元六世纪时，内蒙古草原上流传的民歌说："敕勒川，阴山下，天似穹庐，笼盖四野。天苍苍，野茫茫，风吹草低见牛羊。"古意盎然。盖天说又叫"周髀家说"，认为"天圆如张盖，地方如棋局"。到《周髀算经》时代，用"天象盖笠，地法覆盘"拟形写意。它还尝试作定量分析，提出日照范围的半径是十六万七千里等。但盖天说不符合一些天文观测事实，也不能解释天体的一些运动，较进步的浑天说便出来与之对抗。

浑天说创始于落下闳。汉武帝太初改历，浑天派战胜了盖天派，中国天文学史进入了浑天时期。浑天说的代表作是张衡所作，后人增衍的《浑天仪图注》。文中说："浑天如鸡子，天体圆如弹丸，地如鸡子中黄，孤居于内，天大而地小。天表里有水，天之包地，犹壳之裹黄。天地各乘气而立，载水而浮。……天转如车毂之运也，周旋无端，其形浑浑，故曰浑天。"浑天说承认大地是球形，天可以转到地下去，比盖天说进步，但说"天地各乘气而立，载水而浮",则有破绽。张衡的另一部名著《灵宪》指出:"过此而往者,未之或知也。未之或知者,宇宙之谓也。宇之表无极,宙之端无穷。"承认浑天说的硬壳外面还有无限的宇宙世界,对浑天说的鸡蛋模型作了补充。

在《灵宪》中,张衡集当时宇宙观之大成,系统地总结了前人关于宇宙生成与演化的思想,由道家"有生于无"的观点出发,利用元气学说,阐述了天地万物的生成、变化和发展的过程。他还用"近天则迟,远天则速"的理论,解释五星视运动或快或慢的现象。继京房、王充之后,又一次提到月光生于日之所照,月蚀由于地之所蔽。为了解释《灵宪》叙述的天体现象,张衡又作了《灵宪图》一卷,谅是很精彩的图解。可惜《灵宪图》已佚,《灵宪》也仅存辑本。张衡还著有《算罔论》,"网络天地而算之",① 此书也早已佚失。刘徽《九章算术注》少广篇引张衡开立圆术,可能出自此书。据刘所引,可以推知张衡以 $\sqrt{10}$ 作为圆周率,这一新发明比印度得到同样的结果早500余年。

宣夜说来源于先秦的无限宇宙观,发展到东汉前期,由秘书郎郗萌作了系统的总结和明确的表达。《晋书·天文志》曰:"宣夜之书亡。惟汉秘书郎郗萌记先师相传云:天了无质,仰而瞻之,高远无极,眼瞀精绝,故苍苍然也。譬之旁望远道之黄山而皆青,俯察千仞之深谷而窈黑,夫青非真色,而黑非有体也。日月众星,自然浮生虚空之中,其行其止,皆须气焉。是以七曜或逝或住,或顺或逆,伏见无常,进退不同,由乎无所根系,故各异也。"主张宣夜说的学者,从日常生活经验出发,通过高瞻远瞩的思辨,否定了固体的"天球",旗帜鲜明地主张宇宙无限的观点。他们受元气自然说的影响,描述了"日月众星,自然浮生虚空之中,其行止皆须气焉",它们的运动各有其规律,这样一幅进步的宇宙图景,在人类的宇宙认识史上意义深远。可惜"七曜或逝或住,或顺或逆,伏见无常,进退不同"的具体情形究竟如何,光靠宣夜说的思辨,并不能解决问题,所以它的影响远不如浑天说。

---

① 《后汉书·张衡传李贤注》。

3. 水运黄道仪

与浑天说相辅的测天仪器是浑仪,表演仪器叫浑象。张衡之前我国已有简单的观测用的赤道仪和兼有测度和演示功能的黄道仪。《尚书·舜典》说道"在璇玑玉衡以齐七政"。伏胜《尚书大传》和司马迁《史记·天官书》把它解释为北极或北斗七星,古文经学家马融、郑玄把它释为浑仪。直到现在,对于"璇玑玉衡"究竟是什么东西,学术界还有争论。"璇玑玉衡"很可能是一种早期的天文仪器。汉代的浑仪是"璇玑玉衡"的直接发展,还是仅受间接影响,有待进一步研究。扬雄的《法言·重黎》说:"或问浑天。曰:落下闳营之,鲜于妄人度之,耿中丞象之。"落下闳即洛下闳,造了一个有关浑天说的仪器,鲜于妄人将它用于测量天体,"象之"一词意义模糊,一说耿寿昌造了一个浑象,按浑天说模拟天球的运动。

张衡精于机巧,曾声称"叁轮可使自转",① 因为叙述过于简单,后人不知他所说的"叁轮"是一种什么样的先进机械。他在前人的基础上,对浑仪、浑象加以革新。为了确定黄道各点的赤道度和去极度,或黄道出入进退之数,张衡做了一个小天球仪模型,以竹篾连成一个子午圈,两极用针作旋转轴,实际上是一个浑象。进而,张衡将望筒与万向轴组合起来,发明"衡管",创作了带有可转动子午圈(即四游双环)的浑仪。② 公元132年,他制作了著名的漏水转黄道仪。此仪以铜为之,以四分为一度,周天一丈四尺六寸一分,置日月五星于黄道之上,以漏壶流水为动力,浮子控制绳轮传动,③ 昏明中星,与天相应,兼具测度和演示功能,乃是最早的天文钟。古代传说有一种瑞应之草,叫蓂荚(或历荚)。它"夹阶而生,月朔,始生一荚;月半,而生十五荚;十六日以后,日落一荚,及晦而尽;月小,则一荚焦而不落"④。在这种传说的启发下,

---

① 张衡:《应闻述客问》。
② 李志超:《仪象创始研究》,《自然科学史研究》,1990年第4期,第340~345页。
③ 李志超、陈宇:《关于张衡水运浑象的考证和复原》,《自然科学史研究》,1993年第2期,第120~127页。
④ 《竹书纪年·帝尧陶唐氏》。

张衡的漏水转黄道仪上附装了一个称为瑞轮蓂荚的机械日历,"随月盈虚,依历开落",① 能随一个阴历月中月亮的盈亏变化演示日期的推移,好像一个机械自动日历。张衡所制一些天文仪器,至东晋安帝义熙年间犹存,后来下落无从查考。

4. 候风地动仪

东汉太史令一职,掌天时星历,记载国内瑞应灾异。灵台(观象台)候掌日月星气,亦属太史令所管。所以张衡致思阴阳,上求天文历算,下及地震,"卦候、九宫、风角"之术。因其时地震频仍,张衡对此作了精心的研究,于132年首创了世界上第一台地震仪——候风地动仪。《后汉书·张衡传》对候风地动仪作了较详细的描绘:

> 阳嘉元年,衡造候风地动仪,以精铜铸成。圆径八尺,合盖隆起,形似酒尊。饰以篆文、山龟、鸟兽之形。中有都柱,傍行八道,施关发机。外有八龙、口衔铜丸。下有蟾蜍,张口承之。其牙机巧制,皆隐尊中,覆盖周密无际,如有地动,尊则振龙,机发吐丸,而蟾蜍衔之。振声激扬,伺者因此觉知。虽一龙发机,而七首不动,寻其方面,乃知震之所在。……尝一龙机发,而地不觉动。京师学者,咸怪其无征。后数日,驿至,果陇西地震,于是皆服其妙。

引文中的"都柱",是仿宫室中间设柱的一种倒立型的震摆:"八道"是装置在摆的周围的八组相同的机械装置。一旦某个方向有较强的地震发生,"都柱"因震动失去平衡,将触动该方向的一"道"机关,使此道的龙口张开,小铜丸随即落入下面的蟾蜍口中,观测者便可及时知道什么方向有地震发生。张衡地动仪成功地记录到的陇西地震,发生于138年。

有些人认为候风地动仪是候风仪和地动仪的合称,可为一说。但本传对候风仪一无介绍。张衡既然相信"律历、卦候、九宫、风

---

① 《晋书·天文志》。

角、数有征候",他相信地震该有征候是理所当然之事。又李斯《仓颉篇》说:"地自行一度,风轮扶之。"将地震仪命名为"候风地动仪"完全符合张衡时代的思想水平。不过,不管张衡是否做过候风仪,根据《三辅黄图》等文献记载,汉代已用多种风信器,如"相风铜乌"、相风"铜凤"观测风向。

张衡地动仪的制法和图纸早已失传,中外科技史家复制时仁者见仁,智者见智,创作出好几种地动仪复原样型。(图4-11)第一台近代的地震仪是在欧洲由 de la Haute Feuille 在 1703 年设计的,比张衡的地动仪迟了 1401 年。我们现在使用的地震仪则要到 1848 年才开始它的发展史。

图 4-11　地动仪复原模型(中国历史博物馆展品)

张衡为东汉六大名画家之一,根据他的绘图才能、行事习惯和制地动仪的客观需要,地动仪的图样不会没有。梁代虞荔的《鼎录》说:"张衡制地动图记之于鼎,沉于西鄂水中。"这"地动图"或许正是地动仪的图示。又据唐代张彦远的《历代名画记》卷三记载，张衡工图画，尝作地形图，至唐犹存。这"地形图"若非"地动图"之讹，则是地图的一种佳作。

5. 关于指南车

指南车是一种半自动的机械定向装置，汉代已有指南车。传说中把发明权给予黄帝或周公，并不可信。《宋书·礼志》说："指南车……至于秦汉，其制无闻，后汉张衡，始复创造。汉末丧乱，其器不存。"魏明帝时，把指南车当作古代发明，由马钧重新制成。马钧制指南车，史有明文（详见第五章一（三））。张衡创指南车之事，不少人存疑。其实，张衡制漏水转黄道仪，表明他对齿轮传动装置相当熟悉。他写过一部《周官训诂》（已失传），《考工记》其时已为《周官》的一部分，表明张衡对《考工记》的车制作过研究。比他早的王充能在《论衡》中记载"司南之勺"，张衡身为太史令，不会不知道这种仪器。有可能正是在"司南之勺"的启发下，张衡创造了指南车。他在《东京赋》中就写道"幸见指南于吾子"，在人事上用了"指南"的引申意义。追踪张衡所用"指南"一词的由来，不是"司南之勺"，就是"指南车"，传为晋葛洪所作的《西京杂记》说西汉已有"司南车"（即指南车），不无可能。不管指南车是否张衡首创，汉代确实已有指南车了。

张衡逝世后，崔瑗为之作碑铭曰："数术穷天地，制作侔造化，高才伟艺，与神合契。"①范晔在《后汉书·张衡传》中评论曰："推其范围两仪，天地无所蕴其灵；运情机物，有生不能参其智。"对于这些赞语，东汉时代的张衡是当之无愧的。

（三）地学体系的典范——《汉书·地理志》

秦汉时代国家的统一，为未来的政治制度及社会形态奠定了基础。为了国家的长治久安，百事待举，其中"俯视地理，以制度量，察陵陆、水泽、肥墩、高下之宜，立事生财，以除饥寒之患"，② 也是要务之一。司马迁《史记·货殖列传》将全国分为几大

---

① 宋人撰，《五色线》卷上，汲古阁刊本。
② 《淮南子·泰族训》。

经济区，记述了农、林、牧业，矿产，水产的主要产区和各地特产，名都大邑的兴起与分布，发区域经济地理学的先声。东汉安陵（今陕西咸阳东北）人班固(32—92年)是王充的老师班彪之子。九岁能文，年轻时即有博贯之名。汉明帝时为郎，做典校秘书的工作，如鱼得水，更为博洽贯通。班固奉诏完成其父所著书，花20余年之力，续成《汉书》，为世所重，《汉书·地理志》出自班固之手，这是我国第一部以"地理"命名的地学著作。班固在其中开创了疆域地理志的新体例，为封建大一统的中央集权政治服务，成功地建立起中国古代地理学体系。

班固根据汉平帝元始二年(2年)的行政建置，以疆域政区为网，依次叙述了103个郡（国）及所辖的1587个县（道、邑、侯国）的建置沿革，附记山川、道路、古迹、物产等，自然地理和人文地理的内容并收，为科技史保存了许多宝贵的资料。如记上郡高奴县"有洧水，可难（燃）"。"洧水"即石油的早期名称之一，这是我国最早的关于石油资源的记载。

以《汉书·地理志》为代表的地理学体系形成后，对后世产生了巨大的影响。以此为典范，历代正史中大都有地理志的内容。在二十四部"正史"中，有地理志的占了十六部。后世以论述疆域政区建置沿革为主的地学著作层出不穷，如唐代的《元和郡县图志》，宋代的《太平寰宇记》、《元丰九域志》、元明清的《一统志》等，均是这一体系的发展。除了总志以外，宋代以降日益增多的地方志，也是这一体系的新发展。《中国科学技术史稿》称："这一地理学体系，由于封建统治者的需要而不断发展，其延续时间之长，积累资料之丰富（其中包括许多域外地理知识），实堪称世界第一。"[①]可是，这一为封建大一统帝国服务的官方地理学体系，对自然地理方面的重视不够。一些私家著述中涉及的地理学知识虽然积累起来也为数不少，但要在理论上系统化实在很难。

---

① 杜石然等：《中国科学技术史稿》下册，科学出版社1982年版，第322页。

（四）医学和内丹的分门独立

两汉之交和东汉末年的战乱，重创了黄河流域。汉献帝初平元年（190年）董卓之乱时，刘表受命为荆州刺史。初平三年为荆州牧。他治理荆州，颇得人和，开辟了一方避难者的乐土。我国医学的重心，遂由黄河流域南移到江淮流域。与战乱有关的传染病的肆虐和创伤的频繁，刺激了医学在这方面的发展。人体科学中的医学和内丹术发展成独立的学科。张仲景为中国医药体系的充实和提高作出了卓越的贡献。西汉兴起于江淮之间的南派丹家，绵绵不绝，至二世纪出现了"万古丹经王"《周易参同契》。华佗则继承了先秦人体科学的传统，兼擅医学和医疗体育，为后世医学和炼丹双修的先驱。

1. 医圣张仲景

张仲景名机，以字行。南阳蔡阳（今湖北枣阳）人，约生于150年，卒于219年。正史无传，生平欠明。他所生长的荆襄地区，经常有急性传染病流行，死亡率甚高。如仲景自己一族二百余家之中，从建安元年（196年）开始不到十年，就死了三分之二的人口，其中伤寒十居其七。当时医生墨守扁鹊学派治伤寒病的定则，疗效不高。仲景年轻时即开始研习医药，不愿盲从。刘表广延儒士，广征图书，在经学上形成了可与北方齐鲁学派相抗衡的荆州学派。张仲景也在这样的环境中，"勤求古训，博采众方"，结合自己的临床经验，标新立异，创立了伤寒学派，其代表作为《伤寒杂病论》十六卷。

建安十三年（208年）刘表死后，荆州成为各方争夺的焦点。在不断的战乱中，仲景的医学著作也难免厄运，有所亡佚。后人把《伤寒杂病论》中的主体整理成《伤寒论》，专门论述伤寒一类急性病；又把杂病部分析出，改名为《金匮要略》，以论述内科、外科、妇科等杂病为主要内容。

伤寒是急性热性型传染病的总称。汉代伤寒病学有两个不同的系统：一是从扁鹊而来的以华佗为代表的伤寒传变说，二是张仲景的"六经辨证"体系。"六经"指太阳、少阳、阳明、太阴、少阴、厥阴六种证候的类型。《伤寒论》根据急性热病的种种证状和体征，把伤寒病归结为太阳病、少阳病、阳明病、太阴病、少阴病、厥阴病六大类，每一类病候均有其突出的临床症状，体征和脉象等作为辨证依据。由于六经之间通过经络脏腑互相关联，而疾病又处在不断的变化中，所以六经的病症能互相传变，医家要在具体病症的传变过程中，辨识病理变化，掌握病候的实质，始终掌握治疗的主动性。张仲景的六经辨证体系，既可以探索各类伤寒病的发生，发展和变化的规律，又能注意相互之间的联系，具体情况具体分析，分清疾病的主次、轻重、缓急，作出比较切合实际的诊断，实际上为中医伤寒病建立了一个"系统诊疗"的程序，对后世热性病学有深远的影响。对于各类疾病的诊治，张仲景按病人的脉状、征候——表、里、寒、热、虚、实来划分六个病界，故《伤寒杂病论》已具备八纲辨证（阴、阳、表、里、虚、实、寒、热）的雏形，后来发展为以"八纲"归纳治疗的一整套临床诊断、辨证施治的方法。

《伤寒杂病论》从伤寒和杂病的各类病症中，总结出多种治疗大法。后人对仲景的治法备极推崇，孙思邈赞为"持有神功，寻思旨趣，莫测其致"。有人把它归纳为八法，即邪在肌表用汗法，邪壅于上用吐法，邪实于里用下法，邪在半表半里用和法，寒症用温法，热症用清法，虚症用补法，积滞、肿块一类病症用消法。张仲景的治法，概括性强，实用价值高，既可单独使用，也可相互配合应用。唐宋以后，历经名家校注宣扬，成了医家的显学。

汉成帝河平三年（公元前26年），侍医李柱国校订国有医书时，计有"医经七家，二百一十六卷"，"经方十一家，二百七十四卷"。① 但是这些书并没有以原来的面目流传下来，有的失散了，有的经过历代医家的补充、改造，使之更适合于当时的用途，其中的大部分则化作了培养医药新人的营养，为后来名家名著的不断涌现打下了基础。《伤寒杂病论》是首批受益者，有承前启后的作用。据统计，《伤寒论》含方113首，《金匮要略》含方262首，大多具有用药灵活、疗效显著的特点，故陶弘景等称其"最为众方之祖"。

———————

① 《汉书·艺文志》。

对于用药和制药，张仲景的书也多有介绍和创造。总之，从辨识、立法，到拟方、用药，张仲景的书面面俱到，环环相扣，形成了一整套辨证施治的医疗原则，宋人称他为"医圣"，可谓名至实归。

2. 妙手华佗

扁鹊学派传至东汉，写作了《难经》，谓医经文有疑难，各设问难以明之。扁鹊学派的传人中最有名的是华佗。

华佗，一名旉，字元化，沛国谯（今安徽亳县）人。他的活动时间约在二世纪中叶到三世纪初。华佗的医学源出扁鹊学派中的"齐派"，行医的足迹遍及今江苏、山东、河南、安徽的若干地区。他在医学上是一个多面手，外科更是出类拔萃。在长期的医疗实践中，华佗发明了麻沸散等麻醉剂，成功地施行了腹腔外科手术。《后汉书·华佗传》生动地记载了他的事迹："若疾发结于内，针药所不能及者，乃令先以酒服麻沸散。既醉，无所觉，因刳破腹背，抽割积聚。若在肠胃，则断截湔洗，除去疾秽。既而缝合，敷以神膏，四、五日创愈，一月之间皆平复。"用酒与药物作临床麻醉，在世界外科麻醉史上有重要的地位。可惜"麻沸散"的药方已经失传，有人推测其中可能含有麻醉作用的"大麻"。

华佗精于方药和识脉辨证，在针灸上也有独创。他创用了沿脊柱两侧的穴位，后世称为"华佗夹脊穴"，至今仍在临床中应用。但近世，"夹脊灸"中鲜有达到如华佗灸瘢移位，"夹背相去一寸"，"上下端直均调如引绳"之神技者。

在神仙家的影响下，华佗在发展医学的同时，研习导引和服饵之法。先秦的导引术发展到汉代大为流行，长沙马王堆汉墓出土的导引图即其一例。有些导引行气之时，"众人无不鸟视狼顾，呼吸吐纳"。华佗由虎、鹿、熊、猿、鸟的动作姿态得到启发，创作了一套比较雅观的"五禽之戏"，为医疗体育的发展立了一大功。时人说华佗"年且百岁而有壮容"。他的弟子吴普练五禽之戏，年九十余，仍"耳目聪明，齿牙完整"。① 据《三国志·华佗传》载，弟子樊阿向他求服食之法，华佗授以漆叶青黏散。樊阿依言久服，寿

---

① 《后汉书·华佗传》。

亦百余岁。

华佗有不少弟子，各有所传。樊阿传其养生，善针灸。吴普、李当之传其药学。这三人最出名。吴、李分别著有《吴普本草》和《李当之药录》。《吴普本草》对后世有相当的影响，此书早已亡佚，近年已有辑本出版。

华佗以后，扁鹊学派的影响逐渐下降，到隋唐以后，医学界已是黄帝学派的一统天下。

3. 道教、佛教与古代科学

由于汉初统治者推崇黄老之术，老子渐被神秘化。官方学术思想儒家独尊之后，民间道家、神仙方术的暗流，逐渐走上了宗教的道路。东汉晚期，以"太平道"和"五斗米道"的出现为标志，道教正式形成。

在道教正式出现之前，起源于印度的佛教已在西汉末年经过中亚传入我国。佛教传入我国之初，只是道学的附庸。后来佛教中国化，佛道竞争时松时紧。在自然科学领域，道教继承了道家研究和顺应自然的优良传统，对"变化"的科学，特异的功能，常识以外的自然现象和知识有特殊的兴趣，在长期的发展过程中，与中国古代科技发明结下了不解之缘，成了科技发展的一支生力军。佛门弟子往往有充裕的时间和中外文化交流的背景，不像道家那样做代价昂贵的实验，他们对中国古代科技的独特贡献可以唐宋名僧一行和赞宁为代表。

长生不老的概念对科学的发展有难以估量的重要性，佛家有密宗、禅宗的修养功法，道家和道教则有内丹和外丹。藉导引、吐纳、房中等气功术在自身形体中修炼"精、气、神"而成"仙"，称为"内丹"，与佛教的密宗等功法有异曲同工之妙。寻求灵芝之类植物，烧炼矿物成"金丹"，服食成"仙"，称为"外丹"，其发展则是中国和西方的炼丹术，成为化学的重要源头。

4. 内丹奇书《周易参同契》

公元二世纪中叶，上承武帝时代淮南丹家的遗绪，会稽丹家魏伯阳创作了一部叫做《周易参同契》的内丹奇书。此书用四言和五言韵文写成，全书只有六千字，但蕴含的内容异常丰富。因其内容原为道家不传之秘，故行文多用隐语（连作者本人"会稽魏伯阳"也是通过隐语告诉读者的），尽管已有许多人尝试将其译成现代汉语，但至今还没有学术界公认为满意的译本。《周易参同契》的资料来源，有《易》学、道家、儒家学说、阴阳五行说、早期金丹术著作，以及作者本人的炼丹体验等等。它熔百科知识于一炉，借"易道"以明丹道，以外丹实践经验隐喻内丹秘诀，是道家神仙家研究人体延年益寿的现存最早的内修专著。但是也有人认为这是兼述内、外丹，或专述外丹的书，因而引起了激烈的争论。

我们说《周易参同契》不仅是气功学的宝典、内丹的专著，而且它所使用的术语和比喻，暗示当时的炼丹术已经掌握了一些化学知识，了解一些物质的化学性能，甚至注意到发生化学变化时，各种物质要有一定的比例。书中所附的"丹鼎歌"，讲的是炼内丹，借用的是外丹设备"丹鼎"的形象。内外丹的奇妙统一，说明它们在发展过程中不断相互借鉴，互有影响。

《周易参同契》含有深刻的自然哲学思想，它对于研究道教的起源、《易》学的发展，具有重要的价值。未来科学，至少是人体科学的发展，也可从中得到启示。

（五）南洋舵踪、帆影与交通

1. 南洋交通的开辟

中国与南洋的交通为时甚早，惜疏于记载。《汉书·地理志》将南洋交通作了一个概括性的总结。其粤地条说："自日南障塞、徐闻、合浦，船行可五月，有都元国（即苏门答腊）。又船行可四月，有邑卢设国（缅甸太公附近）。又船行可二十余日，有谌离国（缅甸悉利城）。步行可十余日，有夫甘都卢国（缅甸之蒲甘）。自夫甘都卢国船行可二月余，有黄支国（印度马德拉斯附近），民俗略与珠崖相类；其州广大，户口多，多异物，自武帝以来皆献见。有译长属黄门，与应募者俱入海，市明珠、璧琉璃、奇石、异物，赍黄金杂缯而往，所至国，皆禀食为耦，蛮夷贾船，转送致之……平帝元始中，王莽辅政，欲耀威德，厚遗黄支王，令遣使献生犀牛。自黄支船行可八月，到皮宗（马来半岛）；船行可二月，到日南象林界云。黄支之南有已程不国(斯里兰卡),汉之译使,自此还矣。"这段记载表明,西汉武帝时,已有隶属黄门的译长带队,自雷州半岛出发到印度等地,所乘者是中国船舶,在远海中则由蛮夷贾船转送。现已在爪哇等地发现公元前100年以前的汉代铜鼓,可能是经贸易的途径到达印尼的,为这段记载作了有力的注脚。

《后汉书》卷一一八《西域天竺传》云:"天竺国一名身毒……西与大秦通。"同卷《大秦传》说:"大秦国……与安息、天竺交市于海中,利有十倍。"经过印度等媒介,西方与中国之间实际上已存在一条海路。古希腊科学家托勒密(Ptolemy,约90—约168年)的《地理书》(约撰于150年)记载:"从支那的都城到加底加拉(Kattigara)港口的路,是向西南走的。"加底加拉即交趾国。交趾海口在东汉时已成为中国对外交通的重要港口,故《唐书·地理志》说:"交州都护制诸蛮,其海南诸国,大抵在交州南及西南;居大海中州上,相去或三五百里,三五千里;远者二三万里,乘舶举帆,道里不可详知。自汉武以来,朝贡必由交趾之道。"

《后汉书·大秦传》记载了大秦与东汉王朝的第一次直接交通。其文云:"大秦国……其王常欲通使于汉,而安息欲以汉缯丝与之交市,故遮阂不得自达。至桓帝延熹九年(166年),大秦王安敦遣使至日南徼外献象牙、犀角、瑇瑁,始乃一通焉。"

中国与大秦间的直接交通开始后,遂有大秦民间商人来到中国。《梁书·中天竺传》说:"黄武五年(226年)有大秦贾人,字秦论,来到交趾,交趾太守吴邈遣使诣(孙)权,权问方士谣俗,论具以事对。时诸葛恪讨丹阳,获黝歙短人,论见之曰:'大秦希见此人'。权以男女各十人差吏会稽刘咸送论,咸于道物故,论乃径还本国。"这个大秦商人可能因为与汉人做生意的缘故,已经相当汉化,以汉字为字,且通汉语。由此可见三世纪中国—大秦之间的民间贸易之一斑。

秦论回国后,大约在226—231年间,东吴的吕岱平定交州,遣宣化从事朱应、中郎康泰出国南宣国化。朱、康奉使在外可能有一二十年,朱应著《扶南异物志》(已佚)、康泰著《吴时外国传》记载其所经历及传闻的一百余国。《太平御览》卷七七一引康泰《吴时外国传》曰:"从加那调州乘大舶,船张七帆,时风一月余日,乃入大秦国也。"康泰本人是否到过大秦国暂且不论,当时的海船则值得一谈。

2. 造船业的进步

春秋战国时期,中国南方诸侯国的水军,已拥有多种类型的大小船舰。《太平御览》卷七七〇引《越绝书》说:吴国水军"大翼者当陵(陆)军之重车,小翼者当陵军之轻车,突昌者当陵军之冲车,楼船者当陵军之行楼车,桥船者当陵军之轻足骠骑也"。1935年河南汲县山彪镇出土的战国水陆攻战铜鉴和1965年四川成都百花潭出土的战国水陆攻战铜壶上均有楼船的图纹,前者尤其鲜明生动。汉代的楼船发展为多层。《后汉书·公孙述传》已有"造十层赤楼帛栏船"的记载。东汉出现的新型战舰——斗舰有两层甲板,每层皆有防护设施,曾在赤壁之战中大显身手。赤壁之战的斗舰已经有关方面复原成功,展览于北京军事博物馆等处。[①]

当时的造船场地,主要分布于沿海一带,以及长江、黄河沿线一些地方。由于南洋交通的需要,广东一带是当时造船工业的重镇。

1976年,广州发现了一处疑似秦汉造船工场遗址,但证据不足,受到质疑。古建筑专家认为这是南越王宫殿遗址。最后结论有待于进一步的发掘与研究。

3. 橹、舵、布帆的发明

木桨经过了几千年的历程,至迟在西汉早期,出现了兼有划动和控制航向两种功能的梢桨。如江陵凤凰山8号西汉早期墓出土的木船模型,使用了以桨架为支点的长桨,并在船尾设置梢桨。西汉晚期,梢桨向橹和舵转化。如湖南长沙西汉晚期203号墓中,出土一只十六枝桨的木船模型,船尾另置一梢桨,比前面的划桨长近一倍,桨叶呈刀形,形制已与划桨有较大分化,是橹的前身。东汉刘熙的《释名》明确记载了橹:"在旁曰橹。橹,膂也。用膂力然后舟

[①] 席龙飞、杨熺、唐锡仁主编:《中国科学技术史·交通卷》,科学出版社2004年版,第73~74页。

行也。"橹的效率比桨高得多。

《释名》也记载了柁(舵),文中说:"其尾曰柁。柁,拖也,在后见拖曳也,且言弼正船使顺流他戾也。"1976年广西贵县罗泊湾西汉一号墓中出土的一面铜鼓,其上刻有一竞渡龙舟纹饰,该舟已有舵和木桩。1983年广州南越王墓出土的一个西汉前期的铜堤梁,其上刻绘有四艘大船,船上已装舵。《中国科学技术史·通史卷》由此认为,舵最先是由两广地区的越人发明的,年代应在西汉或西汉以前。① 1954—1955年广州近郊公元一世纪末的东汉墓中出土了一件陶质船模。(图4-12)据研究,这件明器模拟的是供内河航行的中型客货船,原长可达20米左右。这只陶船的船首有锚,船尾有舵,已是一种较为成熟的轴转舵。

图4-12 带有船尾舵的东汉陶船(1954年广东广州东汉墓出土)

据李约瑟博士等的研究,舵在欧洲直到1180年左右才出现;平衡舵至迟于11世纪已在中国流行,而欧洲至18世纪末尚视为一种新的重要装置。② 然据《圣经·新约全书·雅各书第三章》的记载:"再看,一条船虽然那么大,在大风的吹袭下,只用一个小小的舵操纵,就可以随着舵手的意思,使船朝目的地走。"说明舵在欧洲的出现,比中国晚不了多久。考虑到即使不算中国和大秦之间

---

① 金秋鹏:《凌波至宝——舵》,《中国科技史料》,1998年第3期,第67~68页;杜石然主编、金秋鹏副主编:《中国科学技术史·通史卷》,科学出版社2003年版,第297页。

② Joseph Needham, *Clerks and Craftsmen in China and the West*, Cambridge University Press, 1970, p. 69.

的海上间接交通,自166年起,两地已有了直接的海上交通,中国舵的发明传往欧洲并非难事。

东汉马融(79—166年)的《广成颂》(115年)已说道"连舼舟,张云帆"。刘熙的《释名》曰:"随风张幔曰帆,帆,汎也,使舟疾汎汎然也。"可见至迟在东汉中国的船上已使用了布帆。有些学者推测中国船上的风帆始于战国时代。至东汉三国时,南海上的海船,有中国的、天竺的、波斯的、扶南的等等。帆的广泛使用和频繁交流,使它的形式不断翻新,功能日趋完善。利用帆作非顺风行驶的问题,公元二三世纪时已在南海上得到初步解决。《太平御览》卷七七一引万震《南州异物志》(三世纪或四世纪初成书)说:"外徼人随舟大小式作四帆,前后沓载之,有卢头木,叶如牖,形长丈余,织以为帆。其四帆不正前向,皆使邪移相聚,以取风吹。风后者激而相射,亦并得风力。若急则随宜增减之,邪张相取风气,而无高危之虑。故行不避迅风激波,所以能疾。"康泰的《吴时外国传》则有印度洋上"船张七帆"的记载。这些先进的用帆知识在中国南海和印度洋上使中西交流进一步鼓起了风帆。

东汉时期,东西方之间的交流,除了陆上丝路之外,又有了海路直接交通的明确记载。前有王充和普林尼遥相呼应;接着,南阳郡两张(张衡、张仲景)在天文学、医学等领域内取得了卓异的成就;无独有偶,古希腊也涌现了托勒密、盖伦(Claudius Galen,129—199?年)等大科学家,形成了古希腊天文学、医学的独特体系。但不同的是,托勒密、盖伦等人代表的是古希腊科学时代的辉煌总结,而张衡、张仲景等则是继往开来的人物。加上东海之滨的魏伯阳,留下了博大精深的《周易参同契》。当地中海行将陷入中世纪黑暗时期的时候,东方科学却千帆竞发,前程似锦。至魏晋南北朝,儒、佛、道三家合流,相互影响,更使中华民族文化呈现五彩斑斓的颜色,科技成就不可避免地印上时代的特征。

第五章
动 荡 交 融

　　三国两晋的科技发展，与曹魏政权的政治、经济和科技政策关系最为密切。这是因为魏是东汉正统的继承者，三国中之最强者，又为两晋的出现奠定了基础。西晋的短暂统一迅即被政权分立、南北对峙的局面所取代。北方先后出现的20多个政权中，科技建树最多者，当推北魏。此朝享国最长，科技人才辈出，郦道元著《水经注》、贾思勰作《齐民要术》、还有《夏侯阳算经》（已佚）、《张邱建算经》等，均为科苑增光添彩。北魏的佛教建筑，盛极一时；瓷器烧造，亦有成就。北魏的业绩充分反映了政局状况、科技政策、经济实力、文化交流诸因素对科技发展的影响。南方的东晋和宋、齐、梁、陈四朝，始终是偏安之局。但南方经济迅速开发，重振两晋以前雄风，"荆城跨南楚之富，扬都有全吴之沃。鱼盐杞梓之利，充仞八方；丝棉布帛之饶，覆衣天下"。为科技发展创造了丰厚的物质条件。《南方草木状》、《竹谱》开了专题植物谱志的先河。就个人而论，葛洪、陶弘景、祖冲之等都是冠绝一时的人物。葛、陶在炼丹和医药史上名垂千古，但由于宗教唯心主义的影响，其成就不免有局限性。祖冲之其人，无论从家族、科学传统，还是从整个中国传统文化的背景来看，都是一个出色的继承者和发展者。他善于在前人已有成就的基础上不断进取，天文、数学、机械无一不精，攀上了当代世界科学的高峰。这一时期，冶金新技术——灌钢和中国的独特发明——瓷器烧造均到火候，臻于成熟。佛教思想的渗透和反对佛教唯心主义的斗争，给科技界的影响将以潜移默化的形式慢慢表现出来。民族大融合和少数民族科技人物崭露头角，是这一时期科技界的又一特点。后赵机械学家解飞、北魏的斛兰、北齐的綦母怀文等，都是其中的佼佼者。当然，新民族和新宗教的再融和所作的传粉授精，有许多要到隋唐盛世才结出硕果。

一、三国相格，群英立后学之本

两汉四百年的和平统一崩溃后，接着是四百年的纷乱割据和民族文化大融合。其间魏蜀吴三国鼎立既是东汉瓦解后的残局，又是魏晋南北朝纷乱更替的开端。

三国之中，以魏最强。魏的开国人物曹操（155—220 年）世称"乱世的奸雄"，实为"治世之能臣"。魏武帝曹操挥鞭，乃定三国格局。他精通兵法，"其行军用师，大较孙吴之法，而因事设奇，谲敌制胜，变化如神，自作兵书十余万言"。因为战争需要，也尝致力于改进兵器。在与袁绍争夺北方控制权的决定性的官渡之战中，曹操曾令制造发石车，摧毁了袁军颇有威力的楼车。针对东汉末年战乱后北方地多人少，农业生产遭受严重破坏的状况，曹操招纳流散人口，实行屯田制度，稳定了北方的农业生产，增强了国力，为魏晋先后吞并蜀、吴打下了经济基础。在人才制度上，曹魏大胆推行唯才是视的原则，实行"九品中正制"，打破了世传的礼教观念和两汉四百年的察举原则，对当时的政风和科技人才的造就发生了极大的影响。

曹魏时期涌现的科技人物首推刘徽和马钧，接着，西晋初出现了地理学家裴秀。王叔和的《脉经》和皇甫谧的《针灸甲乙经》对医学经验的总结，都远泽后世。又有张华的《博物志》，及题名张骞的《海外异记》等博物类著作，记古代琐闲杂事及异境奇物。《海外异记》已佚,《博物志》则流传后世,内中不乏珍贵的科技史料。

(一)刘徽、赵爽分注《九章》、《周髀》

三国时期,两位卓越的数学家刘徽和赵爽分别以给现有的数学名著作注的方式,留下了冠绝中古的数学著作。

《隋书·律历志》载:"魏陈留王景元四年(263年)刘徽注《九章》。"刘徽的《九章算术注》和他的另一部著作《海岛算经》,是中国古代数学史上的名著。刘徽人以文传,而他的生平,人们所知甚少。经严敦杰、郭书春先后考证,现知他籍贯是淄乡(属今山东邹平县),① 活动于曹魏和西晋时期。

在《九章算术注》中,刘徽利用为名著《九章算术》作注的形式,对《九章算术》中给出的重要数学概念加以严格的定义,对其中的大部分算法分别作出理论上的论证,建立了我国传统数学的理论体系,其意义十分重大。同时,在求弧田面积、圆锥体积、球体积、十进分数、解方程等方面,他也作出了一系列的创见。尤其突出的是,他把先秦学者关于极限的概念和无穷小分割方法引入数学证明,创立了"割圆术",严格证明了《九章算术》提出的圆面积公式,并将多面体的体积理论建立在无穷小分割的基础之上。在圆周率π的研究方面,他首创求圆周率的科学方法,达到了当时的世界先进水平。

古希腊的阿基米德曾提出圆周长介于圆内接多边形周长和圆外切多边形周长之间,用归纳法获得了 $3\frac{10}{71} < \pi < 3\frac{1}{7}$ 的结果。可是先秦时期国人一般以"周三径一"作为π的近似值,有较大的误差。在科技著作中,则往往以"内方尺而圜其外"的方法,② 确定外接圆的大小,回避了求圆周率的精确值的难题。时至张衡、刘徽时代,解决这一课题的任务提上了议事日程。张衡以 $\sqrt{10}$ 为圆周率,得益于先秦学术传统中的极限概念。刘徽认识到,当圆内接正多边形的边数无限增加时,其周长会愈来愈逼近圆周长,面积越来越逼

---

① 郭书春:《九章算术译注》,上海古籍出版社2009年版,第32页。
② 《考工记·桌氏》。

近圆面积,即所谓"割之弥细,所失弥小。割之又割,以至于不可割,则与圆周合体而无所失矣"。① 他从圆内接正六边形算起,一直计算到圆内接正192边形的面积,算得了 π 近似于 3.14 的数值,刘徽所创立的这种计算圆周率的新方法,就叫做割圆术。此法同时为圆面积的计算建立了严密的体系。有人认为,刘徽从正六边形一直算到正3072边形的面积,得到 $π = \frac{3927}{1250}$(相当于 3.1416)。这个结果,是当时世界上的最佳数据。刘徽的割圆术为后来祖冲之的工作奠定了基础。至于极限的概念和曲直转化的思想,如果正常发展,不难通向微积分之路,可惜这个势头没有保持下去。

《海岛算经》原名《重差》(一卷),内容介绍测量目的物的高和远的计算方法。这种方法古称"重差术",在先秦时期早已出现。"刘徽寻九数有重差之名,原其旨趣","辄造重差,并为注解,以究古人之意,缀于《勾股》之下"。② 大约在唐初,《重差》从《九章算术》的《勾股》章后取出,独立成书,被列为"十部算经"之一,成为我国古代关于测量数学的重要著作。而其成果,早在裴秀制地图时已加以利用。

赵爽,字君卿。可能是东汉末至三国时代的人,生平不详。钱宝琮校点《算经十书》根据赵爽注《周髀算经》时两次引用刘洪《乾象历》,而《乾象历》仅在三国东吴颁行过,认为赵爽是吴人。赵爽注商高的"勾股圆方图"时附有一篇有关方圆术和勾股论的数学专著,传本《周髀算经》中,它仅存勾股部分。这是中国现存最早以古代论文形式阐述数学的一篇论文。阮元《畴人传》称道:"五百余言耳,而后人数千言所不能详者,皆包蕴无遗,精深简括,诚算氏之最也。"此论文虽仅五百余字,却不仅概括总结了中国古代勾股术的辉煌成就,而且论述了他所开拓的方程研究。

在勾股论中,赵爽除利用积矩法推导出勾股定理的另一证明外,进一步阐明了积矩推导法中面积组合"形诡而量均,体殊而数

---

① 《九章算术注·方田》。
② 《九章算术·刘徽序》。

齐"的转变原理。赵爽的"组合转变原理"和刘徽的"出入相补原理"不约而同地奠定和推演了商高积矩推导法的理论和应用。

分析解方程是赵爽"勾股论"的另一个重要贡献。赵爽利用带从法和勾股图中面积转变关系,设立了具有适当系数的带从平方式(即一般性二次方程)作分析解方程,并求得通解此方程的两个根。在西方,直到16世纪,法国数学家韦达(Franciscus Vieta,1540—1603年)也求得了与赵爽一样的两个通解根,世称韦达(Vieta)公式。①

(二)马钧巧思擅做奇器

马钧是一位"巧思绝世"的机械发明家。马钧乃扶风(今陕西兴平东南)人氏,生卒年不详,魏明帝时曾大显身手。魏明帝好兴土木,大营宫室,穷奢极欲,国力受到很大的消耗。马钧曾为博士而"居贫",生活状况并不佳,因此有较多的机会接触民间生产技术,对久已失传的科技发明也有所了解。

他看到当时的绫机"五十综者五十蹑,六十综者六十蹑"。综是使经线分组一开一合上下运动以便穿梭的机件,蹑为踏具。这种老式绫机,结构复杂,效率低下。马钧加以革新,把五十蹑、六十蹑的绫机都简化为十二蹑,使操作简易方便,提高了生产效率,获得推广应用,促进了丝织业的发展。

魏明帝青龙年间,马钧任"给事中"时,与常侍高堂隆、骁骑将军秦朗就指南车之事争论于朝。高堂、秦认为"古无其物,记言之虚也"。马钧则坚信:"古有之,未之思耳,夫何远之有?"两人嘲讽马钧说:"先生名钧,字德衡。钧者器之模,而衡者所以定物之轻重。轻重无准,而莫不模哉?"马钧有口吃的毛病,不善言辞对答,却精通机械制造,于是回答:"虚争空言,不知试之易效。"高堂隆、秦朗上报明帝,明帝下诏令马钧造指南车,"而指南车成,从是天下服其巧"。② 青龙三年(235年)马钧制成指南车有明

---

① 程贞一、闻人军:《周髀算经译注》,上海古籍出版社2011年版,前言第5~6页。

② 《三国志·杜夔传》裴松之注引傅玄序。本节引文末指明出处者同此。

确的文字记载,惜其机械构造略而未谈。一般认为,它可能是一种定轴式的指南车。(图5-1)马钧以后,历史记载造指南车者不乏其人。四世纪时后赵石虎朝的解飞,曾与魏猛共造指南车、记里鼓车、舂车,又自造檀车。檀车是一种以佛教为题材的半自动机械,构思颇为巧妙。

图5-1 两种指南车复原模型
1. 中国历史博物馆(北京)展品 2. 科学馆(台北)展品

马钧时代，他的机巧独步天下。有人献"百戏"给明帝，只能看不会动，明帝要求马钧改进。马钧以水为动力，轮状大木雕构为基础，"设为歌乐舞象，至令木人击鼓吹箫。作山岳，使木人跳丸掷剑，缘絙倒立，出入自在。百官行署，舂磨斗鸡，变化百端。"马钧改进的水转百戏与指南车实有异曲同工之妙。

魏明帝时或稍后，马钧认为旧式发石车有不能连续发石的缺点，"欲作一轮，悬大石数十。以机鼓轮为常，则以断悬石飞击敌城，使首尾电至。尝试以车轮悬瓴甓数十，飞之数百步矣。"这项符合力学原理，技术上可行的试验，不知为何后来没有结果。东汉末年，毕岚发明"翻车"，供洒道之用。约半个世纪后，马钧改进了翻车，"令儿童转之，而灌水自覆，更入更出，其巧百倍于常"。这种翻车先在京都城内作灌溉园苑之用，因为效率高，迅速推广到农业生产中，沿用了1000多年，后世称为龙骨水车。

蜀汉在与曹魏的战争中，为了解决山道运输的问题，发明了先进的运输工具——木牛流马。《蒲元别传》载，蒲元发明了"木牛"，"廉仰双辕，人行六尺，牛（即"木牛"）行四步，人载一岁之粮也"。《三国志·蜀志·诸葛亮传》则说："亮性长于巧思，损益连弩、木牛流马，皆出其意。"有些学者认为木牛流马即独轮车或经过改装具有特殊性能和外形的独轮车，但有些人持不同看法，认为乃是一种半自动机械。几十年来，除新疆工学院曾制作过一种跨步式的木牛流马复原模型外，海峡两岸已出现了几种木牛流马复原品或复原设想。然而，木牛流马的真正构造，至今还是一个谜。

马钧见到诸葛亮的连弩，评论道："巧则巧矣，未尽善也。"并说经他改进的话，可以加五倍。以马钧之才，这并非说大话，但不服气的人还是要问难，后起之秀裴秀就是其中的一个。

（三）裴秀入相立"制图六体"

裴秀（224—271年），字季彦，河东闻喜（今山西闻喜县）人。马钧制指南车时，他还是一个十几岁的娃娃。此人从小好学，长大后博闻多识，成了洛阳城内的名士。年轻气盛的裴秀，听说马钧声称能大大改进连弩和发石车，曾与马钧辩难。马钧拙于口才，竟被难住。

公元265年，司马炎篡魏，建立晋朝。裴秀佐理国家军政，官至三公之一的"司空"，相当于宰相的地位。汉代地图学知识曾达到相当的水平。经过汉末三国的战乱，至晋初已中衰，"秘书既无古之地图"，"惟有汉氏舆地及括地诸杂图"，"虽有粗形，皆不精审，不可依据"，既然旧图不合"大晋龙兴"，即新的大一统帝国的需要，裴秀立意制作新图。我国历史上丞相编地图的传统，遂自裴秀始。

他"上考《禹贡》山海川流，原隰陂泽，古之九州"，研究古代资料，又调查研究"今之十六州，郡国县邑，疆界乡陬，及古国盟会旧名，水陆径路"，在门客京相璠的协助下，编成了《禹贡地域图》十八篇（今已佚）。在编制地图的过程中，裴秀在前人经验的基础上总结提高，提炼出"制图六体"的地图绘制理论，即制图的六条基本原则：分率、准望、道里、高下、方邪、迂直。

分率即比例尺。《禹贡地域图》使用了"一分为十里，一寸为百里(1∶1 800 000)的比例。

准望，"所以正彼此之体也"，用来确定各地相互间的方位关系。

道里是对各地间的路程、距离定量。

高下、方邪、迂直，是逢高取下、逢方取斜、逢迂取直，排除地形高低起伏，路途阻隔引起的误差，确定水平直线距离。

这六条原则是互为关联、相互制约的。

裴秀在制图中应用了比例运算方法和重差术，强调指出"远近之实，定于分率；彼此之实，定于道里；度数之实，定于高下、方邪、迂直之算"，从根本上改变了旧图"皆不精审，不可依据"的弊病。"制图六体"是绘制平面地图的基本科学理论。我国古代的"飞鸟图"就是这一理论影响下的产物。宋代沈括在编绘《守令图》时，发展了裴秀的制图原则。他在《梦溪笔谈》中说："所谓'飞鸟'者……按图别量径直四至，如空中鸟飞直达，更无山川回屈之差。予尝为《守令图》，虽以二寸折百里为分率，又立准望、互同，傍验高下、方斜、迂直之法，以取鸟飞之数。"在制《守令图》的过程中，沈括"该备六体，略稽前世之旧闻；离合九州，兼收古人之余意。"新增了"互同"法，即类似于等高线的标志法，使中国古代的制图原则更为完备。

为适应魏晋荒淫的士风之需，何晏(？—249年)提倡服用"寒食散"(即五石散)，不少贵族、士子，甚至皇帝，成了寒食散的受害者。裴秀也死于寒食散中毒。皇甫谧则从寒食散的受害者中挣扎出来，成了一代名医。

(四)针灸、脉学双传经典

皇甫谧(215—282年)，字士安，号玄晏，原籍安定朝那(甘肃平凉朝那城，一作灵台)，徙居新安(河南新安)。皇甫谧少年时家境贫穷，又游手好闲，到20岁听其叔母告诫才发奋攻读，废寝忘食，被人称为"书淫"；得到的回报是"博综典籍百家之言"，[①] 成为当时学识最通博的人之一。因受服食"寒食散"的歪风影响，他曾服食失度而中毒，神经错乱，几欲自杀。又得风痹疾，右足偏小。为了战胜疾病，始去学医，尤致力于针灸之术。

针灸是中医中一项独特的治疗技术，又是其中最科学化的组成部分。东汉以后，针灸技术有了进一步的发展，从医经中独立出来，形成了多种专书。可是"文多重复，错互非一"，[②] 颇难省览，在临床上亦不便应急检索。将这笔文化遗产整理总结提高的任务摆在了医学界的面前，成其事者是大器晚成的皇甫谧。

皇甫谧以《内经素问》、《灵枢经》(《黄帝针经》)和《明堂孔穴缄灸治要》三部著作为基础，参照其他书籍和根据个人心得体会，"使事类相从，删其浮辞，除其重覆，论其精要，至为十二卷"，[③] 名为《黄帝三部针灸甲乙经》(简称《针灸甲乙经》或《甲乙经》)。这是我国现存较早的针灸学专著，晋以前针灸学的系统总结。

《甲乙经》原为十二卷，今本作十卷，内容包括脏腑的生理病

---

① 《晋书·皇甫谧传》。
② 《甲乙经·自序》。
③ 《甲乙经·自序》。

理、诊断治疗，重点在针灸。作者循名责实，纠正了晋以前经穴纷乱的现象，统一了穴位名称，全书记述单穴 49 个，双穴 300 个。对于脏腑气血经脉流注，经穴刺入的深度，留针时间和艾灸时间等，此书言之颇详，同时还指明了针灸的适应症和禁忌症，实用性强。因此，《甲乙经》被视为中国针灸学的经典著作，对后世针灸学的发展影响甚大。

切脉是中医诊断学中颇具中国特色的手段，发端于先秦，至汉初盛行于世。春秋末年的名医扁鹊，"特以诊脉为名"。[①] 两汉名医并重脉诊，脉学著作开始流传。如湖北江陵出土的西汉早期竹简中就有一部《脉书》，论述了人体内各类脉的循行和所主疾病。然而在古代技术条件下，切脉全凭主观感觉，缺乏客观检测手段，因此难度甚高。发展到晋代，对历史上的脉学著述和零星知识进行整理总结的任务提上了议事日程，完成这项工作的是名医王叔和。

王叔和，名熙，以字行，原籍山东高平（今山东微山县西北），三国晋初人。"性沉静，博好经方，洞识摄养之道，深晓疗病之源"。曾编次《张仲景方》三十六卷，把仲景之学传至江东。又"考覆遗文，撮拾群编"，[②] 自纂《脉经》，"撰岐伯以来，逮于华佗，经论要诀，合为十卷"。[③]《脉经》十卷是我国现存较早的脉学专著，总结和继承了前人以诊脉为重点的诊断经验，奠定了中医脉学诊断的基础。后来《脉经》传至国外，（图 5-2）十世纪阿拉伯名医阿维森纳的《医典》中，就含有《脉经》的成分。然今本《脉经》中已有后人增衍的文字，如"脉法赞"、"二十四种脉"、"寸关尺三部分配脏腑"等内容，有可能不是王叔和编的原书。不过，这种增补使《脉经》锦上添花。此书关于二十四种脉象的列举和概述，简明扼要，颇便理解，在历史上影响甚大。

---

① 《史记·扁鹊仓公列传》。

② 东晋张湛之语，转引自范行准《中国医学史略》，中医古籍出版社 1986 年版，第 50 页。

③ 《脉经·序》。

图 5-2　波斯文中国脉学图，拉施德丁(Rasid ad-Din)所著《伊利汗的中国医学宝藏》(约 1313 年)附图之一

二、北魏改革，实用名著先后问世

南北朝对立时期，北方出现了所谓"五胡乱华"的局面。中国大河式文明的发展，不时汇纳支流，逐渐壮大。此时的诸流交汇，更激起阵阵波澜和大小漩涡，形成曲折。这些曲折，对社会生产力的破坏和科技队伍的摧残确是坏事。然而，从长期的眼光来看，新民族的羼杂和融和，对于旧有文化的冲击和演进，以至对于民族人种的改良，未尝不是好事。在短期内，即由北魏的改革，书写了科

技史上值得纪念的一页，导致了几部实用名著的问世。

（一）孝文帝改革

继五胡十六国走马灯式的表演之后，公元439年，由鲜卑族拓跋氏所建立的北魏政权统一北方。这个政权立国一百七十年，在乱世中存在最久，汉化最甚，在政治、经济、文化、科技方面的建树也最值得称道。

在大乱之后，地广人稀的情势下，北魏太和九年（485年）出身汉族的冯太后与年轻的魏孝文帝拓跋宏实行均田制，计口授田。次年，用秘书令李冲之议，推行党、邻、里三长制，进一步汉化，以保证均田制的实行。北魏的授田制，促进了农业生产的恢复和发展，为后来北齐、北周和隋唐田赋制度之所本。太和十四年（490年）冯太后卒，24岁的孝文帝亲政。太和二十三年（499年）孝文帝病故，年仅33岁。他在位29年，真正执政的时间虽短，对中华民族的贡献甚大。太和十八年（494年）孝文帝由平城迁都洛阳。迁都前后，掀起了一场规模盛大的汉化运动，种种制度强制模仿汉人。他本人也在太和二十年（496年）改姓元氏，决心彻底汉化，旨在统一中国。他曾令董尔、蒋少游等模仿汉人建筑，大造洛阳宫室，恢复了东都的生机。令李修"集诸学士及工书者百余人，在东宫撰诸药方百余卷"，① 行于世。自己"雅好读书，手不释卷。五经之义，览之便讲。史传百家，无不该涉，善谈老庄，尤精释义。才藻富赡，好为文章。……爱好奇士，情如饥渴"。② 在他身上，的确体现了新民族的羼杂和新宗教的传入融合这样一种时代精神。孝文帝时代乃是北魏的全盛时期，大事改革造成了北方从政治、军事、科技、人力和物力各方面压倒南方的局面，为后来隋文帝杨坚统一全国奠定了基础，也为少数民族入主中原如何巩固政权作出了榜样。孝文帝和雄才大略的康熙皇帝都是中华民族历史上的伟人，要是孝文帝不早死，活到康熙皇帝的年纪，我国中世纪的历史，包括科技

---

① 《魏书·李修传》。
② 《魏书·孝文帝纪》。

史，恐怕就更精彩了。

　　孝文帝一死，北魏开始由盛转衰。永熙三年(534年)，北魏分裂为东魏和西魏，拓跋氏政权已名存实亡。为拓跋氏政权尽忠而死的郦道元(466?—527年)，留下了《水经注》。《张邱建算经》乃北魏数学家张邱建所撰，一部已失传的《夏侯阳算经》也归到北魏人的名下。最后，又一位北魏臣子贾思勰的《齐民要术》，既是拓跋氏政权的挽歌，又为历史的真正创造者——人民送上了一份厚礼。

（二）集六朝地志之大成的《水经注》

　　南北朝时，涉及地区建置、户口、风俗、山川、宫室建筑、地理沿革、域外地理等的各种地记类著作大量涌现。长江流域，尤其是江南一带，随着经济的开发，文化的推进，各类地学著作特多。东晋的《法显行传》(即《佛国记》)，记往西域、印度历程及取道南洋航海回国经验，虽仅9500余字，然精练生动，为研究中西交流史、中亚中古史和域外地理的重要史料。梁代无名氏的《地镜图》(已佚，有辑本)，对矿藏地表特征进行了观察、分析、综合，总结出了一系列的利用指示植物找矿的经验性认识，开了利用指示植物找矿的先河，又是生物地球化学找矿理论的肇始。

　　三国、两晋、南北朝的地方志多为地记与南方异物志之类。与局部地区和专门性的地记类著作之大量出现相应的，是几部全国性总志的先后编纂。晋初挚虞的《畿服经》一百七十卷，记述了新统一的全国各地的情况。南齐陆澄的《地理书》一百四十九卷并附录一卷，综合了《山海经》以来160家地理著作，按地区编撰成书。梁代任昉(460—508)又在《地理书》的基础上，增加84家著作，扩充成《地记》二百五十二卷，内容更为丰富。地学园地已经繁花似锦，郦道元又以其生花妙笔独辟蹊径，推出了令人耳目一新的《水经注》。

　　早在三国时，桑钦作了《水经》，记述全国137条水道，惜过于简单，也不涉及水道以外的地理情况。孝文帝登基前后，他未来的宠臣范阳涿鹿(今河北涿县)人郦范得了一个儿子，取名道元，字善长。青少年时代，郦道元逢上了孝文帝改革。郦范官至平东将军、青州刺史，假范阳公。郦道元袭爵为永宁伯，先后担任鲁阳郡守、东荆州刺史、御史中尉、关右大使等职，为政威猛，执法清刻。更难得的是，道元性好学，历览奇书，对地理尤感兴趣。凡所到之处，"寻图访碛"，"访渎搜渠"，① 通过实地考察和详细记录，又累积了不少资料。他的兴趣还越出了北魏的版图，对全国以至域外的地理情况也相当关注，不愧为孝文帝时代培养出来的地理学家。为了记下历史上的地理变迁，"庶备忘误之私，求其录省之易"，② 郦道元以《水经》一书为纲领，详加注释，于六世纪初著成《水经注》四十卷。

《水经注》记述的河流水道增至 1252 条，注文 20 倍于原书，约 30 万字，内容远较《水经》丰富。它因水证地，即地考古，广罗异闻，发挥了正史"地理志"所不易起到的作用。于《水经》，它是卓然独立的一本学术新著；于正史"地理志"，它是相辅为用的一部私家要籍。

《水经注》以河道水系为纲，综合性地记述了该河流经区域的地形、物产、地理沿革等情事，包括全国各地以至域外的地理情况。东北到朝鲜的坝水，南到扶南，西南到印度新头河，西至安息、西海，北至流沙。此书对于河流分布，渠堰灌溉，以及城市位置的沿革记述最为详细，可谓抓住了中国农业文明为主的社会的根本特点。

同时，《水经注》中准望、道里等方位、数量概念也颇清楚，既赋予地理描写以时间坐标的深度，又给许多历史事件的发生以具体空间的真实感，具有高度的学术水准和科学价值。

引用大量文献，集六朝地志之大成，是《水经注》的一大特点。据当代郦学家陈桥驿的研究，《水经注》引用书籍 477 种，其中地理类有 109 种，有名可稽的图籍类 13 种，还转录了不少碑刻资料。③《水经注》引用的地理类文献中，有许多属于地方志。"方志"之名

---

① 《水经注·序》。
② 《水经注·序》。
③ 陈桥驿：《〈水经注文献录〉序》，《杭州大学学报》，1986 年第 3 期，第 52~57 页。

在我国历史上第一次明确出现，亦始于《水经注》。由于郦道元知识渊博，《水经注》的引书甚得要领。如卷十九"渭水"注引"《汉武帝故事》曰：建章宫……南有壁门三层，高三十余丈，中殿十二间，阶陛咸以玉为之，金铜凤五丈，饰以黄金，楼屋上椽首，薄以玉璧，因曰璧玉门也。"这条建筑史的宝贵资料赖《水经注》的独家引用才保存下来。

《水经注》反映了祖国大好河山一千四五百年前的历史面貌，对于当前的经济建设和旅游资源的开发，均有可资利用的价值。想当年，多少文人墨客爱读《水经注》，赞其文词典丽，引人入胜。打开《水经注》，的确没有枯燥乏味之感，读者享受的，是一篇篇科学性和艺术性俱佳的美文。且看"江水注"长江三峡部分说："自三峡七百里中，两岸连山，略无阙处；重岩叠嶂，隐天蔽日；自非亭午夜分，不见曦月。至于夏水襄陵，沿沂阻绝，或王命急宣，有时朝发白帝，暮到江陵，其间千二百里，虽乘奔御风，不以疾也。春冬之时，则素湍绿潭，回清倒影。绝巘多生怪柏。悬泉瀑布，飞漱其间，清荣峻茂，良多趣味。每至晴初霜旦，林寒涧肃，常有高猿长啸，属引凄异，空谷传响，哀转久绝。故渔者歌曰：'巴东三峡巫峡长，猿鸣三声泪沾裳！'"此节状山川之神奇，不忘介绍动植物之分布，郦注中这样的例子比比皆是。我们更不免猜测，李白的名诗《早发白帝城》："朝辞白帝彩云间，千里江陵一日还。两岸猿声啼不住，轻舟已过万重山。"莫非即脱胎于此。

《水经注》的写作时代，祖国的锦绣河山尚未统一，这种局面对地理学家的影响是不言而喻的。由于个人见闻有限，引用的历史资料中有的本身也不确切，所以《水经注》的记述难免有失实之处。北魏末年，内乱外患不断，干戈四起，也把北魏的忠臣郦道元卷了进去。公元527年，雍州刺史萧宝夤叛魏，一代大地理学家郦道元遇害，成了乱世的又一个牺牲品。更为遗憾的是，这样的悲剧在历史上一再重演，给民族科技文化造成了无法估量的损失。

（三）北方农业的宝典——《齐民要术》

《齐民要术》的作者贾思勰生活于五世纪末至六世纪中叶，与他对古代科技的巨大贡献相比,人们对他的了解少得太不相称,只知他493—550年间在世,曾担任过北魏高阳(今山东青州)太守。他所生活的时代,正是北魏政权由盛转衰的时期。为了维护拓跋氏政权及为民造福,他"采拾经传,爰及歌谣",引用了160多种文献,又"询之老成,验之行事",进行调查研究和亲自实践,详细地描述了中国北方农业全盛期的概况。"起自耕农,终于醯醢(制酱醋),资生之业,靡不毕书。"①从而系统地总结了公元七世纪前我国北方的农牧业生产和有关科学技术,为后世的农学奠定了基础。

《齐民要术》成书于公元535年,一说公元533—534年,它是我国现存最早的一部完整的农书,全书约十一二万字,除"序"和卷首的"杂说"外,共分十卷九十二篇。内容涉及作物栽培、耕作技术、农具、畜牧兽医和食品加工等方面。一些已佚的古农书,如《氾胜之书》、《四民月令》等赖《齐民要术》的引用而有所保存。此书又是后世综合性农书写作的典范,如元代司农司编的《农桑辑要》、王祯的《东鲁王氏农书》、明代徐光启的《农政全书》和清代的《授时通考》,这些农学名著从体例到取材,大多师法《齐民要术》。

贾思勰继承了我国农学注重天时、地利、人力三要素的思想,要求把天时、地利、人力三者有机地结合起来,特别强调以"顺天时,量地利,则用力少而成功多"作为农业生产的基本原则。他在书中描述了一个北部中国古代农业系统:土地逐渐开垦,地力日渐开发,农夫因时制宜、因地制宜地利用人力、物力,进行精耕细作,搞好经营管理,各种作物的收成不断增加……"《齐民要术》所体现的知识和技术水平之高,几乎接近在近代以前的条件下人们所能指望达到的限度。"②它不但总结了前人关于农业生产的科学知识,体现了北魏时期北方农业科学技术的水平,而且反映了生物学、微生物学、物理学、气象学、化学等知识的积累。下文拟略作

---

① 《齐民要术·序》。

② Francesca Bray: *Science and Civilisation in China.* Vol. 6, Part 2, Cambridge University Press, 1984, p. 59.

介绍。

(1) 轮作制

《齐民要术》首次总结了古代的轮作制。

为了保持和提高地力,长期种植,从先秦到汉,我国农民已采取了一系列的措施,晋代又有绿肥轮作制。《齐民要术》说明了各种作物换茬的次序和作用,介绍了麦接黍茬,小豆接麦茬,绿豆接谷茬等经验,反映出当时已熟练地掌握了施肥、合理换茬、轮作和复种等保持和提高土地肥力,用地养地的技术。其《耕田第一》指出:"凡美田之法,绿豆为上,小豆、胡麻次之。"把豆科作物和禾谷类作物,深根作物和浅根作物,合理搭配,复种轮作,确实可以提高土壤肥力和利用率,增加产量。书中提到,五六月间在田里撒播豆类或胡麻等作物,到七八月间将青苗翻耕入土,次年春再种谷子,每亩可收十石,增产三倍左右。

(2) 北方旱作技术

《齐民要术》形成了一套系统的北方旱作地区耕作技术。

针对北方气候干旱少雨的特点,《齐民要术》把合理地整地和中耕,有效地保持土壤的水分,视为促进农作物生长的重要环节,归纳了耕—耙—耱等一整套保墒防旱的措施,早在六世纪就形成了即使从全球的范围看也是卓越的、系统完整的耕作理论。如"秋耕欲深,春夏耕欲浅";[①] 中耕要多锄、深锄,除草要锄小、锄早、锄了等。有些是农业生产的普遍规律,有些则切合北方地区的气候条件和实际种植情况。可以说,《齐民要术》一出,北方旱作地区的耕作技术至此定型。

(3) 先进农业经验

《齐民要术》总结了选优汰劣、适时播种的先进经验。

随着农业生产的发展,作物品种不断增加。诸品种习性各异,选优汰劣,适时播种与作物收成、品质及抗灾抗病虫害的能力大有关系,《齐民要术》强调了这一观点,在"收种"等篇章中具体记述了种子的选择、保纯防杂、收藏和种前处理技术,包括水选、溲种

---

① 《齐民要术·耕田第一》。

（拌种）、晒种、浸种等。水稻的催芽技术，第一次出现在这部农书中。它还介绍了一种试验韭菜籽发芽率的有效方法，现已被推广，应用于苋菜、白菜、洋葱等的土法选种。

(4) 自然科学知识

《齐民要术》反映了丰富的生物学、微生物学、物理学、化学等自然科学知识。

《齐民要术》主要面向北方，同时也介绍了水稻和南方蚕桑生产技术的新成就。书中提到南方蚕农已发明人工低温催青制取生种的方法，即利用低温条件抑制蚕卵，使其延期分批孵化，以便用一种蚕在一年里连续不断地孵出好几代，这在养蚕技术上是一项重要创造，在生物学上也是一项进步。果木用"插枝"、"压条"和"嫁接"的办法来培育幼苗，比用种籽结实时间早，又易于多方保持亲代的优良性状。《齐民要术》对梨等的嫁接作了较详的记载，嫁接技术的关键也明白交代：接穗要选择向阳的枝条；嫁接时"木还向木，皮还向皮"，即木质部与木质部，韧皮部与韧皮部密切接合。

《齐民要术》相当重视农副产品的加工技术。关于利用微生物发酵来加工豆类、酿酒和制奶酪等方面，记载颇为详细，有些方面已上升到比较系统的规律性认识，既反映了微生物学、化学的进步，也涉及物理学等知识。如"作豆豉法"估测温度，以人体腋下的大致恒定的温度作为比较标准，科学合理，简便易行。"作菹法"方面有许多用盐或醋作酱腌菜的实例，此法一直可以追溯到《周礼》的记载。所述"作菹法"无论使用醋或盐，均是一个脱水过程。被腌菜的细胞壁是一层半透膜，因醋或盐水的渗透压远大于膜内溶液的渗透压，从而使细胞内的水源源不断地通过膜渗透到外部，造成脱水，成为酱腌菜，味美，且宜于长期存放。[1]

(5) 气象知识和抗灾经验

《齐民要术》总结了古代对农业气候现象的观察和抗灾经验。例如，书中介绍防霜冻的经验时说："天雨新晴，北风寒彻，

---

[1] 闻人军、李仲钦、陈益棠：《膜脱盐技术源流考》，《水处理技术》，1989年第2期，第63~67页。

是夜必有霜。此时放火作煴，少得烟气，则免于霜矣。"寒潮的前锋到达时，先有云雨；然后干冷空气逼临，天气晴冷，北风刺骨。入夜后地面热量大量发散，天气特别寒冷，就有霜冻出现。烧柴草，放烟气，一来可提高气温，二则地面蒙上烟尘可限制地面热气发散，只要温度维持在0℃以上，就可避免霜冻。在此，《齐民要术》不但总结了结霜前的天气征候，而且介绍了行之有效的防霜方法，简便易行，为历代广大农村所沿用。

(6) 畜牧兽医的宝贵史料

北朝时，大量游牧民族涌入内地，带来了他们长期以来所积累的畜牧经验，促进了中原地区畜牧知识的大步发展。《齐民要术》总结了历代和北朝的许多畜牧知识，包括品种优劣的鉴别，饲养管理的措施，种畜的培育等等。文中介绍了军马和役马的选择标准；又提到留种的羊羔，最好选腊月或正月生的；蛋用种鸡，则要选形体小、毛色浅、脚细短、生蛋多、守窝的。对马驴杂交所生出的骡的生物优势和禽畜去势催肥的认识，也比前代深化。书中还有关于兽医知识的介绍，共搜集兽医药方48种，涉及外科、传染病、寄生虫病和一些常见病。这是我国现存最早的关于兽医药学的集中记载。

综上所述，《齐民要术》代表了北方农业盛期有关科技知识的发展水平，表现了当时人民发展农牧业经济的迫切需要和开拓精神。此后，北方农业进展缓慢，以至裹足不前，经济重心逐渐向自然条件较优越，产量较高的南方转移。于是，中国农业的重大的技术革新和理论创造，几乎全都来自南方。纵然如此，它们仍以《齐民要术》为宗，后者在古代东方农业社会中始终占有重要的地位。其影响超越了国界，在日本等国备受赞誉，对西方也有间接的影响。达尔文在其名著《物种起源》中提到他所看到的一部中国百科全书，清楚地记载着选择原理。据考证，该书就是《齐民要术》。

三、天文学的新发现和科技世家祖冲之

汉代关于宇宙理论的争论，到魏晋南北朝时期仍在继续。不少

科学家都卷入了这场争论，探讨之活跃，争论之激烈，均为空前。许多进步的科学家，从东吴的陆绩、王蕃到晋代葛洪、南朝何承天、祖冲之父子，都主张浑天说，但盖天说依然不倒。其中一个重要原因是盖天说和佛经中所述的宇宙结构基本一致，佛教徒为宣传佛教而支持盖天说，信奉佛教的梁武帝萧衍更起到了突出的作用。此外，还冒出了安天论、穹天论、昕天论，以及将浑天说和盖天说合二为一的浑盖说，名目虽多，但谁也未能取得突破性的进展，宇宙论之争终于不了了之。

宇宙论之争由于先天不足而没有结果，历法则由精英们作了重大改革。这时期观测、演示仪器有所进步，天文学的新发现又为历法的新飞跃打开了道路。

（一）历法、星图和仪象

历法是中国古代天文学的重点所在和实用性极强的领域，历来为各朝政府所重。三国时国分为三，历法也三历鼎立。蜀国以继承汉统自居，墨守后汉四分历。40多年前刘洪创制的乾象历，在东吴得到了颁行。曹魏政权承继了东汉政权，在天文仪器和记录方面受惠不少。景初元年（237年），魏颁布尚书郎杨伟新造的景初历。景初历和乾象历互有优劣。回归年乾象历为胜，朔望月景初历为佳。后者的主要优点在于日月食的预推，景初历首次提出了计算交食亏起方位角和食分的方法。北朝历法上的创造不多。少数民族政权颁行的历法中，较重要的有后秦姚兴（394—415年在位）时颁行的三纪甲子元历，系姜岌于384年所造；北凉沮渠蒙逊于元始元年（412年）颁行的元始历，作者赵𢾺。南朝从何承天（370—447年）的元嘉历到祖冲之（429—500年）的大明历，登上了南北朝时期历法的顶峰。

星图是观测恒星的记录和查找恒星的工具。我国最早的星图可以一直上溯到河南濮阳的蚌塑龙虎墓二宫北斗星象图，它已清楚地反映出北斗和后世二十八宿之东西二宫的若干星象。后来出现的盖天说的演示仪器——盖图也是一种星图。据《周髀算经》所载，盖图是由两块彩缯上下重叠构成的。下面的一块叫黄图画，画有七条等间距的圆，称为七衡，分别表示太阳在 12 个中气日的运行轨道。二十八宿作为恒星背景布列在黄图画上，日月星辰穿行其间。黄道与内衡及外衡相切。最内衡之外，最外衡之内涂成黄色。上面的一块叫青图画，其上画一个大圆表示人目所见的范围。此大圆与北极璇玑小圆之间不着色，大圆圈外和北极璇玑小圆内涂成青色。以北极为轴依顺时针方向转动黄色底图，在青图画内就可看到一天内或一年内星空的变化。当盖图随着盖天说的衰落而消逝的时候，它的黄色底图则作为星图而独立地发展起来，成为我国古代星图的一种主要形式。盖天式星图在汉代粗具规模。孙吴西晋的太史令陈卓，把当时天文学中主要的三派（甘德、石申、巫咸）所著的星图，加以综合，并同存异，编成了一个具有 283 宫、1464 颗星的星表，还为之测绘了星图。这就是对后世星图有长远影响的陈卓星图，可是陈卓星图本身已经失传。现存世界上最早的正规的星图，是敦煌发现的绢质星图，上有 1350 多颗星，约绘于八世纪初。专家认为它可能是更早的星图的抄本。此星图 1907 年由英人斯坦因弄往国外，现存英国伦敦大英博物馆。

天文仪器的发展中值得一提的是孙吴的浑象和北魏的铁仪。东吴的葛衡，明达天文，能为机巧，曾作一架别致的浑象，使地居于空心球之中，球面上布列星宿，各星均穿成孔窍。此浑象以机械推动，天转而地不动，可以形象地演示星宿的出没运行，乃是近代天文馆中天象仪的始祖。公元 412 年，北魏在晁崇和鲜卑族天文学家斛兰的主持下，铸成了一架颇具特色的太史候部铁仪。

据《隋书·天文志》的记载，其特点是："南北柱曲抱双规，东西柱直立，下有十字水平，以植四柱，十字以上，以龟负双规。"这是我国历史上唯一的一架铁制浑仪，还使用了水准仪。由于性能尚可，这架铁仪一直使用到唐代，才被更复杂精密的浑仪所取代。

(二) 岁差和太阳、五星视运动不均匀性的发现

由于大批北方学者随汉族政权南迁，带来了北方先进的文明和技术，沉睡多年的江南开发加速，经济上升，科技发展。从东晋到梁武帝时代，涌现了不少著名的科学家。他们大都精通天文历法，

围绕着岁差的发现和引入历法,虞喜、何承天、祖冲之等先后作出了重要的贡献。

虞喜(281—356年)出身于浙江余姚的虞氏大族,族中多学者。在宇宙论方面,虞喜主张安天论,对宣夜说有所发挥。但他对天文学的主要贡献在于首先提出了岁差的概念,对岁差作了定量的尝试。所谓岁差,是冬至点在恒星间的位置逐年西移的数值,其原因来自于太阳、月亮、行星等对地球赤道突出部分的摄引,使地球进动,自转轴的方向不断发生微小的变化所致。古希腊的希巴谷(Hipparchus,约公元前190—约前120年)于公元前二世纪发现岁差,以为100年差1°。公元330年左右,虞喜通过天文观测数据与古代记录的比较,发现冬至日的昏中星的位置古今不同。《尚书·尧典》说:"日短星昴",而东晋时已移到壁宿,由此领悟到"天自为天,岁自为岁"。① 此处"天"是指恒星年,"岁"是指回归年,两者长短不等,其差值就是岁差。虞喜推算出冬至点在恒星间的位置每50年向西移动一度(按如今的理论推算值当时约77.3年差一度)。②

南朝的何承天在刘宋时任太子率更令。他继承了舅父晋秘书监徐广40多年的天文观测记录,本人又积40年观测之资料,在此基础上撰成了元嘉历。遗憾的是,虽然何承天对岁差作过定量计算(100年差1度),但没有引入元嘉历中。首先把岁差引进历法的是著名的天文数学家、机械学家祖冲之。祖冲之于刘宋大明六年(462年)完成大明历。大明历的推算已考虑了岁差现象,所使用的数据为四十五年十一月差一度。虽然这个岁差常数比较粗略,但新概念已经引入,纠正以往历法不准的一个重要因素的新道路已经开辟,对后世历法计算准确度的提高有重大作用。继隋代刘焯、唐代一行有所进步之后,两宋的明天历、观天历和统天历所用的岁差值均在77.5—78年差一度,都已接近理论值,与当时欧洲仍在沿用

---

① 《新唐书·历志》。

② 闻人军、张锦波:《科学家虞喜:他的家族、成就和思想》,《自然辩证法通讯》,1986第2期,第166~175页。

的一百年差一度的数据相比，要精密多了。

我国古代天文观测史上继发现岁差现象之后的又一个划时代的成就是太阳和五星视运动不均匀性的发现。北齐时的民间天文学家张子信，在一个海岛上用浑仪潜心观测30多年，发现了"日月交道，有表里疾迟"，"日行在春分后则迟，秋分后则速"，以及"五星见伏，有感召向背"等现象。尽管张子信的这些描述显得粗糙，解释尚幼稚，他毕竟是我国古代指出太阳和五星视运动的不均匀性的第一人，开辟了继续深入研究的新方向。除此之外，张子信还发现了：当合朔发生在黄道与白道交点附近时，月在黄道南或北会影响到日食是否发生，月食则没有这种现象。这些发现，触发了后世天文学家改革历法的努力，导致了隋唐历法出现质的飞跃。

（三）科技世家祖冲之

祖冲之，字文远，范阳遒（今河北涞水县北）人，活动于南朝宋、齐时期，是我国古代继张衡之后又一个多才多艺的科学家兼工程师。明历法，精算学，有机思的祖冲之，善于站在前人肩上，超越前人，在数学、天文学和机械制造等方面取得了卓越的成就（图5-3）。

图5-3 祖冲之像

宋文帝元嘉六年（429年），祖冲之出生于一个有畴人传统的家庭。祖父昌，任宋大匠卿。父朔之，为奉朝请。祖冲之自幼受家风影响，"专攻数术"，"博访前故，远稽昔典"，"搜练古今，博采沈奥"，为攀登当代科学高峰打下了坚实的基础。更可贵的是，他"不虚推古人"，① 不迷信已成名的前辈天算历法家，勇于批判和探索，故有惊人的手笔。

在天文学领域内，他"探异古今，观要华戎"，"专攻耽思"，对历代和当时各民族历法作了系统的研究。同时"亲量圭尺，躬察仪漏，目尽毫厘，心穷筹策"，发现"古历疏舛，类不精密"②。乃于大明六年（462年）任南徐州从事史时，制成大明历，以取代已显得过时的元嘉历。大明历是南北朝时期最优秀的历法。首次将岁差引进历法计算是它的最大特点，其他的重要改进还有：提出了每391年设置144个闰月的闰周，比赵𫝊的元始历每600年设221个闰月的闰周更为精密。第一次明确提出了交点月（月亮连续两次经过黄道和白道同一交点所需的时间）的日数为27.21223日，同现代观测推算值相比，只差十万分之一日（约1秒左右）。大明历的回归年长度为365.2428148日，与今推值比较，只差46秒。大明历所定的五星会合周期的数值，也比以往的历法精密。大明历法进呈刘宋政权后，宋孝武帝宠臣太子旅贲中郎将戴法兴起而发难，年轻的祖冲之与资深权威之间爆发了尖锐的争论。争论焦点集中在岁差和闰周的改革上，祖冲之虽属少数，支持他的只有中书舍人巢尚之，然祖冲之有理有据，往复万言，胜利在望。但不久孝武帝逝世，未及颁行。一直到梁天监初，经过其子祖暅之（一作祖暅）的修订和坚决请求，大明历始于天监九年（510年）颁行。

南北朝时期数学领域北有北周的甄鸾、南有祖冲之父子，均驰名于世。继刘徽的《九章算术注》、《海岛算经》之后，《孙子算经》，《夏侯阳算经》，《张邱建算经》，祖氏父子的《缀术》，甄鸾的《五曹算经》、《五经算术》、《数术记遗》等数学名著相继出现，

---

① 《宋书·律历志》。
② 《宋书·律历志》。

后来均收入了有名的《算经十书》之中。这些数学著作和研究成果使初生的中国古代数学体系大为生色,其中《孙子算经》中的"孙子问题"(一次同余式问题)、《张邱建算经》中的百鸡问题都是世界数学史上著名的范题。

圆周率的计算是祖冲之为中华民族赢得的又一项属世界第一的成果。宋末,祖冲之应用刘徽的割圆术,继续推算圆周率的盈数和朒数,求得了 $3.1415926 < \pi < 3.1415927$。也就是说,已将圆周率精确到第七位有效数字。这项成果长期保持世界领先地位,直到一千年后,这一纪录才被阿拉伯数学家阿尔·卡西(al-Kashi,约1380—1429年)的《算术之钥》(1427年)和法国数学家维叶特(François Viète,1540—1603年)所先后打破。为了计算和使用的方便,祖冲之还创设密率和约率两个渐近分数表示圆周率。约率等于 $\frac{22}{7}$,密率等于 $\frac{335}{113}$,后者是分子、分母在一千以内表示圆周率的最佳渐近分数。这一纪录一直称雄到16世纪,德国的鄂图(Valentinus Otho)于1573年才得到同一结果。

光是圆周率的研究和计算已使祖冲之在数学史上据于不朽的地位,然而他的数学工作远不止此。据《南齐书》和《南史》记载,祖冲之曾"注《九章》,造《缀术》数十篇"。《缀术》在唐初被列入"十部算经"之一,研习时间在《十部算经》中最长,需四年之久,可见内容相当精深。可惜后来此书佚亡,内容难以确知,连它的作者是祖冲之还是祖暅之,也不能确定,可能其中包含父子两人的数学成果。

祖暅之的杰出工作是关于球体积的"祖暅公理"。求曲面积的体积是几何学中的一个难题,《九章算术》中就发生过球体体积计算的错误。先是刘徽纠正了《九章算术》之误,指出"牟合方盖"(即垂直相交的两个圆柱体的共同部分)与球体体积之比,才等于正方形与其内切圆面积之比,但未能得出"牟合方盖"的体积公式,祖暅之发现了"缘幂势既同,则积不容异"的公理(《九章算术》李淳风注所引"祖暅之开立圆术"),巧妙地解决了刘徽遗留的问题,最后得出了球体积的正确公式 $\left(V = \frac{\pi}{6} D^3,\text{其中 } D \text{ 为球体直径}\right)$。在西方,"等高处横截面积始终相等的两个立体,其体积也相等"的公理被称作卡瓦列里公理,是意大利人卡瓦列里(B. Cavalieri,1598—1647年)发现的,比祖暅之迟一千一百多年,故应正名为"祖暅公理"。

与天算历法的卓异成就相称,祖冲之也解乐律,精博塞,其技艺独绝,当时莫能有与之对阵者。他的机械制造技术,也是冠绝一时,常使古代发明锦上添花。宋顺帝升明(477—478年)末,萧道成辅政,使祖冲之重造指南车。祖冲之"改造铜机",使指南车"圆转不穷,而司方如一"。① 此指南车的性能为历史文献记载中之最佳者,有可能是一种差动式的指南车。古有欹器,《荀子·宥坐篇》说:"孔子观周庙,有欹器焉。使子路取水试之,满则覆,中则正,虚则欹。"齐武帝永明(482—493年)中,竟陵王子好古,祖冲之造欹器献之。东汉和魏出现了水排,晋杜预创造了"水磨",刘宜景创制了"牛转连磨",北魏崔亮创制了"水碾",祖冲之则造水碓磨于乐游苑,齐武帝曾亲临视察。诸葛亮时有木牛流马之制,祖冲之受其启发,新造一器,据说"不因风水","不假人力",而能"施机自运",② 比木牛流马更强。如果此说属实,诚属精妙,但现已无法了解详情。我国晋代已有车船,祖冲之造过一种"千里船",曾在新亭江试验"日行百余里",可能是车船之一种。

祖冲之在科学技术上成果累累,可是未获重用,仅官至长水校尉。祖暅之在梁朝位至太府卿,著有《漏刻经》一卷,《天文录》三十卷。暅之曾为北齐所俘,传其家学于河间人信都芳。信都芳学问大进,后为《器准图》二卷,内容包括浑天仪、欹器、候风地动仪、相风铜乌、刻漏等仪器,各有图纸。假如没有失传,《器准图》在科学史研究中的作用是不言自明的。可惜信都芳的著作,今无一存。祖暅之的儿子名皓,也传家学,在侯景之乱时,起兵对抗失败而死。这样一个优秀的天文数学机械世家传统,因战乱而中断,乃是中国古代科技的重大损失。

---

① 《南齐书·祖冲之传》。
② 《南齐书·祖冲之传》。

四、炼丹、医药两大明星

"以药物养身,以术数延命,使内疾不生,外患不入。"这是中国古代养生家长期追求的目标。炼丹和医药两手的交替使用,是魏晋南北朝两大炼丹和医药学家葛洪和陶弘景成功的秘诀,也是当时道术之士的共同特点。他们的出色工作,为中国乃至世界医药、化学的发展做出了影响深远的贡献。

(一)继往开来的抱朴子葛洪

继东汉阴长生之后,炼丹家道士魏伯阳、狐刚子、左慈、葛玄(164—244年)等一大批道士在各地炼丹传道,各路道家先后纳入道教的轨道,炼丹之风几乎席卷全国,长江三角洲此风尤盛。葛玄传郑隐(即郑思远)、郑隐又传葛仙翁葛玄的侄孙葛洪。炼丹术传至葛洪,可谓承前启后,得到了大大的发扬光大。

葛洪,晋丹阳(江苏句容)人,他的生卒年难以确考,大致生活于281—343年之间。陶弘景称"江左葛稚川""研精药术"。稚川是葛洪的字。葛洪自号"抱朴子",他的两部名著《抱朴子》"内外篇"即以此道号命名(图5-4)。

葛洪的祖上做过大官,到他这一代已"家贫",年轻时须"躬自伐薪,以贸纸笔"。越是条件不好,越能激发这位自小好学的青年的求知欲。他带经而耕、携史而樵,"夜辄写书诵习"。为了求取知识,他曾"不远数千里崎岖冒涉",[1]"周流华夏九州之中"。[2] 因此学识渊博,有"博闻深洽,江右绝伦"之称。葛洪做过官,司马睿为丞相时,辟为掾。因镇压石冰领导的农民起义有"功",赐爵关内侯。然而他貌陋言讷,在官场上吃不开,对神仙导养之法的爱好,则一步步把他引向炼丹和医学之途。葛洪在经过一番摸索之

---

[1] 《晋书·葛洪传》。
[2] 《肘后方·自序》。

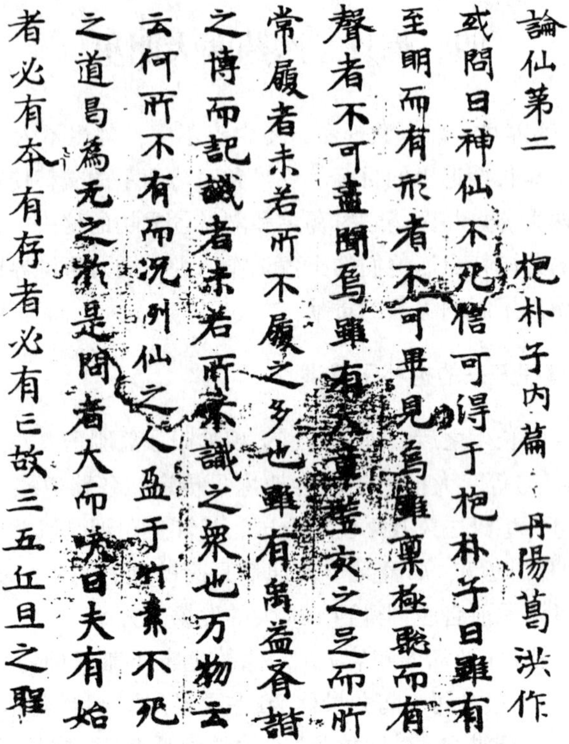
論仙第二　抱朴子内篇　丹陽葛洪作
或問曰神仙不死信可得乎抱朴子曰雖有
至明而有形者不可畢見焉雖稟極聰而有
聲者不可盡聞焉雖有大章豎亥之足而所
常履者未若所不履之多也雖有禹益齊諧
之博而記識者未若所不識之衆也万物云
云何所不有而況列仙之人盈乎竹素不死
之道曷爲无之於是問者大而笑曰夫有始
者必有本有存者必有亡故三五丘旦之聖

图 5-4　古抄本《抱朴子》书影，日本田中庆太郎藏，
大正十二年(1923 年)二月文求堂书店印书

后，认为“道者儒之本也，儒者道之末也”。① 决意在前人成就的基础上，自立一家之言。积数十年“穷览坟索”，九转金丹，“兼综术数”，炼丹行医之经验，在内神仙、外儒术的思想指导下，著成了其代表作《抱朴子内篇》和《抱朴子外篇》。《内篇》(大约成书于 317 年，稍后又作了修订)讲仙道，《外篇》讲儒术，互为表里，确实树起一家之言。葛洪在医学、文学上也有很大的成就，著有医方《玉函方》、《肘后卒救方》、笔记小说《西京杂记》、道家典籍《神仙传》等。《神仙传》从题目到内容都令人玄虚，但拨开仙家的迷

① 葛洪:《抱朴子内篇·明本篇》。

雾，我们可以从中发掘一些道家方士的珍贵史料。

葛洪以前，丹家辈出，炼丹术的文献已有不少。如作者佚名，大约成书于公元前二世纪的《三十六水法》，载有溶解34种矿物和2种非矿物的54个方子。这部关于水溶液的早期炼丹文献中，常提到使用竹筒为天然容器，要求"薄削筒表"，以利更好地发挥这种天然竹纤维素半透膜的作用。《抱朴子内篇·遐览篇》著录《三十六水经》一卷，疑即《三十六水法》的别名。葛洪所传承的珍贵丹经还有《太清丹经》、《九鼎丹经》、《金液丹经》等等。《三十六水法》尚保存在《道藏·洞神部众术类》中，后面三部丹经已经失传，但其精华已被吸收进《抱朴子内篇》及后世其他炼丹术著作中。

《抱朴子内篇》共二十卷，其中专论炼丹术的有三卷，即卷四"金丹"篇，卷十一"仙药"篇，卷十六"黄白"篇。"金丹"篇主要叙述利用无机物炼制所谓长生丹药，"仙药"篇主要讲植物性"长生不老药""五芝"的作用，"黄白"篇主要讲炼制人造黄金和白银以供药用的方法。其他篇章中也有零星科技史料。如卷十五《杂应》记载了利用空气反作用力升空的"飞车"的结构，称"或用枣心木为飞车，以牛革结环剑以引其机"。这种"飞车"，俗称"竹蜻蜓"，乃是螺旋桨和直升飞机的先驱。《抱朴子内篇》既有大量的前人经验的总结，也有葛洪本人从炼丹等科技实践中总结出来的知识，集中地体现了他对炼丹术和早期化学的贡献。与《淮南万毕术》、《周易参同契》的时代相比，当时炼丹所用的化学药物有了增加，常用的有水银、硫黄、雄黄、雌黄、矾石、戎盐、曾青、铅丹、丹砂、云母等。为了寻求新的丹药和炼丹途径，道士们常围着丹鼎转，看到化学反应变化百出，故有些丹经有"九转"之名。随着人们对化学反应的认识逐步深入，炼丹界强手林立。有些情愿隐居终身，葛洪发愿著书立说，对科学和社会发展作出了杰出的贡献。他之所以能获得成功，一方面是前人的工作打下了广泛的基础。另一方面，更重要的是，他坚信光靠现成的书本知识是远远不够的，在有保密传统，师弟口耳相传为主要传授途径的炼丹界尤其如此，因此勤于实验，善于总结和提取规律性的认识。

例如，根据《周易参同契》的描述，我们可以知道，汉代炼丹家在从丹砂中提取汞时,已发现水银易于挥发,能与硫黄化合,在丹鼎中升华后,"赫然还为丹"。葛洪在"金丹"篇中,将这种化学变化概括为一个可逆的过程:"丹砂烧之成水银,积变又还成丹砂。"丹砂是红色的 HgS,煅烧时,硫氧化为 SO_2,分离出金属汞。汞与硫黄化合又变成黑色 HgS,再经升华即得红色 HgS 的结晶。这是人类早期有意识地通过化学方法制取的化工产品之一。

又,《周易参同契》曾用"胡粉投火中,色坏还为铅"来比喻内丹修炼过程,其化学反应的背景是胡粉(白色碱性碳酸铅)经过连续的还原反应变成铅。葛洪明确地指出,胡粉和黄丹(Pb_3O_4),都是"化铅所作",即人工制造的铅化合物。他在《黄白》篇中概括地说:"铅性白也,而赤之以为丹;丹性赤也,而白之以为铅。"用现代的科学语言来说,白色的铅,可以经过一系列的化学反应变成红色的"黄丹","黄丹"再经一系列的化学反应,可分解出白色的铅。

葛洪在长期的炼丹实践中,勤于观察和试验,常有所发现。如《淮南万毕术》曾简单地提及"曾青得铁则化为铜",葛洪在铁上涂抹曾青(硫酸铜溶液),看到只有铁的表面化为铜,故特地指出:"以曾青涂铁,铁赤色如铜","外变而内不化也。"[①]这就是说,铁取代硫酸铜里的铜有量的限制。后来,陶弘景也有类似的发现,并扩大了与铁作用的铜盐的范围。历代炼丹家对这一化学反应过程不断实践,认识逐步提高,至宋代终于转化为生产力,成了水法炼铜——胆铜法的理论基础。

医学对于葛洪来说只是副业,但已成就不凡。因为他精通医药学,所以能够从"混杂烦重、有求难得",卷帙浩繁的医经药方中,精选出《玉函方》一百卷,"使种类殊分,缓急易简"。为了进一步便利一般民众和"贫家野店",葛洪又从《玉函方》中摘出《肘后卒救方》这部普及性的实用方书,内容包括急性传染病、脏腑慢性病、外科、儿科、眼科和六畜疾病的疗法和药方,方中用药尽量易得且价廉。《肘后卒救方》中还记述了简易的灸法,"凡人览之,可了其所用"。书中对各类疾病的病因、病状和治法均有所叙述,传染病

---

① 葛洪:《抱朴子内篇·黄白》。

方面尤有特色。如以狂犬脑治狂犬病的思想有似巴斯德(Louis Pasteur, 1822—1895年)的疯犬接种法。《玉函方》已佚，《肘后卒救方》因为切合民间使用，广泛流传，生命力特强。后经陶弘景整理补充为《补阙肘后百一方》，金代杨用道又进行增补，改名为《肘后备急方》，简称《肘后方》，一直流传至今，其间造福生灵不知凡几。

传说葛洪为炼丹到过浙江杭州西湖边上的葛岭，后来这"葛岭"及岭中"抱朴庐"的命名，都因纪念葛洪而起。他在晚年听说交趾出丹砂，于是携子侄赴广州罗浮山炼丹。丹成尸解，死于罗浮山中。享寿并不高，意味着这类长生术毕竟有其局限性。然就葛洪而言，终于像他在《神仙传》中所描述的前辈一样，当"神仙"去了。

(二) 炼丹术黄金时代的代表人物陶弘景

葛洪的《神仙传》虽不能视为信史，然其隐含的史料价值却亦有用。在古代，它在激发一代代道教新人的求仙立志方面，更是起到了特殊的作用，南朝的陶弘景就是其中的一个典型(图5-5)。

图5-5 陶弘景画像

从晋末到晚唐,中国炼丹术进入了黄金时代。朝野炼丹活动盛行,著作汗牛充栋。有的失败了,有的有所发现;有的经验秘而不宣,有的知识流诸笔端;有的著作逐渐散佚,有的著作流传下来。北魏的道武帝拓跋珪、太武帝拓跋焘、孝文帝等都曾派人炼制丹药,没有成功。南北朝时代民族文化大融合的洪流中涌现出来的陶弘景,成了继葛洪之后最著名的炼丹家和医药学家,同时又是杰出的冶金专家。

陶弘景(456—536年),字通明,丹阳秣陵(今江苏南京)人。祖、父两辈并习医术、兼有武功,各获侯、伯的封爵。弘景自幼勤奋好学,据称读书破万卷。他多才多艺,工草隶,善琴棋,好道术,对"阴阳五行、风角星算、山川地理、方图产物、医术本草"等传统文化的诸多领域均有研究,① 也涉足天文学领域,作过浑天象,著有《天仪说要》。他在道家中属葛洪一系,由于佛教盛行,与释氏亦相往来,故集儒、道、佛三教精神于一身,而主流则是道教。

早在十岁时,他因读《神仙传》而萌生求仙之志。在宋、齐两朝做小官时,"虽在朱门,闭影不交外物,唯以披阅为务"。② 齐武帝永明十年(492年),竟把朝服挂于神武门,上书辞禄,径奔道教的重要阵地茅山,号华阳真人,专事炼丹和著述去了。

萧衍当皇帝前,他们已有交游。后萧衍登基,是为梁武帝,曾礼聘陶弘景出山,他不干,然而朝廷大事,依然常向陶弘景咨询,故有"山中宰相"之戏称。由于这层关系,陶弘景的炼丹事业得到了朝廷的大力资助,加上他的刻苦钻研,成果显著。《南史·隐逸下·陶弘景传》说:"武帝既早与之游,及即位后,恩礼愈笃,书问不绝,冠盖相望。弘景既得神符秘诀,以为神丹可成,而苦无药物。帝给黄金、朱砂、曾青、雄黄等。"后来陶弘景果然合成飞丹,色如霜雪,服之体轻。献给萧衍,服之有验,声名更隆。

陶弘景对炼丹术的贡献同时也意味着对化学知识发展的贡献。在其名著《神农本草经集注》中,他曾记载水银"能消化金、银使成

---

① 《神农本草经集注·序》。
② 《梁书·陶弘景传》。

泥,人以镀物也"。这种"泥"状物是金银汞齐。汞齐的制取历来是炼丹术的一项重要的内容。陶弘景的记载表明,当时金银汞齐已走出炼丹界,进入了实际生产的应用。关于胡粉和黄丹的转化,铜盐溶液和铁的置换反应,陶弘景指出:黄丹是"熬铅所作",胡粉是"化铅所作",铜铁置换"外虽铜色,内质不变",并把所用的铜盐从硫酸铜扩大到其他种类,均在前人的基础上有所前进。他曾具体记述了烧石灰的生产过程:"近出生石,青白色,作灶烧竟,以水沃之,即热蒸而解。"他最突出的一个发现是鉴别消石(硝酸钾)的方法:"以火烧之,紫青烟起,云是真消石也。"化学史著作常称引他的这项成就,目为近代化学中用焰色法鉴别钾盐的先声。陶弘景对炼丹和化学的贡献远不止此,可惜他的著作,按道家传统,"共秘密不传","唯弟子得之"。① 有些知识融入了后人的炼丹术著作中,有些恐怕早已失传,现在人们无法肯定他的炼丹术著作到底有没有流传下来。李约瑟等认为《三十六水法》可能是他的著作。前已提及,《三十六水法》是一部关于水溶液的专著,它的成书疑在葛洪之前。炼丹和炼宝剑都要在火候上下功夫,陶弘景是否是《三十六水法》的作者有待进一步研究,他是《古今刀剑录》一书的作者则无异议。

陶弘景对铸刀剑之法亦很有研究,中大通(529—534年)初,他献给梁武帝两把宝刀,"其一名善胜,一名威胜,并为佳宝",② 料是他的杰作。《重修政和经史证类备用本草》卷四玉石部引陶弘景之语:"钢铁是杂炼生鍒作刀镰者。"表明他已掌握用生铁和熟铁合炼成灌钢的方法。他献给萧衍的两把宝刀,或许就是灌钢产品。灌钢是一种和铸铁脱碳、生铁炒炼不同的新的制钢工艺。陶弘景并非灌钢的发明者,但他在灌钢技术的发展中起到了承前启后的作用。

东汉王粲《刀铭》云:"灌辟以数",晋张协《七命》说:"乃炼乃烁,万辟千灌。"这些词句暗示灌钢技术的出现可上溯到汉末、晋代。陶弘景之后,北齐的綦毋怀文又用灌钢法造名为宿铁刀的宝

---

① 《南史·陶弘景传》。
② 《南史·陶弘景传》。

刀。《北史·綦毋怀文传》载："其法，烧生铁精以重柔铤（即熟铁），数宿则成钢。以柔铁为刀脊，浴以五牲之溺，淬以五牲之脂，斩甲过三十札。"这里具体记载了灌钢的生产和热处理工艺，先把含碳量高的生铁熔化，浇灌到熟铁上，使碳渗入熟铁，锤炼成钢。綦毋怀文发明用牲尿和牲脂淬火，颇合科学原理。尿中含盐含氮，淬火时冷却速度较快，且有渗氮作用；用牲脂甚至牲口本身淬火，淬火时温度下降曲线先快后慢，热处理效果远胜于以水作冷却介质。灌钢法能造成一定的渣铁分离，费工少而产量高，在古代是一种先进的炼钢技术，对后世炼钢业有长期的重大影响。直到1740年坩埚炼钢法问世，解决了渣铁分离的难题，灌钢法才显得过时。

然而，陶弘景关于本草药性的研究，至今尚未过时，尽管其中某些部分受时代水平所限和当时南北分裂的影响，未能不出差错。陶弘景的学医，是在专心求道之后。他尝自称："以吐纳余暇，颇游意方技，览本草药性，以为尽圣人之心。"在这方面，自然他也深受葛洪的影响。他的医药造诣很高，著作甚多，著名的有《神农本草经集注》和《补阙肘后百一方》，据此二书，足与葛洪的医药成就相媲美。《肘后方》唐后已亡，今本《肘后方》系后人所辑，其中葛、陶两家之方已难完全区分开来。

《神农本草经集注》是继《神农本草经》之后对于药物知识的又一次系统性的总结。陶弘景于《神农本草经》之外，再选加《名医别录》本草365种，共730种，数量上翻一番，质量上更上一层楼。《神农本草经》原有的药品用红色书写，新增药品用黑色书写，以资区别。全书力求"精粗皆取，无复遗落，分别科条，区畛物类，兼注铭时用土地所出，及仙经道术所须"。① 因为此书是为医药和求仙的双重目的服务的，所以掺杂宗教迷信的糟粕，但瑕不掩瑜，他"苞综诸经，研括烦省"，注文大多得自前人、当代及本人的实际经验，基本上真实可靠，具有相当的科学价值。如说常山以形似鸡骨者为真，麻黄以秋收时节采集功效为胜等，至今尚可供参考。

---

① 《本草经集注·序》。

陶弘景对《神农本草经》的药品分类法，既有继承，又有发展。他根据药物的自然来源和属性，把 730 种药分作玉石、草木、虫兽、米食、果、菜、有名未用七大类。另一方面，又创设"诸病通用药"，以病症为纲，根据各种药物的不同疗效，分别归入相应的病症项下，共分 80 多类，对于临床治疗和普及医药知识均有积极意义。《神农本草经集注》早已散佚，所剩敦煌石窟残卷本，已收入罗氏《吉石盦丛书》，后代本草著作如《证类本草》等的引用，也保存了部分内容。

我们从葛、陶两家身上可以看到炼丹术在步入黄金时代之前和黄金时代初期对中国医药发展之重大影响。刘宋时，雷敩编著我国最早的药物炮制技术专著《炮炙论》，"直录炮熬煮炙，列药制方，分为上、中、下三卷，有二百件名"。① 炮制方法包括炮、炙、煨、炒、煅、水飞等 17 种，又反映出中药炮制技术和炼丹术的相互影响。

五、陶瓷的新篇章——翠色类玉白类雪

瓷器的发明，是中国古代的一项划时代的成就。商周时代的原始瓷是中国瓷器的第一枝报春花。经过 1600 多年的曲折和发展，名副其实的瓷器东汉青瓷终于在江南出现，使中国成为发明瓷器之国。南北朝、隋唐时期，北方次第烧出了白胎白釉的白瓷，打破了青瓷的一统天下，又使我国成为白釉瓷的故乡。于是，中国陶瓷揭开了"翠色类玉白类雪"的新篇章。

(一) 青瓷发明名窑开

所谓青瓷，是釉料中含有铁的成分，烧成后釉色呈青绿的瓷器。考古发现表明，西汉已烧制青釉瓷器，1972 年江苏徐州奎山塔残基出土过西汉黄青釉瓷盒。至东汉后期，烧制青瓷的技术已基本成熟。20 世纪 70 年代以来，浙江上虞、宁波、永嘉、余姚及江苏宜兴等地相继发现了东汉时期的青瓷窑址。其中以上虞一带的窑

---

① 雷敩：《炮炙论·自序》。

址分布最为密集,堆积最厚。上虞县上浦乡小仙坛窑出土的一件青瓷罂,胎质坚细,胎釉结合牢固,其烧成温度已达 $1310℃±20℃$,吸水率为 $0.16\%—0.5\%$。种种迹象表明,东汉后期,青瓷制作已达相当的水平。

魏晋南北朝时期,烧制青瓷的技术发展很快,进入了更成熟的阶段。这时期的瓷窑,已从南方扩展到北方,但仍以南方为多,尤以浙江的分布最为密集。青瓷窑址的大量发现,加上墓葬的主要随葬品中,青瓷器替代了陶器,表明青瓷器已在我国大量生产、广泛应用。(图 5-6)考古发现表明,南北朝时的青瓷,胎质坚实,通体施釉,釉层较厚,呈青绿色。浙江越窑所产的青瓷,开始远近驰名。北魏的关中窑(在今陕西西安)、洛京窑(在今河南洛阳)曾出过不少精美的瓷器。河北景县封氏墓群中出土的青釉莲花尊是北方青瓷的代表作。该尊胎体厚重,釉色青中透黄,器形高大,满身凸雕仰覆莲花瓣,腹部与足部莲瓣尖端高翘,耳系上堆贴花鸟云龙,其胎釉形制均与南方产品不同,造型方面还受到了佛教文化的影响。

图 5-6　越窑青瓷谷仓罐(高 48 厘米,1973 年江苏金坛出土)

隋唐五代时期是南方越窑的黄金时代，青瓷的生产达到了一个新的高度。氧化亚铁的含量一般控制在1%—3%之间，胎质细薄，釉色晶莹。陆羽《茶经》称赞越瓷类玉、类冰。陆龟蒙赞为"九秋雨露越窑开，夺得千峰翠色来"。①

（二）白瓷彩瓷放光彩

白瓷的呈色剂主要是氧化钙，铁的含量不得超过百分之一，因此对瓷土筛选技术要求特高，故白瓷的出现，是这一时期北方制瓷技术的一大进步。在北齐武平六年（575年）的河南安阳范粹墓中，曾出土九件白釉瓷器，釉色乳白，有的釉下施绿彩，这是迄今发现的一批最早的完整白瓷器。（图5-7）此外，黄釉、黑釉、酱褐釉等瓷器也已问世。

图5-7　北齐白瓷三系罐（1971年河南安阳北齐范粹墓出土）

---

① 《全唐诗》卷三十三。

北朝末期和隋代出现的早期白釉瓷，至唐代烧制技术亦已达到成熟阶段，足与青瓷相媲美。《陶录》赞河北邢窑（在今河北邢台市所辖内丘县和临城县祁村一带）的白瓷"类雪"。杜甫称赞四川大邑的白瓷细薄、坚致、洁白，其《又于韦处乞大邑瓷盌》诗云："大邑烧瓷轻且坚，扣如哀玉锦城传。君家白碗胜霜雪，急送茅斋也可怜。"江西景德镇自唐代开始出现窑址，青、白瓷兼烧；唐代白瓷的白度已在70度以上，接近现代水平。唐代的北方瓷窑，以生产白瓷为主，同时兼烧黑、青、酱、黄、白釉绿彩、黑釉蓝彩、内白釉外黑釉，以及搅釉、搅胎、三彩等各种彩色瓷器。唐三彩陶瓷器至今享誉中外，身价不凡。巩窑（在今河南巩县）的唐三彩，派生出了早期的青花瓷器。晚唐始烧的定窑（在今河北曲阳涧滋村）发展为北方名窑。在唐和五代，越窑和邢窑、定窑南北辉映。广东广州西村窑的青釉划黑花瓷器，釉色光润，别具一格，还远销东南亚国家。

六、新宗教的传播融和与思想界的两军对垒

汉代刘家王朝的崩溃，使独尊已久的儒教一度黯然失色，但生命力依然存在。道家发展为道教，又变生玄学，以适应社会的需要；遇上了外来的佛教，助其中国化。于是，玄学、道教和佛教构成了这时期统治者的三大精神支柱，一个唯心主义的同盟。与此同时，唯物主义自然观的发展，产生了战斗的无神论者。两军对垒，爆发出照耀千秋的智慧火花。

佛教对中国文化的影响十分复杂，有负面的，有正面的，有近期的，有长远的。建筑风格首当其冲。至唐宋，高僧越来越多，著名的天文学家、博物学家也从僧人的队伍中出现，佛家寺院竟成了培养科技人才的摇篮之一。

（一）佛教的中国化和佛教建筑

汉代佛教自印度传入我国之初，尚未与中国传统文化相融和，影响力不大。三国纷争时，随着大一统帝国的崩溃，社会动乱不

停,中国固有的传统文化的魅力削弱,佛教的影响乘机增加。到两晋南北朝时期,战乱似无休止,百姓痛苦不堪。统治者们,你下去,我上台,说不定哪一天又被推翻,时有朝不保夕之忧。对人生的虚幻和失望之感,以及逃避兵役等种种优惠,驱使和诱使大批人投入沙门的怀抱。许多统治者为了消磨人民反抗的斗志,也竞相提倡佛教。上上下下信佛的结果,佛教在中国大事发展。据《魏书·释老志》统计,公元540年时,北方佛寺达三万余所,僧尼有二百万之众。佛教在中国,逐渐找出了一条与中国传统文化相结合,即中国化的路子。思想上,以玄学解释佛教教义,以利于中国人对佛教的认同。形体上,佛教建筑与中国固有建筑传统相结合,形成了中国式的佛塔建筑。

佛教建筑是佛教存在和传播的重要标志。随着佛教向中国深处渗透,西域和印度的建筑形式大规模流入中土。《魏书·释老志》说:"凡宫塔制度,犹依天竺(印度)旧状而重构之,从一级至三、五、七、九,世人相承,谓之浮图。"塔式建筑自印度传入中国后,与中国固有的阁楼建筑结合起来,形成了中国式的楼阁式塔。佛塔加上西周以来的宫室布局,构成了中国寺院。杨衒之的《洛阳伽蓝记》记北魏著名的永宁寺说:"永宁寺熙平元年(516年)灵太后胡氏所立,中有九层浮图一所,架木为一,高九十丈,有刹复高十丈,合去地一千尺,去京师百里遥已见之。刹上有金宝瓶,容二十五石。宝瓶下有承露金盘三十重,周匝皆垂金铎。浮图有九级,角角皆悬金铎,合上下有一百二十铎。浮图有四面,面有三户六窗,户皆金漆,扉上有五行金铃,合有五千四百枚。僧房楼观一千余间,雕梁粉壁,青璅绮疏,难得而言。波斯国胡人言,此寺精丽,遍阎浮所无也!"北魏的宝塔历经寒暑风雨、地震、战火等自然和人为灾害,几乎荡然无存,硕果仅存者,惟有嵩岳寺塔。

嵩岳寺塔是我国现存最古的寺塔,以砖构体,上下十五层,高四十多米,收分合理,远看线条柔和圆润。细看外部平面呈十二角形,为密檐式;内部为八角形,为楼阁式。塔下层的倚柱和佛龛形式保存了古印度的风格。这一中印文化的结晶巍然屹立于河南省登封县嵩山南麓(图5-8)。

图 5-8　北魏嵩岳寺塔(位于河南登封嵩山南麓)

石窟寺是源于印度的另一类佛教建筑，随着佛教的广泛传播，南北朝的大型石窟遍布于新疆、甘肃、陕西、山西、河南、辽宁、河北、山东、浙江、江西、四川等地。石窟较易保存，我国现存的石窟比它的发源地印度还多得多，而且已带有中国传统的建筑特点。

在当时的佛教造像风中，最起劲的是北魏政权。它以平城为都时，在附近开凿了云冈石窟(在今山西大同)，后又在新都洛阳附近凿龙门石窟，均弘大雄伟。云冈石窟长约一公里，共有大小四十几个洞窟；最大的佛像，高达15.6米，敦煌的北魏千佛洞石窟、太原的北齐天龙山石窟等，除造像外，还有精美奇妙的壁画和浮雕，内容包括殿宇、楼阁、亭台、佛塔、房屋以及佛教故事等，无意中为后人保存了宝贵的建筑史和文化史资料。

南朝的佛教建筑不如北朝多，但自信佛的梁武帝后，亦渐盛丽。脍炙人口的杜牧《江南春》诗句云："南朝四百八十寺，多少楼台烟雨中"，部分地反映了当年江南寺庙的盛况。不过，南朝佛教的风尚和北方颇不相同。北方佛教常带政治性，道佛之争，大多是政治问题的冲突。南方佛教多带哲学性，道佛之争，多属哲理方面。

道教的功臣葛洪，借用道家的一些理论，为道教理论化奠定了基础。另一些道学之士早已另辟蹊径，从道家之学发展出玄学一派。先是名士何晏(约195—249年)和王弼(226—249年)以祖述老子自命，提倡"无"(亦即"道")是宇宙的本源。后来向秀和郭象(约252—312年)一手接过玄学开拓者的以"无"为本的本体论，另一手又接过了裴頠(267—300年)"崇有"的旗帜，认为每个事物本身都是自己产生、独立存在的，万物产生的总根源是一个不可认识的神秘世界，从而把玄学发展到新阶段。

魏晋时期玄学之风大盛，给佛教徒一个启发：佛教中的空宗般若学的基本范畴——空，与玄学中的基本范畴——无，在内涵上有许多接近的地方。如用中国土生的玄学理论来解释空宗，后者就较易为中国人所接受。僧人道安(312—385年)及其弟子慧远便以玄学解释空宗，开辟了佛教与玄学相结合之途。佛教与玄学的结合，形成了一些不同的流派。佛教理论大师僧肇(384—414年)著《肇论》，对魏晋玄学和佛教各主要流派的基本理论，作了批判性的总结，创造性地阐发了中国式的空宗理论。中国佛学从此走上了独立于印度佛教的发展道路，而与玄学、道教相互利用，联成了一个唯心主义自然观的阵营。那时候，有些学者同时精研三教，如南齐的张融，病卒前遗命，入殓时左手执《孝经》、《老子》，右手执《小品》、《法华经》。陶弘景的道号为华阳真人，佛教徒称之为胜力菩萨，也属三教一体的人物。面对唯心主义自然观黑云压城之势，具有唯物主义倾向的思想家和科学家从中国传统中走出来，与唯心主义进行了针锋相对的斗争。

(二)《神灭论》和思想界的两军对垒

三国时，吴国的杨泉撰《物理论》十六卷(现仅存后人辑本一卷)，利用元气论解释宇宙的本原及天地万物的生成，把单一的元素"水"作为万物之源，以与玄学所主张的超物质的"无"相对抗。裴頠撰《崇有论》，他说："夫总混群本，宗极之道也；方以族异，庶类之品也；形象著分，有生之体也；化感错综，理迹之原也。"裴頠认为总括万有的道不是虚无的，以"崇有"与何晏、王弼的"贵无"论相对抗，坚持了唯物主义的自然观，批驳了以"无"为本的唯心主义思想。

时至南朝，以佛教和反佛教的斗争为背景，思想界出现了人类灵魂到底有无的大争论。

灵魂说是佛教学说的"灵魂"。而反佛教神学的一派主张人生只有心的作用，没有灵魂，人死则心的作用随之俱息。天文学家何承天也站在这一边，这派中最杰出的斗士是范缜（约450—515年）。范缜字子真，萧齐时官至宜都太守。范缜所写的《神灭论》，继承和发展了我国古代的无神论思想，指出精神和形体是相互关联，不可分离的，"形者，神之质；神者，形之用"，"神即形也；是以形存则神存，形谢则神灭"。以往的无神论者常以烛尽火灭来说明形灭则神灭，实际上把精神视为一种特殊的物质。范缜进一步用刃和利的关系来说明形灭则神灭，他指出："神之于质，犹利之于刃；形之于用，犹刃之于利"，"未闻刃没而利存，岂容形亡而神在？"这种论述，使无神论思想找到了一个新的立足点。范缜认为世界上万物的生成、变化，各顺"天理"（自然法则），"各安其性"，不同的事物有不同"质"，"质"的变动遵循一定的规律，这是"物之理"。如人死后，"有知"之"质"会转化为"无知"之"质"。范缜的一系列论述，把我国古代唯物主义无神论思想体系推进到一个新的阶段。同时，范缜的神灭论也强化了注重现实世界的儒家传统对外来的佛教的地位。《神灭论》发表后，朝野喧哗，两刃相割。信佛的齐竟陵王萧子良"集僧难之而不能屈"，① 崇佛的梁武帝曾诏令臣僚60余人为文答辩，企图压倒无神论。但范缜独树一帜，"辩摧众口，日服千人"，显示了无神论思想的空前的战斗力，对于这一历史阶段的科学的发展，是一种有力的促进。

---

① 《梁书》卷四十八。

第六章
隋唐盛世

说不是循环，隋唐和秦汉的历史竟是那么相似。说是循环，历史毕竟不会简单重复，隋唐比秦汉时期已前进了一大步。

秦汉时期中国古代科学技术体系形成，隋唐时期中国古代科学技术体系成熟。秦汉时期，政治中心和经济关键地区基本上是统一的；隋唐时期，拥有政治中心的北方和拥有经济关键区的南方既是分离的，又通过诸如大运河这样的渠道相联系。秦汉时期发明造纸术，隋唐之际用纸印刷，发明了印刷术。唐中期发明火药，指南针的发明也可追溯到唐代，造纸术的西传亦发生于唐代。这几项具有代表性的大发明，已可简单地说明这样一个事实，在前代科技成就的基础上，隋唐时期科技成就无论在数量上还是质量上均超过了前代。

隋唐时期国家统一，经济繁荣，国力雄厚，对外开放，科技领域争大求精。长安、洛阳的超级都市建设，纵贯南北的大运河的沟通，海陆交通的全面出击，造船、纺织、造纸、陶瓷、冶金等手工业技术的进步，无不带有隋唐盛世的时代特点。

几届政府重视文化和法制建设，从大规模抄书到刊印经书，注

《算经十书》、修《新修本草》、辑《三洞琼纲》，表现了文化建设的远见和魄力。唐政府对各种思想，包括道家、佛家、儒家，甚至景教等西方宗教的宽容，不但体现在整个社会风气上，而且在科学家个人身上也产生了有积极意义的结果。著名的科学家如一行、李淳风、孙思邈等，往往兼收并蓄，一行是有道家素养的和尚，李淳风是有道家倾向的儒者、职业官吏，孙思邈是兼好释典的道家，善谈百家之说，结果成就不凡。

唐朝佛教、道教的盛行，不可避免地引起了唯心主义思潮的泛滥，同时也刺激了唯物主义自然观的发展。可惜站出来作斗争的，科学家不及文学家。柳宗元(773—819年)和刘禹锡(772—842年)一唱一和，发展了古代唯物主义的自然观。柳宗元在王充元气说的基础上，论证了宇宙是由元气形成的，否定了造物主的存在。刘禹锡补充了柳宗元的自然观，创造性地提出了天与人"交相胜"、"还相用"的观点，指出"天之所能者，生万物也，人之所能者，治万物也"。他们的学说，闪耀着朴素的唯物主义和辩证法的光辉。但从人才培养制度上来检讨，隋唐国子监教育到科举制度的形成，虽对数学、历学、医学等科技人才的培养起过一定的作用，实际情况是，大批精英涌向文学领域，创造了中国文学史上著名的唐诗时代，给唐朝的科技涂上了浓厚的人文主义色彩；加上一些科技人物的宗教背景和束缚，隋唐的科技潜力并未充分发挥出来。

安史之乱后，唐廷衰残，这个残局一直延伸到五代十国。直到宋代，才在技术上把唐代所构想的一切，基本上悉数付诸实施。

一、经济重心的南移和南方耕作技术体系的形成

隋唐时期号称封建盛世，它的物质基础是兴盛的农业经济，其来有自。继南北朝北方旱作地区形成了以耕—耙—耱为特色的一整套耕作技术后，隋唐时期日益发展的南方，在北方旱地耕作技术的影响下，逐渐形成了以耕—耙—耖为中心的一整套适合南方水田地区的技术措施，基本上奠定了我国南方水田的耕作技术体系。同时，耕地用的铁农具趋于成熟定型，南北方水利事业开始齐头并

进，灌溉技术也大有进步。唐德宗建中元年(780年)实行赋税制度的重大变革，以两税法代替租庸调制。先进的农业技术，结合农田基本建设，加上制度的配合，开创了前所未有的新局面。其中，南方的改变尤为显著，经济重心日益南移，其首要标志就是南北大运河的沟通。大运河建成后，经济重心南移的步伐更为加快。

（一）南北交通的大动脉——大运河

万里长城筑起了中国古代科技体系，南北大运河打开了通向古代科技高峰的道路。就像万里长城并非始于秦始皇而完成于秦世一样，京杭大运河的开凿也非自隋炀帝始。大运河部分地段的开凿，可以一直追溯到先秦时期。公元前486年吴王夫差为争霸中原所开凿的邗沟，沟通江淮，乃是今日京杭大运河中历史最久的一段。经过春秋至魏晋近千年的经营，我国运河的分布已西至关中，东抵海滨，北接滦河，南逾五岭。漕运之事，随经济重心的南移，至隋唐大盛，迫切需要解决交通运输问题。开皇四年(584年)，隋文帝已"令工匠巡历渠道，观地理之宜，审终久之义"，① 进行勘查，制订修复方案，以解决交通运输困难的问题。同年，诏令宇文恺率水工修复西汉的关中漕渠，命名为广通渠。自首都大兴城引渭水东至潼关，长达三百余里，转运通利，公私赖之。开皇七年(587年)，为南下平定陈朝，重浚邗沟，名为山阳渎。隋炀帝即位后，一边兴建东都洛阳，一边发动无数民工，开凿以洛阳为中心的大运河工程。大业元年(605年)，征发百万多民工，以汴水为基础，开凿通济渠；又征发十几万民工，重浚拓宽邗沟。使长江、淮河、黄河、汴河、汾河、渭水之水，互相灌输。"水面阔四十步，通龙舟。两岸为大道，种榆柳，自东都(洛阳)至江都(扬州)，二千余里，树荫相交。"②大业四年(608年)，用兵辽东，又征发河北一百多万人，开凿永济渠，长二千多里，引沁水南通黄河、北通涿郡(北京)。大业六年(610年)，又开八百余里之江南河，由长江边的京

---

① 《隋唐·食货志》。
② 《大业杂志》。

口(镇江),直通钱塘江畔的余杭(杭州)。从开皇四年算起,至大业六年,为完成京杭大运河工程,共花了26年,前后动用了数百万民工。大运河全长二千余公里,沟通了钱塘江、长江、淮河、黄河、海河五大水系,形成了以长安、洛阳为轴心向东北、东南辐射的水运网,加强了南北方与中原的联系及经济文化交流。大运河规划严密,布局合理,加上南方天然与人工的水系,使三江五湖、七泽十薮联成一片,旁通巴蜀、前接闽越,控制河洛,兼包淮海,乃是世界水利史上的壮举。隋炀帝从运河游幸江都,再也没有回京的日子,而唐朝继承的这份遗产却起了沟通南北的重要作用,各路"弘舸巨舰,千轴万艘,交贸往还,昧旦永日"。[①] 安史之乱后,藩镇割据,政府财政几乎全赖江淮供给。经济命脉所系,通济渠的地位显得更为重要。

元代建都大都(北京),在山东、河北地区开凿了济州河,会通河、通惠河等,到至元三十年(1293年),京杭大运河全线告成,江淮漕船可由水路北上直达北京。明清时,京杭大运河全部成为人工疏导的河道,自北向南分为七段,即通惠河、北运河、南运河、山东运河、中运河、里运河、江南运河,全长1794公里。(图6-1)夹运河两岸,出现了一串明珠似的都市,如通州、德州、临清、济宁、淮阴、淮安、扬州、镇江、苏州、嘉兴、杭州等,或以工商业繁荣著名,或以历史文化名城取胜,或两者兼而有之。时至今日,京杭大运河的某些河道已经淤废,但仍有不少水段依然担负着重要的运输任务。

(二)水利和太湖圩田

农田水利的大型工程,西汉以前大多在北方,自东汉开始,逐渐南移。六朝时期,南方得到进一步的发展。至隋唐,南方经济在国民经济中的比重更为增加,除举世闻名的南北大运河之外,南北方均有兴修水利之举,而南方的进展尤为显著。北方重要粮仓——关中地区的农田水利,在原有的基础上继续发展。黄河汾河河曲地

---

① 《旧唐书·崔融传》。

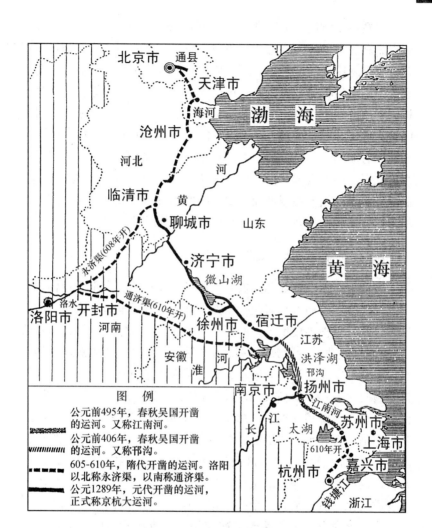

图 6-1 历代修建大运河简图

带的水利得到开发，龙门以下的引黄河灌溉工程也发挥了作用。南方的长江筑起了堤防。长江流域出现了形似纺车的筒车，可利用水的冲力转动，把低处的水提到高处灌溉。江浙筑起了海塘，福建的福州、长乐一带也开始兴筑海堤，修建斗门，控制咸潮浸灌，开辟一年两熟的良田，而更为重要的是太湖地区的圩田建设。

远在春秋时期，吴国和越国已开始筑圩、围田，改造低洼地，所以太湖流域的圩田有悠久的历史。但是，它的周密规划和科学布置，则是从中唐时期开始，到五代时吴越国才粗具规模的。在古代系统工程思想指导下，太湖圩田以圩堤、河渠、堰闸等构成一个有机运转的整体。每五至七里开一纵浦，七至十里修一横塘，浦塘之间垦为圩田，堤岸高厚，倘遇洪水，将由塘浦辗转出海。重要港浦，设有堰闸。"旱则开闸引江水之利，潦则闭闸拒江水之害。"[①]高地低田之间，设置斗门堰闸，可以分级分区控制，高地不怕旱，低地不患涝。太湖流域塘浦圩田系统的形成，造成了大片旱涝保收的良田，使我国又多了一个粮食生产的重要基地。

(三)"苏湖熟，天下足"

粮食生产的丰歉好坏是农业经济是否发达的一个重要指标。隋末乱世之后，唐初人口减至一千万，到玄宗开元盛世，人口又逾五千万，这与重视粮食生产、府库充盈大有关系。隋世仓储，为古代之冠。据《通典·食货典》记载，隋"西京太仓，东京含嘉仓、洛口仓，华州永丰仓，陕州太原仓，储米粟多者千万石。天下义仓，又皆充满"。考古发掘材料已经证实《通典》所言不虚。1971年对隋唐洛阳含嘉仓发掘和探查时，探出粮窖259个，发掘了其中的6个。各窖都是口大底小的圆罐形，结构合理，简单坚固，具有较好的防潮防腐性能。最大的窖，口径达18米左右，深约12米；最小的窖，口径约8米，深6米左右。在第160号窖内，原来贮藏的谷子已变质炭化，占据了大半个窖。据推算，此窖原储量约有25万公斤。这批窖内出土的八块铭文砖表明，这批粮食入贮于武则天时代。含嘉仓的储粮中既有江南的租米，又有华北的租粟，大多是漕运入洛的。至唐代开元、天宝"盛世"，"耕者益力，四海之内，高山绝壑，耒耜亦满。人家粮储，皆及数岁。太仓委积，陈腐不可校量"。[②]到太湖圩田系统形成后，"苏湖熟，天下足"，大好河山又

---

① 《吴门水利书》。
② 《元次山集·问进士第三》。

增加了一个新的"粮仓"。

(四)《耒耜经》和江东犁

似乎是为了证明南方水利技术的进步,我国第一部农具专著《耒耜经》不早不迟,恰恰在唐代出现于江南。作者陆龟蒙(?—约881年)长洲(吴郡)人,字鲁望,考进士不第,曾任苏、湖二郡从事,后隐居松江甫里,多所论撰。与科技有关的,主要是《耒耜经》,书中记载的江东犁,代表了当时最先进的农具。西汉中期,铁犁铧加置了犁壁,改善了翻土起垄的效果。西汉晚期,犁上装了犁箭,用以调节耕犁之深浅。发展到唐代,犁的结构已相当完备。唐后期,江东犁由十一个部件(犁镵、犁壁、犁底、压镵、策额、犁箭、犁辕、犁评、犁建、犁梢、犁槃)所组成,用它耕地,欲深欲浅,运用自如。此外,掘土整地的铁锸、碎土整地的砺礋等新农具也在这时出现。

(五)茶和《茶经》

说起唐代的经济作物,不得不提到茶。中国是茶叶的故乡,茶树栽培、茶叶加工和不少饮茶习惯均起源于我国。

茶叶有兴奋利尿的作用,还有杀菌、解毒之功效,古人先是作为一种药材认识它,后来才当作饮料。我国饮茶的风俗,至迟在西汉时已经形成。公元前59年王褒的《僮约》提到家僮的职责中就有煮茶和买茶叶之事,这是迄今已经发现的关于我国饮茶的最早的明确记载。三国西晋南北朝时期,饮茶之风渐被神州,并开始输入亚洲的一些国家。茶似乎特别适合佛教徒的生活方式,各地寺院纷纷种茶,讲究饮茶之法。公元805年,日本僧人最澄从中国带回茶籽,种在贺滋县,不久便推广到全日本。828年又传入朝鲜。在中国,唐代茶树的种植遍及50多个州郡,茶文化蓬勃发展,不仅"茶佛一味",而且广大民众也和茶结下了不解之缘。

唐代"风俗贵茶,茶之名品益众"。① 据不完全统计,当时已

---

① 《唐国史补》。

有20多种名茶。建中四年(783年),唐政府建立了茶税制度。它的建立标志着茶叶的生产和加工已发展为农业经济的一个重要财源。

公元8世纪中叶成书的《四时纂要》最早记载了茶树的栽培方法,介绍了播种的季节、密度、中耕、施肥、排水、灌溉、遮荫等一系列措施,还说道"收茶子,熟时收取子,和湿沙土拌,筐笼盛之,穰草盖。不尔,即乃冻不生,至二月出种之"。这种沙藏催芽法至今仍有实用价值。

唐朝的茶叶加工,主要是蒸青制法,采来的鲜叶用蒸气杀青,捣碎,制成茶饼,烘干待用。饮用时将它捣碎,放入壶中煎煮,外加葱、姜、橘、盐等调料。因为饮茶有提神等多种功效,大受文人学士的青睐,茶事也变成了吟诗作赋的清雅题材。与此同时,世界上第一部茶叶专著陆羽的《茶经》及时出世。陆羽为唐竟陵(在今湖北省天门县)人,号竟陵子,上元(760—761年)初,隐居于浙江苕溪。苕溪一带是当时重要的茶叶产地之一,陆羽在此著《茶经》三卷,分别论述茶之原、茶之法、茶之具,文词朴雅,有古之遗风,从茶的起源、历史、栽培、采制,到煮茶、用水、火候、茶具,面面俱到,多有新意。如陆羽认为煮茶山水为上,江水居中,井水最下。煮时只可三沸,过此则汤老不可用。《茶经》一出,天下更是尚茶成风,对于茶叶业以及相关行业(如制瓷业)的发展大有促进作用。中国历史博物馆藏有一组传20世纪50年代出土于河北唐县的白釉瓷茶具,还有一件手捧《茶经》的瓷人陆羽,可能是五代邢窑的产品。(图6-2)①唐中叶以后,茶叶不再是上层人士或有钱家庭特有的享受品,它走入了寻常百姓家,普及到北方,远传塞外少数民族地区。宋、元、明三代,制茶技术不断革新提高,饮茶方法也起了变化。宋以后,取消调料,饮茶直接用焙干的茶叶煎煮。明代发明炒青制茶,茶叶不再煎煮,改用开水冲泡。同时还出现了多种茶叶专著,起到了推动茶叶生产,普及饮茶知识的积极作用。

---

① 孙机、刘家琳:《记一组邢窑茶具及同出的瓷人像》,《文物》1990年第4期,第37~40、79页。

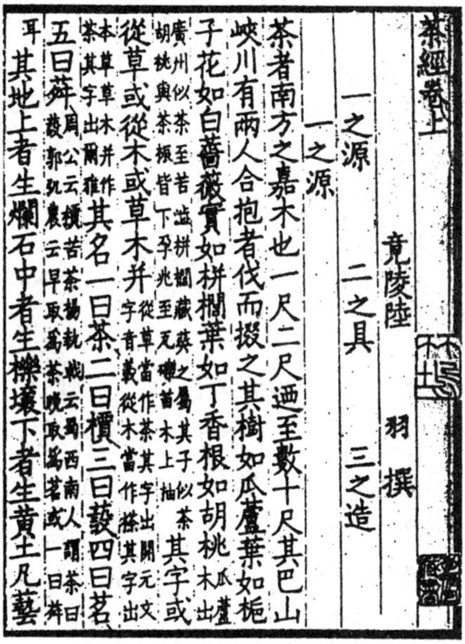

茶經卷上

竟陵陸羽撰

一之源 二之具 三之造

一之源

茶者南方之嘉木也一尺二尺迺至數十尺其巴山峽川有兩人合抱者伐而掇之其樹如瓜蘆葉如梔子花如白薔薇實如栟櫚葉如丁香根如胡桃瓜蘆木出廣州似茶至苦澀栟櫚蒲葵之屬其子似茶胡桃與茶根皆下孕兆至瓦礫苗木上抽其字或從草或從木或草木并從草當作茶其字出開元文字音義從木當作梌其字出本草草木并作荼其字出爾雅其名一曰茶二曰檟三曰蔎四曰茗五曰荈周公云檟苦荼楊執戟云蜀西南人謂茶曰蔎郭弘農云早取為茶晚取為茗或一曰荈耳其地上者生爛石中者生櫟壤下者生黃土凡藝

图 6-2 《茶经》书影

随着制茶技术的提高，饮茶方法的简单化，茶不但在中国越来越大众化，而且走出国门，香飘四海。先是中国茶文化东渐日本，产生了日本的茶道。17 世纪初茶叶输入欧洲。自 1651 年起，荷兰东印度公司开始将中国茶叶运销欧洲市场。1657 年，一位法国医生著文称中国茶叶为“神草”，可与圣酒仙药相媲美。19 世纪，斯里兰卡、印度、越南、俄国等先后从我国引入茶籽种植成功。如今，中国茶这一对外经济文化交流的友好使者变成了当今世界上最受人欢迎的饮料之一。

二、三大发明及其相关问题

英国哲学家弗朗西斯·培根(Francis Bacon，1561—1626 年)在所著《新工具》(1620 年)中曾说：“印刷术、火药、磁石这三种发明，它们的'结果'，已把整个世界的面貌和事物的状态全然加以改变，第一种是对文学，第二种是对战争，第三种则为对航海。随着这些发明之利用，引起了无数的变迁。如此看来，世上没有一个帝国，没有一个教派，没有一个星宿比这些机械发明能够对于人事发生过更大的力量和影响。"①科学技术的确是第一生产力，而印刷术、火药、指南针正是中世纪先进科学技术的杰出代表。追根溯源，这三种发明都源自中国。

(一) 雕版印刷术的发明

纸的发明和广泛使用，使各类著作和公私藏书日益增多，书籍复制技术成了当务之急，印刷术终于在中国传统文化的土壤中萌生了。印刷术的发明和发展，反过来又促进了造纸业和造纸技术向前发展。麻纸大量生产，藤纸身价百倍，技术要求较高的竹纸首先在南方问世，标志着我国造纸技术进入了成熟的新阶段。用檀皮为原料，特别适用于书法绘画的名贵纸张——宣纸，也在唐代出现，它问世于安徽宣州一带，故称"玉版宣"，是贡品之一。

雕版印刷术正式发明之前，应用相同印刷原理的反文印章早已在我国出现，秦汉时这种印章已相当普遍。陶量器上的铭文，也是用木戳根据反文的原理制造出来的。魏晋道士刻符录于木而印符印。晋代流行的反写阳文凸字的砖志，南朝萧梁时的反写反刻阴文神通石柱等，表明反刻文字的刻凿技术已为人们所熟练掌握，正反转换可随心所欲。东汉时发明的人造松烟墨，既是优良的书写原料，又是印刷着色的上好原料。至萧梁时，创造了拓碑技术。至此，印刷术的发明简直呼之欲出。

迄今为止，人们还不能确定发明印刷术的具体年代，各家争鸣不下20余种。钱存训的《纸和印刷》一书对前人之说作了分析、介绍，以现存实物为依据，推测印刷术当发明于7世纪内。② 潘吉星

---

① Francis Bacon: *Novum Organum*。
② Tsien Tsuen-Hsuin: *Science and Civilisation in China*, Vol. V, Part 1, Cambridge University Press, 1985, pp. 148—149。

的研究结果表明,中国印刷术起源年代不迟于隋末(605—618年)。① 不管怎么说,隋唐之际,雕版印刷术已在中国诞生。

现存世界上最早的印刷品,学术界一度认为是1966年10月13日在韩国新罗朝(668—935年)古都庆州佛国寺释迦塔内发现的印本汉字译经《无垢净光大陀罗尼经》。(图6-3)此经刻本未见明确的年代,但经文中含有唐武则天(624—705年)称帝时(690—704年)颁行的新制字和宋以前流行的异体字或俗体字。卷末有"辛未除日素林"六字题记。公元702年6月4日是"辛未除日"。潘吉星考证为此经于701年译自梵典,刊刻时间在702年,刊刻地点为唐东都洛阳。近年韩国学术界误将此经断为新罗朝706—751年间韩国的木版印刷品,以为印刷术起源于韩国。实际上,此经在中国刊行后,702—704年间传入新罗。日本在770年以中国唐刻本为底本,曾印刷百万纸,分送国内佛寺建塔藏之。而其底本与庆州发现者为同一版本,可见庆州发现本也是中国唐刻本。

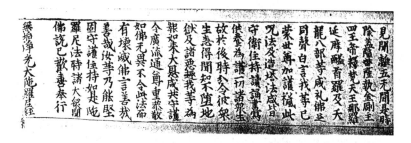

图6-3 《无垢净光大陀罗尼经》(1966年韩国庆州佛国寺释迦塔内发现)

迄今所见世上最早的单页本印刷品,系1974年西安柴油机厂唐墓中出土的梵文《陀罗尼咒》刻本,其刊年不迟于650—670年。②

现已发现的最早的卷子本印刷品,是1906年新疆吐鲁番发现

---

① 一丁、安平:《印刷术源起中国不容置疑》,《中国科学报》(海外版)1996年11月25日。

② 潘吉星:《印刷术的起源地:韩国还是中国?》,《自然科学史研究》,1997年第1期,第50~68页。

的《妙法莲华经》，690—699 年间刻印于长安。世界上现存的第一部标有年代的木版印刷品，是咸通九年（868 年）王玠出资刻印的《金刚般若波罗蜜经》，乃 1907 年从敦煌石窟中发现，由七张纸粘成一卷，全长 488 厘米，刀法细腻，人物逼真，刻印技术已很成熟。

隋唐时期，佛教盛行，宗教活动对佛像、佛经的需求，是促成印刷术发明与发展的重要因素之一。印刷术发明后，确实也印了大量的宗教印刷品。7 世纪中叶，"玄奘以回锋纸印普贤像，施于四方，每岁五驮无余"。① 9 世纪中叶，司空图为僧惠确作《募雕刻律疏》，文中提到洛阳兵乱之后，"递焚印本，渐虞散失，欲更雕镂"，可见这时印刷术早已不是什么新发明了。唐代除了大事刻印佛教经典外，道教书籍亦有刻印。9 世纪中叶，纥干臯任江南西道观察使，"曾大延方术之士，作《刘宏传》，雕印数千本，以寄中朝及四海精心烧炼之者"。②《柳玭家训》说，中和三年（883 年），成都书肆中，有不少是关于阴阳杂记、占梦、相宅、九宫五纬之流的书籍。

从科学文化的发展中脱胎而出的印刷术，在唐代就开始了回报科学文化的进程。如 9 世纪上半叶，江浙一带多抄写刻印著名诗人白居易、元稹的诗歌，卖于市肆之中。9 世纪中叶，多卷本的《唐韵》、《玉篇》已雕版印刷并传往日本。《字书》、《小学》等教学用书在唐末成都书肆有售。各种零星记载和文物表示，历法和医药书籍，也不失时机地用上了印刷术。政府的历书是用雕版印刷的，唐文宗太和九年（835 年）敕诸道府不得私置历日板，而实际上，在中央政府颁行历日以前，不少地方亦已刻印历日出售。据《册府元龟》卷一百六十记载，当时"剑南两川及淮南道皆以版印历日鬻于市。每岁司天台未奏颁下新历，其印历已满天下"。现存最早刻印的历书是乾符四年（877 年）历书，连同咸通九年《金刚经》印本，均被斯坦因弄往国外，现存伦敦博物院图书馆。从咸通二年（861

---

① 冯贽：《云仙散录》引《僧园逸录》。
② 《云溪友议》卷一。

年)根据长安东市李家印本传抄的《新集备忘灸经》抄本(此抄本为法人伯希和弄走,今藏于巴黎国家图书馆)可知,民间已印刷出售医药书籍。

(二)炼丹术黄金时代的顶峰和结束

唐代炼丹术经历了黄金时代的顶峰和结束。李唐王朝,把老子李聃尊为始祖,道教奉为国教,上自帝王、下至士大夫及一般知识分子,都不同程度地受到炼丹术的影响。唐代不少皇帝是金丹毒的牺牲者。著名的文学家李白、杜甫、韩愈、柳宗元、刘禹锡、白居易、元稹等,都与炼丹术打过交道或对此有所认识,留下了耐人寻味的一些诗文。而职业炼丹家撰写的大量炼丹术著作,更为推动化学和医学的发展作出了重要的贡献。唐代炼丹术传到了印度和阿拉伯世界。影响深远的火药的发明,有了明确可靠的文字记载。集道家著作之大成的《三洞琼纲》的编纂成了日后《道藏》编纂的开端。

唐代的孙思邈是与葛洪、陶弘景并驾齐驱的大炼丹术家和著名医学家。他的医学著作《千金要方》、《千金翼方》,在中国医学史上有重要的地位。他的最重要的炼丹术著作是《太清丹经要诀》,书中列出十八种秘方,炼制十四种不同的不老药。与金丹毒受害者的遭遇不同,孙思邈活到了102岁。他曾说:"凡服食,先服草木药,大觉得力,然后服石药。药有逆顺,所谓差之毫毛,失之千里也,然后可服丹不相害也。"①说不定正是因为掌握了较为科学的服食法,降低了丹药的副作用,所以孙思邈的长寿之道能够实践成功。

孙思邈的弟子孟诜(621—713年)继承了乃师的事业,也在炼丹和医药两方面著名,著有《食疗本草》一书。孟诜在"补养方"中记载,用白米饲食猫犬的话,会导致脚的挛缩,这是世界上关于缺少维生素乙而引起脚气病一类症状的最早记录。

炼丹术对化学发展的影响是多方面的:炼丹的设备是化学实验设备的前身,炼丹的药物是化学反应的原料和生成物,炼丹中的化学变化丰富了人们对化学反应的认识。

---

① 《枕中记·长生服饵》。

当时炼丹的工具设备有丹炉、丹鼎、水海、石榴罐、坩埚子、抽汞器、华池、研磨器、绢筛、马尾罗等十多种。1970年10月，在西安市南郊何家村唐邠王府遗址出土了两瓮唐代窖藏文物，其中有医药类文物银制石榴罐4个、研药器玛瑙臼一个、玉杵一枚，谅是炼丹工具。石榴罐是一种简单的蒸馏器，发展到宋代，变得相当完善。如《丹房须知》(1163年成书)所载的蒸馏器图(图6-4)，已有专门的冷凝罐，通过一管与炉上盛药物的密闭容器相连。

图6-4 《丹房须知》蒸馏器图

公元664年的矿物学专著《金石簿五九数诀》指出，炼丹时"先须识金石，定其形质，知美恶所处法"。在这种思想指导下，书中详列了各种药物的形质、品质和产地。唐时所用的炼丹药物除国产的外，还有从域外输入的，如波斯的石棉和密陀僧等。

公元806年，梅彪编撰了一部《石药尔雅》，这部矿物药物同义词典列举了163种化学物质和它们的隐名，69种丹药，以及作者所知的炼丹术著作书目，给人们特别是炼丹者以方便。其晦涩的风格和大量隐名对炼丹界各有利弊。有些隐名一义多词，如《石药尔雅》中水银的隐名有27个。何丙郁说："梅彪所列的隐名尚未齐全,我们可以轻易举出水银另有十六个隐名。"[1]有些隐名是一词多义,如"华池"是水法炼丹的重要工具,一类槽形容器,它可以盛浓醋酸,也可以盛水银或其他液体。所以"华池"有时也指醋酸或水银。

唐代炼丹术的进步,加深了人们对化学反应的认识,用药趋向定量化,采用小剂量,各种药物之间也要求一定的比例。当时用汞和硫黄制造丹砂,用汞、硫黄和食盐制造水银霜($HgCl_2$)的技术已相当完善,开始利用朴硝(硫酸钠)和芒硝(硝酸钾)的水溶液提取硫酸钾的结晶,利用汞和锡制造锡汞齐,并在世界上率先制得了单质砷。某些炼丹化学反应的生成物,由医药家兼炼丹家们应用于临床取得经验逐渐推广。如孙思邈的《千金翼方》中记载的"飞水银霜法",可以治疗疥癣、湿疹等皮肤病。药王孙思邈用丹砂、曾青、雌黄(AS_2S_3)、雄黄(AS_2S_2)、磁石、金牙(主要成分是铜)等进行化学反应,升华得到名为"太一神精丹"的化学制剂,内含氧化砷、氧化汞,外用能够治疗皮肤病,内服可以治疗回归热和疟疾,且有一定的健身作用。医用炼丹术是炼丹术的精华,至今仍有相当的科学价值值得继续发掘。

随着道教与炼丹术的发展,各类著作日渐丰富,产生了搜集整理,以免失传的需要。这个过程,在六朝时已经开始,唐玄宗开元年间(713—741年),下令各地道观搜集道教的经典汇编成《三洞琼纲》三千七百多卷,这是道家典籍汇辑成"藏"的开端,《三洞琼纲》和《石药尔雅》的出现,标志着炼丹术黄金时代的顶峰与结束。安史之乱和黄巢起义一再使《三洞琼纲》流散,唐宋时继续不断出现的大量道教和炼丹术著作,又为编辑新丛书准备了条件。1019年《大宋天宫道藏》问世,后来刊印过几种《道藏》先后毁于战火。明代正统九年(1444年)刊刻了《正统道藏》五千三百零五卷,万历35年(1607年)增刊《续道藏》一百八十卷,清道光年间又有增补。正续《道藏》共收道教经书和有关诸子百家文集1476种,合计五千四百八十五卷,内容非常庞杂。1923至1926年,上海商务印书馆据

---

[1] 何丙郁、何冠彪:《中国科技史概论》,中华书局香港分局1983年版,第232页。

北京白云观藏本重刊正续《道藏》是为涵芬楼本。近年台湾和大陆又先后有重刊《道藏》之举。《道藏》卷帙浩繁，是中国传统文化的重要汇集之一，虽然其中有些内容与道教关系不大，有些内容含有封建迷信糟粕，但关键在于如何古为今用。单是其中与炼丹有关的一百多种书籍，就是研究外丹和内丹的珍贵史料。

(三) 火药的发明与西传

公元4世纪初葛洪的《抱朴子内篇》中有以硝石等三物炼雄黄("饵雄黄方")的记载，此种配方具有燃爆的可能性，可以视为原火药配方的滥觞。

大约在公元700年，唐代著名的炼丹家陈少微在其《大洞炼真宝经修伏灵砂妙诀》中提出了"阴阳伏制"的概念，大概是因为唐代炼丹家发现在炼丹过程中如各种原料配合不当，会出问题。

七八世纪之交的《真元妙道要略》(托名3世纪郑思远)全面记载了硝炭、硝硫(以及硝雄黄)、硝硫炭的合炼，论述了伏火原则和试法，还记载了与"火药"有关的燃烧"祸事"："有以硫黄、雄黄合硝石，并密(蜜)烧之"，会发生"焰起，烧手面及烬屋舍者"的事故。蜜受热会分解出炭，这个试验的配料实际上是硫黄、硝石与碳的混合物，原始火药成分已粗略构成。

接下来，在火药发明史大事年表上应该记载的是：与《真元妙道要略》大约同时的《龙虎还丹诀》卷下说："硫黄令伏在硝石内佳。"这一硝硫合炼的伏硫黄法配方，实际上是两组分的原火药配方。

《诸家神品丹法》内的"孙真人丹经内伏硫黄法"(大约成于758—760年)和佚名氏的"伏火硫黄法"，是《龙虎还丹诀》的发展。如佚名氏"伏火硫黄法"说："硫黄、硝石各二两，令研。右用销银锅或砂罐子入上件药在内。掘一地坑，放锅子在坑内，与地平，四面却以土填实，将皂角子不蛀者三个，烧令存性，以钤逐个入之，候出尽焰，即就口上著生、熟炭三斤，簇煅之。候炭消三分之一，即去余火，不用冷，取之，即伏火矣。"[①]这里已由二组分发展为三

[①] 《诸家神品丹法》卷五。

组分(硫、硝、炭)配方的原火药。

不久,从"伏火硫黄法"又发展出"伏火矾法",公元808年,炼丹家清虚子的《太上圣祖金丹秘诀》(后编入《铅汞甲庚至宝集成》卷二)说:"伏火矾法:硫二两,硝二两,马兜铃三钱半。右为末,拌匀。掘坑,入药于罐内,与地平。将熟火一块,弹子大,下放里面。烟渐起,以湿纸四、五重盖,用方砖两片捺,以土冢之。候冷取出,其硫住。每白矾三两,入伏火硫黄二两,为末。大甘锅一个,以药在内,扇成汁,倾石器中,其色如玉也。"此法涉及的火药配方已含硝石、硫黄和木炭三种成分,更接近黑火药的配方,具有燃烧爆炸的性能,因此可以说,我国由8世纪前叶到9世纪初,完成了"二成分到三成分原火药的发明"。①

中国唐代火药,与英国罗吉尔·培根(Roger Bacon,约1214—1294?年)1242年有关火药成分的文字记载比较,早了四个多世纪。中国火药在公元10世纪已用于制造火器。北宋曾公亮等的《武经总要》一书,载有三种火药武器(药烟球、蒺藜火球和火炮)的具体配方(图6-5)。

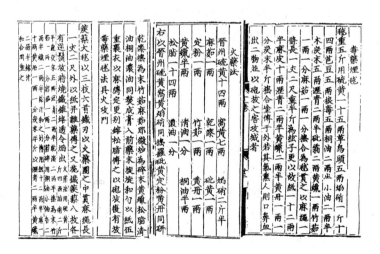

图6-5 《武经总要》中的火药配方

① 孟乃昌:《火药发明探源》,《自然科学史研究》,1989年第2期,第147~157页。

我国发明火药和火药武器之后，先随炼丹术传至印度，在1225—1248年间由印度传入阿拉伯。元朝军队与阿拉伯人交战时，使用了火药和火药武器，这是火药制作使用和西传的又一途径。欧洲人通过与阿拉伯人的交战及翻译阿拉伯文书籍，逐渐了解和掌握了火药和火药武器，不过那已经是十三四世纪的事了。

（四）指南针的发明与西传

物理上指示方向的指南针的发明由三部曲组成：司南、磁针和罗盘，它们均属于中国的发明。

1. 司南古义

"司南"之称，始于战国，终止于唐代。因为司南古义不断演变，使它与一系列的古代发明结下了不解之缘。①

最初，"司南"指测影的表杆。如《韩非子·有度篇》说："故先王立司南，以端朝夕。""端朝夕"即正东西，引申为确定东西南北方向。"立司南"来源于殷商甲骨文中的"立中"和战国时的"立朝夕"，它们的意思都是立表以测日影。

磁勺是一种用天然磁石琢成的勺形指向器，当它被发明的时候，其状取法北斗，名称则沿用"司南"。古文"司南"可以推定为磁勺的至少有《鬼谷子》、《论衡》、《玄览赋》、《瓢赋》四项记载。《宋书·礼志》引《鬼谷子》曰："郑人取玉，必载司南，为其不惑也。"《鬼谷子·谋篇》至迟成书于西汉，或许是先秦之书，其中关于"郑人取玉，必载司南"的传说，暗示了磁勺与玉器业的联系，甚难加工的磁勺应是玉工高手的杰作。

东汉王充的《论衡·是应篇》说："司南之勺，投之于地，其柢指南。"句中的"地"一般释为"地盘"，也可能是"池"字之误写。这句话应释为：勺状的司南，放在"地盘"上（或投入盛有适量液体（如水银）的容器中），它的勺柄必然自动指向南方。②

---

① 闻人军：《"司南"六义之演变》，《文史》第三十四辑，中华书局1992年版，第97~102页。

② 王锦光、闻人军：《论衡司南新考与复原方案》，《文史》第三十一辑，中华书局1988年版，第25~32页。

此后，梁元帝萧绎的《玄览赋》说："见灵乌之占异，观司南之候离。"唐韦肇的《瓢赋》说："挹酒浆，则仰惟北（北斗）而有别；充玩好，则校司南以为可。"再次介绍了司南（磁勺）的功用和形状。

磁勺的实物虽然迄今尚未发现，但与此有关的文物至少有两件。一是瑞士苏黎世的 Rietberg 博物馆中所藏的一块公元114年的东汉画像石，其右上角有一人正在观测一件可能是"司南之勺"的东西。二是那志良《玉器通释》上册著录的一件"司南佩"古玉器，（图6-6）此玉"长不过寸许，一端琢成一个小勺，一端琢成一个圆形的小盘，中间有一个横穿"。①"司南佩"的制作年代不明，我们推测至迟为唐代之物。

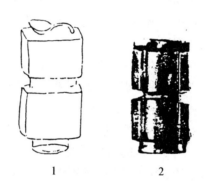

图6-6　司南佩
1. 示意图　2. 实物（采自那志良《玉器通释》上）

除了上述的表和磁勺之外，司南又是指南车、指南舟和报时刻漏的代称。晋人葛洪所作的《西京杂记》中提到的"司南车"即半自动机械装置指南车。《宋书·礼志》记载："晋代又有指南舟。"南朝任昉的《奉和登景阳山》诗吟道："奔鲸吐华浪，司南动轻枻。"诗中的司南即指皇家园池中的指南舟，可是，"指南舟"究竟怎样导航，至今依然是一个谜。唐代大诗人杜甫的咏《鸡》诗云："气交亭育

---

① 那志良：《玉器通释》上，香港开发股份有限公司印行，1964年版，第86页。

际,巫峡漏司南。"意谓夜半零时正,诗人恰闻司南的报时之声。

中国古代科技术语被社会科学所吸收而历久弥新者,司南、火候等都是著名的例子。众知周知,"指南"有指导或准则之意,而"指南"来自于"司南",两者仅一音之转。在汉至唐的文献中,我们常可读到诸如"事之司南"、"文之司南"以及人之司南等语词。唐代以后,在社会科学中,"司南"一词完全为"指南"所取代;在科技领域,司南作为当代科技术语,而不是科技史研究的对象,亦仅用到唐代为止。唐以后"司南"(磁勺)奇迹般地销声匿迹,乃是磁针已经问世。

2. 磁针的发明

唐代堪舆家的活动相当活跃,并开始强调方向的选择,寻找比磁勺更方便的指向器成了当务之急。于是指南铁鱼或蝌蚪形铁质指向器,以至水浮磁针应运而生。

活动于唐开元年间(713—741年)的山西堪舆家丘延翰,被后世堪舆家推崇为堪舆术三针(正针、缝针和中针)中最早出现的正针法的创始人。明代雅好科技的宁献王朱权则在其《神机秘诀》中说:"针法古无所传,自昔玄真始制。"玄真即唐代浙江金华道家张志和(约730—约810年),他的道号叫玄真子,所著《玄真子》十二卷,残存三卷。从这残卷中知道他颇好物理,但未找到与指南针或针法直接有关的记载。然而,这个道号不禁使人联想到旧题晋崔豹所作的《古今注》中把蝌蚪称为"玄鍼"(玄针)。其文曰:"虾蟇子,曰蝌蚪,一曰玄鍼,一曰玄鱼,形圆而尾大,尾脱即脚生。"至迟十世纪时马缟的《中华古今注》中也有类似的记载。这项记载似乎把磁针与指南鱼的发明和应用从形状和性能上联到了一起。

关于指南鱼的制备方法,见于北宋曾公亮等利用前人资料编撰的《武经总要》。《武经总要》前集卷十五载其法曰:"用薄铁叶剪裁,长二寸,阔五分,首尾锐如鱼形,置炭火中烧之,候通赤,以铁钤钤鱼首出火,以尾正对子位,蘸水盆中,没尾数分则止,以密器收之。"①这种方法利用地磁场使铁片磁化,并知道鱼形铁片微向

---

① 曾公亮:《武经总要》前集卷十五。

下倾斜对磁化有利,实际上已发现了近代科学中所谓磁倾角的影响。使用时,指南鱼浮于水面,与水浮磁针的原理是一致的。

水浮磁针的制作方法首见于北宋沈括的《梦溪笔谈》卷二十四,其文曰:"方家以磁石摩针锋,则能指南。"①这种方家在实践中总结出来的钢针磁化法,经过沈括之手公布于世,有力地促进了磁针在堪舆和航海两大领域中的应用和普及。

指南针进入到实用磁针的阶段,对装置方法的研究提到了议事日程。沈括全面研究和比较了"水浮"法、置"指爪"法、置"碗唇"法及"缕悬"法的优缺点,认为"缕悬"法最佳。"其法取新纩中独茧缕,以芥子许蜡,缀于针腰,无风处悬之,则针常指南。"②现代磁强计中悬挂的小磁铁,就采用了与此相似的方法。

磁针指向的精度,与司南及指南鱼不可同日而语,故磁针的发明,很快导致了磁偏角的发现。

五代乱世的《管氏地理指蒙·释中第八》曰:磁针"体轻而径所指必端应一气之所召,土曷中而方曷偏,较轩辕之纪,尚在星虚丁癸之躔"。轩辕黄帝时代的磁偏角,作者以为尚在"星(午)虚(子)丁癸"方向,而当时"针指坎离定阴阳之分野,格偏壬丙探僭越之津涯"。偏角变为南偏东15度。

由于堪舆术的神秘性,我国唐宋堪舆著作在流传中又相互影响,有所增删,要从众多早期堪舆著作中理出磁针、磁偏角以至罗盘的发明、发现年代,诚非易事,然而,北宋司天监杨惟德于庆历元年(1041年)奉命编撰的相墓大全《茔原总录》卷一为磁偏角的发现订定了下限。书中说:"客主的取,宜匡四正以无差,当取丙午针,于其正处,中而格之,取方直之正也。"这里明确地记载了"丙午针",即后世沈括在《梦溪笔谈》卷二十四中所说的磁针"常微偏东,不全南也"。在西方,直到13世纪才知道磁针偏南。1492年哥伦布(Christopher Columbus,1451—1506年)横渡大西洋时,正式观测到磁偏角现象。

---

① 沈括:《梦溪笔谈》卷二十四。
② 沈括:《梦溪笔谈》卷二十四。

3. 罗盘的发明与西传

磁针问世后，先后用于堪舆和航海。为了使用方便，读数容易，加上磁偏角的发现，对指南针的使用技巧提出了更高的要求，方家首先将磁针与分度盘相配合，创制了新一代的指南针——罗盘。不过有些场合，碗中的水浮磁针仍在使用，故沈括《梦溪笔谈》卷二十四称"水浮多荡摇"。江苏、河北和辽宁旅大曾出土元代的不带刻度的指南针专用针碗。当航船还在使用浮针加针碗时，堪舆罗盘却远远地跑到了前面。

考古资料表明，堪舆家选墓穴采用二十四向表示法大约始于唐末。南唐何溥主持建徽城，看风水时亦用二十四向表示法。何溥所撰的《灵城精义》"理气章正诀"中说："地以八方正位，定坤道之舆图，故以正子午为地盘，居内以应地之实。天以十二分野，正躔度之次舍，故以壬子丙午为天盘，居外以应天之虚。"作者、时代不明的《九天玄女青囊海角经》"理气篇"中有一段几乎相同的文字，两者应同出一源。这则史料如经确认，则南唐时已发现磁偏角，甚至已有罗盘。

罗盘古称"地螺"、"地罗"。南宋曾三聘的《因话录》（前人误为曾三异著，① 作于公元1200年前后）"子午针"条说："地螺，或有子午正针，或用子壬丙午间缝针。"曾三聘是江西临江府峡江（今江西清江）人。离峡江不远的江西临川，于1985年出土了世界上最早的堪舆旱罗盘模型，正可与《因话录》的记载相互印证。1985年5月，江西临川南宋朱济南墓（葬于1198年）出土了座底墨书"张仙人"的瓷俑一式两件，风水先生"张仙人"俑，左手抱一罗盘。值得注意的是，该罗盘的磁针与水罗盘的磁针根本不同，其中部增大呈菱形，菱形中央有一明显圆孔，明确形象地表示这是一种用轴支承的旱罗盘（图6-7）。

中国的磁针和罗盘先后经由陆水两路西传，曾给人类文明的进程带来重大的影响。以前史学界认为磁针浮在水中的水罗盘与指南

---

① 闻人军：《宋〈因话录〉作者与成书年代》，《文献》，1989年第3期，第284~286页。

图 6-7 "张仙人"俑手持的旱罗盘
（1985 年江西临川南宋朱济南墓出土）

浮针一脉相承,是中国的发明,但旱罗盘是欧洲所发明,16 世纪才经由日本船传入中国。而今临川罗盘证明：旱罗盘的发明权也属于中国。①

罗盘的分度主要有二十四向和十六向两大体系。这二种分度制均产生于我国,临川罗盘是十六分度制的代表。荷兰 18 世纪有一种十六分度的旱罗盘,根据王大海《海岛逸志》的描述,恰似临川罗盘的翻版。这条线索似乎暗示,除了海路之外,欧亚大陆乃是另一条中国罗盘西传之路。

---

① 闻人军：《南宋堪舆旱罗盘的发明之发现》,《考古》,1990 年第 12 期,第 1135～1139 页。

比堪舆更重要的罗盘用途是航海指向。北宋朱彧《萍洲可谈》（1119年成书）卷二记载道："舟师识地理，夜则观星，昼则观日，阴晦则观指南针。"不久，徐兢的《宣和奉使高丽图经》也说："惟视星斗前迈，若晦冥则用指南浮针，以揆南北。"此后，指南针在航海中日益重要，并传到了西方。大约1190年英国学者亚历山大·尼坎姆（Alexande Neckam）在他的《论物质的本性》中首次说道"航行于海上的水手们在晴天可以靠阳光导航，但是在阴沉的日子或漆黑的夜晚，就无法辨别此时船正驶向指南针的哪个方位。于是，他们就用一根针触摩磁石，让针在圆盘里转动，到停下来时，针锋指向北方"。① 这里所说的钢针磁化法，与沈括《梦溪笔谈》中所载的大同小异。

阿拉伯海员确切使用磁针已是13世纪初的事了。巴勒斯坦的德·维特利（Jacques de Vitry）在1218年说，磁针"对于航海之类是最必需的东西"。② 13世纪中叶，航行于印度洋上的海船，尚使用一种指南浮鱼，乃我国《武经总要》所记的"指南鱼"之遗制。

关于西方罗盘的最早的明确描述载于法国军事工程师皮里格里努斯（Petrus Peregrinus de Maricourt）的《论磁书简》，此信作于1269年，当时他正在意大利服役。信中提到了一种水罗盘和一种旱罗盘。从此，东西方都进入使用罗盘的新阶段，为新航路的开辟，海外贸易的发展，乃至日后的技术革命准备了条件。

三、算经十书和历法改革

隋唐时期，天下重新一统，政府为百年大计，在科技教育，主要是数学和医学教育方面下了大的工夫。此时，著名的算经十书作为官方教材颁布于世，在中国数学史上起了阶段性总结的作用，对后世产生了深远的影响。与中国传统文化关系密切的历法，在一连

---

① 转引自Joseph Needham：Science and Civilisation in China, Vol. 4, Part 1, Cambridge University Press, 1962, p.246.

② The Encyclopaedia Britannia, Vol. 6, 1910, 11th edition. p. 808.

串斗争和曲折中完成了一场改革，以一行、李淳风为代表的天文、数学家队伍脱颖而出。以二次差内插法的发明、定朔法的应用和发展为标志，中国历法在其前进过程中实现了一次飞跃。

（一）算经十书与数学教育

隋代已在国子寺设立"算学"，置博士2人，助教2人，拥有80名学生。唐代在国子监设立算学馆，由算学博士2人，助教1人，"掌教八品以下及庶人子为生者。"① 七世纪中叶，曾一度并入太史局。唐朝在科举中也设置了明算科，然而算学博士是从九品下，地位最低。尽管如此，献身于数学者仍不乏其人。

初唐时期的王孝通，少小学算，毕生从事数学工作，曾任算历博士，太史丞之职。他经过长期研究，在《九章算术》"商功篇"的基础上，"续狭斜之法，凡二十术"②，于625年左右撰成《缉古算经》，书中利用开带从立方的运算方法（即求三次方程的正根），从各种棱台的体积求边长，着手解决上下宽狭不一、前后高低不同的坝体或沟渠等工程的计算问题。这是我国现存最早的开带从立方的算书，此书遗下的如何列出合乎解题需要的三次方程这一难题，对宋元时期"天元术"的产生，起了催生的作用。

唐高宗时，大约在656年，太史令李淳风，算学博士梁述、太学助教王真儒等受命注释十部算经，其中前代的有九部，即《周髀算经》、《九章算术》、《海岛算经》、《孙子算经》、《五曹算经》、《张邱建算经》、《夏侯阳算经》、《五经算术》、《缀术》，当朝的有一部，即《缉古算经》。"算学"即以这十部算经作为主修课程，兼习《数术记遗》和《三等数》。后来，《十部算经》中的《缀术》失传，以《数术记遗》代之；真本《夏侯阳算经》佚亡，中唐时期韩延的一部算书被冠以《夏侯阳算经》充数。韩延算书共3卷，书中结合实际需要，简化筹算演算法，为社会提供了实用的数学知识和计算技术。由于它引证了不少算书和当时的法令，为后世保存了一些科学

---

① 《新唐书·百官志》。
② 《上〈缉古算经〉表》。

史料。例如：《夏侯阳算经》卷上"论步数不等"引唐《杂令》："诸度地以五尺为步，三百六十步为一里。"即是有关唐代度量衡制度的宝贵史料。

(二)隋唐的历法改革

北齐天文学家张子信经过 30 多年的天文观测，取得了一系列的重要成果。"日行盈缩"(太阳周年视运动的不均匀性)的新发现，加上原已获得的"月行盈缩"的知识，更暴露了平朔法(只按日、月的平均视运动来计算朔望的方法)的缺点。既然日月之行有盈缩，加以修正的定朔法之采用势在必行。隋唐历法改革的序幕揭开了。

由于历法与封建王朝的命运息息相关，它的改革必然充满了尖锐曲折的斗争，隋代天文学家刘孝孙、刘焯因此先后饮恨而终，然而他们的研究成果经过改头换面得以传了下来。

隋唐历法的飞跃主要表现在二次差内插法的发明及定朔法的应用和发展。

刘孝孙是广平(今河北省永年县)人，北齐时知历事，他的同乡和同事张孟宾是张子信的弟子，或许刘孝孙的研究得益于张子信的工作。刘孝孙主张定朔法，长期受压，直到扶棺抱书到皇宫前哭诉，被抓起来报告隋文帝，这才引起了杨坚的注意，命人评比各家历法的优劣，证实他的观点正确，开皇历确实粗疏。他坚持要求先斩压制他的太史令刘晖，然后定历，隋文帝没有同意。不久，刘孝孙抱憾而死。他的遗稿很可能落入了太史令的张胄玄手中，张胄玄的《大业历》首次出现了利用等差级数提高行星动态表精度的方法，在五星位置的推算方面达到令人惊叹的程度，给出了误差很小的五星会合周期的正确值。据刘焯揭露，大业历抄自刘孝孙的历法。

刘焯原为冀州秀才，是隋代最杰出的天文学家，他对数学和天文学都有较深的造诣，"《九章算术》、《周髀》、《七曜历书》十余部，推步日月之经，度量山海之术，莫不究其根本，穷其秘奥"。[①]除著有论述"历家同异"的《稽极》十卷、《历书》十卷外，他又在开

---

① 《隋书·刘焯传》。

皇二十年（600年）撰成杰作——皇极历。在制定皇极历时，刘焯用定朔代替平朔，创立了推算日、月、五星运行度数的等间距二次内插法，用以推定五星位置和日、月食起讫时刻及食分等，还采用定气的方法来计算日行度数和交令时刻，对天文、历法和数学均作了重大贡献。皇极历是当时最好的历法，"术士咸称其妙"，① 但由于受到张胄玄等的压制，直到大业四年（608年）刘焯抱恨而死，皇极历仍未被采用。后来，唐代李淳风、僧一行先后以皇极历为基础，制订了麟德历和大衍历，使皇极历的创见获得了承认和发展。

有唐二百九十多年中，历法改订达8次之多。开国后行用的傅仁均的戊寅历（619年颁行）是我国古代第一部正式颁行的采用定朔法的历法。贞观七年（633年），李淳风制成一架新型的浑天黄道铜仪，置于凝晖阁供观测之用。麟德二年（665年）麟德历成，颁行于世。麟德历采用定朔法；废除章蔀纪元之法；对许多天文数据采用同一个分母，简化了计算过程；不用闰周，直接以无中气的月份置闰月；因而是一部较好的历法。从此，定朔取代了平朔，始终为后世的历法所沿用。

几十年后，麟德历误差渐显，日食推算失误，开元九年（721年），唐玄宗命僧一行政撰新历。开元十三年（725年），一行、梁令瓒的黄道游仪制成，"置于灵台，以考星度"。② 开元十二—十三年（724—725年），一行、南宫说等进行了大规模的天文大地测量。新仪器的制造和天文大地观测数据的积累和改进，为编制新历奠定了基础。开元十五年（727年），新历草成，同年，一行逝世。诏命宰相张说和历官陈玄景等编次历经和历议，得《历术》七篇、《略例》一篇，《历议》十篇。开元十七年（729年），颁行了《大衍历》。一行在大衍历中发明了定气的概念，把太阳在一个回归年内所走的度数平分为二十四等分，作为二十四节气。由于太阳运动的不均匀性，两个定气之间所需的时间各不相同。为了对这个问题进行数学处理，他创立了不等间距二次内插法，大大推进了天文和数

---

① 《隋书·律历志》。
② 《旧唐书·天文志》。

学的发展。在日月食和五星运动计算方面，大衍历也有较大的进步。《新唐书·历志》说："自太初至麟德，历有二十三家，与天虽近而未密也。至一行，密矣，其倚数立法固无以易也。后世虽有改作者，皆依仿而已。"大衍历将历法的编算结构归纳成七术：步中朔术、发敛术、步日躔术、步月离术、步轨漏术、步交会术、步五星术，立法整齐而有系统，表明我国古代的历法体系已经完全成熟，它的内容和结构均为后世所仿效。

（三）太史李淳风的科技工作

《新唐书·天文志》曰："唐兴，太史李淳风、浮图一行，尤称精博，后世未能过也。"李淳风（602—670 年）活跃于唐初朝廷，僧一行不但高居沙门科学家头把交椅，与其他著名科学家相比也毫不逊色。李淳风为岐州雍人（陕西凤翔），"幼爽秀，通群书，明步天历算"，① 他在天文、数学、气象、医药等方面有不少建树，故能与一行并称为唐代最著名的两个科学家。

贞观初，唐朝仍沿用北魏制造的铁浑仪。因为它不够精密，李淳风建议制造浑天黄道铜仪取代之。贞观七年（633 年），浑天黄道铜仪制成。它有北魏铁仪的特点，"下据准基，状如十字"，但在古代浑仪的六合仪和四游仪之间，加了三辰仪，所以"表里三重"，可以直接用来观测日、月、星辰在各自轨道上的视运动。李淳风在黄道环上打了 249 对小洞眼，每过一个交点月，就把白道移过一对洞眼，以反映黄白交点在黄道上的移动。日后一行、梁令瓒的黄道游仪即受其启发，改进而成。同时，李淳风还作了《法象志》七卷，论述前代浑天仪的得失。

李淳风于占候吉凶，深有研究。635 年左右，撰成《观象玩占》五十卷（一说这是伪书）。书中详细记载了当时的候风术，定出各种风的名称，将风向区分为 24 个方位，利用目力观测风力定级。《观象玩占》卷四十八"风角占风来远近法"说："凡风发初迟后疾者，其来远；初急后缓者，其来近。动叶十里，鸣条百里，摇枝二

---

① 《新唐书·李淳风传》。

百里，落叶三百里，折小枝四百里，折大枝五百里，飞沙走石千里，拔大根三千里。"加上静风及和风，共十个等级。这是世界上首次将风力分定等级。

李淳风知识渊博，约于贞观十九年（645年）作天文星占著作《乙巳占》十卷。所撰《晋书·天文志》更是中国古代天文学名著。唐高宗时，他作为配角参与了《新修本草》的编修工作，又作为主角与算学博士梁述、太学助教王真儒等注释刊正《算经十书》，656年左右颁为国子监算学馆的教科书，在数学史上有重要的地位。他在注释《周髀算经》时，批判了经注的一些缺陷，指出南北相距千里，日影长相差一寸的说法不对。其注《九章算术》"少广章开立圆术"时，引用了祖暅对于球体积的研究成果，为后人保存了珍贵的科技史料。

先是东都道士傅仁均制戊寅元历，被采为唐朝的第一部历法。贞观年间，李淳风一再批评戊寅元历，得到众人的支持，在太史局内一再升官，从直太史局、政太史丞、迁太史令。太宗时，李淳风曾作《乙巳元历》。高宗时，他又作《甲子元历》上进，以取代戊寅元历。新历于麟德二年（665年）起颁用，名为麟德历，这是当时一部较好的历法。李淳风亦自秘阁郎中，复为太史令，卒于任上。子谚，孙仙宗，继承祖业，也都当过太史令，但成就远不如乃父乃祖。

（四）沙门天文大师一行

一行的科学成就，又在李淳风之上。

僧一行（683—727年），俗名张遂，在佛门属密宗。他是魏州昌乐（今河南省南乐县）（一说巨鹿）人，自小聪敏，好学不倦，"博览经史，尤精历象、阴阳五行之学"。以扬雄《太玄经》之深奥难解，不但数日读通，而且撰成《大衍玄图》和《义决》一卷，使名道士尹崇惊为奇才，感叹说："此后生颜子也。"于是张遂知名度大增。可惜颜回早卒，一行的寿命也只比他多了一倍。当时朝中颇有势力的武三思闻名欲与张遂结交，后者为避免纠缠，遂出家为僧，师事普寂，隐居于河南嵩山。后往荆州当阳山，师事悟真，学习梵律。然而时势不让他终老山寺，开元五年（717年），唐玄宗强征一行入京。727年,一行英年早逝,谥为"大慧禅师"。前后虽然只有十年光景,一行在科学技术上的贡献却不同凡响(图6-8)。

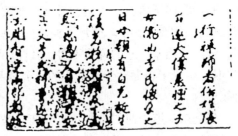

图6-8 僧一行像及古画题跋

开元九年(721年),诏一行作新历。为了做好这项工作,一行在天文观测仪器、天文大地测量方面作了积极的准备,大有收获。

基于对太阳视运动不均匀性的认识,对前人留下的资料数据不甘盲从,一行受命改造新历时上奏道:"今欲创历立元,须知黄道进退,请太史令测候星度。"当时待制于丽正书院的率府兵曹参军梁令瓒专门设计了黄道游仪,制成了精密的木样。一行知道后颇为激赏,大力推荐,并进一步提出"更以铜铁为之,庶得考验星度,有无差舛"。① 此议得到批准,开元十三年(725年),在一行领导下,黄道游仪制成。它的黄道环可以沿赤道环移动,以反映岁差现象。"动合天运,简而易从。"②一行的很多观测工作,如对月亮运动的观测,许多恒星的黄赤道度数及去极度、黄道内外度的测定

---

① 《旧唐书·天文志》。
② 《旧唐书·天文志》。

等,都得力于黄道游仪之助。

一行、梁令瓒的合作有了成功的先例,玄宗又诏一行、梁令瓒等更造浑天仪(浑象)。

他们借鉴张衡水运浑象,"铸铜为圆天之象,上具列宿赤道及周天度数。注水激轮,令其自转,一日一夜,天转一周。又别置二轮络在天外,缀以日月,令得运行。……又立二木人于地平(木柜)之上,前置钟鼓以候辰刻,每一刻自然击鼓,每辰则自然撞钟"。这是一种自动报时器。这架新浑象被命名为"水运浑天俯视图",初期运转与天道相合,咸称其妙。可惜制作者光考虑了机械尺寸的精密,不懂得混用铜铁材料须避免与水相接触,由于锈蚀速度很快,不久就难以自转。但它作为天文钟和机械史上的一大创造,其意义不同寻常。

为了使未来的新历适用于全国各地的情况,一行主持进行了一场大规模的天文地理测量。测量地点遍布南北十三处,南至林邑(在今越南中部),北达铁勒(在今俄罗斯贝加尔湖附近),测量的内容包括每个测量点的北极高度,冬至夏至日和春分、秋分日太阳在正南方时的日影长度。为了测北极高度,发明了一种叫做覆矩图的测量仪器。各测点中,以南宫说等人在河南的白马滑台、浚仪岳台、扶沟、上蔡武津四处的测量最为重要。这四点大致处于同一经度,除北极高和日影长外,还测量了相邻两地间的距离,一行据此算出,351 里 80 步北极高差 1 度。汉以前关于"南北地隔千里,影长差一寸"的说法,长期被奉为经典,自何承天起,开始被否定,一行等人的实测结果终于彻底推翻了这种臆测。将河南四个测量点的实际距离与新旧《唐书·天文志》的记载相比较,可知当时测量用的里制是唐小里,一里等于 300 步,一步等于 5 唐大尺。以每唐大尺等于 29.527 厘米计算,一唐小里等于 442.905 米。将古度(一周天为 $365\frac{1}{4}$ 度)也换算成今度,可得一行、南宫说的结论是南北相距 157.8 公里南北极高度相差 $1°$。[①] 北极高度相当于纬度。一行

---

① 闻人军,李磊:《一行、南宫说天文大地测量新考》,《文史》第三十二辑,中华书局 1989 年版,第 93~103 页。

等人的测量实际上是在求地球子午线1°的长度。北纬34.5°处子午线弧长的现代值为110.6公里，一行等的结果与真值之间的相对误差虽然较大，他们也没有意识到这次实测是比国外的第一次子午线实测还要早的科学实验，但并不能掩盖这场天文大地测量的积极意义。除了否定传统的日影长"寸差千里"的谬说外，这次测量发明了比较科学的天文测地方法，建立了北极高差和南北地面距离之间的比值；首次通过实测研究九服日蚀，获得了关于日影长、太阳天顶距、去极度、北极高、昼夜长短等因地而变的正确认识；建立了太阳天顶距与日影的关系，这是一种用高阶等差级数计算正切函数的数学方法。它还揭露了浑天说和盖天说的一些缺陷。一行指出："古人所以恃勾股术，谓其有证于近事。顾未知目视不能及远，远则微差，其差不已，遂与术错。"①他正确地认识到历史上各种宇宙论的错误根源，在于把局部的情况无条件地当成普遍形式。这种思想反映了一行科学思想的一个积极面。

《大衍历》是一行呕心沥血之作，在科学史上贡献很大，然其中含有一行科学思想的消极方面。为了使《大衍历》更具有权威性，他生硬地用易学的"象数"语言来附会《大衍历》，"准《周易》大衍之数，别成一法"②，有时反而影响天文数据的精确性。

关于一行的轶事很多，这里不得不提到"一行到此水西流"的传说。据传他年轻时为了精研数学求师访贤，曾南下浙江天台山国清寺，寺前有水向东流。一行立于门屏间，"闻院中僧于庭布算，其声籁籁，既而谓其徒曰：'今日当有弟子求吾算法，已合到门，岂无人导达耶？'即除一算。又谓曰：'门前水合却西流，弟子当至。'一行承言而入，稽首请法，尽受其术焉。而门前水旧东流，忽改为西流矣"。③ 今国清寺外有一个一行之墓，可能是后人为纪念一行所修。

---

① 《新唐书·天文志》。
② 《旧唐书·历志》。
③ 郑处诲：《明皇杂录》。

四、求大趋精的手工业技术

隋唐盛世反映在手工业技术上，规模之大，手艺之精，远胜前代。一座座名建筑拔地而起，同时也造就了一批著名的建筑师。冶金术留下了许多古代世界之最。五光十色的丝织印染通过丝绸之路，将中外文化交流的桥梁装扮得更加鲜艳夺目。

（一）登峰造极的都城宫室建筑

隋唐的都城和宫室建筑，大大超过了前代。隋代杰出的土木工程师有宇文恺、阎毗、何稠、李春等，唐代又有阎立德、姜确等名家，除此之外，佚名的高级工程师也为数不少。因此，有些著名建筑名有所属，有些著名建筑尚不知何人所修。

宇文恺，字安乐，博览群籍，多技艺，富巧思，是著名的建筑学家和建筑工程师。开皇二年（582年），隋文帝杨坚鉴于汉长安旧城雕残日久，屡为战场，日益破损，不能满足新兴王朝的需要，令高颎、宇文恺等在长安东南兴建新都，十二月取名为大兴城，明年三月迁入。大兴城的兴建工程，名义上由高颎总负责，实际上整个工程的规划设计，皆出于宇文恺之手。

隋文帝时，宇文恺曾为太子左庶子，隋炀帝时，任将作大匠。隋大兴城和东都洛阳的营建，广通渠的开凿，鲁班故道和长城的修复，都是在宇文恺的实际规划、经营、督造之下完成的。

当时欲造明堂，宇文恺先博考群籍，研究众论，用一分为一尺的比例，设计了1∶100的明堂图样，著有《明堂图样》二卷，并制为木样（木制模型）。这种使用图纸和模型的设计方法，既科学，又直观，是我国建筑技术上的重要突破。此法不知有无师承，除宇文恺之外，同时代的何稠也使用这种先进的方法。何稠主持建筑时，都先令黄亘及其弟衮立样，施工的工匠均称赞设计合理，用不到再作损益。

隋炀帝巡视北方时，由宇文恺造"观风行殿"，"上容侍卫者数百人，离合为之，下施轮轴，推移倏忽，有若神功"。① 突厥人望见，大为惊异。不过，观风行殿与大兴城、洛阳城相比，还算不上大手笔。

大兴城位于渭水南岸，枕渭水而面终南，全城由外郭城、皇城和宫城三部分构成，面积达 83 平方公里，规模之宏大，规划之严整，为当时世界之冠。这样一个大都市，从开始兴建到投入使用，前后才 9 个月，建设速度之快令人叹为观止，充分反映了当时的经济实力之强，科学和组织管理的水平之高。大兴城是一座封闭式封建都市，结构谨严，区划整齐，"畦分棋布，闾巷皆中绳墨"。宫城远离居民区，防卫森严。给排水是都市建设的一个重要问题，宇文恺根据当地环境和水文条件，在城东和城南开凿了永安渠、清明渠和龙首渠，引水入城，经过宫苑再注入渭水。使这一片"川原秀丽卉物滋阜"之地，更添上"渠柳条条水面齐"的宜人佳景，与市区里坊的繁华景象相调节，规划周密。

唐代都城以隋大兴城为基础扩建，改称长安城，是当时世界上最大的国际都市。隋唐长安的大规模勘探工作开始于 20 世纪 50 年代后期，几十年来获得了大量的考古资料，已绘出长安城遗址实测图及复原图。贞观八年（634 年）增建的大明宫，是唐代宫殿建筑的代表作。大明宫的布局，以丹凤门到玄武门的南北线为中轴刻意安排，结构谨严，宏伟壮丽，防卫措施十分严密，隐约可见当年争夺皇位继承权的玄武门之变的影子。大明宫中有含元殿、宣政殿、紫宸殿、麟德殿等著名的宫殿。据麟德殿遗址测定，夯土台基南北长 130 米，东西宽 77 米，上下二层共高 5.7 米。台基上建有前、中、后三殿，规模宏大。东都洛阳的营建，是为了适应国家经济重心逐渐南移的需要，有了东都，可以就近控制江南粮食和其他物资的北输。洛阳城背倚邙山，面对伊阙，605 年三月动工，次年正月完成。宇文恺著有《东都图记》二十卷记其事。洛阳城扼东西水陆交通之要冲，挟洛汉而建，漕运便利，又迁入天下富商大贾数万家，商业繁盛。面积虽小于长安，城市规划也与长安不同，但在隋唐两

---

① 《隋书·宇文恺传》。

代，其地位几乎与长安相等，是政治、经济、文化的又一个重要中心。

阎毗为榆林盛乐人，自幼多才艺，曾为隋炀帝大造法驾。为了东征辽东，隋炀帝决定开永济渠，自洛口至涿郡，以通漕运，主其事者是阎毗。其子阎立德、阎立本均负盛名。兄为大工程师，弟为大艺术家。

何稠字桂林，原为西域人，父通商入蜀，因致巨富，定居于郫县。何稠自幼多巧思，隋开皇年间为太府丞。由于他精于机械，又有西域渊源，故对当时从西域传入的珍奇宝物都能鉴识，并会仿制。隋炀帝时为太府卿，监造舆服仪仗、战车等。东征高丽时，行至辽水，指挥临时架桥，两日而成。又根据需要作"行殿"与"六合板城"。其城周围八里，上有女垣，共高十仞，可布甲士，立旗帜。如此规模的工程，只化一晚就从无到有，平地出现，技巧非常，速度惊人，反映了当时木结构建筑技术已臻于成熟。

隋唐时，一个完整的以木结构为主的建筑体系逐渐形成，其特色在都城建设与寺院建筑中都有体现。如隋东都洛阳宫殿中的"迷楼"，是由工程师项昇所设计，造成之后，千门万户，曲折迷离。韩偓《迷楼记》说，人入其中，终年不得出。武则天时代，在洛阳大兴土木，造"神宫"、"天堂"、"天枢"，号称三大奇工。各处的佛教建筑，也沾我国传统的木结构建筑技术之光。佛寺大殿，均以木结构为主要方式建成，其中的大部分建筑已荡然无存。山西省五台山的南禅寺大殿，建于唐建中三年（782年），是我国现存最古的木构建筑（图6-9）。

建于唐大中十一年（857年）的五台山佛光寺东大殿，在唐代，属于中型佛教建筑，在现存的唐代建筑中，则属规模较大者，通过它，可以看到唐代木结构建筑已达到成熟的程度。东大殿面阔7间，进深4间，它有一套明确完整的构架体系，由立柱、斗拱、梁枋组成梁柱式的构架，殿的内外柱列和梁枋互相连结，组成一个稳固的整体，并以柱的"侧脚"加强榫卯和构架的结合。出檐深远，辅以宏大的斗拱，屋顶显得厚重有力。塔中既有砖塔，又有木塔。此类塔中的木塔已毁，砖塔留存到现在的尚有陕西的大雁塔、小雁

图6-9 南禅寺大殿(建于782年,位于山西五台山李家庄)

塔、香积寺塔、山东的重兴寺塔、神通寺塔等。砖塔中往往采用砖木混合结构,外壁用砖砌成,各层采用木梁、木楼板,用木梯上下。

(二) 现存最古的石拱桥

拱桥是桥梁和拱顶结构技术的结晶。我国造桥有悠久的历史。战国时期,架空桥梁已有相当的规模。据《三辅旧事》记载,秦始皇时期在长安城北建造的中渭桥,是一座很大的多跨梁式桥。其"广六丈,长三百八十步",分作"六十八间,七百五十桥,二百二十梁"。

砖石拱顶最早产生于美索不达米亚,公元前11世纪亚述萨尔贡王宫(Palace of Sargon)的发券沟渠即其一例。古罗马的砖石拱顶系统继承了美索不达米亚的传统。在中亚砖石拱顶系统也源远流长。我国西汉中叶以后,沿着丝绸之路形成和扩散的砖石拱顶,很可能受到了中亚的影响。① 砖石拱顶不但用于修筑墓室,而且也提高了造桥技术。

---

① 常青:《两汉砖石拱顶建筑探源》,《自然科学史研究》,1991年第3期,第90~97页。

汉代画像砖上的拱桥图像(图6-10)说明,中国的拱桥至迟出现于汉代。建于西晋太康三年(282年)在洛阳宫附近横跨七里涧的旅人桥,已是一种"下圆以通水,可受大舫过也"的大型拱桥。①

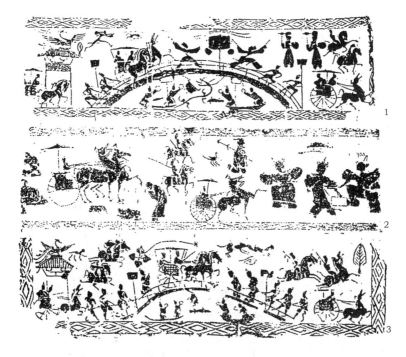

图6-10 汉画像砖上的拱桥图像
(20世纪80年代河南新野樊集汉画像砖墓出土)

隋代开皇三年(583年),一座规模雄伟的多孔石拱桥在西安灞河开始兴建,这就是历史上著名的灞桥。它的诞生,对全国统一和内外文化交流起了重要的作用。经过1994年4—6月的考古发掘,这座元代废弃的古桥重见天日。据报道,② 当时发掘清理出3孔桥

---

① 郦道元:《水经注·谷水》。
② 孟西安:《陕西发现隋代灞河古桥遗址》,《人民日报》海外版,1994年7月4日。

洞、4座石桥墩。桥墩宽2.4至2.53米，长9.25至9.57米，残高2.68米。桥洞宽5.14至5.76米。首期发掘的桥址长度为20多米，推测灞桥全长达数百米。遥想当年"坦平箭直千人过，驿使驱驰万国通"，盛况空前。

如果说西安灞桥以规模宏伟取胜，那么紧随其后出现的赵州安济桥，则因"奇巧固护，甲于天下",① 传用千年，至今风姿不衰。

赵州安济桥位于河北省赵县洨河，建于隋开皇中至大业初（595—605年），李春是它的设计者和施工负责人。此桥全长50.82米，宽9至9.6米，以37.37米的单个拱券跨越洨河。一千多年来，以其首创的结构形式，高明的力学设计，严密的施工技术，优美的姿态，迎风送雨，抗洪抗震，安然屹立（图6-11）。

图6-11　赵州桥（建于隋开皇中至大业初，位于河北赵县）

赵州桥的设计和建造有下列几个特点：

一是改常见的半圆形拱为坦拱，拱矢与拱的跨度之比为1∶5，因而坡度小，坦平箭直，便利车辆来往。

---

① 《赵州志》。

二是改常见的实肩拱为敞肩拱，除中央大拱外，桥两侧各设两个小拱作为拱肩，不但形象美观，而且节约了原材料，减轻了桥梁自重，在承载时可减少立拱圈的变形，提高了桥梁的承载力和稳定性。遇到汛期，拱肩还有协助泄洪的作用。

三是它的主桥由28道铁圈并列砌筑而成，拱石间以腰铁相联，横圈间作错缝拼砌，并用9根铸铁拉杆横贯拱背加固，种种措施，坚固防护。

于是，赵州桥成了又一份珍贵的科技遗产。

(三) 求大求精的冶金技术

唐代强大的经济力量和技术的进步，表现在冶金生产和工艺方面，也不同寻常，在"大"和"精"两个方面，均取得了显著的成就。

隋末行五铢白钱，盗铸者众，私钱流行。武德四年(621年)，为铸"开元通宝"，欧阳询进"蜡(蜡)样"，① 用失蜡法精铸，以防盗铸。虽然失蜡法沿用已久，此为使用失蜡法的首次文字记载。尽管当时规定盗铸者论死，家属籍没，但利之所趋，盗铸之风仍禁而不止。

经济的发展，贸易的繁荣，加上大型铸件的消耗，使货币用铜和其他金属的需求量激增。9世纪中叶，每年政府向各地征收的金属达"银二万五千两，铜六十五万五千斤，铅十一万四千斤，锡万七千斤，铁五十三万二千斤"。②

金属产量的增加和冶金技术的进步，使大型铸件的出现有了条件。武则天延载元年(694年)，由武三思出面，率领四夷酋长，请在洛阳端门外，铸"大周万国颂德天枢"，歌功颂德。这件工程耗用铜铁二百万斤，历时一年方成。据历史记载，"天枢"作八棱柱形，高105尺，径12尺；下为铁山，周长170尺，高2丈，以铜为蟠龙麒麟萦绕之；上为承露盘，径3丈；又作四铜人，高1丈，手捧火珠，珠面饰以黄金，煌煌耀日。当时与"天枢"齐名的，还

---

① 《唐会要·泉货》。
② 《新唐书·食货志》。

有"天堂"和"万象神宫",号称东都洛阳的三大奇观。

五代时,公元953年铸造的沧州铁狮,是又一件特大铸件。该狮高5.3米,长6.8米,宽约3米,约重10万斤以上,系用多块泥范组合铸成,上铭"大周广顺三年铸","山东李云造"。洛阳"天枢"早已随武后而逝,河北沧州铁狮则阅尽人间春色,被称为我国现存最早最大的铸件(图6-12)。

图6-12 沧州大铁狮(953年铸造,位于河北沧县东南古沧州城内)

宋代的大型铸件也可追上前代的成就。正定铜菩萨和当阳铁塔,作为宗教建筑,一直享受着人间烟火。河北省正定县隆兴寺的铜菩萨(内有7条熟铁柱),铸于北宋初年,高7丈3尺,重10万斤以上,系分7次铸接而成。湖北省当阳县玉泉寺的北宋铁塔,铸于北宋嘉祐六年(1061年),高17.90米,有13级,各级分别铸造,套叠而成,总重十万六千多斤,是我国现存铁塔中之最早最大者。

精美玉器盛于殷商,唐代又迎来了精巧优美的金银器工艺的第一个繁荣时期。从考古发现来看，唐初金银器的数量较少，至高宗、武则天时期数量锐增。唐代金银器工艺的早期发展，曾受到波斯萨珊朝金银器工艺的影响，后来吸取我国传统瓷器、铜器和漆器的造型和纹饰的特点，中外融为一体，使金银器装饰工艺达到了成熟完美的地步，进入了金银器的第一个黄金时代。

首都长安是当时金银器制造的中心。唐代晚期，长江中下游的制品已可与中原媲美。1970年10月，西安南郊何家村发掘出邠王府的两瓮唐代窖藏文物，内有金银器205件，埋藏时间约在安史之乱以后。这批窖藏，种类丰富，器形多样，可视为唐代金银器工艺的代表作。有关部门对这批金银器的技术鉴定表明，当时已普遍使用、综合运用了多种工艺，如扳金、浇铸、焊接、切削、抛光、铆、镀、捶打、錾刻、镂空等。鉴于切削工艺已趋成熟，可能使用了简单的车床。

邠王府遗址中出土了一块重约8公斤的炼银渣块。1971年从章怀太子李贤墓中又发现了6块炼银渣块。经化验分析，结合唐司空图《诗品》"洗炼"条中关于"如铅出银"的记载，证明唐代的银是用吹灰法从粗铅中提取的。所谓吹灰法，是先从方铅矿(P_bS)和辉银矿($A_{g2}S$)的共生矿石炼取铅银合金，或在辉银矿中加入金属铅，使铅和银互相熔解，因铅比重较大，铅银合金遂与渣滓分离；再使铅氧化生成氧化铅(P_bO)而析出银来。宋赵彦卫的《云麓漫钞》卷二说："黑者(指淘洗所得的黑色银矿石)乃银，用面糊团入铅，以火锻为大片，即入官库，俟三、两日再煎成碎银。"即指此法。这种方法能提高银的纯度和回收率，是古人创造的较先进的炼银方法。它在唐代已被较广泛地应用，启发了后世土法炼锌工艺的发明。

(四)五光十色的丝织印染

唐代最大的手工业部门当推纺织业。其中心前期在河南、河北、山东，八世纪中叶以后，江南地区后来居上，超过北方。

唐代诗词文赋中经常提到绫锦之类，日本迄今尚保存着大量的唐代纺织文物，近年新疆丝绸之路上又陆续出土了不少汉唐丝织品，几个方面足以交织出一幅唐绫唐锦的鲜明形象。

唐绫原以变化斜纹为地或花纹组织,在整个社会风气的影响下,开始追求大花纹的艺术形式,向正规的缎纹组织过渡,于是,织物结构上的"三原组织"(平纹、斜纹、缎纹)已臻完备。

我国的锦,原是经线显花的经锦。受波斯锦的影响,自南北朝起,发展出以纬线显花的纬锦,以两组纬线与一组经线交织而成,使织物色彩和纹样大为丰富。于是,唐锦代表了当时丝织技术的最高水平。

新疆阿斯塔那出土的大历十三年(778年)锦鞋的鞋面,是一种花鸟纹纬锦(图6-13),它用8种不同颜色的丝线,织出团花、折枝花和翔鸟等,构成了一幅和谐绚丽、色调热烈、生意盎然的画面,表现了织锦装饰图案的高度水平,标志着唐代织锦花纹进入了一个新阶段。

图6-13　花鸟纹纬锦(1968年新疆吐鲁番阿斯塔那出土)

以前有人认为双面锦始创于明代,缂丝起源于五代,其实,至迟在7世纪晚期,两者均已发明。新疆吐鲁番阿斯塔那206号墓(688年)出土的双面锦和缂丝就是一个证据。其双面锦系双层组织，用白色经与纬、沉香色经与纬各自相交，织成了双层平纹织物，用作女舞俑的短衫。其缂丝是用8色丝线通经断纬织成丝带，平纹纬线显花。1968年吐鲁番出土的8世纪初的晕绷提花锦也是一种新产品。

1959年以来，吐鲁番阿斯塔那等地先后出土了许多唐代印花纱，从中可见施染技术在十六国至唐代这数百年中获得了迅速的发展，特别是印花工艺，进步尤为显著。先前已有的绞缬、夹缬和蜡缬这三种印花工艺在唐代更上一层楼。如阿斯塔那永淳二年（683年）墓出土的棕色绞缬绢，以淡黄色绢为地，连续折叠缝缀，染成了有晕绷效果的棕色菱花遍地纹样。

唐代印花织物种类繁多。凸纹版和镂空版印花工艺技术，在南北朝和隋唐时期先后传入日本。唐代又出现了介质印花，成为印染技术上的一朵奇葩。

介质印花有三种方式：碱剂印花、媒染剂印花和清除媒染剂印花。碱剂印花是用助剂配制印浆，施印以后，不能直接印得色彩，而制品则可获得奇丽的丝光效果。阿斯塔那古墓出土的一种本色地丝光花的"原地印花纱"即是强碱剂印花制品。它是在生丝坯绸上印花，生丝遇强碱物质后丝胶膨胀，印花后水洗，花纹部分的丝胶即行脱落，花纹图案即呈现熟丝光泽。媒染剂印花的代表作是"黄地对鸟纱"，这种出土印花制品是将"原地印花纱"进一步用黄色植物染料"栀子"作第二次浸染，由于生丝和熟丝在染浴中的生色率不同，从而形成有深有浅的色泽效果。出土的一种"绛地白花纱"属于清除媒染剂印花。即在强碱性印花后，不经水洗，待干燥后，入植物染料"红花"染液中进行弱酸性染浴，花纹部分由于酸碱中和，不能上色，故呈现微有红光的白色花纹，而地色则染成深红的绛色。①

新疆地区东汉时已使用棉布。至迟公元5—6世纪时，开始种植草棉，并织造棉织物。在唐时，新疆棉花业有了进一步的发展，

---

① 武敏：《吐鲁番出土的唐代印染》，《文物》，1973年第10期，第37~47页。

出现了纬线显花的棉织物。新疆高昌和南方兄弟民族所产的棉布于此时输入内地，推动了日后棉花种植和棉布纺织在中原地区的诞生和发展。

五、医学的官方化和民间边域的进展

随着隋唐官方医药机构的发展完善，医学教育制度亦迅速发展，健全起来。在官方，前有巢元方奉敕撰《诸病源候论》，后有世界上第一部国颁药典《新修本草》问世。在民间，孙思邈的《千金方》和王焘的《外台秘要》流传至今。我国少数民族地区的医药，特别是藏医和维医，亦有其特色和贡献。

（一）医学教育制度的发展和健全

医学知识的传授，由师弟相传到医学教育，在魏晋时期已露端倪。《唐六典》说："晋代以上手医子弟代习者，令助教部教之。""刘宋元嘉二十年（443年），太医令秦承祖奏置医学以广教授。"这所"医学"可以说是最早的医科大学了。

隋唐时期，官方医药机构已较为完善。由门下省统尚药局，"掌和御药、诊视"，负责宫廷中的医药事务。由太常寺统太医署，"令掌医疗之法"，掌管政府中的医政事务。隋太医署有二百多人，其中置太医博士、助教、按摩博士、禁咒博士各二人，分头教授医药、训练生徒；并立药园，置有药园师等职。唐的医制，比隋朝更为健全，在太医署设医学，置教授、助教，分医科、针科、按摩科和咒禁科招收学生。医科教授《本草》、《甲乙》、《脉经》，细分为体疗（内科）、疮肿（外科）、少小（小儿科）、耳目口齿（五官科）和角法（拔火罐等外治法）五类。针科学习经脉、穴位知识。按摩科"掌教导引之法以除疾，损伤折跌者，正之"。咒禁科"掌教咒禁袚除为厉者，斋戒以受焉"。[①] 咒禁科不全是迷信，多少有点医学作用在内。唐朝医学教育制度已不限于宫廷，在各州也设置医学，设

---

① 《新唐书·百官志》。

博士、助教，掌疗民疾，收授生徒。

于是，隋唐医家的社会地位有了明显的提高，医学界开始了从注重治法到讲究医理的转变，士大夫知识分子亦以兼通医理为荣，大大地提高了医药队伍的素质。

(二) 巢元方奉敕撰《诸病源候论》

南北朝时期各阶层人士的登台大表演，同时为病例、病源、征候、医疗经验的积累提供了丰富的素材。隋政府于大业六年(610年)敕太医博士巢元方等"共论众病所起之源"，集7世纪之前病候之大成，编著成《诸病源候论》一书，既为治疗当时上层士大夫中流行的疾病提供了根据，在医学史上也写下了光辉的一页。它在探讨病因病机方面，有不少创见，是我国古代医书中这方面内容最繁复的一部专著，也是后来医经的楷模。

《诸病源候论》全书五十卷，分六十七门，原有一千八百余候，今存一千七百二十论，论述了内、外、妇、儿、五官等各科疾病的病因、病理和症状。它将"风"病居于篇首。所谓"风病"泛指高血压以及精神变异的症象，是历代封建统治者的通病，当时尤为突出。它还以二卷篇幅来记载"虚劳"，这类疾病也是当时上层社会中人易患之症。所以说，这部书有明显的时代烙印。

巢元方等人不但记载了许多珍贵的病史，如"鬼舐头"即圆顶秃发症，而且敢于突破前人的定论，发现和描述了一些真正的病源。如对于疥疮等病的病因，巢元方等发现是由"难见"的疥虫所引起的，并强调"疥疮多生于手足指间，渐渐生至于身体"，较为正确地描述了疥疮病原体、传染性、易发部位的临床表现特点。对于流行性传染疾病，他们提出了"人感乖戾之气而生病"的见解，并强调指出这类病"转相染易，乃至灭门，延及外人"，"故须预服药及为方法以防之"。以预服药预防流行性传染病的思想和方法是相当进步和可取的。

(三) 世界上第一部国颁药典《新修本草》

陶弘景的《神农本草经集注》问世后，历代相因，沿用了二百多年，发挥了重要的作用，但它的缺陷也日渐显露出来。首先，由于它是南北对峙时代的产物，条件所限，僻处江南，见闻有局限性。另外，这是私家撰述，虽已尽了作者个人极大的努力，一家之见，遗漏错误在所难免。随着大唐帝国经济文化迅速发展，中外文化和药物交流日趋频繁，重修新本草的需求和条件均已具备，于是，诞生了世界上第一部官颁的药典《新修本草》。

显庆二年(657年)，右监门府长史苏敬向政府提议重修本草，得到采纳，由长孙无忌、苏敬、许敬宗、吕才、李淳风等二十多人纂修，苏敬负实际纂修之责。由于是政府出面，所以可"普颁天下，营求药物"。全国各地纷纷提供药物，并呈上实物图谱，以备编书之用，规模和速度自然今非昔比。纂修时，这班人也能做到从实际出发，"本经虽阙，有验必书；《别录》虽存，无稽必正"，于显庆四年(659年)撰成"详探秘要，博综方术"的《新修本草》。

《新修本草》共五十四卷，计本草二十卷，目一卷；药图二十五卷，目一卷；图经七卷。共收载药物850种，除对《神农本草经》、《名医别录》所载加以考证外，增补了新药114种，另有有名无用194种，不少西方药物亦被收入。该书纂成后，颁行全国，到处流行，造福生灵。像《元和郡县图志》中的地图部分易佚一样，《新修本草》中的《药图》先行亡佚，现仅存残卷，有影刻、影印本，还有一部分被后世的本草和方书所引，得以保存。

《新修本草》是我国药典学发展的蓝本。在它的带动下，一些医家的本草著作也相继问世，以其各有特点而流传于世。如针对权威本草著作的遗漏而加以增补的，有开元中陈藏器的《本草拾遗》十卷。又如记述食物疗法和鉴定食物的，有孟诜的《食疗本草》和陈士良的《食性本草》。还有以记述海外药物为主的李珣的《海药本草》，和地方性的《滇南本草》等。值得一提的是李珣是来华波斯商人的后代，身兼中西两种文化传统而撰《海药本草》(原书六卷，已佚，李时珍《本草纲目》引述了其中的63种海药)，谱写了中西文化交流中一支别具一格的插曲。至北宋，我国古代药典学达到了它的最盛期。

(四)孙思邈《千金方》和王焘《外台秘要》

唐朝最著名的药典是《新修本草》,最著名的医生当推孙思邈。唐朝医书流传至今者,以孙思邈的《千金方》和王焘的《外台秘要》为最著。

孙思邈(581—682年),京兆华原(今陕西耀县)人。七岁就学,每日学习千余言,进步甚快。"弱冠善谈庄、老及百家之说,兼好释典"①,对道家、佛教及其他各家学说都有了研究。他一生勤奋好学,广采博收。"青衿之岁,高尚兹典;白首之年,未尝释卷。"②因此"道合古今,学殚数术",兼精道教、佛教,尤擅炼丹、医药养生之道,时人称"其推步甲乙,度量乾坤",可与秦汉时的洛下闳、安期生相媲美,后人尊其为"药王"(图6-14)。

图6-14 孙思邈像

作为中国医药学家,他继承了天人感应的学说,并加以发挥。他认为:"吾闻善天者,必质之于人;善言人者,亦本之于天。天

---

① 《旧唐书·孙思邈传》。
② 《千金要方·自序》。

有四时五行、寒暑迭代……人有四肢五脏，一觉一寐，呼吸吐纳……"作为民间医药学家，他有良好的医德，"不为利回，不为义疚"①。为了便利上、中、下各阶层之人救厄疗疾，他精心编著了简易实用的方书：《备急千金要方》和《千金翼方》各三十卷。书名寓有人命头等重要，比千金还要贵重的意思。

《备急千金要方》又称《千金要方》，以医方之主治为纲，是孙思邈在五十多年临床经验的基础上，参考历代医药典籍，兼取各家医说和成就，结合自己的实践经验，"方虽是旧，弘之惟新"，敢于冲破传统，大胆创新发展的产物。书中内容包括中医基础理论和临证各科的诊断、治疗、针灸、食疗、预防、养生等，其中对妇科和小儿科亦相当注重。

《千金翼方》是对《千金要方》的补充，系孙思邈积晚年近三十年的经验所写成，偏重本草、养生、烧炼、禁经、伤寒、中风、杂病、疮痈等。书后的养生、烧炼诸方，不但为宋元医方所依傍，而且至今仍有一定的科学价值。孙思邈本人就是一个绝好的例子。他九十多岁时，"犹视听不衰，神采甚茂"，一直活到一百余岁。据《旧唐书》本传记载，孙死后"经月余，颜貌不改，举尸就木，犹若空衣，时人异之"。这是生命科学研究中可资参考的珍贵史料。孙思邈的著作，除《千金方》、《太清丹经要诀》外，尚有《福禄论》三卷、《摄生真录》、《枕中素书》、《会三教论》各一卷等。

因为人命至关重要，南北朝时就流行这样的话："不明医术者，不得为孝子。"至隋唐，上有政府提倡，下有名医促进，此风尤盛。在这样的气候下，出现了王焘的《外台秘要》。

王焘是陕西郿县人，祖、父和他本人均是官吏而非医人。他自幼多病，且母亲亦有病，遂攻习经方，以医母病，"长好医术"，虽属业余，水平可观。他在唐廷为官数十载，长期担任弘文馆的工作，有条件接触古代的许多经方，因此能够在十年间，"凡古方纂得五六十家，所撰者向数千百卷，皆研其总领，核其指归……上自炎昊，迄于盛唐，括囊遗阙，稽考隐秘"，于天宝十一年(752年)

---

① 《旧唐书·孙思邈传》。

撰成《外台秘要》四十卷，凡一千一百四门。这部综合性的医学著作，有论有方，每门冠以巢元方《诸病源候论》中的有关论述，论后系以经方，每方引书，多系以卷数。我国8世纪以前的许多方书大部分已经佚亡，《外台秘要》的编撰，使这份珍贵遗产的部分内容和面貌得以保存下来，乃一大贡献。

（五）藏医和维医

藏医曾受到中原和印度医学的双重影响。唐代文成公主下嫁吐蕃松赞干布，汉藏两族关系进一步密切，促进了藏医的发展。具有民族特色的藏医学体系的形成，以8世纪左右宇陀、元丹贡布编成藏医学经典著作《四部医典》为标志。《四部医典》的内容非常丰富，从医学理论到临床实践，对病因病理、诊断治疗、药物方剂、卫生保健等都有详细的记述，所载药物包括内地和西藏特产近一千种。

由于有天葬的风俗习惯，藏人对人体生理解剖的认识比汉族略胜一筹。人的神经往往是白色的。8世纪的藏医已认识到从人脑发出的条条"白脉"支配着全身的各个部位。如果"白脉"有病，相应的部位就要出问题。他们还知道人类胚胎发育要经过39周才成熟，其间分为鱼期、龟期和猪期三个阶段。近代生物学认为胚胎发育过程重演了生物进化史上鱼类、爬行类、哺乳类三个阶段，藏医在1200年前已有类似的见解，是难能可贵的。

唐代以降，藏医继续发展。《四部医典》传入蒙族地区，蒙族医家结合本地经验，发展成蒙医学。17世纪，几乎包罗藏医学全部内容的彩色挂图在西藏出现。同时还出现了藏族画家丁津诺布画的人体解剖图，颇有助于藏医的普及与形象教育。

唐宋时期，我国医学对外交流的重心，已由印度转向阿拉伯国家。公元10世纪上半叶，建立于西域的地域广阔的哈拉汗王朝，曾经历了政治、经济、文化发展的兴盛时期，作为桥梁，对中西医学交流起到了良好的作用。

名医阿维森纳（Avicenna，约980—1037年）生于古西域的布哈拉（今属乌兹别克斯坦共和国），他集古希腊—罗马和阿拉伯—伊斯兰医学之大成，融会维吾尔等多种民族的医学精华，著成了中世纪权威著作《医典》。《医典》长达百万字，其中含有浓厚的中国成分。大量的中国本草，不少中国经方被著录于《医典》。它也重视脉诊，48种脉名中，有35种与王叔和《脉经》之脉相同。《医典》甚至直接采用了"寸、关、尺"等中国脉学的词汇。后来，《医典》被阿拉伯、欧洲和北非诸国奉为医学指南，采作教科书，近八百年之久，影响之大，不言而喻。《医典》中有关于蔷薇水（露）的记载，此"水"在10世纪传入中原后发展甚快，明清时各种药露盛行于世。

《艾勒卡奴》是一部哈拉汗王朝时期的维医经典著作，已被发现于新疆和田地区，为一手抄本残卷，现存五卷。此书全面论述了维医对人体生理、病理、诊断、治疗、预防等理论，确立了维医处方用药的主导思想。

六、面向全国、放眼域外的地理学

以"图经"的形式出现的地理著作，始于东汉。它既有形象直观的地图，又有进一步的文字说明，实用性强，丰富和发展了以《汉书·地理志》为代表的传统地理学体系。隋唐时，留意地理者颇多，这是时代的需要使然。图经类著作大量出现：隋有官修的《诸郡物产土俗记》一百五十一卷、《区宇图志》一百二十九卷、《诸州图经集》一百卷等。唐代地理著作更为丰富，除官书之外，两个宰相贾耽、李吉甫和一个高僧玄奘继裴秀和法显之后，借其特殊的地位、经验和经历，撰书作图，为地理学的发展作出了特别的贡献。

（一）贾耽《海内华夷图》和李吉甫《元和郡县图志》

贾耽(730—805年)，字敦诗，河北沧州人。他青年时经历了安史之乱。贞元九年(793年)征为右仆射，同平章事。贾耽一生勤奋读书，老而弥笃，尤好地理，除官方记注可以参阅外，还身访域外使者和出使过外域的人，询问有关地理知识，探究源流。所以九州之夷险，百蛮之土俗，方域道里之数，渐渐了如指掌。为配合唐廷恢复大计，他勉力于地图与地理著述。贞元元年(785年)奉唐德宗之命绘制全国大地图。至贞元十七年(801年)完成了《海内华夷图》及与之配合的《古今郡国县道四夷述》四十卷。

《海内华夷图》师承裴秀的制图"六体"，比例尺为一寸折成百里(即1∶1800000)，全图广三丈，纵高三丈三尺，冶中外为一炉。又创新法，古代地名以黑色书写，当时地名以红色书写，萃古今于一简。《海内华夷图》原图已失传，但有宋金之际刘豫伪齐国的石刻缩小翻版，今藏于西安碑林。① 贾耽所创用的古郡国题以墨、今州县题以朱的方法，成为后世的历史沿革地图之范，长期沿用。

李吉甫(758—814年)，字弘宪，河北赵郡(赵县)人。元和六年(811年)为相，晚年著《元和郡县图志》五十四卷，"分天下诸镇，纪其山川险易、故事，各写其图于篇首"，② 于元和八年(813年)上进。书中记述了当时全国十道所属州县的沿革、通道、山川、户口、贡赋和古迹等内容。篇首附图在南宋时已佚亡，使《元和郡县图志》变得名实不符，故后来径呼为《元和郡县志》，后者今有传本。贾李两家的地理名著，体例虽有不同，其用意则相近，均是以国家的政治、经济、军事管理的需要为出发点，旨在"扼天下之吭，制群生之命，收地保势胜之利，示形束壤制之端"，③ 其目的尤重于恢复失地。贾著之佚，使《元和郡县志》成为现存最早的魏晋以来所著述的全国性地理书。清人称其"体制最善，后来虽递相损益，无能出其范围"。④

(二)玄奘西游和《大唐西域记》

玄奘(602—664年)，俗名陈袆，洛州缑氏(今河南偃师缑氏镇)人。他13岁出家，唐高祖武德年间遍游关内蜀中、江汉河北，

---

① 黄时鉴主编：《解说插图中西关系史年表》，浙江人民出版社1994年版，第170页。
② 《旧唐书·李吉甫传》。
③ 《元和郡县志·自序》。
④ 《四库全书总目提要》。

求师访友，质疑问难，对经义犹未满足，发愤前往佛教发源地天竺求法，遂于唐太宗贞观元年(627年)或三年(629年)秋离开长安，西行取经。玄奘历尽艰难险阻到达恒河下游的摩揭陀国(Magadha)，在那烂陀寺学习五年，洞彻佛理，然后遍游印度各地，成了佛国的佛学权威，得到"大乘天"的极高声誉，名震天竺。贞观十七年(643年)秋，玄奘携带所得经典六百五十七部及佛像等取道西域回国，于贞观十九年(645年)正月回到长安。近二十年间，玄奘孤身奋斗，长途跋涉五万余里，足迹遍及中亚和南亚的110个国家和地区，"见不见迹，闻未闻经，穷宇宙之灵奇，尽阴阳之化育"。当他经过玉门关外"五烽"时，看到了沙漠的蜃景，后来记在《大唐西域记》中。

玄奘作为著名高僧和旅行家，其事迹详见他的弟子慧立所著《大慈恩寺三藏法师传》十卷。他又是吴承恩著《西游记》中主角唐僧的模特儿。

回长安后，玄奘奉旨从事译经19年，使佛经的中译达到了高潮。经他主持译出的经、论有七十四部，计一千三百三十五卷，其中较重要的有《地藏经》、《迦罗尼经》、《瑜伽师地论》、《因明入正理论》、《金刚般若经》、《摄大乘经》、《成唯识论》、《般若波罗密多心经》等。他对佛学法相宗传播贡献极大，乃是佛学中国法相宗的祖师。

《大唐西域记》十二卷是玄奘口述，其弟子辨机笔录的地理名著，书中以生动文雅的文笔，忠实地记录了玄奘亲身经历的110个国家和地区的地理位置、历史沿革、风土人情、山川、物产、气候、宗教等情况，对传闻中的28个国家的情况亦有涉及，至今仍是研究中西交通史、中亚和印度、巴基斯坦等地历史地理的重要文献。如玄奘取经时路过的古精绝国，《大唐西域记》中称为"王治尼壤城"，在今新疆塔克拉玛干沙漠南部腹地。这个汉唐时期活跃在丝绸之路上的古王国，曾是古代中国、印度、希腊、波斯四大文明的交汇之处，后突然衰亡，被流沙淹没。英国人斯坦因在20世纪初发现了这一古城遗址，史称"尼雅废墟"。中日联合科学考察队在20世纪末开始科学发掘，又发现了许多珍贵文物，逐渐揭开了

"尼雅废墟"的神秘面纱。

七、全方位的中外交流

唐朝是名副其实的大唐帝国，盛唐的版图东被朝鲜半岛，西达阿姆河流域，南至安南，北抵贝加尔湖，幅员辽阔。大唐帝国以其雄厚的国力，充满自信地大开国门，对外海陆交通繁盛，中外交往和科技文化交流十分活跃，形成了我国历史上空前的全方位对外开放、相互交流的时期。

在东方，朝鲜与中国唇齿相依，两国历来有特殊的关系。日本与中国仅一衣带水相隔，往来穿梭不停。通往印度的陆路，经西域至少有玄奘取经的去路和归路；7世纪中叶，王玄策出使，则从西藏、尼泊尔穿越喜马拉雅山而至印度；从我国西南边境辗转东南亚诸国至印度还有一条路；再加上海上交通，中印之间的交流进入了新阶段。西方的波斯（伊朗），居于中亚交通要冲，占尽地利之便，它在唐初不但操纵南海海上的商权，而且操纵西域陆上的贸易。7世纪时，大食帝国（伊斯兰帝国）迅速兴起，一统阿拉伯半岛，势力西至北非和地中海的比利牛斯半岛，东灭波斯，深入中亚，与唐帝国的势力在中亚相遇。公元751年历史性的怛逻斯之战，大大改变了中西文化交流的进程。大食在南洋，取代波斯操纵海权，与唐的交通日益频繁起来。隋唐时，中国对南洋的海上贸易有了新的发展，广州、交州（今越南河内）、扬州、泉州、明州（浙江宁波）五大贸易港商贾（不少是胡商）云集。自8世纪中叶起，中国陶瓷开始经由海道大量外销，形成了陶瓷之路。抗沉性强、稳定性好的唐舶大有凌驾番船之势。于是，南海碧波之中，中外船舶交首而过；沙漠绿洲之间，商人僧侣艰难跋涉，编织起一张四通八达的贸易和文化交流网。当时的长安、洛阳，甚至可以见到金发碧眼的胡商，牵着劳苦功高的"沙漠之舟"骆驼，昂首阔步于闹市之中。

与商业宗教交往密不可分的科技文化交流，在唐代也达到了前所未有的高潮，使唐代的文化变成了与东方的朝鲜、日本，南方的印度，西方的阿拉伯、欧洲文化都有交流的世界性文化。

（一）与朝鲜的交流

中朝交往，可以上溯到周初。至隋唐初年，朝鲜半岛分别为三个国家所统治：北为高句丽，南部东为新罗，西为百济。自645至676年，经过许多战斗，借朝鲜半岛内乱之机，唐廷终于征服了这三个小国，中国衣冠文物陆续输入朝鲜。其后不久，新罗强盛，西并百济，北侵高句丽，成为朝鲜半岛南部的统治者，半岛北部则为渤海国的一部分。因受大唐扶持，新罗谨事唐廷，大量吸收中原文明。如仿制汉字，并用中国衣冠年历，采用中国都城建筑制度，模仿寺院建筑风格，仿用中国科举制度，派出遣唐使和大批留学生来唐吸收唐代文明。中国的天文、历法、算书、医书、丝织品、瓷器等陆续输往朝鲜。新罗的"国学"亦设立了算学科，置博士、助教，教授《缀经》、《三开》、《九章》、《六章》等算书。开元后，新罗来华的留学生特多。开成五年（840年）新罗使者、质子及学成归国的留学生达105人之多。

朝鲜是最早获得中国造纸术的邻邦。三国时，朝鲜已能制出品质优良的纸张。7世纪初高句丽僧人画家昙征将造纸术传入日本。中国印刷术发明后，朝鲜又很快获得了印刷术。与此同时，朝鲜文化也随着贡品流入中土。朝鲜贡品为诸藩之最，有玄胡索、牛黄、人参、绸类、海豹皮等，源源输往唐朝。"高丽伎"也列入了唐太宗所置的十部乐之一。

唐末王建统一朝鲜半岛，改国号为高丽。许多新罗、高丽人来到山东、苏北沿海一带垦殖、水运，对发展中朝水路交通，促进我国东部沿海地区的经济文化作出了贡献。他们聚居之处，称为新罗坊，亦成了中朝文化交流史的历史见证。

（二）与日本的交流

远自没有文字记载的新石器时代，直到史载公元57年日本邪马台国派遣使节到中国接受东汉王朝的册封，两国交往由来已久。公元415年，日本已大规模地输入中国文化，而它的全盘华化，则发生在唐代。

贞观十九年(645年),日本中大兄皇子和中臣镰足仰慕中国封建制,以到过中国的僧人南渊清安为师,发动宫廷政变。孝德天皇即位。建元"大化",以僧旻、高向玄理为国博士进行政治上的维新改革,一切典章制度皆取法唐朝,史称"大化革新"。于是,中日经济文化和科技交流进入了鼎盛时期。公元710年,日本迁都奈良。794年迁都平安。在奈良时代,日本醉心于"唐化",从生活方式到文字的创造,从文学艺术到城市建筑,从医学、算学到各种技艺,如饥似渴地向唐朝学习。在吸收消化中国文化的基础上,结合本国的文化传统,到9世纪,日本终于形成了自己独特的民族文化。

两国人员的来往,是中日交流的最重要管道。公元600—614年间,日本曾四次遣使访问中国。到唐代,此风尤炽。公元653—894年间,日本先后派出遣唐使十九次,率领大批留学生前来中国。开元时,留唐生多达550多人,许多人长期居留中国,有的留学时间长达二十五年之久。中国使节、僧侣、商人、工匠也东渡日本传播先进文化,其中最著名的是鉴真和尚,还有擅长唐代文字声韵和音乐的袁晋卿、皇甫东朝等人。

遣唐使、留学生返日时,带走了大量的中国书籍。据不完全统计,至9世纪末,传入日本的汉籍已达1579部16790卷。其中包括天文著作461卷和各种历法,十部算经和其他算书,医药著作1309卷,还有《齐民要术》等科技书。这些无价资财对日本的历法、医药、文字、建筑和多项生产技术产生了广泛深远的影响。

日本曾采用中国南北朝和隋唐时期的好几部历法,如元嘉历、麟德历、大衍历、宣明历等,前后连续用了约11个世纪。其中9世纪徐昂的《宣明历》,竟在日本行用了823年。

日本汉医学的发展,与隋唐时的交流关系极大。隋大业四年(608年),日本派使节小野妹子来华,随同前来的就有药师惠日、倭汉直福因等。有唐一代,日本遣来我国习医者络绎海道。公元753年,大唐名僧鉴真(688—763年)等二百九十多人应聘到达日本,鉴真精于律宗,擅长医药,也带去了不少医书药物,在日本大力传播中国医学,并著有《鉴上人秘方》一卷行世。8世纪时,日本仿效唐国子监,设立了算学和医学,进行教授。在《大宝律令》中,明确规定医学生必修《素问》、《黄帝针经》、《明堂脉诀》、《甲乙经》、《新修本草》等中国医书。

我国的多种生产技术,如造纸法、印刷术、制水车技术以及当时的瓷器、铜镜、漏刻测影仪器、织锦等,都在唐时传入日本。

日本的建筑,从寺院到都市,都受到隋唐建筑的深刻影响。隋唐之际,日本建奈良大法隆寺。这座庙宇虽称为百济式,实际上百济的佛教建筑传自中国,法隆寺的平面布局和细部构造均为唐式。公元759年,因鉴真到日本而建立的奈良唐招提寺,从名称到实质,全为唐式。日本的都城建设,亦以唐的都城为样板。唐德宗贞元年间,日本桓武天皇仿效唐长安城,命人设计建造了历史上的名都——平安京。平安京设计成棋盘状,东西三十二町,南北三十六町,每隔四町均有大路相通,整齐有序。城北边正中是宫城,四周绕以唐式官衙与贵族邸第。

日文的形成学自中国。717年留唐生吉备真备、阿部仲麻吕等来华。阿部仲麻吕羡慕唐朝文化,取汉名晁衡,还做了中国的官吏。吉备真备在唐朝住了八年,回国后运用中国楷书之偏旁,发明了片假名。804年,僧空海、最澄等来华。二年后,空海返日,仿照中国的草书制成平假名。9世纪中叶,采用假名字母的日文正式形成。最澄归国时,则带回了中国茶种。

(三)与印度的交流

中印之间的商业交流,多年以来不断进行着。至南北朝、隋唐时期,由于佛教文化的传播,中国高僧往返取经,交流更为频繁。中国给印度以重要影响的,主要是中国的数学和纸张、丝织品等高技术产品。印度的天文学和数学也传入了我国,因未能与中国传统文化真正融合,影响不大。印度佛教建筑则与中国传统融为一体,产生了具有中国特色的佛教建筑。中印医学的交流,也是双向的。以印度、阿拉伯为媒介,中西交流又呈现出多向的性质,促进了整个人类文明的进步。

迄今为止,中国数学如何传至印度,细节不详。5世纪以后,印度数学始进入重要发展时期。大约 6 世纪时，创立位值制数码，建立土盘算术，好像受到过中国筹算制度的影响。印度发明的"零"这个数学符号，似乎脱胎于中国筹算中的空白位置。李约瑟的《中国科学技术史》形象地说："也许我们可以冒昧地把这个符号看作是在汉代筹算盘的空位上摆上了一个印度花环。"①如果将中印古代数学作一番比较，在分数、比例问题、弓形面积、球体积、负数、勾股问题、圆周率、一次同余式、开方法、重差术等方面，甚至印度创造的正弦表，均可发现中国数学的痕迹。举例来说，《九章算术》中个别公式的错误处，某些印度古算著作中照抄下来，未加改正，暗示了来自中国。经由阿拉伯国家传入欧洲的印度数学，含有许多重要的发明和发现，对世界数学的发展产生了重要的影响，而其中关键的十进位制计数法和在此基础上发展的各种运算方法，实在是中国的数学家预先为它铺好了路。

随天文历法知识一起传入中国的印度数学，其中对中国最新鲜的应该是一些三角函数，但是因为角度的分法中印不同，影响微不足道。随九执历等传入中国的天竺笔算法，当时也没有在中国生根。比起数学来，印度的天文历法对中国的影响似乎要大一些。《隋书·经籍志》除记载《婆罗门算法》三卷、《婆罗门阴阳算历》一卷、《婆罗门算经》三卷外，还载有四种印度天文著作：《婆罗门舍仙人所说天文经》二十一卷、《婆罗门竭伽仙人天文说》三十卷、《婆罗门天文》一卷、《摩登伽经说星图》一卷。印度天文学家进入唐代司天监工作者，主要有瞿昙、伽叶、俱摩罗三家，其中瞿昙一家，唐高宗、玄宗间参与修历之役，最负盛名。开元六年（718 年）太史监瞿昙悉达受诏将印度九执历译成汉文，又编撰《开元占经》一二〇卷。九执历继承了古希腊的弧度量法，分圆周为 360 度，每度 360 分，也将一周天分为 360 度。可惜中国依然采用将一周天分为 $365\frac{1}{4}$ 度的古法，未能及时吸收这一先进的分度方法，影响了

---

① 李约瑟：《中国科学技术史》第三卷，科学出版社 1978 年版，第 330 页。

数学某些方面的发展。

　　印度医药发达亦早，5世纪时的外科著作《苏色卢多》(Sushruta Samhita)颇有特色，瑜伽术更有些神乎其神。随着佛教的传播，印度医学医术，尤其是外科、眼科和所谓长生术，陆续传入我国。自晋至唐，历代方家，几乎无不受到佛教医学学说的影响。代表人物如葛洪、陶弘景、孙思邈等，其著名的"百一生病说"即来源于佛教医学学说。据《隋书·经籍志》所载，当时中国与印度直接间接有关的方书，已有《龙树菩萨药方》四卷、《婆罗门诸仙药方》二十卷、《婆罗门药方》五卷、《龙树菩萨养性方》一卷、《西域诸仙所说药方》二十三卷、《西录波罗仙人方》三卷、《西域名医所集要方》四卷等。

　　印度眼科自古发达，唐代印度眼科医生来华开业者不乏其人。诗人刘禹锡即有《赠眼医波罗门僧》诗，诗中有"师有金篦术"之句。在印度眼科的影响下，唐朝也有了眼科专著《治目方》五卷。当时治白内障手术大有进步，堪与印度并驾齐驱。唐太宗时，还从摩揭陀国引进了印度熬糖法。唐代以后，中国、印度和埃及等国在制糖技术上互相交流学习，发展了甜蜜的事业。

　　跟佛教有关的密宗气功、催眠术、心理治疗等，也都在我国找到了传人。印度长生术和长生药令唐人十分神往，可是长生不但是做不到的，说不定还会中毒。反过来，中国炼丹术也已传入印度，更有不少中国特产的药物，如人参、茯苓、当归、远志、乌头、附子、麻黄、细辛等，在印度号称"神州上药"，嘉惠生民。

(四) 与西方的交流和造纸术等的西传

　　中西方之间以养蚕丝织技术和丝织品为代表的双向交流，铺设了中国通往中亚、西亚的丝绸之路。时至唐代，丝绸之路更为繁忙。波斯自中国取得丝织技术，有所创新，发展出品质优良的"波斯锦"，东输中国，影响了南北朝隋唐丝绸艺术风格和斜纹重组织等织造技术。6世纪中叶，印度僧人由新疆把蚕种带到了罗马帝国，欧洲开始了丝绸生产的历史。贞观九年(635年)、景教传教师阿罗本(Rabban)从波斯来中国。贞观十七年(643年)，拂菻(一名大秦)即东罗马帝国遣使来唐,带来了赤玻璃、石绿、金精等物。唐太宗回书答慰,赠与绫绮,两国也建立起直接联系。《通典·大秦传》说:"大秦善医眼及痢,或未病先见,或开脑出虫。"阿拉伯和欧洲医学开始东传。

随着大食帝国的兴起,它与大唐在海上和中亚发生了两大势力的碰撞,促进了东西方的交流。唐玄宗时一次偶然的事件,迅速改变了东西方科技交流的进程,虽然这种交流迟早总会发生。

天宝十年(751年)唐安西节度使高仙芝讨伐石国(塔什干),石国王子求助于大食及诸胡。高仙芝的部队受到大食与诸国的夹击而大败于怛逻斯(Tarāz)(今哈萨克斯坦境内),大批兵士被俘。唐朝在中亚的政治、经济、军事势力全面退却,伊斯兰文化对新疆的影响大为增加。被俘的唐军中有一个叫杜环的人,为大食人所擒,流落中亚十年,至宝应元年(762年)始搭商船由海道经广州回国。杜环著《经行记》将其见闻笔之于书,此书久佚。据其族叔杜佑在《通典》中所引,杜环在大食时看到"绫绢机杼、金银匠、画匠。汉匠起作画者:京兆人樊淑、刘泚;织造者:河东人乐隈、吕礼"。① 这些人原也是此役中被俘的唐兵。怛逻斯之战中大批被俘的工匠出身的唐兵,无意中肩负起了向中亚和西亚传播包括造纸术在内的中国文明的历史使命。

唐军中被俘的除了纺织工匠外,还有一些兵士懂得造纸技术,他们被送往撒马尔罕(今乌兹别克斯坦境内),阿拉伯人在此设厂造纸,遂为名产。8世纪末,巴格达亦建立了造纸厂,据说还聘有中国造纸技师,然不能与撒马尔罕纸相媲美。后来,大马士革也设厂造纸,日渐发达,成长为欧洲用纸的供应地。11世纪阿拉伯史家塔阿里拜(Tha'ālibī)记述,中国与撒马尔罕纸著名于世,已取代了以前所用的埃及苇纸与羊皮之书卷。造纸术传入欧洲后,12世纪,西班牙和法国最先设立纸厂。13世纪,意大利和德国也相继设立纸厂。至16世纪,中国造纸术已传遍欧亚大陆,并传入了美洲。造纸技术的西传,为欧洲文化的发展和交流提供了有力的工

---

① 《通典》卷一百九十三。

具，在文艺复兴和近现代科学的诞生和发展过程中，起到了不可估量的历史作用。

阿拉伯炼丹炼金术兴盛于8世纪至10世纪下半叶，其中汇集了希腊、埃及、中国和印度等周边国家的诸种玄想和方术，深受中国炼丹术思想和实践的影响。传为阿拉伯炼丹炼金术祖师的扎比尔（Jābir ibn Hayyān，约721—约815年）使用的"硫黄—水银法"，竟与魏伯阳、葛洪等中国炼丹家使用的"黄芽—姹女法"炼制硫化汞、水银之法如出一辙。无独有偶，另一位阿拉伯大炼丹家拉齐（Rhazes，865—925年）的名著《秘典》显然也得益于《周易参同契》和《抱朴子》。1187年，《秘典》被译成拉丁文，炼丹术传入欧洲。13世纪，英国的罗吉尔·培根在其《炼丹专论》中深信丹药之效，以为只要全部揭开炼丹术之秘，人们就能几乎长生不老。故李约瑟形象地称罗吉尔·培根为"穿着拉丁人衣服的葛洪（并且也像扎比尔）"。①

在唐代中西交流的热潮中还须提上一笔的是，唐与五代中国工艺技术大量传入阿拉伯，阿拉伯一本托名扎比尔的《物品特性详编》（作于930年或稍晚）用几章篇幅介绍中国的工艺技术，其中包括冶铁为钢的各种方法。

---

① 李约瑟：《东西历史中所见之炼丹思想与化学药物》，《李约瑟文集》，辽宁科技出版社1986年版。

第七章
科 技 高 峰

　　隋唐科举之门一开，知识分子多务吟咏，一般不大留意于自然科学。唐代后期，无暇顾及水利工程，特别是安史之乱、藩镇割据之后，有破坏而无建设，唐朝经济和科技的滑坡成了不可避免的事。宋朝从五代十国的残局中脚踏实地地站了起来，一方面狠抓水利工程建设，促进农业生产的发展，国民经济的繁荣。颇有意思的是，宋元的两颗科学巨星沈括和郭守敬也都搞过水利。国富民强，为科技进步创造了必要的物质条件。另一方面，政府实行奖励科技的政策，推崇博物多识的科学风尚。从浙江建筑名匠喻皓到活字印刷术的发明者布衣毕昇，许多民间名工巧匠不时表现出非凡的创造力。在这种氛围中，科技实现了从继承到创新的转变。注意科学技术有关问题的考察和研究，已成为一些具有务实思想的知识分子的新学风。哲学家们继承了儒家入世主义和有为主义的精神，吸收了佛道两家的宇宙观和佛家认识论的某些方面，逐渐形成了以儒家为中心，儒释道三家混合的新儒学。于是，古代综合型百科全书式的科学人才和各种专家纷纷脱颖而出。开这股新风之先的，是北宋初期钱塘博物名僧赞宁。① 为宋元科技高峰树立里程碑的，是北宋著名科学家沈括。如果说沈括是继张衡、祖冲之之后又一个多才多艺的科学家，中国整部科学史上最伟大的人物；那么朱熹乃是继孔子之后又一个儒家领袖，中国整部思想史上最伟大的人物之一。除了这两个"中国之最"，两宋足资骄傲的，还有科学宰相苏颂，建筑学家李诫，法医学家宋慈等英才。元代在宋代的基础上乘势前进，于是有了中国科学史上著名的"宋元数学四大家"和"金元医学四大家"，攀登天文学高峰的郭守敬，地理学家朱思本，又为这一时代画上了光荣的句号。

一、雕版印刷的发达和活字印刷的发明

雕版印刷术发明之后，由于适应了文化科技事业发展的需要，在宋代迅速发展，留传下来的宋版书，至今都成了文物珍品。雕版印刷的缺点，则成了活字印刷发明的动力。北宋庆历年间（1041—1048 年）布衣毕昇在杭州发明活字印刷术。沈括笔之于书，使此术以"沈存中法"或"沈氏活板"之名走向社会，传播四方。在对外传播中，活字印刷术首先传到了西夏和新疆一带，然后进入中亚。随着我国早期活字印刷品的不断发现和确认，中国这一伟大发明对世界的贡献一再引起人们的注意。

（一）雕版印刷入宋大盛

由于适应了时代的需求，宋代雕版印刷日渐发展，趋于鼎盛。技术上精益求精，雕版良工人才辈出；规模上日益扩大，形成了四大中心，即：北宋都城汴梁（今河南开封），四川的成都（后移至西南方的眉山），福建的造纸手工业中心建阳及钱氏吴越国和南宋的都城杭州。这些地方，不是重要的政治、文化中心，就是著名的原料产地，发展印刷业有得天独厚的条件，故能成为著名的雕版中心。如

---

① 闻人军：《宋初博物名僧赞宁事迹著作考评》，《宋史研究集刊》，浙江古籍出版社 1986 年版，第 217~249 页。

杭州，荟萃了许多雕版良工，浙本以字体方整、刀法圆润著称于世。

（二）布衣毕昇发明活字印刷术

雕版印刷质量上乘，但费工费时。如北宋开宝四年（971年），成都开始板印《大藏经》，计1076部，5048卷。雕版达13万块，历时12年才雕印完成，仅版片的存放，就要占用大量的空间。印量少而且不拟重印的书，雕版印刷的缺点就更为突出。在这种形势下，可能受古代印章术的启发，活字印刷术遂应运而生。宋仁宗庆历年间，雕版良工、布衣毕昇在杭州创造了活字印刷术。皇祐三年（1051年）沈括之父卒于杭州，沈括从苏州外婆家回杭州守丧，成了毕昇这一发明的历史见证人。后来，沈括在《梦溪笔谈》卷十八中对此作了独家记载："板印书籍，唐人尚未盛为之。自冯瀛王始印五经，以后典籍，皆为板本。庆历中，有布衣毕昇，又为活板。其法用胶泥刻字，薄如钱唇，每字为一印，火烧令坚。先设一铁板，其上以松脂蜡和纸灰之类冒之。欲印则以一铁范置铁板上，乃密布字印。满铁范为一板，持就火炀之，药稍熔，则以一平板按其面，则字平如砥。若止印三二本，未为简易；若印数十百千本，则极为神速。常作二铁板，一板印刷，一板已自布字。此印者才毕，则第二板已具。更互用之，瞬息可就。每一字皆有数印，如之、也等字，每字有二十余印，以备一板内有重复者。不用则以纸贴之，每韵为一贴，木格贮之。有奇字素无备者，旋刻之，以草火烧，瞬息可成。不以木为之者，文理有疏密，沾水则高下不平，兼与药相粘，不可取。不若燔土，用讫再火令药熔，以手拂之，其印自落，殊不沾污。昇死，其印为予群从所得，至今保藏。"据报道，1992年秋湖北省英山县草盘地镇五桂墩村出土一疑似北宋墓碑，碑中间阳刻二行大字："故先考毕昇神主，故先妣李氏妙音墓"，一说此碑立于"皇祐四年二月初七日"，毕昇是蕲州（今湖北英山）人。质疑者认为此年号模糊难辨，两个毕昇不过同名同姓而已。① 活字印

---

① 孙启康：《毕昇墓碑鉴定及相关问题考证》，《中国印刷》，1993年第42期。

刷术发明者毕昇的籍贯、卒年依然成谜，但可肯定的是他的泥活字落到了识货的沈括侄辈手中。由于沈括的及时总结，毕昇的发明被时人冠以"沈存中法"或"沈氏活板"流传开来。可以说，活字印刷术中凝聚着工匠和知识分子双重的心血。毕昇活字印刷术赖沈括的独家记载以传后世，沈括对平民的创造力因毕昇的发明而刮目相看，这一对失之交臂的"合作者"谱写了科技史上的一曲佳话。数百年后，沈括与毕昇的名字，又随着《梦溪笔谈》的流传，双双远涉重洋，走向世界。1847年，法人儒莲(Stanislas Julien, 1797？—1873年)在法国的《亚洲杂志》上发表《中国印刷的艺术》一文，用法文迻译了《笔谈》的这段记载。

南宋绍熙四年(1193年)，周必大说："近用沈存中法，以胶泥铜版移换摹印，今日偶成《玉堂杂记》二十八事。"①周必大曾任左丞相、封益国公，《玉堂杂记》是他的笔记。他根据沈括介绍的毕昇活字印刷术，采用铜版和胶泥活字，印刷了其中的28条，分赠朋友。时至今日，周必大的《玉堂杂记》活字本早已不知去向，有待发现。几十年来，关于早期活字印刷品时有报道。如1965年浙江省温州市郊北宋末期兴建的白象塔出土了一幅回旋式《佛说观无量寿佛经》残叶，报告者认为它是北宋崇宁二年(1103年)的活字印刷品。② 但质疑者认为，此残叶是否为活字印本尚有疑问。地处西北的西夏王朝(1032—1227年)不失时机地采用了活字印刷新技术。1985年甘肃武威出土的《维摩诘所说经》残本54页，系西夏用泥活字印刷，时代约在12世纪中叶至13世纪初。1991年宁夏贺兰县拜寺沟方塔废墟出土了西夏文佛经《吉祥遍至口和本续》，据牛达生考证，推定它是西夏后期的木活字印刷品。③（图7-1）1996年11月文化部在京组织专家鉴定确认，此佛经"为西夏后期(12世纪下

---

① 周必大：《周文忠公全集·书稿》卷十三《程元成给事札子》。
② 金柏东：《早期活字印刷术的实物见证——温州市白象塔出土北宋佛经残叶介绍》，《文物》，1987年第5期，第15～18页。
③ 牛达生：《西夏文佛经〈吉祥遍至口和本续〉的学术价值》，《文物》，1994年第9期，第58～65页。

半叶)的木活字版印本","是迄今为止世界上发现最早的木活字版印本实物,它对研究中国印刷史(特别是活字印刷史)和古代活字印刷技艺具有重大价值"。

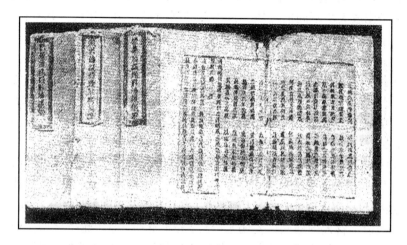

图7-1　木活字本西夏佛经《吉祥遍至口和本续》(1991年宁夏出土)

(三)活字的发展与雕版的进步

毕昇和沈括认为泥活字优于木活字,故虽试过木活字,弃之不用。南宋周必大之后,元代姚枢(1201—1278年,一说1203—1280年)曾在13世纪中叶"又以《小学》书流布未广,教弟子杨古为沈氏活板,与《近思录》、《东莱经史论说》诸书,散之四方"。① 他们用的仍是泥活字。19世纪初,安徽泾县的翟金生,为了发扬光大毕昇泥活字法,历时三十载,制成泥活字十万多个,于1844年印出了《泥板试印初编》。安徽合肥中国科技大学的张秉伦等在翟氏家乡收集到清道光年间泥活字500多枚,经分析研究和模拟实验,再次证明了泥活字的可行性。

---

① 姚遂:《牧庵集》卷一五"中书左丞姚文献公神道碑",《四部丛刊》集部。

实际上，《梦溪笔谈》中提到的木活字的缺点，可以通过选择合适的木材来克服。大约在12世纪，我国开始采用木活字，上述西夏佛经《吉祥遍至口和本续》即早期木活字本之遗存。1990年敦煌博物院从莫高窟中发现的六枚回鹘文木活字，材料为硬木，系用锯子锯成大小不同的方块，再用刀刻制而成，制作年代大约在13世纪。①

13世纪末，14世纪初，王祯任宣州旌德县令和信州永丰（今江西广丰）县令时，撰写农学名著《农书》，因字数甚多，雕版费时，遂总结前人活字之法，将木活字印刷术系统化，请工匠刻制木活字三万多个，二年完工，于1298年试印六万多字的《旌德县志》，未及一月即印成百部，成绩甚佳。后来王祯的《农书》仍在江西雕版印刷，书末附有他写的《造活字印书法》，详述其制造木活字与排版印刷的方法，包括刻字、锼字、修字、嵌字等法，较好地解决了木活字印刷中的一系列具体的技术问题。王祯的又一个贡献是用以字就人的原则，发明了"活字板韵轮"，即转轮排字架。他将活字按韵分放在轮盘内，每韵每字均作编号，登录成册。挑版时一人依册子报号码，另一人坐在轮旁转轮取字，"盖以人寻则难，以字就人则易。此转轮之法不劳力而坐致字数，取讫又可铺还韵内，两得便也"。

王祯之后，继续有人用木活字印书，清乾隆三十八年（1773年）清廷以政府之力，刻成枣木活字二十五万三千余枚，先后印行《武英殿聚珍板丛书》138种，共2300多卷。这套丛书的刻印分工明确，程序严密，工艺精到，被公认为木活字印制的杰作。

活字印刷术既然发明推广，字模的原材料就不会局限于泥、木两种，于是，其他各种材料的活字纷纷出现。王祯《农书·造活字印书法》已提到有"铸锡作字"。1508年江苏常州地区又创行铅活字。铜活字是朝鲜在中国活字印刷术影响下的发明，十五至十六世纪流行于江苏南部。18世纪清廷刊印过铜活字的《星历考原》、

---

① 李希光：《敦煌发现木活字，可能为世界最早》，《人民日报》海外版，1990年8月4日。

《古今图书集成》等。1718年山东泰安徐志定"偶创磁刊，坚致胜木"，① 制成了磁活字。

西方谁最早使用活字印刷已争议了数百年。荷兰有印本而无文献记载，法国有记载而无印本。获得多数认可的是德国的谷腾堡（Johannes Gutenberg, 约1398—1468年）。据说他在1439年掌握了活字印刷的秘密，1455至1456年用活字印刷了《圣经》，但比毕昇始创迟了四百年。西文由字母拼成，活字板比雕版大为优越，因此能迅速推广普及。中文不是由字母拼成，活字与雕版各有优劣，活字板对雕版的优越性相应减低。因此，清末普遍采用近代铅活字印刷之前，活板未能取代雕版印刷的地位，中国的雕版印刷继续迸放出一朵又一朵绚烂的花朵。

宋代刻工技术精良，涌现了蒋辉等著名刻工。宋版书纸墨装潢精美，素受藏书家的珍爱。明清时，南京和北京是全国的雕版中心。早在元顺帝至元六年（1340年）《金刚经注》已用朱墨两色套印。16世纪中叶，南京成了彩色套印的中心。16世纪末和17世纪初，发展到五色合印和五色套印。1605年刻工黄鏻刻的《程氏墨苑》比欧洲最早套色印刷的《梅因兹圣诗篇》早117年。我国17世纪流行的"饾板"，用几块甚至几十块版来表现画的色彩和浓淡，再加凸印"拱花"法，将木板印刷技术推向了新的高度。

二、中国科学史上的骄傲——沈括

沈括是中国古代科技登上当时世界高峰的里程碑和光芒四射的巨星。他的出现，不仅是环境形势所造就，而且与他个人家世及不平凡的经历大有关系。他的师承从先贤到平民，他的足迹遍及大江南北，长城内外，朝野上下。他的探索上至天文，下至地理，从数理到生化医学都是他涉猎的范围。他的思想在传统的阴阳五行学说内游弋，有时几乎跃到近代科学的边缘。更因他有顺境，有逆境，晚年闲居有充裕的时间将一生探索所得凝聚于名著《梦溪笔谈》，

---

① 泰安磁版《周易说略》序。

成为中华文明的宝贵遗产。

(一) 不平凡的一生

沈括的科技成就和贡献之所以出类拔萃，是由于他站在巨人的肩上，加上他的出身、教育、经历和一生的努力等因素决定的。

沈括(1032—1096年)，① 字存中。父沈周，杭州钱塘(今浙江杭州)人，为北宋中级官吏，官至太常少卿、分司南京(今河南商丘)。沈氏一族有收藏文物，重视医药，搜集医方的传统，为吏多精明能干。母许氏，出生于苏州吴县一家注重武略的书香门第，为北宋著名军事战略家许洞之幼妹，沈括的启蒙教育即由母亲亲自担任。沈括小时候因父亲不时调换任所，跟着到过泉州、开封等不少地方。从青少年时代起，沈括就开始研习医药、治方习字、鉴赏书画，刻苦攻读，以至博极群书，惜不幸留下目疾。

皇祐三年(1051年)，正在母舅家借居攻读的沈括，回钱塘服父丧，有幸了解到毕昇在杭州发明的活字印刷术。由于他的总结记载，此术流传开去，时人称为"沈存中法"。

至和元年(1054年)，沈括以父荫初仕为海州沭阳县主簿。在一些低级官吏任上，他锻炼了十年，有三次差点丢掉官职，却经受了考验。嘉祐六年(1061年)，沈括作《上欧阳参政书》，上书欧阳修，跃跃欲试。嘉祐八年(1063年)进士及第，再次踏入仕途。不久任馆阁校勘，编校昭文书籍，开始研习天文数学。熙宁年间提举水利工作。他是王安石变法的积极参与者，先后察访两浙路农田水利差役等事，察访河北西路，出使辽国，领军器监。熙宁八年(1075年)，升任权三司使，掌管全国经济和财政。次年奉旨编修天下州县图。后为御史所劾，出知宣州。因西北边务需要，又擢为鄜延路经略安抚使，知延州，率领军民与西夏对峙。元丰五年(1082年)，因永乐城失守获罪，贬往随州。后迁秀州安置，限本州居住。因编成天下州县图之功获奖，获准任便居住。即于元祐四

---

① 徐规、闻人军：《沈括前半生考略》，《中国科技史料》，1989年第3期，第30~38页。

年(1089年)搬往润州梦溪园,居润八年卒,享年65岁。

沈括晚景不佳,退处林下时,"深居绝过从……所与谈者,唯笔砚而已"。① 但这种条件和心境,给搞过内政外交,通文韬武略,"博学善文,于天文、方志、律历、音乐、医药、卜算无所不通"的科学通才沈括,② 提供了潜心著述的时间、条件和动力,在他以前的二十多种著作(包括《灵苑方》、《良方》、《浑仪议》、《浮漏议》、《景表议》等许多科学著作)之外,又添上了不朽的名著《梦溪笔谈》,在中国科学史上矗起了一个高高的坐标。

(二)全面丰收的科技成就

无论按古代的学科分类,还是按近现代的学科分类,沈括的多才多艺之称都是当之无愧的。

在数学上,沈括的起步并不早,直到过了而立之年,在京师编校昭文馆书籍时,始学天文数学。其友人李之仪的夫人胡淑修"精于筹数",沈括在数学上遇到疑难时,就邀之仪一起去见胡氏,讨论数学问题。胡氏身为女子,其数学才华终被封建社会所埋没。沈括则节节前进,摘取了一个又一个数学成果。他曾用数学知识研究军粮的运输,提出了含有运筹思想的"运粮之法"。他用组合数学的方法研究围棋棋局总数,计算出棋局总数为 3^{361},不自觉地运用了指数定律。最重要的成果是,他敢于探讨前人没有解决的"造微之术",首创了隙积术和会圆术。隙积术即推垛之术,实质上是一种高阶等差级数求和问题。沈括的隙积术是《九章算术》中"刍童术"的发展,又是更一般的高阶等差级数求和问题的基础。清末数学家顾观光认为:"堆垛之术详于杨(辉)氏、朱(世杰)氏二书,而创始之功,断推沈氏。"③这种评价是恰当的。会圆术译成现代数学语言就是已知圆的直径和弓形的高,求弓形的弦长和弧长的方法,后来为元代郭守敬所发展,应用于黄道积度和时差的计算。

---

① 沈括:《梦溪笔谈·自序》。
② 《宋史·沈括传》。
③ 顾观光:《九数存古》卷五。

在物理学方面，喜欢"原其理"的沈括，表现得有声有色，贡献殊多。他对光学仪器、大气光象、磁针、声学共振等很有研究，对雷电、潮汐以及晶体结构等也有所论述。南唐道士谭峭在其《化书》卷一中记载了以"璧"、"珠"、"砥"、"盂"命名的四种反射镜及其成像特点。① 沈括通过实验，研究了阳燧成像的规律，试图将凹面镜的焦点（沈括称之为"碍"）与针孔成像的"孔"，用算家的"格术"统一起来。虽然从成像机制上看这种做法不很正确，但这种努力依然是可贵的，它毕竟代表了科学发展的应有方向。后来，宋末元初的赵友钦，为了详细研究小孔和大孔成像的规律，专门在家中布置了一个大型光学实验室，得出了规律性的认识：照度随光源强度的增加而增加，随距离的增加而减小。四百年后，西方近代科学中总结出了定量的照度定律。

我国西汉时出现的一种特制铜镜，在阳光照射下，镜面反射的光射到墙上，会映出跟镜背图纹相应的花纹。这种铜镜因其奇特的光学性能被称为"透光镜"。喜欢收藏和研究古镜的沈括说："世有透光鉴，鉴背有铭文，凡二十字，字极古，莫能读。以鉴承日光，则背文及二十字，皆透在屋壁上，了了分明。人有原其理，以为铸时薄处先冷，唯背文上差厚，后冷而铜缩多，文虽在背，而鉴面隐然有迹，所以于光中现。予观之，理诚如是。然予家有三鉴，又见他家所藏，皆是一样，文画铭字无纤异者，形制甚古，唯此一样光透，其他鉴虽薄者皆莫能透。意古人别自有术。"② 实际上，透光镜不止一种制法，如冷却法、磨制法均能制成透光镜。各种制法的关键均在于使背纹在"鉴面隐然有迹"。沈括的记载和他所赞同的这一观点，启发了后世学者继续钻研。清代郑复光在《镜镜詅痴》中对透光镜作了详细的描述和精辟的分析。20世纪70年代西汉透光镜在上海复制成功，更使这一古代发明大放异彩。

沈括根据自己的研究，否定了海市蜃楼系"蛟蜃之气所为"的

---

① 闻人军：《谭峭〈化书〉四种反射镜考辨》，待刊；谭峭撰，丁祯彦、李似珍点校：《化书》，中华书局1996年版，第6~7页。

② 《梦溪笔谈》卷十九。

说法。"方家以磁石磨针锋",创制了指南针,发现了磁偏角。在此基础上,沈括对磁针的装置方法作了四种实验,创造了最精密的缕悬法,验证了方家发现的磁偏角现象。沈括三十岁左右开始研究乐律,经三年工夫,大体上领略,随后再接再厉,直至精通乐律。他曾创意用纸人加弦上,验证声学共振现象。他在《梦溪笔谈》中记载:"琴瑟弦皆有应声:……隔四相应……欲知其应者,先调诸弦令声和,乃剪纸人加弦上。鼓其应弦,则纸人跃,他弦即不动。"①这个实验,直观地验证了差八度音时两弦的谐振现象,欧洲与此实验类似的用纸游码的实验,迟至17世纪才出现。

在化学领域,沈括在西北任职时,创制了石油烟墨,自信"此物后必大行于世",并在同一记载中首次提出了"石油"这一科学命名,为后世所沿用。他看到"松木有时而竭",认识到森林资源有限,认为"石油至多,生于地中无穷"。② 虽然他不可能预见到石油多方面的重要价值,但他对新事物的敏感性依然值得称道。

胆水浸铜的实验性生产至迟在五代已经出现。绍圣元年(1094年)饶州张潜写成我国第一部胆水浸铜专著《浸铜要略》。两年后,江西置铅山场,专门生产胆铜。身处我国"胆水浸铜"法发展的重要时期,沈括不失时机地记载了江西的胆水炼铜法。更详细地记载和生动地描述宋代胆水浸铜的专著有北宋张甲的《浸铜要录》一卷(已佚)和南宋洪咨夔的古赋体《大冶赋》。③

在天文学领域内,沈括是一个懂行的领导者,他奖掖后进,推荐和支持精于历术的淮南人卫朴进行改历工作,于1074年修成奉天历。沈括本人更是注重观测,身体力行。他曾对浑仪、漏壶、日晷这三种天文观测仪器作过精心的研究和改进,制玉壶浮漏,精度达到每昼夜误差小于20秒。他探讨日月五星的运行规律,发现真太阳日有长短,"冬至日行速","夏至日行迟"。他根据对太阳视运动椭圆轨道的发现,首创"圆法"和"妥法"——世界上最早的太

---

① 《梦溪笔谈·补笔谈》卷一。
② 《梦溪笔谈》卷二十四。
③ 洪咨夔:《大冶赋》,见《平斋文集》卷一。

阳视运行轨道椭圆学说。① 他指出由于黄道岁差,古今天象起了变化,"斗建"已与"月建"不符,只有根据岁差作些修改,历法才能校正。他批评旧式历法"气朔交争,岁年错乱,四时失位,算数繁猥",创制了以十二气为基础,即以太阳视运动为计算依据的阳历,提出"今为术,莫若用十二气为一年,更不用十二月。直以立春之日为孟春之一日,惊蛰为仲春之一日,大尽(三十一日,小尽)三十日,岁岁齐尽,永无闰余。十二月常一大、一小相间,纵有两小相并,一岁不过一次"。② 这种历法既简捷易算,又对农事安排十分有利。

在政治上处于逆境,落笔时小心翼翼的沈括,出于对科学真理手中在握的高度自信,终于在申述"十二气历"后大胆宣告:"予先验天百刻有余,有不足,人已疑其说。又谓十二次年建当随岁差迁徙,人愈骇之。今此历论,尤当取怪怨攻骂。然异时必有用予之说者。"历史证明,沈括的期待并没有落空。八百余年后,英国气象局所采用用于农业气候统计的萧伯纳历,就与沈括的十二气历十分相似。

沈括一生行踪所及,遍及大半个中国,加上他知识面广,善于观察,在地学领域内亦不乏独到的见解。巍巍太行山,宋时距东海已近千里。熙宁七年(1074年)沈括奉命视察河北西路时,看到太行山的螺蚌化石及砾层的沉积带,推断太行山一带过去是海滨,继唐代颜真卿(708—784年)用"高石中犹有螺蚌壳"来推断海陆变迁之后,进一步揭露了地质史上海陆变迁的事实。朱熹接受了沈括的见解并加以发展,他说:"尝见高山有螺蚌壳,或生石中,此石即旧日之土,螺蚌即水中之物。下者却变而为高,柔者却变而为刚。"③他们的创见较之文艺复兴时代巨星列奥纳多·达·芬奇(Leonardo da Vinci,1452—1519年)在西方最早假设亚平宁山中的

---

① 杨纪珂:《世界上最早的太阳视运行轨道椭圆学说——读沈括〈梦溪笔谈〉第128条》,《中国科学技术大学学报》,1975年第1期,第28~33页。
② 《梦溪笔谈·补笔谈》卷二。
③ 朱熹:《朱子全书》卷四九。

螺蚌壳化石为海中古生物遗迹要早好几百年。

浙江温州雁荡山天下奇秀，沈括曾游历雁荡山摩崖题名（图7-2）并仔细观察雁荡诸峰，原其理，指出雁荡奇景是由流水侵蚀作用造成的。无独有偶，比沈括略早的阿拉伯科学巨星阿维森纳亦以剥蚀作用解释山岳之成因，两说如出一辙。不知是英雄所见略同，还是彼此存在交流，值得研究。

图7-2 沈括及其雁荡山摩崖题名

1. 沈括像； 2. 浙江乐清雁荡山摩崖题名，胡道静藏

熙宁五年（1072年），沈括在视察汴河工程时，测得从开封上善门到泗州淮岸的河道长八百四十里一百三十步。特别是他利用测量旧沟阶梯水面高度差然后叠加的分层筑堰法，较精密地测得两地高差十九丈四尺八寸六分，比俄国于1696年开始进行的顿河地形测量要早六百多年。

我国刘宋时期的谢庄（421—466年）曾经"制木方丈图，山川土地，各有分理，离之则州别郡殊，合之则宇内为一"。① 沈括于熙

---

① 《宋书》卷八十五。

宁八年(1075年)视察北部边防地区时,先用面糊木屑,后改用熔蜡,将山川道路塑于木案上,携至官所再复制成木刻立体地图。沈括认为木图自他始,上呈朝廷,皇帝下诏,"边州皆为木图,藏于内府"。① 如以沈括的木图为准,我国比瑞士18世纪出现的地理模型图约早七百年。沈括的木图得到朝廷的重视和推广,就有人效法和改进。南宋的黄裳亦制作过木质立体地图。朱熹改用胶泥为之,比木刻的来得简便和逼真。

沈括于熙宁九年(1076年)奉旨编修《天下州县图》。由于多经变故,前后花了12年的时间,大量参阅前人著作学说,发展了裴秀"制图六体"的原则,形成了设分率、立准望、互同,以及傍验高下、方斜、迂直的新制图法,"以取鸟飞之数"(两地间水平直线距离),② 又把过去用四至八到定方位、距离的方法进一步发展为二十四至(向),绘制了总图大小各一轴(大图高一丈二尺、宽一丈),分路图十八轴。这是当时全国最好的地图。

中国古代"医家有五运六气之术",用于大系统,可以作"天地之变"和气象预报,用于小系统,可以诊断人身疾患。虽然至今尚难用源于西方的近现代科学概念给它以所谓"科学"的解释,但的确不无道理。沈括对祖国医学中五运六气学说的认识比较辩证,他指出"今人不知所用,而胶于定法,故其术皆不验"。③ 他本人运用五运六气学说对多种天气现象作了解释,并作过一次出乎众人意料的成功的天气预报。

生物医学方面,沈括从小就有浓厚的兴趣,一生中或亲自实践,或根据传闻,时而作些调查研究,在动植物的地理分布、形态描述和分类,生物的生理、生态现象,生物防治,人体解剖生理以及古生物学方面留下了许多忠实的记录。沈括精通医药、熟悉药物,于方书用力最多。其著作《梦溪笔谈》、《灵苑方》、《良方》、《梦溪忘怀录》中的医药知识屡被后人引用,《本草纲目》和《本草纲

---

① 《梦溪笔谈》卷二十五。
② 《梦溪笔谈·补笔谈》卷三。
③ 《梦溪笔谈》卷七。

目拾遗》中屡见不鲜。沈括对一些药物名称证同辨异，校证了前人的错误。他在《梦溪笔谈》卷二十六说明药物须适时采收时说："古法采草药多用二月、八月，此殊未当。……大率用根者，若有宿根，须取无茎叶时采，则津泽皆归其根。……其无宿根者，即候苗成而未有花时采，则根生已足而又未衰。……用叶者取叶初长足时，用芽者自从本说，用花者取花初敷时，用实者成实时采。皆不可限以时月。缘土气有早晚，天时有愆伏。如平地三月花者，深山中则四月花。白乐天《游大林寺》诗云：'人间四月芳菲尽，山寺桃花始盛开。'盖常理也，此地势高下之不同也。如筀竹筍，有二月生者，有〔三〕四月生者，有五月方生者，谓之晚筀。……一物同一畦之间，自有早晚，此〔物〕性之不同也。岭峤微草，凌冬不凋，并、汾乔木，望秋先陨；诸越则桃李冬实，朔漠则桃李夏荣，此地气之不同也。一亩之稼，则粪溉者先芽；一丘之禾，则后种者晚实，此人力之不同也。岂可一切拘以定月哉！"这篇短文实际上同时阐明了地势、植物种性、气温、土壤、耕作措施等各种因素对植物生长发育所起的影响，无异于一篇重要的植物生理生态学和药材学论文，又可视为我国古代物候学的重要文献。

　　沈括《良方》中的"秋石方"详细介绍了秋石的制法。秋石是从小便中提取的甾体性激素，目前已知的世界上关于秋石的具体制备手续和实际功效的最早记载，就是沈括所描述的方法。这一卓有成效的先行工作实际上已勾画出20世纪二三十年代优秀甾体化学家们所取得的成就，获得了国际科学史界，医学界和生物化学界的高度评价。

　　工程技术方面，除了毕昇发明活字印刷术的记载之外，沈括在《梦溪笔谈》中还记载了建筑名师喻皓造塔，水工高超巧合龙门等不少民间匠师的事迹。他本人对弩机和制弓术颇有研究，曾对制弓术的总结"弓有六善"说作了记录和发挥。

　　综观沈括的科学活动和著述，这位多才多艺的人物，"在物理学、数学、天文学、地学、生物医学等方面有重要的成就和贡献，在化学、工程技术等方面也有相当的成就和重要的贡献，贵在一个'博'字"。然而，作为一个封建时代的知识分子，他在德、议、才、学方面均非完人。在科学方面，他长于提出一些创造性的见解，但作风欠严谨，有一些纰漏，影响了向更高的高峰攀登。更可惜的是，这么一位无与伦比的古代科学家，也未能突破宁要原始综合，不要分析科学的藩篱，这是由他的时代条件和他本人的科学思想所决定的①。

(三) 进步的科学思想

沈括的不平凡经历，使他有机会接触到多种文化源流，在他身上体现了种种文化素养的复杂交融。

沈括是儒家弟子，学问、修养得力于《孟子》。与当时许多士大夫一样，沈括也博览佛书，对佛学研究有素。他接受道家学说，曾服食秋石还元丹，但对易学家的怪诞之言并不轻信。沈括继承家风，早年开始学医，从《周易》、《黄帝内经》到历代医家一脉相承的中医理论体系，使他终生受益。他是陆上和海上丝绸之路的间接受惠者，对印度天文历法，梵学字母之类也不陌生。

沈括的自然观属于有机自然观，但由于打上了阶级、时代和社会影响的种种烙印，因而具有个人的特色。

沈括认为事物处于永恒的运动变化之中，"物盈则变"。丹药的"大毒"和"大善"在一定的条件之下可以互相转化。事物的正常变化和异常变化都是有规律可寻的。他将重要的、不以人的意志为转移的客观规律叫做"至理"，高深的科学技术叫做"微"、"甚微"，两者的关系是"造微之妙、间不容发，推此而求，自臻至理"。② 他的认识论既有正确的一面，又有局限性。如他认为："人但知人境中事耳，人境之外，事有何限，欲以区区世智情识，穷测至理，不其难哉！"③他奋力批判了唯心主义的"事有前定"说，

---

① 王锦光、闻人军:《沈括的科学成就与贡献》，《沈括研究》，浙江人民出版社1985年版，第64~123页；闻人军:《沈括科学思想探索》，《沈括研究》，浙江人民出版社1985年版，第124~142页。
② 《梦溪笔谈》卷七。
③ 《梦溪笔谈》卷二十。

但依然相信佛法无边，人一旦真正进入了"空"的境界，就可感知一切。

沈括的丰富经历，使他耳闻目睹了许多民间名工巧匠的发明创造，自身又经过了低级官吏任上的锻炼，逐渐培养起进步的科学史观。他在给欧阳修上书求进时称："至于技巧器械、大小尺寸，黑黄苍赤，岂能尽出于圣人？百工、群有司、市井、田野之人，莫不预焉。"①虽然其中不无自荐的成分，这段名言反映出他对科技发明创造的真正动力已有了正确的认识。

沈括的科学方法在当时也是先进的。他作过大量的自然观测，注重实践的检验，在科学实验上也迈出了可贵的一步。沈括喜欢用比较的方法作推理，通过简单的类比归纳，抽象出综合性的结论，反映了中国传统科学的特色。他的想象和假设也都带有原始综合的色彩。这正是沈括依然徘徊于古代科学王国，始终未能迈入近代自然科学新天地的一个重要原因。

三、数学的辉煌成就和宋元四大家

宋元数学，不仅是中国数学史，而且也是世界中世纪数学史上最光辉的一章。

宋元数学的辉煌成就，举其大者，有增乘开方法（高次方程的数值解法）、天元术和四元术（多元高次方程的解法）、大衍求一术（一次同余式的解法）、垛积术和招差术（高阶等差级数的解法）以及割圆术等。增乘开方法的发展，得力于贾宪、刘益、秦九韶等人的创造性工作。天元术和四元术的记录和发展，归功于李冶、朱世杰等人。大衍求一术的光荣，属于秦九韶的《数书九章》。垛积术始自沈括，经杨辉的发展，总成于朱世杰。招差法是王恂、郭守敬在《授时历》中的创举之一。《授时历》的弧矢割圆术则开辟了通往球面三角法的道路。与这一系列的辉煌成就相应，人们把秦九韶、李冶、杨辉、朱世杰并称为宋元数学四大家。秦九韶是四大家的先

---

① 沈括：《长兴集》卷十九。

锋，这位先锋之前，还有贾宪、刘益创下了世界第一的业绩。朱世杰是四大家之首，数学成就冠绝中古。郭守敬的数学成就，则帮助他本人攀上了古代天文学的高峰。

(一) 古代数学的诸座高峰

1. 增乘开方法

《九章算术》中已载有开平方和开立方的开方方法，中算家把从开方方法推衍出来的方程的数值解法，叫做"开方术"或"开方法"。从11至13世纪，中国"开方法"大为发展，在世界上遥遥领先，比西方类似的鲁斐尼—霍纳方法早了八百多年。

首先取得突破的是贾宪，贾宪是楚衍的弟子，著有《黄帝九章算法细草》九卷，现仅存片断。但他的杰作赖其重要性还是辗转留存下来了。杨辉的《详解九章算法纂类》记录了"贾宪立成释锁平方法"、"增乘开平方法"、"贾宪立成释锁立方法"和"增乘(开立)方法"四种"开方"的方法。这些方法与贾宪著名的"开方作法本源"图相联系。此图曾刊于杨辉的《详解(九章)算法》，但杨著也佚，幸赖《永乐大典》所辑而流传至今(图7-3)①。

"开方作法本源"图不仅列出各高次方展开式各项系数，而且指出了求这些系数的方法。国外研究此种系数规律最早的是中亚数学家阿尔·卡西(al-Kashi)，其研究结果发表于1427年。法国数学家帕斯卡(B. Pascal, 1623—1662年)于1654年得到了这套系数表，被学术界视为新发现而称为"帕斯卡三角"。实际上，这项工作由贾宪首创，应称为"贾宪三角"。

贾宪求"开方作法本源"图中各项系数的方法，与他四种"开方"的新法相一致，即随乘随加的"增乘方法"，用这种"增乘方法"，可求得任意高次展开式系数(朱世杰的《四元玉鉴》已把六次幂的"古法七乘方图"推广到八次幂)，也可用这种方法进行任意高次幂的开方。

---

① 《永乐大典》第16344卷，中华书局影印本，第6页。

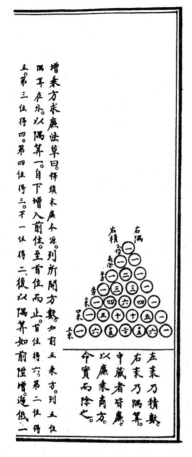

图 7-3 "开方作法本源"图,采自《永乐大典》第 16344 卷

贾宪的增乘开方法,只局限于首项系数为"正一"的二项方程。刘益的"正负开方术"进了一步,已经可以用来求解系数可正可负的一般方程式。刘益为中山(今河北定县)人,12 世纪中作《议古根源》二百问,已佚,部分内容由杨辉的《田亩比类乘除捷法》转引而得以保存。杨辉称赞刘益"引用带从开方正负损益之法(系数可正可负),前古之所未闻也"[1]。

---

[1] 杨辉:《田亩比类乘除捷法·序》。

在贾宪、刘益等人工作的基础上，100年后，秦九韶的《数书九章》又把增乘开方法推广成为更一般的"正负开方术"——任意高次方程的数值解法。他的例题中，除了二、三、四次方程外，次数最高的方程达十次，系数有正、有负，有整数，也有小数。他作减根变换时，采用了随乘随加的方法。这种方法在西方是意大利人鲁斐尼（Paolo Ruffini，1765—1822年）在1804年和英国人霍纳（William G. Horner，1786—1837年）在1819年先后提出的，被称为鲁斐尼—霍纳方法，也就是现代求数学方程正根的方法。鲁斐尼—霍纳方法实应正名为"秦九韶方法"，因为秦法比西方早了六百多年。

2. 天元术和四元术

众所周知，列方程和解方程是利用方程来解决实际问题的两个必要的步骤，正当刘益、秦九韶等发展"增乘开方法"，致力于解方程的技巧的时候，北方数学家们则在寻求一种普遍的列方程的方法，于是，用于列方程的"天元术"应运而生。可惜一些有关"天元术"的早期著作不是已经亡佚，就是仅存吉光片羽，散见于引用他们的著作之中。这就为研究天元术的早期发展史增添了困难，同时也给数学史家留下了驰骋的空间。

在天元术创立之前，刘益和蒋周曾用一种几何方法——"条段法"研究二次方程，奠定了天元术的基础。11世纪的洞渊大师李思聪已用"天元一"表示未知数，他不仅提出"立天元一"，而且开始化分式方程为整式方程。① 李冶的《测圆海镜》(1248年)和《益古演段》(1259年)对天元术作了系统叙述。李冶之后，朱世杰的《算学启蒙》(1299年)和《四元玉鉴》(1303年)进一步发展了天元术。《四元玉鉴》把天元术推广为四元术——多元高次联立方程组的列式和解法，使宋元求解方程的方法发展到顶峰。

朱世杰用"天、地、人、物"作为四元，即四个未知数，掌握了一整套多元多项式的运算方法，以及化无理方程为有理方程的方

---

① 孔国平：《再论宋元时期的天元术》，《自然科学史研究》，1991年第2期，第3~12页。

法。他解多元方程组时用消去法,直至一元方程,最后大概再用增乘开方法求正根。西方对高次方程消去法的系统叙述,是在1779年由法国数学家别朱(Étienne Bézout,1730—1783年)作出的,从时间上算,比中国先驱者的工作晚了五百多年。

3. 大衍求一术

联立一次同余式问题,从已发现的文献上看,以《孙子算经》中的孙子问题为最早:"今有物不知数,三三数之剩二,五五数之剩三,七七数之剩二,问物几何?"其解即求三个一次同余式的共同解。实际上,求解一次同余式的起源要早得多。我国古代编历法时,往往假定一个理想的起算点,这个起算点叫做历元。从历元到编历时的年数,叫做上元积年。推算上元积年应用求解联立一次同余式的方法。汉代已有推求上元积年之举,后来,求理想上元时要考虑的因素越来越多,解法也越来越复杂,但早期文献中尚未发现具体算法。直到秦九韶的《数书九章》,才对这一算法进行介绍,并把它推广到求解各种一次同余组。秦九韶将此法称为"大衍求一术"。"大衍"两字,取自《周易》中的"大衍之数"。其实,即使不拉《周易》的大旗来作新衣,秦九韶的求一术也够得上一项卓越的成就。他系统地指出了求解一次同余组的一般计算步骤,既正确又严密,领先于欧洲大数学家欧拉(Leonhard Euler,1707—1783年)和高斯(Carl Friedrich Gauss,1777—1855年)等人的工作五百多年。

4. 垛积术和招差术

宋元时期关于高阶等差级数的研究同样属于世界先进水平的成果。

沈括首创"隙积术"后,南宋末年,杨辉在《详解九章算法》(1261年)和《算法通变本末》(1274年)中收进的题目,进一步丰富了垛积术的类型。这时,新兴的元朝正起用天文兼数学家王恂(1235—1281年)、郭守敬等人集体编写《授时历》。发展中的高次方程的数值解法,以及高阶等差级数求和等先进的数学工具,多被用进了授时历的计算。考虑到日月五星的不等速运动之情况,授时历在天文计算中,又将以前关于高阶等差级数的知识发展为高次招插法，采用三次差分的内插法原理计算日月五星的运行，取得了具有世界意义的伟大成就。嗣后，朱世杰在《四元玉鉴》(1303年)中把宋元数学精英在垛积招差方面的工作更向前推进，第一次得到了关于高次招差的一般公式。朱世杰写出的虽是四次招差公式，由于他正确地指出了招差公式中的各项系数恰好依次是各三角垛的"积"，表明只要需要，他能正确地列出任意高次的招差公式来。朱世杰以极其漂亮的一招，成功地完成了宋元数学在这一领域内的首创性工作。再看欧洲格列高里(James Gregory, 1638—1675年)于1670年始对招差术加以说明，1676—1678年在牛顿(Isaac Newton, 1642—1727年)的著作中，也有了招差术的普遍公式，但与朱世杰相比，实际上已瞠乎其后了。

(二) 秦、李、杨、朱四大家英名录

建立宋元数学殊勋的中算家好比满天繁星。如王洙(997—1057年)在《王氏谈录》中曾说："近世司天算，楚衍为首。既老昏，有弟子贾宪、朱吉著名。"杨辉在《算法通变本末》中说："刘益以勾股之术治演段锁方，撰《议古根源》二百问，带益隅开方实冠前古。"祖颐在《四方玉鉴》后序中称："平阳蒋周撰《益古》，博陆李文一撰《照胆》，鹿泉石信道撰《钤经》，平水刘汝谐撰《如积释锁》，绛人元裕细草之，后人始知有天元也。"然而，若要推举代表的话，非秦、李、杨、朱四大家莫属。下面把这四位数学家的生平著述作一介绍。

1. 秦九韶和《数书九章》

秦九韶(1208—1261年)，字道古，嘉定元年(1208年)生于普州安岳(今四川安岳)。① 年少时随做官的父亲住在杭州，"因得访习于太史，又尝从隐君子受数学"。有人考证，秦九韶的老师就是《事林广记》的作者隐君子陈元靓，因而深受道家思想的影响。在秦九韶看来，"数学"一词有二层含义：一是术数之学，二是算学。

---

① 杨国选：《秦九韶生年及县尉考》，《中国科技史料》，2008年第4期，第371~375页。

他在四川做过县尉,元兵攻入四川后,"尝险罹忧,荏苒十禩"。十年间,钻研数学,术数方面,"探索杳渺,粗若有得";算学方面,"设为问答,以拟于用",日积月累,渐有所成。秦九韶"性极机巧,星象、音律、算术以至营造之事,无不精究",① 同时又是一个风流才子式的人物。淳祐七年(1247年)名著《数术大略》问世。此书又名《数学大略》。后来,《永乐大典》抄本题为《数学九章》,宜稼堂丛书本据明抄本《数书》改题作《数书九章》,使其算学方面的内容更为突出。传本《数书九章》共十八卷,分成大衍、天时、田域、测望、赋役、钱谷、营建、军旅、市易九大类,每类9题,共81题。写作形式和思想反映出秦氏甘步《周易》和《九章算术》的后尘。实际上,《数书九章》的一系列杰出成就,也表明它无愧于《周易》和《九章算术》的杂交后代。其中最突出的是高次方程数值解法和大衍求一术。此外,还有对联立一次方程组解法的改进和"三斜求积术"等,后者是已知三角形三边之长求面积的一般解法,与西方有名的古希腊海伦(Heron)公式是等价的。在科学史家萨顿(George Sarton, 1884—1956)的《科学史导论》中,秦九韶被称为"他的民族、他的时代,并且确实也是所有时代最伟大的数学家之一"。

2. 李冶和《测圆海镜》

李冶(1192—1279年)原名李治,号敬斋,河北真定栾城(今河北藁城)人,曾任钧州(今河南禹县)知事。蒙古军南下后,他先后在山西、河北一带隐居。1251年他定居于河北元氏县封龙山下,与元裕(元好问)、张德辉并称"龙山三友"。李冶为北方金元之际的有名学者,曾受元世祖多次召见,但辞官不受,收徒授业,其中也讲授数学。他认为冥冥之中,无疑存在着"自然之数"和"自然之理"。"数本难穷",不可"以力强穷",但不是"不可穷"。"苟能推自然之理,以明自然之数,则虽远而乾端坤倪,幽而神情鬼状,未有不合者矣。"②"术数虽居六艺之末,而施之人事,则最切务。"③

---

① 周密:《癸辛杂识》。
② 李冶:《测圆海镜·序》。
③ 李冶:《益古演段·序》。

所以不但研通"洞渊九容之说"、《益古集》等已有的数学著作,而且精思致力,加以发展和发挥,著成了《测圆海镜》(1248年)和《益古演段》(1259年)二部数学著作,以及笔记小说《敬斋古今黈》等。《测圆海镜》共十二卷,170题,书名取"天临海镜"之义,都是已知直角三角形中各线段进而求内切圆和傍切圆的直径之类的问题。处理方法完全是代数的,即利用天元术来列方程、解方程,因而成了传世的最早的一部讲述"天元术"的著作,在数学史上有重要的意义。全书之首的"识别杂记"数百条,每条相当于一个几何定理,书中许多问题的解法,都要用到这些"杂记"。虽然书中未指明这些"杂记"是怎样推得的,其存在本身就表示李冶向近代数学迈出了可贵的一步。《益古演段》是专为初学天元术的人编写的入门书,共三卷64题。

秦九韶和李冶虽处同一时代,其著作互相补充,但因南北处于交战状态,两人始终无缘谋面。

3. 杨辉与数学普及

杨辉,字谦光,杭州人,大约活动于13世纪中叶,他致力于数学普及和教育,著有不少数学著作,如:《详解九章算法》十二卷(又名《详解九章算法纂类》(1261年写成,残存),《日用算法》二卷(1262年,残存)、《田亩比类乘除捷法》二卷(1275年)、《算法通变本末》三卷(1274年)和《续古摘奇算法》二卷(约1275年),后三书合称为《杨辉算法》七卷。除了一些现在失传的数学著作中的算题和算法,如早期的"增乘开方法"和"开方作法本源"图,赖杨辉的收录而得以保存和流传下来以外,杨辉的特别贡献还在于他批评了满足于经验的方法,开始重视几何命题的理论证明。他本人就曾给"沿平行四边形对角线的两平行四边形的余形相等"这个命题加以理论的证明,表现了认识欧几里得系统的觉悟。

4. 朱世杰和《四元玉鉴》

朱世杰,字汉卿,号松庭,活动于13世纪后半叶至14世纪初。有了朱世杰,中国古代的代数学才达到了高峰。他早期的数学知识系出于李冶好友元好问。元朝统一中国后,他从寓居的燕山出发,求师访友,"以数学名家周游湖海二十余年"。当游扬州时,

"四方之来学者日众,先生遂发明九章之妙,以淑后学"。① 朱世杰周游四方,集宋元南北各家数学之大成,因此不但当时登门求学者云集,而且他的数学著作也先后出世流传。先是1299年编辑《算学启蒙》三卷,259题,这是一部体系完整、深入浅出的启蒙算书,内容从基本的乘除运算直到开方和天元术,以淑后学。接着,他的名著《四元玉鉴》于1303年问世。《四元玉鉴》共三卷24门288题。在天元术研究中,发先贤未尽之旨,钩深致远,精妙绝伦。为发明"天元一",他又将垛积术研究也捎带了进去,获得了非凡的成就,显示了深厚的功力。清代罗士琳在《畴人传续编》中说:"汉卿(朱世杰)在宋元间,与秦道古(秦九韶)、李仁卿(李冶)可称鼎足而三。道古正负开方,仁卿天元如积,皆足上下千古,汉卿又兼包众有,充类尽量,神而明之,尤超越乎秦、李两家之上。"②此论高度概括了三位宋元数学大家学术成就的特点和地位,颇为中肯,可惜未能评价他们在世界数学史上的地位。不过,有了乔治·萨顿的二句话,朱世杰在世界数学史上的地位已经很清楚了。萨顿的《科学史导论》指出朱世杰是"他所生存时代的、同时也是贯穿古今的最杰出的数学家之一",③《四元玉鉴》则是"中国数学著作中最重要的一部,同时也是中世纪最杰出的数学著作之一"。④

假如秦、李、杨、朱们的工作能及时交流、继承和发展,宋元数学原本会达到更高的高峰。秦九韶最有才气,生遇分裂时代,限制了他的发展,依然成果累累。朱世杰处于统一时代,周游四方,广采博收,后来居上,终于把中国古代代数学推向了当时的高峰。

四、医学的全面发展和金元四大家

宋代是本草学的鼎盛时期,《证类本草》长领风骚数百年。宋

---

① 《四元玉鉴》莫若序。
② 罗士琳:《畴人传续编·朱世杰传》。
③ G. Sarton: *Introduction to the History of Science*, Krieger, 1975, Vol. 3, p. 701.
④ G. Sarton: *Introduction to the History of Science*, Krieger, 1975, Vol. 3, p. 703.

辽金元的战乱，打破了对古代医经的迷信，各家争鸣，形成了河间学派和易水学派两大派相持的局面。两派的旗帜之下，刘完素、张从正、李杲、朱震亨各立门户。同时，解剖、针灸和法医学，在系统化、形象化方面取得了重大的进步。

（一）医学全面发展

唐代首开官修本草之风，宋代跟进，从官方到民间，又从民间到官方，反复修撰《证类本草》及其变体，于《本草纲目》诞生之前，这一本草系列在数百年间发挥了重要的作用。

北方的战乱和传染病的猖獗，引起了"新病"的概念，冲破了对古代医经的盲从和迷信，遂有重大变革之发生。医学领域内，从为平民服务的医生到为士大夫效劳的医家，纷纷从实际出发，独立思考，各倡其说，形成了学派论争的新局面。从学说特点和师承关系来说，主要有河间学派和易水学派两大派，前者主泻火养阴，后者主补土升阳，两派对两大类不同的病人，分别抓住了主要矛盾，均有医效，故能长久相持。两派的旗帜之下，四大家（刘、张、李、朱）自立门户，各有特色，成为明清时诸医学流派论争不止的开端。

我国古代在解剖、针灸和法医方面均有悠久的历史，宋代在这几方面均有重大的进步，其特色是系统化和形象化，其标志是北宋的二种解剖图著、针灸铜人和南宋宋慈的《洗冤集录》。

此外，外科和伤科，从观念到医疗技术，也有重大的进步。外科方面，陈自明的《外科精要》（1263年）和齐德之的《外科精义》（1335年）都主张治疗外科疾病应以内科为本，也就是应从人体整体观念出发，在理论上和临床应用上都取得了成功。

宋代的兵器从冷兵器发展到火器阶段，同时发展的疗伤外科技术也进入了新阶段，其代表是危亦林（1277—1347年）的骨科专著《世医得效方》的问世，反映了宋元时期骨伤科的发展水平。例如：他用蔓陀罗及乌头等配作麻醉剂，用悬吊复位法治疗脊椎骨折，前者是从三国至宋的历史经验的正确总结，后者则是前所未有的创举。

(二)起自私家的官修《证类本草》

唐《新修本草》行世后因卷帙繁重，传写不易，不久《药图》先行亡佚。孟蜀广政年间(938—965年)将其删订注释，于是有了简本《蜀本草》二十卷问世。

宋太祖开宝六—七年(973—974年)为补正《新修本草》和《蜀本草》的缺误，诏刘翰、马志等人，在这两书的基础上，更采唐代四明(今浙江宁波)陈藏臣《本草拾遗》(收本草488种)等互相参证，修成《开宝本草》二十一卷。此书载药物983种，刊印时利用了雕版印刷术，把"本经"文字刻成阴文，以别于用阳文表示的其他内容。

宋仁宗嘉祐二年(1057年)，掌禹锡(约992—约1068年)、苏颂(1020—1101年)等奉敕对《开宝本草》加以修订，修成《嘉祐补注本草》二十一卷，收载新旧药物1082种。根据文彦博任宰相时提出的"重定本草图经"的建议，宋政府又仿唐《新修本草》故事，下令各地州郡绘制该地所产的药草图送至都城开封，番夷所产也各取一二枚封呈投纳，由苏颂负责编纂，至嘉祐六年(1061年)编成《本草图经》二十卷，目录一卷，内载药图933幅，新增药物103种。《本草图经》已佚，其图经文字部分，保存于《证类本草》和《本草纲目》之中者，近人有辑本。

元祐中(1086—1090年)四川阆中医士陈承，将《嘉祐本草》和《本草图经》编订为集正文、图、图经于一书的《重广补注神农本草图经》二十三卷。这本书成了有心编撰私家本草的成都开业医生唐慎微的蓝本。唐慎微，字审之，成都华阳人。士人有病治愈不接受酬金，却请捐献各方秘录，于是，他手头资料越积越多，终于在1083年辑成《经史证类备急本草》(简称《证类本草》)三十一卷，目录一卷，收药1700多种。先是大观二年(1108年)由孙觌、艾晟等刊行，称为《大观经史证类备用本草》。政和六年(1116年)，官方加以校订，称为《政和新修经史证类备用本草》。

《证类本草》集录了历代本草的序例，百病主治药、服药食忌例及药物畏、恶、须、使等，使人们对此有一概括的了解。书中除收录宋以前诸家本草的主要内容外,又采入了不少经史中本草资料和古今单方。李时珍说:"使诸家本草及各药单方,垂之千古,不致沦没者,皆其功也。"①《证类本草》原来只是私家著述,但它被官方看中,纳入了官修的轨道。绍兴二十七年(1157年)至二十九年(1159年),重修它为《绍兴校定经史证类备急本草》。这是宋朝所修的最后一部药典,此后,衰弱的宋王朝再也没有余力顾此了。

12世纪初,作过采购药材官员的寇宗奭历时十余年,于政和六年(1116年)撰成《本草衍义》二十卷。此书虽然仅收载药物472种,但援引辨证,批评诸本草错误,有很多独到的见解。元初,张存惠将《本草衍义》的药名分条系于《政和本草》之下,称为《重修政和经史证类备用大观本草》。由于它集两书之精萃,颇行于世,一般简称为《重修政和本草》。

北宋时,政府设立"官药局",出售成药;编出《太医局方》十卷,乃是世界上最早的"药局方",比西欧同类著作要早上千年。南宋时,发展扩充为《太平惠民和剂局方》十卷,因是官书,影响颇大。从便利民众来说,"可以据证检方,即方用药,不必求医,不必修制,寻赎见成丸散,病痛便可安全"。② 但局方记载的治疗功效不免夸大,且多脱误,不能尽信。

(三)学派的创立和四大家的特色

12世纪中国医学史上发生了重大的转变。金元时,北方战乱频仍,传染病流行。12世纪30年代,在广州登陆的鼠疫向北方蔓延,十分猖獗。现有的医方束手无策,墨守成规再也行不通了。根据流行的五运六气学说,疾病是随时间而转变的,治病处方也必须灵活掌握。金元以前,医家的治病方法已有不同的倾向,有好用凉药者,有好用热药者。金元时,出现了独立思考,各倡一说,学派论争的新局面,医学理论有了较大的发展。当时最有名的医学学派

---

① 李时珍:《本草纲目》卷一。
② 朱震亨:《局方发挥·序》。

有二大派,即河间学派和易水学派。在这两大阵营中,最著名的是刘完素、张从正、李杲、朱震亨四大家。

1. 寒凉派刘完素

刘完素(约1110—1200年),字守真,金代河北河间人。他是平民出身,在民间行医,服务对象以平民为主的名医,河间学派的创始人。完素精研《内经》和仲景之书,偶涉道家之说,其自著及门人纂集的著作有十多种。其中《素问玄机原病式》辨《素问》五运六气阴阳变化,《素问玄机宣明论方》述对病论证处方之法、本草性味,《素问要旨论》编集《内经》运气要妙之说,乃是刘完素医学思想的中心之所在。此外,还有《素问病机气宜保命集》、《素问药证》、《伤寒直格论方》、《医方精要》、《三消论》等书。刘完素处在急性热性病型的传染病流行的时代,批评宋名医朱肱《类证伤寒活人书》的阴毒用热药说,强调致病原因中的火、热因素,主张以表里两解法降心火、益肾水为主。他根据运气学说解释药性,提出了一整套治疗热性病的方法,对寒凉药物尤有独到的研究,被称为"寒凉派"。

2. 攻下派张从正

张从正(1156—1228年),字子和,金代河南考城人。他为人豪宕无威仪,和刘完素一样,与劳苦病人接触的机会较多,医学思想上也从河间学派继承发展而来。张从正的著作主要有《儒门事亲》十五卷等。他认为诸病之源在于"邪气",邪去才能身安,主张用汗、吐、下三法攻邪。从正指出:凡风寒初感邪在皮表者应用汗法,风痰宿食在于胸膈上脘者用吐法,寒湿痼冷或热在下焦者用下法。由于他对排邪的汗、吐、下三法在临床应用上颇有一套,其学说和方药较寒凉派更峻,被称为"攻下派"。

平民得病,往往由于"邪气";富贵人家患疾,往往源于虚损。于是,补养派出世。

3. 补土派李杲

李杲(1180—1251年),字明之,金代河北真定人。他是易水学派名医张元素的弟子,家中富有。张元素,字洁古,河北易县人,为士大夫中人。张元素学医于刘完素,曾治愈刘完素的病,因而医名大振。他喜用温补养正之方。李杲根据《难经》："饮食劳倦则伤脾"，本张元素温补养正之说，以为内伤之病，十九起于脾胃失调。他认为"元气"是人生之本，脾胃是元气之源，阳常不足，阴常有余，"脾胃内伤，百病丛生"。因此，他的治病，重在补土升阳，著有《内外伤辨惑论》、《脾胃论》等，建立了以脾胃立论，以升举中气为主的治法，分别补益三焦之气，而以补脾胃为主。李杲所创的"补中益气汤"相当有名，被人称为"补土派"或"温补派"。他晚年自号东垣老人，故所传学派又称东垣学派或脾胃学派。

4. 养阴派朱震亨

朱震亨(1281—1358年)，字彦修，浙江义乌人，因居丹溪，以丹溪为号。他是朱熹的四传弟子，因母病转而学医，1324年始受业于名医罗知悌之门。罗知悌是刘完素的两传弟子，他告诉朱震亨说："学医之要，必本于《素问》、《难经》，而湿热相火，为病最多，人罕有知其秘者。兼之长沙之书，详于外感；东垣之书，详于内伤；两尽之，治疾无所遗憾。区区陈斐之学，泥之且杀人。"[①]朱震亨深受启发，后来自成一家之言。他从刘完素的湿热相火之说出发，认为人体之所以有生命活动，在于相火的作用。相火妄动，阴精损伤，因而创立"阳常有余，阴常不足"之说，其代表作为《格致余论》。他结合刘、张、李三家学说，倡泻火养阴之法，多用滋阴降火之剂，创制了"越鞠丸"、"大补阴丸"、"琼玉膏"等养阴药剂，后人称之为"养阴派"或"滋阴派"。除《格致余论》外，他还有《局方发挥》、《外科精要发挥》、《本草衍义补遗》等著作。《局方发挥》是针对《和剂局方》的，它批评《和剂局方》好用香燥的热药，主张灵活用药，因病制方。

朱丹溪所传，世称丹溪学派。明清时，医学重心移至长江三角洲，东垣和丹溪学派成了显学，在各学派中占主导地位。日本在15世纪时成立"丹溪学社"，提倡朱氏的滋阴学说。

---

① 转引自范行准：《中国医学史略》，中医古籍出版社1986年版，第177页。

(四) 解剖、针灸、法医知识的系统、形象化

1. 解剖学的重大进展

由于中国不同于西方的国情,解剖学在中国经历了曲折的道路。战国时的《内经》称"其死可解剖而视之",书中已载明食道与肠道的比例为 1∶35.5,与 20 世纪初德国解剖学家巴德何兹(Spaltehlz)的《人体解剖学》中的数据(1∶37)相比较,已相当精确,况且其中还有人种差异的因素在内。说明先秦时不但敢言,而且敢有解剖的实际行动和测量。后来,从西汉的《难经》到孙思邈的《千金方》,记载了五脏六腑的解剖知识。宋代解剖学取得了重大的进展,达到了古代的高峰。

北宋的两部解剖图著是宋代解剖学的代表作。庆历年间,吴简根据被政府处决的欧希范等 56 具尸体的解剖,请画工宋景绘成了《欧希范五脏图》(已佚),描绘脏腑的解剖部位,兼述病理,对肝、肾、心、大网膜等的解剖位置和形态的描述基本正确。崇宁年间(1102—1106 年)杨介根据泗洲处死的犯人尸体的解剖材料,整理成《存真图》,对人体胸腹腔的前后左右各面,以及主要血管关系,和消化、泌尿、生殖系统等都有较详尽的描述,常为后代医书,尤其是针灸书籍所引用。

宋以后,由于儒家理学思想的泛滥,所谓"身体发肤,受之父母,不可毁伤",解剖人体遭受非议,解剖学发展缓慢。而西方自 16 世纪后,将解剖作为医学研究的重要手段,超过了我国古代解剖学的水平。直到 1830 年,清代医家王清任的《医林改错》刊行,才又有所进展。

2. 针灸铜人

宋代讲究形象化教学,本草有图经,解剖学有了图著,针灸方面,更从先前的"明堂图"(经络穴位图)发展为立体的铜人。(图 7-4)王惟一于 1027 年设计和监制了两具最早的针灸铜人,并著《新铸铜人腧穴针灸图经》三卷(1027 年),相互配套参照使用。该铜人构造精巧,造型逼真,体表铸有穴位,旁注穴名。教学测试时,先将铜人体表涂蜡,体内注水,体外穿衣。考生针入穴位则水

生，找错穴位则不能刺入。这是古代对针灸教学、应用及穴位规范化方面所作的重大建树，对后世有深远的影响。元代滑寿著有《十四经发挥》(1341年)，日本的针灸学取穴，多以滑氏之说为标准。除王、滑两大家之外，王执中的《针灸资生经》、浙江嘉兴闻人耆年的《备急灸法》也有相当的价值。《备急灸法》针对常见的二十几种急性疾病，介绍了有效的艾灸疗法。此书失传于中土，国人复得之于日本。光绪十六年(1890年)上杭罗嘉杰在日本为此书作序说："细绎此卷，觉男女老少童稚内外杂症，无不可疗。其中骑竹马灸法之良，更他人所未及论。"①

当时还新出现了子午流注针法。

图7-4 针灸铜人，明代(1443年)复制品

---

① 闻人耆年：《备急灸法》"罗序"，人民卫生出版社1955年影印本。

3. 法医学和宋慈的《洗冤集录》

与医学知识的发展相应,宋代法医学也取得了丰硕的成果。我国法医学有悠久的历史。萌芽于战国时代。《礼记·月令》记载了临刑时法官瞻伤、察创等事。1975年,湖北省云梦睡虎地11号秦狱吏喜墓(公元前217年下葬)出土大批秦代竹简,记述了内容广泛的治狱案例。其中有一种治狱程式《封诊式》,供主管刑狱诉讼的官吏习诵,并在审理案件时参照执行,内有判别自缢与他杀的具体分法等,说明法医知识已成为狱吏必须掌握的学问。

五代至宋,法医著作骤然增多。先是和凝、和㠓父子于951年著《疑狱集》。后来,无名氏的《内恕录》、郑克的《折狱龟鉴》(1200年)、桂万荣的《棠阴比事》(1213年)、赵逸斋的《平冤录》、郑兴裔的《检验格目》等一系列有关法医的著作先后问世。南宋时,世界上第一部系统的法医学著作《洗冤集录》也大功告成。

作者宋慈(1186—1249年),字惠文,福建建阳人,嘉定十年(1217年)中进士,做过主簿、县令、通判等官,以清廉刚正、执法严明、讲究科学性著称。自嘉熙三年(1239年)任提典广东刑狱起,先后四次主管地方司法工作。他在长期实践经验的基础上,参照已有的法医著作,于淳祐七年(1247年)在提典湖南刑狱任上著成《洗冤集录》五卷。初刊本已失传,现存最早的是元刊五卷本《洗冤集录》。此书系统地记述了尸体解剖、检验、现场检查、鉴定死伤原因、急救方法等知识,涉及现代法医学中心内容的大部,对法医学的发展贡献甚多。其中关于人工呼吸法、夹板固定伤断部位、红光验尸等记载,均合乎科学道理。它比西方最早的法医学著作意大利菲德里(F. Fedeli)所作的《医生的报告》(De Rela-tionabus Medicorum)(约1601年)早了三百五十多年。

《洗冤集录》之后,又有一些法医著作不断问世,或补充材料,或作进一步的理论探讨。其中元代王与的《无冤录》(1308年),不仅是有价值的法医著作,而且保存了关于元尺长度的珍贵记载,系存世的唯一原始资料。① 然而,在中国古代法医学发展史上,《洗

---

① 据《无冤录》卷上所载"省部所降官尺"推算,一元尺合今38.3厘米。

冤集录》为后世历代尸体检验书籍祖本的地位始终没有动摇。清代康熙三十三年(1694年)编成官书《律例馆校正洗冤录》四卷，除宋慈的《洗冤集录》外，还采用了其他古书数十种，对法医学知识，特别是关于中毒方面的内容作了新的总结。《洗冤集录》已被译成荷、英、法、德、日等国文字出版，在世界法医学史上具有相当的地位。

五、天文、仪器、历法攀登高峰之路

自北宋开始的大规模持久的天文观测，不但在天文数据的积累上获得了丰收，为进一步修历准备了条件，而且促成了天文仪器的发展。宋元时代，除了刻漏技术精益求精之外，更以苏颂、韩公廉的水运仪象台和郭守敬的简仪为标志，攀上了古代天文仪器的高峰。得益于此，天文观测精度提高，历法更趋精密，终于产生了我国古代最优秀的历法——《授时历》。

(一) 大规模、持久的天文观测

11世纪，北宋的天文观测大有成就。在1010至1106年约一个世纪中，先后进行了五次较大规模的恒星位置观测工作，观测精度大有提高。日常观测方面，司天监留下了1054年超新星爆发的详细记录。南宋时，苏州凿刻了举世闻名的石刻天文图。元代郭守敬等人又在1276年进行了一次大规模的恒星位置测量工作，精确度比宋代的最高水平又提高了大约一倍。

1010年，韩显符用他新制的浑仪，作了北宋第一次观测。第二次观测是1034年杨惟德编撰星占书《景祐乾象新书》时进行的。1049—1053年，周琮、于渊等人用他们所铸的黄道铜仪作了一次周天星宫的测量，这是第三次。第四次观测是1078—1085年间进行的，根据这次观测的结果，产生了苏颂《新仪象法要》(1092年)中的星图(含星1464颗)和黄裳星图(约绘于1190年)。1247年，王致远据黄裳原图刻石，此即上述苏州石刻天文图。苏州石刻天文图总高8尺，宽3.5尺，刻星1430多颗。有趣的是，该石刻天文图天关星西北的一块缺损中有一个星点，刘金沂已指出这是1054年超新星的反映。

据《宋会要》记载，"嘉祐元年（1056年）三月，司天监言：'客星没，客去之兆也。初至和元年（1054年）五月，晨出东方，守天关，昼见如太白，芒角四出，色赤白，凡见二十三日'"。上文中描述的天关客星就是1054年爆发的超新星，其遗迹现为天关星附近外形如蟹的星云，即蟹状星云。日本的古籍《明月记》中，关于这次天象有简略的记录。除此之外，国外的历史文献，尚未发现有关这一问题的任何记录，故中国古籍的记载弥足珍贵，它为当代天文学对蟹状星云以及超新星爆发后残留的中子星等理论问题的研究，提供了历史天文学的宝贵资料。

宋代的五次较大规模的天文观测中，以1102—1106年姚舜辅等人所作的第五次观测最为精确，观测结果应用于姚舜辅的"纪元历"，沿用了三百多年之久的唐一行时所测的二十八宿距度数据至此才被完全刷新。一行虽从实测中发现了二十八宿距度古今之不同，但未作进一步的说明。姚舜辅则明确提出，这些距度自古到今始终在变化着，当代的测量只符合如今的"天道"。由于认识正确，不迷信古代权威，纪元历的二十八宿距度数值与以往采用整数度不同，采用了度以下的单位"少"（1/4）、"半"（1/2）、"太"（3/4）。故纪元历的二十八宿距度误差绝对值平均只有0.15度，对当时的条件而言，精度已甚高。

元代郭守敬为编制《授时历》所作的恒星观测，二十八宿距度的误差绝对值平均小于十分之一度，较之姚舜辅的数据，更为精确。除了测量传统的恒星位置外，对前人未命名的恒星，郭守敬也测量了一千余颗，从而使记录的星数，从传统的1464颗增加到2500颗，可惜郭守敬编制的星表已经失传。西方在14世纪文艺复兴以前观测的星数是1022颗，中国古代，特别是宋元时期的恒星观测，无疑居于世界领先的地位。

(二)精密时计——莲花漏和玉壶浮漏

漏刻作为古代的计时仪器，其起源一直可上溯到五六千年前的父系氏族社会时期。它经历了由简单到复杂的发展过程。大约商代发明刻箭,作时间指示。周代称漏壶为挈壶,由军事系统的挈壶氏执掌,并已形成较复杂的刻漏制度。《周礼·夏官》载:"挈壶氏"、"掌挈壶……皆以水火守之,分以日夜"。西汉初,有了单级受水型浮箭漏的发明,并已由太史令掌管,成为天文仪器系统的一部分。迄今已发现的漏壶实物最早的是西汉前期的。1958 年陕西省兴平县砖瓦厂工地西汉前期墓址出土过一件基本上是明器的漏刻。"文化革命"中河北省满城汉中山靖王刘胜墓,还有内蒙古伊克昭盟杭锦旗也各自发现过一具,都采用单壶。二级补偿式浮箭漏的出现不晚于东汉初年,记时已相当精确。晋代孙绰采用三级浮箭漏,唐初吕才采用四级浮箭漏。多级漏壶可以提高漏刻的稳定性,但并不能使测量精度更上一层楼。

20 世纪 80 年代末,陕西省眉县的一座西汉墓葬中,出土了我国目前最早的木杆秤实物,现存秤杆长 50 厘米,铁锤重约 224 克。杆秤用于漏刻技术,导致了秤漏的发明,具体年代未详。

5 世纪北魏道士李兰所做的秤漏,已使用渴乌(虹吸管)输水。秤漏不用刻箭,改用杆秤称水,提高了漏刻的灵敏度,它的精度可达到计时日误差在一分钟之内,但稳定性问题并没有解决。至宋代,漏壶技术有了重大的突破。

先是燕肃(961—1040 年)的莲花漏先声夺人。接着,沈括的玉壶浮漏更上一层楼。燕肃字穆之,青州益都人。他擅制奇器,能诗善画,是一个多才多艺的科学家。天圣五年(1027 年),造指南车等献给朝廷。天圣八年(1030 年),上莲花漏法。燕肃作过许多州郡的地方官,"所至皆刻石以记其法,州郡用之以候昏晓,世推其精密"。① 燕肃的莲花漏法,实创始于晋僧惠远。经燕肃改良、推广,在宋代大行其道,得到欧阳修、苏轼等人的极力赞扬。其关键是在莲花漏中使用了漫流系统。莲花漏图载于宋《六经图》(图 7-5),图中可见下匮设有分水管(竹注筒),多余的水由此溢出,使下匮的水位保持恒定。由于温度的变化对水的粘滞系数的变化有

---

① 《宋史·燕肃传》。

较大的影响,即沈括《梦溪笔谈》所谓"冬月水涩,夏月水利",漫流系统中表面张力的补偿作用,可以补偿粘滞性随温度变化对流量的影响,从而抵消温度变化所引起的计时误差,提高计时的精度。据《中国漏刻》一书的作者华同旭的研究,莲花漏和秤漏在精度上属于同一个等级。

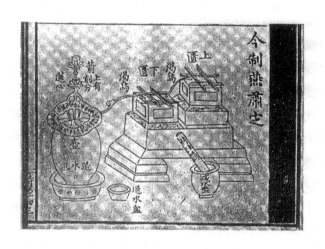

图 7-5　莲花漏图,采自《六经图》(1740 年版)

皇祐初(约 1050 年),舒易简等制皇祐漏刻,在莲花漏的基础上增加了一级平水壶,进一步提高了稳定性。沈括又将皇祐漏刻加以简化,于熙宁年间制造了玉壶浮漏。玉壶浮漏将二级平水壶缩为一个复壶,仍为二级漫流系统,在原材料和结构上也作了种种考虑,如出水管用玉制,在出水的龙口采用一种叫做"玉权"的装置,"权其盈虚"等。经过沈括的改进,玉壶浮漏的精度可达每昼夜误差小于 20 秒的程度。如果各种补偿措施得当,几乎可以消除温度对水的粘滞性的影响而使流量与温度无关。

从燕肃的莲花漏到沈括的浮漏,我国古代刻漏技术在宋代达到了高峰,代表了当时精密时计的世界水平。可惜的是,燕肃所著的《莲花漏法》一卷、沈括所著的《熙宁晷漏》四卷均已佚亡。幸有沈括的《浮漏议》保存在《宋史·天文志》中。这是一篇全面研究漏壶制造及误差的论文，在现存的刻漏史料中以叙述详尽见长，不过有文无图，其内容至今尚未完全读通。

（三）登峰造极的水运仪象台和简仪

我国传统的测量天体的球面坐标的仪器是浑仪。从古天文观测仪器发展到西汉的浑仪，已经历了很长的时间。《尚书·舜典》里说道"在璇玑玉衡，以齐七政"，所谓"璇玑"也许是浑仪的雏形。汉代以后，关于浑仪，史不绝书。发展到宋代，浑仪制造特多。以宏伟复杂著称的，有苏颂、韩公廉的水运仪象台。以简化革新闻名的，有郭守敬的简仪。两者都不同凡响。

元祐年间，苏颂、韩公廉制造的水运仪象台（成于 1092 年）高 36.65 尺，宽 21 尺，它实际上是一座小型天文台。整个系统以漏壶流水为动力，通过一套齿轮系，带动浑仪、浑象和报时器三个部分一起动作。

水运仪象台的顶部放置浑仪，浑仪上增设了"天运单环"，加上一系列的齿轮传动装置，使浑仪能靠水轮的运转自动追踪天球的运转，和近代转仪钟控制望远镜转动的效果一样。浑仪外有板屋保护，为了观测的方便，设有九块活动的屋面板，开创了近代望远镜式活动屋顶的先河。

它的中部放置浑象，与计时器的机械装置相接，其运行速度与天体视运动保持一致，使球面上的星座位置能和天象相合。

它的底部是报时器和动力装置。枢轮及其运动控制机构是整台水运仪象台工作的基础。因受水壶通过转轴和枢轮连接，因而枢轮上的受水壶可以相对于枢轮运动，为枢轮定速转动提供了必要的条件。然枢轮运动控制机构与近代机械钟锚状擒纵调速器尚不能相提并论。①

计时器的机械装置叫做昼夜机轮，前设五层木阁，安装有许多个木人，可以按时、按刻、按辰、按更次自动打鼓、摇铃、敲钟、

---

① 胡维佳：《〈新仪象法要〉中的"擒纵机构"和星图制法辨正》，《自然科学史研究》，1994 年第 3 期，第 244～253 页。

击钲和举木牌报时,并可按季节进行调整来适应昼夜长短的变化。

北宋水运仪象台虽未流传下来,好在苏颂已把它的结构、部件的形状尺寸等写成了一部说明性的技术专著——《新仪象法要》(第一稿成于1088年,第二稿成于1096年),传之后世。这是我国现存最早、最详尽的一部天文仪器专著,书中保存了许多机械插图,(图7-6)弥足珍贵,为后世的研究和复原提供了重要的信息。1991年北宋水运仪象台终于被复制成功,安装在北京古观象台内,供人瞻仰。

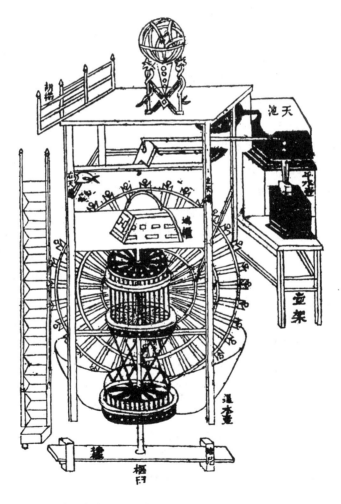

图7-6 水运仪象台机械传动图,采自苏颂《新仪象法要》

简仪的出现是中国古代天文仪器发展史上的又一件大事。它是浑仪由简而繁，至宋代过于繁复，物极必反，再由繁到简发展的必然结果。多重圆环结构的浑仪，既有地平、子午、天常等固定的环，又有白道、赤道、黄道等游旋的环，对组装校正提出了更高的要求；观测时又易挡住视线，使用不便。作为应对之策，北宋开始减去可省的环，如白道环，或者改变某些环的位置，如沈括在《浑仪议》中就作了这种建议。郭守敬循北宋改进浑仪的有益思路，更引进阿拉伯天文仪器分一圆周为360度的方法，来了个大刀阔斧的革新，针对浑仪的缺点，于1276年左右设计和制造了著名的简仪。

　　为了制作简单和观测方便，简仪把集三种不同坐标的圆环于一体的浑仪分解为两个独立的仪器：赤道经纬仪和地平经纬仪。赤道经纬仪只保留了四游、百刻、赤道三个环。地平经纬仪即立运仪，由原来的地平环和新增加的立运环共二环组成，这是第一架能同时测量地平经度和地平高度的仪器。这样，每个仪器的结构都十分简单，除北天极附近天区外，绝大部分天空都一览无余。为了校正仪器的极轴，郭守敬在赤道装置上安装了一个候极仪。为了减少赤道环转动时的摩擦阻力，简仪在重叠着的百刻环和赤道环之间安装了四个圆柱体，此一发明比西方的"滚柱轴承"早了大约二百年。为了观测赤经差，郭在赤道环上安装了二条界衡。每条界衡二端用细线与极轴北端连结，构成二个赤经平面。为了提高观测的精度，郭守敬又在窥管两端圆孔中央各置一线，两条细线构成的平面通过窥管的旋转中心及四游环的中心，观测时使两条细线和星重合，可以防止人目位置不正所产生的误差。简仪刻度分划的精细程度也作了改进。元以前的仪器只能量到1/4度，估量到1/12度，而简仪百刻环上每刻等分为36，一圆周为3600分，能量到1/10度，估量到1/20度，精度大为提高。

　　简仪是我国传统的赤道式天文仪器发展的高峰。在西方，直到16世纪末丹麦的天文学家第谷才制出能与简仪相匹敌的天文仪器。可惜郭守敬的原制简仪已被毁于清初，现存南京紫金山天文台的简仪，是明正统四年(1439年)的仿制品(图7-7)。

图 7-7 简仪，明（1439 年）仿制品，现存江苏南京紫金山天文台

（四）四丈高表

圭表的发明很早，《诗·大雅·公刘》曰"既景迺冈，相其阴阳"。这是说周文王的第十二世祖先公刘已在一个山岗上立表测影，以定方向。《考工记》中具体记载了春秋战国时立表定向的方法。唐代南宫说在相传周公测景的阳城（今河南登封）竖立了纪念性的石表。宋元的圭表测影技术有显著的进步。熙宁七年（1079年）沈括作《景表议》，提出建狭缝密室，立4寸副表，以增加影子的清晰度。苏颂在《新仪象法要》中提出了"于午正以望筒指日，令景透筒窍，以窍心之景，指圭面之尺寸为准"的原则。然而，最大的改进是郭守敬作出的。郭守敬在阳城筑了一座永久性的观象台，借助台身，设立四丈高表，下有一百二十八尺长的水平圭，还创制了"景符"、"阙几"、"正方案"等观测仪器，开创了古代圭表技术的新生面。

中国传统圭表的高度大多是8尺。新表从顶端的横梁到圭面的垂直距离共40尺，表高的增加减少了量度误差。"景符"是一种以小孔成像原理为基础的测影器具。当太阳过子午线时，在圭面上移动景符，转动景符上中间开有小孔的薄铜片，使太阳、高表横梁、小孔三者成一直线，在圭面上形成一米粒大的中间带有一条细而清晰的横梁影子的太阳象。当横梁影子平分太阳象时，梁影所在即是4丈高表对于日面中心的影长。上述措施使测影精度大为提高。根据现场模拟试验，用"景符"测影的精度在±2毫米之内，达到了空前的准确度。

明代万历年间，邢云路循此途径，在兰州建造了六丈高的木表，精确测定冬至时刻。六丈高表是我国历史上最高的表，邢云路据此得到了我国古代最精确的回归年长度值，它与理论值比较仅差2秒左右。

河南登封观星台系全国重点文物保护单位，经过全面整修，又英姿焕发，迎接着一批又一批的研究者和游客。在江西，始建于1219年的袁州谯楼（位于江西宜春），乃是现存最早的地方性天文台，经过整修，已于2004年重新向游人开放。

（五）郭守敬和最优古历——《授时历》

中国天文学发展的新高潮出现于重新统一的元朝忽必烈时代。先是元世祖至元四年（1267年）西域人扎马鲁丁进呈万年历，回回历法进入中国，开阔了中国天文学家的视野。至元十三年（1276年），元军攻占南宋都城临安（今浙江杭州）。面临中国统一的形势，忽必烈把前朝司天监的工作人员召集到大都，加上他自己所选拔的官员，组成了一支强大的天文科技队伍，实行改历。他任命御史中丞张文谦等主管改历，由精通天文数学的太子赞善王恂任太史令，负责组织天文机构，进行历法计算。以都水监郭守敬同知太史事，负责仪器制造和进行天文观测。王恂为授时历做了许多出色的工作，可是不久即病逝，继王恂任太史令的郭守敬挑起了两方面的担子。

郭守敬（1231—1316年），字若思，河北邢台人。他"颖悟天运，妙于制度"，在天文和水利两个领域内长袖善舞，做出了巨大的贡献。

为了改历的需要，郭守敬等设计制造了大量的新仪器，除前已提到的简仪、高表、景符外，其他仪器也有新意。如测量天体球面坐标的仰仪，可以在仰放的赤道坐标网上直接读出太阳所在的去极度、时角和地方真太阳时；利用小孔成像原理观测日食，避免用肉眼对强烈的日光作直接的观测。还有自动报时的七宝灯漏，观测恒星位置以定时刻的星晷定时仪，以及水运浑象、日月食仪、玲珑仪等，各种仪器不下十余种。郭守敬设计的天文仪器，大多由奉诏来华的尼泊尔工艺家阿尼哥（Araniko，1244—1306年）负责制造。他们相得益彰的创造性劳动，把我国天文仪器的制造推上了一个新的高峰。

有了仪器，同知太史院事郭守敬组织了大规模的天文观测。除了二十八宿距度、黄赤交角的测定之外，郭守敬还利用元代大一统的有利条件，于至元十六年（1279年）奏准，组织了一次规模空前的纬度测量工作。除了在北京、太原、成都、雷州等27处设立观测所外，还特地南起北纬15°的南海、北至北纬65°的北海，也就是说从西沙群岛到北极圈附近，每隔10度设一个观测台，比唐代一行、南宫说的观测站多了一倍，测量了夏至日影长度和昼夜长短，以及其他一系列天文常数。

授时历以大量天文观测数据为基础，吸取了历代各历的精华，运用宋金以来数学发展的新成就，加上自己的创新，因而成了中国古代最好的历法。它于1280年草成，次年正式颁行，接着王恂病逝，郭守敬继续干，又经两年多的努力，正式定稿，撰成了《推步》七卷、《立成》二卷、《历议拟稿》三卷等关于《授时历》的著作。

《授时历》有以下几项特点：

《授时历》所用的天文数据比较准确，几乎都是历史上最先进的。

《授时历》废除了繁重的分数运算，改用先进的百分制。

《授时历》彻底废除了上元积年，以至元十八年天正冬至为历元，根据实际观测确定所需的当年历法数据。计算简便，精度提高，此法与近代编算天文年历使用的方法相近。

《授时历》在日、月、五星运动的推算中有五项新创造，即所谓"创法五事"，其核心是招差术和弧矢割圆术的应用。它在日、月运动方面，运用招差法，创立了三次差内插公式，比僧一行的二次差内插公式又前进了一步，且在理论上这种方法可以推广到任意高次。它在黄道度数和赤道度数的互相换算等计算中使用了弧矢割圆术，即将圆弧线段化成弦、矢等直线线段来计算。为此创立了二个公式，与球面三角法的有关公式是一致的。这两法的创用使《授时历》如虎添翼，在数学计算上也超越了前人，成为我国古代最精密的历法。

名义上《授时历》颁用到元末，但实际上明的《大统历》的基本天文数据和计算方法仍遵用《授时历》，所以实际上《授时历》一直行用到明末。由于科学水平的限制，《授时历》中也包含了一些误差因素，日子一久，误差渐显，这就为明末中西历法之争伏下了内因。

在制定《授时历》之前，郭守敬早就在水利上一显身手。他被元世祖召为提举诸路河渠，先后主持过不少重要的水利工程。如在宁夏地区主持修复唐来、汉延渠等，共溉田9万多顷，促进了西北黄河上游地区农业生产的发展。《授时历》大功告成后，郭守敬的水利长才又一次被借重。为了解决大都通惠河（运河）的水源问题，他在大都西北设计修筑了长30公里的白浮堰，并修建闸门和斗门若干座以维持通惠河的水位，利于来往船只的畅通。

郭守敬擅于地形测量，他的水利工程设计均以实际地理勘测资料为基础。他还从理论上认识了海平面，发明了"海拔高程"的概念，"尝以海面较京师至汴梁地形高下之差"，① 即以海平面为基准平面来比较大都和汴梁地形高下之差。有了海平面和海拔高程的概念，对后世的测量和制图水平的提高很有意义。

六、农业、农学的高度发展和农书、谱录的涌现

宋代吸取唐后期水利失修的经验教训，大抓水利，为两宋三百

---

① 《元文类·郭守敬传》。

余年江山打下了基础。宋代水利工程的重点在南方，可以福建莆田的木兰坡和浙江捍海塘为典型。宋元时期南北方农业经济继续发展，南方的进展尤为显著。水稻生产跃居全国粮食作物的首位。南宋出现了最早论述南方水稻区域农业技术和经营的陈旉《农书》。元统一中国后，又有综合南北方农业的王祯《农书》问世。农书之外，植物谱录大量涌现，成了宋代园艺大盛的历史记录。

（一）水利新成就——木兰坡和捍海塘

宋代大兴水利建设，仅11世纪，兴修的农田水利工程有一万多处，灌田3660多万亩。其中重点放在南方，尤以11世纪初福建省莆田县兴修的木兰坡和浙江捍海塘最为著名。

木兰坡是一座引、蓄、灌、排、航运、水产综合利用的大型水利工程。针对洪枯期流量相差极大的特点，它的堰闸式陂既可备旱，又可排洪，又能利用洪水排沙，避免淤积，从选址到砌筑均科学合理。

浙江省杭州湾的海潮，叠浪排空，惊涛拍岸，素称奇观。历史上，农田、航运常受其灾害影响，也引来不少科学眼光的关注。东汉上虞王充，已在《论衡》中讨论涌潮的成因。八世纪中叶，浙东窦叔蒙著《海涛志》，这部现存最早的潮汐专著对潮汐变化与月球运动之间的规律关系作了定量的研究，得出结论为：一个潮汐循环所推迟的时间为50分28.04秒，与现在计算正规半日潮，每日推迟50分钟相比，已相当精确。他还创立潮汐变化图表，用以表示潮汐"循环周始"的变化规律。

11世纪初，新的研究专著和防御工程双双问世。明州太守燕肃在十年用心，长期观察研究广东、浙江海潮的基础上，制"海潮图"（已佚）、著《海潮论》。文中指出："浙江之口……盖以下有沙潬、南北亘连，隔碍洪波、蹙遏潮势……浊浪堆滞，后水益来。于是益于沙潬，猛怒顿涌，声势激射，故起而为涛耳。"政府方面，征用民工几百万，先是以一年时间修成浙江捍海土塘。1034—1037年及1041年，又两次修建石塘，有效挡住海浪袭击，保障农业生产。

(二) 水稻跃居首位主粮

宋代经济重心南移,南方人多地少、口粮问题日益突出。长江三角洲一带,与水争田,各种圩田、淤田、沙田、葑田、架田、涂田、湖田星罗棋布。江西、浙东等地,多致力于改旱地为水田。土地问题之外,为了增产粮食尚需解决粮食品种等问题。

宋代以前,福建已有来自东南亚的占城稻,它的生育期短、耐旱、耐瘠,但味道品质较次。江、淮、浙一带,普遍种植的是一季晚粳。一季晚粳好吃,单季产量也高,但生育期长、耐旱、耐瘠性差。若为干旱、贫瘠地区喂饱肚子计,占城稻自然优于粳稻。宋真宗大中祥符五年(1012年),政府为防旱灾,派人从福建取占城稻种,分给江、淮、浙三路加以推广。水利发达、土壤肥沃的长江三角洲,虽有占城稻的种植,但未影响到粳稻为主的局面。而在江西、福建、浙东,以及后来的湖南、湖北、广东一带,占城稻逐渐占了优势,原有的一季晚稻大部分被一季早稻所取代。这样,宋元时期,水稻产量已跃居全国粮食作物首位,奠定了后世具有中国特色的食品构成的基础。至明清时期,双季稻首先在籼稻区发展推广。终于,"湖广熟,天下足"取代以前的"苏湖熟,天下足",形成了农业生产的新格局。不过,正如有识之士所指出的,这"其实是不祥之兆"。① 围湖造田,在短时期里增产丰收,却埋下了急功近利、过度围垦的隐患,欠大自然的债迟早是要还的。

(三) 从陈旉南方《农书》到王祯全国《农书》

隋唐以来,长江中下游地区的农业技术不断发展。于是,先有陆龟蒙《耒耜经》,继有陈旉《农书》,一步步将南方农学推向前进。

陈旉(1076—?年),江苏人,号西山隐居全真子,又号如是庵全真子,两宋之间隐居田野,积累了许多农业生产的经验。南宋绍兴十九年(1149年),年逾古稀时撰成了《农书》三卷。上卷十四

---

① 董恺忱、范楚玉主编:《中国科学技术史·农学卷》,科学出版社2000年版,游修龄序,第vii页。

篇讲述农业经营与栽培总论,中卷三篇记叙水牛饲养及疾病医治,下卷五篇论植桑养蚕。这是最早论述南方水稻区域的农业技术和经营的农书。它第一次用专篇系统地论述了土地利用和统一筹划,首次明确地提出了两个对于土壤的基本原则,即只要治理得法,各种不同的土壤都可利用来栽培作物;只要使用得当,合理施肥,地力可以维持和提高。

其《耕耨之宜》篇总结整地、中耕除草等技术,对耘田、烤田和灌溉之法很有心得。陈旉把它叫做"审度形势,自下而上,旋乾旋耘",即在高处蓄水,把最低处的田放水先耘。耘毕一坵,即开深沟放水,使其速干,干到地面开裂,使空气进入土壤,促进养分的分解和根系的生长。然后灌水,依次自下及上。《善其根苗》篇专论水稻秧田育苗技术,包括培育壮秧的重要性和总原则,秧田的耕作和施肥,烂秧的原因和防止方法,秧田水层深浅的控制等。《粪田之宜》篇专门论述施肥,提出了施肥要点,介绍了四种新肥源,并提出"用粪犹用药",强调了合理施肥的重要性。凡此种种,不一而足。

南宋高宗时,浙江鄞县人楼璹所撰的《耕织图》,以 21 幅耕图,24 幅织图,每图配以诗,生动形象地反映了江南农业生产的情况。传本中的诗乃楼璹原著,图系后人补绘。1984 年黑龙江省大庆市发现了宋代绢本《蚕织图》,系楼璹《耕织图》原著中"织图"的摹本,"织图"原貌得以恢复,全面地反映了宋代采桑养蚕丝织的整个过程。特别是第 22 图"挽花",形象地表达了宋代提花机形制和操作情况,弥足珍贵(图7-8)。

元代中国重新统一,新出了几部有名的农书。总的来说,它们在整体性和系统性方面比陈旉《农书》又前进了一步。具体地讲,至元年间司农司编撰的《农桑辑要》七卷中,蚕桑部分相当完整。维吾尔人鲁明善的《农桑衣食撮要》二卷,采用了按月编排的农家月令体例。另一部更重要的农书,是王祯《农书》。

王祯,字伯善,山东东平人。十三四世纪之交,王祯任宣州旌德县令和信州永丰(今江西广丰)县令。他重视公益,提倡改良农具,种植农桑。利用了解黄河、长江两大流域农业生产情况的有利

图7-8　挽花(提花机)，楼璹《耕织图·织图》之一
（1984年黑龙江大庆市发现）

条件，他综合了黄河流域旱田耕作和江南水田耕作技术，著成了《农书》三十七卷(现存三十六卷)，共三百七十目，约30万字，于1313年刊行。

《农书》分成三部分。第一部分"农桑通诀"，以农本和大农业思想为指导，论述中国农业生产发展史，概述农业生产的各个环节，也涉及林、牧、纺织等方面。第三部分"谷谱"，论述各种农作物的栽培技术，除大田作物以外，还包括蔬菜、水果、竹木、药材等的种植、保护、贮藏和加工。本书最有特色的是第二部分"农器图谱"。这部分篇幅约占全书的百分之八十，附图306幅，无论在数量上还是质量上，远远地超过了宋曾之谨所撰的《农器谱》(现已佚)。"农器图谱"形象地反映了我国传统农具在科技高峰的宋元时代的发展水平，不少古代已失传的机械也绘出了复原图，如东汉水排、西晋牛转连磨等。当时处于世界先进水平的32锭水力大纺车、3锭脚踏纺车(棉纺)、5锭脚踏纺车(麻纺)和鼓风用的"木扇"，自然更是被形象逼真地记录了下来。王祯《农书》的"农器图谱"不仅是后世农书和类书记述农具的范本，而且是科技史研究的重要原始资料。

(四)动植物谱录的百花园

宋代在许多科技领域达到高峰,园艺也相当发达,又出了一个本该去当画家、艺术家,而不该当亡国之君的宋徽宗,使这股风越刮越盛。宋徽宗治国乏术,绘画书法方面却有高级的专业水平,对园艺也很热衷。他大征"花石纲",在开封建立"艮岳","不以土地之殊、风土之异",将南方的"枇杷、橙、柚、橘、柑、椰栝、荔枝之木,金娥、玉羞、虎耳、凤尾、素馨、渠那、茉莉、含笑之草",① 移植过来,分区栽培。当时人们普遍以栽花为乐,洛阳牡丹甲天下,扬州芍药名满全国。既然宋代园艺大盛,文人雅士又多,植物谱录的大量涌现就成了自然而然的事。其间先后问世的约有 50 多种,如蔡襄《荔枝谱》、韩彦直《橘录》、欧阳修《洛阳牡丹记》、陆游《天彭牡丹谱》、王观《扬州芍药谱》、刘蒙《菊谱》、宋子安《东溪试茶录》等,都是其中的佼佼者。除植物谱录外,宋代还出现了两种动物谱录。在地区性的动植物志方面,远承魏晋南北朝时期的《南方草木状》和《竹谱》,近承唐代刘恂《岭表异录》、段公路《北户录》,宋代又有周去非《岭外代答》、宗祁《益部方物略》、范成大《桂海虞衡志》等,对我国南方和西南方的动植物资源作了较忠实的记录和补充。

七、建筑、造船和制瓷

宋代木构建筑技术向标准化和定型方向发展,继《元祐法式》之后,将作监的李诚编撰了《营造法式》,为中国建筑史写下了新的一页。辽代山西应县木塔则是世界上现存最高的古代木构建筑。

经济的发展和交通运输的需要,加上技术的进步,两宋时在宽阔的水面上架起了不少大中型桥梁,众多名桥标志着桥梁建筑技术达到了新的高度。

---

① 张灌:《艮岳记》。

宋代造船工场遍布全国，而以南方为密集。宋元造船工匠竞相革新，形形色色、各具特点的新船型次第出现，使我国古代造船技术出现了鼎盛的气象。

制瓷业发展到宋元时期，技术上臻于成熟，以纯净为主的青瓷和白瓷，制瓷技术达到炉火纯青的地步。南北方的八大窑系，烧成各色瓷器，光彩夺目。景德镇的青花瓷等，不仅畅销国内，而且蜚声海外。

（一）李诫和《营造法式》

我国木构建筑技术发展到宋代，具备了标准化和定型的条件，元祐六年（1091年），将作监编成了《元祐法式》。《元祐法式》在统一营造规范、减少贪污浪费方面起过一定的作用，但它"只是料状，别无变造用材制度，其间工料太宽、关防无术"，故寿命不长，终被《营造法式》所取代。

《营造法式》的作者李诫（？—1110年），字明仲，郑州管城县人。（有学者认为"李诫"系"李诚"之误，[①] 学术界尚未有定论。）生年不详，父南公，官至龙图阁直学士。李诫在元丰八年（1085年）以荫补入仕，当过县尉。元祐七年（1092年），李诫就任将作监主簿。由于他博学多才，能书善画，进入建筑界如鱼得水，在将作监节节升迁，经将作监丞、将作少监、至将作监。工程方面，他先后主持过龙德宫、朱雀门、景龙门、九成殿、开封府廨、太庙、太庆佛寺、五王邸、辟雍等十几项大型建筑工程。著书立说方面，他受宋哲宗之命，重新编修营造法式，于元符三年（1100年）编成《营造法式》一书，崇宁二年（1103年）刊行。他的科学和艺术素养，在实践和理论两方面都得到了很好的发挥。

《营造法式》全书共三十六卷，357篇、3555条，是历代建筑经验和当时技术成就的全面系统的总结，北宋中原地区宫式建筑的规范。它"有定式而无定法"，比《元祐法式》有了很大的进步。书

[①] 曹汛：《〈营造法式〉崇宁本——为纪念李诫〈营造法式〉刊行九百周年而作》，《建筑师》，2004年第2期，第100~105页。

中一方面就一般情况指出一定的范围，另一方面，又给特殊情况留有活动的余地。书中提出的木构架建筑"材分八等"的模数制，标明了我国传统的"以材为祖"的木结构的各种比例数据，反映了宋代建筑力学知识的进步。其大木作制度，充分体现了我国传统的木结构体系的特点；小木作制度，表明了宋代木装修技术的新水平。

图文并茂是《营造法式》的一大特色。李诫善绘画，有得古人笔法之誉。他曾奉旨作"五马图"，博得国画好手宋徽宗的称赞。《营造法式》用六卷的篇幅绘出详图，有房屋仰视平面图、横剖面图、局部构件组合图、部件图、构件构造图、彩画、雕饰图、施工仪器图等多种图样，反映了我国古代建筑制图的高水平。

从《考工记》到《营造法式》，我国建筑技术已经大大前进了一步，但在心理上，包括《营造法式》的作者在内，建筑业始终自认是《考工记》传统的继承者。对于古代优秀传统的发扬，这是好事，但对不断创新来说，这多少有些束手束脚。

(二) 辽代应县木塔

山西应县佛宫寺内的著名木塔，世称应县木塔，原名释迦塔，由仁懿皇后倡议，建于辽道宗清宁二年(1056年)。应县木塔的塔身呈八角形，外观五层，加上四个暗层，实际是九层。底层直径约30米，自地面到塔顶高达67.31米。此塔下大上小，总体造型稳重大方，细部构造富于变化。然而，它之所以能抵抗多次地震，巍然屹立900多年从未倒塌，最关键的是它的新型结构方式。

塔下有二层砖筑基台，在上层八角形台基上布置了内外槽柱及外廊前檐柱。多层柱子叠接而上。内外槽转角柱都是双柱，所有的柱子用梁枋连接成筒形框架，提高了抗弯剪的能力。在暗层内外槽柱子之间用斜撑、梁和短柱组成复梁式木架，即平行桁架式圈梁，内环又叠置枋子组成的井干式圈梁，使整个暗层形成了一个牢固的构架。这样，四个暗层就含有四道刚性构架，使整个塔身的稳定性大为增加，提高了抗风抗震的能力。此外，此塔整体结构布局上也采用了使虚弱部分分散的技巧。所以，元明之际，这个地区曾发生十余次大小地震，其中有三次的震级在六级以上，可是应县木塔依然昂首挺立,显示了整体结构的科学和建筑技术的精良(图7-9)。

图7-9　辽代应县木塔

(高67.31米,建于1056年,位于山西应县佛宫寺内)

(三)两宋名桥

两宋的名桥,拱桥以北宋汴梁的虹桥和金代中都的卢沟桥为著;梁桥以福建泉州两宋的洛阳桥和安平桥最突出。

北宋时汴梁的虹桥是用木梁相接成拱的单跨木拱桥,跨径近25米,净跨20米左右,拱矢约5米,水面净高近6米,桥宽约8米,矢跨比约为1∶5。张择端有名的《清明上河图》上就有一座此类拱桥。从图中可见,以木梁交叠而成的虹桥,犹如长虹飞越河面,是当时出现的新颖结构,在世界建筑史上也十分罕见。

卢沟桥在北京西南郊,金大定二十七年(1187年)始建,明昌三年(1192年)建成。这是一座联拱式石桥,长212.2米,加上两端桥堍共长265米,宽8米多,有11个桥孔。桥上雕有485个大小石狮，造型美观。此桥为古代出入京师往来津要，在历史上发挥了重要的作用。1937年7月7日，日寇发动卢沟桥事变，打响了全面侵华的第一炮，饱经沧桑的卢沟桥又成了日军侵华的历史见证。

洛阳桥又名万安桥，位于福建泉州水急浪高的洛阳江入海口，为蔡襄知泉州时所建。施工负责人为卢锡、王实等，于皇祐五年（1053年）动工、嘉祐四年（1059年）竣工。据蔡襄《万安渡石桥记》记载，当时桥长360丈（约1100余米），宽1丈5尺，计有47个桥孔。现存桥长834米，46墩，47个桥孔。此桥建造时首创了"筏形基础"，先在江底抛掷大石，筑成一条宽20多米、高3米以上、长一里的石堤，然后在这石堤上筑桥墩。桥墩近海一面砌成尖劈状，以减弱海潮冲击力。并在桥基和桥墩上种植牡蛎，使其繁殖生长，利用牡蛎的石灰质贝壳联结加固。桥面用三百余块重达20—30吨的大石梁铺成，可能是将石梁放在木排上，利用海潮的涨落安装的，为近代浮运施工法的成功先例。

洛阳桥的诸项杰出成就，为古今中外所赞叹。至20世纪30年代，在洛阳桥原有桥面上加高铺设了水泥桥面，面宽7米，旧桥呈新颜，以利人车通行。

南宋时，泉州形成了建桥的热潮。其中最有名的是绍兴八年至十一年（1138—1141年）建成的安平桥。它以811丈（合2500多米）之身，横越安海港海湾，下有桥墩361座。此桥是1905年郑州黄河大桥建成之前留存的最长的古桥梁，而南宋时泉州的几座长桥中，最长的曾达一千丈以上。

（四）百舸争流

宋代造船业大盛，工场遍及全国，华中、华南较为集中，尤以浙江的温州、明州造船最多。海舟则以福建造为上。宋代船的年产量为三千多艘，元代继续增加，特别是战舰，为适应远征的需要，年产量曾突破五千之数。

宋元时期造船业的兴盛，不仅表现为产量之多，而且出现了许多新船型。例如：1169年水军统制官冯湛打造的多桨船，采用可以涉浅的"湖船底"，适于迎敌的"战船盖"，长于迎风破浪的"海船头尾"，集多种船型的优良性能于一身。船长8丈3尺，阔2丈，八百料，用桨42支，载甲士二百人，往来江河湖海，堪称轻便，性能极佳。脍炙人口的北宋张择端《清明上河图》绘有各种视角的客船11艘、货船13艘，为后人留下了不可多得的形象资料。

我国车船的历史可以追溯到晋代，至迟在唐代有了明确的记载，即唐宗室曹王李皋（733—792年）所制的车轮战舰。宋代船型繁多，车船也不例外。如王彦恢于1132年造旁设4轮每轮8楫的"飞虎战舰"。12世纪中叶，木工高宣等为杨幺领导的农民起义军赶造车船。两个月之内造就大小车船十余种，大的车船设32轮，小的设4轮。最大的车船长36丈，宽4丈1尺，能载千余人。

宋代遣使出洋海船，有雇自民间的"客舟"，也有特别打造的"神舟"。据《宣和奉使高丽图经》记载："客舟长十余丈，深三丈，阔二丈五尺，可载二千斛粟，以整木巨枋制成。甲板宽平，底尖如刃⋯⋯每船十橹，大桅高十丈，头桅高八丈。后有正桅，大小二等。矴石用绞车升降。⋯⋯每船有水手六十人左右。"官府特制的神舟，形制当然更大，其长、宽和深度往往是客舟的两三倍。

宋元的远洋巨舶，为航行安全起见，船舱间隔都采用先进的水密隔舱，各舱严密分隔，即使有一二舱破损进水，全船仍可保无虞。

近几十年来，我国已先后发现隋唐至宋元的古船多艘。如1975年山东平度发现隋代木船。1973年江苏如皋发现唐代木船。1960年江苏扬州施桥发现宋代木船。1978年上海嘉定封浜发现宋代木船等。如皋木船是"沙船"船型的早期形态，两舷、船舱隔板和盖板使用了铁钉钉合，油灰嵌缝，具有互不渗水的隔舱。施桥和封浜宋船，承继了如皋唐船的制造技术，正是成熟形态的平底"沙船"船型。除这些内河航行的平底船外，更重要的是1974年福建泉州湾后渚港发现和出土的一艘宋代海船。泉州南宋海船是一艘"下侧如刃"的三桅尖底型海船。头尖尾方，船身扁阔，平面近似椭圆状。底有两段松木料接合而成的龙骨，全长17.65米。船板用柳杉制成，连接方法有搭接式和平接式两种，混合使用。船体用十二道隔板，隔成十三个互不渗水的船舱。该船出土时，残长24.2米，残宽9.15米，复原后长34.55米，宽9.9米，排水量为370吨左右。这艘海船结构坚固，稳定性好，适宜远洋航行，体现了我国古代造船技术的优良传统和民族特色（图7-10）。

图7-10　南宋海船

（复原后全长34.55米，宽9.9米，1974年福建泉州湾后诸港出土）

青瓷发展的高峰宋代，以龙泉窑（浙江龙泉）和汝窑（汝州，今河南临汝）为代表，交相辉映于南北。

白瓷在北宋以定窑（定州，今河北曲阳）为著，世称"北定"，胎薄质细，釉色莹白滋润。南渡以后，景德镇窑起而称雄，世称"南定"。景德镇白瓷质薄光润，又发展出一种特殊的"影青"白瓷，瓷胎的白度透光度已接近现代水平。元代的青花瓷在刻画的花纹上涂以青白釉色，能反映出奇妙的青色花纹，十分有名。元代中期，景德镇窑工将青花瓷发展到成熟的阶段。

宋代瓷器在数量和质量上均有大幅度的提高，遍及各地的名窑中，最有名的是八大窑系。八大窑系中，南北各占一半。北方是定窑、磁州窑、钧窑、耀窑,盛在北宋。南方有景德镇窑、越窑、龙泉窑、建窑,大多盛于南宋。定窑白釉似粉,它的黄金时代在北宋末年。磁州窑在今河北磁县,以磁石泥为坯,多白瓷黑花。钧州(今河南禹县)的钧窑,是汝窑衰落后的后起之秀。由于铜的还原成功,青釉器上出现了紫红斑等多种色调,金代风行一时。钧窑的窑变是宋代窑变工艺的代表作。耀州窑(陕西铜川)的盛期在北宋中后期,胎骨薄,釉层均匀洁净,花纹布满器壁内外是其特色。

越窑诸窑分布于浙江上虞、余姚、临海、黄岩、鄞县、慈溪、兰溪等地,在隋唐五代声誉最隆,到北宋尚能维持。至南宋,与龙泉窑等相比已相形见绌,日渐衰落。越窑虽衰,龙泉和景德镇等窑则方兴未艾。

相传龙泉窑有章氏兄弟所设的哥窑和弟窑。哥窑以碎纹取胜,弟窑以完美见长。哥窑利用瓷胎热涨冷缩率和冷却时收缩速度不同,形成釉面碎纹,如"鱼子纹"、"百圾碎"之类。弟窑胎质厚实,釉色光阔纯洁,无断纹,色美如玉,润厚悦目。

景德镇窑和建窑则一白一黑,同登名瓷之列。景德镇影青瓷的白度和透光度,以镇东南20里湘湖窑产品为最高。其邻省福建产黑瓷,建阳水吉的建窑,多紫黑色胎,黑釉光亮如漆,也是宋代名瓷之一。元代景德镇附近的湖田窑多烧黄黑色瓷器,而福建德化窑烧造的白瓷,烧成气氛好,色调悦目,有"猪油白"之称。

宋代的官窑瓷器很有特色,特别是南渡后用粉青釉或粉红釉,胎薄如纸。用还原焰烧成时,胎内一部分三氧化二铁还原成四氧化三铁,底足露胎还原较强而呈黑色,叫做"铁足";器口灰黑色泛紫,称为紫口,合称"紫口铁足"。

元代釉药创新,加钴得到深蓝色的琉璃釉;此外,还推出了"釉里红",使中国瓷器更加多彩多姿。

八、衣着原料和纺织机械的革命

宋元纺织技术高度发展,传统的丝绸登峰造极。棉花异军突起,棉布作为大众衣着原料在宋元风行海内。除了衣着原料的革命性变化之外，纺织机械中的大纺车，由人力改用水力，不但使生产效率大为提高，而且代表了新式纺机的发展方向。正是在这种形势下，我国古代木质纺织机械专著在元代问世，这就是薛景石的《梓人遗制》。

(一) 棉花普及、棉布风行

宋代纺织技术在继承前代的基础上，继续创新和高度发展。一方面，纱罗、锦、缎和缂丝丰富多彩；另一方面，大众衣着原料发生了革命性的变化，棉花登上了中原的历史舞台。

宋代的纱罗织物达到十分纯熟的程度，出现了平罗。几种著名的锦，各有特色。如苏州宋锦，以用色典雅沉重见长，南京云锦，以用色浓艳厚重著称。南宋的缂丝，常以唐宋名画为底本，人见人爱。金代的纺织技术，可以1990年黑龙江省阿城市巨源乡金代齐国王完颜晏(活动于12世纪)墓所出金代服锦为代表，品种有织金锦、绸、绢、印金罗、暗花罗、绢、绫、纱及刺绣等，从中可见织金、印金、描金等技法的大量应用。

元代的织金，用金银线作花纬或地纬，显得富丽辉煌。它们既是纺织产品，又能作为工艺美术品观赏。至于平滑而有光泽的缎织物，在华丽和细致方面更是登峰造极。

棉花原是一种热带植物，分为多年生和一年生两类。我国南部、西南部和新疆地区种植和利用棉花的历史很早。1978年福建崇安武夷山船棺中出土了一批距今三千多年的纺织物，其中有青灰色棉布残片，原料可能来自多年生灌木型木棉。一年生的棉花，古称"白叠毛"。迄今为止，东汉、魏晋南北朝和唐代的棉织品，均有出土，但尚局限于西域和河西走廊一带。这种情况，到宋元时代为之一变。

宋元时，南方的吉贝或木棉，从气候较暖的两广和福建向北推进。南宋后期，越过南岭山脉和东南丘陵，前进到长江、淮河流域一带。与此同时，新疆的一年生棉花逐渐东移入陕，向内地大力推广。随着植棉技术的突破和赶弹工具的改进，棉织业诞生了。从元代开始，棉花向麻作为大众衣着原料的地位挑战，至明清终于取而代之。

新兴棉纺织业的成长与加工技术的进步息息相关。纺车、织机等工具采用之后，棉花去籽成了一大难关。手摘棉籽或用辗轴效率皆低，于是有了轧棉专用机具——搅车的发明。王祯的《农书》卷二十一介绍"木棉搅车"说："二轴相轧，则子落于内，绵出于外。比用辗轴，功利数倍。"棉花经轧车去籽后，尚须进行弹棉。宋代用小竹弓，以手指"牵弦以弹"，产量较低。元初用上了绳弦大弓。元末明初，又出现了木制弹弓，即徐光启的《农政全书》中记载的"以木为弓，蜡丝为弦"。伴随着弹弓的发展，松江首先出现了弹椎，以椎击弦代替手拨弦，进一步提高了生产效率。

松江位于长江入海口南岸，13世纪初，自闽广传入植棉加工技术。元初，有一妇女名黄道婆，本是松江乌泥泾人，因故沦落他乡。元贞间(1295—1296年)从崖州搭海船返回故乡，给邑人带来了海南纺织之法。陶宗仪《辍耕录》卷二四记载了黄道婆的事迹："乃教以作造捍(赶)弹纺织之具。至于错纱配色，综线挈花，各有其法。以故织成被褥带帨，其上折枝、团凤、棋局、字样，粲然若写。人既受教，竞相作为。转货他郡，家既就殷。"后来松江渐渐发展成全国最大的棉纺织中心，获得了"衣被天下"的美誉。黄道婆利被一乡功不可没，后人为之立了"黄道婆祠"。一首广为流传的竹枝词颂曰："乌泥泾庙祀黄婆，标布三林出数多，衣食我民真众母，千秋报赛奏弦歌。"如今，她已作为中国古代妇女科技家的一个象征，受人敬仰。

(二) 水力大纺车

宋元之际，随着城乡经济和商品贸易的发展，纱大步走入了商品市场。对高效高产的纺纱合线工具的需求，显得迫切起来了。于是在世传各种纺车的基础上，形成了锭子多、体积大的丝麻纤维捻线车。这种纺织工具在王祯的《农书》中称为"大纺车"，元初已被广泛应用，"中原麻布之乡皆用之"。它的出现应可上溯到北宋甚至更早。

初期的大纺车用人力摇动，后来改用畜力或水力。王祯《农书》中的水力大纺车，安装有32个锭子，"中原麻苎之乡，凡临流处所多置之"。① 欧洲的水力纺机出现于18世纪末，系1769年英国人理查德·阿克赖特（Richard Arkwright，1733—1792年）所创，我国这项创造比西方早了四百多年。

大纺车由于没有牵伸引细纱条的能力，使用有局限性。随着我国棉花生产的发展和普及，到清代创造出了利用张力和捻度控制牵伸的多锭纺纱车，蚕丝等的并捻合线采用机器生产后，大纺车的使用范围更是大幅缩减。然而，大纺车具备了多锭的特点，适合大规模生产，已具近代纺纱机械的雏形，代表了纺织机器发展的前进方向。

（三）纺织机械专著——《梓人遗制》

我国古代工匠，纵使富有创造发明者，往往是实干的多而有写作能力的少，致使许多创造发明不能及时流传，甚至失传，至为可惜。到了我国古代科技高峰的宋元时期，工匠的素质有所提高。先是有人作《木经》，传为喻皓所撰，更可能是无名氏的著作，不久就失传了，仅在沈括《梦溪笔谈》中保存了一点吉光片羽。至元初，又有山西万泉（今万荣县）木工薛景石，"夙习是业，而有智思，其所制作不失古法而间出新意，奢断余暇，求器图之所自起，参以时制而为之图"，② 再次尝试著书立说，终于在中统四年（1263年）编写了我国古代著名的木质纺织机械专著《梓人遗制》。

《梓人遗制》比《木经》幸运的是，虽然它的初刊本在明以后就失传，幸而《永乐大典》卷一八二四五之十八"漾、匠氏诸书十四"中过录了《梓人遗制》。民国二十一年（1932年）经朱启钤校刊，刊于《中国营造学社汇刊》第3卷第4期。至于《永乐大典》所辑是否《梓人遗制》全本，现还不能考定。辑本《梓人遗制》所收机械有七项，除"五明座车子"外，其余六项都是纺织机具，即：华机子（提花机）、罗机子（织造罗类织物的木机）、立机子（立织机）、小布卧

---

① 王祯：《农书·农器图谱十四》。
② 薛景石：《梓人遗制》"段成己序"。

机子(织造丝麻织物的木机)、掉篗座和泛床子。每一机具除总的说明外，还有沿革、用材、功限等介绍，特别是"每一器必离析其体而缕数之。分则各有其名，合则共成一器"。既有各部件的分图，又有全机总图，尺寸大小和安装位置一一注明，制作方法也有简要介绍，可谓图文并茂、一目了然。使它不同于楼璹《耕织图》等艺术绘画，而是可资仿制的技术图纸，"使攻木者览焉，所得可十九矣"，① 科学价值非一般绘画可比。

《梓人遗制》的纺织机械中，最重要的是华机子、罗机子和立机子。提花机是我国古代的重要发明，《梓人遗制》的华机子是元代晋南潞安州地区普遍推广的型式。罗机子是现存汉唐罗机的唯一比较具体的材料。宋代立织机的形制，也见于山西高平开化寺的宋代壁画，但《梓人遗制》中的立机子与开化寺壁画上的有所不同，也较为清楚。

九、火器与冷兵器并行的新阶段

古代中国用于实战的各类兵器，以火药开始用于制造兵器为分野，可以分为两个阶段。从史前直到北宋初是使用冷兵器的阶段，北宋以降是火药兵器和冷兵器并用的阶段。这一阶段，火药的各种药物成分有了比较合理的定量配比，并在实战中经常使用；冷兵器为适应新时期的需要，也作了一系列的改进，威力更为强大。

（一）火药武器接连发明

炼丹家在炼丹实验中发现了火药的威力以后，经过一段时期的摸索，原火药配方转到了军事家手中。在战争实践中，含硝药料的配方不断改善，逐渐有了定型化的火药。曾公亮、丁度等在1040—1044年间编撰《武经总要》时，收录了当时比较成熟的三个方子，即毒药烟球：每个重5斤，含硫黄5两，焰硝30两，木炭5两，草乌头5两，芭豆2.5两，沥青2.5两，以及少量的砒霜等。

---

① 薛景石：《梓人遗制》"段成己序"。

蒺藜火球火药法：用硫黄20两，焰硝40两，炭末5丙，沥青2.5两，干漆2.5两，桐油2.5两，蜡2.5两，以及蔴茹、竹茹等。火炮火药法：硫黄14两，焰硝40两，松脂14两，以及淀粉、黄丹、清油、蔴茹、竹茹、砒黄、黄蜡、桐油等。这是我国古代文献中最早出现的火药配方，值得注意的是宋代火药中硝的含量的增加。唐代火药硫和硝的含量是1:1，宋代增至1:2—1:2.9，已与后世黑火药中硝占四分之三的配方相接近。同时为了易燃、易爆及施毒、制造烟幕等效果，还加有各种少量辅助性配料，火药的配方显然已脱离了初始阶段，为各种火器的制造打下了基础。

《武经总要》记载的火药方子之三是火炮火药。宋代有形式的火炮，大概先是纸制、陶制，尔后发展为威力更大的铁火炮。据《金史》记载，金军的"云天雷"铁火炮"炮起火发，其声如雷，闻百里外，所烧围半亩之上，火点着铁甲皆透"。

管形火器的出现是火器史上的重大革新。迄今所知最早的文字记载，是1132年陈规守德安时发明的"长竹竿火枪"。他设计用"长竹竿火枪二十余条"攻敌，其作用相当于如今的喷火器。[①] 据李约瑟、鲁桂珍的研究，在敦煌发现的五代时（约10世纪中叶）的一幅绢画上已有管形火器的形象。画中一个精灵持有喷火枪，他下面的一个精灵挥舞着手榴弹式的火药武器。（图7-11）至于发射子弹的火枪，在《宋史》中也有记载。1259年寿春府"造突火枪，以巨竹为筒，内安子窠，如烧放，焰绝，然后子窠发出，如炮声，远闻百五十余步"。[②] 管形火器的出现，使射击的准确性大为提高，近代枪炮的出现已为期不远。

现已发现的世上最早的青铜管形火器，是黑龙江省阿城县半拉城子出土的铜火铳，[③] 长一英尺有余，重8磅，约1288年制。现

[①] 王锦光、闻人军：《宋代军事科学家陈规事迹考》，《文史》，第二十二辑，中华书局1984年版，第113~120页。

[②] 《宋史》卷一九七。

[③] 魏国忠：《黑龙江阿城县半拉城子出土的铜火铳》，《文物》，1973年第11期，第52~54页。

图 7-11　五代佛教画中的管形火器
（甘肃敦煌莫高窟藏经洞发现，现藏法国巴黎基迈（Guimet）博物馆）

已发现的世界上最古老的铜炮是我国元至顺三年（1332 年）的铜火炮，现藏于中国历史博物馆。口径三寸一分八，长一尺一寸，重 28 斤。

火箭的发明是中华文明对世界的又一重大贡献。火药用于娱乐，至迟在北宋晚期已有爆仗、流星和烟火。1161 年宋金采石战役中使用的霹雳炮，有人认为是世界上最早使用的火箭武器。[①] 我国元末明初的火攻书《火龙经》（一种抄本有 1412 年焦玉序）是一部重要的火药应用和理论著作，其中载有多种火箭武器，如"神火飞鸦"、"火龙出水"等，后者是一种二级火箭，乃是近代多级火箭的雏形。

---

① 潘吉星：《世界上最早使用的火箭武器——谈 1161 年采石战役中的霹雳炮》，《文史哲》，1984 年第 6 期，第 31～35 页。

(二)良弓强弩继续改进

宋代的冷兵器中,以弓弩的制造成就最著。也可以说,历史悠久的弓弩,到宋代进入了它的全盛时期。《宋史·兵志》记载:"工署南北作坊及弓弩院每年造铁甲三万二千,弓一千六百五十万,各州造弓弩六百二十万。其中床子弩射七百步。"古代制弓术的理论总结也在宋代出现于沈括的《梦溪笔谈》中,称为"弓有六善"。沈括说:弓有六善,"一者往体少而劲,二者和而有力,三者久射力不屈,四者寒暑力一,五者弦声清实,六者一张便正"。沈括还介绍说:"凡弓往体少则易张而寿,俱患其不劲;欲其劲者,妙在治筋。凡筋生长一尺,乾则减半,以膠汤濡而梳之,复长一尺,然后用,则筋力已尽,无复伸弛。又揉其材令仰,然后傅角与筋,此两法所以为筋也。……""弓有六善"说原为历代口耳相传,经沈括以文字形式公之于世后,不胫而走。宋元时有人将其摘取衍入唐王琚所著的《射经》。明代兵书如李呈芬《射经》、唐顺之《武编》、茅元仪《武备志》等多有引用,在军事界有相当大的影响。

弩的发明可能早到春秋时期,1986 年湖北省江陵县秦家嘴墓地 47 号战国晚期楚墓中,出土了一件双矢并射连发弩,每次发射 2 支,20 支矢装满矢匣,可连续发射十次。① 至宋代,强弩层出不穷。射程远的,有 1083—1084 年间军器监创制的床子大弓,能射千步。而最负盛名的,是"他器弗及"的神臂弓。宋政府重视科技发明,常予奖励,因此"吏民献器械法式者甚众",② 神臂弓就是平民李宏于 1068 年所献。此弩的弓长三尺二寸,弦长二尺五寸,铜马面牙(弩机)发,射三百四十余步,尚有入榆木半笴(箭杆)之力。对此利器之最,《梦溪笔谈》和《容斋三笔》、《曲洧旧闻》以及《宋史·兵志》等均有记载。1135 年韩世忠为了抗金克敌,将神臂弓的尺度增大,名之为"克敌弓",在抗金战斗中果真发挥了克敌

---

① 陈跃钧:《江陵楚墓出土双矢并射连发弩研究》,《文物》,1990 年第 5 期,第 89~96 页。

② 《宋史·兵志》。

制胜的威力。

十、方志、地图的独立和大发展

地图和方志的繁盛和发展，构成了宋元时期地理学的两大特色。

地图能形象直观地表达地理知识，说明性的文字能进一步详细地介绍地理知识以及历史情况，两者的结合是图经。公元6至12世纪，是图经的全盛时期。最初的图经，以图为主体，而附以必要的说明。北宋继承唐代的传统，对图经也很重视，其文字部分不断增加，图的部分则退居次要地位，往往列于卷首。从北宋末年到南宋，图经完成了向地方志的过渡。于是，集地理与历史知识于一体的具有中国特色的方志，历代编修不止，至今成了重要的历史和地理资料库。至于方志中逐渐退化的图的功能，已由宋代几幅著名的全国地图刻石流传，作了弥补。

（一）方志名著垂范后世

方志之名，最早见于《周礼》："诵训，掌道方志，以诏观事。"本意为记载地方史事的书籍，又因《禹贡》、《山海经》等地理名著的影响，方域、山川、风俗、物产也纳入其中，从而兼具了地理志和地方史的特征。地方志的统一格式和体裁，是在宋代形成的。宋代方志原有一百多种，现存二十余种。全国性的总志，最出名的是北宋乐史的《太平寰宇记》和王存等的《元丰九域志》。

《太平寰宇记》二百卷，成书于太平兴国年间（976—983年），以中国情况为主，兼及外域。方志中列入人物、艺文的新体例，自《太平寰宇记》始，此书对后世的影响甚大。《元丰九域志》是王存等根据原有的《九域图》在元丰年间（1078—1084年）重修而成的。因"不绘地形，难以称图"，故改称为"九域志"。

由于宋朝政治经济形势的需要，宋代方志逐渐发展。纵向，南宋多于北宋；横向，南方多于北方。现存的宋代郡县地方志中，著名的三朝（乾道、淳祐、咸淳）《临安志》、范成大的《吴郡志》都是南宋江南的方志。乾道、淳祐《临安志》已残缺不全，咸淳《临安志》由知府潜说友主持修纂，"区划明析，体例井然，可为都城记载之法"。《吴郡志》"分三十九门，征引浩博，而叙述简核，为地方志中之善本"。这二部方志，由于编得很好，流传下来，曾被元、明、清的许多方志编撰者奉为楷模。

(二)《守令图》和宋代石刻地图

宋代由于疆域较大唐为小，又有边患，因此对地图一事相当重视，大多数地图包含在图经之中。全国性的地图虽不多见，也有一些见诸著录。最先完成的全国地图，是淳化四年(993年)绘制的"淳化天下图"，用绢100匹制成。沈括于熙宁九年(1076年)奉旨编修《天下州县图》，即《守令图》。他前后历时十二年，"遍稽宇内之书，参更四方之论，该备六体，略稽前世之旧闻；离合九州，兼收古人之余意"。在秀州(今浙江嘉兴)绘制了《守令图》总图大小各一轴，分路图十八轴，共二十轴。沈括为此获得哲宗赏赐绢百匹，并恢复了居止的自由，故能迁居润州梦溪园，遂有《梦溪笔谈》等著作问世。

传世的宋代石刻地图中，也有颇足道者。著名的有：西安、荣县、苏州、桂林的几幅石刻地图，即"华夷图"、"禹迹图"、"九域守令图"、"地理图"、"平江图"和"静江府城池图"等。

陕西西安的碑林中，有一块"岐学上石"的石碑，正面和背面分别刻有"华夷图"和"禹迹图"，两图长、宽各约0.77米。"华夷图"相当于世界地图，是唐代贾耽的"海内华夷图"的缩小翻版。绘制的时间不迟于1125年，1136年刻石后，更有利于教学和流传。"禹迹图"相当于全国地图，采用"计里画方"法绘制，横方70，竖方73，总计5110方，每方折地百里(相当于比例尺1∶1500000)。这幅地图是迄今所见最早的计里画方地图，它的绘制比较精密，如与同时代的欧洲宗教寰宇图相比，其水平远远超过后者。曹婉如认为"禹迹图"的绘制时间当在元丰四年(1081年)至绍圣元年(1094年)之间，并推测西安岐学上石的"禹迹图"，可能就是沈括"天下州县图"中的那幅小全国地图,不无道理。①

"九域守令图"为北宋宣和三年(1121年)立石,1964年于四川省荣县的文庙中发现,此图约按1∶1900000的比例尺绘制,是我国现存最早的以县为基层单位的全国行政区域图。在传世的几幅宋代地图中,它的海岸线画得最准确,四川水系比较详细,但黄河的平面图形不及"禹迹图"及苏州的"地理图"准确。

现收藏于苏州博物馆的"地理图",由黄裳绘于1189—1190年间,王致远于1247年上石,并为之作跋。图高2.21米,宽约1.06米。图上山脉呈层峦叠嶂之形,带有国画的特色。

1229年刻石的"平江图"是我国传世的最好的早期城市平面图,高2.76米,宽1.41米,真实地反映了当时平江府(今江苏苏州市)的城市概貌。

"静江府城池图"即"桂州城图",是我国迄今所见古代最大的城市平面图,它镌刻在桂林市城北鹁鸠山(今称鹦鹉山)南麓三面亭后的石崖上,高3.6米,宽3米。它的绘刻,是出于当时抗击蒙古军队的需要,所以是一幅带有军事城防性质的地图,绘制时间约在1271—1272年间。这幅石刻地图采用了三十多种图例符号,使地图绘制从形象化向符号化迈进了一大步。

(三)元代地理学家朱思本

元代的朱思本(1273—1333年)是继裴秀、贾耽等人之后,中国地图学史上又一位划时代的人物。

朱思本,字本初,江西临川人。他在道教中地位甚高,利用奉诏祭祀名山河海的机会考察地理,研究城市沿革。自称"登会稽,泛洞庭,纵游荆襄,浏览淮泗,历韩、魏、齐、鲁之郊,结辙燕、赵,而京都实在焉"。② 足迹甚广,积累了丰富的地理知识。朱思本参考《水经注》、《通典》、《元和郡县志》、《元丰九域志》、《大

---

① 曹婉如:《再论〈禹迹图〉的作者》,《文物》,1987年第3期,第59、76~78页。

② 罗洪先:《广舆图》卷首附朱思本自叙。

元一统志》等书,总结唐宋以来的地理成就,将实地考察与书本知识相结合,又吸收元初都实奉命勘察出黄河源在星宿海等新成果,自至大四年(1311年)至延祐七年(1320年),穷"十年之力",用计里画方法把小幅的分图合并为长宽各7尺的总图,即"舆地图",得遂平生之志,后刊石于上清之三华院。

因朱思本核实求真,下笔不苟,此图的精确度达到较高的水平。可是当时"舆地图"深藏道院,仅以摹本或碑刻的形式在民间流传,对元末明初的地图制作影响不大。至16世纪江西吉水人罗洪先(1504—1564年)用画方的方法,把长广各七尺的"舆地图"简缩,悉所见闻,增其未备,分绘为可以刊印成书的44幅小图,取名为《广舆图》。《广舆图》绘于1541年前后,1555年刊行,后多次再版刊行,广为传播,成为明清绘制全国总图的主要范本,支配了中国地图学200多年。

十一、哲学界两军对垒、内丹家独辟蹊径

与中国古代科学技术发展的高峰相应,宋代哲学步入以抽象、思辨为特点的全盛时代。哲学家们的大目标自然是维护封建的生产关系,等级制度,即所谓"穷天理、明人伦、讲圣言、通世故",但由于唯物主义和唯心主义倾向的不同,形成了以"气"和"理"为旗帜的两大代表性体系。与此同时,以张伯端《悟真篇》为代表的内丹理论,悄悄地开辟着通向生命科学彼岸的神秘道路。

(一)"气"本体论的代表——张载

"气"本体论思想的代表是张载(1020—1078年)。张载字子厚,凤翔郿县(今陕西眉县)横渠镇人,故又称张横渠。他继承和发展了元气的学说,认为:"太虚无形,气之本体。"宇宙万物的本原是物质性的气。"其聚其散,变化之客形尔。""太虚不能无气,气不能不聚而为万物,万物不能不散而为太虚,循是出入,是皆不得已而然也。"[1]气只有聚散之变化,并无物质之生灭,这是不以人

---

[1] 张载:《正蒙·太和》。

的主观意志为转移的客观规律。张载认为事物内部分为对立的两端，虚实、动静、聚散、清浊等等，"循环叠至，聚散相荡，升降相求，絪缊相揉，盖相兼相制，欲一之而不能"。① 他力图描绘一幅永远处于矛盾运动发展变化的物质世界的总的图像，体现了唯物主义和古代辩证法的思想。在谈天体时，张载说："凡圜转之物，动必有机，既谓之机，则动非自外也。"如"恒星所以为昼夜者，直以地气乘机左旋于中"。② 这也是用气的运动解释天体现象的初步尝试。张载的思想对后世哲学和科学技术的发展产生了积极的影响。但他尊礼贵德，乐天知命，认为"世人之心，上于闻见之狭；圣人尽性，不以闻见桎其心，其视天下，无一物非我"，仍带有主观唯心主义的色彩，思想上仍不脱北宋理学的局限性。因此，他所代表的气派和朱熹所代表的理派，既有冲突，也有合流。

（二）集理学之大成的朱熹

与张载的"气"一元论并立的是程颢（1032—1085年）、程颐（1033—1107年）的"理"一元论。他们认为："天下物皆可以理照。有物必有则，一物须有一理。"③ 主张"格物致知"，以此穷理。继承和发展二程观点的是朱熹。朱熹（1130—1200年），字元晦，又字仲晦，晚号晦翁，江西婺源人，寓居建州，绍兴进士，累官至宝文阁待制。宋代理学至朱熹而集其大成。他创立考亭学派（考亭为朱熹讲学之所），主张穷理以致其知，反躬以践其实，在中国思想史上影响深远。他唯心主义地强调"理"是宇宙的主宰和万物的本原。在"理"和"气"的关系上，他主张"有是理然后有是气"，理在气先。

作为一个大学问家，朱熹对自然科学知识，上至天文，下至地理，均很感兴趣。他在家中置有小浑仪。他曾计划用胶泥制作模型地图，不过后来因故未成。然而，成功的例子还是有的。如朱熹用

---

① 张载：《正蒙·参两》。
② 张载：《正蒙·参两》。
③ 任继愈：《中国哲学史》第三册，人民出版社1964年版，第218页。

气的学说，较为成功地解释了天地的生成。天地的生成问题，不知困扰过多少哲学家和天文学家。朱熹根据对日常物理现象的观察和大胆的猜想，发表了颇有意思的见解。他说："天地初间只是阴阳之气。这一个气运行，磨来磨去，磨得急了，便拶许多渣滓，里面无处出，便结成个地在中央。气之清者便为天，为日月，为星辰，只在外常周环运转。地便只在中央不动，不是在下。"①这里描绘的天地生成的机制，比张载的聚散说更为具体，增添了力学的性质。虽然它与近代科学的解释相去尚远，但比古代的浑天家及同时代的其他人却前进了一步。

关于华北平原的成因，沈括曾有正确的推测，然而朱熹更有创见。他说："动静无端，阴阳无始，小者大之，影只昼夜便可见。王峰(即胡宏)所谓一气大息，震荡无垠，海宇变动，山勃川湮，人物消尽，旧迹大灭，是谓鸿荒之世。尝见高山有螺蚌壳，或生石中，此石即旧日之土，螺蚌即水中之物。下者却变而为高，柔者却变而为刚。此事思之至深，有可验者。"②朱熹在此揭示了海陆变迁的一个事例，高山之石即"旧日之土"，石中"螺蚌即水中之物"，从而推断出"下者却变而为高，柔者却变而为刚"的一般性结论。但是由于时代的局限，朱熹用此例子来论证邵雍《皇极经世书》中的宇宙循环说，却变成了谬误，降低了这些见解的意义。这个例子典型地反映了朱熹思想中的光明火花如何在旧世界的黑暗中闪烁，后来又不得不消失在占统治地位的唯心主义思想体系中。

张载也好，朱熹也罢，"格物"的终极目的莫不是为政治服务的。朱熹甚至宣称，"天下之物莫不有理，而其精蕴已具于圣贤之书"，几乎关闭了人类进一步探索真理的大门。于是，宋代早期哲学的积极成分被削弱，消极成分却被发挥，从朱熹到陆九渊、王守仁，宋明理学不但严重阻碍了社会生产关系的变革，而且成了自然科学发展的桎梏。

---

① 朱熹：《朱子全书》卷四十九。
② 朱熹：《朱子全书》卷四十九。

(三)张伯端和内丹经典《悟真篇》

道家思想在中国科技史上扮演着重要的角色,它对宋代"气"、"理"二派的形成和发展均有影响。朱熹为《周易参同契》作过注,名为《参同契考异》,十分著名,其背景则是内丹术的发展。

我国早期道书,如《阴符》、《黄庭内景》、《龙虎上经》等,词简旨秘,使修炼者无从下手。自东汉魏伯阳的《周易参同契》出,乃有修丹养生之全科。葛洪以降,炼丹家偏重外丹,中金丹毒的事例也层出不穷,令人望而生畏。唐代梅彪收集丹药隐名,于公元806年编撰了一部名为《石药尔雅》的丹药字典,标志着中国外丹术黄金时代的结束。为避免外丹的金丹毒,从唐末起,相当一部分人宁愿选择更费时而保险的内丹途径,以求长生不老。于是,内丹派逐渐抬头,与外丹派并行发展。至北宋,更有张伯端的《悟真篇》,专言内丹之道,与《参同契》互相发明,成为又一部修丹养生之玉律。

张伯端,字平叔,号紫阳真人,浙江天台人。"幼亲善道,涉猎三教经书,以至刑法书算,医卜战阵,天文地理,吉凶死生之术,靡不留心详究。惟金丹一法……皆莫能通晓真宗,开照心腑。"[①]后遇刘海蟾,尽得金丹之妙,及功足行全,乃于熙宁八年(1075年)撰《悟真篇》,以垂教于后学者。

《悟真篇》凡三卷,卷上含七言律诗十六首,卷中含七绝六十四首,五言八句一首。这八十一首是《悟真篇》的主体。卷下还有西江月一十二首,又一首以象闰月,外加七言绝句五首。《悟真篇》采用唐宋以来常见的诗词体裁,辞旨畅达,义理渊深。它与《参同契》相配合,于鼎器、药物、火候、斤两,大旨悉备,使学者修炼有迹可寻,道家谓之丹道之祖。世谓参透此二书,修丹便不难下手,黄老之学,尽在其中矣。

作为一个例子,在此让我们引述其中一首。《悟真篇》卷上第十三首曰:"不识玄中颠倒颠,争知火里好栽莲。牵将白虎归家

---

① 《悟真篇·张伯端自序》。

养,产个明珠是月圆。漫守药炉存火候,但安神息任天然。群阴剥尽丹成熟,跳出凡笼寿万年。"不经过内丹修炼实践,甚难参透其中玄机。

因为道家讲究保守修炼至秘,关键部分往往口传心授,而不形诸文字。尽管有《参同契》、《悟真篇》指出修丹的基本大法,细微节次,仍须师徒指点参研。通过悉心修炼的实践,修炼者方能逐渐悟出内中密旨。我国内丹修炼法,作为中国古代传统科学的一份宝贵遗产,它的发掘和研究,已提上了议事日程。

十二、中外交流的又一次高潮

宋代海外贸易的兴盛和大元帝国的开放性,为宋元时代科技文化交流开创新局面,提供了有利的条件。海上陶瓷之路的不断拓展,使中国瓷器和制瓷技术远播海外。陆上交流,西辽政权曾扮演了重要的角色。中国和朝鲜、日本的交流在继续,而中西文化科技交流更出现了前所未有的新高潮。

(一)海外贸易与医药、植物的交流

宋朝北疆先后受到辽、金、元的压迫,军费开支,加上有时还要赔上数额巨大的岁币,这就逼得宋政府向海外贸易发展,使外贸收入成为重要的财源。在北宋,广州是最大的港口。南宋时,泉州与广州并驾齐驱。元代,泉州继续发展。宋元时,外商来华的很多,有的居住多年,也有长达几世,有的甚至终老于中国。泉州就设有阿拉伯公墓、清真寺等阿拉伯宗教建筑。

海外贸易促进了医药和植物的交流。据报载,泉州湾宋代沉船中出土的香料木(降真香、沉香、檀香等)湿重达2350公斤,船内还有多种香料药物,如龙涎香、乳香、槟榔、朱砂、水银等,其中的朱砂是我国宋代输往欧洲的药物之一。

"占城稻"原产印度支那半岛,宋代以前已传入我国。南宋初年,池州又种植了从高丽引进的"黄粒稻"。

宋元时期或元末明初,由番船或中国船引进的植物果品有番荔

枝、番石榴、番椒、番茄、番木鳖等，这些冠以"番"字的外国种，纷纷加入了中国食品或菜肴的队伍。

(二) 陶瓷之路

我国的瓷器，早在汉唐年间就流往国外。海上丝绸之路的开辟，比陆路更适宜于瓷器的运输。19世纪以来，印度、中亚、埃及等地出土过邢窑白瓷、越窑青瓷、唐三彩等瓷器或残片，表明当年确有一条瓷器之路从中国通往西洋。七八世纪，瓷器可能已传到非洲，在宋代，更成为重要的出口商品。从中国到东南亚，斯里兰卡北部的阿努拉达普拉，印度次大陆南端的马纳尔湾附近，巴基斯坦南部古海港斑波尔，阿曼的萨拉拉、苏哈尔，埃及的西奈半岛，已发现了不少唐宋以来的中国瓷器，已勾勒出当年瓷器之路的大致轮廓。

1171年，埃及国王萨拉定曾把中国瓷器40件作为贵重礼物转赠给大马色国王奴尔爱定。中世纪的欧洲，中国瓷器贵重到可以换取等重的黄金。西方人从瓷器(china)进一步认识了中国；与此同时，中国也获得了China的名称。

制瓷技术的外传后于瓷器的输出。朝鲜从中国学会制瓷是在918年。1223年，日本的加藤四郎等人到中国学习造瓷技术，五年后学成归国。他为日本引进陶瓷技术立了一功，被后人尊为"陶祖"。11世纪，波斯学会了制瓷，产品模仿中国。以阿拉伯为媒介，制瓷术逐渐西传。1250年后，埃及仿制的中国瓷器产量大为增加。1470年，意大利威尼斯也掌握了制瓷技术，这是中国制瓷传入欧洲之始。欧洲大陆各国的制瓷术，大都是从威尼斯辐射出去的。

(三) 西辽的特殊作用

两宋之际，西域中亚一带建立的西辽政权，在中西文化交流史上曾起过重要的作用。

1124年，即辽亡于金的前一年，辽国遗族耶律大石率部西迁，在中央亚细亚一带建立了一个国家，自称"黑契丹"，史称西辽

(1124—1218年)。

我国的"盈不足术"早在9世纪就传入过阿拉伯国家,见于阿尔·花剌子模的著作。后来由于西辽之故,中国的"盈不足术"被叫做"契丹算法"。契丹算法在13世纪初曾传至欧洲,意大利数学家菲波拿契(Leonardo Fibonacci,约1170—约1250年)1202年所著的《算法之书》中就有一章是"契丹算法"。值得注意的是,我国的一些重要发明,如火药、印刷术、旱式指南针等,很可能是通过西辽这个中转站传入印度、伊斯兰国度的。

(四)大元帝国的开放与交流

由蒙古族在多方征战中建立的元帝国,活动范围之广,接触的民族之多,使用的语言文字的多样性,均是史无前例的,中外科技文化交流也大为加强。

1258年,成吉思汗的孙子旭烈兀所率领的蒙古军队攻入伊斯兰国家的数学中心报达。他接受纳速拉丁·徒昔(Nasir al-Din al-Tusi,1201—1274年)的建议,在马拉格山麓修建天文台,在此工作的除纳速拉丁·徒昔外,还有汉族的天文数学家傅孟吉等。《多桑蒙古史》称:"旭烈兀曾自中国携有中国天文家数人至波斯,其中最著名者为Fao-moun-dji博士,即当时人称为先生(Sing sing)者是也。纳速拉丁之能知中国纪元及其天文历数者,盖得之于是人也。"①旭烈兀征服亚洲西部后,创立了伊利汗国。马拉格天文台在纳速拉丁领导下编出了著名的《伊利汗积尺》,即伊利汗历数书。《伊利汗积尺》中就包含有中国历法的成分。

元世祖忽必烈即位之前,征召阿拉伯天文历法家札马鲁丁(一作札马剌丁)(Jamāl ad-Din)等来到我国。至元四年(1267年)札马鲁丁撰进《万年历》,由元政府颁行。同时,他携来了几件西域仪象。至元八年(1271年),元朝政府设立回回司天台。是年,札马鲁丁等造星盘等仪器数件。札马鲁丁所携来和仿制的天文仪器有七种,如天球仪、地球仪等,同时他还带来了23种阿拉伯文科学书

---

① 冯承钧译:《多桑蒙古史》,下册,中华书局1962年版,第91页。

籍，其中包括托勒密的《天文学大成》等名著。由于当时的背景，这些西方科学信息未能立即融进中国传统天文学之中。据《秘书监志》记载，至元十五年(1278年)札马鲁丁曾为安西王推算历法，同时还有回回司天台的三位官员在王府作"且习随侍"。正巧1956年冬，西安市郊元安西王府宫殿基址的夯土中发掘出五块铁板，上面铸有东方阿拉伯数码的六行"纵横图"(幻方)，(图7-12)这是阿拉伯数码传入我国的最早物证，幻方铁板的制作也许与这批人有关。

除阿拉伯数码外，阿拉伯国家通用的"土盘算法"(用竹棒、树枝在沙土盘上笔算之法)也传入了我国。至元十年(1273年)秘书监收藏的回回书籍中有不少数学书籍，如兀擘的四擘算法段数十五部、罕里速窟允解算法段目三部、撒唯那罕答昔牙诸般算法段目并仪式十七部、呵些必牙诸般算法八部。① 其中第一种，应是阿拉伯文的欧几里得《几何原本》，可惜这些阿文数学书籍未及时译成中文，也没有流传下来。

铁方盘中阿拉伯数码的译文

28	4	3	31	35	10
36	18	21	24	11	1
7	23	12	17	22	30
8	13	26	19	16	29
5	20	15	14	25	32
27	33	34	6	2	9

图7-12 阿拉伯数码幻方铁板及其译文
(1956年陕西西安元代安西王府遗址出土)

---

① 王士点、商企翁：《秘书监志》卷七。

中国宋元数学的高度成就，使中国数学的西传东渐成为必然的趋势。14世纪，成吉思汗的远支后裔帖木儿建立帖木儿帝国，奠都于撒马尔罕。15世纪，帖木儿的后代兀鲁伯在撒马尔罕建天文台，著名的天文数学家阿尔·卡西(al-Kashi，约1380—1429年)是撒马尔罕天文台的主持人。他在1427年作名著《算术之钥》，其中的除法、开平方、开立方、"契丹算法"、"百鸡问题"显然直接或间接地受到中国的影响。至于高次开方求廉法、开方不尽时命分的方法，以及二项式定理系数等，更与宋元算书完全相同。

元代传入中国的回回数学和天文历法，对中国传统历数并没有发生多大影响，但是阿拉伯医药却对中国医学有正面的影响。蒙古人入主中原后，信回教和也里可温(基督教)的人掌握了医药行政大权。元代设立"广惠司"和"回回药物院"。阿拉伯医生擅外科，如爱薛(也里可温)、拉施特(回教)的外科割治术精到引人惊异的程度。当时我国从阿拉伯国家、南亚和东南亚进口的香料药物，其中不少是开窍药，对挽救昏迷的病人有起死回生之功。波斯文本的《回回药方》在元代已传入中国，元末或明初译成了汉文。原书共三十六卷，现仅存明初抄本残存的目录下和卷一十二、三十、三十四。它记述的肩关节脱位整复法和治祛白癜风的方剂传入中土，沿用至今。阿剌吉(即烧酒)及其制法也在元代由西域传入中国。

火药在13世纪已经东传和西渐。1274年元世祖忽必烈进攻日本时，日方已能向蒙古军队发射炸弹。13世纪50年代，装备着火器的蒙古军队西征西亚，双方交战和俘获使阿拉伯世界掌握了"契丹火枪"和"契丹火箭"的技术。在13、14世纪之交，阿拉伯人已将蒙古人传来的火器发展为可以发射石球或箭矢的"马达发"(madfa'a，意为火器)。① 13世纪后期，希腊人马哥根据伊斯兰国家的著作编译了欧洲第一部火攻书《制敌燃烧火攻书》。13世纪末、14世纪初，欧洲人在与伊斯兰教徒作战时饱尝火药火器的厉害，终于开始学制火药火器。

---

① 黄时鉴主编：《解说插图中西关系史年表》，浙江人民出版社1994年版，第296页。

意大利旅行家马可·波罗(1254—1324年)在中西文化交流中扮演了一个声名远播的角色。(图7-13)他从陆路来华,于1275年到达上都,仕元凡十余年,约1291年初从海路回欧洲。根据他口述的中国见闻,有人笔录了著名的《马可·波罗游记》(1298年)(即《东游记》),传给当时西方许多关于中国的诱人信息。与马可·波罗的行向相反,中国元代航海家汪大渊从20岁开始,二度远涉重洋,历游印度洋沿岸诸国,远至非洲,后著成《岛夷志略》一书传世。可能是外国人如何看中国格外引人好奇,《马可·波罗游记》的读者比《岛夷志略》多得多。

图7-13　马可·波罗(采自黄时鉴主编《解说插图中西关系史年表》)

第八章
全 面 总 结

挟宋元科技高峰之余威，借助于惯性的力量，明清时在一些技术领域（如船舶制造、航海技术、冶金、纺织、制瓷、园林建筑等）内，依然保持着世界领先的地位，在商用数学和珠算术、治理黄河的理论和技术、传染病学、声学理论、建筑技术等方面也有新的发展或可观的进步。然而，这一时期的主要特点是"总结"。古代科技的丰富遗产，加上某些新近进展，中国古代科技成果，值得也有待总结。资本主义萌芽的出现，标志着时代不同了，科学从业余爱好变成了终生的追求，明代终于有许多科技精英出来，担负起给中国古代科技成果大总结的历史任务。譬如朱橚的《普济方》总结了历代方剂学的成果，朱权的《庚辛玉册》总结了炼丹术的成果。李时珍的《本草纲目》总结和发展了传统医药学的成果，这部巨著"虽名医书，实该物理"，[1] 乃是以药学知识为中心的巨大知识宝库。朱载堉的《乐律全书》总结和发展了乐律学及相关学科的成果。正统、万历《道藏》，乃历代道家书的总汇。徐光启的《农政全书》

---

[1] 李建元：《进本草纲目疏》。

总结和发展了传统农学的成果，成了 17 世纪农学百科全书。宋应星的《天工开物》总结和发展了传统工艺学和农艺学的成果，成了 17 世纪农艺和工艺百科全书。方以智的《物理小识》是总结自然科学技术各门学科的勇敢尝试，成了一部以笔记小说形式出现的小百科全书。还有徐宏祖的《徐霞客游记》越过历代探险者的足迹，攀上了新的地理高峰，凝结了近代科学考察先驱的成果。然而，总结易，奋进难，这些辉煌总结实际上成了传统科技体系的嘹亮尾声，而未能成为近代科学前进的火车头。

一、惯性作用的收获

明清时代，封建制度日趋没落，中国作为一个东方大国，在诸多科技领域内，挟历史成就之余威，仍有所前进，这一现象，可以称为惯性作用的收获。

（一）商用数学和珠算的盛行

朱元璋以农民起义登大宝之尊，害怕别人步其后尘，故明政府严禁民间研习天文历法，导致明代天文、数学衰退等一系列连锁反应。在明代数学中，只有商用数学随着明代商品经济的空前发展，伴随着资本主义萌芽的产生和成长，有了明显的进展，珠算术也获得了广泛的应用。

长江三角洲的浙江仁和（杭州）的一位数学家，曾几次担任浙江布政使司的幕府，掌管过全省田赋、税收会计工作的吴敬（字信民），积十余年之功，于景泰元年（1450 年）写成了《九章算法比类大全》十卷。此书以"九章"为旗帜，先立"乘除开方起例"一卷，再是仿《九章算术》名目的九卷，第十卷专论"开方"，名"各色开方卷第十"。书中解答了一千多个应用题，其中不少是与商业资本有关的应用题，如计算利息、合伙经营、就物抽分等，对明代商业数学著作产生了有益的影响。

珠算盘是我国发明的一种简便计算工具，曾传到朝鲜、日本等国，直到电子计算机盛行的今天，仍有无法淘汰的生命力。它在我国已有很长的历史。有人认为东汉末的刘洪是珠算的创始人。北周甄鸾托名东汉徐岳编写的《数术记遗》中，已提到"珠算，控带四时，经纬三才"。较为进步的算盘，至迟在宋代已经流行。宋人张择端的名画《清明上河图》中，"赵太丞家"药铺的柜桌上，赫然放着一架串档算盘。宋末元初，关于算盘的记载也多起来了，这是因为算盘形式日趋成熟。

元代陶宗仪《辍耕录》（1366年）卷二十九"井、珠喻"条说："凡纳婢仆，初来时曰'擂盘珠'，言不拨自动。稍久曰'算盘珠'，言拨之则动。既久曰'佛顶珠'，言终日凝然，虽拨亦不动。此虽俗谚，实切事情。"上述"擂盘珠"、"算盘珠"、"佛顶珠"之喻，世人称之为"三珠戏语"。陶宗仪原籍浙江黄岩，后在江苏松江长住，他的记载是元时算盘已普及于长江三角洲之明证。

珠算推广以后，总结介绍珠算术的数学著作陆续出现，流传至今最早记述并有算盘图的刊本算书是徐心鲁的《盘珠算法》（1573年）。但就影响而论，明代珠算书中，程大位的《直指算法统宗》堪称首屈一指。

程大位（1533—1606年），字汝思，号宾渠，安徽休宁人。他所处的时代，正当"徽商"称雄大江南北之时。他自幼"耽习是学（数学），弱冠商游吴、楚"。在长江中下游地区经商的过程中，他从经商的需要和志趣出发，进而研究商业数学，勤于搜购数学书籍，遍访名师，参会诸家之说，加入自己的研究心得，纂集成编，于1592年完成了《算法统宗》十七卷。该书集15、16世纪珠算之大成，确定了算盘定式，并完善了珠算口诀。全书595个应用题，解题时必需的数学计算工作都用珠算进行，并最早用珠算方法开平方和开立方。《算法统宗》的出现，有力地促进了珠算的推广和流行，标志着从筹算到珠算的进化已大功告成。《算法统宗》在明清二代不断被翻刻或改编，1716年程世绥为翻刻其族祖的这部数学名著作序说："风行宇内，迄今盖已百有数十余年。海内握算持筹之士，莫不家藏一编，若业制举者之于四子书、五经义，翕然奉以为宗。"[①]其流传之

---

① 程大位：《算法统宗》。

广，在中国数学史上罕有其匹，反映了社会对新计算工具的需求是多么迫切。宋元数学的高度成就，在明代几乎废绝，唯独珠算术一枝独秀，也是环境使然。

（二）继续领先的冶金术

我国古代的钢铁技术，发展至宋代已趋于定型，"形成了以'蒸石取铁'、'炒生为柔'、生熟相和、炼成则钢为主干、辅以块炼铁、坩埚炼铁、渗碳制钢、夹钢、贴钢、擦生等熔炼加工工艺的钢铁技术体系"。[①] 这一体系与欧洲古代长期使用块炼铁、并用块炼铁渗碳得钢的作法根本不同，而与现代钢铁生产所采用的工艺系统相一致。

直到明末以前，我国的冶金技术，从采矿、冶铁、炼钢到铸锻加工，以至某些有色金属如锌的冶炼，一直处于世界先进水平。先进的冶金技术和发达的钢铁生产对于国家的统一、巩固和发展起了重要的作用。明代的冶金术，除了宋应星《天工开物》中有相当集中的描述以外（详后），也常见于其他书籍的记载以及传世和出土文物，在此略举数例。

永乐年间铸造的一口大钟，高6.75米，重约46.5吨，钟壁铸有佛教经咒17种，凡227000多字，现存北京西部大钟寺内（图8-1）。

为了适应规模日益扩大的生产需要，"旧取矿携尖铁及铁锤……今不用铁锤，惟烧爆得矿"。[②] 除利用热胀冷缩原理的烧爆法外，明代又有可能利用火药的"火爆法"，威力强大，"山灵震裂"、"鸟惊兽骇，若蹈汤火"。[③] 这两种采矿法节省了人力，提高了效率。

早在南宋末年，我国部分地区已使用焦碳冶铁。广东新会13世纪后期的冶铁遗址中出土的焦碳，是迄今为止世界上已发现的最早的焦碳。关于焦碳的最早的文字记载，见于方以智的《物理小

---

① 杜石然等：《中国科学技术史稿》下册，科学出版社1982年版，第132页。
② 陆容：《菽园杂记》卷十四。
③ 《唐县志》卷三。

识》。书中说：煤"臭者烧熔而闭之成石，再凿而入炉曰礁（焦碳），可五日不绝火，煎矿煮石，殊为省力"。欧洲炼焦冶铁始于18世纪初(1713年)的英国人达比(Abraham Darby, 1678—1717年)，比我国晚了三百多年。

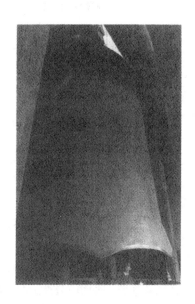

图 8-1 永乐大钟（高 6.75 米，现存北京西部大钟寺内）

双作活塞式木风箱大约在宋代就已出现，明代的冶金业中已经普及，在宋应星的《天工开物》(1637年)中已有明确的图示。欧洲采用活塞式鼓风器是在18世纪后期，很可能是从中国传去的。因此，有人将中国的双作活塞风箱视为发明蒸汽机的构思的重要来源之一。西方工业革命兴起后，中国古代传统的冶金技术与西方近代冶金术此消彼长，终于出现了明显的差距。

（三）治理黄河的科学化

明清时期人类与自然界的斗争，在二个战场上取得了重要的战果，一为治黄，一为医病。

远的且不说，黄河在中华五千年文明史上的功罪数也数不清。

治河是中国历史上的头等大事，治河方略也充满了辩证法。自大禹治水，改堵为导，获得成功，"分流"法变成了治黄的主导思想。东汉水利专家王景主持治黄，观测地势，开凿山陵，用筑堤、修渠、建水门等措施，使"河、汴分流"，收防洪、航运和稳定黄河河道之显效。后世沿这条路子继续走下去，因为黄河泥沙不同一般，时常泛滥，分流法并不怎么灵光了。明清时，改为以水治水，即在下游"筑堤束水，以水攻沙"。筑堤加快流速，利用流水的冲力带走泥沙，以避免河床淤浅与决堤泛滥成灾。这一科学的理论是由潘季驯提出，又由陈潢进一步发展的。

潘季驯（1521—1595年），字时良，号印川，浙江吴兴人。自嘉靖末年到万历年间，曾四次出任总理河道。针对黄河多沙的特点，他的治河方略重在治沙。其做法是筑堤防溢，建坝减水，"筑堤束水，以水攻沙"。这样，"水合则势猛，势猛则沙刷，沙刷则河深"，① 河行旧道。为了防御河水溃决，他规定要设几道防线，又订立了汛期防守制度，结果颇为成功。他还留下了不少治水著作，如《河议辨惑》、《两河经略疏》等。

清政府颇重视治理河患，康熙本人曾为水患六度南巡。当时治水最有名望的是河道总督靳辅，而负实责的是陈潢。

陈潢（1637—1688年）字天一，号省斋，浙江钱塘（杭州）人，一说浙江秀水（嘉兴）人。他原是清初布衣，后来成为河道总督的助手。陈潢把潘季驯"筑堤束水，以水攻沙"的理论建筑在更加科学的基础之上。他用测流速和流量的方法，经过定量计算，使筑堤的高度、宽度和有关工程设计更符合要求，既能起到攻沙的作用，洪流通过时，又不致因容纳不下而泛滥成灾。他曾考察黄河水利，沿黄河上行直至宁夏，认识到黄河的泥沙来自中游黄土高原，高瞻远瞩地指出，治理黄河必须"彻首尾而治之"，不然"终归无益"。② 这一全面考虑根治黄河的思想，乃是我国治河理论方面的一大进步。但他的理想在当时不但没有实现，反而蒙受了不白之冤，中年

---

① 潘季驯：《河议辨惑》。
② 张霭生：《河防述言》。

便抑郁而终。1947年张含英(1900—2002年)在《黄河治理纲要》一书中进一步提出了"上中下游统筹，干支流兼顾，综合利用和综合治理"的系统观点，治黄理论又提到了新的高度。

(四)温病学说和人痘接种法

明清医学的重要成就是建立和发展温病学说，发明人痘接种免疫法：其他如陈实功(1555—1636年)的《外科正宗》(1617年)是我国古代外科的总结性著作；王清任(1768—1831年)的《医林改错》，通过亲自观察，纠正古书关于人体结构和脏腑功能的一些错误记载，为解剖学和医学思想的发展作出了重大的贡献。

1. 温病学说的创立和发展

温病学说的创立同样需要向传统挑战的魄力。随着人类活动范围的日益扩展，中外交流日趋频繁。明清时，新旧传染病越来越猖獗。当年张仲景为解决外感风寒而设的伤寒学说，已远远不能解决问题，治疗传染病，如鼠疫、天花、白喉、猩红热、真性霍乱等，成了明清医家的头等大事，他们一代代集中力量攻关，终于在与传染性热性疾病的斗争中，突破了医学经典《伤寒论》的藩篱，在伤寒六经辨证论治的方法之外，提出了新的理论、治法和预防措施，总结出卫、气、营、血及三焦辨证论治的医疗理论，形成了温病学说，使中国传统医学体系更为丰富。

明洪武元年(1368年)，丹溪学派的王履(江苏昆山人，字安道)著《医经溯洄集》，首次从病理学上明确指出温病与伤寒不同，声称"安道欲分《伤寒论》之半，以属直中"，把温病从伤寒划分出来另立一系，标志着温病学的开始。

崇祯十四年(1641年)，吴有性的《温疫论》问世，为温病学说的形成奠定了基础。吴有性，字又可，江苏吴县人，生活于明万历中至清初。他是一位富有革新思想的医学家，在17世纪下半叶荷兰的列文虎克(Antonie van Leeuwenhoek，1632—1723年)用显微镜首次发现细菌以前，只能在中国传统医学的范围内，借用中医术语阐明他的新见。他指出传染病"非风非寒，非暑非湿，乃天地间别有一种异气所感"。这种"异气"，他又称之为"戾气"或"杂气"。

在他看来,"戾气"从口鼻而入,某种特定的疾病,其根源是某种特定的"戾气",如疔疮、痈疽、丹毒、发斑、痘疹等均是某些戾气所致。他希望有朝一日,能发明针对各种戾气的特效药物,"一病只须一药之到,而病自己,不烦君臣佐使、品味加减之劳",他的这种愿望,现正在逐渐实现。

温病学到了 18 世纪 30 年代,又进入了新阶段。缔造新功者为清代温病学大师叶桂等人。

叶桂(1667—1746 年)字天士,江苏苏州长洲人。他出身医学世家,博学兼挹众长,著有《温热论》,从理论上概括了外感温病的发病途径和传变,提出温邪传受的路线是:"温邪上受,首先犯肺,逆传心包",温邪侵犯的部位是卫、气、营、血,而三焦(胃上口、胃中脘、膀胱上口)则为它们的通道。根据自己的理论,他对于温病的诊断,发展出了察舌、验齿、辨别斑疹和白㾦之法。

明清时期苏州中医人才辈出,形成了吴医学派。我国最早的医学杂志《吴医汇讲》于乾隆五十七年(1792 年)创刊于苏州。自 1792 年至 1803 年,每年一卷,共出十一大卷,不但是当时医家争鸣的园地,而且为后世留下了很有价值的医学文献。叶天士的一些医学理论也发表在《吴医汇讲》上。

叶天士的温学热说,乾嘉以来东南医家多奉为指南。其学生吴瑭(1758—1836 年),字鞠通,江苏淮阴人,将其学说具体化,著《温病条辨》(1798 年),使叶派学说风行南北。后又有浙江海宁人王士雄(1808—1868 年),字孟英,著《温热经纬》(1852 年),给温病学说作了历史的总结。伤寒学说的地位被削弱,而其方法仍占支配地位。学术思想对立的伤寒、温病两派合分消长的历史,使中国医学在与传染病作斗争的过程中,踏上了从必然王国通向自由王国之途。

2. 人痘种法的发明和传播

天花,又叫"虏疮"、"豆疮"、"天行发斑疮"、"登豆疮"和"疱疮"等,大约在汉代由战虏传入中国,宋元以后,日见流行、肆虐生灵。明代以前,一直缺乏有效的防治方法。

我国免疫学的发明,从思想上说,一直可以追溯到晋代葛洪关于以狂犬脑敷治狂犬伤的记载。人痘接种防治天花是我国的重要发明，具体时间未详。清人张璐的《张氏医通》(1695年)说种痘法"始自江右、达于燕齐、近者遍行南北"，书中还记载了痘衣、痘浆、旱苗等具体方法。另一位清人俞茂鲲在《痘科金镜赋集解》(1737年)中说得更明确，其"种痘说"谓："近来种花（即种人痘）一道，无论乡村城市，各处盛行。……又闻种痘法，起于明朝隆庆年间(1567—1572年)宁国府太平县，姓氏失考，得之异人丹家之传，由此蔓延天下。至今种花者，宁国人居多。"由此可见，安徽太平县在人痘接种术的传播史上居功厥伟，而传给他们的"异人丹家"无名氏，当是方家中的高人，说不定还有更早的源流。

中国古代有几种接种法。"痘衣法"是把天花患者的衬衣，留给被接种的儿童穿，使之感染出痘。"痘浆法"是将蘸有疮浆的棉花塞入被接种者的鼻孔里，使受感染。鼻苗法分为旱、水二种。旱苗法是将痘痂研成细末，用银管吹入被接种的儿童的鼻孔内。水苗法是以痘痂研粉调水后，再用棉花蘸了塞入被接种者的鼻孔里，男左女右。旱苗法和水苗法都用痘痂作为痘苗，比痘衣法和痘浆法进步，但仍有一定的危险性。

后来人们发现如改用经过接种多次的痘痂作疫苗，较为安全，这种疫苗，叫做"种苗"。"其苗传种愈久，则药力之提拔愈清，人工之选炼愈熟，火毒汰尽，精气独存，所以万全而无害也。"这种选育人痘苗的方法，与现代制备疫苗的科学原理完全符合。

17、18世纪，西洋天花盛行，我国的人痘接种法变成了及时雨。据俞正燮《癸巳存稿》卷九记载，康熙二十七年(1688年)"俄罗斯遣人至中国学痘医"。不久，人痘法又从俄国传至土耳其。1717年英国驻土耳其大使蒙塔古夫人在君士坦丁堡学会种痘法，随即传入英国和欧洲大陆。日本、朝鲜的人痘法则是从中国直接传去的。

英国人琴纳(Edward Jenner, 1749—1823年)八岁时种过人痘，后见德国挤牛奶者不染天花，因而于1796年改用牛痘代替人痘接种，发明了更安全的牛痘接种法。1805年牛痘法由澳门葡萄商人传入我国，逐渐取代了人痘法。

1980年联合国世界卫生组织在肯尼亚首都内罗毕举行的第33届大会上郑重宣布，危害人类数千年的天花已被消灭。这是对中国人痘法和英国牛痘法的历史功绩的最好说明。

(五) 宫殿建筑和明修万里长城

1. 故宫和天坛

宏伟壮丽的北京明清故宫,集中体现了中国古代木构建筑技术的精华,是现存最完整的古宫殿建筑群,也是我国古代建筑技术的最好标本。

这里原是明清两朝的皇宫,兴建于明永乐四至十九年(1406—1421年)。它背靠隐含玄机的景山,端坐于北京城正中的中轴线上。从居中统治和风水两方面看起来,都符合要求。故宫外有护城河、紫禁城护卫。紫禁城呈长方形,南北长960米,东西宽760米,它所围绕着的72万平方米内,众多的宫殿构成了一组宏大工整的宫殿群体。它们按前朝后寝的古制布局,南部是以三大殿(太和殿、中和殿和保和殿)为中心,文华、武英殿为二翼的外朝。此为封建皇帝治理朝政的中枢。三大殿成一直线,排列在石建工字形三层重叠的台基上,造型各不相同。太和殿最为高大,即俗称的金銮殿。其高26.92米,东西宽63.96米,南北进深37.20米,木骨架用"台梁式"结构,以72根大柱子承梁架构成四大坡屋面。中和殿是亭子形方殿,四角攒尖式屋顶。保和殿屋顶为歇山式。每殿围以精雕细刻的汉白玉栏杆,显得庄严雄伟。北部称内廷,由乾清宫、坤宁宫、交泰宫和东西六宫组成,供皇帝和后妃居住。内廷北面有一座御花园。

我国木构建筑到明清时更加规格化、程式化,殿式建筑以"斗口"为基本模数,一旦确定一种斗口的等级,整个建筑的各部分的用料尺度随之确定。故宫建筑的使用性质决定了它的建筑设计尤为严谨规则。

故宫屋顶满铺琉璃瓦件,以黄色为主,殿里的"天花"、"藻井",殿外檐下的"斗拱",均施彩绘,里里外外,富丽堂皇。整座紫禁城,气势雄伟,壮严肃穆。1924年,冯玉祥发动北京政变,清朝末代皇帝溥仪被迫仓皇离开紫禁城,从此,清宫就永远变成了故宫。

除了故宫之外，北京城中还有不少著名的明代建筑，如祭天的天坛，因其回音壁、三音石和圜丘等利用声波的反射，造成不同一般的声学效应，往往使游人驻足不前。

天坛造于明永乐十八年(1420年)。回音壁是一道环护皇穹宇的圆形围墙，高约6米，半径约32.5米。皇穹宇位于靠北边围墙2.5米处。整个围墙砌得光滑整齐，甚适合于声音的反射。如果有人紧贴围墙说话，只要他的声音与该点切线所成的角度小于22°，声音就可以连续地全反射，远处另一位紧贴围墙的人听起来很真切，就像说话的人在身边一般。

三音石是位于围墙正中的一块石头。因传说站在三音石上鼓掌一次，听到的响声可达三次，故名三音石。实际上响声可能多达五六次。其原因是三音石位于围墙之中心，掌声被围墙反复反射，故能有此效果。

圜丘是一圆形平台，由大青石和大理石砌成，半径约11.5米。如果有人站在平台中央叫喊一声，石栏杆的回声与原来的声音混在一起，听起来格外响亮。

1995年在测试回音壁回声现象时，人们又发现了所谓"对话石"。如站在皇穹宇殿前甬道的第18块青石上说话，相距各36米远的东西配殿的东北角和西北角，闻声清晰。反之亦然。

回音壁、三音石、对话石和圜丘的集中出现，显然不是偶然现象，而是声学高手的精心设计。

2. 布达拉宫

现存少数民族的建筑，以西藏拉萨的布达拉宫最为著名。布达拉宫是一座大型的喇嘛教寺院，西藏地区以前政教合一的统治中心。传说唐代文成公主入藏，与松赞干布联姻，藏人在红山上建起许多宫殿供他们居住，称为"布达拉"，后来毁于战火。1641年，五世达赖重建布达拉宫，前后二次陆续修建，至1693年才基本落成，保存至今。

布达拉宫依山而建，砌有平楼十三层，高一百一十多米，上有白宫和红宫，白宫是达赖喇嘛居住的宫殿，红宫是佛殿和历代达赖的灵塔殿。红宫顶层，建有金顶，覆盖着镏金铜瓦，金碧辉煌。全宫从山下到山腰连成一个整体，远远望去，雄伟壮观，气势非凡。1994 年，布达拉宫经过近五年的维修，圆满竣工。8 月举行了庆祝维修工程竣工的盛大庆典，布达拉宫又以新的雄姿迎接各方来客（图 8-2）。

图 8-2 布达拉宫（位于西藏拉萨）

3. 万里长城和大小名园

我们现在所看到的万里长城，实际上是明初在历代万里长城的基础上新修扩建的，前后花了一百多年。明万里长城，西起嘉峪关，东至鸭绿江畔的虎山，全长 4040 公里。（图 8-3）东半部的城墙，大多外面用砖砌，石灰浆勾缝，里面是夯土。八达岭一段，用千斤以上的花岗岩巨石砌筑而成，城高 8 米以上，顶宽近 6 米，历经风雨，今为旅游登临胜地。山西以西的长城，仍然用夯土版筑，但也很坚实。长城地势险要之处设有关城。如山海关（今属河北秦皇岛市）号称"天下第一关"，在明清交替之际，曾扮演了重要的角色。一旦吴三桂引清兵入关，长城内外，遂为清朝一统天下。居庸关位于北京远郊的昌平和延庆县境内，是北京的门户，所以设有三道城墙防护。嘉峪关位于今甘肃酒泉市西面约 40 公里处，自古以来为西北边防重地。

图 8-3 明万里长城

在惊天地、泣鬼神的巨构万里长城的护卫之下,千百年来,我国劳动人民修筑了一座又一座名园华苑,智巧匠心造成大自然美景的精巧缩影,成为世界园林艺术中的一朵奇葩。

明清时期,既有园林科学理论的总结,又有一大批名园问世。

历史上有关造园技术的文献不一而足,明末吴江计成(1582—?年)于崇祯四年(1631年)所撰的《园冶》一书,从科学立论,对造园的指导思想、园址选择、建筑布局、构造、形式、山、石、铺地、借景等,均作了系统的阐述。日本学者曾推崇此书是世界造园学的最古名著。

当时名园,大到清代热河避暑山庄等皇家苑囿、北京圆明园、颐和园,小到江南的私家园林,如苏州拙政园、留园、狮子林,无锡寄畅园等,各景主次对比、聚分、搭配、借景,莫不力求自然,富有曲折变化,"以小见大",逐渐形成了一整套具有东方特色的建筑原则和技术方法。

西方园林,大多以平坦的草地、笔直的道路与多种几何图案的花坛相配合。规整的池水中央或四周,树以雕像,喷泉仰射,整个布局，以显示人工装饰美为主。我国则强调"虽由人作，宛自天开"，① 以不着人工斧凿痕迹为杰作。东西方审美观点的差异，是与各自的科学文化传统相一致的。这就是西方人刻意突出人在大自然中的地位，即要"人工开物"，而中国人则追求将人的智慧融合到大自然中去，强调顺乎自然。

（六）瓷器的黄金时代

与中医学在明清继续发展相仿，中国传统技术的一枝奇葩古代制瓷术，在明清时代亦继续向前突破，取得了新的辉煌成就。

明代制瓷技术远胜前朝，高峰在宣德、成化间，次则永乐、嘉靖。如以陶车旋刀取代了过去的竹刀旋坯。随着瓷土淘练加工技术的不断改进，胎质提高，明永乐窑的"脱胎"瓷器，胎薄得几乎只见细釉不见胎。施釉工艺，过去用蘸釉法，明代启用吹釉法，即将釉料用喷雾法喷在坯上。明清的精致白釉，所含氧化铝和二氧化硅特别高，熔剂（CaO）含量降至4%左右，故色白如奶，晶莹透彻，为一道釉瓷和彩瓷的发展创造了条件。釉色方面，明代以前瓷器的颜色比较单调。明代瓷器，既有青花、釉里红，又有斗彩、五彩，争奇斗艳。

青花是一种著名的釉下彩，先用青料在素胎上画好纹饰，然后上釉、入窑，在1200℃以上的高温中一次烧成。青花瓷贵在"系以浅深数种之青色，交绘成纹，而不杂以他彩"。② 这种瓷器在唐代已经出现。发展到明代，品质高雅，享誉中外。宣德、嘉庆时，青料采用自外国进口的"苏泥渤青"上等含钴矿物颜料，不久改用来自西域的"回青"，"青花"质量尤好。由于青花的色调与釉药配方及火候大有关系，白地蓝花的青花瓷质地最高，是制瓷工艺成熟的一个标志（图8-4）。

釉里红始于元代，成熟于明，它的制法与青花瓷相似，但以氧化铜绘纹饰，故呈红色。明永乐年间，用外国的颜料烧造一种美丽

---

① 计成：《园冶》。
② 寂园叟：《陶雅》卷上。

图8-4 清青花瓷业生产盘

的紫红色瓷器,称为"祭红"。

明代瓷器加彩的方法多样化,出现了釉上彩的斗彩和五彩。所谓斗彩是在烧成的青花瓷器上加黄、绿、紫等其他彩料,再经炉火烘烧而成的彩瓷,有时分几次烘烧而成。"斗彩"以成化年间的"成窑"最为著名。五彩瓷器的釉上有包括红彩在内的多种彩色。这类瓷器,釉下青花和釉上多彩,交互映照,呈五彩缤纷的华丽色彩。

铜胎掐丝珐琅也是一种精致的工艺品,因它曾在明景泰年间大量制造,故世称"景泰蓝"。

清代瓷器规模水平继续发展,康熙、雍正,特别是乾隆时代,是我国古代瓷器技术最光辉灿烂的时期。

江西景德镇仍然是全国的瓷业中心。其地本名昌南,唐初即产瓷。宋真宗景德年间(1004—1007年)改地名为景德,置官窑。它烧造的瓷器,质薄腻,色滋润,御瓷尤光致茂美,风行海内。其后不断发展,分为官办和民办二种,官办的又分为御窑和官窑。至清代初年，景德镇有窑三千座左右，其中官窑达三百多座，以瓷都著名于世。办理景德镇官窑达二十年之久的唐英，著有《陶冶图说》，凡二十图。蓝浦则著有《景德镇陶录》一书。

景德镇官窑产品的质量，以康熙、雍正、乾隆时代为最好。一道釉的上品有天蓝、翠青、苹果绿、娇红、吹红、吹紫、吹绿、胭脂水、油绿、天青等色。乾隆时，景德镇的"唐窑"仅岁例贡御用瓷色就有五十七种之多。嘉庆、道光初，尚能维持水准。道光末年以后，大量舶来瓷器倾销中国，景德镇窑逐渐衰落，但瓷都的地位没有其他地方可以取代。

清代制瓷工艺的成熟还表现在对历代名窑都能仿制。配料准确，火候恰到好处，故仿制品达到几可乱真的地步。如康熙时所仿宣德、成化两窑瓷器，釉色、橘皮棕眼，以至款式，均做得惟妙惟肖。乾隆时，连外国的瓷器也能仿造。

富有立体感的粉彩、珐琅彩更是杰作。这两种都是釉上彩。粉彩是在色彩中或色料上加涂铅粉，控制烧成温度，使呈不同的色泽，暗淡柔和。珐琅彩是用油画的技法，以珐琅彩料在瓷器上作画，烧成后的画面，瑰丽精美，无与伦比。

从偶然的"窑变"到有把握地烧制神奇的"窑变"釉色，也是明清制瓷技术的重大进步。一道釉瓷的"窑变"始于宋代钧窑。起初只是在胎上蘸涂不同的釉色，任其在窑内自然变化而成，变化方向，无法控制。到明清，尤其是清代，窑工掌握了还原焰技术，能把氧化铜转变成游离状态的铜，均匀分布于釉药中，使成胶体状态，多少有点控制地烧成色调别致，人工难绘的"窑变"釉色，创造了大自然的又一奇迹。

二、首尾呼应的明代旅行家——郑和、徐霞客

明初和明末，我国出了两位相异其趣的大地理学家。一位是奉使出洋的郑和，15世纪初，利用我国先进的造船和航海技术，七次航海下西洋。不但在我国航海史上是前无古人的壮举，而且也夺世界大规模航海史之先声。另一位是自费"驰骛数万里，踯躅三十

年",几乎跑遍明末两京十三省,留下了千古奇书《徐霞客游记》的千古奇人徐霞客。两人虽然目的迥异,都对地理学的发展作出了卓越的贡献。

(一)三宝太监郑和七下西洋

郑和(1371—1433年),原姓马,小字三宝,一作三保,云南昆阳回族人。其祖先族源系先知穆罕默德后裔。蒙古军队西征,赛典赤·瞻思丁率部归顺,征战有功,后成为元朝在云南的封疆大吏,传数世而至马三保,他年少时入宫为太监。靖难之役,他追随燕王朱棣起兵,一路立了不少功劳,被赐姓郑。朱棣取代侄子建文帝登基当了永乐皇帝后,郑和成了他最亲近的太监。

明初国家财力日趋雄厚,不断发展的造船技术和历代积累的航海经验,均可傲视当世。有此资本,明成祖决定派遣郑和出使西洋。一可以步汉武、唐宗之后尘,宣扬国威,经营南洋,巩固自己的政治地位,使诸邦听命于天朝大国。二可借机寻找那位至今下落不明的建文帝,以绝后患。于是,郑和的祖先昔日乘铁骑由陆路东来,今日三宝太监率领二万七千多人的船队,浩浩荡荡下西洋。如此大张旗鼓地搞了二十多年,在航海史上缔造了封建皇朝官式航海的世界纪录。至于其实质性的收获,却不能与庞大的耗费相称,跟后来以牟取暴利为目的的西方各国的海外贸易更不能相比。后者为资本主义的资金积累创造了条件,明代郑和下西洋却不算经济账,在一定程度上拖了我国科技发展的后腿,反映出封建专制的政策也是明末清初我国科技逐渐落后于西方的原因之一。

自明永乐三年至宣德八年(1405—1433年)郑和等人曾七次出使西洋,到达亚非的30多个国家。其路线大致上从江苏太仓刘家港出发,向南航行经东海和台湾海峡,入南海访问南洋诸国,再经马六甲海峡进入印度洋,访问印度、阿拉伯,甚至远至东非。其中第一次(1405—1407年)、第二次(1407—1409年)和第三(1409—1411年)下西洋,到达印度半岛的印度河口一带。第四次(1413—1415年)到达波斯湾地区。第五次(1417—1419年)和第六次

(1421—1422年)到达非洲东岸的索马里和肯尼亚一带。第七次(1431—1433年)主船队到达波斯湾,分遣船队进入红海到达阿拉伯半岛的西岸。

郑和以前,我国与非洲东岸国家的往来,大都沿海岸航行。郑和的船队却自马尔代夫群岛的马累横渡印度洋,到达东非索马里的摩加迪沙,留下了横渡印度洋的历史记录。

郑和船队的规模威风凛凛。除将士之外,还有船师、水手、工匠、医官、通事(翻译)、办事、书算手等员工,总计二万七千余人,分乘一百至二百多艘船只,其中40至60多艘大型宝船,长度超过百米。此后,哥伦布、达·伽马的船队,均无法望其项背。

郑和下西洋的船只是江苏太仓和南京制造的。今南京市汉中门和挹江门之间三汊河附近中保村地区有明代宝船厂遗址。1957年在此出土了一件铁力木制造的巨型舵杆,长11.07米。1965年又在那里出土了一副长2.2米的木轴,可能是船用盘车的"绞关木"。根据巨型舵杆的长度推算,宝船长度应为48至50余丈,历史文献记载郑和宝船长44丈(约合今150米),应是可信的。至于郑和宝船的体积究竟有多大,科技史界尚有争议,但它创造了历史记录则是可以肯定的。曾有人推测,郑和宝船是一艘九樯十二帆的平底大沙船。沙船用于航海,有不少优点。因其底平,吃水浅,受潮水影响较小,且不怕搁浅,故比较安全。又因其多桅多帆,桅长帆高,便于使风,故快航性好。缺点是稳定性较差。我国古代有三大船型,除沙船外,还有福船和广船二大类,各有特色。现多数专家认为福船底尖吃水深,抗风浪性好,适合深海航行,且较为舒适。郑和船队中的大型旗舰——郑和宝船非福船莫属。① 金秋鹏从《中国美术全集·绘画编·版画卷》中发现了一幅关于郑和下西洋的版画,即《太上说天妃救苦灵应经》的卷首插图,刻于永乐十八年(1420年)。画中的海船艏艉高翘,船舷高,吃水深,证实郑和宝

---

① 金秋鹏、杨丽凡:《关于郑和宝船船型的探讨》,《自然科学史研究》,1997年第2期,第183~196页。

船乃福船无疑。①

我国古代航海技术，包括罗盘的使用、计程法、牵星术、针路和海图等，直到明代初年继续保持着领先世界的水平。

船行波涛汹涌的海上，航向性命攸关，罗盘是当时最重要的航海仪器，均由"火长"即领航员亲自掌握。船上有专门放置罗盘的"针房"。据说阿拉伯和红海地区，海员们使用的罗盘叫做针圜（dā' ira al-ibrah）或针房（Bayt al-ibrah）②这一中西同名现象，与其说是巧合，还不如说它与罗盘的西传有关。

为了计算航速和航程，需把木片从船头投入海中，测量木片从船头到船尾的时间，再根据船舶的长度，即可求得航速 = 船长/时间。由航速乘以航行时间即为航程。当时航海者把一昼夜分为10更，多用燃香计量时间，船速一般为30公里/更。

牵星板是观测星辰地平高度的仪器。明代牵星板是一套由12块正方形木板和一块四角缺刻的象牙小方块组成的仪器。12块正方形木板，最大的边长约24厘米，每块依次递减2厘米，最小的边长约2厘米。四角缺刻的象牙方块，其缺刻的长度，分别是最小的正方形木块边长的1/8、1/4、1/2 和 3/4。用牵星板观测的方法，叫做牵星术。观测时，左手拿木板一端的中心，手臂伸直，眼观天空，木板上边缘是北极星，下边缘是水平线，以此求得测量所在地的北极星距水平的高度。测量时，通过12块木板和象牙方块四个缺刻的调整使用，总能找到合适的长度，而求得北极出地高度也就求得了地理纬度。

郑和第七次下西洋绘制的航海地图"自宝船厂开船从龙江关出水直抵外国诸番图"，分为20图（40面），前后连接起来是一幅横式条形长卷，载于明代茅元仪（约 1570—1637 年）的《武备志》（1621年）第240卷。该图的方向依针路辨别，异于一般上北下南

---

① 金秋鹏：《迄今发现最早的郑和下西洋船队图像资料——〈天妃经〉卷首插图》，《中国科技史料》，2000年第1期，第61~64页。

② 张广达：《海舶来天方，丝路通大食——中国与阿拉伯世界的历史联系的回顾》，《中外文化交流》，河南人民出版社1987年版，第771页。

的图。图上绘有沿途海岸线、山脉、岛屿、沙洲、浅滩、珊瑚礁和港湾等，其中最突出的是记载了开船地点、航向、航程和停泊处所的针路。牵星记录和以长绳系结铁器测得的水深也记在"郑和航海图"上。15世纪以前，我国关于亚非两洲的地理图籍，以"郑和航海图"最为详细，此图在东西交通史和世界航海史上是一份极重要的历史文献（图8-5）。

图8-5　郑和航海图（局部），采自茅元仪《武备志》

随同郑和远航的马欢、费信和巩珍，分别写下了《瀛涯胜览》（1416年）、《星槎胜览》（1436年）和《西洋番国志》（1436年），详略不等地记载了所经各地的地理物产、风土人情。

明代初叶，我国一位回民医生不知怎么到了埃及等阿拉伯国家，根据当地医药特色，结合中国传统医药，写下了四卷本《回回药局方》，传回中国。该书用阿拉伯语、波斯语和汉语三种语言写成，传抄不易，现仅存明抄残本第一卷和第四卷，藏于北京图书馆。第一卷为总目录，第四卷主要为妇科、外科创伤医药处方。有关方面正在翻译、整理、研究中。

(二)地理学家徐霞客遨游中华

明初郑和等人下西洋后200年,封建制度已趋向解体,在商品生产崭露头角的长江三角洲江阴县,出了一个思想活跃,"健如牛,捷如猿",以穷九州内外为志向的徐宏祖。

徐宏祖(1587—1641年),字振之,别号霞客,以号行。其祖先做过大官,传至其父家境已中落。徐霞客19岁丧父,他的母亲挑起了家庭的重担,以"好蓺植,好纺绩"闻于乡里。更可贵的是她思想开明,勉励儿子"志在四方",甚至"为制远游冠,以壮其行色"。①

昔日唐太宗推行科举制度,网罗知识分子,曾得意地称"天下英雄尽入吾彀中矣"!后来不知有多少人乐此不疲。徐霞客的头脑却很清醒,他没有投向科举制度的陷阱,而是走经世致用之路。他自幼酷爱舆地书籍,发现书本记载往往有问题,"多以承袭附会","不足尽信"。从22岁游太湖始,直到病逝前一年从云南抱病回家,徐霞客几乎年年出游。他的旅行考察工作,足迹遍及华东、华中、华南和西南各省,成了一位杰出的旅行家。在旅行中增长知识,获取灵感,同时又成了一位伟大的地理学家兼文学家(图8-6)。

徐霞客的出游,大体上可以分作两个阶段。第一阶段,从万历三十五年(1607年)到崇祯八年(1635年),每次出游的时间不长,以"问奇访胜"为主。第二阶段,从崇祯九年(1636年)到十三年(1640年),他年届五十,抓紧时间,作"万里遐征",由浙、赣、湘、桂的平原、丘陵、山区,辗转黔、滇的崇山峻岭,甚至深入人迹罕至之处,"峰极危者,必跃而踞其巅;洞极邃者,必猿挂蛇行,穷其旁出之窦"。② 不怕牺牲,历尽艰险,曾"遇盗者再,绝粮者三",而勇往直前。他边实地踏勘考察,边调查访问研究;日行百里,还天天记日记;一路上不时采集岩石和植物标本;终于掌握和撰写了大量的第一手资料,开辟了探索大自然的新方向。直到

---

① 陈函辉:《徐霞客墓志铭》。
② 潘来:《徐霞客游记序》。

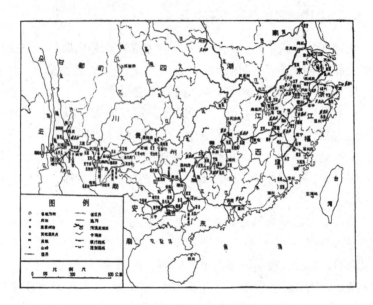

图 8-6　徐霞客南行路线图

他临终之前,卧床"不能肃客,惟置怪石于榻前,摩挲相对,不问家事",① 依然在通向近代地理学的路上摸索前进。

囿于个人旅行条件,徐霞客的足迹基本上未出中国国土,但他的科学之旅所汇成的《徐霞客游记》十卷,其值不在阔远,而在精详;不在博辨,而在真实,"读来并不像是十七世纪的学者所写的东西,倒像是一位二十世纪的野外勘测家所写的考察记录"。②《徐霞客游记》除已散佚者外,目前保存下来的有六十余万字。其中除旅行日记外,还有《江源考》、《盘江考》等专题研究,内容非常丰富,既是不可多得描写锦绣河山的文学名著,选胜登临的绝好的导游手册,又是明代末期的历史实录和社会生活风俗画卷,更是一部特种地学百科全书。

----

① 陈函辉:《徐霞客墓志铭》。
② 李约瑟:《中国科学技术史》第五卷上册,科学出版社1976年版,第62页。

《徐霞客游记》的科学价值，首先在于它把实地考察的方法作为最重要的研究手段，并逐渐依靠日积月累的知识，进行观察和对比研究，力求说明某些地理现象形成的原因，代表了近代地理学的发展方向。对岩溶地貌和溶洞的描述和研究，则是他最重要的具体研究成果。

石灰岩被水溶蚀后形成的地貌，即喀斯特（岩溶）地貌，往往是大自然的奇观，古人曾有很多描述，至徐霞客臻于化境。他通过对世界上最大和发育最好的湘、桂、滇、黔岩溶地貌的系统考察，对其各部分的地表结构、水文变化以及地区性特征差异等方面作了精彩的描述。在此略引数句，以示霞客笔下手段，的确不愧为"古今游记之最"。徐霞客指出我国西南地区峰林石山分布于湖南道州和云南罗平之间，南延入广西境内。他说："遥望东界遥峰下，峭峰离立，分行竞颖，复见粤西面目；盖此丛立之峰，西南始于此，东北尽于道州，磅礴数千里，为西南奇胜，而此又其西南之极云。"①关于各地石山发育的特征，他写道："过祁阳，突兀之势以次渐露，至此而随地涌出矣。及入湘口，则耸突盘亘者变为峭竖回翔矣。"②在广西境内，"佛力司之南，山益开拓，内虽尚余石峰离立，而外俱绵山亘岭，碧簪玉笋之森罗，北自桂林，南尽于此"。③"自柳州府西北，两岸山土石间出，土山迤逦间，忽石峰数十，挺立成队，峭削森罗，或隐或现，所异于阳朔、桂林者，彼则四顾皆石峰，无一土山相杂，此则如锥处囊中，犹觉有脱颖之异耳。"④

徐霞客不仅妙笔生花，而且为厘定岩溶类型、名称、分析岩溶成因做了开创性的工作。例如他说："岭头多潆写成潭，如釜之仰，

---

① 褚绍唐、吴应寿整理：《徐霞客游记》，上海古籍出版社1980年版，第697页。

② 褚绍唐、吴应寿整理：《徐霞客游记》，上海古籍出版社1980年版，第267页。

③ 褚绍唐、吴应寿整理：《徐霞客游记》，上海古籍出版社1980年版，第332页。

④ 褚绍唐、吴应寿整理：《徐霞客游记》，上海古籍出版社1980年版，第372页。

釜底俱有穴直下为井，或深或浅，或不见其底，是为九十九井。始知是山下皆石骨玲珑，上透一窍，辄水捣成井。"①指出了漏陷地形是由于流水的侵蚀或溶陷崩塌而成等等。他比欧洲最早研究喀斯特地形的爱士倍尔（Johann Friedrich Esper，1732—1781年）早一百多年，比对喀斯特地形作系统分类的瑙曼（Friedrich Neumann）早二百多年。因此，《徐霞客游记》堪称世界上最早的岩溶地貌文献。

除了对地表岩溶地形的研究之外，徐霞客对地下岩溶地形也作了大量的踏勘和记录。他考察了西南洞穴一百多个，查清了桂林七星岩洞穴系统由二大洞府、六个洞天、十五个岩洞所组成。今人科学考察结果证明，《徐霞客游记》所载基本上是正确的。

在地热、长江之源、水文、气候、生物地理、人文地理以及经济地理的考察和研究方面，《徐霞客游记》也有诸多贡献。

我国云南一带温泉众多，徐霞客之游，使他成了我国地热考察的先驱者。经过考察访问甚至亲自体验，他对一些温泉的温度、溢出情况、颜色，甚至水质成分和疗效等都作了记载，有些信息对当代地热资源开发利用有重要的参考价值。比如他说腾冲黄坡附近的温泉"水俱不甚热，正可著体"。② 当代实测水温为41℃，既说明游记记载的资料可靠，又说明这些温泉可资长期开发利用。

自古以来，《禹贡》上"岷山导江"的说法成了地学界的金科玉律。徐霞客通过对长江、黄河的调查对比，看到黄河"河流如带，不及江三之一"，提出"何江源短而河源长"的怀疑，③ 对"岷山导江"的错误说法作了大胆的纠正，正确地指出长江的正源是金沙江而不是岷江。

在福建旅行时，他看到建溪和宁洋溪（九龙江）发源山脉的高度大致相等，而"宁洋之溪，悬溜迅急，十倍建溪"，他分析原因

---

① 褚绍唐、吴应寿整理：《徐霞客游记》，上海古籍出版社1980年版，第182页。

② 褚绍唐、吴应寿整理：《徐霞客游记》，上海古籍出版社1980年版，第1013页。

③ 褚绍唐、吴应寿整理：《徐霞客游记》，上海古籍出版社1980年版，第1128页。

在于建溪的流程有八百余里,宁洋溪流程仅三百余里,总结出"程愈迫,则流愈急"的规律。远游西南时,徐霞客曾用"江流击山,山削成壁","水啮成矶"等来论述河流的侧蚀作用。①

气候方面,《徐霞客游记》对各地因高度和纬度不同而产生的气候差异作了记述,发现"山谷川原,候同气异"。② 生物地理方面,《徐霞客游记》也含有许多动植物生态和分布的内容。

徐霞客一生所贡献的事业是开创性的,正好适应了时代所提出的要求,《徐霞客游记》标志了我国地理学发展的水平在当时世界上是首屈一指的。可惜他享年不永,在生前未及将稿本整理成书。徐在病中曾将《徐霞客游记》付给季梦良(字会明)整理。他逝世后,先由王忠纫手校,1642年由季梦良初次编定,但已有残缺。1645年清兵攻破江阴,徐的家乡一带遭受浩劫。等到乾隆四十一年(1776年)《徐霞客游记》正式付梓,上距霞客逝世已有135年之久。此后《徐霞客游记》版本众多,流传甚广。1980年上海古籍出版社出了褚绍唐、吴应寿整理的《徐霞客游记》(全三册);1985年云南人民出版社出了朱惠荣校注的《徐霞客游记校注》上下册。1987年上海古籍出版社又出了增订本《徐霞客游记》,辑入了一批迄今发现的有关徐霞客的新鲜资料,其中有徐霞客自己的诗文,也有朋友们的题赠、书牍。现在,随着国土整治和旅游事业的发展,《徐霞客游记》研究正方兴未艾。

(三)王士性和《广志绎》

明代地理学的杰作,除了《徐霞客游记》脍炙人口以外,王士性的《广志绎》等游记也越来越引起人们的重视。

王士性(1547—1598年),字恒叔,浙江临海人,万历五年(1577年)进士。他曾在北京、南京、河南、四川、广西、贵州、

---

① 褚绍唐、吴应寿整理:《徐霞客游记》,上海古籍出版社1980年版,第456页,第173页。

② 褚绍唐、吴应寿整理:《徐霞客游记》,上海古籍出版社1980年版,第55页。

云南、山东等地做官，既性好游历，又以诗文名天下，具备了撰写地学著作的有利条件。1597年，他撰成了一部笔记体的地理著作《广志绎》六卷。清康熙年间杨体元的《刻〈广志绎〉序》称："其志险易、要害、漕河、海运、天官、地理、五方风俗、九徼情形，以及草木、鸟兽、药饵、方物、饮食、制度、早晚、燥湿、高卑、远近，各因时地异宜，悉如指掌。"王士性的贡献主要是具体全面地阐述了人地关系的理论。他认为地理环境对文化的各个层次均有深刻的影响，如将浙东划分为泽国文化、山谷文化、海滨文化，在全国范围内也作了人地关系的区域研究。可以说，在人文地理学的研究方面，他已走在了世界地理学的前列，堪称"明代人文地理学方面的奇葩"。①

三、从"三分损益法"到"十二平均律"

朱载堉（1536—1611年）是以律历和音乐著称的多才多艺的科学家和艺术家，有人赞之为"在他的时代中，他是一个东方的文艺复兴式的文化巨人"。② 朱载堉的最大贡献是在世界上第一个攀上了十二平均律的理论高峰，因此，在叙述朱载堉的科学和艺术成就之前，我们不得不对中国古代乐律学的历史作一简单的回顾。

（一）先秦三分损益法

乐律是音乐演奏中各乐音在频率高低上所遵循的规则或体系。

新石器时代的原始乐器，如骨笛、陶埙、骨哨、陶钟、石磬等，在考古中陆续发现。1984—1987年，河南舞阳贾湖遗址发现了十六支骨笛，"大多为七孔，在有的音孔旁还可看到在钻孔前刻画的等分

---

① 徐建春：《王士性及其〈广志绎〉》，《杭州大学学报》，1990年第3期，第56~60页。

② 戴念祖：《明代的科学和艺术巨星——朱载堉》"黄翔鹏序"，人民出版社1986年版。

符号，个别音孔旁还另钻调音的小孔"。① 这说明当时制作骨笛前已经过较为精确的计算，制成后还会用加小孔的方法调整音差，对乐理的了解已达到相当的高度。经中国艺术研究院音乐研究所黄翔鹏等专家对其中最完整无裂纹的 M282：20 骨笛进行鉴定测试，"这枝骨笛的音阶结构至少是六声音阶，也有可能是七声齐备的、古老的下徵调音阶"。② 这一实例表明，我国七声音阶已有悠久的历史。

  商周时期，是我国五声、七声和十二律的形成期。河南辉县琉璃阁公元前 11 世纪的殷墓中出土的三个一组陶埙，其中唯一没有残破的埙上有五个不对称分布的指孔，能发生一组 11 个高度不同的音来。北京中央音乐学院少数民族音乐研究所的测量揭示，11 个音之中有 9 个半音，其中 7 个属于半音阶一个八度内的连贯半音。③ 十二音阶已呼之欲出。

  当数学计算用于乐器制作（其特殊形式是调谐与度量衡相结合）之时，真正的律学开始呈诸人世。传世文献上所见的律学体系，或者说音阶中和谐律音的定量计算，首见于《管子·地员篇》："凡将起五音，凡首，先主一而三之，四开以合九九，以是生黄钟小素（数）之首，以成宫。三分而益之以一，为百有八，为徵。不无有三分而去其乘，适足以是生商，有三分而复于其所，以是生羽。有三分去其乘，适足以是成角。"《地员篇》的资料来自齐国早期的材料。这里，宫、商、角、徵、羽构成了一个五声音阶。其计算之前，先令黄钟宫音的弦长为 $3^4 = 9 \times 9 = 81$。程贞一认为："由于《地员篇》论音律一开头就指明了发声体的单位，似乎中国乐师早就熟谙与音阶的音调相关的数字是相对的。这个单位取成 $9 \times 9 = 81$，以避免在运算中出现分数。之所以导入两个 9 的因子，显然是为了计算上二级和下二级，因为每级的计算，数字都要被 3 除

---

  ① 河南省文物研究所：《河南舞阳贾湖新石器时代遗址第二至六次发掘简报》，《文物》，1989 年第 1 期，第 1~14，47 页。

  ② 黄翔鹏：《舞阳贾湖骨笛的测音研究》，《文物》，1989 年第 1 期，第 15~17 页。

  ③ 李纯一：《中国古代音乐史稿》（第一分册），人民音乐出版社 1984 年增订版，第 40 页。

一次。如果欲以尽可能小的整数来表示上述谐音的比率，就得出下面代表音阶的数列：

48	:	54	:	64	:	72	:	81
徵		羽		宫		商		角
sol		la		do		re		mi

为何 81 被称为"小数之首"也于此迎刃而解。"① 徵音弦长为 $81 \times \frac{4}{3} = 108$；商音弦长为 $108 \times \frac{2}{3} = 72$；羽音弦长为 $72 \times \frac{4}{3} = 96$，角音弦长为 $96 \times \frac{2}{3} = 64$。依弦长排列为：徵（108）、羽（96）、宫（81）、商（72）、角（64）。由于定律过程的每一步骤中下一律为上一律的 $\frac{2}{3}$ 或 $\frac{4}{3}$，故称为"三分损益法"，又称"五度相生律"。五度相生律计算简便而又不失和谐悦耳，因而数千年来不但在我国乐律史上一直留存不衰，而且许多国家也采用过类似的五度相生律。

中国早期乐师在音乐旋宫中曾对五度相生律大加利用，然而，这并不意味着他们未用过别的律制。事实上，他们曾用过六声律、七声律和半音律，以调整五度相生律。《国语》中周景王与伶州鸠的对话中，曾有"七律者为何"的发问。齐侯与燕子谈话，亦有"五声六律七音"的说法。《左传》说："七音、六律，以奉五声。"七声音阶是在原来的五个音之外，再加上变徵和变宫两个半音所组成。有人推测，当时形成的七声体系大致如下：②

徵	羽	变宫	宫	商	角	变徵
108	96	$85\frac{1}{3}$	81	72	64	$56\frac{8}{9}$

---

① 程贞一著，闻人军译：《从纪元前五世纪青铜编钟看中国半音阶的生成》，《曾侯乙编钟研究》，湖北人民出版社 1992 年版，第 350～351 页。

② 王光祈：《中国音乐史》，广西师范大学出版社 2005 年版，第 13 页。

周朝的十二律体系，载于《吕氏春秋》。《吕氏春秋·音律篇》载："黄钟生林钟，林钟生太簇，太簇生南吕，南吕生姑洗，姑洗生应钟，应钟生蕤宾，蕤宾生大吕，大吕生夷则，夷则生夹钟，夹钟生无射，无射生仲吕。三分所生，益之一分以上生；三分所生，去其一分以下生。黄钟、大吕、太簇、夹钟、姑洗、仲吕、蕤宾为上；林钟、夷则、南吕、无射、应钟为下。"这段话不仅描述了十二律产生的步骤，而且表达了周朝生成半音阶的普遍机制。①

十二律与五声音阶和七声音阶的配合，如下表所示：

十二律与五声音阶、七声音阶的配置

编号	1	2	3	4	5	6	7	8	9	10	11	12	i
十二律名	黄钟	大吕	太簇	夹钟	姑洗	仲吕	蕤宾	林钟	夷则	南吕	无射	应钟	清黄钟
相当于西名	c	$c^{\#}$	d	$d^{\#}$	e	f	$f^{\#}$	g	$g^{\#}$	a	$a^{\#}$	b	c'
五声音阶	宫		商		角			徵		羽			清宫
七声音阶	宫		商		角		变徵	徵		羽		变宫	清宫

十二律中，黄钟、太簇、姑洗、蕤宾、夷则、无射这六个半音称为六律，其余六个半音称为六吕。这是二组阴阳互补的六音阶，其结合而成的十二个半音也统称为"律吕"。因此，古代不少乐律学著作常以"律吕"为名。

---

① 程贞一：《中国早期对音调系统和音的研究》，《第三届国际中国科技史会议论文集》，1984年8月20—24日。

古代律学知识存于文献记载中的固然重要，凝聚于实物上的也不容忽视。例如编钟，我们不但可以用现代技术测定其发声，作声学和律学的研究考察，而且编钟类乐器上往往有铭文可资研究，考古中，尤为海内外研究者所注目。商周双音钟（在正鼓部和侧鼓部分别敲击时能产生互不干扰的两种不同频率的声音）的发现和研究，就是其中一个成功的例子。

1957年在河南信阳出土了一套春秋编钟，共13口，其实测资料早已为音乐史界所注意。1978年湖北省随县曾侯乙墓出土的64口编钟，更是引起轰动。它们不但提供了珍贵的实物资料，说明当时在旋宫转调方面的实际水平，已超过了现存的文献记载，试奏结果表明其旋宫能力可达六宫以上；而且钟体上的铭文详载了当时的乐律制度，有助于澄清中国乐律史上的一些悬案。综合铭文资料可知，春秋战国期间，相当于十二律各个音位的律名至少有28个不同的名称，而钟的生律法以三分损益法为依据。

曾侯乙墓还出土了一具五弦琴和一具十弦琴，钟铭中则含有先秦以弦定律的证据，① 给我国先秦定律法是"以管定律"，还是"以弦定律"之争，投下了有助于判断的有力砝码。

(二) 律制改革的尝试

三分损益法奠定了我国古代律学的基础，但如按五度相生的方法生律十一次后，并不能最终回到出发的律上，也即最后一个律音与起首的律音在频率上并不成二倍的关系，不能"旋相为宫"，这是它的最大缺点。

为了使律制解决"旋相为宫"的问题，汉朝的京房（公元前77—前37年）按照三分损益法，把律数的推算增到53律；又为了使律数和历数相符合，凑成了整数六十。京房的律制虽然提供了通过极小的音差变换音律的可能性，但不可能使倍频程的音，具有真正的倍频程的高度。南北朝的钱乐之又进一步推算到360律，依然不能

---

① 黄翔鹏：《曾侯乙钟磬铭文乐学体系初探》，《音乐研究》，1981年第1期，第22~53页。

走出这个死胡同。

魏晋时的荀勖(？—289年)和刘宋的何承天,则从另一角度作了可贵的努力。荀勖,字公曾,初仕魏,为侍中。入晋以后,历任秘书监等职,官至尚书令。晋武帝泰始九年(273年),中书监荀勖校太乐八音不和,发现东汉尺和魏尺比古尺长了四分多,于是命著作郎刘恭依《周礼》作"古尺"(晋前尺)。次年,荀勖以多种古器校验,确定了"古尺"与今尺的比率。据此推算,古尺,即晋前尺,又称荀勖律尺,每尺合今23.05厘米。它们在《隋书·律历志》"十五等尺"中同列为第一等尺,对后世律制和尺制影响甚巨。

标准律音的确定,不外乎以弦定律和以管定律二种方式。因为发声频率和弦长成反比,以弦定律时,只须考虑弦的实际长度,计算比较简单。故以古希腊为代表的欧洲,一直采用以弦定律法。可是弦线的长度和张力易受湿度等因素的影响,从而引起音调的变化。我国早就认识到这种现象,所以古代"双管齐下",除了以弦定律外,还采用以管定律。1972年长沙马王堆一号汉墓出土的公元前150年以前的十二支竹管,就是一组标准律管。其中最短的约10.2厘米,最长的约17.65厘米,孔径约0.65厘米。由于律管靠管内空气柱振动发声,所以律学计算时,尚须顾及空气柱在管口边上的逸出部分,进行校正。这是一项相当复杂的工作。司马迁的《史记·律书》给出了计算公式,但未计及管口校正数。荀勖则已将发现的管口校正数用于标准律管的制作。据《晋书·律历志》记载,荀勖于公元274年依古尺更铸铜律吕,制成12支笛,以应十二律,笛上的每一个开孔在正确指法下都合于五度相生律音阶中的各音。荀勖得出的校正数,就是一个律管的长度和另一较高四律的律管长度的差数。从此之后,标准律管的制作就比较规范化了。

何承天(370—447年)为解决十二律最后一律回到出发律的问题,把按三分损益法计算后出现的差数按长度平均分为十二份,分别加于每一律的长度上,从数值上看,与十二平均律已相当接近,但仍未彻底解决"旋相为宫"的问题。最后真正彻底解决这一难题的,是我国明代的科学和艺术巨星朱载堉。

(三) 朱载堉创立十二平均律

朱载堉(1536—1611年),字伯勤,号句曲山人,系明仁宗朱高炽的第六代孙。他家学渊源,才思聪敏。其父郑恭王朱厚烷由于直谏和被人诬陷,身陷囹圄。朱载堉愤而搬出王宫,"筑土室宫门外,席藁独处者十九年"。其间潜心于律学、音乐、数学、天文历法等科学的研究,最后终于精通乐律、乐器、历学、度量衡、数学珠算、舞蹈诸学,集乐律理论家、声学家、历学家、数学家于一身,为攻下旋宫问题的难关铺平了道路。1567年2月,朱厚烷出狱复爵,朱载堉才搬回王宫,利用丰富的藏书和其他优越条件,深入钻研乐律和历学。

朱载堉受深通音乐理论的同朝前辈韩邦奇、王廷相、何瑭(1474—1543年)等人的影响,朱厚烷又给了朱载堉关于十二平均律的想法,朱载堉将前人的经验总结提高,加以发挥,到1581年初,完成了十二平均律的理论工作,解决了计算方法的问题。1584年推出其新著《律学新说》(图8-7)。书中称"创立新法:置一尺为实,以密率除之,凡十二遍"。① 则能使"十二律黄钟为始,应钟为终,终而复始,循环无端"。用现代数学语言可表示为:先设黄钟律长为一尺,以2的12次方根的倒数为等比,排出一列等比级数,即为"新法密率",也即十二平均律。由于十二平均律运用等比生律,获得了各律音高间隔的等程性,从而成功地解决了音阶在音律上的转调问题,是音律史上的一次革命。现代键盘乐器的创制,也有赖于它所提供的声学理论基础。

相当难能可贵的是,朱载堉的父亲死了以后,按资格他可继承郑王之爵,但他接连上疏,恳辞再三,不仅自己"让国自称道人",而且提出放弃他儿子的继承权利。朱载堉不爱富贵爱科学,成了我国古代社会末期和近代社会前叶的百科全书式的大学者,他的道路是走对了。

到他60岁时,又一部煌煌巨著《律吕精义》(1596年作序)问

---

① 朱载堉:《律学新说》卷一"密率律度相求第三"。

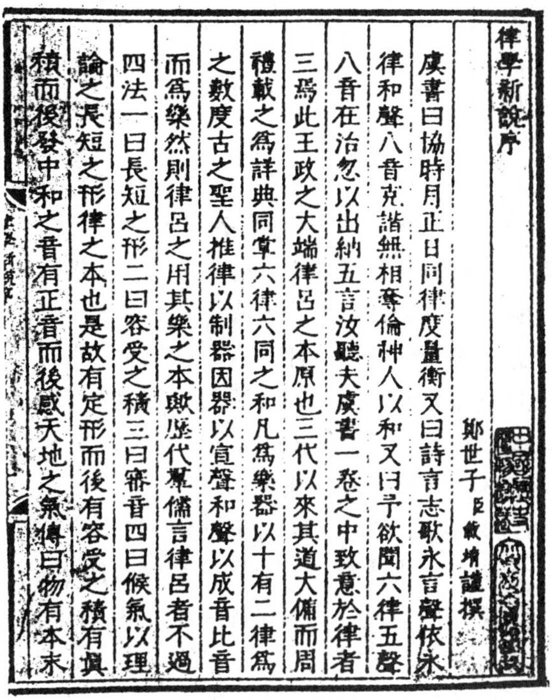
律學新說序

鄭世子臣載堉謹撰

虞書曰協時月正日同律度量衡又曰詩言志歌永言聲依永律和聲八音克諧無相奪倫神人以和又曰予欲聞六律五聲八音在治忽以出納五言汝聽夫虞書一卷之中致意於律者三爲此王政之大端律呂之本原也三代以來其道大備而周禮載之爲詳典同掌六律六同之和凡爲樂器以十有二律爲之數度古之聖人推律以制器因器以宣聲和聲以成音比音而爲樂然則律呂之用其樂之本歟歷代羣儒言律呂者不過四法一曰長短之形二曰容受之積三曰審音四曰候氣以理論之長短之形律之本也是故有定形而後有容受之積有真積而後發中和之音有正音而後感天地之氣得曰物有本末

图 8-7 《律学新说》书影

世了。书中运用精确严密的方法，进一步详细阐述了十二平均律。朱载堉高兴地说："新法不同三分损益，不拘隔八相生，然而相生相序，循环无端，十二律吕，一以贯之，此盖二千年之所未有，自我圣朝始也。"

朱载堉不仅在理论上发明了十二平均律，而且亲自实验，按十二平均律制作了弦准和律准。他不但发现了律管发音的管口校正问题的复杂因素，而且通过实验和理论计算，以异径管律独特有效地解决了这一千古难题。①

① 徐飞：《朱载堉异径管律的物理证明》，《中国音乐》，1996 年第 3 期，第 5～7 页。

朱载堉的主要著作有《乐律全书》、《律吕正论》、《律吕质疑辩惑》、《嘉量算经》等。《乐律全书》包括《律学新说》、《律吕精义》等十四种著作，共四十八卷，除律学外，还包含舞谱、乐谱、算学、历学等，内容宏富，是学识渊博，多才多艺的朱载堉的代表作。

朱载堉发现十二平均律之后半个多世纪，法国音乐理论家梅尔生（Marie Mersenne，1588—1648年）也搞出了十二平均律，跟中国的发明遥相呼应。西方究竟是独立创造，还是受了我国的启发和影响，至今尚无确切的证据。考虑明末清初来华传教士在中西交流中的作用，并不能排除西传的可能性。但是具讽刺意味的是，朱载堉的新发明，在明朝末年来不及实行，到清初因是明宗室而被排斥，一直到19世纪从欧洲获得洋伯乐们的高度评价，才轰动世界，使西洋科学界不得不对中国人刮目相看。

时至今日，十二平均律已经风行于世界。欧洲音乐基本上采用十二平均律，然而大、小提琴演奏时往往容易倾向于五度相生律，还保存着古代大音阶的遗风。我国现代音乐，由于移调和转调的需要，加上向多声部发展，因而采用十二平均律作为标准，只是时间问题。如用十二平均律作为标准，在实践上并不拒绝五度相生律及其推演的一种"纯律"的"加味"。采用十二平均律后，不仅无损于我国的民族风格，而且更有利于音乐的国际交流。可以预料，十二平均律恰如"似曾相识燕归来"之时，我国古老的律学必将重注新鲜血液，更上一层楼。

四、炼丹式微、本草独上高峰

在中国传统科学到了总结和终结期的大气候下，也借助于几位大科学家的个人素质和特殊条件，明代在方剂、炼丹和药物方面，均出现了总结性的巨著，这就是明初周定王朱橚订定的《普济方》、宁献王朱权编撰的《庚辛玉册》和16世纪李时珍的名著《本草纲目》。

(一)《普济方》和《救荒本草》

因为皇室争权斗争残酷激烈，明代宗室诸弟兄的选择余地比一般人还少。有的做医药济民的实事，争取民心；有的炼丹读书，明哲保身……于是产生了朱橚（1361—1425 年）和朱权（1378—1448 年）这样二位杰出的王字号科学家。

朱橚是朱元璋第五子，他好学多才，素有大志，年轻时就对医学很有兴趣。朱橚先封吴王，后改封周王，"开封周邸图书文物甲他藩"，利用王府的人才、资料和经济条件，进一步研究医药。后来更以医学为救国救民的手段，争取民心的一种途径。洪武二十三年(1390 年)，朱橚贬徙云南时，看到当地居民缺医少药，"山岚瘴疟，感疾者多"，遂命周王府的良医李恒等编撰成《袖珍方》四卷。此书收集历代验方，包括周王府的良方，共三千余方，具有"条分类别，详切明备"的特点，仅在明代就被翻刻十余次。在王府官员、门客们的协助下，次年朱橚又在开封府亲自订定《普济方》一百六十八卷，收集药方 61700 多个，成为我国现存最大的古代方书，同年，即 1391 年，朱橚也完成了他的重要著作《救荒本草》。

《救荒本草》是一本记载食用野生植物的专书。为了写好这本书，朱橚曾组织人辟地栽种四百多种可食的植物，仔细观察形状特征和生长经过。待植物滋长成熟，命画工绘制成图。因此，这是一本切合民生实用、科学性较强的别开生面的本草学著作。朱橚作为上述方剂和植物学著作的出色的组织者和参与者，同时成了一位杰出的方剂学家和植物学家。

(二)丹书殿军——《庚辛玉册》

朱权是朱元璋的第十七子，封宁献王。由于地位特殊，他不得不明哲保身，身经六朝，晚年只身独处南昌。朱权以博学多才著称，诗文史籍，诸子百家，释老卜筮修炼，无不涉及。以他名义撰述及编纂的著作不下五十多种。李时珍《本草纲目》说朱权"该通百家，所著医卜、农圃、琴棋、仙学、诗家诸书凡数百卷"。朱权在医学方面的著作有《臞仙乾坤秘韫》、《臞仙乾坤生意》、《臞仙寿域神方》等。"臞仙"是他的自号。朱权熟读《周易参同契》,对炼丹术颇有研究,编撰了集大成式的《庚辛玉册》等道家著作。《庚辛玉册》意指炼金丹的宝书。《本草纲目》说:"宣德中,宁献王取崔昉《外丹本草》、土宿真君《造化指南》、独孤滔《丹方鉴源》、轩辕述《宝藏论》、青霞子《丹台录》诸书,所载金石草木可备丹炉者,以成此书。分为金石部、灵苗部、灵植部、羽毛部、鳞甲部、饮馔部、鼎器部,通计二卷,凡五百四十一品。"

《庚辛玉册》是明代唯一重要的炼丹术巨著,也是"中国炼金学史上的最后一部巨著","炼丹学与《本草》已在《庚辛玉册》中融合为一,以后便不再出现与此相类似的著作。"[1]

奇怪的是,《庚辛玉册》没有被采入十多年后编成的《正统道藏》,后来它被遗失,现在只能从《本草纲目》、《物理小识》等书的引文中见到《庚辛玉册》的一些片断。如《物理小识》和《本草纲目》引《庚辛玉册》的"透山根"条。《物理小识》卷七引《庚辛玉册》曰:"透山根似蔓菁而紫,含金气,石杨柳含银气,马齿苋含汞气,艾蒿粟麦含铅锡之气,酸芽三叶酸含铜气。"《本草纲目》卷十七下引《庚辛玉册》曰:"透山根出武都,取汁点铁,立成黄金。有大毒,人误食之,化为紫水。"然而,单从这类片断来看,已可推测《庚辛玉册》所载资料异常丰富。

大约在唐代,中国的金丹术(alchemy)传到阿拉伯国家。阿拉伯文中的"al-kimiya"很可能源出于中文"金液"二字。从 11 世纪开始,炼金术从阿拉伯传到欧洲,经过数个世纪,欧洲的炼丹术也开始发达,至 16 世纪下半叶至 17 世纪初,一跃而成现代化学。"反观中国的炼丹术到元明时代已渐式微","《庚辛玉册》以后,中国的炼丹术就告一段落","此后搜集炼丹术中的外丹方面知识的著作,就要依赖像李时珍的《本草纲目》等炼丹术以外的类书了"。[2]《庚辛

---

[1] 何丙郁、赵令扬:《宁王朱权及其〈庚辛玉册〉》,澳洲格里菲大学出版社 1983 年版,第 23 页。

[2] 何丙郁、赵令扬:《宁王朱权及其〈庚辛玉册〉》,澳洲格里菲大学出版社 1983 年版,第 24 页。

玉册》失传后只剩下了一鳞半爪，而反映了时代需要的李时珍《本草纲目》则在中国和世界药学史上树起了一座永远不倒的里程碑。

(三)《本草纲目》及其作者李时珍

李时珍(1518—1593年)，字东璧，号濒湖，湖北蕲州(今属蕲春县)人，出生于一个中医世家。时珍自幼体弱多病，才14岁就考取秀才，但以后三赴乡试，均未考中举人。于是摒弃科举，继承父亲李言闻之业，走上了学医之途。李氏至时珍而青出于蓝胜于蓝，因他医术高明，曾被推荐到楚王府和太医院去任职，在那里他有条件接触到更多的医学和其他书籍。后来他辞官回乡行医，在社会大课堂中药学知识和医术不断提高。

随着阅历经验的不断丰富，李时珍发现历代本草，即药学著作，存在不少错误。宋代以后，新增加的许多药物有待总结入书；本人的医药经验也应传世。依仗自己有深厚的文字功底，他立下宏愿要编一部前无古人的新本草——《本草纲目》。

嘉靖三十一年(1552年)，已过而立之年的李时珍开始了长达二十余年的《本草纲目》编著工作。历代本草，特别是宋唐慎微的《证类本草》，是编写新本草的一个很好的起点。但这还远远不够，故李时珍效法在学术上创大业的先贤，深入实际考察。他以湖北为中心，到过江西、江苏、安徽、河南、河北等地，湖北的武当山、江西的庐山、江苏的茅山、南京的牛首山等名山大川留下了他攀登采药的足迹。所到之处，他收集单方，采集标本，有时还进行试验，验证药理，日积月累，历时二十余年，终于完成了既带总结性，又富有创造性的《本草纲目》。除《本草纲目》外，李时珍还著有《濒湖脉学》、《脉诀考证》、《奇经八脉考》等医学和其他著作。当然，他在医学史上的地位，主要是由《本草纲目》决定的。

《本草纲目》全书190万字，共五十二卷，分为水、火、土、金石、草、谷、菜、果、木、服器、虫、鳞、介、禽、兽、人十六部，以此为纲。十六部又细分为62类，以此为目。此书共收药物1892种，附方11096则，插图1160幅，图文并茂。书中对每种药物的记载，包括校正、释名、集解、正误、修治、气味、主治、发明、附录、附方等项，从药物的历史、形态到功能、方剂等,面面俱到。

李时珍广引百家之说,同时根据自己的新发现和经验,多有发挥纠正,丰富了药物学的知识。1956 年 2 月,郭沫若曾为修造李时珍墓题词,词中曰:

> 医中之圣,集中国药学之大成;本草纲目乃一八九二种药物说明。广罗博采,曾费三十年之殚精。造福生民,使多少人延年活命!伟哉其子,将随民族生命永生。
>
> 李时珍乃十六世纪中国伟大医药家,在植物学研究方面亦为世界前驱。

《本草纲目》是对明代中期以前我国药物学所作的一次系统总结,不但保存了以前本草中的大量资料,而且在数量和质量上均超越了前人。书中新增的药物 374 种,医方约八千个。例如,驰名中外的云南白药之主药"三七",就是李时珍最早给以正确的总结和详细记载的。元代从西亚传入了用果酒蒸馏制取阿剌吉酒(即烧酒)的方法。忽思慧《饮膳正要》卷三《米谷品》说:"阿剌吉酒,味甘辣,大热,有大毒,主消冷坚积,去寒气。用好酒蒸熬取露成阿剌吉。"在阿剌吉传入我国民间的过程中,制作阿剌吉的原料渐渐多样化,品种也增加了。《本草纲目》卷二五"烧酒"条中最早明确记载了用各种粮食制烧酒的方法。① 文中说:"烧酒非古法也。自元时始创其法,用浓酒和糟入甑,蒸令气上,用器承取滴露。凡酸坏之酒,皆可蒸烧。近时惟以糯米或粳米或黍或秫或大麦蒸熟,和麴酿瓮中七日,以甑蒸取,其清如水,味极浓烈,盖酒露也。"

《本草纲目》指出和纠正了历代本草书中的一些错误,如天南星和虎掌,原是同一种药用植物,以前却误为二种东西。葳蕤和女萎,本是二种不同的植物,以前却混为一谈。《本草纲目》自身当然也免不了有一些错误,但与取得的成就相比,可谓微不足道。

---

① 黄时鉴:《阿剌吉与中国烧酒的起始》,《文史》第三十一辑,中华书局 1988 年版,第 159 ~ 171 页。

《本草纲目》"虽名医书，实该物理"。① 含有多方面的自然科学知识，如生物、农学、矿物、化学、物理学等。如在生物学方面，书中提出了较先进的药物分类方法，很多分类都很科学。它把动物药分为虫、鳞、介、禽、兽、人，已意识到生物的发展变化有一定的顺序。书中同时指出了环境和生物之间的影响和适应，记载了遗传和相关变异现象。

自从炼丹术与本草著作在朱权的《庚辛玉册》中融合为一，李时珍的《本草纲目》中也吸入了许多与炼丹术有关的知识，特别是化学知识，如从马齿苋中提取汞，从五倍子中制取没食子酸等。

在长期的实践中，古人对各种矿物晶体的形状认识逐步深入，宋代已将结构上的"肌理"、"形段"作为鉴别不同矿物晶体的依据之一。如苏颂的《图经本草》说："破之皆作方棱者，为方解石。"《本草纲目》说得更为透彻，它说："击之块块方解，墙壁（即自然晶面）光明者，方解石也。"

《本草纲目》凝结了李时珍大半生的心血，他的亲属也作了大量的工作。至万历六年（1578年）全书终于脱稿。此后，便像其他私家著作一样，遇到了出版的难题。万历八年（1580年），求文坛盟主太仓王世贞作序。此书也曾进呈给朝廷，以期引起重视。然而，直到万历十八年（1590年）才有金陵书商胡承龙，决定出资刻印；等到这部书1596年在金陵刊成问世时，李时珍已不及亲见。

自《本草纲目》刊行之后，医家多奉为指南，在国内被辗转翻刻过三十多次，其中以清代合肥张氏味古斋本最精。明清时，还出现了许多根据《本草纲目》删补编纂的本草书。对中国传统医药这一伟大宝库作了重要发掘的《本草纲目》不仅是中国人民的财富，而且对世界医药和生物学也有重大的贡献。早在明万历时，《本草纲目》就已流传到日本，在日本先后翻刻过不少于九次。朝鲜和越南近水楼台先得月，也很快就传入了《本草纲目》。17、18世纪，可能经由传教士之手，《本草纲目》传到欧洲，先后有德、法、英、拉丁、俄文的译本或节译本问世（图8-8）。

---

① 李建元：《进本草纲目疏》。

寫 眞 説 明

昭和二年二月,米國のW·T·Swingl氏が本草に關する古籍訪求の目的で來朝した際,氏の請に依り,吾が内閣文庫所藏の萬曆庚寅一日本天正十八年·西曆一五九〇年一初版本草綱目,所謂金陵本の一部分を撮影したものである。

第一·二葉　弇州王世貞撰序文の首·尾各一紙。

第三·四葉　輯書姓氏。特に初版のみに存するもの。

第五葉　本文の一部分,序例の第一紙。

第六葉　本文の一部分,穀部玉蜀黍の條。

第七·八葉　附圖。金石部·穀部の各一部分。

金陵版本草綱目は,中国に於ては早く已に亡佚し,世界に現存するものは,内閣文庫所藏一部の外,京都恩賜植物園大森文庫所藏一部,伊藤篤太郎博士所藏一部,及び二百餘年前,オランダ人 G·E·Rumpf 氏が中国よりもたらし還り,現に東ベルリンの国立図書館に收藏する一部,すべて四部などが知られている。

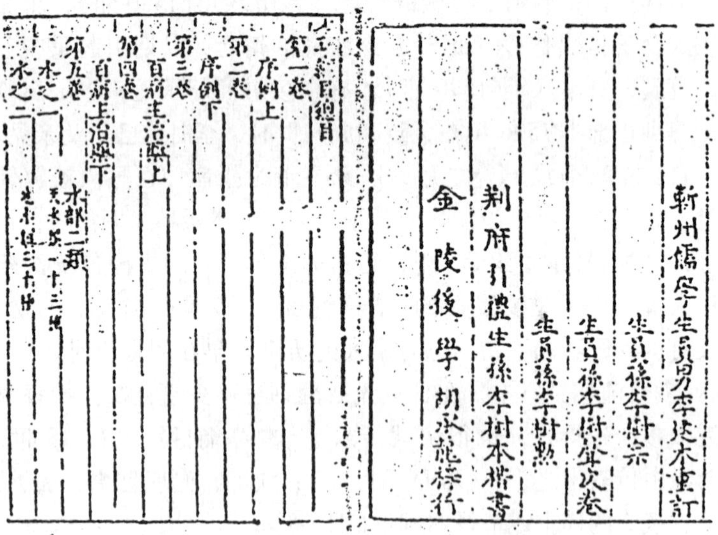
本草綱目總目
第一卷 序例上
第二卷 序例下
第三卷 百病主治藥上
第四卷 百病主治藥下
第五卷 水部二類
水之一 天水類一十三種
水之二 地水類三十種

蘄州儒學生員男李建木重訂
生員孫李樹宗
生員孫李樹聲次卷
生員孫李樹勲
荆府引禮生孫李樹本楷書
金陵後學胡承龍梓行

图 8-8 《本草纲目》金陵版(1596 年)和日文版
(美国加州大学旧金山分校藏书)书影

虽然尚未发现直接的证据,我们不能排除李时珍的《本草纲目》对瑞典植物分类学家林奈(Carl von Linné,1707—1778年)产生过影响的可能性。至于达尔文曾引用《本草纲目》的资料,则有确切的证据。达尔文在《人类的由来》一书中,曾经引用《本草纲目》书中关于金鱼颜色形成的史料,以此说明动物的人工选择。

(四)《本草纲目拾遗》和《植物名实图考》

《本草纲目》面世之后,在它的巨大光影下,再要在本草领域内占有一席之地,极为不易。清代的赵学敏和吴其濬凭借各自的天资和勤奋,穷几十年之时间精力,前者拾《本草纲目》之遗成功,作成其事实上的续篇《本草纲目拾遗》。后者专就植物为题,向深度、广度和真实度进军,编绘《植物名实图考》,开现代植物志的先声。

《本草纲目》问世后,在医药界产生了巨大的影响,但仍有不少有价值的文献,李时珍未及征引。如对沈括的《梦溪笔谈》,就只引用了《笔谈》,遗漏了《补笔谈》和《续笔谈》。时至清代中期,又新增或从域外传入了一些药品,此为李时珍所不及见。且原来有些药物,"物生既久,则种类愈繁",往往一药而有多种。"如石斛,一也。今产霍山者,则形小而味甘。白术,一也。今出于潜者,则根斑而力大。此皆近所变产。"①这也是《本草纲目》所未能收集。加上书中一些失实不妥之处,也有改正之必要。对《本草纲目》作拾遗补阙的工作提上了历史的日程,完成这项工作的,并不是一个专业医生,而是浙江钱塘博学深识的通儒赵学敏。

赵学敏(约1719—1805年),字衣吉,号恕轩,钱塘(今浙江杭州)人。早年攻读《灵枢》、《素问》等医学经典,后来读完邻人黄贩翁所藏医书万卷有余,并在自家的素养园中辟出一部分作为药圃,种植药用植物,观其生长根茎花叶果实形状,以验证文献记载的是非。为了拾好《本草纲目》之遗,除亲自实验,游历山川,耳闻目见,大量阅读方技之书外,凡正史稗传,山经地志,边防外

---

① 赵学敏:《本草纲目拾遗序》。

纪、西方传教士的撰译、药肆的说明书、商号的广告等，赵学敏都引为参考资料。他不断删补、修改手稿，历时三十八年之久，终于在1765年完成了《本草纲目拾遗》。赵学敏在医方、制药、辨药等方面均有撰述，流传下来的仅《本草纲目拾遗》和《串雅》二种，然就《本草纲目拾遗》对医学的贡献，他也可以瞑目了。

《本草纲目拾遗》共十卷，引证图书600余种，收载药物共908种，其中716种是《本草纲目》所没有收录的。在药物分类方面，也有所调整，增加了"藤"和"花"两部，删去"人"部，"金石"部分为"金"和"石"两部，共得18部。

顺便指出，《本草纲目拾遗》对鸦片的危害早就有明文记载。可惜此书在赵学敏逝世时尚无清稿本，此后先以抄本的形式流传，流传面不广。直至光绪年间开始刊印出版，影响逐渐扩大，但这已是鸦片战争以后的事了。

在《本草纲目》等本草书的影响下，清代又出现了吴其濬的《植物名实图考》，专考植物产地形状，开现代植物志的先河。

吴其濬（1789—1847年），字瀹斋，一字季深，号吉兰，别号"雩娄农"，河南固始人，嘉庆二十二年（1817年）考中状元，年仅28岁，以聪慧过人、过目不忘闻名。先是散馆授翰林修撰及兵部侍郎，后来做过湖北、江西、湖南、云南、贵州、福建、山西省学政、巡按、总督等高官，"宦迹半天下"。古代状元出身而有真才实学的，他要算一个。他善于利用当地方长官的条件，深入野外，调查植物资源和工矿企业，著有《植物名实图考》，与人合编《滇南矿石图略》。为了编撰《植物名实图考》，他搜集各地的药用植物和有关参考文献，据实物绘制成图，纂成《长编》，然后从中选辑主要者作成《植物名实图考》。此书历时七年，于1847年成稿，但作者未及见到刊刻，不幸逝世。

《植物名实图考》刊于1848年，全书七万一千字，凡三十八卷，分12大类，共收植物1714种（比《本草纲目》多了519种），并附图1800多幅。全书所引的参考文献有800多种，所述植物遍及19个省，以他曾任职省份的植物采集较多。《植物名实图考》对每种植物的形态、颜色、性味、用途和产地作了描述，尤重其药用价值及同物异名，或同名异物的考订，从而发现了过去本草和有关植物的书籍中的错误，作了不少纠正。比如：《本草纲目》把五加科的通脱木和木通科的木通当成一物，同列于蔓草类。吴其濬把通脱木从蔓草类析出而改入山草类，纠正了李时珍之误。

植物分类学方面，吴其濬作了许多奠基性的工作，既有较高的科学性，又有广泛的影响。现代植物分类工作者在考虑植物的中文名时，往往要参考《植物名实图考》，不少植物的中文名定名即以此为据。如八角枫科、小二仙草科、马甲子属、画眉草属等正式中文名就取自《植物名实图考》。

《植物名实图考》的插图非常逼真，比以往任何本草书中的附图都要准确，有不少是根茎叶花全株绘制，颇能反映该植物的特征。清人张绍棠在翻印《本草纲目》时，因吴图精确，将李时珍原图抽去400幅，换上吴图。欧美和日本学者对此书相当推崇，颇有借鉴。德国毕施奈德（Emic Bretschneider）在其《中国植物学文献评论》（1870年）一书中，对《植物名实图考》有较高的评价，并指出其附图"刻绘尤极精审"，"其精确者往往可以鉴定科与目"。的确，有些现代植物分类工作者就是根据《植物名实图考》中的附图，鉴别一些植物的科、属乃至种名。

吴其濬的先驱性工作，给后人的研究提供了方便，可以说借了吴氏"宦迹半天下"的光。但是吴其濬毕竟是封建时代的人，有其局限性，书中也有不少错误，我们不必盲从书中的观点，而应该择优而从。

五、宋应星与17世纪技术百科全书《天工开物》

"天覆地载，物数号万。"①我国开发利用天地万物有悠久的历史和善于创造发明的传统。如果说战国初期成书的《考工记》总结了上古至战国初期的手工艺技术，以引人瞩目的开端光耀千秋，那么明朝末年问世的《天工开物》，集明末以前农业、手工业技术之

---

① 宋应星：《天工开物卷·序》。

大成，给我国古代技术传统作了辉煌的总结。

《天工开物》是我国 17 世纪的农业、手工业技术百科全书，它的作者是明末杰出的科学家宋应星（1587—约 1666 年）。

（一）宋应星的生平与著述

宋应星，字长庚，江西奉新县雅溪乡人。明万历十五年（1587年），宋应星诞生于一个破落的官僚地主家庭。他"数岁能韵语，及操制艺，矫拔惊长老"。特别是他有过人的记忆力，给他后来在相当缺乏经费和难得与人探讨的情况下，搜集资料，写作《天工开物》提供了有利的条件。

宋应星年轻时曾到南昌求学，适逢 1603 年江西巡抚夏良心重刊《本草纲目》，风靡一时。宋应星谅必读过李时珍的巨著，想不到他自己在科举道路上碰壁之后，也走上了与李时珍相似的学术道路，撰写为社会所需要的实用书籍。

万历四十三年（1615 年），29 岁的宋应星乡试一举成功，但后来五上公车，始终名落孙山。崇祯四年（1631 年），宋应星与兄应昇第五次落第后，对科举完全绝望，终于下定决心，转向"与功名进取毫不相关"的实学。崇祯七年（1634 年），宋应星出任江西分宜县教谕，职冷官闲，学术上却颇有斩获。1636 年，他的《野议》、《原耗》、《思怜诗》、《画音归正》刊行。1637 年，《天工开物》横空出世，又有《论气》、《谈天》和《卮言》刻成。宋应星的著作约有十来种，现有传本的是《天工开物》、《野议》、《思怜诗》、《论气》和《谈天》，其他著作恐已失传。

（二）17 世纪农艺、手工艺百科全书——《天工开物》

明中叶以来，资本主义的萌芽引发了经世致用的实学思潮，《天工开物》是实学思潮的产物。宋应星不失时机地留下了当时农业、手工业技术的宝贵记录，虽然此书与科举功名毫不相关，但"内载耕织造作炼采金宝"，"一切生财备用秘传要诀"，① 在近代

---

① 潘吉星：《明代科学家宋应星》，科学出版社 1981 年版，第 153 页。

科学来临前夕，奏出了古代科学技术的丰收曲。

《天工开物》又名《天工开物卷》，初刊于崇祯十年(1637年)四月。内容分为十八卷，和书的命名一样，每一卷的卷名也相当古雅。计有：

卷一，乃粒(五谷)　　　　卷二，乃服(纺织)
卷三，彰施(染色)　　　　卷四，粹精(粮食加工)
卷五，作咸(制盐)　　　　卷六，甘嗜(制糖)
卷七，陶埏(陶瓷)　　　　卷八，冶铸(铸造)
卷九，舟车(船车)　　　　卷十，锤锻(锻造)
卷十一，燔石(烧石)　　　卷十二，膏液(油脂)
卷十三，杀青(造纸)　　　卷十四，五金(冶金)
卷十五，佳兵(兵器)　　　卷十六，丹青(朱墨)
卷十七，曲蘖(制曲)　　　卷十八，珠玉(珠玉)

全书所附插图计有123幅，今已成了科技史上的宝贵形象资料。

《天工开物》对明末以前，特别是当时农业、手工业、交通运输、国防等部门的技术成就作了图文并茂的总结，其中含有不少科学创见。《天工开物》的丰富内容，加上《论气》、《论天》等著作，反映了明代在农业、手工业等方面达到的科技水平，同时表明了宋应星本人在不少方面有相当高的造诣和精辟的见解。

(1)农业技术　民以食为天。《天工开物》把粮食生产放在头等重要的地位。卷一《乃粒》和卷四《粹精》专讲粮食的栽培，农产品的加工，各种农具、水利器具、农产品加工机具，以图辅说。文中记载了精耕细作、砒霜拌种预防病虫害、有效施放磷肥、人工选育早稻等先进技术，并提出"种性随水土而分"的见解，为培育优良的新品种提供了根据。

(2)养蚕术　蚕丝的开发利用是我国对人类文明的重大贡献。长期以来，我国在养蚕方面积累了许多成功的经验，《天工开物》作了新的总结，在蚕的杂交育种及软化病防治方面，尤有特色。

《乃服·种类》说："凡茧色唯黄、白二种。……若将白雄配黄雌，则其嗣变成褐茧。""今寒家有将早雄配晚雌者，幻出嘉种。一异也。"这里记述了二种杂交法，前者是吐白丝的雄蛾与吐黄丝的雌蛾交配育成吐褐丝的新种；后者是一化性雄蛾与二化性雌蛾交配育成优良的新种。这是中外养蚕史上关于家蚕人工杂交的首次记载。

(3) 纺织技术 《乃服》中记载了丝、棉、麻、皮、毛等原料的来源、织造或缝纫，从龙袍到布衣，从花机到腰机，均有叙述。束综织造的提花技术是我国的发明，自战国至近代，长期处于领先地位。《乃服·花本》指出："凡工匠结花本者，心计最精巧……天孙机杼，人巧备矣。"我国古代用桃花结本记忆花纹图案变化的规律，乃现代提花机上穿孔纹板的前身。

(4) 采煤技术 我国是世界上最早开发利用煤炭资源的国家。《燔石·煤炭》记载了一种简易有效的排除瓦斯的方法："初见煤端时，毒气灼人。有将巨竹凿去中节，尖锐其末，插入炭中，其毒烟从竹中透上，人从其下施攫拾取者。"

(5) 炼钢技术 《天工开物》对我国发明的炒钢、焖钢工艺，作了首次详细记载，并且正确地反映了明代灌钢技术的进步。

炒钢法约发明于西汉时期，明以前大概是单室式作业，至明代发明串联式作业法。《五金·铁》说："若造熟铁，则生铁流出时相连数尺内，低下数寸筑一方塘，短墙抵之。其铁流入塘内，数人执持柳木棍排立墙上，先以污潮泥晒干，舂筛细罗如面，一人疾手撒掩，众人柳棍疾搅，即时炒成熟铁。"上文中的"熟铁"即"炒钢"。这种串联式作业，省去了生铁再加熟工序，能提高劳动生产率，而且可避免再加热时硫分从燃料侵入，是先进的古代工艺。

东周时期，我国已发明了固体渗碳钢法，《天工开物·锤锻·针》中记载了具体工艺。《五金·铁》中记载的明代灌钢法，比宋代又有明显的进步。由《天工开物》等记载表明，到明末为止，中国炼钢术在全世界仍处于领先地位。

(6) 炼锌工艺 我国是世界上最早炼制含锌合金并提炼出金属锌的国家。《天工开物》记载的炼锌工艺，在世界上是头一次发表。《五金·倭铅》说："凡倭铅（锌）……其质用炉甘石熬炼而成……每炉甘石十斤，装载入一泥罐内，封裹泥固，以渐砑乾，勿使见火拆裂，然后逐层用煤炭饼垫盛，其底铺薪，发火锻红，罐中炉甘石熔化成团。冷定毁罐取出，每十耗其二，即倭铅也。此物无铜收伏，入火即成烟飞去。以其似铅而性猛，故名之曰'倭'云。"（图8-9）文中记述的是一种"土罐准蒸馏法"，它是明代已出现的更进步的土罐蒸馏法的雏形。我国炼锌技术对世界冶金业产生了重大的影响。18世纪30年代英国人来中国考察后带回了中国炼锌法，才正式开

图8-9　升炼倭铅图，采自宋应星《天工开物》

始了西方炼锌的历史。

(7) 铸造工艺　中国是最早采用熔模铸造的国家，大约开始于春秋末期。《天工开物·冶铸》首次较为具体地记述了熔模法铸造大型器物的工艺过程。

(8) 物理知识　《天工开物》中涉及的力学知识较有特色。如《舟车·漕舫》总结了我国古代横风及逆风航行的经验。它说："凡风从横来，名曰抢风。顺水行舟，则挂篷'之'、'玄'游走，或一抢向东，止寸平过，甚至却退数十丈；未及岸时，捩舵转篷，一抢而西，借贷水力，兼带风力轧，下则顷刻十余里。或湖水平而不流者，亦可缓轧。若上水舟，则一步不可行也。"逆风行舟时，可以走"之"字形，使顶头风转化为横风。适当调整帆与舵的方向，利用力的分解和合成原理，游走前进。

在《论气》中，宋应星探讨了发声的原理，并用水波来比喻声在空气中的传播，十分形象。《论气·气声》说："气本浑沦之物，分寸之间，亦具生声之理，然而不能自为生……凡以形破气而为声也，急则成，缓则否；劲则成，懦则否……故急冲急破，归措无方，而其声方起。""气得势而声生焉。""物之冲气也，如其激水然。气与水，同一易动之物。以石投水，水面迎石之位，一拳而止，而其文浪以次而开，至纵横寻丈而犹未歇。其荡气也亦犹是焉，特微渺而不得闻耳。"当然，宋应星还不能明白声波是纵波，而水波是表面横波。

(9) 制曲工艺　《曲糵》卷对酒母、神曲和丹曲(红曲)的原料种类、数量配比和处理方法，作了详细的记述。其叙述丹曲尤为生动，它说："凡丹曲一种，法出近代。其义臭腐神奇，其法气精变化。世间鱼肉最朽腐物，而此物薄施涂抹，能固其质于炎暑之中，经历旬日，蛆蝇不敢近，色味不离初，盖奇药也。"宋应星在介绍丹曲制法时，还特别强调选用绝佳红酒糟作为曲信(菌种)，并总结出微酸抑制杂菌和分段加水等先进方法。

(10) 火器　《佳兵》卷指出："火药机械之窍……变幻百出，日盛月新。中国至今日，则即戎者以为第一义。"故《佳兵·火器》中不但收载了中国发明或改进的火器，如"漆固皮囊裹炮沈于水底，岸上带索引机。囊中悬吊火石、火镰，索机一动，其中自发"的"混江龙"，"敌舟行过，遇之则败"。这是一种能半自动爆炸的火雷。还有一种边旋转边爆炸的活动炸药包，名为"万人敌"，被誉为"守城第一器"，从发明到进入宋应星的记载还不到十年。而且，他还尽力介绍了一些从外国传入的火器，如"西洋炮"、"红夷炮"、"佛郎机"等。可惜由于视野有限，写作条件欠佳，军事技术又是机密，往往保密，宋应星只能利用二手、三手资料描写火器，个别地方可能还有出入。

（三）宋应星的自然哲学思想

宋应星的自然哲学思想有鲜明的特色，为他取得多方面科技成就提供了有利的条件。反之，宋应星的科技成就也有力地促进了其朴素唯物主义自然观和技术观的形成。

（1）"天工开物"的精神　宋应星将这部技术百科全书命名为"天工开物"是有深刻含义的。"天工"一词，采自《尚书·皋陶谟》"天工人其代之"。"开物"一词，采自《易·系辞上》"开物成务"。"天工开物"的选题，贯彻了他"贵五谷而贱金玉"，贵"家食之问"（研究家常生活的学问），贱"功名进取"之意。同时反映了他继承传统文化中有生命力的东西，敬仰大自然的神功，提倡人工创造发明的态度。宋应星主张天工和人工、天道和人巧的结合。"天工开物"的含义是：大自然创造万物，人类巧夺天工，加以开发利用。重点是强调人对自然界的开发利用，正是中西文化碰撞后迸出的宝贵的思想火花。

（2）物质守恒的思想　因为宋应星重视试验和数据分析，所以逐渐领悟到物质不灭。他在《论气·形气》中，讨论草木、土石、五金的"生化之理"时，认为"土为母，金为子，子身分量由亏母而生"。"凡铁之化土也，初入生熟炉时，铁华跌落已丧三分之一。自是锤锻有损焉，冶铸有损焉，磨砺有损焉，攻木与石有损焉，闲住不用而衣锈更损焉，所损者皆化为土。""非其还返于虚无也。"从这种物质不灭的感觉出发，宋应星又朝着相信物质守恒的方向前进。《丹青·朱》中，宋应星在总结前人关于由汞和硫黄升炼成银朱(硫化汞)的实验数据后，明确指出：银朱比水银多出之"数借硫质而生"。他用定量分析的方法阐述物质守恒的思想，突破了中国古代科技往往仅有观察、论证和定性讨论，不注意数量比较的传统，向近代科学迈出了可贵的一步。

(3)形气化的自然图景　宋应星继承了我国古代的元气说，用变化的观点加以改造，提出了一幅形气化的自然发展图景。

在他心目中，"天地间，非形即气，非气即形"。① 同时又说还有介乎形与气之间的东西，如水、火等。它们都在不断变化之中。"气化形"，从不可见到可见；"形化气"，从可见到不可见；"形化形"，表现为各种可见物之间的变化。万物生生不息，变化不止。宋应星在他的形气化自然发展图景中，初步揭示了天地万物之间的联系和变化，实际上为"天工开物"的精神提供了哲学依据。②

《天工开物》问世以来，世界和中国经历了天翻地覆的变化。尽管由于清朝的禁毁，《天工开物》在清代际遇反复，一度险遭失传的厄运，但始终掩不住它的光芒。至迟在17世纪末，《天工开物》已东传日本。明和八年(1771年)刻本《天工开物》由大阪的菅生堂刊行，史称"菅本"。除了多种文字的节译之外，《天工开物》在1952年有了日文全译本，1966年和1980年相继出现了二种英文全译本。1993年又有了韩文的全译本。当年宋应星感慨要被封建正统"大业文人弃掷案头"的《天工开物》，以及宋应星本人，早已得到国内外学术界的高度评价。英国科学家、科学史家李约瑟博士称《天工开物》为"中国的狄德罗宋应星写作的17世纪早期的重要工业技术著作"。③ 日本科学史家薮内清教授称

---

① 宋应星：《论气·形气》。
② 王锦光、闻人军：《纪念宋应星诞辰400周年及〈天工开物〉初刊350周年》，《自然科学年鉴1988》，上海科学技术出版社1989年版，第1.42~1.50页。
③ Joseph Needham：Science and Civilisation in China，Cambridge University Press，Vol. 1，1954，p. 12.

之为"中国技术书的代表作"。① 1987年11月10日，为纪念宋氏诞辰四百周年及《天工开物》初刊三百五十周年，位于江西奉新县城旁的"宋应星纪念馆"正式开馆，"天工开物"的精神将继续发扬光大。

六、治历明农近代科学先驱徐光启

"治历明农百世师，经天纬地；出将入相一个臣，奋武撰文。"这副对联歌颂的是我国明末近代科学先驱徐光启，寥寥数十字，高度概括了他的一生和卓越贡献。

（一）徐光启之路

徐光启（1562—1633年），字子先，号玄扈，松江府上海人，出生于一个小商人兼小土地所有者的家庭，二十岁中秀才，三十六岁中第一名举人，曾在家乡和两广等地教书，"少小游学，经行万里，随事咨询，颇有本末"。② 接着于万历三十二年（1604年）四十三岁中了进士，开始了他漫长的仕途。他从翰林院庶吉士做起，天启三年（1623年）授礼部右侍郎，崇祯时升为礼部尚书、翰林院学士、东阁学士。最后，于1632年任文渊阁大学士，相当于丞相之位，走完了科举制度下一个知识分子的最长历程。他虽是科举制度下的幸运儿，却能看出科举和八股取士的弊端，最后反戈一击，曾直言不讳地对崇祯皇帝说："若今之时文（即八股文），直是无用。"徐光启的头脑敏锐，具有接受新事物的非凡容量。徐光启有深厚的中学功底，在他的头脑中，如果把中国古代科学技术看作大江长河水遭千流归大海，《考工记》就好比黄河的源头活水"星宿海"。为了发扬光大以《考工记》为代表的科技传统，以资抗清的兵事，他

---

① 薮内清等著，章熊等译：《天工开物研究论文集》，商务印书馆1959年版，第12页。

② 徐光启撰，石声汉校注：《农政全书校注》，上海古籍出版社1979年版，第1066页。

精心撰写了《考工记解》(1619年)。然而，徐光启不同于历代前贤的最大特点是他对西学的崇拜和向往。

1600年徐光启在南京结识了耶稣会传教士利玛窦(Matteo Ricci, 1552—1610年)，成为知交。他42岁在南京受洗，加入了天主教。真所谓"上帝保佑"，从此他在仕途上畅通无阻。他相信天主教可以"补儒易佛"，在文化价值观上，几乎完全皈依于西方；相反，对中国传统科学的特长和优点，则缺乏深刻的理解和客观的判断。

徐光启与李之藻、杨廷筠一起，组成了早期中国天主教会的三大柱石。在第一次西学东渐的高潮中，徐光启以其卓越的科学贡献和特殊的政治地位，成了西学东渐初潮的中流砥柱。在明末腐败的政权中，徐光启为官清廉，洁身自好，身后囊无余资。由于主客观的原因，他在政治上几乎无所建树，而在科学技术领域，则纵横驰骋于数学、天文历法、水利农学之间，立下了丰功伟绩。

(二)《几何原本》与度数旁通十事

徐光启与西方传教士合译过十余种科技书籍，其中最重要的是他与利玛窦合译的古代西学代表作《几何原本》前六卷(图8-10)，对有清一代中算家产生了极其重要的影响。他俩翻译《几何原本》所用的底本是德国数学家克拉维斯(Christopher Clavius, 1538—1612年)以拉丁文译注的欧几里得《原本》。《原本》是一部具有严密演绎体系的数学著作，科学史上经典中的经典。元代曾传入我国，可是未译成汉文，未得传播。这次由"利玛窦口译，徐光启笔受"，"反覆辗转，求合本书之意。以中夏之文，重覆订正，凡三易稿"，译成了前六卷，并于同年(1607年)出版。(克拉维斯的译注本共十五卷，后九卷直到清末才由伟烈亚力和李善兰合译出来，使成全璧。)在翻译西方科学术语时，徐光启尽可能用已有的中文术语表达。关于书的译名，他创造性地在欧几里得数学名著《原本》的名称之上，冠以"几何"两字。"几何"在中文里原是与计量有关的虚词，经徐光启一转用，字义衍伸，后来变成了Geometia的译名"几何学"。徐光启在《几何原本杂议》中对这部名著作出了高度的评价，他指出：“此书为益，能令学理者祛其浮气，练其精心；学事者资其定法，发其巧思，故举世无一人不当学。”

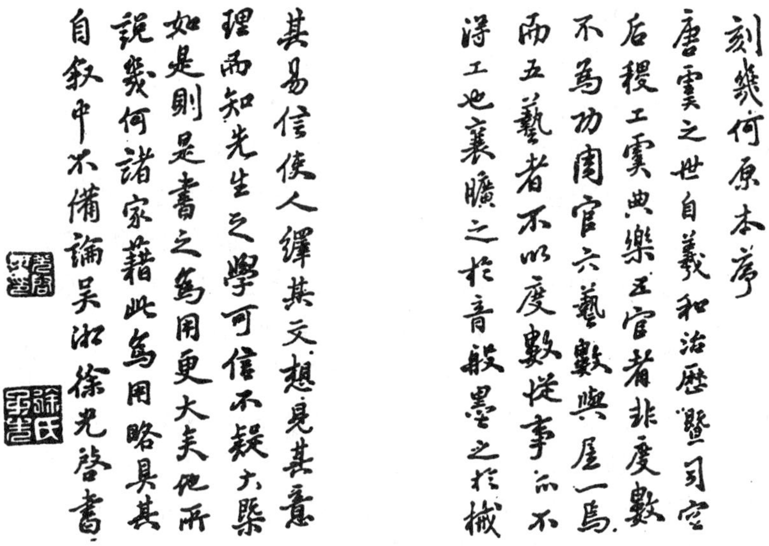
刻幾何原本序
唐虞之世自羲和治歷暨司空
后稷工虞典樂五官者非度數
不為功周官六藝數與居一焉
而五藝者不以度數從事亦不
得工也襄曠之於音般墨之於械
其易信使人繹其文想見其意
理而知先生之學可信不疑大槩
如是則是書之為用更大矣他所
說幾何諸家藉此為用略具其
自叙中不備論吳淞徐光啓書

图 8-10 徐光启手迹《刻几何原本序》(部分)

徐光启与利玛窦合译《几何原本》之后，又合译了《测量法义》(约 1607—1608 年)，并运用《几何原本》的理论，自著《测量异同》和《勾股义》。更重要的是他进而认识到数学是“众用所基”，制定了一个“度数旁通十事”规划。① 他以数学作为其他各门科学技术(如历法、水利、测量、声乐、军事、财会统计、建筑、机械、绘图、医药等)的基础，其思想倾向已具备了近代科学的一些特征。

古代有一种传统的保守看法，叫做“鸳鸯绣出从君看，不把金针度与人”。徐光启则反其道而行之，提倡“金针度去从君用，不

① 徐光启撰，王重民辑校：《徐光启集》，中华书局 1963 年版，第 337～338 页。

把鸳鸯绣与人"。① 对科学普及大声疾呼，身体力行，表现了一位科学普及先驱的宽大胸怀。

(三)《崇祯历书》的编译

西方学者相信天文现象是人所可以理解的，致力于寻求一套模式，采用严格证明的逻辑方法，以解释天体运行的原因及彼此的一致性。这对于在中国传统文化土壤中长大的徐光启来说，又是一种新鲜事物。加上明朝的大统历沿用元郭守敬的授时历，使用日久，测算欠准，所以他主张引进西法天文学。1612年1月7日礼部奏："精通历法如〔邢〕云路、〔范〕守己为时所推，请改授京卿，共理历事。翰林院检讨徐光启，南京工部员外郎李之藻亦皆精心历理，可与〔庞〕迪峨、〔熊〕三拔同译西洋法。"②崇祯二年(1629年)已任礼部侍郎的徐光启受命设立历局，进行历法改革。名义上是"参用西法"，实际上是以西法为基础，请大批中外专家编译《崇祯历书》。

《崇祯历书》长达一百三十七卷，完成于崇祯七年(1644年)，时徐光启已逝世，由他推荐的李天经督领完成。在编译工作中，徐光启不但躬亲修改，审阅过大部分的书稿，贡献至巨，而且提出了著名的"欲求超胜，必须会通；会通之前，必须翻译"的指导方针。③ 徐光启不仅强调翻译工作的重要性，而且为翻译工作指出了"会通"和"超胜"的目的和前景，在西学东渐中起到了积极的作用。也说明徐光启虽然对西学佩服得五体投地，仍不忘"超胜"这一爱国目的。

(四)《农政全书》的编撰

徐光启出于经世致用的目的，对农业水利一贯十分重视。万历

---

① 徐光启撰，王重民辑校：《徐光启集》，中华书局1963年版，第78页。
② 《明史·历志》。
③ 徐光启撰，王重民辑校：《徐光启集》，中华书局1963年版，第337~338页。

四十年(1612年)他从意大利传教士熊三拔(Sabatino de Ursis, 1575—1620年)学习泰西水法卒业,根据笔记编成《泰西水法》六卷。而集我国古代农业科学之大成的《农政全书》则是他几十年心血的结晶。

《农政全书》凡六十卷,分农本、田制、农事、水利、农器、树艺、蚕桑广类、种植、牧养、制造和荒政等项,全书共50多万字,其中徐光启自著6万多字,余为他精心编录的农业文献。徐光启生前已编成此书,但未及定稿出版。后由陈子龙等整理出版,并作了一些增删。"大约删者十之三,增者十之二。"①刊于崇祯十二年(1639)。

明初奖励垦荒,一岁数收的耕作技术进一步发展,东南沿海双季稻已普遍种植,岭南还出现了三季稻。明代重视棉业生产,"税粮亦准以棉布折米",② 此时棉花生产已从江南推进到华北各地,遍布天下。江南则进一步扩展生产,松江一带明代中叶植棉面积几乎与水稻相等。玉米大约在16世纪初由海路传入我国沿海,各地随即跟进。现已发现栽培玉米的最早记载出现在正德六年(1511年)的安徽《颍州志》上。万历二十一年(1593年)福建人陈振龙从菲律宾回国时,设法带回薯藤,且试种成功,迅速传到浙江、山东、河南和其他省份。玉米、甘薯等高产作物引进后,成为贫瘠地区的重要粮食来源和救荒的主粮。

徐光启早年在家乡从事过农业生产,当官后曾在天津购田屯种试验,平时关心农事。他的《农政全书》不但有的放矢地辑录了历代流传的许多农业科学资料,同时也记录了当时农业生产的新经验,发展了生物学知识。如在棉花栽培技术方面,《农政全书》卷三十五总结出了"精拣核,早下种,深根短干,稀料肥壅"的高产经验。徐光启曾在上海试种甘薯,获得成功,作《甘薯疏》,加以推广。他针对蝗虫为害严重的情况,研究过蝗虫生活史和除蝗方法。在作物移植方面,古人错误地认为菘(白菜)北移都变芜菁,

---

① 《农政全书·凡例》。
② 《明史·食货志》。

芜菁南移都变菘。徐光启以亲身经验说明,芜菁南移不会变菘,并解释了在南方芜菁根部变小的原因及培育大根的方法。他推荐种乌臼取油,种女贞树取白蜡,"其利济人,百倍他树"。① 在生物学史上,他首次详细记述了白蜡虫的生活习性。

必须指出,江浙一带,自唐宋以来一直是北方政权的粮仓。至明末,水利失修,滥围滥垦,自然灾害加重,南方的农业生产已经严重超荷,饥荒频仍。故《农政全书》专辟"荒政"之部十八卷,几乎占全书的三分之一。然而徐光启个人的努力毕竟有限。留给后人的历史经验教训,则值得我们深思。

徐光启的科学思想和他在第一次西学东渐中的作用,下一章中还有进一步的介绍。在此仅需指出,以对中国科学技术的贡献而论,在上述三大领域中的任何一个领域内的贡献,都足以使徐光启处于不朽的地位,实际上,同时拥有这三者的徐光启,确是中国科技史上的又一个里程碑。

七、明遗民的质测之学和启蒙思想

当一个个科技顶尖人物,各以自己的专业或特长,在明代中后期写出了一部部总结性的巨著之后,又一位科学通才式的科学家和哲学家方以智,试图总结各门学科知识,从明末到清初,"乱里著书",积稿成《物理小识》,在中国古代科技与近代西方科技开始交汇之际,试图将中国古代和西方传入的科技知识熔为一体,引申发挥,留下了重要的记录。

在资本主义萌芽的激励下,我国自明代中叶起,陆续萌发点滴资产阶级启蒙思想,其代表人物有李贽、黄宗羲、顾炎武、王夫之、方以智等人,他们的活动同时也促成了传统科学思想的深化。方以智的"质测"和"通几"说,富有近代科学萌芽时代的特色,惜乎后继乏力,未能产生应有的影响。

---

① 《农政全书》卷三十八。

（一）方以智与他的同志们

方以智（1611—1671年），字密之，安徽桐城人。其祖、父两辈，先后官至廷尉、中丞，有文名。方以智幼时即与其父见熊三拔，长又读金尼阁之《西儒耳目资》、西学丛书《天学初函》，从毕方济问历算奇器之学，接触到不少西方学术。崇祯时，方以智中进士，任翰林院检讨。年轻的方以智参加了"复社"活动，与陈贞慧、吴应箕、侯方域有"明季四公子"之称。

清兵入关后，方以智在南明政权中当过东阁大学士、礼部尚书，但不久辞职，浪迹南方。在颠沛流离中，方以智出家为僧，改名大智，用过的号甚多，有无可、浮山愚者、药地等。

晚年，方以智落到了清政府手中。1671年10月，他在江西被押解途中，自沉于万安惶恐滩，终年61岁。

方以智聪明强记，自小有强烈的求知欲，尤喜考核辨难，对探究物理，尝自称："吾小时即好为之。吾与方伎游，即欲通其艺也。遇物，欲知其名也。物理无可疑者，吾疑之，而必欲深求其故也。……故吾三十年间，吾目之所触，耳之所感，无不足以恣其探索而供其记载。吾盖乐此而不知疲也。"① 于是，每有所闻，分条别记，"随笔条记杂稿盈簏衍中"，② 生平著述数十种。除《物理小识》（1664年）外，尚有以文字训诂音韵学为主、旁及名物度数艺术之《通雅》五十二卷，哲学著作《药地炮庄》、《东西均》等，均是久负盛名的传世之作。

方以智与明末著名的三先生黄宗羲（1610—1695年）、顾炎武（1613—1682年）、王夫之（1619—1692年）都属于抗清志士、启蒙思想家之列。在明末清初，他凝聚父子和同志之力，树起了一面以"质测"（科技）和"通几"（哲学）为特征的新学派的大旗。怪不得王

---

① 《通雅·钱饮光序》。
② 方中履：《古今释疑·方中德序》。

夫之钦佩地说："密翁与其公子为质测之学，诚学思兼致之实功。"①除科学和哲学外，方以智对文学、音乐、书画也很精通。

方以智有子三人：中德、中通、中履，均不应科举。他常"勉其就资质所近，各成一业"。② 方中通(1634—1698年)，字位伯，好泰西诸书及律历音韵九数六书之学，专事象数物理。他曾向波兰传教士穆尼阁学习数学，著《数度衍》二十三卷，附录一卷。《物理小识》原附于《通雅》之后，也是中通将其析出，编成单行本，独立成书。且以加注的形式，补充了自己及同伴的一些研究成果。有江西广昌人揭暄，字子宣，明天文算术，曾与方中通讨论天文学、光学等，其结果别录为一书，名为《揭方问答》。

方中履(1638—1686？年)，字素伯，从小即是读书迷，经史百家，几乎无书不读。弱冠时，开始辑所闻见者，经数年，渐有所成。他博采昔人之众论，加以已见，从天文历数律吕、经史源流、疆域沿革、文物制度，至算数、医学、方伎，包罗万象地著为一书，名为《古今释疑》，共十八卷。此书先有抄本，20年后，获助出版，康熙二十一年(1682年)由汗青阁刊行。这是又一本《物理小识》式的著作，但流通和影响不及乃父之著。

以方以智为核心的方氏学派，在明末清初的学术界享有盛名。康熙二十六年(1687年)徐贤学为《古今释疑》作序说："方氏自廷尉、中丞、太史以来，世擅文学，天下言文章者必推方氏为职志，太史(方以智)尝著《通雅》、《物理小识》诸书……艺林视之如球图龟贝。"

(二)17世纪方氏百科全书——《物理小识》

《物理小识》全书十二卷，《物理》即事物之理，在当时是自然科学的通称。"识"通"志"，这是一部笔记小说体的小型自然科学百科全书。此书原分十五类，即：天类、历类、风雷雨旸类(图8-11)、地类、占候类、人身类、医药类、饮食类、衣服类、金石

---

① 王夫之：《搔首问》。
② 方中履：《古今释疑·方中德序》。

类、器用类、草本类、鸟兽类、鬼神方术类和异事类。周瀚光、贺圣迪曾统计全书条目，按现代学科加以分类，制成对照表。① 实际上有些条目古今颇难一一对应，现暂借用该表，改正个别疏误后，列成下表一：

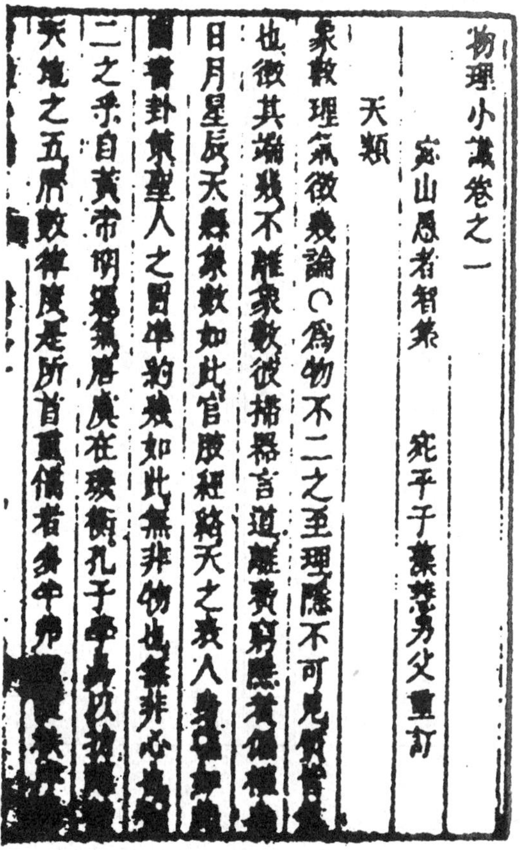

图 8-11 《物理小识》书影

---

① 周瀚光、贺圣迪：《我国十七世纪的一部百科全书——方以智的〈物理小识〉》，《中国科技史料》，1986 年第 6 期，第 43~49 页。

表一　　　　　　　《物理小识》新旧学科分类对照表

原分类 \ 现分类 条数	天文历法	地学	物理	化学	生物	医学	农学	工艺	哲学	艺术	生活科学	其他	合计
天　　类			15	1	1				11				28
历　　类	18	4											22
风雷雨旸类	13		2	6		2							23
地　　类	1	23	4	2		5					5		41
占候类	1	1					1	5					8
人身类						46		7					53
医药类				3	1	143		2					149
饮食类				3	4	2	22	14			65	3	113
衣服类				2				5			31		38
金石类		21	5	26	6	2		12	1		18	8	99
器用类		1	11					40		3	58		113
草木类					91	2	18		1		3		115
鸟兽类					80		18		1		7		106
神鬼方术类				7	4				2		13	36	62
异事类				2	3							6	11
合　　计	33	50	46	43	190	202	60	71	30	3	200	53	891

从表一中已可看出，方以智的知识面十分广博，但他本人并不满意，因为战乱，缺乏必要的学术参考资料，"作挂一漏万之小说家言，岂不悲哉！"[1]明代数学衰退，博学如方以智者，在这方面也是弱项。然而，《物理小识》不仅保存明清交替以前的许多传统科技史料，而且融入了当时传入的一些西学知识，在中西文化交汇的

---

[1] 方以智：《通雅》卷三附记。

背景下,"且劈古今薪,冷灶自烧煮",迸发出一朵朵智慧的火花,记下了不少独特而精到的科学见解。

在天文地学方面,他坚信"地体实圆,在天之中",心目中有了正确的地球模型,并以"东方为午时,西方为子时。普天下,时时晓,时时午,时时晡,时时黄昏,时时夜半"来证明这一点,① 彻底抛弃了过时的"地浮水上,天包水外"说。伽利略改进了望远镜的发明,以之对准星空。方以智积极引进西方的新成果,告诉世人"以远镜细测天汉(银河)皆细星"。② 方以智在《物理小识》卷一中提出了"光肥影瘦"理论,认为人目所见的太阳圆面比它实际的发光体大。揭暄曾与方中通"论难日轮大小,得光肥影瘦之故",③ 后来清代的《历象考成》根据这一理论对太阳半径作了经验性的修正。

方以智善于接过西学中的"它山之石",总结和改造中国传统科学,"地中火气"说是一个突出的例子。他认为地球内部是一团硕大的运行不已的火气,所有地壳之形成,地貌之变迁,以至地震的发生等等,都可以此理论来解释。"地中火气行,遇湿凝石,即成地脉。""息壤坟起,亦地中火气腾涌。""地震者,内坪动也……地雷如雷,盖火气激行于土中也。"④ 这种理论虽然比较粗糙,却与近代地球科学的一些结论基本相符。

《物理小识》所含的物理学内容涉及力学、光学、磁学、声学、热学等,有不少精彩之处。

例如,早于伽利略相对性原理1500多年,我国东汉的《尚书纬·考灵曜》已记载:"地恒动不止,而人不知,譬如人在大舟中,闭牖而坐,舟行不觉也。"王充的《论衡·说日》以蚁行磨上为喻,说明"天持日、月转","日、月行迟,天行疾","故日月实东行而反西旋也"。方以智更进一步指出:"一疾一徐,谓徐者右行,疾

---

① 方以智:《物理小识》卷一。
② 方以智:《物理小识》卷二。
③ 《清史稿·畴人一》。
④ 方以智:《物理小识》卷二。

者左行，此亦说之可合而不遂决者也。"①扩展了相对运动的讨论范围，认识亦更全面了。

方以智记载了曾自制能自动行走的"运机"，用悬桶流水和积沙下漏为动力供机械转动，推动"运机"行走，并在卷八"器用类"中记述了它的构造。王夫之认为这就是传为诸葛亮所创、失传已久的"木牛流马"。《物理小识》还记载了杠杆轮运机、螺旋起重机等多种机械；利用比重的差异，从混合矿石中分离出各类金属的方法，等等。

几何光学是中国传统科学中发展得比较充分的一个分支。方以智研究了光的反射、折射、光学仪器和大气光现象等一系列问题。他引用其师王虚舟的话，指出凹面镜光交在前，凸透镜光交在后；本人对光的色散现象作了新的实验和总结性的阐发。他说："凡宝石面凸，则光成一条，有数棱则必有一面五色。如峨嵋放光石，六面也；水晶压纸，三面也；烧料三面水晶亦五色；峡日射飞泉成五色；人于四墙间向日喷水，亦成五色。故知虹霓之彩，星月之晕，五色之云，皆同此理。"②方以智的分光实验比牛顿的分光实验早三十多年。

除几何光学外，方以智已天才地走到了波动光学的边缘。此外，书中还谈到了磁偏角随地域而变化，累瓮隔音，金属传热等问题。

方以智不是医生而精医理，若按条目计，生物医药知识在《物理小识》中占了44%，内容颇为丰富。

《物理小识》的"医药类"，基本上不采西说，主要是精研历代医家名著为基础，折中诸家之说。方以智受中医折中学派的影响，特别重视"火"的作用，认为"人身以阳为主"，不可随便服寒凉之药，告诫"勿纵欲以竭火，亦勿服寒以灭火"。③

方以智有足迹遍天下、通晓多种方言的有利条件，对药物学也

---

① 方以智：《物理小识》卷一。
② 方以智：《物理小识》卷八。
③ 方以智：《物理小识》卷四。

很有研究。他在《通雅·凡例》中曾指出："东璧(李时珍)穷一生之力,已正唐宋舛误十之五六,而犹有误者。"所以他不但发现和纠正了《本草纲目》和历代本草书的一些错误,而且又以不少试之有效的药物丰富了本草的记载。如卷五"医药类""虎油"条载:"虎一身皆入药,而本草未载虎油之功效。愚于猎户取其油,以涂猎梨疮,一二次即愈,亦可治大麻风。"方以智对药物研究的成果,理所当然地采入了赵学敏的《本草纲目拾遗》。

(三)启蒙思想的出现与传统科学思想的深化

提到明末清初的资产阶级启蒙思想,一定会使人想起著名的三先生:黄宗羲、顾炎武和王夫之。

黄宗羲,浙江余姚人,人称梨洲先生。他的名著《明夷待访录》,相当于中国近代史开端的《人权宣言》,闪烁着民主主义思想的光芒。他也反对鬼神迷信和八股科举制度,在历法、数学、史地等方面富有著述。

顾炎武与黄宗羲一样,也出生在长江三角洲。他是江苏昆山人,人称亭林先生,著有《日知录》等,对玄学作了严厉的抨击,主张"经世致用",提倡"实学"。其研究方法的特点是重证据材料,重调查研究和考证,开清代朴学风气之先。

湖南衡阳人王夫之,人称船山先生,作为一名杰出的唯物主义思想家兼科学家,一方面继承发展了张载等人的唯物主义思想,集朴素唯物主义的元气学说之大成;另一方面,吸收当代科学技术新发展的成果和西学的影响,著《张子正蒙注》、《周易外传》、《尚书引义》等,以元气的聚散说明物质世界的多样性,进而指出物质与运动不灭,但可互相变化。王夫之认为:元气"聚散变化,而其本体不为之损益",① 从哲学思辨的角度走向了物质不灭和运动不灭原理。他更指明物质和运动的变化是"推故而别致其新",② 并非简单的重复,坚持行是知的基础的唯物主义认识论,将我国古代朴

---

① 王夫之:《张子正蒙注·太和篇》。
② 王夫之:《周易外传·系辞下传》。

素唯物主义推进到一个新的高度。

王夫之的好友方以智,来自中国传统文化的土壤,他的自然观也有鲜明的气一元论色彩。如他称:"一切物皆气所为也,空皆气所实也。"①在这种朴素唯物论的基础上,也许还有西方实验科学精神的影响,他进一步提出;"物有其故,实考究之。"②在此,方以智首先肯定并说明了世界的可知性,主张通过实际考察探究事物发展的原因和规律。这种"实考",既包括观察事实、搜集证据,也包括设计实验,亲自动手。这与宋明理学、明代风行一时的王守仁(1472—1528年)的主观唯心主义"心学"思潮,即所谓"心外无物"的"致良知"、"致知格物"是针锋相对的。王守仁认为:"所谓致知格物者,致吾心之良知于事事物物也。吾心之良知即所谓天理也。致吾心良知之天理于事事物物,则事事物物皆得其理矣。"③王守仁主张向内心去求"良知",无须向外界去作学问,杜绝了从实践中获取知识的大门。方以智强调实考,"存证以推其理",④ 且以"每驳定前人,必不敢以无证妄说"为原则。⑤ 方以智的科学成就,正是在其先进的科学思想的指导下,孜孜不倦地探索"物理"所取得的。作为一个科学家兼哲学家,方以智比前辈的又一高明之处是把科学和哲学作了明确的划分,正确指出了哲学和科学的关系。

他把自然科学称为"质测",哲学称为"通几"。他说:"物有其故,实考究之。大而元会,小而草木蠢蠕,类其性情,征其好恶,推其常变,是曰质测。"⑥方氏的质测,既指自然科学的知识体系,也包括了自然科学的研究方法和过程。我国古代从轴动杠杆、弩的触发器等具体事物抽象发展为一种有为的科学观,李志超名之曰"机发论"。"机"有具体和抽象两义,而其前身为"几"。《易·系辞》曰:"通天下之故……圣人所以极深而研几也。""这些话里的

---

① 方以智:《物理小识》卷一。
② 方以智:《物理小识》卷一。
③ 王守仁:《传习录》中。
④ 方以智:《物理小识·总论》。
⑤ 方以智:《通雅·辩证说》。
⑥ 方以智:《物理小识·自序》。

'几',含义已达抽象哲理水平,已经有了'见微知著,以小制大'的意思,既近于信息,也指实事。"①方以智大概由先贤哲理获得灵感遂以"通几"名其哲学。他说:"通观天地,天地一物也。至于不可知,转以可知者摄之,以费知隐,重玄一实,是物物神神之深几也。寂感之蕴究其所自来,是曰通几。"这就是说,通过从已知推向未知,从现象进到本质的方法,去把握、感受、追究天地万物之"几",即最普遍的内涵及其发生、发展的原因,这就是"通几"。方以智还认为:"质测即藏通几者也","通几护质测之穷",② 即哲学寓于科学之中,哲学指导科学,说明他对科学和哲学的关系有了正确的认识。

愚者大师方以智比起天主教徒徐光启来,对西学的态度要冷静得多。他曾指出:"远西学人,详于质测而拙于言通几。然智士推之,彼之质测犹未备也。"③虽然这一议论只是针对方以智所接触到的那一部分西学而发,事实上,方以智确实发现了西洋传教士所带来的西学质测中的一些缺陷,而能有所发展。而于通几,方以智晚年作《东西均》,进一步提出了交、轮、几之说。他把对立物的相互作用叫做"交",交的过程循环叫做"轮",交轮运行中决定大变化的微妙东西叫做"几"。由于时局和历史条件的局限性,方以智了不起的思想萌芽来不及充分发挥,便成了千古绝唱。

方氏之后,随同西学东渐而来的分析、实证的科学,连同机械决定论观念逐渐统治了整个中国学术界。

八、总结易,奋进难

明清时期,伴随着资本主义萌芽的出现和西学东渐的影响,近代科学的曙光开始在东方升起。毋庸置疑,即使没有西方资本主义

---

① 李志超:《机发论——有为的科学观》,《自然科学史研究》,1990年第1期,第1~8页。
② 方以智:《物理小识·总论》。
③ 方以智:《物理小识·自序》。

的产生及其影响，中国的封建社会迟早要归于灭亡，新的生产关系的出现及其发展，必然会像它曾显灵于欧洲那样，为近代科学大开方便之门。即使近代科学尚未在欧洲发生，沿着中国传统文明的道路前进，未尝不可以发展为欣欣向荣的近代科学。不过，也许它将采取与欧洲文明不尽相同的形式，必须努力克服各种消极因素，通过与封建专制主义压迫的反复较量才能实现，可惜历史是不能改写的，明清之际留给后人的是代价巨大的经验教训。由于种种限制因素的存在，琳琅满目的科技成就的总结和新科学的曙光，终难突破传统的科技体系。这些总结实际上成了传统科技体系的动人句号，而没有成为近代科学前进的出发点。

（一）资本主义萌芽受封建专制束缚

1368 年，农民起义出身的朱元璋建立了新的封建政权——明朝。明初在制定一系列发展生产的政策之同时，专制主义中央集权得到了进一步的加强。随着农业、手工业、交通运输和商业贸易等不同程度的恢复和发展，商品经济活跃起来，促进了原有商业城镇的发展和大批新工商业城镇的兴起，同时也促使小生产者发生两极分化。元末明初的杭州，"饶于财者，率居工以织……杼机四、五具……工十数人"。① 手工工场规模尚小。至明代嘉靖、隆庆、万历年间，江南丝织业中，分化日益明显，少数人上升为机户（作场主），多数人降为机工（雇佣工人），形成了资本主义萌芽。像苏州、杭州等城市，纺织工人数以千计。苏州有的佣工有固定的工作，计日发薪；有的每天早晨在劳动力市场等候受雇为临工，"缎工在花桥，纱工立广化寺桥，又有以车纺丝者曰车匠，立濂溪坊。什百为群，粥后始散"。② 除丝织业外，江南踹染业、造纸业、造船业、江西景德镇的制瓷业、广东佛山的冶铁业、松江的棉布业中，也有不同程度的资本主义萌芽出现。

万历元年（1573 年），张居正（1525—1582 年）出任内阁首辅，

---

① 徐一夔：《始丰稿·织工对》。
② 《吴县志》卷五十二上，风俗，民国二十二年（1933 年）刊。

励行政治改革。万历九年(1581年)赋役按亩折银征收的一条鞭法推行于全国，商品货币经济获得进一步的发展。

但是明代中叶出现的资本主义萌芽，在当时的社会经济条件下，始终难以像西方那样发展壮大，中国封建法制破坏商品生产，阻碍商品流通，限制劳动者的人身自由，加上地主兼营工商业的小业主，与封建地主阶级有千丝万缕的联系，缺乏在中国开拓资本主义的抱负和魄力。总而言之，明朝中后期的资本主义萌芽，充其量不过是一些软弱无力的幼芽。然而，仍有某些进步的知识分子，曾经作为新的生产关系的代言人，喊出了他们的心声。

如徐光启，既重视农业经济，也不忽视工商业，他曾经提出开放海市，发展海外贸易的合理建议；作过著名的经济学论文《漕河议》；并在《农政全书》中建议合股建立浆纱、刷纱的厂房，鼓吹资本主义萌芽。可惜当时封建知识分子中的先进者，与资本主义萌芽这种先进生产关系的联系究属太少，与那时欧洲科技界与新兴资产阶级密切合作的盛况不能同日而语。因此，难以形成推动科技大踏步发展的合理结构和连锁反应，所起的作用是十分有限的。

(二) 科举八股弊多利少

儒家"学而优则仕"的说教将历史上无数知识分子引入了迷途，从科学手中夺取了大批本来很有希望的人才。明朝成化年间，八股取士的科举制度正式固定下来，把知识分子的思想禁锢在程朱理学的窠臼之内。1499年考中进士的王守仁集宋明主观唯心主义之大成，形成了与理学相辅而行的"心学"，逐渐上升为统治思想。大体上讲，如此出身于八股的文官阶层，充当封建统治的奴才帮凶有余，推动科技发展则不足。科学技术欲求长足发展，非突破八股科举、"理学"和"心学"的桎梏不可。事实上，明末科坛的活跃人物大多是冲破科举制度藩篱或无意功名利禄之士。

李时珍、朱载堉、徐霞客、宋应星等，在各自的领域内，个人所达到的成就可谓登峰造极，但均是单枪匹马，没有形成学派。而科技知识的积累，特别是科学理论的总结、提高和传授推广，离开了知识界的共同努力是搞不好的。科学革命需要一支庞大的科技队伍,中国古代科技成就的源头活水迟迟不能汇成近代科学的江淮河汉,大批人才被科举制度生俘而去也是一个重要的原因。在这个问题上,徐光启得天独厚,见解也不同凡响。但他不拘一格选拔人才的改革,只能在自己所辖的"历局"范围内试行,影响有限,难以撼动根深蒂固的科举制度。当世之时,"名理之儒土苴天下之实事",①"空谈性命,不务实学",② 是大多数知识分子的通病。如果说科举制度在唐宋时期尚有一定的积极意义,那么明朝的八股取士已经完全僵化,成了扼杀知识分子新思想,破坏科技队伍建设的腐蚀剂。

(三)引进西学阻力重重

中外文化交流是促进人类进步的积极因素之一。明朝末年,纷至沓来的西洋教士,在西方近代科学出现之初,就传来了它的信息,这是值得欢迎的。如果依靠中华民族优秀的文明传统,培植新生的资本主义萌芽,加上这种外来的催化剂,内外相助,假以时日的话,其结果是不难想象的。但是,来自国内外的重重阻力顽强地抵抗着这种进程。

首先,西洋传教士介绍西学的主要目的是为博取好感,进行政治和宗教交易。其次,虽然他们大多受过相当程度的教育,但携来的是经过基督教陶冶过的西洋学术,处处以不违背天主教义为前提。例如,他们宁可采用托勒密地心说,而不用哥白尼日心说。这样,通过西洋传教士这条渠道引进西学的程度和规模就不得不带有局限性。

然而,西洋传教士毕竟打开了中国人认识外部世界的一个被动的窗口。但中国封建势力关心的首先是封建制度的命运,它无心派人出国学习,却继续热衷于闭关锁国,有意无意地制造了西学东渐的种种阻力。在封建士大夫中间,有的害怕新的秘密结社酿成农民起义;有的担心传教士是日本间谍,为倭寇入侵充当帮凶;有的警惕传教士和武装侵犯中国的"红毛夷"(荷兰人)是同党;有的夜郎

---

① 徐光启撰,王重民辑校:《徐光启集》,中华书局1963年版,第80页。
② 阮元:《畴人传·利玛窦传》。

自大，对外来的东西一概排斥。顽固守旧者甚至说："宁可使中国无好历法，不可使中国有西洋人。"同时，佛道两家也介入了儒家正统势力与天主教势力的明争暗斗，使形势更加复杂。由于上述种种原因，1616 年发生了南京教案，给天主教在华势力以沉重打击，西学东渐出现了危机。徐光启挺身而出，上疏替传教士辩护，却被顽固派攻击为"邪教魁首"。他锐意融合中西，以便形成我国自己的一套系统科学思想的创意，犹如阳春白雪，和者盖寡。我国历史上重技术、轻科学的科技结构，能够适应封建大一统下小农经济的需要，却跟不上新形势的要求。事实上，明政府对引进西洋火器等应用技术，态度较为积极，而对于科学实验的倡导和鼓励，则几乎闻所未闻。徐光启晚年曾哀叹："臣等书虽告成，而愿学者少，有倡无和，有传无习，恐他日终成废阁耳。"①不幸，真的被徐光启言中了。当时从西方引进一鳞半爪的技术知识，虽对我国的科技事业略有小补，但徐氏等大声疾呼过的系统科学思想，有倡无继，竟至绝传而为广陵散。

(四) 政局变幻和社会动乱的干扰

科学技术的全面发展最好有一个安定团结的政治局面或无毁灭性破坏的竞争。明末清初则正好相反，天下大乱。明王朝内外交困，风雨飘摇，无力顾及科技事业，使科技发展受到严重影响。徐光启曾试图借政府的力量力挽狂澜。他打算在"历局"内，以"度数旁通十事"的宏伟规划为"现代化"的蓝图，以自己为核心，团结一批志同道合的人，形成中国自己的科学体系。当时徐光启一派的学者及门生故吏约有一二十人，已初具声势，适与英国皇家学会的草创时期相呼应。然而，明末不是科学的春天，一股股扼杀生机的寒流，使徐光启理想追求的中国式科学院雏形成了泡影。

清兵入关以后，江南的资本主义萌芽遭受空前浩劫，几乎摧残殆尽，此后用了一百多年时间才慢慢复苏到明末的水平，对于科技发展的影响自不待言。明清政权的易手，还对忠于明室的杰出科学

---

① 《徐光启集》，中华书局 1963 年版，第 415 页。

家的命运以及科技的发展产生了直接的影响。方以智因为他的反清立场,有清三百年中,他的著作一直被湮没,各种"学案"避而不谈,知道他的科技著作的人更是寥若晨星。宋应星也在南明政权中任过官职,他的《天工开物》来不及广泛流传,便被禁毁,在《四库全书》中没有一席之地,甚至在《四库全书总目》的存目中也未著录。此后,宋应星其人其书更加销声匿迹,在国内被埋没了约二百年之久。朱载堉的律历著作进呈朝廷后,明政府无暇顾及,便束之高阁。明亡后,作为明宗室人们避犹不及,谁还会向清廷推荐他的发明呢?1745年,乾隆皇帝出于政治原因,在《律吕正义后编·乐问篇》中还攻击朱载堉"不顾显谬","借勾股之名以欺人"。朱载堉的科技成果在国内被长期压抑,难见天日,显然与政权变更有关。徐霞客死后三年,清兵挥兵南下,其家乡江苏江阴惨遭屠城之苦,《游记》的遗稿也同遭劫难。徐光启身为明朝大员,积极参加了抗清军事斗争,当然为清室所不容。徐氏所有著作,遭到明令禁毁。此外,有些科学家在抗清斗争中死节,许多知识分子在明亡后隐居起来,誓不仕清。清初科坛一度十分冷落。

当时在欧洲,科技复兴正春风得意马蹄疾,景况完全不同。1642年科学耆宿伽利略巨星陨落,就在同一年,科学泰斗牛顿继之而来……数十年间,人才辈出,科学勃兴。值此历史的关键时刻,我国的科技发展由于遭到内乱的严重打击,中断了它的正常进程,坐失了与西方并驾齐驱的良机,所造成的损失是难以估量的。①

---

① 闻人军:《试论明末限制科技发展的因素》,《科学传统与文化——中国近代科学落后的原因》,陕西科学技术出版社1983年版,第370~380页。

第九章
西 学 东 渐

　　中国明代下西洋由于没有强大的经济动因，传统的地平说又否定对蹠地的存在，无从激起环球航行的兴趣，所以即使明代中国拥有先进的造船和航海技术，郑和多次下西洋并没有导致地理大发现。在他之后，十五、十六世纪西方商品经济的发展和扩大国外市场的需要，刺激了航海热一再升温。1492 年相信地圆说的意大利人哥伦布（Christopher Columbus，1451—1506 年）在西班牙资助下到达了美洲，导致了新大陆的发现。1498 年葡萄牙人达·伽马（Vasco da Gama，约 1469—1524 年）绕过好望角横渡印度洋到了印度，翌年满载东方货物回到葡萄牙首都里斯本，牟利 60 倍。1519—1522 年葡萄牙人麦哲伦（Ferdinand Magellan，约 1480—1521 年）的船只绕行地球一周成功，证实了地圆说。接着，欧洲人的海外贸易和殖民主义野心交替上升。十六、十七世纪，欧洲群雄先后侵入美洲和东方，以掠夺助积累，为资本主义开辟道路。1515 年葡人裴来斯特罗（Rafael Perestrello）奉命来到中国，开始贸易、交涉通商，至 1554 年，澳门变成了葡人在中国的立足点。

　　正当中国科学精英忙于总结古代科技经验的时候，西方文艺复兴之后，伴随着资本主义的产生和发展，十六、十七世纪的科学革命揭开了近代科学的新篇章。

波兰天文学家哥白尼（Nicolaus Copernicus，1473—1543年）于1543年发表《天体运行论》，公布石破天惊的太阳中心说，把被神学颠倒了的宇宙秩序重新颠倒过来。但他的学说一开始并未被多数人接受，他的支持者还遭到了宗教势力的残酷迫害。同年，布鲁塞尔人维萨里（Andreas Vesalius，1514—1564年）出版《人体构造》，标志着近代解剖学的开端。1628年英国人哈维（William Harvey，1578—1657年）发表《论心脏和血液的运动》，最早论述血液循环的规律。

近代实验科学的奠基者是意大利科学家伽利略（Galileo Galilei，1564—1642年），他的自由落体科学实验，推翻了统治力学界1700年之久的亚里士多德学说。他研究单摆，发明空气温度计，改进望远镜的发明，自制了一架放大率为32倍的望远镜，于1609—1610年将之对准星空，次年撰成《星际使者》，宣布了月面火山口、木卫、土星环、太阳黑子的运动等一系列引人注目的新发现。

接踵而来的是英国的科学新星牛顿（Isaac Newton，1642—1727年），他站在巨人的肩上攀登了一个又一个科学高峰。先是17世纪上半叶，法国的笛卡尔（René Descartes，1596—1650年）建立解析几何，把变量的概念引进了数学。英国的耐普尔（John Napier，1550—1617年）建立了对数。在此基础上，牛顿和德国的莱布尼茨（Gottfried Wilhelm Leibniz，1646—1716年）几乎同时独立地发明了微积分。1666年，牛顿从德国人开普勒（Johannes Kepler，1571—1630年）的行星运动第三定律推出万有引力定律。1687年发表其名著《自然哲学之数学原理》，首次阐明了牛顿力学三定律，奠定了经典力学大厦的基础。牛顿做过一系列的光学实验。1666年观察三棱镜色散，1672年发表论文，对此作了科学解释；他还发明了反射望远镜。他的光微粒说（1704年）与惠更斯（Christiaan Huygens，1629—1695年）的波动说（1678年）长期论争不休，直至近代出现光的波粒二象性理论。

英国的波义耳（Robert Boyle，1627—1691年）于1661年发表

《怀疑派化学家》，首次将元素和化合物加以区分，提出了元素的概念，就化学分析和化学反应作出解释，使化学从炼金术中解放出来成为一门科学。

这场近代科学革命，加上与中国传统科学恰成互补的古希腊科学传统，正是第一次西学东渐的科技背景。

一、西学东渐第一波

16世纪欧洲掀起宗教改革运动，其影响则远远超出了欧洲。当时，基督教分裂成新教和旧教。新教在北欧取得优势，旧教，即天主教在南欧进行革新。为了重振罗马教会，天主教教会罗耀拉（St. Ignatius de Loyola）等于1534年在天主教内部创立了耶稣会（Society of Jesus），特别重视知识和纪律。罗马教廷以耶稣会士为主力，加紧派遣布道团四处活动。于是，16至18世纪，以耶稣会士为主要成分的西洋传教士络绎前来。传教是他们的真正使命，并不负有开展中西文化交流的任务。但是中华帝国的大门并不是那么容易打开的，他们不得不借助于西方的科技优势作为敲门砖。这样，就从客观上造成了西学东渐第一波的外因。中国知识分子中具有革新思想或近代科学萌芽意识的先进分子，则在西学东渐初潮中扮演了不可或缺的重要角色。

明末清初近五百位来华耶稣会士中，比较著名且通科技的有会长利玛窦（Matteo Ricci，1552—1610年）、汤若望（Johann Adam Schall von Bell，1591—1666年）、南怀仁（Ferdinand Verbiest，1623—1688年）、艾儒略（Julius Aleni，1582—1649年）等。法国人金尼阁（Nicolaus Trigault）于1610年入华，号称携来西书七千卷，其中有不少是科技书籍。据不完全统计，十七、十八世纪，耶稣会士在中国编写或与我国学者合作译述介绍西方科技的书籍有一百多种，内容涉及西方的初等数学、天文历法、地理、物理、医学、生理学、水利、兵器、机械工程、建筑，以及哲学、音乐、绘画等领域。而欧洲人开始译介汉学经籍和中国传统文化，也于此时开端。

当时与传教士结交、合译，在科技上卓有贡献的我国学者有徐光启、李之藻、王徵、薛凤祚等，可惜他们不通外文，引进西方科技不得不采取与传教士合译的方式，从选材到理解、表达，均受到种种限制。

(一)西学东渐第一师——利玛窦

利玛窦，字西泰，别号利山人，又称西泰子。1552年10月6日，利玛窦出生于那时的科学中心意大利。他在1571年加入耶稣会，次年转入耶稣会创办的罗马学院(Collegio Roman，现为Gregorian University)，除了宗教课程以外，还接受了当时最好的科学教育，学习的内容包括拉丁文的欧几里得几何前六卷、实用算术、行星论、透视画法，以及制作地球仪、天文观测仪器和钟表的技术等。该校的教师中有一位德国人克拉维斯(Christopher Clavius，1538—1612年)，学识渊博，著述丰富。罗马学院无意把利玛窦培养为具有创造性的科学家，却按既定方针将其塑造为挟科技以传教的称职的传教士，日后为西学东渐和西方的汉学研究作出了巨大的贡献(图9-1)。

图9-1 利玛窦像，原刊 Vincent Cronin：*The Wise Man from the West*(1955年)

1582年，利玛窦和罗明坚（Michele Ruggieri，1543—1607年）奉命来到澳门，培训中文，待机进入中国内地。次年9月，利玛窦随早一年来过广东的罗明坚进入广东省香山县，获肇庆知府王泮准许，在肇庆居住。1584—1588年间，他与罗明坚合编了葡华字典《平常问答词意》，这是历史上第一部中西文字典。1589年，利氏迁居韶州。为了融入中国社会，利玛窦不仅用中文名字，钻研汉学，用拉丁文译出《四书》，开欧洲汉学之先河，而且还采纳瞿太素的建议，一身儒士打扮，与朝野知识分子广泛结交。利氏尊儒而排斥佛老，尊先儒而斥近儒。1597年6月，他被任命为中国传教区会长，综理一切教务。为了扩展传教事业，他一直寻机进京。1601年6月，利氏到北京，虽未见到明神宗，但终因进贡方物，借此"奇货可居"，达到了在北京居住办事的目的。他进贡的方物中，除天主圣像、圣母圣像外，还有自鸣钟、万国图志、铁弦琴等西洋奇货，深得明神宗欢心。两架自鸣钟最使皇帝惬意，视为天下奇物。为了使用管理，由利玛窦口授，四太监笔录，写成《自鸣钟说》一卷，现已失传。

我国元代已通过西域的交通，传入地球之说，但无人重视。在利玛窦携来世界地图之前，也还没有一幅称得上世界地图的地图。利氏的学生时代，西方地图学由于注入了地理大发现的新鲜血液，面目一新。1570年，奥特吕斯（Abraham Ortelius，1527—1598年）出版了第一部世界地图集《地球大观》，用的是经曲纬平的平面投影法。利氏在肇庆时，参照《地球大观》，绘了一幅有五大洲的西文标注的世界地图，遂制成一幅较原图为大的用汉文注释的世界地图，即《舆地山海全图》。他的世界地图引起国人的好奇，惊讶和愤怒，经王泮等人从旁出主意，为了迎合中国传统以为中国即"中央之国"的心理，他特意把南北美洲绘在亚洲的东部，使中国的位置处于全图的中部，时约1584年。汉文世界地图先由岭南西按察司副使王泮刊印于肇庆，以后在南昌、南京和北京又重绘、修订过多次。为此，利氏在中国大地上首次进行了某些城市的经纬度实测。利氏绘制的世界地图中，以1602年在北京由工部员外郎李之藻雇工刊印的《坤舆万国全图》最为完善。（图9-2）该图采用地图平面投影法，六条合幅宽 361 厘米，高 171 厘米。1603 年利氏又绘《两仪玄览图》(即《世界大地图》)。

图 9-2　坤舆万国全图(利玛窦编绘，1602 年刊于北京)

利玛窦认为："欲使中国人重视圣教事业，此世界地图盖此时绝好、绝有用之作也。"世界地图确实在中国士大夫阶层中引起了颇大的震动。从客观上讲，利氏绘制世界地图，把五大洲(亚细亚洲、欧罗巴洲、利未亚洲[即非洲]、亚墨利加洲[即美洲]、墨瓦蜡泥加洲[即南极洲])的知识、地球圆形的概念、寒温热带之分法、西方的经纬度制图法等传入了中国，使中国人突破了原有的狭隘的华夷观，开始了对人类生活的地球的正确了解。图中的许多译名，如亚洲、欧洲、大西洋、地中海、地球、南北极、南北极圈等，一直沿用至今。

利氏在华绘制过十多种世界地图，他的成功，为其他传教士作出了榜样，大家纷纷效法。如西班牙人庞迪我(Diego de Pantoja, 1571—1618 年)作《海外舆图全说》，意大利人艾儒略作《万国全图》，比利时人南怀仁作《坤舆全图》，法国人蒋友仁(Michael Benoist, 1715—1774 年)作《世界坤舆全图》等。反之，卫匡国(Martino Martini, 1614—1661 年)的《中国新图志》(含全国图一幅、全省图十五幅、日本图一幅)完成于 1653 年，不久在荷兰阿姆斯特丹出版。它向西方介绍中国，无论篇幅之规模、资料之详实，还是制图之精良，在当时世界上，直至18世纪，均罕有其匹。

方豪发现西班牙马德里国家图书馆藏有一本1593年刊的汉文《无极天主正教真传实录》，作者题为"新刻僧师"，全书九章，旨在宣传宗教，然其第四章以"论地理之事情"为题，介绍了地图之说和它的几种根据，还介绍了南北半球各有寒带，温带和热带等。第五章至第九章，介绍世上草木禽兽，含有不少西方生物学的内容。此书因出版甚早，故值得一提。科学和宗教在西方往往势不两立，在西学东渐中，则成了合作得不错的同盟军。从"新刻僧师"到"西学东渐第一师"莫不如此。

利玛窦的老师克拉维斯1561年所写的《萨克罗博斯科天球论注释》是属于亚里士多德、托勒密体系的天文学百科全书，影响很大。利氏从他那里掌握了西方天文学知识，并把它介绍到中国，根据此书译述了多种天文学著作，并请罗马教廷续派懂天文学的传教士来华，以天文历法之学开路，便于传教。

利氏认为如果"《原本》未译，则他书俱不可得"，① 三进三止之后，与徐光启合作，译刊了《几何原本》前六卷。他的又一个得力的合作者是"聪明了达"的李之藻。

（二）"聪明了达"李之藻

李之藻（1565—1630年），浙江仁和（今杭州）人，字振之，又字我存，万历二十六年（1598年）进士。万历二十九年（1601年），利玛窦至北京，一时名士均乐与之游，李之藻、徐光启与他过从尤密。中国学者中，利氏最推崇的，也是此二君。他尝称："自吾抵上国，所见聪明了达惟李振之、徐子先二先生耳。"②李雇工刻印利氏万国舆图后，两人更成为莫逆之交。利氏懂西方记忆术，来中国后，曾撰《西国记法》刊行，介绍西洋神经学和记忆术。李之藻记忆力本来就强，加上学习得法，"相传二人偶过一碑，共读已，玛

---

① 徐光启：《刻几何原本序》。
② 《同文算指·杨廷筠序》。

窦背诵如流，之藻逆通，误一字，玛窦叹服"。① 李之藻有此资质，加上勤奋读书，所以"博学多通，时辈罕有其匹"，"于天文、地理、几何、算术、律吕、技艺诸学，皆能致精思"，官至光禄寺少卿兼管工部都水清吏司郎中事。其所著有《頖宫礼乐疏》十卷，"言历代崇祀孔子之学，并孔庙礼器，乐器，图绘工细"。还有《四书宗注》二十卷。他与利玛窦合作翻译了天文学方面的《乾坤体义》三卷（1605 年）、《圜容较义》一卷（1608 年）、《浑盖通宪图说》二卷（1607 年）。利氏按克拉维斯的《实用算术概论》授课，将笔算法再次传入中国。李之藻据听讲笔记和程大位的《算法统宗》，在 1613 年编译成《同文算指》十卷，这是我国介绍欧洲笔算的第一部著作，对后世的算术有巨大的影响。

1610 年，李之藻病危，利玛窦悉心调护，终于使李之藻受洗入教。利氏本人却因长期劳累过度，患周期性偏头痛，于这一年的 5 月 11 日逝世于北京住所，享年 58 岁。由于"利子"对中外文化交流的特殊贡献，被破例赐葬阜城门外栅栏寺。

1613 年，李之藻向万历皇帝上奏西洋天文学说十四事，请亟开馆局，翻译西法书籍。他后半生致力于刊书，将当时传入的西洋著作，编成《天学初函》二十种，对于总结和推广西学东渐初潮的成果，起了重大的作用。他还与葡萄牙人傅汎际（Franciscus Furtado）合译了一部著名的逻辑学著作《名理探》十卷，介绍亚里士多德逻辑学。

李之藻在协同徐光启修订历法的第二年（1630 年）逝世，而利玛窦、李之藻等人播下的西学东渐的种子，不但包括具体的发明，而且还有崭新的概念，则继续发芽生长。

（三）徐光启的历局和《崇祯历书》

李之藻逝世之时，徐光启、龙华民（Nicholas Longobardi，1559—1654 年，意大利人，1597 年来华）、邓玉函（Joannes Terrenz，1576—1630 年，瑞士人，1621 年来华）等人正忙于《崇祯

---

① 李之藻：《頖宫礼乐疏·叙录》。

历书》的编译工作。

利玛窦生前曾向徐光启介绍欧洲的水利之学,推荐熊三拔与之合作。利氏殁后,徐光启与熊三拔合译成《泰西水法》(1612年刊行)。两人合作,还译出了熊氏所著的《简平仪说》(1611年),介绍简平仪的用法。熊氏口授关于日晷的《表度说》(1614年),则由周子愚、卓尔康笔受问世。1615年,葡萄牙人阳玛诺(Emmanuel Diaz,1574—1659年,1610年来华)的《天问略》,也在三名中国学者协助下完成。此书用问答体的形式,解释天象原理,并不指名地介绍了不久前伽利略用望远镜观测星空的壮举及其《星际使者》(1610年)的主要内容,如木星有四个卫星、银河有许多星星构成之类。

龙华民继利玛窦为会长,其观念和传教方法与利氏倡导的大有不同,曾引起中国礼仪之争,导致冲突,但在利用科技方面,仍旧不变。1623年,龙华民和阳玛诺合制了一个彩色的地球仪,上面还有文字说明。这个现存最早的在中国制造的地球仪,现存放于英国伦敦不列颠图书馆(图9-3)。

明代历法,沿用元代授时历,只不过改个名字,称为大统历,时间一长,误差加大。崇祯二年五月乙酉朔(1629年6月21日)日食,钦天监所预报的日蚀再次失验,而徐光启用西法预测日蚀却获得成功。于是,礼部侍郎徐光启的改历方案得到崇祯帝的批准,开设、督领历局,以西法改历。崇祯三年(1630年)5月,邓玉函卒,遂征正在开封的罗雅谷(Jacobus Rho,1592—1638年),正在西安的汤若望到历局来工作。

历局的工作首先是翻译。徐光启为它制订了"欲求超胜,必须会通;会通之前,必须翻译"的指导方针,意欲通过翻译,系统而全面地介绍欧洲天文学知识。"翻译既有端绪,然后令甄明'大统'、深知法意者参详考定,镕彼方之材质,入'大统'之型模。"① 实际上这一步没有来得及走到底,不过编译过程中确实考虑了中国

---

① 徐光启撰,王重民辑校:《徐光启集》,中华书局1963年版,第374页。

图 9-3　地球仪(龙华民等制，现藏英国伦敦不列颠图书馆)

历法形式上的一些传统特点。

译书的工作进展甚快。1631 年二月，进呈第一批二十四卷，第二批于八月进呈，共二十卷。1632 年五月进呈第三批三十卷。1633 年徐光启病逝前力荐李天经继任"督修历法"。随后又进呈过二次。至 1635 年前后五次所进，共计成书一百三七卷。这就是所谓《崇祯历书》。①

《崇祯历书》采用丹麦人第谷(Tycho Brahe，1546—1601 年)的体系，第谷体系介于哥白尼日心体系和托勒密地心体系之间，具有折

---

① 20 世纪末已在上海发现《崇祯历书》明刊(抄)本。

中的性质。它依然认为地球是宇宙的中心,日月恒星绕地球转,而五大行星则绕太阳转动。全书分为节次六目和基本五目。节次六目是将历法分成六个部分。基本五目指法原、法数、法算、法器和会通,法原部分是重点,旨在为历法计算建立一套比较完整的理论基础。

《崇祯历书》中介绍平面三角学和球面三角学知识的专著是邓玉函编译的《大测》二卷(1631年)和《割圆八线表》六卷(1631年),罗雅谷撰的《测量全义》十卷(1631年)。《测量全义》卷六还介绍了圆锥曲线和立体几何的一些知识。

《崇祯历书》既有特点,有又缺陷。它的编纂标志着欧洲天文学已被吸收和融合进中国的天文学。自此,中国的天文学计算体系一改传统的代数学体系,转变为欧洲古典的几何学体系。

(四)奇器热结晶《远西奇器图说》

明末清初的西学东渐中,天算和奇器为吸引国人的二大热点。几何原本和《崇祯历书》为天算热的代表。奇器热中,则出现了王徵和邓玉函合作编译的《远西奇器图说》。

王徵(1571—1644年),字良甫,号葵心,了一道人,陕西泾阳人。万历二十二年(1594年)中举,此后竟九上公车不遇,著书力田。据说他的"居室曾窍一壁以通传语,每值冠昏葬祭事,使一人语于窍,则前后数十屋悉闻之,名曰空屋传声"。① 他自制或仿制过"虹吸"、"鹤饮"(吸水器)、"轮壶"(类似于钟表)、"代耕"(机械犁)及"自转磨"、"自行车"、"水铳"、连弩等实用机械,邑人称奇,以为是诸葛孔明复出。

年五十二,王徵受洗入教。1622年,他中进士,初授广平推官。王徵在陕西从传教士金尼阁(Nicolaus Trigault)学过一点西文字母,为金氏刻印了《西儒耳目资》一书,以广流传。1626年冬,王徵补铨至北京,结识候旨修历的传教士龙华民、邓玉函、汤若望,见到了他们携带的西方奇器图说资料,亟请译成中文。邓玉函和伽利略、开普勒同为著名的山猫(Lincei)学院院士,精天文数学、物

---

① 1829年重刻《奇器图说》张鹏翎序。

理学、生理学等，亦非等闲之辈。他先给王徵补习了数日数学和机械设计基础知识，然后正式译书。两人口授笔录，专译当时西方力学机械中"最切要"、"最简便"、"最精妙者"，1627年书成，名之为《远西奇器图说录最》，简称《远西奇器图说》（图9-4）。

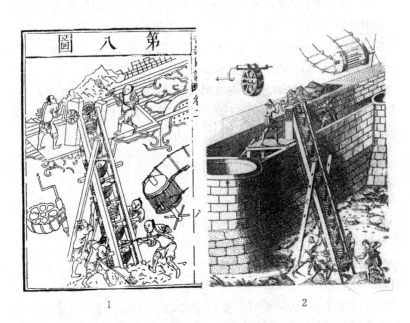

图9-4　环链式戽斗输送器　1.《远西奇器图说》（1627年）插图
　　　　2. 原图，来自 Besson 氏的工程学著作（1578年）

《远西奇器图说》的内容，主要采自荷兰的斯蒂芬（Simon Stevin，1548—1620年）之《论力学方法和发现》（1586年），德国阿格里科拉（Georgius Agricola，1490年或1494—1555年）的《论金属》和意大利拉梅利（Agostino Ramelli，1530？—1590年）的《阿·拉梅利上尉的各色精巧机械》。包括静力学的基本概念和有关计算，简单机械的省力原理，以及运用这些原理以起重、提重的各种机械，且各附图说。这是斯蒂芬静力学和欧洲近代力学机械的成功的编译本，乃是第一本向中国较系统地介绍西方物理学的著作。不过可惜的是，《远西奇器图说》略去了斯蒂芬在力的平行四边形定律、虚位移原理,自由落体运动等方面的重要成果,拣了芝蔴,丢了西瓜。

当时有些人觉得王徵干此事不值得。王徵却认为:"学原不问精粗,总期有济于世人;亦不问中西,总期不违于天。兹所录者,虽属技艺末务,而实有益于民生日用国家兴作甚急也。"①故《远西奇器图说》刊行后,他又刊印了《新制诸器图说》,内有9种机械,都是他自己以前的发明制作,有的用西洋奇器的一些零件装置作了改进。王徵另有《额辣济亚天主圣宠牖造诸器图说》手稿,记录机械仪器24种。在他的其他著作如《忠统日录》、《两理略》等书中,也记录了二十几种机械仪器,其中大部分是天文仪器、农用机械、武器和军事攻防器具。同样,它们有些是自己的发明创意,有些是根据《远西奇器图说》的机械作了改进。

王徵虽受徐光启等赏识,以王佐才交章推荐,但因受权臣阻挠,未获重用。后来崇祯帝自缢煤山,明朝覆亡,王徵在家闻讯,竟绝食而卒。

中国虽然王朝交替,传教士却不绝而来。1646年,波兰人穆尼阁(Nicolas Smogolenski,1611—1656年)来到中国,在南京等地传教,他还带来了对数表。穆氏在华十年去世,其弟子薛凤祚根据穆氏所传,编成了一部内容庞杂的《历学会通》,于1664年刊行。《历学会通》含有《比例对数表》等39种著作,包括天文、星占、数学、医药学、力学、乐律学、水利等内容。其本意是想把中法和西学融会贯通,其中最重要的是第一次向国人介绍了对数。对数是近代数学的先驱之一,传入中国后,即在我国历法计算上得到了应用。

二、不可避免的中西冲突

中西文化的背景不同,性质差异。传教士的使命和行动具有两重性。来到中国,遇到了矛盾错综复杂的东方社会,前进和守旧势力的矛盾不时表面化。中西文化的交融和冲突同时发生。于是,1616年发生了南京教案,给天主教在华势力以沉重打击。清初著

---

① 《远西奇器图说·自序》。

名传教士汤若望的浮沉,更是一个典型的例子。

(一) 钦天监正汤若望

汤若望,字道未,1592年生于德国科隆(Cologne),1611年加入耶稣会,1622年受命来华传教。他努力研习中国文化,得徐光启推荐,官拜翰林,曾在历局参加编译《崇祯历书》的工作。清初,汤若望投向新朝,任钦天监监正。汤若望著述颇丰,在明末清初的外国传教士中,其声名仅次于利玛窦。惜在他所代表的传教士势力与中国理学势力的冲突中,蒙冤入狱,死于狱中(图9-5)。

图9-5　汤若望,原刊Rachel Attwater: *Adem Schall* (1963年)

汤若望来华之际,正好赶上中国的奇器热和西洋历算热。17世纪的新发明望远镜既是天文学研究的重要仪器,又是一件奇妙的玩具。万历四十三年(1615年),阳玛诺著《天问略》时,介绍"近世西洋精于历法一名士(意指伽利略)"创造一巧器",可观60里远,并预告:"待此器至中国之日,而后详言其妙用也。"天启二年(1622年),汤若望即携望远镜而来,故在西洋历算和奇器热中左右逢源,身价倍增。1626年,题为汤若望译的《远镜说》问世。(图9-6)此书实际上还有中国人助译,据李俨研究,此君为李祖白。《远镜说》是介绍伽利略式望远镜的专著,书中对光的折射、凸透镜聚光、凹透镜散光,两种透镜分别利于远视和近视之用,两镜并用则"彼此相济,视物至大而且明也"等光学知识,作了图示或解说。徐光启领导的历局在《远镜说》问世后不久就正式申请制造望远镜。1634年,中国自制的第一架"窥筒"(即望远镜)面世。汤若望奉命督工筑台,陈设于宫廷。崇祯皇帝驾临观看,颇为嘉许。

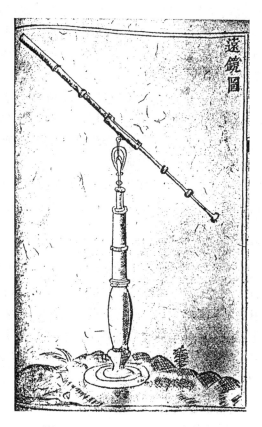

图9-6 望远镜图,采自《远镜说》

汤若望曾与徐光启合作彩绘《天文图》八幅，蓝天黄星，严格按星等绘制。明朝末年，由于军事需要，汤若望奉命设计督造铳炮，并受命将制造方法传授给"兵杖局"。1643年，汤若望口授，焦勖笔录的《火攻挈要》(又名《则克录》)刊行。此书叙述各式火炮的铸造安置和用法，以及炮弹和地雷的制造等。在论火炮射程时，还给出了炮口仰角和射程的几组对应值。

明朝灭亡以前，《崇祯历书》未及颁行。1644年清兵入关后，汤若望把《崇祯历书》删缩为一百〇三卷，据大伙之功为己有，作为厚礼献给了新王朝。其奏说："臣创立新法，规制仪象……臣阅历寒暑，昼夜审视，著为新历百余卷。"这百余卷被清政府采用，以《西洋新法历书》的名义颁行。其中汤若望名下的译著有《交食历指》、《浑天仪说》、《恒星历指》、《交食表》、《远镜说》等十六种四十三卷。据《西洋新法历书》编出的日用历书称为《时宪历》，颁行全国。1644年底，汤若望当上了轻易不给外国人的职务——钦天监监正，掌了钦天监的实权，监员也由汤若望荐任。于是，钦天监成了耶稣会活动的一个据点。汤若望又著《新法表异》，详述新法优点，并证中法之疏，重新制作一些损坏了的天文仪器。顺治八年(1651年)，封为通议大夫，十年(1653年)被授予"通玄教师"尊号。十五年(1658年)竟加一品封典。

随着清廷对汤若望的宠信日益增加，耶稣会的影响也迅速扩大，有些传教士的态度异常嚣张，又一次激起了新旧之争。

(二) 分歧与冲突

中国士大夫中，对西洋传教士和传来的西方科学技术本来就有分歧。徐光启、李之藻、王徵等开明知识分子"靡不心醉神怡"，做了大量的引进工作，但他们不同程度的西化倾向招致了批评。如徐光启在文化价值观上几乎完全皈依西方，企图靠天主教"补益王化"，却对中国传统科学中许多有生命力的东西缺乏鉴赏力，错误地认为中国数学"所立诸法芜陋不堪读"。[①] 他在为《同文算指》作

---

① 徐光启：《勾股义绪言》。

序时竟称:"《同文算指》可谓网罗艺业之美,开廓著述之途,虽失'十经',如弃敝屣矣。"他看不起中国历法,却推崇"西法至为详备,且又近今数十年间所定,其青于蓝、寒于水者,十倍前人。……又可为二三百年不易之法,又可为二三百年后测审差数因而更改之法"。① 事实上,哥白尼的《天体运行论》已于1543年出版,明末西方传教士介绍的第谷体系其实已经落后。

明末冷守中、魏文魁和清初的杨光先等宋明理学的维护者,在反对天主教蚕食儒家势力范围的同时,也反对传教士引进的西方科技知识。顺治末康熙初,杨光先先后上《正国体呈》,《请诛邪教状》,控告汤若望等传造妖书和谋反。当时幼主康熙还未亲政,与传教士有矛盾的鳌拜掌权。康熙四年(1665年),汤若望被判死刑,天主教被禁,传教士们被充军或驱逐出境。后因地震使迷信的清政府减刑,汤若望免死监留在京,于第二年死在狱中,而李祖白等五名钦天监官员仍作了刀下之鬼。同时,不知推步之数的杨光先竟被抬上了钦天监监正之位。

康熙七年(1668年),康熙亲政后平反了这个冤案。杨光先被革职,遣戍,又遇赦得归。于是作蠢得可笑的《不得已》,其卷下云"光先之愚见,宁可使中国无好历法,不可使中国有西洋人"。他在历法上已自认失败,但政治上仍坚持排外。接着,杨光先病死途中。

1669年1月,康熙帝宣布他赞成西洋新法,任命南怀仁等治理历法,然对传教士已心存警惕,用另一名满族官员为钦天监监正,地位在南怀仁之前。从此,第一次西学东渐将在康熙大帝的导演之下进行。由于总结了前人的经验教训,得中西学术之奥旨,清初科学精英梅文鼎去中西门户之见;王锡阐尽管感情上偏向中法,仍能兼采中西。他们对中西之学均采取了取其精华,弃其糟粕的科学态度。但是这种批判吸收外来文化的正确方针影响有限,而"西学中源说"则冒了出来,对进一步引进西方近代科技知识有所帮助,然更多的却是干扰。

---

① 徐光启:《历书总目表》。

三、康熙时代

1661年,清朝入主中原后的第一个皇帝顺治帝消失,一说死于天花,一说出家为僧,他那年仅八岁的第三子爱新觉罗·玄烨(1654—1722年)即位,此人就是历史上著名的康熙皇帝。康熙帝十五岁亲政,二年后翦除权臣鳌拜,巩固了皇权,在位长达六十一年。他是我国历史上在位时间最长的皇帝,雄才大略,励精图治。不仅一手缔造了我国封建社会的最后盛世,而且使西学东渐再起浪潮。

(一)最后的盛世

康熙皇帝治下的文治武功,辉煌赫赫,早已彪炳史册。举其要者有:三下江南,整治黄河;平定三藩,统一台湾;三度亲征噶尔丹,巩固西北边陲;签订尼布楚条约,遏制俄国扩张;创辑《古今图书集成》,诏编《康熙字典》……除此之外,康熙还是我国历史上对科学技术政策和发展直接影响最大的一位皇帝。

康熙帝天资聪颖,从小就作为最高统治者定向培养,具有优越的学习条件,在科技方面也进入了内行的角色。他利用天字第一号的权力地位大展其才。不但可以随意调动组织国内学术人才从事多种,特别是大规模的科技工作,而且能以高超的政治手腕,使传教士的西方科学为大清帝国服务。他既要努力引进西方近代科学,又要维护封建大一统帝国的原则,力图开辟使中国传统科学近代化的道路。康熙帝虽有魄力引进和研究西方自然科学,但不可避免地带有时代和本身地位的局限性,因为他所要做的一切,归根结蒂是要建立一个疆域辽阔、民族众多、统一强盛、科技先进的中华帝国。这支强心针,使康熙乾隆时代成为中国封建社会最后的盛世。然而,同近代科学和资本主义相互激励,科学革命和工业革命一波波推进的西方社会相比,封建制度已经不合世界新潮流。长期正统的封建社会使科技中心位置转移,科技差距逐渐形成,迅速加大,以致出现鸦片战争失败的惨痛教训。于是,天朝大国沦为受人欺凌的东亚病夫,中华民族进入了一个多灾多难的时期。

(二)康熙皇帝与西洋科学

康熙帝要当圣明君主,小小年纪就遇到了一个重大考验。他曾多次回忆说:"朕幼时,钦天监汉官与西洋人不睦,互相参劾,几至大辟。杨光先、汤若望于午门外九卿前,当面赌测日影,奈九卿中无一知其法者。朕思,己不知,焉能断人之是非?因自愤而学焉。"①"康熙初年时,以历法争讼,互为评告,至于死者,不知其几。康熙七年(1668年)闰月,颁历之后,钦天监再题欲加十二月又闰。因而众议纷纷,人心不服,皆谓从古有历以来,未闻一岁中再闰。因而诸王九卿再三考察,举朝无有知历者。朕目睹其事,心中痛恨。凡万几余暇,即专志于天文历法二十余年,所以知其大概,不至于混乱也。"②

当康熙专志于天文历法且掌实权的时候,汤若望已病死狱中,这时受到宠幸的西洋传教士是南怀仁。南怀仁,字勋卿,一字敦伯,1623年出生于比利时,1659年来华。康熙八年(1669年)鳌拜伏诛,南怀仁乘机又一次控告杨光先,结果被任为钦天监副。南怀仁受命督造新仪,从1669年起新制了六件天文仪器,即:天体仪、赤道经纬仪、黄道经纬仪、地平经仪、地平纬仪和纪限仪,于1673年告成。康熙十三年(1674年),他擢为监正。这些仪器与中国古典天文仪器相比,有其特点和进步之处,但仍属欧洲古典设计,未装望远镜,在当时世界上已属落后之列。为了说明新制仪器的结构、原理、安装和使用方法,遂由南怀仁主编,编撰了《灵台仪象志》十六卷。其中前四卷为文字,中十卷为表格(星表和换算表),末二卷为配图,共117幅。书中还附带介绍了不少物理学知识,如气温计和湿度计的原理和结构,及单摆的知识等(图9-7)。又如折射现象在《远镜说》中已有所介绍,《灵台仪象志》进一步给出了不同介质分界面上入射角和折射角的对应表。

---

① 《庭训格言》,光绪二十三年(1897年)刻本,第50页。
② 《三角形推算法论》,《康熙御制文集》第三集卷十九。

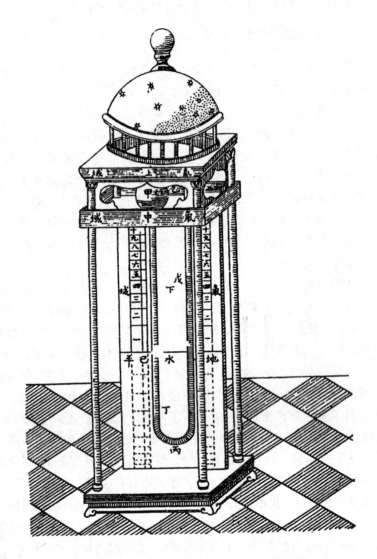

图 9-7　空气温度计（南怀仁制，采自《古今图书集成》）

南怀仁的著述共有三十余种，除《灵台仪象志》外，还有《坤舆全图》、《坤舆图说》、《坤舆外纪》、《验气图说》、《赤道南北星图》等科技著作。但影响最大的是《灵台仪象志》，1674年初奏报清廷后，康熙帝甚为满意，嘉奖了南怀仁，以南怀仁为代表的传教士在清钦天监中的地位得到了巩固。发展到后来，至1715年，纪理安负责设计制造地平经纬仪时，竟把观象台所遗留的国宝——元代王恂、郭守敬等设计制造的简仪、仰仪当作废铜销毁，充作原料，造成了不可弥补的损失。

康熙十七至十八年间（1678—1679年），南怀仁在中国曾作过燃气轮机模型试验，其灵感可能来自1629年意大利勃朗伽（Giovanni Branca，1571—1645年）于罗马出版的《机器》一书之冲动式汽轮雏形。试验成功后，南怀仁于1681年撰写成文，1687年发表于德国之《欧洲天文界》杂志。南怀仁的成功试验及其应用的建议，在热机发展史上有重要的地位。在中国，他官至通政使司通政，加工部侍郎衔。1688年，南怀仁卒于北京，享年65岁。这时，法王路易为了对付葡萄牙的影响，已派数名学识渊博的耶稣会士来到中国，其中张诚（Joan Franciscus Gerbillon，1654—1708年）、白晋（Joachim Bouvet，1656—1730年）留在康熙身边工作。康熙三十六年（1697年）康熙命白晋回法国收罗科技人才。第二年，又有雷孝思（Joan-Bapt Régis）、巴多明（Dominique Parrenin）等十名传教士来华。西方传教士们在康熙周围无异于形成了一个西学顾问圈。

康熙不但钻研中国传统的天文历算，还令西洋传教士进讲西洋新法，介绍天文仪器、天文学、几何学、静力学等知识，这些知识中包括了若干天文现象的西方最新见解及观测日食和月食的新方法。他自己只学过一点拉丁文，基本上不懂外文。但不要紧，他可传旨让张诚、白晋等攻习满语，用满语讲授西学，居然累辑成书。他又令内廷从满文译成汉文，亲自审订作序。现北京故宫博物院仍藏有当年装订成帙的满文《几何原本》七卷、汉文本《几何原本》七卷、《算法原本》一卷（成于1690年）、《算法纂要总纲》、《借根方算法节要》、《勾股相求之法》、《测量高远仪器用法》、《比例规解》和《八线表根》等。这些书后来成为康熙年间编成的大型数学专著《数理精蕴》的资料来源之一。康熙曾感叹地说："今凡入算之法，累辑成书，条分缕析。后之学者，视此甚易，谁知朕当时苦心研究之难也！"①康熙在数学上确有一定造诣，能评论清初最著名的数学家梅文鼎的著述。1705年在德州，曾召见梅文鼎讨论历象算法。他还在畅春园蒙养斋设算学馆培养人才，育成了明安图等数学专家（图9-8）。

图9-8　康熙帝算草

约1690年初，康熙帝对西洋医药发生兴趣，不仅着白晋、张

---

① 《庭训格言》，光绪二十三年（1897年）刻本，第50页。

诚讲解西洋医学，翻译西洋制药书籍，而且在宫内设立化学实验室，试用西法制药。治疟疾的特效药奎宁是 1638 年在秘鲁被人发现的，1693 年 5 月，康熙帝患了疟疾，因服用金鸡纳霜（即奎宁）治愈，遂带头提倡，使这一治疟特效药在中国流传，嘉惠生民。白晋和巴多明进讲"按血液循环理论及戴尼新发现而编成的人体解剖学"告一段落后，编译成满文讲义，含血液循环理论和大量插图，又译成汉文，装订成册。不过因担心此书有损封建礼教，这解剖学著译被藏进库内，只准少数官员和专业人员入库查阅，并称："此乃特异之书，故不可与普通文籍等量观之，亦不可任一般不学无术之辈滥读此书也。"①

康熙对传教士进贡的方物有所取舍，往往只收视为奇器的科学仪器，其他一律退回。他对使用奇器颇感兴趣，有时还露一手。康熙会用白晋送给他的测高望远镜实测山高和两点间的距离，用四分象限仪观测太阳子午线高度，用子午环测定时分，求当地地极高度。有一次，他还用日晷通过计算找出某日正午日晷影子长度，他的结果和随行的张诚测算的数据居然相同，使得满朝的大臣惊叹不已。

康熙五十八岁巡视大运河时，曾在河北河西务"登岸步行二里许，亲置仪器，定方向，钉椿木，以纪丈量之处"。② 这是别的皇帝从来没有干过的事。在他的领导下，用西法在全国范围内进行的一次大规模的测绘工作，更是旷古未有的大手笔。清廷"皇家科学院"的诞生，也是康熙的德政。

1560 年，意大利的那不勒斯有了自然科学院。一百年后，英国科学家们在商界人士的促进下，于 1660 年创立了皇家学会。1666 年，法国建立了世界上第一座国家科学院。康熙由于法国传教士的关系，了解到这一新生事物的情况。1693 年，他采纳了白晋、张诚的建议，以法国科学院为楷模，在清宫内成立了以研究艺

---

① 后藤末雄：《康熙大帝とルイ十四世》，《史学杂志》第 42 编第 3 号，东京，1931 年 3 月。

② 《清史稿·圣祖本纪》。

术和科学为内容，由法国传教士、中国科学家、画家、雕刻家以及制钟表和天文仪器的工匠参加的"皇家科学院"，以便不断地从法国等西方国家汲取近代科学的新知识。

康熙四十六年（1707年）冬，有一个山西平阳人叫樊守义（1682—1753年）的，随艾逊爵（Jos. Ant. Provana）同往巴西、欧洲，身居外国凡14年，于康熙五十九年（1720年）独自返国。时已高龄的康熙帝召见了他，赐问良久。王公大人们也不断地询问国外的情形。樊守义遂撰《身见录》进呈。这是国人所撰的第一部欧洲游记，由中国人亲眼看西方，弥足珍贵，今藏于意大利罗马国立图书馆。

（三）《几暇格物编》——绝无仅有的皇帝科技书

康熙帝不仅是全国性科技工程的强有力的组织者，而且身体力行，于万机之暇，经常关心、思考有关自然科学问题，甚至培育过御稻米，写了一部叫《几暇格物编》的科技文集。

《几暇格物编》又称《康熙几暇格物编》，共有短文九十三篇，原收在《康熙御制文》中。清末盛昱把《康熙几暇格物编》从中录出，编为上、下两册，每册又分上、中、下三部分，此录本为单行本之始。《几暇格物编》分条记述各种（特别是科学史）资料，涉及物理学史、地质学史、地理学史、气象学史、生物学史、医药学、天文学史等方面，虽然浅尝辄止，钻研不深，却是中国古代唯一由皇帝撰著的科技著作。

《几暇格物编》下册卷上"定南针"条曰："定南针所指，必微有偏向，不能确指正南，且其偏向各处不同，其偏之多少亦不一定。如京师二十年前测得偏三度，至今偏二度半。各省或偏西，或偏东，皆不一，惟盛京（沈阳）地方得正南，今不知改易否也？"由于地磁变化，磁偏角随时间而变，且各处大小方向亦有差异。文中康熙帝的观点是从实测数据结合历史记载得来的，因而能得出正确的结论。此外还透露出，他在康熙三十年（1691年）左右实测过北京和沈阳的磁偏角，康熙五十年（1711年）又测了北京的磁偏角，为古代物理学史留下了三项精确的古代磁偏角实测资料。

《几暇格物编》上册卷上"白粟米"条记载，康熙时吉林省土人以单株选择法育成粟米良种，上献朝廷。康熙帝命种植于避暑山庄之内，试之果然早熟且优质。大约还联想到他自己早已培育成功的御稻米，所以说"想上古之各种嘉谷或先无而后有者，概如此，可补农书所未有也"。御稻米的培育推广载于下册卷下，文中说："丰泽园中，有水田数区，布玉田谷种，岁至九月，始刈获登场。一日循行阡陌，时方六月下旬，谷穗方颖，忽见一科，高出众稻之上，实已坚好，因收藏其种，待来年验其成熟早否。明岁六月时，此种果先熟。从此生生不已，岁取千百。四十余年以来，内膳所进，皆此米也。其米色微红而粒长，气香而味甘，以其生自苑田，故名'御稻米'。一岁两种，亦能成两熟，口外种稻，至白露以后数天，不能成熟，惟此种可以白露前收割⋯⋯曾领给其种与江浙督抚织造，令民间种之，闻两省颇有此米，惜未推广也。南方气暖，其熟必早于此地，当夏秋之交，麦禾不接，得此早稻，利民非小。若更一岁两种，则亩有倍在之收，将来盖藏渐可充实矣！"御稻米确系早熟优质良种，系康熙十余岁时在皇家试验田发现优良单株，亲自培育成功。他曾将种籽颁给江浙官员，令在民间推广，其目的一在"利民"，二在充实国库，惜传播未广。

据张秉伦研究，御稻米在1715年推广到江浙一带，第一年就在苏州地区获得一年两熟成功。第二年与对照田对比试验，结果"御稻米"两季亩产共五石二斗，比对照田每亩多收一石三斗。四年以后，每亩两季最高可达六石八斗，增产效果显著。[①]

由上引两例，可知《几暇格物编》之大概。

四、《皇舆全览图》和《律历渊源》

如果说《几暇格物编》是康熙日理万机之暇把玩的一颗明珠，

[①] 张秉伦：《中国古代关于遗传育种的研究》，《中国古代科技成就》，中国青年出版社1977年版，第340~341页。

那么《皇舆全览图》和《律历渊源》则是康熙时代树立的两座科技丰碑。

（一）从《皇舆全览图》到《乾隆内府舆图》

康熙二十八年（1689年），中俄签订尼布楚条约，传教士张诚、徐日昇（Thomas Pereyra，1645—1708年）也参与了会议。1690年1月，康熙发现张诚用来讲述的一幅西方绘制的亚洲地图，中国部分简略不详，标绘粗陋，就有心用科学方法对全国版图进行一次全面测绘，以绘制较好的地图。接下来是多年的准备，从广州购入了仪器，并在南北巡行时经常实测各地经纬度，积累经验。

到康熙四十七年（1708年），他决定在全国范围内展开实测。此项工程由他亲自主持，利用西方传教士中懂测量的长才领队，加派中国测绘人员边干边学。1708—1710年间，由白晋、雷孝思、杜德美（Petrus Jartoux，1668—1720年）、费稳（Xavier Ehrenbert Fridelli，1673—1743年）等率领中西人员，测了长城、蒙古、直隶、满洲一带。为了加快测绘进度，1711年起康熙帝增派人员，分遣二路，以大约五年时间，测遍关内十余省，西北测至新疆哈密。1714年至台湾测绘。

1714—1717年测绘西藏地区，康熙派在蒙养斋学过测算的喇嘛楚儿沁藏布兰木占巴和理藩院主事胜住前往，因当时西藏受策妄阿喇布坦的侵扰，他们仅从拉萨测绘到恒河源头便止步了，其余多以传闻补充，于1717年绘成西藏地图。

1717年，测绘人员和所获资料汇集于京师，由杜德美、雷孝思、白晋和中国官员汇总绘制，康熙帝审定，于康熙五十七年（1718年）用梯形投影法绘制成《皇舆全览图》及各省分图，后来雕成铜版和木版两种。康熙帝曾高兴地说：“《皇舆全览图》朕费三十余年心力，始得告成。”[1]（图9-9）

---

[1] 《清圣祖实录》卷二八三"康熙五十八年二月十二日上谕"。

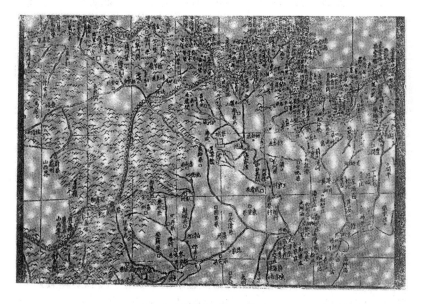

图 9-9 《皇舆全览图》局部

如此规模巨大的全国性的天文测量加三角法测量制地图,在世界上还是第一次。《皇舆全览图》是我国头一次用地图投影的方法,在实测的基础上绘成的。作为全国最高统治者,康熙帝的高兴不是没有理由的。当时所测的经纬点有 641 处之多,由于天文测量方法和仪器的限制,测得的经纬度的误差较大,但是康熙年间的测绘有其历史性的贡献。

第一,规定了统一的尺度标准。测量之前,康熙亲自规定"天上一度,即有地下二百里"①,即地球经线一度,合 200 里。每里 360 步,每步五尺(工部营造尺),于是每尺合经线的百分之一秒。这种以地球的形体来定尺度的方法,在世界上是第一次采用,法国到 18 世纪末在西方率先以地球的有关尺寸来定"米"的长度,已比中国迟了一步。

---

① 《圣祖实录》卷二四六,记康熙五十年阴五月初五日。

第二，发现经线每度随纬度的增加而增长，为证实地球是扁圆形提供了证据。

康熙时的测绘，以经过北京的经线为本初子午线。康熙四十一年(1702年)，曾实测了经过中经线霸州(今河北霸县)到交河的直线长度。康熙四十九年(1710年)又在东北地区测得了北纬41°—47°间每度的距离。北纬47°处测得的每度经线的长度比41°处长258尺。通过比较可以发现纬度愈高，每度经线的直线距离愈长。18世纪初，英国牛顿的地球扁圆说和法国卡西尼(Giovanni Domenico Cassini, 1625—1712年)的地球长圆说正彼此对立，争持不下。中国的大地测量实际上已用实测数据支持了牛顿的地球扁圆说。

第三，西藏地区的测量中发现了世界第一高峰珠穆朗玛峰。

1717年楚儿沁藏布兰木占巴和胜住两人在测量中发现珠峰。他们测绘的西藏地图中，明确标出珠峰位于我国境内；1719年绘制的《皇舆全览图》标注了珠穆朗玛的满文名称。1852年印度测量局的英国测量员埃菲尔士(Everest)才测量此峰，比我国晚了一百多年。

乾隆二十一(1756年)到二十五年(1760年)，由于准噶尔、大小和卓的叛乱已平定，乾隆帝先后二次派中国官员何国宗、明安图为领队，以传教士为辅助人员，继续开展对西北地区的测量，获得了哈密以西至巴尔喀什湖以东以南广大地区的测量资料。在此基础上，完成了《西域图志》。1760—1762年间，以康熙《皇舆全览图》、《西域图志》等为基础，利用传教士宋君荣(Antonius Goubil, 1689—1759年)搜集的有关亚洲的地理资料，法国传教士蒋友仁(Michael Benoist, 1715—1774年)奉命制成《乾隆内府舆图》，雕成铜版104块。因纵分为十三排，又名"乾隆十三排图"。《乾隆内府舆图》也采用经纬线直线斜交的梯形投影法，范围比康熙时的《皇舆全览图》为大，北至北冰洋，南至印度洋，西达红海、地中海和波罗的海，俨然是一幅亚洲地图，然其最精详的部分是康熙、乾隆时所测的中国境内各地。

《乾隆内府舆图》成为我国后世编绘地图的重要依据之一，影响甚大。康乾时代在地图测绘方面取得的重大成就，为我国近代地图学的建立和发展奠定了基础，可惜这一发展势头并没有保持下去。此后一百多年间，几乎没有什么发展。

（二）御定《律历渊源》

《律历渊源》的缘起是这样的：

1711 年，康熙召见泰州进士陈厚耀（1648—1722 年）。陈是梅文鼎的门人，对数学颇有造诣，被康熙留在南书房供职。他提出了"请定步算诸书以惠天下"的建议，获得采纳。次年，康熙召梅文鼎之孙梅瑴成（1681—1764 年）到宫中，赐与举人衔，充任蒙养斋汇编官，会同陈厚耀，何国宗、蒙古族数学家明安图（1692—1765 年）等，以张诚、白晋等人的译稿为基础，编纂天文历算乐律诸书。1714 年又决定重新修订《西洋新法历书》。各路工作分头进行，历时十年（如从 1690 年《几何原本》满文译本算起，历时三十年有奇），至康熙六十年（1722 年）纂成巨著《历象考成》四十二卷（1722 年完成）、《律吕正义》五卷、《数理精蕴》五十三卷（1721 年脱稿），凡一百卷，合称《律历渊源》。可惜康熙生前未及见书，雍正元年（1722 年）才以康熙御定的名义刊印出版。

《历象考成》是修订《西洋新法历书》的结果，仍用第谷体系，它根据实测修改了一些数据，采用了王锡阐首创的月体光魄定向法，改正了《西洋新法历书》中图与表不合等问题，并把欧洲古典体系的整套理论整理得较为清晰系统。但与蓬勃发展的欧洲近代天文学相比，在理论上是落后了。

《律吕正义》（康熙五十二年御定），上编为正律审音，下编为和声定乐，续编为协韵度曲，续编卷一论西洋乐理，介绍了五线谱等。

《数理精蕴》五十三卷分为上编五卷"立纲明体"，下编四十卷"分条致用"，还有八卷是四种数学用表：素因数表、对数表、三角函数表和三角函数对数表。它的主要内容是介绍明末清初传入的西洋数学。

上编包括《几何原本》和《算法原本》。《数理精蕴》中的《几何原本》，因以张诚所译法文书为主修订而成，故与欧几里得《几何原本》内容大致相同而体例差别甚大。《算法原本》叙述小学算术的理论基础。下编卷一至卷三十为实用算术，卷三十一至卷三十六为《借根方比例》，解决数字方程的问题，系十七世纪中叶欧洲代数学的中文译本，与中国宋元天元术大同小异。《数理精蕴》的主编者梅瑴成曾作《天元一即借根方解》一文，误以为它们同出一源。实际上是他对中国天元术理解不深，对西方代数学的源流也了解不清。下编最后是"对数比例"和"比例规解"，继穆尼阁之后，更详细地介绍了英国耐普尔发明的对数法，卷四十的"假数尺"，是我国关于西洋计算尺的最早记载。现北京故宫博物院收藏有此类象牙假数尺和伽利略式比例规实物。

若说徐光启和利玛窦所译的《几何原本》、李之藻和利玛窦所译的《同文算指》代表了西洋数学传入中国的第一阶段，《数理精蕴》的刊行则是西洋数学传入中国第二阶段的代表性成果。由于它有着康熙御定的名义，流传日益广泛，推动了乾嘉时期数学研究高潮的出现。

五、明清间在华西方传教士科技译著表

日本稻叶君山的《清朝全史》编有《明清间在中国的耶稣会士及著书一览表》，计收65人。不少史学著作曾加以引用和增补。黄大受的《中国近代史》上册增为82人，较详赡，但仍有遗漏和错误。现以黄表为基础，参考方豪的《中西交通史》、白尚恕、李迪的《17、18世纪西方科学对中国的影响》一文，① 以及其他咨料，加以增删改正，删去与科技交流无关的传教士及译著，共得40人列于下表，以示概况。遗漏错误在所难免，尚希识者指正为幸。

---

① 白尚恕、李迪：《17、18世纪西方科学对中国的影响》，《科学传统与文化》，陕西科学技术出版社1983年版，第381~395页。

明清间在华西方传教士科技译著表

原名	中文名	国籍	入华年代	生卒年	译著
Matteo Ricci	利玛窦	意大利	1583	1552—1610	几何原本，两仪玄览图，同文算指前编，同文算指通编，同文算指别编，西国记法，勾股义，圜容较义，乾坤体义，经天该奏疏，测量法义，浑盖通宪图说，万国舆图，西琴曲意，测量异同，自鸣钟说。
Diego de Pantoja	庞迪我	西班牙	1618	1571—1618	四大洲地图四幅，海外舆图全说（未刻）。
Sabatino de Ursis	熊三拔	意大利	1606	1575—1620	泰西水法，表度说，简平仪说，药露记。
Nicolaus Trigault	金尼阁	法兰西	1610	1577—1628	西儒耳目资。
Joannes Terrenz	邓玉函	瑞士	1621	1576—1630	远西奇器图说，人身说概，测天约说，黄赤道距度表，正球升度表，大测，割圆八线表。
Jacobus Rho	罗雅谷	意大利	1624	1592—1638	测量全义，比例规解，五纬表，五纬历指，月离历指，月离表，月躔历指，日躔表，黄赤正球，筹算，历引，日躔考，昼夜刻分，人身图说，交食简法表，五星图，土木加减表，交食历指，黄平象限表，方根表，周岁时刻表，五纬用法，五律总论，夜中测时，高弧表，五纬诸表，甲戌、乙亥日躔细竹。

续表

原名	中文名	国籍	入华年代	生卒年	译著
Alphonsus Vagnoni	高一志	意大利	1605	1566—1640	空际格致。
Julius Aleni	艾儒略	意大利	1613	1582—1649	几何要法，西方答问，西学凡，职方外纪，大西利西泰子传，大西利西泰先生行迹，万国全图。
Franciscus Sambiasi	毕方济	意大利	1613	1582—1649	睡画二答。
Franciscus Furtado	傅汎际	葡萄牙	1621	1587—1653	名理探，寰有诠。
Nicholas Longobardi	龙华民	意大利	1597	1559—1654	地震解。
Nicolas Smogolenski	穆尼阁	波兰	1646	1611—1656	天步真源，天步真源选择，对数表，四源新表比例。
Emmanuel Diaz	阳玛诺	葡萄牙	1610	1574—1659	天问略，舆图汇集，天学举要。
Michael Boym	卜弥格	波兰	1650	1612—1659	（拉丁文）中华植物。
Martino Martini	卫匡国	匈牙利	1643	1614—1661	中国新图志。

续表

原名	中文名	国籍	入华年代	生卒年	译著
J. Adam Schallvon Bell	汤若望	德意志	1622	1592—1666	浑天仪说,古今交食考,西洋测日历,学历小辩,民历补注解惑,新历晓惑,远镜说,星图,恒星历指,恒星出没表,恒星表,交食历指,交食表,测食说,新法历引,新法表异,历法西传,赤道南北两动星图,火攻挈要(又名则克录),周天列宿图,交食蒙求,恒星经纬图说,筹算指,交食诸表用法,天文图,时宪书。
Ludovicus Buglio	利类思	意大利	1637	1606—1682	进呈鹰论,狮子说。
Ferdinandus Verbiest	南怀仁	比利时	1659	1623—1688	熙朝定案,验气图说,坤舆图说,不得已辩,灵台仪象志,仪象图,康熙永年历法表,测验纪略,坤舆全图,简平规总星图,赤道南北星图,妄占辩,预推纪验,光向异验理推,御览简平新仪式用法,坤舆外记,七奇图说,进呈穷理学,盛京推算表,神威图说,七政交食立成表,西方要纪(与安文思、利类思合撰),康熙十年月食图,康熙八年日食图。

续表

原名	中文名	国籍	入华年代	生卒年	译著
Petrus Pinuela	石禄铎	墨西哥	1676	1655—1704	本草补。
Joan Franciscus Gerbillon	张诚	法兰西	1687	1654—1708	实用及理论几何学,几何原本(与白晋合作)。
Thomas Pereyra	徐日昇	葡萄牙	1672	1645—1708	南先生行述,律吕正义续编。
Antoine Thomas	安多	法兰西	1685	1644—1709	算术和几何学运学纲要,求积表。
Joannes de Fontaney	洪若翰	法兰西	1687	1643—1710	中国若干城市地望的考察,1699年二月内在北京的一次彗星的测记。
Philippus Maria Grimaldi	闵明我	意大利	1669	1639—1712	方星图解。
Petrus Jartoux	杜德美	法兰西	1701	1668—1720	周经密率,求正弦矢捷法,皇舆全览图(与雷孝思、白晋等合作)。
Aloysius Le Comte	李明	法兰西	1687	1655—1728	(法文)中国现状新述。
Joachim Bouvet	白晋	法兰西	1687	1656—1730	天学本义,皇舆全览图(与杜德美、雷孝思合作),几何原本(与张诚合作),康熙帝传,(拉丁文)易经大意。
Claude de Visdelou	刘应	法兰西	1687	1656—1737	易经概说,(拉丁文)书经。

续表

原名	中文名	国籍	入华年代	生卒年	译著
Joan-Bapt. Règis	雷孝思	法兰西	1698	1663—1738	皇舆全览图（与杜德美、白晋合作），（拉丁文）易经。
Dominique Parrenin	巴多明	法兰西	1689	1665—1741	按血液循环理论及戴尼新发现而编成的人体解剖学。
Andreas Pereira	徐懋德	葡萄牙	1716	1690—1743	历表（与戴进贤合编），历象考成后编（与戴进贤合编）。
Jul-Placidus Hervieu	赫仓璧	法兰西	1701	1671—1745	图注脉诀辨真译本。
Ignatius Kogler	戴进贤	德意志	1716	1680—1746	历象考成后编（与徐懋德等合编），仪象考成，玑衡抚辰仪记，历表（与徐懋德合编）。
Jos-Fr. Moyriac de Mailla	冯秉正	法兰西	1703	1669—1748	（参加皇舆全览图的测绘），（法文）中国全史。
Pierre d'lncarville	汤执中	法兰西	1740	1706—1757	（法文）：植物志，中国游记，北京植物及其他生物学遗物索引，中国漆考，中国之美术工艺及园艺。
Antonius Goubil	宋君荣	法兰西	1722	1689—1759	（法文）：中国天文学史，（译注）：诗经、书经、易经、礼记。

续表

原名	中文名	国籍	入华年代	生卒年	译著
Alexandre de la Charme	孙璋	法兰西	1728	1695—1767	（拉丁文）诗经，华辣文对照字典，华法满蒙文对照字典，世界坤舆全图，乾隆内府舆图，坤舆全图绘意，亚洲全图。
Michael Benoist	蒋友仁	法兰西	1744	1715—1774	坤舆图说稿。
Jean Joseph Marie Amiot	钱德明	法兰西	1750	1718—1793	满法字典，汉满蒙藏法五种文字字汇，（法文）：中国古今音乐考，华民古远考。
Carolus Slaviszek	严家乐	奥地利	1716	？—1735	测北极出地简法。

六、精赅王锡阐、博大梅文鼎

中国古代科学逐渐落后于西方是从明代的天算之衰开始的，第一次西学东渐高潮中给人印象最深的也是天文数学。清初与康熙复兴相呼应的中国科学复兴，也在天文数学领域内打响战鼓，著名天算学家王锡阐、梅文鼎在其中扮演了重要的角色。"考正古法之误，而存其是；择取西说之长，而去其短"是他们研究工作的共同特点，结果"王氏精而赅，梅氏博而大，各造其极"，[1] 双登高峰。但由于他俩际遇不同，立场差异，因此各自所起的作用及在历史上的影响，也有不同。

---

[1] 阮元：《畴人传·王锡阐传》。

（一）王锡阐和《晓庵新法》

王锡阐（1628—1682年），字寅旭，号晓庵，江苏吴江人。明亡时，他年仅十七岁，即以投河自尽和绝食之举表明了当一辈子明朝遗民的决心，并在很大程度上影响到他对外来的西学的批判态度。

明末清初西法风靡全国。王锡阐对清朝入主中原痛心疾首。一生隐居不仕，悉心钻研天文数学历法，对西法和中国传统方法都作了深入的研究，造诣精赅。他认为西法"测候精详"，但不能说"深知法意"。他以为"以西法为有验于今，可也；如谓不易之法，务事求进，不可也"。① 王锡阐曾举出西法"不知法意"者五事，"当辩者"十端和西法"六误"，大多言之有理。现在看来，他的意见大部分仍有价值。他又进一步认为西法源于中法，西人"窃取"了中法，由于他在学术界的声望，对西学中源说的发展和传播产生了很大的影响。

王锡阐为了甄明中法的精义，以西法"入大统之型模"，在艰苦的条件下，坚持推候二十余年。他创造三辰晷，兼测日、月、星。"每遇天色晴霁，辄登屋卧鸱吻间，仰察星象，竟夕不寐。"② 在此基础上，王锡阐"兼采中西，去其疵类，参以己意……会通若干事，考正若干事，增辑若干事，表明若干事，立法若干事"，于1663年秋著成了一部与当时行用的西法唱对台戏的《晓庵新法》六卷。

《晓庵新法》问世于草野，它采用中国古典历法的传统形式，未建立宇宙模式，也未使用西方的小轮体系；虽使用三角函数知识，但不采用任何图示和数学表达式，全用文字叙述；其内容之艰深，非学贯中西、好学深思者不能理解。《晓庵新法》既是中国历史上最后一部古典形式的历法，也是熔中西二说于一炉的大胆尝试。尽管王锡阐别出心裁地给此书加了种种形式上的限制，其内容

---

① 王锡阐：《晓庵新法·自序》。
② 《畴人传》卷三十四。

仍显示了他的巨大创造才能和真知灼见。如卷五在讨论了时差和视差之后，进而首创"月体光魄定向"法，即确定日心和月心连线的方法，后来被采入《历象考成》一书。卷六首先研究日月食，创造了计算日月食初亏、复圆方位角的新方法；随后推求金星凌日，讨论凌犯，独立地发明了计算金星、水星凌日的方法。其计算月掩行星和五星凌犯的方法，亦比当时中西方法均有所进步。

为了改进和完善西法中的行星理论，1660年王锡阐曾作了一部《五星行度解》，此书完全采用西方的小轮体系，有示意图六幅，全书明白易懂。其对宇宙体系运转机制的研究，明显地受到开普勒天体引力思想的启迪。

清初天文学界有"南王（锡阐）北薛（凤祚）"之称，梅文鼎指出锡阐识解在凤祚之上。《晓庵新法》以崇祯元年（1628年）为历元，以明故都南京为里差之元，明显地寄托着王锡阐的故国之思。然而，1772年官修《四库全书》仍然把它收编了进去，可谓意味深长。

（二）清初天算宗师梅文鼎

梅文鼎（1633—1721年），字定九，号勿庵，安徽宣城人。他正好出生于徐光启巨星陨落之年，长大后继承和发展了徐光启等关于中西学术会通的思想，成为清初天文数学的一代宗师。

据梅氏自述："余初学，原从授时（历）入手，后复求之廿一史，始知古人立法改宪，各有根源。"①30岁时，梅文鼎作《历学骈枝》二卷，从此毕生研究天文数学。他钻研西术，收融会贯通之效，"所造能究精极微，而无所不备"。② 梅文鼎晚年曾获康熙帝接见（1705年），卒于康熙六十年，享年89岁。其一生著述达七十余种，在自撰的《勿庵历算书目》中各有提要。

梅文鼎的天文学著作有四十多种，《明史·历志》也是他的手笔。从我国古代盖天说、传统历法，到《崇祯历书》、近人著述，他均有不同程度的研究和评述，还创制过天文仪器。然而，他最重

---

① 《梅氏丛书辑要》卷五十九《历学答问》。
② 《畴人传》卷三十八。

要的科学工作是在数学领域。梅文鼎的数学著作有二十多种,遍及初等数学的各个分支。其孙梅毂成为他所辑的《梅氏丛书辑要》共收数学著作十三种四十卷,分别是:《方程论》六卷、《筹算》二卷、《平三角举要》五卷、《弧三角举要》五卷、《句股举隅》一卷、《几何通解》一卷、《几何补编》四卷、《少广拾遗》一卷、《笔算》五卷、《环中黍尺》五卷、《堑堵测量》二卷、《方圆幂积说》一卷、《度算释例》二卷。因为梅文鼎在中西数学的比较研究中发现两者有许多相通之处,主张中西数学会通,身体力行,故能化繁为简,"往往以平易之语解极难之法,浅近之言达至深之理"。① 他创造性地利用我国传统的勾股算术证明了《几何原本》中的许多命题;用几何图形证明了余弦定理和四个正弦、余弦积化和差的公式。由此证明我国古典数学,尽管与欧几里得的方式大相径庭,却另有一套独特的表达方式,同样能达到一定的演绎推理和证明作用。

凭着敏感的政治嗅觉,梅文鼎对康熙皇帝大力提倡的西学中源说作了系统的阐扬,并说:"法有可采何论东西,理所当明何分新旧。……去中西之见,以平心观理……务集众长以观其会通,毋拘名相而取其精粹。"②极力为引进西学制造舆论。

不像王锡阐在学术上没有传人,梅文鼎门下人才济济。他有兄弟文鼐、文鼏合作,门人陈厚耀颇受康熙赏识,孙子梅毂成被召入宫,挑起了编纂《数理精蕴》的大梁。18世纪末阮元说:"自徵君(梅文鼎)以来,通数学者后先辈出,而师师相承,要皆本于梅氏。"③"方今梅氏之学盛行,而王氏之学尚微。"④由于他俩际遇不同,立场作风迥异,因此虽然齐名,但历史作用和影响却不能等量齐观。

七、从中西"会通"到"西学中源"说

在先进的西方近代科学面前,有志于振兴中华科学的爱国科学

---

① 《畴人传》卷三十八。
② 《梅氏丛书辑要》卷四十。
③ 《畴人传》卷三十八。
④ 《畴人传》卷三十五。

家,提出了中西学术会通的主张,又从"西学中源"的角度,排除引进西学的阻力,但其结果,反而降低了一部分人追求新知识的兴趣。

(一)"欲求超胜,必须会通"

在明代资本主义萌芽和西学东渐的影响下,中国传统科学萌发了两种不同的近代化倾向,即传统科学的社会化和中西会通,引进西学补中国之不足。

隆庆二年(1568年),由安徽新安祁门人发起,46位医生参加的"一体堂宅仁医会"在北京成立,这是中国最早的科学团体。徐光启主持历局工作后,在自己周围团结了一二十个同志者和门生故吏,作过成立新型科学团体的努力,不幸夭折。但在他倡导的"欲求超胜,必须会通;会通之前,必须翻译"的旗帜下,"会通"工作首先在天文、数学领域展开。薛凤祚写了《历学会通》(1664年)一书,提出"此会通之不可缓也"。① 清初中西两家历法之争给人的教训,加速了会通的进程。梅文鼎试图找到一条"中庸之道",消除双方的隔碍,在不脱离中国学术传统的情况下,择取西说之长,弥补中国传统天文数学的不足,即所谓"见中西之会通,而补古今之缺略"。②

为了打通这条"中庸之道","西学中源说"是最好的理论武器,尽管它的提倡者有并不完全一致的目的。

(二)"西学中源"说的发明和影响

当第一次西学东渐高潮对中国传统文化的至尊地位发生冲击时,既要引进西学,又要满足国人对自己传统文化的信仰,三个明朝遗民不约而同地成了力主"西学中源"说的大将。

首先是黄宗羲开头炮。他说:"尝言勾股之术乃周公商高之遗而后人失之,使西人得以窃其传。"③

---

① 薛凤祚:《历学会通·自序》。
② 《畴人传》卷三十八。
③ 全祖望:《梨洲先生神道碑文》,《鲒埼亭集》卷十一。

接着方以智为游艺《天经或问》作序时说:"万历之时,中土化洽,太西儒来,脬豆合图,其理顿显。胶常见者骇以为异,不知其皆圣人之所已言也……子曰:'天子失官,学在四夷'。"①

"西学中源"说的大本营在天文历法数学领域,王锡阐以兼通中西之法的专家身份说:"今者西历所矜胜者不过数端,畴人子弟骇于创闻,学士大夫喜其瑰异,互相夸耀,以为古所未有。孰知此数端者悉具旧法之中,而非彼所独得乎!"接着他指出五个证据,表明西法的创新皆为中法所已有。他更进一步说:"西人窃取其意,岂能越其范围?"②将西学中源说发挥得淋漓尽致。

不但明朝遗民坚持西学中源说,康熙皇帝也看出了西学中源说对引进西学不无好处,加以提倡。其《御制三角形论》说:"谓众角辏心,以算弧度,必古算所有,而流传西土,此反失传,彼则能守之不失,且踵事加详。"③梅文鼎跟着大力阐扬,将西学中源说系统化。他在所修《明史·历志》中说:"羲和既失守,古籍之可见者仅有《周髀》,而西人浑盖通宪之器,寒热五带之说,地圆之理,正方之法,皆不能出《周髀》范围,亦可知其源流之所自矣。"既然西洋人能将中国古代流传出去的创造发明保存发展,那么站在传承中国传统学术,礼失求诸野的立场上,就没有理由拒绝接受西方的天文历算知识了。

西方传教士们为了使西学顺利进入中国,借机推销宗教货色,亦迎合中国君臣之所好。"汤若望、南怀仁、安多、闵明我,相继治理历法,间明算学,而度数之理,渐加详备。然询其所自,皆云本中土流传。"④由于西方人自己都这么说,"西学中源"说一发不可收拾。当然,在一片"西学中源"的闹声中,清朝学者亦有如江永、赵翼者,不愿随波逐流,对"西学中源"说持不同意见。

"西学中源"说的积极作用是有利于摆脱理论上的困境和观念

---

① 方以智:《浮山文集后编》卷二,《游子六〈天经或问〉序》。
② 王锡阐:《历策》,《畴人传》卷三十五。
③ 《梅氏丛书辑要》卷四十九《历学疑问补》卷一引。
④ 《数理精蕴》上编卷一《周髀经解》。

上的难堪，减少了引进西学的阻力。其消极作用是降低了一部分人追求西学的热忱，既然古国遗产如此丰富，整理国故当大有可为，加上康熙以后，当局收缩开放政策，屡兴文字狱，以考证为特色的乾嘉学派随之兴起。

八、闭关期的乾嘉学派

乾嘉学派的考证研究工作是前后两次西学东渐高潮之间，中国学术最足道者。他们借鉴西学，重温国故，多有创见。其中汉学皖派的领袖戴震，乃是乾嘉学派科技成就的代表。

（一）清中期的闭关锁国

从明万历到清康熙一百余年间，数百名耶稣会士先后来到中国。当时的中国统治者，虽然大多谈不上高瞻远瞩，但尚能把科学活动和传教活动加以区别。其间虽有清初历狱等波折，对引进西学基本上采取了积极的态度，尤其是康熙亲政的半个世纪，上至皇帝，下至布衣，一股朝气，西方科技知识的传入和利用甚为活跃。

当时有一个著名学者叫刘献廷（1648—1695年），字君贤，一字继庄，号广阳子。他是大兴人，博览而有大志，曾研习拉丁文和梵文等外文，在清初学者中目光比别人射得更远。刘继庄对象纬、律历以及边塞、关要、财赋、军器、农田水利之属，旁而医学、释道之言，以及各种西说，无不留心精究，尤擅声韵之道和地理之学。他曾参修《明史》，遗著多佚，传世者仅《广阳杂记》，书中富有精辟的见解。刘继庄提倡地理学研究要经世致用，他批评中国"方舆之书所记者，惟疆域、建置沿革、山川、古迹、城池、形势、风俗、职官、名宦、人物诸条耳。此皆人事，于天地之故，慨乎未之有闻也"。[①] 刘氏主张阐述"天地之故"，即自然的规律，这种先进的地理思想，代表了地理学发展的新方向。

明末清初除耶稣会外，别的会派，如西班牙的多明峨会也于

---

① 刘献廷：《广阳杂记》，中华书局1957年版，第150页。

1630年到中国传教。他们不满利玛窦等人的传教方式,向教皇控告,指责耶稣会同意中国式拜孔祀祖是卖教求荣,双方争论激烈,尤以康熙中期为甚。1704年,教皇发布教令,禁止入教华人拜孔祭祖。1718年,又发表教令,对不服从1704年教令的教士,处以破门罪。1720年康熙帝知道后,对诸传教士重申在"中国行教俱遵利玛窦规矩",并在教皇教令上朱批"以后不必西洋人在中国行教",坚持了中国自己的原则。

雍正即位以后,国内外形势以及学风均发生了重大的变化。因耶稣会士势力之扩张有介入中国内政之嫌,加上祭孔祀祖上的分歧,雍正帝对传教士极为不满。1723年,雍正下令除钦天监中供职的洋人外,其他传教士都驱至澳门看管,各地教堂也拆个精光。乾隆当政后,传教士的处境有所好转。如擅长天文、历法、制图和建筑技术的法国传教士蒋友仁,颇受赏识。但总的说来,康熙盛世已经难再。

1773年,罗马教皇解散了耶稣会,断了传教士的来路。翌年,蒋友仁逝世。第一次西学东渐打上了休止符。1785年,耶稣会由罗马教廷宣布恢复,而西方科技知识的传入依然停顿。直到19世纪中叶,才挟西方科学和工业革命之势,汹涌前来。而那时双方差距已然巨大,腐败的清政府再也无力主导这一局势。清代中期闭关锁国、西学东渐停顿期间,我国的科学文化精英进行了一件有用,但不合时宜的大工程,即乾嘉学派的考证研究工作。

(二)乾嘉学派对科技古籍的大整理

明末清初以来,我国学术界思想上受西学中源说的影响,有发掘传统文化遗产的兴趣和要求;政治上因害怕文字狱之祸,需要找一条比较没有风险的学术道路;方法上受耶稣会士来华、西洋天算学的影响,趋于精密、细致和科学化:朴学(即考证学)之风悄然兴起。

自顾炎武、黄宗羲首开此风,从事古代名物、典章、制度、文字、声韵、训诂等考证工作的学者们,借鉴西学的比较、分析、归纳的逻辑方法,用于求实考据,尝到了甜头。政府方面,为控制、笼络知识分子,也往整理古籍、考证之路引导。康熙年间,有《古今图书集成》、《佩文韵府》等大型类书和工具书的编纂。乾隆三十七年(1772年),又开馆编纂《四库全书》,历时十年告成。于是,考证之风一发不可阻挡,考证学派在学术界占了绝对优势,世称乾嘉学派。

明代中后期的许多有名学者,就中国传统科技的许多方面,作了总结性的工作。乾嘉学派又对更古的文化遗产,作了深入的发掘,对科技的继承和发展,再次作出了贡献。然而"若无新爱,不能代雄"。当时投入科技新发展的人寥寥无几,绝大部分学术精英被吸引到巨大的考证工程中,来不及作根本的创新。

中国古籍,汗牛充栋,其中有许多有价值的科技文献。当时考证工作的主要内容是校注、辨伪、辑佚。辨伪名著阎若璩的《古文尚书疏证》把《古文尚书》和孔安国作的传考定为伪书。《四库全书总目提要》对大量科技古籍的真伪提出了许多见解,有助于人们进一步研究。四库馆臣从《永乐大典》中辑佚了不少已失传的数学名著,如《九章算术》、《海岛算经》、《数书九章》、《益古演段》等。校注的有经书中的《易经》、《周礼》中的《考工记》、《诗经》、《尚书》中的《禹贡》、史书中的地理志、子书中的《墨经》、《内经》、《算经十书》、宋元算书、《山海经》、《水经注》等。

张荫麟的《明清之际西学输入中国考略》说:"自乾嘉以来,汉学家既得此考古学上之新具,于是整理古天文数学书之风乃大盛。而立天元一术之复明,及算经十书之校辑,尤其最大成绩。此外则明以前之天文数学书,悉校勘注释,且有一书数注者,斯业之盛,可谓远迈前古,然其所采惟一之工具:则'洋货'也。"西洋数学输入停顿,古典考证成为时尚,乾嘉学者很多钻研数学、天文、地理知识,包括传入的西学,以此校勘、注释古籍,的确成绩辉煌。《四库全书》子部的天文算法类书籍的校勘和提要,是由戴震、顾长发、陈际新等负责的。李潢以翰林院编修充总目协纂官,撰有《九章算术细草图说》二卷、《海岛算经细草图说》一卷、《辑古算经考注》二卷。沈钦裴和罗士琳分别著有同名的《四元玉鉴细草》。李锐(1768—1817年)受梅文鼎的影响,曾打算对古代主要历法作一系统的研究,但这项工程太大,去世时才完成三统历、四分历、乾象历的全部和奉元历、占天历的部分注释。

嘉庆间,江苏苏州的李锐,与扬州的焦循(1763—1820年),还有安徽歙县的汪莱(1768—1813年),合称"谈天三友"。他们深入钻研宋元数学,焦氏着重阐发古人所已言,汪氏注重引申古人所未言,李氏善折中而实事求是,分别对高次方程解法和天元术提出了自己的见解。

18世纪末,阮元主编,李锐、周治平等编纂的《畴人传》(1799年)四十六卷问世。该书记录了从黄帝时期到嘉庆四年(1799年)已故的天文学家和数学家270余人。附录中有明末以降与天算知识引进有关的41个西洋人。后来,罗士琳撰《续畴人传》(1840年),杭州诸可宝撰《畴人传三编》(1886年),湖南澧州(今澧县)黄钟骏撰《畴人传四编》(1898年),合称《畴人传》。此书以传记体裁反映了各个历史时期天文数学家的生平和科学成就,传末附有评论,是研究中国天文、数学史的重要参考书。

地理方面除胡渭的《禹贡锥指》、毕沅的《山海经新校正》、郝懿行的《山海经笺疏》外,以《水经注》研究最引人注目。《水经注》从明代开始受到学者的高度重视。万历四十三年(1615年)明朝宗室朱谋㙔的校本《水经注笺》刊行,顾炎武誉之为"三百年来一部书"。① 至清代,郦学家人才辈出。乾隆时,全祖望作《七校水经注》(1752年),赵一清撰《水经注释》(1754年),随后戴震在四库馆主校《水经注》,完成武英殿聚珍版本,使郦学研究登峰造极,也使后人读到了基本上完整的经注分明的《水经注》。

(三)乾嘉人物戴震、程瑶田的科技史研究

戴震(1724—1777年),字慎修,一字东原,安徽休宁隆阜(今属屯溪市)人。他是江永(1681—1762年)的得意门生,清代著名的汉学家和唯物主义哲学家。早年熟读经书,记忆力之强,据说能背诵《十三经注疏》中的《经》和《注》。24岁时,作《考工记图》(一称

---

① 阎若璩:《古文尚书疏证》卷六下。

《考工记图注》),经过增订,于乾隆二十年(1755年)刊行。纪昀为其作序,赞为奇书。《考工记图》载有大小诸图59幅,对于理解《考工记》中的名物制度极为有用,多年来一直受到重视。但毕竟成书较早,二百多年来,尤其是近几十年来的考古发现和研究,已经显示戴图约有三分之一与考古实物不合,有些是明显的误解;其余三分之二也有不少需要修正和充实。①

戴震知识渊博,除《考工记》的综合研究外,《孟子字义疏证》是其哲学代表作。在天算、地理、声韵、训诂等领域内,他均有深刻的造诣。但科举制度却没有垂青这位大学者,40岁才中举,此后屡次会试,均未得中进士。幸于乾隆三十八年(1773年),由纪昀等人的推荐,奉召任《四库全书》馆纂修官,校订天算、《水经注》等书,一展长才。二年后,因其贡献赐同进士出身,授翰林院庶吉士。他的著作加上纂校之书近五十种。

戴震的同窗程瑶田(1725—1814年),字易畴,安徽歙县人。他好学深思,考证研究数十年如一日,而用力最勤的是《考工记》研究领域。其《考工创物小记》可与《考工记图》相媲美。在研究方法上,他长于旁搜曲证,不屑依傍传注,开创了考古实物与文献记载相对照研究古代科技典籍的方法。可以说,这是他的最大贡献。程瑶田又是我国近世科技史研究的先驱。他独具只眼,发前人之所未发,首先发现了《考工记》"车人之事"中的一整套几何角度定义,在《磬折古义》中作了详尽的论证,对中国及世界数学史作出了贡献。

尽管乾嘉学者在科技史上有其贡献和地位,但他们大发思古之幽情,独缺创新的热忱,失去了借第一次西学东渐高潮之波,推动中国传统科学向近代化迈进的机会。当然,这种情况是封建社会政治经济制度的必然反映,不是少数几个人能左右的。然而,时不我待,西方近代科学指数式的加速发展,已使清代乾嘉学派的成果难以望其项背,两者的差距愈来愈大。

---

① 闻人军:《考工记导读》,巴蜀书社1988年版,第162~163页。

第十章
中 体 西 用

鸦片战争一声炮响，打破了清中期以来闭关锁国的局面，令国人大吃一惊。列强环伺，形势险恶，积弱积贫，如何奋起？于是，在"师夷之长技以制夷"、"中体西用"等口号下，有识之士放眼看世界，请进来，走出去，加紧吸收科技新知识；洋务运动在重重阻力中发展，打下了中国近代工业的基础。19世纪末的戊戌变法虽然以失败告终，中国科学近代化的进程却是任何力量也阻挡不了的了。

一、师夷制夷

鸦片战争前后，忧国忧民的知识分子中出现以龚自珍、林则徐、魏源为代表的改良主义思潮，最著名的口号是"师夷之长技以制夷"，即学习西方先进的科技知识以抵抗西方列强对中国的侵略。

中国科技精英看到"今欧罗巴各国日益强盛，为中国边患。推原其故，制器精也；推原制器之精，算学明也"。[①] 在这种形势下，

---

① 李善兰：《重学·序》。

19世纪长江三角洲涌现了一批数学名家，其杰出代表则是近代科学先驱李善兰。

(一) 鸦片战争和改良主义的反思

1840—1842年的鸦片战争，是西方新兴资本主义侵略势力和东方腐朽封建主义守旧势力统治下的中国的首次大规模较量，以清政府的失败和屈辱的《南京条约》告终。结果，雍正以来闭关自守的格局被打破。西方列强看准中国这块带弱点的肥肉，依仗科技、经济优势、洋枪洋炮和战船，一次又一次地侵犯中国，强迫签订了一系列不平等条约，更加深了在封建政权压迫下的中国人民的苦难，中国终于沦为半殖民地半封建的国家。

天下兴亡，匹夫有责。以龚自珍、林则徐、魏源等为代表的先进知识分子，提出了改良朝政的主张和方案，鼓吹向西方学习，其办法和目的是"师夷之长技以制夷"。

早在鸦片战争之前，主张禁烟的林则徐，着手编译《四洲志》，搜集有关西方各国的情况。在此基础上，"再据历代史志，及明以来岛志，及近日夷图、夷语"，1842年，魏源(1794—1857年)"为以夷攻夷"，"为以夷欵夷"，"为师夷之长技以制夷而作"，编撰成《海国图志》五十卷。① 1847年增为六十卷，1852年又增补为一百卷，影响益增。《海国图志》指出"夷之长技有三：一战舰，二火器，三养兵练兵之法"。② 书中刊印了《火轮船图说》等造船资料，主张国人自行设厂制造；译载了有关哥白尼日心说的文章，并附有地球沿椭圆形轨道的绕日运行图。

除《海国图志》外，1848年福建巡抚徐继畬作《瀛环志略》，也介绍了西方各国政治、经济、军事、科技等情况。太平天国干王洪仁玕(1822—1864年)于1859年向天王洪秀全陈奏的《资政新编》中，含有一些发展资本主义的因素。太平天国失败了，洪仁玕的一些设想却在太平天国的对手所发动的洋务运动中得到了贯彻。

---

① 魏源：《海国图志·自序》。
② 魏源：《海国图志·筹海篇》。

(二)金三角的数理学派

上承第一次西学东渐高潮之影响,下接第二次西学东渐高潮之机遇,为了中国富强,满怀爱国之情的一批数学名家,崛起于长江三角洲。他们在学术交游中相互帮助和影响,在中国近代科学已远远落后于西方的情势下,开辟了一枝独秀的数学园地,无形中形成了金三角数学学派。

这批数学家中著名的有:杭州项名达(1789—1850年),扬州罗士琳(1789—1853年),常州董祐诚(1791—1823年),金山顾观光(1799—1862年),湖州徐有壬(1800—1860年),杭州戴煦(1805—1860年),海宁李善兰(1811—1882年),杭州夏鸾翔(1823？—1864年),无锡华蘅芳(1833—1902年)等。其中项名达和戴煦的友谊颇为典型,成就也较为突出;华蘅芳在译述数学等西方近代科学方面贡献良多;而兼通中西天算,撰著译述双丰收的则是又一位近代科学先驱李善兰。另有安徽歙县的郑复光(1780—？年)、浙江湖州的张福僖(？—1862年)不仅有数学成就,更在光学研究或译述方面留下了光辉的篇章。出生于广东南海的邹伯奇(1819—1869年),则在西学的另一个登陆点珠江三角洲以其数学和光学成就,与长江三角洲的数理科学家相呼应。

(三)项名达和戴煦的交谊与成就

金三角数学学派的研究特点,可以用项名达与戴煦的交谊和成就为例来说明。

康熙四十年(1701年)来华的法国传教士杜德美携来了三个"圆径求周"和"弧求弦、矢"未经证明的无穷级数展开式,梅瑴成在其《赤水遗珍》中译成中文,称为"西士杜德美法",引起了中国数学界的兴趣。

曾任钦天监监正的蒙古族宫廷科学家明安图,以三十多年之功,写出《割圜密率捷法》初稿,欲求证明杜德美法。明安图身故后,门人陈际新遵师嘱定稿,于1774年成书四卷。董祐诚于1819年在北京获见抄本"杜氏九术",研究后撰成《割圆连比例图解》三卷,他的研究途径与明安图师徒不同,但殊途同归,结果一致。

项名达觉得明安图对方圆率相通之理未予明释,"自董氏术出而方圆率相通之理始显"①,但还有几个问题不明。经过长期苦思,至1873年才恍然有悟,开始撰写《象数一原》,对三角函数的幂级数展开式深入研究和阐述。

道光二十五年(1845年),项名达与戴煦一见如故,结为密友。戴煦对对数很有研究,著有《对数简法》二卷(1845年)。在戴煦研究的启发下,项名达推而广之撰成《开诸乘方捷法》一卷。项氏的工作,反过来又促进了戴煦对对数的研究,于1846年撰成《续对数简法》一卷。

1848年项名达的《象数一原》粗成六卷,另作《椭圆求周术》附于《象数一原》之后,其中提出了求椭圆周长的正确公式。这是中国数学家自己得出的求椭圆周长的方法,其结果与西方用椭圆积分法求得的相同。

因为项氏的身体状况已无力将《象数一原》定稿,乃托戴煦代为整理。项逝世后,戴煦于1857年将《象数一原》校算增订补纂定稿,并为《椭圆求周术》补了《图解》。《象数一原》改进了董祐诚的成果,得出了二个计算正弦值和正矢值的公式。

戴煦个人的杰出成就在对数方面。他在1852年完成了《外切密率》四卷、《假数测圆》二卷,连同先前的《对数简法》和《续对数简法》,后来合刊为《求表捷术》一书,其中有他独立研究所得的二项定理展开式和自然对数函数的幂级数展开式,用级数计算自然对数和常用对数,乃与西人之术不谋而合。

《求表捷术》的问世轰动了中国学术界,李善兰、张福僖、罗士琳等纷纷致贺,交流成果。当时在华的英国伦敦会传教士艾约瑟于1854年专程去杭州求见戴煦,被托故拒见。但艾氏仍把《求表捷术》译成英文,递交给了英国数学学会。顾观光、邹伯奇、夏鸾翔等中国数学家亦从《求表捷术》中得到启示,作出了进一步的研究成果。戴煦除有数学专长外,在诗画方面也颇有造诣。遗憾的是,

---

① 项名达:《象数一原·自序》。

1860年3月19日太平军攻破杭州城时，戴煦竟尾随其兄戴熙自尽，使中国痛失一位多才多艺的近代数学家。

（四）数学大师和翻译家李善兰

不知什么原因，19世纪我国最著名的数学家李善兰有一串女性化的名字。他本名心兰，入家塾时改用善兰之名，字竟芳，号秋纫，只有别号壬叔，才是男性常用名号（图10-1）。

图10-1　李善兰像，采自《格致汇编》

1811年2月1日，李善兰出生于浙江省海宁硖石镇北的路仲市。其学术生涯可以分作四个时期：第一期（1820—1845年）为学习期。李善兰自幼有数学天赋，"方年十龄，读书家塾，架上有古《九章》，窃取阅之，以为可不学而能，从此遂好算"。年十五，接触利玛窦、徐光启合译的《几何原本》前六卷，通其义。弱冠至杭州应试，购回李冶《测圆海镜》、戴震《勾股割圜记》等数学书，努力钻研，"其学始进"。① 30 岁后，李善兰的数学造诣渐深。1845 年寓居浙江嘉兴，广交江浙数学家，开始著书立说。

第二期（1845—1852 年）是他数学研究的冲刺期。1845 年完成了关于尖锥术的三种著作：《方圆阐幽》一卷、《弧矢启秘》二卷、《对数探源》二卷。李善兰把他独创的尖锥术应用于对数函数的研究，获得了对数幂级数的展开式。更重要的是，李善兰的尖锥术，不仅其求积法相当于幂函数的定积分公式和逐项积分法则，而且其表示法和应用过程中隐含解析几何的思想。特别值得注意的是，李善兰的独创完成于西方数学中的解析几何和微积分学传入中国之前，体现了从常量数学向变量数学前进的趋势。迹象表明，假如没有其他情况发生，中国数学也可能以自己独特的方式走向近代数学。然而历史的真实脚步却是，不久后由李善兰所参与的西方近代数学的大量引进，使中国数学的前进方向完全纳入了世界数学的轨道。

第三期（1852—1859 年）为翻译西书时期。李善兰目睹鸦片战争以来中国受帝国主义列强欺侮的形势，萌生了强烈的科学救国愿望。他认为："今欧罗巴各国日益强盛，为中国边患。推其原故，制器精也；推原制器之精，算学明也……异日人人习算，制器日精"②，也可威震海外，称雄世界。这种思想在当时很有代表性。1852 年 6 月，李善兰来到中国接受西方文化的前沿——上海。上海有一家"墨海书馆"，系 1843 年由英人麦都思（W. H. Medhwst）所创办。李善兰结识了在墨海书馆工作的英国人伟烈亚力（Alexander Wylie，1815—1887 年）、艾约瑟（Joseph Edkins，1823—1905 年）等，与之合作，相继翻译出版了数学、力学、天文学、植物学方面的多种近代科技书籍，即《几何原本》后九卷、《重学》二十卷、《植物学》八卷、《代数学》十三卷、《代微积拾级》十八卷、《谈天》十八卷和《圆锥曲线说》三卷，为近代科学在中国的

---

① 李善兰：《则古昔斋算学·自序》。
② 李善兰、艾约瑟合译：《重学·自序》。

传播立了一大功。

《几何原本》后九卷是李善兰与伟烈亚力合作，从英译本转译的，1855 年译成，1858 年《几何原本》刊行。从此，这部世界学术名著有了较为完整的中译本。李善兰高兴地说："异日西土欲求是书善本，当反访诸中国矣。"① 李善兰和艾约瑟合译的《重学》，底本采用胡威立（William Whewell）的 Mechanics，原书有三个部分，中译本《重学》只译出中间的一部分，其中叙述的牛顿力学三定律乃是首次介绍进中国。据说李善兰还译过牛顿的名著《奈端数理》即《自然哲学之数学原理》的一部分，但未出版。

《植物学》（1858 年）由李善兰和韦廉臣（Alexander Williamson，1829—1890 年）、艾约瑟合译。原本为英国林德利（John Lindley，1799—1865 年）的《植物学基础》，"植物学"一词由李善兰创译，沿用到现在。

《谈天》（1859 年）一书由李善兰、伟烈亚力合译，采用英国天文学家约翰·赫歇耳（John F. W. Herschel，1792—1871 年）的《天文学纲要》（Outlines of Astronomy）（1851 年新版）作底本，书中包括了 19 世纪 50 年代以前西方近代天文学研究的主要成果，有力地促进了日心说在我国的传播。后来徐建寅将到 1871 年为止的天文学最新成果补充进去，于 1874 年刊行了增订版的《谈天》。

在《谈天》初版的同一年，李善兰和伟烈亚力合译的《代数学》十三卷、《代微积拾级》十八卷也由墨海书馆出版。《代数学》的底本是英国数学家棣么甘（Augustus De Morgan，1806—1871 年）的 Elements of Algebra（1835 年），此书是我国第一部符号代数学读本。《代微积拾级》的底本为美国罗密士（Elias Loomis，1811—1889 年）的 Elements of Analytical Geometry and of Differential and Integral Calculus（1850 年）。因为原作较为粗疏，所以书中介绍的函数、极限、导数、积分等基本概念不够严谨、完整，但这是我国第一部引进解析几何、微分和积分学的译著，其图式可据，"以意抽绎图式，其理自见"。

---

① 李善兰：《几何原本·序》。

《圆锥曲线说》系李善兰和艾约瑟合译。

李善兰在投身翻译西方近代数学工作的过程中，创译了许多数学名词术语，不少沿用至今，如"代数"、"微分"、"积分"等。取名微分和积分的想法，可能来自中国成语"积微成著"。译著中，×、÷、( )、=、√、<、>等数学符号直接引自西著，但仍有许多数学符号用中文表示，如用微字的偏旁"彳"作为微分的符号，积字的偏旁"禾"作为积分符号，自然对数的底 ε 译作"讷"。记分母于分线之上，分子于分线之下，则是袭用了《同文算指》的记法。

第四期（1860—1882 年）为研究教授期。在翻译西书的过程中，李善兰吸收了西洋近代数学的成果，为融中西数学于一体，攀登新的高峰打下了基础。1860 年，李善兰任过江苏巡抚、数学家徐有壬的幕僚。1863 年起，依附曾国藩（1811—1872 年），借助官僚资助，继续著书立说，汇集整理成《则古昔斋算学》一书，至 1867 年在南京刊印，其中收有李氏的著作十三种二十四卷，包括：《方圆阐幽》一卷、《弧矢启秘》二卷、《对数探源》二卷、《垛积比类》四卷、《四元解》二卷、《麟德术解》三卷、《椭圆正术解》二卷、《椭圆新术》一卷、《椭圆拾遗》三卷、《火器真诀》一卷、《尖锥变法解》一卷、《级数回求》一卷、《天算或问》一卷。《则古昔斋算学》继承了中国传统数学精华，又汲取了西洋近代数学的成果，代表了当时中国数学的最高水平。

如《垛积比类》一书专门论述高阶等差级数求和问题，系朱世杰《四元玉鉴》之后论述高阶等差级数求和的最佳著作。其卷三阐述三角自乘垛 $\sum (f^r p)$ 的求和公式。李善兰所创立的下列恒等式被世界数学界称为"李善兰恒等式"：

$$(f_p^r)^2 = f_{2p}^r + (C_1^p)^2 f_{2p}^{r-1} + (C_2^p)^2 f_{2p}^{r-2} + \cdots + (C_p^p)^2 f_{2p}^{r-p}$$

式中的 C_i^p 是二项式定理系数 $\dfrac{P!}{(P-i)!i!}$。这是第一个由外国人以中国人名字命名的数学公式。因为李善兰当年没有交代证明过程，20 世纪 30 年代起，不断有人试用现代代数知识加以证明。

1868 年，李善兰由郭嵩焘举荐，进京任同文馆算学总教习，直到1882年病逝北京,"口讲指画,十余年如一日"。① 先后辛勤培养了一百多名学生。

李善兰是19世纪中国首席数学家。1872年他撰成《考数根法》一卷,"数根"即素数,《考数根法》旨在判断一个自然数是否素数。李善兰的研究成果,证明了著名的费马定理,并且指出它的逆定理不成立。

又据光绪三年(1877年)夏季《格致汇编》报道,英国牛津大学曾有一道高额有奖"算学奇题",在试场内外均无人攻克,连出题教授的标准答案也出奇的繁琐。江南制造局翻译馆获悉后,于1876年将题目送至北京同文馆,请中国数学泰斗李善兰解答。李善兰很快就寄来了答案,与牛津大学教授的标准答案相比,李的解法要简明扼要得多。江南制造局翻译馆表示"本馆拟将此解说译为英文,送至英国大书院,请众人查看,以广见识"。该算题与解答登载在同期《格致汇编》上,英译送至英国后的情况不明。

二、洋务运动和实业救国

继第一次鸦片战争之后,第二次鸦片战争又败于船坚炮利的洋人,清政府内分化出洋务派,发动自强运动,实施开放政策,引进西方先进的科学技术。从1860—1895年为期35年的洋务运动中,近代工厂矿山纷纷建立,科技书籍大量翻译,并总结出"中学为体,西学为用"的方针。江南制造局和汉冶萍煤铁厂矿公司是洋务运动中诞生的骨干企业。杰出的铁路工程师詹天佑从美国学成归国,功勋卓著,成了近代工程师的楷模。1895年中日甲午海战,北洋舰队全军覆没,洋务运动宣告破产,但其成果和余波已对中国近代科学技术的发展和社会改革造成了重大的影响,乃是科技近代化的先声。

(一)洋务运动

咸丰十年(1860年)十二月初三(1861年1月13日),恭亲王

---

① 李俨:《中算史论丛·李善兰年谱》。

奕䜣等三人上奏六条章程，提出建立外交新体制的方案，奏上后获得批准，成立了总理各国事务衙门。这个衙门除了对外交涉的功能之外，还管海防，过问购船造船，购置洋枪洋炮，训练新军，兴办工厂矿山，修筑铁路，开办学堂，翻译西书等，是讲求洋务，引西学以为用的总枢纽，其来势和规模远非上次改良主义思潮时所可比拟。

洋务运动的中心人物，朝内为恭亲王奕䜣，朝外为李鸿章。李鸿章(1823—1901年)，字渐甫，号少荃，安徽合肥人。道光二十七年(1847年)25岁中进士，受曾国藩赏识，以师事之。1858年起，在江西曾国藩幕府。是年曾国藩说："轮船之速，洋炮之远，在英法则夸其所独有，在中华则震于所罕见。若能陆续购买，据为己物，在中华则见惯而不惊，在英法亦渐失其所恃。"也有类似于"师夷之长技以制夷"的想法。1861年9月，曾国藩所部湘军的曾国荃攻下安庆，曾国藩在那里设立了安庆内军械所，制造军火。同年，李鸿章受曾国藩保举，任江苏巡抚，训练淮军。第二年，曾国藩聘请徐寿、华蘅芳等人试造蒸汽轮船于安庆，于1863年底试制成功，但行驶迟顿，不甚得法。1865年他们在南京制成了"黄鹄"号轮船，这是我国第一艘实用的轮船。

先是李鸿章于1863年在上海设立广方言馆，1865年又与曾国藩商议，奏请获准在上海虹口设立了江南制造局，"庶几取外人之长技，以成中国之长技，不致见绌于相形，斯可有备而无患"。

另一洋务大将左宗棠(1812—1885年)曾在杭州试造过轮船。1866年，左宗棠奏设福州船政局于福州马尾。1867年，北洋通商大臣崇厚筹办的天津机器制造局成立于天津。随后一二十年间，全国各地出现了一批规模大小不同的官办兵工厂。分别由左宗棠、曾国藩、李鸿章主持的福州马尾、上海江南、直隶天津成了洋务运动的三大基地，其中江南制造局的工作影响最大。1872年两江总督、大学士曾国藩去世后，李鸿章跃升为这时期的中心人物，除领有直隶总督外，还兼北洋通商大臣，加大学士衔。他虽不懂科技、外文，却对洋务运动建树甚多，所遭的褒贬自也不少。李鸿章办洋务，觉得要改变老办法，学习西方的长技，但不触动内政改革，着眼点主要在军事海防。而洋务运动前后各种民用工矿企业的兴办，有利于较大范围的各种技术知识的引进。

早在19世纪四五十年代，外国资本已经在上海、广州等沿海地区设厂，尔后逐渐向内地扩张。他们最早开设的是方便自己来去的船舶修造业。接着，挟近代西方技术之长，建立了制药（1853年）、粮食加工（1863年）、制茶制糖（70年代）、皮革（1882年）、印刷、卷烟（1891年）等多种轻工业，赚取大量利润。加上进口货，许多日用工业品冠以"洋"字，占领了中国广大市场。与生产、生活条件有关的城市公用企业，也有外资设厂。如上海煤气厂创办于1864年，自来水厂、电灯厂分别创办于1881和1882年，使用的是当时的新技术。

我国自己的民用工矿企业，大型的有20多个，大多采用官办或"官督商办"的形式，其中较著名的有：轮船招商局（1872年）、基隆煤矿（1875年）、开平矿务局（1877年）、天津电报局（1880年）、漠河金矿（1881年）、上海织布局（1882年）、汉阳铁厂（1890年）和大冶铁矿（1890年）等。

从19世纪60年代末到1895年，我国民族资本近代工业也开始在夹缝中发展。当时机器制造、缫丝、纺织、面粉、火柴、造纸、印刷等行业以及水电等公用系统都有了民族资本兴办的企业，程度不同地引进了近代工业技术；不过从技术设备、资本规模来说，均刚起步，势难与洋货竞争。

与工矿企业配套的国民经济的动脉——铁路，屡遭挫折之后，终于在1881年铺成了第一条本国铁路。

（二）汉冶萍煤铁厂矿公司

从公元前3世纪起，中国冶金技术达到世界先进水平，此后长期领先于世界，一直称雄到18世纪。约1740年赫兹曼（Benjamin Huntsman，1704—1776年）发明坩埚炼钢法，预示着冶金技术革命的到来。1828年英国的尼尔逊（James B. Neilson，1792—1865年）开始使用热风炼铁。至19世纪中期，英国的贝塞麦（Henry Bessemer，1813—1898年）于1860年发明转炉炼钢。1865年法国马丁（Pierre-Émile Martin，1824—1915年）又发明平炉炼钢法，开辟了钢铁时代的新纪元。随着西方钢铁技术突飞猛进，中国缓步前进的冶金技术终于全面落后于西方，不得不反过来向西方学习。

继江南制造局于1890年设立炼钢厂，日产三吨钢之后，19世纪末，提倡新政的湖广总督张之洞，引进西方冶金技术，于1890年筹建了汉阳铁厂和大冶铁矿，后来又开了萍乡煤矿。汉阳铁厂于1893年建成100吨高炉两座，8吨平炉（酸性）一座。1894年5月，我国第一座近代化高炉在汉阳铁厂开炉出铁。当时生产成本高得惊人。1896年由官办改为官督商办。至1908年2月，汉阳铁厂、大冶铁矿和萍乡煤矿合并为"汉冶萍煤铁厂矿公司"，拥有百吨高炉二座，250吨高炉一座，50吨平炉六座，各种轧机四套，加上机械化的铁矿和煤矿，形成了远东最大的钢铁联合企业。

第一次世界大战期间，帝国主义列强无暇东顾，中国钢铁业一度发展势头喜人。可惜未能抓住这个时机发展巩固，战后竟萧条了下来。

（三）蒸汽机、轮船和铁路

由于蒸汽机的发明和广泛采用而引发的技术革命是世界科技史上的重大事件。自从1695年法国人巴邦（Denis Papin，1647—约1712年）提出活塞式蒸汽机的设想，1705年英国的纽可门（Thomas Newcomen，1664—1729年）制成纽可门汽机，用于矿坑抽水，18世纪中叶，英国纺织机械的改革加快了汽机改革的步伐。纽可门的同胞瓦特（James Watt，1736—1819年）继1765年对纽可门机进行重大改革之后，又于1781年发明往复活塞式蒸汽机，成了当时最好的原动机，迅速进入各个工业领域。随后，不断有人尝试将其用作船舶和车辆的动力。历史将这二项革新的光荣归之于美国的富尔顿（Robert Fulton，1765—1815年）及英国的斯蒂芬逊（George Stephenson，1781—1848年）。1807年，世上第一艘较实用的以蒸汽机为动力的轮船由富尔顿制成，试航于纽约东河。1814年斯蒂芬逊制成了蒸汽机车。接着，英国在1825年铺设了世界上第一条铁路。蒸汽动力的广泛应用，引起了西方的技术革命浪潮，在不到一百年的时期内所创造的生产力,比过去一切世代创造的全部生产力还要大,还要多。

中国最早试制蒸汽机的是丁拱辰。丁拱辰(1800—1875年),字星南,福建晋江县陈江人,系元初回族名将赛典赤·瞻思丁之后。元亡时,瞻思丁的一支后裔以丁为姓,隐居于福建。现海峡两岸已繁衍不少丁姓子孙。丁拱辰早年屡次出洋经商,读过南怀仁的著作,对西方制器技术亦有心访求。第一次鸦片战争爆发后,他撰成《大炮图说》,修改后更名《演炮图说》于1841年5月刊行于世。此后又不断增订。1843年刊出的《演炮图说辑要》四卷,内容丰富,流传广泛。除研制大炮外,大约在1841—1843年间,丁拱辰试制成功铜质小蒸汽机,并用于小火轮船模型和小火车模型,均能运作。事见《演炮图说辑要》(图10-2)。

几乎同时,光学名家郑复光也研究蒸汽机。他于1841—1843年间作《火轮船图说》一文,被收入魏源的《海国图志》。郑氏的光学名著《镜镜詅痴》之末,也附有《火轮船图说》。

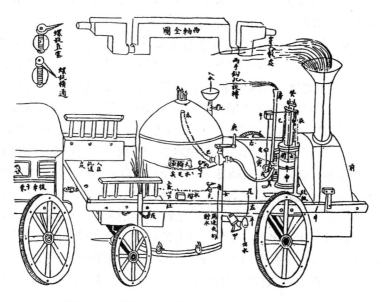

图10-2　西洋火轮车图(采自丁拱辰《演炮图说》)

过了二十多年，我国第一艘实用轮船黄鹄号终于由徐寿、华蘅芳等试制成功。1862年，他们在安庆内军械所试制成功蒸汽机。1863年底造成一小型蒸汽轮船，时速约十三里，尚"行驶迟钝，不甚得法"。1865年，经过改进之后，他们在南京制成了"黄鹄"号轮船。该船"载重二十五吨，长五十五华尺，高压引擎，单汽筒，直径一华尺，长二尺"。① 时速达二十余里。"黄鹄"号从设计到制造，全由国人承担，反映了当时的设计制造水平，但并未真正在国计民生中发挥作用。

洋务运动中，我国造船业的中心在福建马尾船政局和上海江南制造局。1868年，江南造船厂第一艘轮船"恬吉"号下水。当时最大的造船厂马尾船政局在1868—1907年间共造船40艘。中国军队的铁甲兵舰先购自外国，饬令江南制造局仿造。江南制造局在1885年造出了一艘钢板船，但此后即停止造船。马尾船政局由留法归来的工程师魏瀚等主持设计，于1887年制造了钢甲舰"龙威"号。

洋务运动每前进一步，都会与顽固守旧派发生冲突，不经争辩和斗争，就难前进一步。修筑铁路之争，就是一个典型的例子。

先是"黄鹄"号下水，游弋于扬子江的那一年，英国商人杜兰德已在北京修建了一段小铁路，约一公里长，试跑小火车，"观者骇惊"，清政府令其限期拆除。到了1876年，英商怡和洋行又在上海至吴淞口间筑了一条窄轨铁路，全长20公里。一度通车运行，时速24公里。但好景也不长，由于官方守旧派的坚决反对，第二年清政府花了28万两的价银将其赎回，然后拆除。我国自己的多次筑路计划，也先后惨遭搁置夭折的命运。以翁同龢、孙家鼐、醇亲王奕譞等为代表的反对派，反对筑路的理由十分荒唐可笑。例如："穿凿山川，必遭神谴；变更祖制，大祸将临。"风水祖坟动不得；少造没有用，多造太耗费；自办没有钱，借债利太重。有了铁路，水手、车夫、负贩就要失业。甚至出现"物价以流通而益贵，生活以便利而愈难"这样的奇谈怪论。1876年，洋务派中颇有见识

---

① 《字林西报》，1868年8月31日。

的郭嵩焘出使英国，在给李鸿章的信中感慨地说："中国士大夫……一闻修造铁路电报，痛心疾首，群起阻难，至有以见洋人机器为公愤者。""是甘心承人之害，以使朘吾之膏脂，而挟全力自塞其利源，真不知其何心也。"李鸿章的回信中说："自同治十三年（1874年）海防议起，鸿章即力陈煤铁矿必须开采，电线铁路必应仿设，各海口必添洋学格致书馆，以造就人才。……凡此皆鄙人一手提倡，其功效茫如捕风，而文人学士，动以崇尚异端，光怪陆离见责，中国人心真有万不可解者矣。"①郭嵩焘等人自然认识不到，正是腐朽的封建统治和既得利益集团是洋务运动以至中国走向近代化的最大障碍。

1877年，事情有了转机。开平矿务局成立后，运输煤炭的当务之急压倒了反对者的奇谈怪论，修筑唐山至胥各庄的矿山铁路的动议终获奏准。这条铁路由英籍工程师金达（C. W. Kinder，1852—1936年）主持测量和计算，自1881年6月动工，花了半年时间，于1882年1月1日竣工通车；全长十余公里，采用国际标准的1.435米作为轨距。同时移用进口的卷扬机上的锅炉，用进口的车轮和钢材，制造了我国首台实用的火车头，牵引力约100吨。后来这条铁路逐渐向两端扩展，南连北京，北通沈阳，至1911年京沈线全线通车，成为关内通向东北地区的干线。

（四）工程师的楷模——詹天佑

唐胥铁路竣工通车后，新的铁路修筑计划不断出台。1895—1911年间，全国铁路以每年兴建500多公里的速率增长。到1911年前后，已筑成铁路9600多公里，但绝大多数控制在一些帝国主义国家手中，由中国自己控制的不超过百分之七。然而，就在我国初期铁路工程技术起步艰难之际，詹天佑以其杰出的成就为我国早期铁路工程史写下了光辉的一页（图10-3）。

---

① 转引自黄大受：《中国近代史》中册，大中国图书公司1953年版，第439~440页。

图 10-3 留学时的詹天佑，采自 *New York Times*（1910 年 10 月 16 日）

詹天佑（1861—1919 年），字眷城，原籍安徽，出生于广东南海县。12 岁时，适逢容闳倡议的"留美幼童预备班"招生，詹天佑被录取作为首批官费留美学童于 1872 年 8 月赴美。1878 年进入耶鲁大学土木工程系，专攻铁路工程。1881 年，詹天佑以毕业考试第一名的优异成绩，和毕业论文《码头起重机的研究》，获学士学位。当年回国，在中国，詹天佑一开始用非所学。先是被派往福州船政局船政学堂学习驾驶。毕业后派充福建水师旗舰"扬武"号驾驶官。1884 年中法战争中，法国海军舰队在福建马尾突袭我舰，詹天佑同舰上官兵奋勇反击。后来他应聘到广东任水师学堂英文教习，奉命测绘了"广东沿海险要图"。

1888 年，詹天佑受聘为中国铁路公司帮工程师，参加津沽铁路的修建工作。1891 年升任分段工程师。1892 年京沈铁路修至滦河，因地质情况复杂，流速太大，主持滦河大桥工程的英、日、德籍工程师相继失败。最后，总工程师金达不得不求助于詹天佑。詹天佑仔细探测地质构造，改选了桥址，果断地采用压气沉箱法修筑桥墩，终于成功地建成了 205 米长的滦河大桥。这是由我国工程师主持修建的第一座近代铁桥，詹天佑以其出色成就扬名海外。1894

年詹天佑当选为英国土木工程师学会会员。这是外国较有代表性的大型学术团体第一次吸收中国人参加。

1905年清政府成立京张铁路总局和工程局，詹天佑出任总工程师兼会办（二年后升任总办）。京张铁路是第一条中国自己筹资，自行勘测、设计、施工的铁路。这是一条旨在连接北京和蒙古的交通要道，具有重大的政治、军事、经济价值。经詹天佑选定的路线，全长360里，有桥梁七千余尺。从南口至张家口路险工艰，特别是居庸关、八达岭等处，"层峦叠嶂，石峭湾多"。"由南口至八达岭，高低相距一百八十丈，每四十尺即须垫高一尺"。① 关沟路段，包括居庸关、八达岭、五挂头、石佛寺等四个隧道工程，既要解决铁路爬高，又要开凿隧道，为全线最难之工段。詹天佑决心"花钱少、质量好、完工快"，外国工程界却根本不相信中国人有能力自己搞如此艰巨的工程，伦敦还传来"中国工程师能建筑铁路通过南口者，此人尚未出世"的讥讽。因此，京张路的建设又成了一场志气仗。詹天佑告诫中国工程技术人员："必欲显明其不仅已经出世，且现在存于世也。"

1905年10月2日，京张线正式插标动工。在最难的关沟路段，詹天佑等精心设计和成功地实施了一系列创造性的技术方案。如从南口到八达岭，他采用了千分之三十三的爬高坡度。坡度提高后牵引力不足的问题，用两台机车推挽的方法解决。为了减少八达岭一带铁路坡度和隧道长度，在青龙桥东沟设计了"人"字形（或称"之"字拐）的展线方案。开凿八达岭隧道时，依靠精确的测量，在隧道上方开凿了二口竖井，连同隧道二头六面同时施工。至1908年6月，三段隧道全部接通，长达1091米，当时验测隧道南北直线及水平高低时，竟"未差秒黍"。②

1909年10月2日，京张铁路通车典礼在南口车站举行。全线历时四年，比预计工期提前二年完成；费工款银693万两，比预算节支36万两；总费用仅为外商承包索价的五分之一。验收报告中说

---

① 詹天佑：《京张路详图说明》。
② 《交通史路政篇》第九册，第1851页。

道:"鸠工之初,外人每疑华员勿克胜利。迩来欧美士夫远来看视,啧啧称道。佥谓青龙桥、鹞儿梁、九里寨三处省去洞工,实为绝技。"

詹天佑和他的同志们不仅打胜了一个工程技术上的爱国主义志气仗,而且通过制订《升转工程师品格、制度章程》等规章制度和工程实践,培养和练就了一支铁路工程技术队伍。1909 年,清政府授予詹天佑工科进士第一名,意即工科状元。美国工程师学会也接纳其为会员。此后,他继续为我国的铁路事业操劳,曾任粤汉铁路会办(1911 年)、汉粤川铁路督办(1914 年)、交通部铁路技术委员会会长(1917 年)等,接受美国耶鲁大学的荣誉硕士学位(1916 年)和香港大学的荣誉博士学位(1916 年)。1913 年,"中华工程师会"(后改名为"中华工程师学会")成立,詹天佑理所当然地当选为会长。詹天佑期望青年工程技术人员,"勿屈己以徇人,勿沽名而钓誉。以诚接物,毋挟褊私,圭璧束身,以为范则"。① 勉励中国工程师们"各出所学,各尽所知,使国家富强不受外侮,足以自立于地球之上"。②

因长期风餐露宿,积劳成疾,1919 年 4 月詹天佑因心脏病发逝世于汉口,年 59 岁。当时的北洋政府总统徐世昌颁布命令,将他的事迹交付国史馆列入国史。1961 年 4 月 26 日在纪念詹天佑百岁冥诞的集会上,中国科学技术协会主席李四光说:"詹天佑领导修建京张铁路的卓越成就,为深受侮辱的当时中国人民争了一口大气,表现了我国人民的伟大的精神和智慧,昭示着我国人民伟大的将来。"他还指出:"詹天佑的自力更生,发愤图强,不怕困难,艰苦奋斗的精神,是他对我国人民和古代科学家、工程师的伟大的精神传统和创造才能的继承和发扬,也是他遗留给我们今天科学技术界的伟大精神遗产。"③

---

① 詹天佑:《告青年工学家》,转引自徐启恒、李希泌:《詹天佑与中国铁路》,上海人民出版社 1978 年版,第 85 页。

② 詹天佑:《在武汉欧美同学恳亲会上的演说辞》,转引自徐启恒、李希泌:《詹天佑与中国铁路》,上海人民出版社 1978 年版,第 84 页。

③ 《人民日报》,1961 年 4 月 27 日。

三、近代科学知识引进的高潮

这一时期,伴随着各种科技书籍的翻译和科技实业的诞生,近代科学知识的引进出现了高潮。李善兰、傅兰雅、徐寿、华蘅芳、严复等中外名士致力译介,成就卓著;日心说、进化论等先进科学学说和思想在中国立足和传播,改变了科技界的精神面貌。中国传统科学体系开始被近代科学所取代,中国近代科学开始发生和发展,初步成形。

(一)科技书籍的翻译

科技书籍的翻译和举办科技实业乃是近代科学传入中国的最重要的两条途径。关于近代译介西方科技书籍,先后有一些学者进行过研究。前有周昌寿的《译刊科学书籍考略》(1938年),据统计,自咸丰三年(1853年)到宣统三年(1911年),计有468部西方科学著作被译成中文出版。后在20世纪七八十年代之交钟少华作《西方科技东流书刊目录》(1607—1911年),收书达1500多种,其中近代的译著居多。

明末清初来华的外国人几乎是清一色的传教士,绝大部分是耶稣会士,而19世纪来到中国的传教士,主要是基督教教士。1807年,第一位来华基督教新教传教士英人马礼逊(Robert Morrison, 1782—1834年)受命取道美国来到广州。他在中国25年,带头做了不少事。如首次把《圣经》全译为中文并予以出版,使这部基督教经典得以完整地介绍进中国。他的著名的六大本《华英字典》(*A Dictionary of the Chinese Language*)于1815年起开始在澳门出版,至1823年出齐,成为后世汉英、英汉字典的典范,对中外文化交流作出了重要的贡献,至今仍为海外学子研习中文的重要工具书。随着《华英字典》的出版,产生了一系列的连带效应。其中之一是催生了近现代印刷出版机构在我国的诞生,间接地推动了中国民族印刷、出版业的诞生和发展。40年代末至50年代初,开始推出科学译著。至1867年,他们出版的科学译著约20种,其中最足称道的乃是墨海书馆50年代出版的伟烈亚力、艾约瑟、李善兰等合译的那批科技书籍。除传教士外，外国医生、科学考察团等也加入了西学东渐的行列。

1855年，墨海书馆再版了英国医生合信(Benjamin Hobson, 1816—1873年)编著的《博物新编》，介绍化学、天文、气象、物理、动物学等知识，在当时颇有影响。同年，还出版了合信翻译的《物理学提要》。然1860年以后，墨海书馆已无新译出版。

1862年6月，北京设立京师同文馆。开始时只有外语课程，至1866年，另设算学馆，讲习天文、算学，以高薪聘请化学、天文学、生理学等方面的外籍教师。同文馆在美国传教士丁韪良(William A. P. Martin, 1872—1916年)主持下，出版中外学者合作的译著。至1888年止，出刊所译科学书籍10种，如《格致入门》(1868年)、《化学阐原》(1882年)[法人毕利干(M. A. Billeguin, 1837—1894年)口译，承霖、王钟祥笔述]、丁韪良编著的《力学测算》等。

19世纪下半叶，外国传教士在中国开办的一些教会学校，也编译了一些教科书性质的科技书籍，如数学教科书《形学备旨》(1885年)、《代数备旨》(1891年)、《笔算数学》(1892年)、《代形合参》(1893年)、《八线备旨》(1894年)等，同时成了各地新法学堂的初等数学读本。

洋务运动时期最大的科技著作翻译机构是上海江南制造局翻译馆，它的译著数量之多、水平之高、影响之大，在全国首屈一指。

江南制造局创办后，曾国藩对造船极为重视。1867年将"黄鹄"号功臣徐寿、徐建寅父子等调往制造局，襄办局务、协助造船。徐寿到局后条陈四事，其中之一是翻译西书，虽经波折终获"允其小试"，聘到英人傅兰雅任口译。1868年翻译馆成立的第一年首批译书四种问世，即《运规约指》(傅兰雅、徐建寅合译)、《汽机发轫》(伟烈亚力、徐寿合译)、《金石识别》(玛高温、华蘅芳合译)和《泰西采煤图说》。

曾国藩甚为嘉许，对译书的态度也转为积极，奏建学馆，扩大规模。翻译馆由傅兰雅主持，口译者为傅兰雅、美人金楷理(Carl

Traugott Kreyer，1839—1914 年）、林乐知（Young John Allen，1836—1907 年）、华人舒高第，中方笔述人员有徐寿、华蘅芳、徐建寅、王德均、李凤苞、贾步纬、赵元益等。翻译馆的工作从开馆到 1880 年间为最盛，1881 年后渐趋冷落，维新时期一度有所振兴，但在留日学生成为宣传西学的主力后，翻译馆终因跟不上时代的步伐，于 1913 年走完了它的历程。

据王扬宗的研究，江南制造局译书馆共译各种译著 241 种，其中本馆已出版的有 193 种。① 涉及的内容包括数学、天文、物理、化学、地质学、地理学、测绘、航海、矿冶、化工、机械、医学、国际法、经济学、政治学、各国史地、时势等，其中著名的有一系列的化学译著，讲概率论的《决疑数学》（1880 年）、《地学浅释》（1893 年）、讲 X 光的《通物电光》（1899 年）等。

据周昌寿《译刊科学书籍考略》的统计，自 1853—1911 年译刊的 468 部科学书籍中，包括总论及杂著 44 部、天文气象类 12 部、数学类 164 部、理化类 98 部、博物类 92 部、地理类 58 部。这项统计虽然不够完整，但可约略看出各学科在译书中所占的比重。

（二）日心说在中国的胜利

日心说在中国的传播和胜利，是西学东渐几经曲折不可逆转的典型。

地动说在我国的介绍最早可追溯到明末罗雅谷的《五纬历指》，其卷一总论曰："问宗动天之行若何？曰：其说有二：或曰宗动天非日一周天左旋于地内，絜诸天与俱西也。今在地面以上，见诸星在行，亦非星之本行，盖星无昼夜一周之行，而地及气火通为一球，自西徂东，日一周耳。如人行船，见岸树等，不觉己行而觉岸行。地以上人见诸星之西行，理亦如此……然古今诸士，又以为实非正解，盖地为诸天之心，心如枢轴，定是不动。且在船如见岸行，曷不许在岸者得见船行乎？其所取譬，仍非确证。"这里所谓

---

① 王扬宗：《江南制造局译书目新考》，《中国科技史料》，1995 年第 2 期，第 3~18 页。

"或曰"，即指哥白尼和伽利略，地动之说是以所谓正确学说的对立面的形式出现的。

后来，据说波兰耶稣会士穆尼阁对中国学者私下提到过哥白尼学说。穆尼阁的不彻底宣传未能使哥白尼学说堂而皇之的进入中国。可是在欧洲，自1687年牛顿发表《自然哲学之数学原理》以来，哥白尼学说日益深入人心。18世纪20年代布拉德雷（James Bradley，1693—1762年）发现了光行差之后，哥白尼学说更被证实为科学理论。1760年法人蒋友仁进献世界《坤舆全图》，在地图四周的天文学图文中明确宣布"哥白尼论诸曜，以太阳静、地球动为主"。① 肯定哥白尼学说的正确性，介绍了刻卜勒三定律，以及欧洲天文学的一些最新成果，如地球为椭球形等。可惜牛顿的万有引力定律和布拉德雷关于光行差的发现仍未提及。

然而，哥白尼学说要被中国学术界普遍承认还有很艰苦的斗争。守旧者如阮元在他主编的《畴人传》中攻击哥白尼学说"上下易位、动静倒置，则离经叛道，不可为训"。② 著名的乾嘉学者钱大昕，把《坤舆全图》说明文字润色后定名为《地球图说》加以出版，请阮元作序，阮元劝读者对哥白尼学说"不必喜其新而宗之"。后来，魏源的《海国图志》对哥白尼学说作了介绍。李善兰在为《谈天》写的七百多字的"序"中，批判了阮元等人对哥白尼学说的攻击，用力学原理，已发现的天体的光行差、地道半径视差等科学事实，证实地动说和椭圆运动已是"定论如山，不可移矣"。《谈天》一书的出版，促使哥白尼学说在中国站稳了脚跟，为近代天文学在中国的传播奠定了基础。

王韬于1889年作《西学图说》一书，用最新的成果，再次说明了哥白尼学说的正确性。1897年，叶澜作《天文歌略》，歌曰："万球回转，对地日天。日体发光，遥摄大千。地与行星，绕日而旋。地体扁圆，亦一行星。绕日轨道，椭圆之形。同日绕者，侧有八星。"这一歌谣乃是哥白尼日心说在中国深入人心的有力利器和例证。

---

① 蒋友仁：《坤舆图说稿》。
② 《畴人传》卷四十六《蒋友仁传论》。

(三)近代科学的启蒙者——傅兰雅

19世纪外国来华知识分子的成分,与明末清初有了很大的不同。除传教士外,还有医生、教师和一些专业科学工作者。其中英国教士出身的傅兰雅在中国多年,为近代科学引进中国作出了不可磨灭的贡献(图10-4)。

图10-4　傅兰雅(John Fryer)像,美国加州大学伯克利分校东亚图书馆提供

1861年,傅兰雅自英国来华,至香港圣·保罗书院任教。同治二年(1863年)他去北京,任京师同文馆英文教习。后又至上海,任英华学塾校长,兼《上海新报》编辑。1868年受江南制造局之聘,担任翻译,长达二十余年。他共译出134种中文著作,绝大部分是与中国笔述者合作的,主要是科技类书籍。其中出版的有95种,约占全馆译刊书籍的一半。举其要者有《运规约指》(1868年)、《化学分原》(1872年)、《化学鉴原》(1872年)、《代数术》(1874

年)、《微积溯源》(1874年)、《化学鉴原续编》(1875年)、《三角数理》(1877年)、《数学理》(1879年)、《电学》(1880年)、《化学补编》(1882年)、《代数难题》(1883年)、《化学考质》(1883)、《化学求数》(1883年)、《重学图说》(1885年)、《格致须知初集》(1887年)、《量法须知》(1887年)、《代数须知》(1887年)、《电学图说》(1887年)、《格致须知二集》(1888年)、《三角须知》(1888年)、《微积须知》(1888年)、《曲线须知》(1888年)、《水学图说》(1890年)、《热学图说》(1890年)、《光学图说》(1890年)、《植物图说》(1895年)、《算式解法》(1899年)、《物体遇热改易说》(1899年)、《通物电光》(1899年)、《测绘海图全法》(1900年)、《算式辑要》、《声学》、《电学纲目》、《测地绘图》、《海道图说》等。此外，还编有《英汉技术词汇汇编》10卷(*English-Chinese Technical Vocabularies*)。

1874年，议设格致书院，傅兰雅是创始董事之一。1876年格致书院正式开院后，他与徐寿一起，是主事和授课人中贡献最大的骨干。同年，格致书院开始发行中文科学期刊《格致汇编》，傅兰雅任主编。《格致汇编》的英文名称是 *The Chinese Scientific and Industrial Magazine*，其前身是1872年在北京施医院创刊的《中西见闻录》(*The Peking Magazine*)。《格致汇编》月出一册，两年后因傅兰雅返国暂停。他回华后改为季刊复出，中途又停顿一次。至光绪十八年(1892年)出完第七卷，宣告停刊。傅兰雅还编写过一批科学入门读物，并开设格致书室，贩售进口科学书籍仪器，经营印刷科学书籍。

1896年，傅兰雅离馆赴美国，至加利福尼亚大学伯克利分校，任东方语言文学首任教授，至1913年退休。先是傅兰雅作为中国近代科学的启蒙者之一，大半生致力于向中国人民介绍和普及西方近代科技知识，成果累累。后又将中国文化西传，成为美国汉学界的先驱，一生贡献可谓卓著。

(四)徐寿和近代化学知识的引进

洋务运动造就了中国的许多科技翻译家，其中最有名的是徐寿、徐建寅父子,华蘅芳等人(图10-5)。

图10-5　徐寿(中)、徐建寅(左)、华蘅芳(右)在江西制造局翻译处

徐寿(1818—1884年),字雪村,号生元,1818年2月16日生于江苏无锡。他幼年失怙,青年丧母,安贫若素,与比他年轻十五岁的同乡华蘅芳结为忘年交。大约在咸丰五年(1855年),二人同到上海,向数学名家,正在墨海书馆译书的李善兰讨教。在上海,他们读到了墨海书馆于咸丰五年(1855年)新镌的《博物新编》,其第一集谈到"天下之物,元质(即化学元素)五十有六,万类皆由之而生",还介绍了"养气"(氧)、"轻氧"(氢)、"淡气"(氮)、"炭气"(一氧化碳)以及"磺强水"(硫酸)、"硝强水"(硝酸)、"盐强水"(盐酸)等的性质和制造方法。这些新奇的知识虽然比较零星,却对渴望新知的徐、华产生了重大的影响。回家时,他们购买了一些简单的理化仪器,在家乡边读书、边实验,渐晓制造和格致

之事。

1862年起，时已"研精器数、博涉多通"的徐寿和华蘅芳受曾国藩聘请，研制轮船，1865年制成"黄鹄"号。1867年受命至上海襄办江南制造局。徐寿提议翻译西书，先与伟烈亚力，继而与傅兰雅等合作，翻译出版了大量科技著作。据统计，徐寿译刊书籍17部，168卷，其中主要是科技书籍，尤以化学方面最为集中。如：《汽机发轫》、《化学鉴原》、《化学鉴原续编》、《化学鉴原补编》、《化学考质》、《化学求数》、《物体遇热改易记》、《营城揭要》、《西艺知新》、《西艺知新续刻》、《宝藏兴焉》、《测地绘图》、《傅兰雅历览记略》(徐寿笔述)等。其化学译著中，以1871年出版的《化学鉴原》六卷最为重要且影响较广。原著是威尔斯(David A. Wells)所著的 Wells's Principles and Applications of Chemistry (1858年)，它的内容与一般化学教科书相当，概略地介绍了化学的基本理论及各种重要元素的性质。出版后，风行海内。

《化学鉴原》涉及的元素有64个。译好此书，首先必须解决中西化学名词对译的课题。徐寿为此创造了取西文名字第一音节之音，加上该元素单质的性质之意，构成新字命名的原则，创译了一系列的化学元素中文名称。这一原则以及徐寿所创译的不少化学名词如钠、镍、锰、钴、锌、钙、镁等都沿用下来了，有些还传到日本，为日本化学界所采用。不过，当时化学分子式的命名，未采用国际通用的符号，如 Al_2O_3 译作"铝二氧三"，后来被更简便的氧化铝所取代。江南制造局出版的《化学材料中西名目表》、《西药大成中西名目表》未列著者姓名，当是徐寿等人集体的工作。

《化学鉴原续编》和《化学鉴原补编》分别论述了有机化学和无机化合物，《化学考质》和《化学求数》分别讲定性和定量分析。徐寿的化学译著加上傅兰雅、徐建寅合译的定性分析方面的《化学分原》，傅兰雅、汪振声合译的《化学工艺》，比较系统且有些方面较为及时地介绍了当时西方的化学知识。

格致书院的建立，与徐寿的积极规划和推动是分不开的。格致书院讲课和实验并重，兼备学校、学会图书馆、博物馆等多种功能，是我国近代科学、教育史上的一个创举。徐寿是格致书院的山长，又是《格致汇编》编辑工作的实际主持者，亦亲自为刊物撰文。他相信科学，反对迷信，在近代科学的普及和提高二方面均倾注了巨大的心血，为后来其他书院和科技刊物作出了一个好的榜样。

大概因徐寿父子于机器深入精通，同治帝曾赐予"天下第一巧匠"之匾，① 今人将其视为我国清代著名化学家和近代化学的先驱。1884年9月24日，徐寿病殁于格致书院，享年67岁。他的第三子徐建寅（1845—1901年）曾赴欧洲考察四年，对火药也很有研究。1900年，湖广总督张之洞调徐建寅督办保安火药局兼办汉阳钢药厂。1901年春，研制成功无烟火药。3月31日继续试制时，拌药房机器突然爆炸，徐建寅不幸以身殉职。关于机器爆炸的原因，当时上报为偶然事故，徐氏后人称系有人设计陷害。无论如何，徐建寅之死乃我国近代科学事业的又一大损失。

(五) 华蘅芳的数学地学译述

徐寿的亲密搭档是华蘅芳，两人长期并肩工作，然专长和分工不同。

华蘅芳（1833—1902年），字若汀，江苏金匮（今无锡）人。少年嗜算学，先后研读了包括《几何原本》在内的大量数学著作，自学成才。华蘅芳与徐寿结交后一起到过上海，又同往安庆、南京造船。试制过程中，与徐寿父子密切合作，一切绘图、测算、推求动理，都出自华蘅芳之手，造器制机则由徐寿父子承担，全不假手洋人。1867年，华奉命到江南制造局搞技术工作。翻译馆成立后，负责算学、地质等方面的笔译。他先与玛高温等合作，译出《金石识别》十二卷（1868年）和《地学浅释》（1873年）、《防海新论》、《御风要术》等书。其中《地学浅释》介绍了地质学原理，虽然没有提到达尔文的名字，却述及其进化论的学说。接着又与傅兰雅等合作，译成《代数术》（1873年）、《三角数理》（1877年）、《微积溯源》（1878年）、《决疑数学》（1880年）、《代数难题》（1883年）、

---

① 徐鄂云：《纪念清代科技先驱徐寿》，《大公报》，1984年5月4~6日。

《合数术》(1888年)(对数表造法方面的著作)等,其中《决疑数学》是我国第一本介绍西方概率论的著作,译自伽罗威(Thomas Galloway, 1796—1851 年)的 Probability 及安德生(Anderson)的 Probabilities: Chances or The Theory of Averages。

华蘅芳的译述"文辞朗畅,论者谓足兼信、达、雅三者之长"。① 他的数学译著的内容,已比前辈李善兰翻译时丰富。华氏亦自著数学著作《开方别术》(1872年)、《学算笔谈》等数种,均有新见或普及之功。李善兰为《开方别术》所作的序说:"余所著各种算书,自谓远胜古人。当今之世,能读而尽解之者,惟吴太史子登(即吴嘉善)及华(蘅芳)君耳!"华蘅芳能读通当时中西数学专著,成功地译介,而自著书的创见则远不及李善兰的水平。

(六)进化论的传入和影响

生物进化论,和能量守恒定律,细胞学说一起,是19世纪上半叶科学上的三项伟大发现。从1759年德人沃尔弗(Caspar F. Wolff, 1733—1794 年)对物种不变提出疑议起,生物进化论的建立正好经过了一个世纪。达尔文(Charles Darwin, 1809—1882 年)之前,法国科学家拉马克(Jean-Baptiste Lamarck, 1744—1829 年)等人亦对进化学说的发展作出了贡献。1859年达尔文论述生物进化论的名著《物种起源》在英国发表,震动了整个西方世界。此书中还引用了不少中国动植物史料,但传回远东的中国并不那么容易,尽管海外交通已比明末清初不知进步了多少倍!

从1873年华蘅芳等翻译出版的《地学浅释》,到1891年出版的《格致汇编》,虽已介绍过进化论的观点,但始终没有提到达尔文的名字。最早介绍达尔文及其学说进中国的是我国留英归来的严复。

严复(1854—1921年),原名宗光,字又陵,改名复后,字几道,福建闽侯人。他先进福建船政学堂(求是堂艺局)学习,1877年由福州船政局派赴英国格林尼次海军大学留学。在大学中,他经

---

① 蔡冠洛:《清代七百名人传》。

常与人"论析中西学术政制之不同",关心国事,努力向西方寻求救国的真理。此时适逢达尔文进化论在西方广泛传播,遂接受了进化论学说,决心介绍给国人。

严复在英三年,学成归国。后来历任北洋水师学堂总办、京师大学堂编译局总办、北京大学校长等。1895年,严复在天津《直报》上发表《原强》一文,明确宣告:"达尔文者,英之讲动植之学者也。承其家学,少之时周游寰瀛,凡殊品诡质之草木禽鱼,褒集甚富,穷精眇虑,垂数十年而著一书曰:《物种探原》。自其书出,欧美二洲几于家有其书,而泰西之学术政教,一时斐变。论者谓达氏之学,其一新耳目,更革心思,甚于奈端氏(即牛顿)之格致天算,殆非虚言。"严复还说:"其书之二篇尤著,西洋缀闻之士皆能言之,谈理之家摭为口实。其一篇曰物竞,又其一曰天择。物竞者,物争自存也;天择者,存其宜种也。"

严复精通英文,在学术上又有相当的造诣,因而成了我国独立翻译家的先驱。他译介了大量的西方学术著作,其中最著名的赫胥黎(Thomas Henry Huxley,1825—1895年)的《天演论》、亚当·斯密(Adam Smith,1723—1790年)的《原富》、孟德斯鸠(Baron de Montesquieu,1689—1755年)的《法意》、穆勒(John S. Mill,1806—1873年)的《穆勒名学》、耶芳斯(William S. Jevons,1835—1882年)的《名学浅说》等,对中国学术界影响深远。

赫胥黎是英国生物学家,达尔文学说的热情支持者,著有《进化论和伦理学》(*Evolution and Ethics and Other Essays*)(1894年)等书。《进化论和伦理学》在西方宣传生物进化论的热潮中并不怎么突出,但正好为严复所得。就在赫胥黎逝世的1895年,严复着手翻译此书,取前半部分译出取名《天演论》,为达尔文进化论在中国的传播立了一大功。1898年《天演论》在严复上年创办的天津《国闻报》上分期刊登,很受欢迎。后来又正式出版,多次再版(图10-6)。进化论在中国的传播,不仅使先进的生物学知识在我国传播和普及,而且"物竞天择,适者生存","优胜劣汰,弱肉强食","弱者先亡"的思想,为变法维新提供了有力的理论根据和思想武器,武装了一代民主主义革命者的思想。

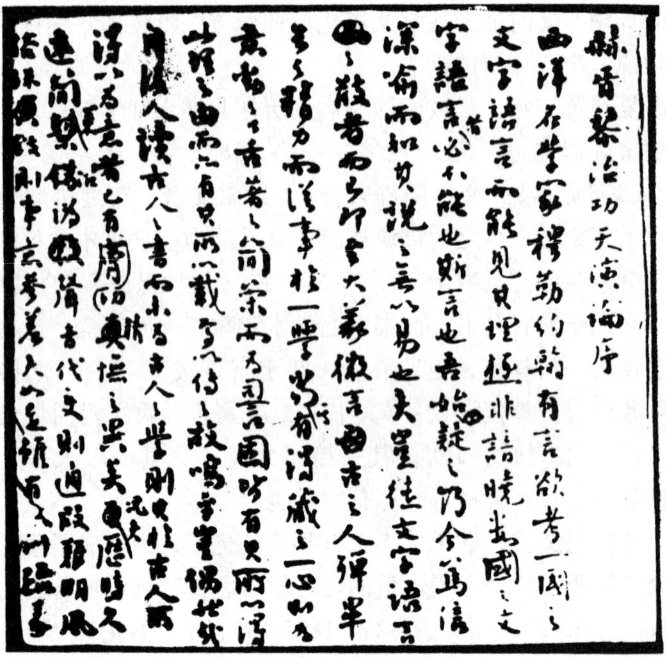

图 10-6 《天演论》手稿

同时，严复已意识到归纳法的诞生是科学革命的前提，用演绎"可执一以御其余"，① 他所译介的《穆勒名学》(1905 年)和《名学浅说》(1909 年)给中国引进了建立近代科学体系所必要的逻辑学知识，对科学界有良好的影响。

(七)光学等物理学知识的传入和研究

19 世纪传入的物理学知识，以光学吸收和消化得较好，这与光学是我国传统物理学中发展得较充分的一支是分不开的。

早在 17 世纪，江苏吴县就出了两个光学艺师。一位是苏州眼镜业的创始人孙云球。他研制的望远镜等各类光学仪器多达七十

---

① 严复译：《穆勒名学》，商务印书馆 1981 年版，第 199 页。

种，著有《镜史》一书，可惜已佚。另一位叫薄珏，字子珏，长洲人，居住在浙江嘉兴。1631年他创造性地把望远镜装置在自制的铜炮上，用作瞄准器。

17世纪后半叶，江苏又出了一个黄履庄（1656—?），喜出新意，作诸技巧。据张潮所辑《虞初新志》卷六所收戴榕的《黄履庄传》记载，当时黄才28岁，至少已创作或仿制各种奇器27种，其中包括光学仪器类的显微镜、瑞光镜、千里镜、望远镜、取心镜、临画镜、多物镜、灯衢；力学机械类的自行驱暑扇、木人掌扇、龙尾车（汲水机械）、报时水、瀑布水，以及验燥湿器（湿度计）、验冷热器（温度计）等。文中说"验冷热器""能诊试虚实，分别气候……其用甚广，别有专书"，可惜这部专书也已佚亡，而黄氏所制的很多器具究为何物，今已不得其详。他28岁以后的情况也未见任何记载。

黄履庄后百余年，我国又出了一个著名的物理学家，他就是安徽歙县的郑复光。郑复光比以前的光学仪器制造家高明之处在于，他用自己创建的光学理论，分析了仪器的原理，并给出了正确的定量设计原则。

郑复光（1780—?），字元甫，又字瀚香、浣香，自号"与知子"，曾以监生入北京国子监就读，"能通西法"，①"博涉群书，尤精算术"，②"凡四元、几何、中西各术，无不穷究入微"，③且"雅善制器"，曾研制成功"测天之仪，脉水之车，尤切民用"。④郑复光游历过扬州，广州等地，广泛结交学者名流，为几何光学方面的创造性研究打下了深厚的基础。

大约在19世纪20年代初，郑复光开始研究光学，他边实验、边钻研，制作了包括望远镜在内的多种光学仪器，历时十年，于1835年草成我国近代第一部系统的光学专著，经过不断增订，于1846年刊行，取名《镜镜詅痴》。书名中的"镜镜"一词是动宾结构，

---

① 郑复光：《费隐与知录·包世臣序》。
② 桂文灿：《经学博采录》。
③ 《歙县志》卷十，《人物志·士林》第20页，1937年沪版。
④ 郑复光：《镜镜詅痴·张穆序》。

意即使用和研究各种镜子。"诊痴"表面上谓本无才学，自卖自夸，实含谦虚之意。《镜镜诊痴》是一部高水平的光学学术专著，与之相辅，郑复光又用问答体撰写了一部科学普及性质的《费隐与知录》。"费"有怪异之意，"隐"是隐而不明的意思。将当时认为怪异的各种自然现象，分门别类，归纳成225条，深入浅出地用物性、热学、光学等原理加以解释。此书于1842年出版，包世臣的序赞为"真宇宙不可少之书"，然而郑复光的精心杰作《镜镜诊痴》更能代表19世纪上半叶我国物理学者的研究水平。

《镜镜诊痴》凡五卷，共283条，约七万余言，仿《几何原本》体例，分为"明原"、"类镜"、"释圆"、"述作"四个部分。"明原"主要论述几何光学的基本概念，作为全书的基础。"类镜"综述用作光学实验器械的各种镜子的质料和性能。"释圆"是全书的重点，以自己定义的"顺收限"等概念，探讨凹凸透镜的成像规律，建立了自己的光学理论体系。"述作"运用前面的基础理论，给出了17种32式光学仪器、器具的定量设计原理和制作方法。这是郑复光会通中国和已传入的有限的西方光学知识，形成的一个独特的光学理论和设计系统。全书结构安排井然有序，逻辑推理可称严谨，且图文并茂，在唯有历算才称学术的时尚中，郑复光的《镜镜诊痴》独辟蹊径，成了"我国古代物理学史上第一部科学专著"。①

继郑复光使中国古代物理学中最有特色的光学复放光芒之后，广东的邹伯奇(1819—1869年)也在数学、天文学、地图学、物理学、仪器制造等方面获得了杰出成就，而他最突出的成就也在光学方面。至迟在1869年，邹伯奇完成了他的光学著作《格术补》(刊于1874年)，在我国首次科学正确地阐明了望远镜和显微镜的光学原理，澄清了以前传教士译著中的一些错误认识。书中对成像，各种光学元件的性能和成像规律作了深入探讨，给出了定量关系，对眼睛的光学机制也有正确的说明。

照相术的发明是邹伯奇的又一项重要成就。西方发明照相术是

---

① 王锦光、洪震寰：《中国光学史》，湖南教育出版社1986年版，第174页。

1839年的事。五年以后，邹伯奇独立地发明了照相机。他的《摄影之器说》一文说："甲辰岁（1844年）因用镜取火，忽悟其能摄诸形色也，急开窗穴板验之。引申触类而作此器。"①邹伯奇拍摄的作品，有一张现藏于广州市博物馆，已历百余年，形象仍清晰。

我国近代最早的一部光学译著是湖州张福僖（？—1862年）和艾约瑟50年代在上海合译的《光论》，其底本不明，似不止一种。此译著直至1890年左右才辑入灵鹣阁丛书出版。

合信撰有《物理学提要》，内容不详，其《博物新编》亦介绍了热学、光学、电磁学知识。李善兰、艾约瑟合译的《重学》将牛顿力学三大定律首次引进中国。北京同文馆出版了丁韪良（William A. P. Martin, 1827—1916年）编著的《力学测算》，用微积分求解力学问题，弥补了中译本《重学》的不足。

1876年上海江南制造局出版了英国田大里（John Tyndall, 1820—1893年）的《光学》二卷，由金楷理口译，赵元益笔述，首次将绕射、干涉、偏极化等波动光学知识介绍进我国。江南制造局还出版了田大里的《声学》八卷（1874年），由傅兰雅口译，徐建寅笔述；英人瑙挨德（Henry M. Noad）的《电学》（1879年），也由傅、徐合译；田大里的《电学纲目》，由傅兰雅口译，周郇笔述。

1898年和1899年，格致书室和江南制造局先后出版了《光学揭要》（赫士口译，朱葆琛笔述）和《通物电光》四卷（傅兰雅口译，王季烈笔述）（图10-7）。《光学揭要》书末五节附"然根光"，简单介绍了1895年德国伦琴（Wilhelm Conrad Röntgen, 1845—1923年）发现X光及其特性、用途。《通物电光》的原著者为美国莫耳登，书中详细介绍了产生X光的各种器具的原理和应用。此外，学过医学的鲁迅（1881—1936年），对新知识也相当敏感。他于1903年10月发表《说钼（镭）》一文，介绍了1898年居里夫人（Maria Sklodowska-Curie, 1867—1934年）发现镭，1902年居里夫妇提取纯镭获得成功之事。

---

① 邹伯奇：《邹征君存稿·摄影之器说》。

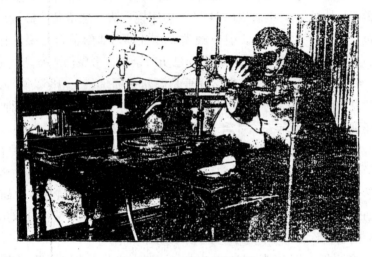

图 10-7 《通物电光》插图

四、科技别动队

鸦片战争以后,中国的门户被打开,传教士以外的西方人也进入中国,充实了中西文化交流的队伍。近代西医的传入,打破了传统中医的一统天下,大大地改变了中国医疗体制及西学在一般人心目中的地位。带有殖民色彩的地质地理考察,开始了对神州大地的再认识。

(一)近代西医的传入

19世纪前后,得力于西方近代科学的发展,借助于近代技术的手段,西医本身有了长足的发展,新的西医、西药知识便成了教会进入中国的又一敲门砖。伴随着海外贸易、配合传教、办西医院、办西医学校、译书、办刊物等文化活动,西医开始夺取传统中医的阵地。

英国船医皮尔逊(A. Pearson)于1805年传种牛痘法于我国,并撰《英吉利国新出种痘奇书》,由斯当东译出,此为近代西方医学传入我国的嚆矢。

教会办的西医院是从澳门(1820年)和广州(1828年)登陆、逐步向内地扩展的。鸦片战争后,美国的嘉约翰(John Glasgow Kerr)夫妇在广州办起了医院性质的博医局(1854年),附设了首家医学校,后来又在1859—1886年间编译出版了《眼科摘要》、《内科全书》等西医药书籍20多种,1880年在广州出版《西医新报》,为西医东渐作了多方面的工作。

英国医生合信于1839年来华,曾在广州开设医院。他和陈修堂合作编译的生理解剖学著作《全体新论》在1851年出版。后来他去上海,又编译过《妇婴新说》、《西医略论》(1857年)等书。

上海的江南制造局翻译馆是当时西医西药书籍的译介中心之一。旁通医籍的傅兰雅和精通传统医学的赵元益合译了《儒门医学》、《西药大成》、《法律医学》等。《西药大成》是当时最大的一部西药书。赵元益还与郑昌棪、舒高第合作翻译了保健医学、内科学、产科、妇科、急救等方面的多种西医书籍。1888年上海创刊的《博医汇报》是影响较大的西医刊物,后来发展为《中华医药杂志》(外文版)。

1865年京师同文馆设立医学科,这是我国自办西医教育之始。英人德贞(John H. Dudgeon,1837—1901年)在此编译了《全体通考》等医药书籍。

西医先在广州、上海、京津一带取得了立足点,然后向内地和东北辐射。19世纪末、20世纪初,教会和我国自办的医学院如雨后春笋般出现。西医在向中医的挑战中不断发展,一方面是由于疗效,另一方面是因为有近代科学作后盾。至20世纪20年代,它已能在大城市中与中医分庭抗礼。但是,传统医学尽管遇到了来自西医的挑战,并没有像其他中国传统科技那样纳入近代科学的洪流,而是依靠其中国特色,顽强地生存,不断造福人类,并开始了中西医结合之路的不懈探索。

(二)殖民色彩的地质地理考察

19世纪下半叶至20世纪初,尽管中国科技在许多西方人眼中已不值一顾，但中国毕竟是一块肥得流油的弱肉，再说，研究世界地质、地理也不能无视庞大中国的存在，所以当时涌入了许多外国科学考察者，作地质地理考察的西方学者达一百人次以上。

最早是在1860年，普鲁士考察团来到沿海的上海、广州等地。接着1862—1865年间，美国地质学家庞培烈（Raphael Pumpelly，1837—1923年）来华考察，他在《中国蒙古及日本之地质研究》一书中提出，中国的主要地质构成线是东北——西南走向，将之命名为"震旦上升系统"（Sinian System of Elevation）。

当时来华考察的外国地质地理工作者中，影响最大的是德国著名地质地理学家李希霍芬（Ferdinand Freiherr von Richthofen，1833—1905年）。他在19世纪下半叶先后二次来到我国作地质地理考察。第一次在1860年，是作为普鲁士考察团的成员来华的。第二次受英国商人委托，于1868年来到中国。他与学生、朋友们花四年时间，考察了山东、河北、山西等十四个省区，考察的内容包括化石、岩石、山川、森林、地形、土壤、农作物、城乡市镇及生活习惯等。考察的成果提供给了英国方面和德皇，并著有《中国》五大册，附中国地质地理图两幅（一记华北、一记华南），此书为中国地质学上划时代的不朽巨著。在学术上，李希霍芬等带来了调查研究的科学方法，总结出了一些科学方面的客观规律。如他提出了中国黄土风成说，对我国主要地层和地质构造的论述也有较高的学术价值。但应当看到，他们来华的背景，除学术研究之外，明显带有为殖民主义侵略探路的色彩，有的还是直接为军事经济侵略服务的。李希霍芬作的《山东与其门户胶州湾》，为1897年德国强占我胶州湾及修筑胶济铁路张本，就是一个明显的例证。

五、变法与变革

面对着鸦片战争和洋务运动以来西学东渐的第二次高潮，如何处理西学和中学的关系问题又变得突出起来。郑观应的《盛世危言》"西学"篇列举西学诸科源自中国之后说，"所谓礼失而求诸野者，此其时也"。同时，"西学中源说"再次出现。从魏源的"师夷之长技以制夷",到咸丰十一年(1861年)冯桂芬的"以中国之伦常名教为原本,辅以诸国富强之术",① 再到光绪二十四年(1898年)张之洞的"中学为内学,西学为外学;中学治身心,西学应世事",② 逐渐发展形成了系统的"中学为体,西学为用"说。

不少人认为,"中学为体,西学为用"的方针,是既可引进洋枪洋炮等先进技术,又可将西学的器用价值限于科技领域,不从根本上触动中华文化和封建统治基础的良方。但是光引进一些先进的科技知识,改革不配套,国家还是富强不起来的。一些有识之士企盼以西方资本主义国家为榜样,从根本上改变中国的面貌,要求变法,实行一系列的变革。变法维新尽管夭折,但中国不再封闭隔绝于世界之外,科学上走世界近代科学的共同道路已是不可逆转的历史潮流。

(一)百日维新

当中国洋务运动开始的时候,几乎处于同一起跑线上的日本,从过去师法中国转向学习西方,通过明治维新,二十年间变法图强。它"尽撮欧洲之文学艺术而熔之于国民,岁养数十万之兵,与其十数之舰",③ 转过头来,将侵略扩张的矛头指向了西邻朝鲜和中国。日本挑起中日甲午战争,北洋海军不敌日本海军,不免丧权辱国。清廷派李鸿章谈判,被迫签订中日马关条约,中国遭受空前的巨大损失,日本攫取巨额赔款和利益,奠定了强国的基础。

洋务运动宣告失败,痛定思痛,连李鸿章也在1895年4月20日的奏疏里提出要"及早变法求才,自强克敌"。但他所指的"变法"是非常有限的,并不包括政治体制。这年正逢会试,和约丧地辱国的消息传到北京,应试士子群情激愤。广东南海举子康有为(1858—1927年)和广东新会的梁启超(1873—1929年)联合各省赴考举人"公车上书",要求变法图强。

---

① 冯桂芬:《校邠庐抗议·采西学议》。
② 张之洞:《劝学篇·会通》。
③ 康有为:《进呈日本明治政变考·序》。

甲午以前，郑观应（1842—1921年）的《盛世危言》、王韬（1828—1897年）的《弢园文录·外篇》等，早就在鼓吹变法，主张发展资本主义。"公车上书"前后，康有为一共上书七次，还成立学会，出版报刊，鼓吹国家"变法而强，守旧则亡"，"变之之法，富国为先"。他主张政治上实行君主立宪制，经济上"以商立国"，对科技发明创造予以奖励，教育上废八股、兴学校。严复在天津也为维新变法大声呼喊，1898年初，曾在《国闻报》上刊出《上今上皇帝万言书》。

《马关条约》一公布，帝国主义列强一看清廷如此不堪，瓜分中国的图谋和行径更加肆无忌惮。1897年底，德国强占我胶州湾，列强争先恐后瓜分中国。面临亡国的危险，各种学会、学堂、报馆纷起，变法思潮日益高涨。在改良主义思潮和维新主张的冲击下，清廷内部分裂为以光绪为首的支持变法的"帝党"和以西太后慈禧为头的反对新政的"后党"。实际上无权，而想使国家富强的光绪帝在维新派的影响、鼓动下，于1898年6月11日下"明定国是诏"，宣布开始变法。到9月21日，慈禧发动政变，幽禁光绪，下垂帘听政诏。变法于是夭折，因其首尾共103天，史称"百日维新"。

百日维新失败后，维新时所发布的一些命令和采取的具体措施大多未能实行，但筹办的各级学堂总算维持了下来。1898年8月9日，同文馆正式改为京师大学堂，随之各省的大小书院一律改为兼学中学西学的学堂，各省还兴办了一些实业学堂。

戊戌维新虽然以失败告终，谭嗣同等六君子为此抛了爱国头颅，洒下一腔热血，但是留下了思想上的影响和血的经验教训。康有为的《新学伪经考》，指新莽时所立的经典为伪经，又写了《孔子改制考》，鼓吹变法。维新派的舆论工作有利于新思想的输入。更重要的教训是，在封建专制统治下的中国，改良主义道路是走不通的。中国非变不可，而要变，唯有"革命"一条路可走。

孙中山（1866—1925年）领导的革命日益深入人心，终于在1911年辛亥革命成功，成立了中华民国。此外，戊戌变法作为中国近代史上的一个重要事件，不但对19世纪末、20世纪初的革命党提供了史鉴,而且这次尝试,对于中日维新的比较,以及往后的改革,亦不无意义。

(二) 负笈海外

19世纪70年代,中国近代科学已经落后于西方乃是一个严峻的现实。除了译书引进先进知识,引进专业科技人才,开办新式学堂培养人才外,当政者认识到派遣留学生亦是必不可少的一环,比起明末清初来,已是一个不小的进步。

鸦片战争以前,因传教士的中介往西方学习宗教、语言的中国人大约有一百多人。他们大多学神学,回国后对本国科学几乎没有什么影响可言。我国早期自发留学人员中,名声最大的要数《西学东渐记》的作者容闳(1828—1912年)(图10-8)。容闳是澳门人,

图10-8 容闳及其亲笔签名

曾在香港玛丽逊学校（Morrison School）接受初级教育，1847 年随美国人布朗（Rev. S. R. Brown）赴美留学。他先入马萨诸塞的孟孙学院（Manson Academy），于 1850 年进耶鲁大学，1854 年毕业返国。容闳为第一个中国留学生毕业于美国大学者。与容闳同年赴美的黄宽，二年后去英国爱丁堡大学攻读医学，1857 年以第二名的优异成绩毕业，归国行医，但他的影响没有容闳大。

容闳于 1863 年入曾国藩幕中，曾受命赴美采购机器。1870 年容闳向江苏巡抚丁日昌建议，派幼童出洋留学，获曾国藩赞同奏准。于是以陈兰彬、容闳为出洋局正副监督，自 1872 年开始，每年派 30 名幼童（12—16 岁）赴美留学，连派四年。学生先分别住到美国人家中，学习外语。然后上小学、中学、大学，按计划全过程一共 15 年，学成后依次归国。这是我国正式向西方国家派遣留学生之始。

这些年轻学生来到美国，自然会受到西方文化的影响，不合封建顽固派的标准，结果计划尚未实行到底，就于 1881 年将留学生一律撤回国内。不过有 10 名滞留未归，有些成了美籍华裔科技人员。回国的学生中，已毕业的仅 2 人，日后为中国铁路事业争光的詹天佑即其中之一。

除 120 名赴美留学的幼童外，70 年代清政府还派遣过多批学生去英、法、德等国深造学习军工、造船、驾驶等技术。如 1877 年福州船政局派留学生 28 名赴英法等国学习，严复就是其中的一员。

甲午一战败北后，中国出现了前所未有的研求西学的新潮。我国从 1896 年开始派遣留学生，循当年日本遣唐留学生相反方向，东渡日本。1898 年后，特别是 1900 年八国联军侵入北京，激起国人师夷制夷的自强之心，去日本留学成为时尚。1900—1906 年的留日热潮中，公费和自费留日生约有一万二三千人。20 世纪初，归国留日学生成了宣传译介西学的主力，有意思的是，国学大师王国维（1877—1927 年）青年时（1901—1902 年）曾入东京物理学校，学过理科、数学等。他归国后译过一些自然科学著作，最重要的莫过于率先将德人赫尔姆霍兹（Hermann von Helmholtz，1821—1894

年)论述能量守恒原理的重要论著《论能量守恒》(1847年)译成了中文。①

为了改变过去学语言和文科人多的现象,1899年总理衙门曾命令"嗣后出洋学生应分入各国农工商各学堂专门肄业,以便回华后传授"。1908年更硬性规定,官费留学生必须进理工科。但是实际上,早期自费和派遣的留学生中真正学自然科学的仍是少数。这批人数不多的近现代科学家乃是中华民族的宝贵财富,这里不得不提到英年早逝的冯如。

我国第一位飞机设计师、制造家和飞行家冯如(1884—1912年)生于广东恩平,1894年随舅父去美国三藩市(旧金山),20世纪初在纽约攻读机器制造。继美国莱特兄弟于1903年发明飞机之后,冯于1908年仿制成功一架飞机,在加州哥林打市试飞,飞行距离达2640英尺,大大超过了莱特兄弟的首次试飞航程。据说孙中山先生时在美国,也观看了冯如的试飞,高兴地说:"吾国之大有人也!"1910年,冯如设计制造出一种更好的飞机,参加十月国际飞行协会在三藩市举行的比赛,打破了高度和速度纪录,荣获优等奖。1911年,冯如偕同几名助手,携带制机机械和两架自制的飞机归国。辛亥革命后,他被任命为陆军飞机长。1912年8月5日在广州城郊作飞行表演,为避免撞伤儿童致使飞机失事,不幸牺牲。

留学生队伍的壮大,为译介西学创造了有利的条件。十九、二十世纪之交,西方近代科学的大部分基础理论以及某些最新成果已被引进中国。"科学"一词,也从日本引入中国,逐渐取代"格致",被广为采用。

(三)新式学校取代科举

我国最早创办的新式学校是由洋务运动催生的。

1862年成立的京师同文馆,最初旨在培养外语人才。1866年

---

① 闻人军:《王国维与自然科学》,《大公报》(香港),1985年4月18日。

应洋务运动之需,添设了天文算学科。后来又逐步开设物理、化学、生理等课程。1898 年,在戊戌变法运动中,经光绪皇帝批准,以同文馆为基础设立京师大学堂,此为北京大学的前身(图 10-9)。

图 10-9　京师大学堂校牌

洋务运动时期,开办了一些军事和技术学校,也讲授一些科技课程。最早的如闽浙总督左宗棠奏准在福州马尾开设的船政学堂,于 1867 年 1 月开学,这是我国第一家专门技术学校,聘请法英教习教兵船制造和管轮驾驶。

70 年代以降,先后开办或在军校附设了一批初中级工程技术学校,如福州的电气学塾(1876 年)、天津的电报学堂(1880 年)、上海的电报学堂(1882 年)、江南陆军学堂附设铁路专门学堂(1896 年)、湖北的采矿工程学堂(1892 年)、广东的水陆师学堂附设西艺学堂(1889 年)、南京的储才学堂(1896 年)、上海江南制造局附工艺学堂(1898年)、四川的中等工业学堂(1908年)、浙江的中等工业学堂(1911年)等。

我国兴办的第一所新式大学是1895年天津海关道盛宣怀(1844—1916年)奏准创办的天津中西学堂，乃是以工科为主的高等学校，后来发展为北洋大学堂。翌年，盛宣怀奏准创办的南洋公学于上海成立，公学内设师范院、外院、中院、上院四院。外院是小学堂，中院、上院分别是中学堂和大学堂。南洋公学后来发展为交通大学。20世纪初，山西大学堂(1902年)、湖南高等实业学堂(1903年)、京师高等实业学堂(1904年)、直隶高等工业学堂(1904年)等综合大学或高等工程技术学堂陆续出现，学制沿用欧美大学成例，专业师资也聘用外人。当时学生的淘汰率甚高，好的大学教学质量不逊于欧美，毕业生能直入美国东部各著名大学之研究院。

最早的一所教会学校，在1839年成立于澳门。这种学校是教会灌输西方文化和帝国主义文化侵略的一个重要阵地，因此发展很快。20世纪初，中国已有不少教会大学，其中燕京、齐鲁、圣约翰、东吴、震旦、沪江、之江、岭南等较为著名。当然，教会大学确为中国培养了一批科技人才。

随着各类新式大、中、小学校的发展，科举制度愈显落后。戊戌变法时成立了管理教育的"学部"。1902、1903年颁布"学堂章程"。此后，新式学堂如雨后春笋，层出不穷。1905年，清政府宣布废除科举制度。以此为标志，终于完成了全国性的学制改革。到1911年，除教会学校外，全国有小学86318所、中学832所、大专学校122所。

（四）科技学会的兴起

从某种意义上说，科学学会的出现，是近代科学发展过程中必不可少的一环，往往具有里程碑的意义。

明末时，中医界和徐光启主持的历局已有学会的雏形。洋务运动中，上海诞生了含学会性质的"格致书院"。戊戌维新前后，全国各地涌现出许多学会，主要是宣传变法，其中也有一些科技性质的学会,如1895年欧阳中鹄和谭嗣同等在湖南浏阳创办的算学社,1896年罗振玉、徐树兰等在上海创办的农学会,1897年南京的测量会等。1897—1903年间,浙江瑞安利济医院学堂的《利济学堂报》(1897年)、上海农学会的《农学报》(1897年)、浙江温州的《算学报》(1897年)、上海的《亚泉杂志》(1900年)、《科学世界》(1903年)等自然科学报刊纷纷出现,广受欢迎。与西方近代科技学会相当的我国学会的真正开始,则以1909年张相文等创立的中国地学会为标志。

张相文(1866—1933年),字沌谷,又字蔚西,江苏桃源县(今泗阳县)人,为20世纪初我国著名地理学家和教育家,撰著有《南园丛稿》和多种地理著作。张相文初习国学,甲午、戊戌之后,深受维新思想和西学之影响,他以为中国受列强侵略瓜分的根源是地学落后,因而刻苦钻研地学。1899年,他在上海南洋公学任国文和地理教师,同时攻下日文。1901年他编著了《初等地理教科书》和《中等本国地理教科书》,成为我国自编地理教科书的嚆矢。后来,张相文又"参酌东西各大家学说",[①] 精心撰写了我国第一部普通自然地理专著——《地文学》,于1903年出版。此书包括星界、陆界、水界、气界、生物界五编,加上同年出版的张相文的另一部著作《最新地质学教科书》,较为系统地介绍了近代地学知识。

1908年,张相文任天津北洋女子高等学校校长。搞地学离不开实地考察,宣统年间和民国初年,张相文考察了华北和西北地区的地理情况,著有《齐鲁旅行记》、《冀北游览记》、《豫游小识》、《塞北纪行》等。鉴于个人见闻毕竟有限,为了集思广益,张相文邀集白毓昆、张伯苓、陶懋立、韩怀礼等,于1909年9月在天津创立了中国地学会,张相文被推举为会长。

1910年起,中国地学会的会刊《地学杂志》开始出版(图10-10)。虽常因经费困难难以为继,该刊物仍断续坚持了下来,近三十年间发表了大量的知识性文章,也反映了我国近现代地理学研究的一些早期成果。张相文担任会长长达二十年之久,为地学会和

---

① 张相文:《地文学·例言》。

《地学杂志》贡献了大量的心血。

图 10-10 《地学杂志》创刊号（再版）封面，美国斯坦福大学胡佛图书馆藏

经过变法和变革，19 世纪末到 20 世纪初，中国科技的许多方面已具备了近代科学技术体系的形态和实质，科技近代化初步成形。

第十一章
近代科技

1911年武昌起义爆发，辛亥革命成功，中华民国临时政府诞生。自1912—1949年，中国内忧外患，处在不停的动荡中。由于有关方面和国人的努力，近代化的脚步虽然不时被打乱，却没有长期停顿。1927—1936年的十年建设，确有成效。抗日战争的艰难曲折，压不垮中国人民奋发图强的意志。几经曲折，中国终于克服动荡的干扰，顽强地走向了科技近代化之路。

一、近代化之路

中国科技近代化的道路始于清末的第二次西学东渐高潮。民国开始，科学和民主的呼声日益高涨。由此铺开十年建设的蓝图，又经过八年艰苦抗战，不但打出了中华民族的志气，而且开辟了中国自立于世界民族之林的前景。

（一）科学和民主

民国伊始，帝国主义列强依然对我虎视眈眈，救国仍然是当务之急，科学报国，实业报国成为时尚。"中华工程师会"、"中国科学社"等科学团体相继成立。1914—1918年的第一次世界大战，给中国近代工业，特别是民族资本工业的发展提供了一个良机。1912—1919年间，470多个工矿企业在中华大地上冒了出来，发展速度空前。

但是，光靠"科学救国"、"实业救国"是行不通的。以袁世凯（1859—1916年）为代表的北洋军阀之流策划于密室，阴谋窃国。知识界急剧分化。康有为等原先著名的改良主义者沦为保皇党，翻译过《天演论》的严复倒在逆潮流而动的袁世凯一边，一批有识之士则发动了史无前例的思想解放运动——新文化运动。

1915年9月，《青年杂志》创刊于上海。陈独秀（1879—1942年）在《青年杂志》创刊号上提出，"近代文明之特征，最足以变古之道，而使人心社会划然一新者，厥有三事：一曰人权说，一曰生物进化论，一曰社会主义，是也。"[①]从第二卷起，该刊更名为《新青年》，编辑部也迁到北京，影响日益广泛深刻。

1919年5月4日，五四爱国运动爆发，在中国近代史上产生了重大的影响。民主和科学是五四时期新文化运动的两面大旗。在这个生动、活泼、前进、革命的运动中，反对文言文，提倡白话文，反对旧教条，提倡科学和民主的一班有名的新人物有陈独秀、胡适（1891—1962年）、李大钊（1889—1927年）、蔡元培（1868—1940年）、鲁迅等。伴随着民主和科学精神为愈来愈多的人所了解，中国近代科学逐渐溶入了世界科学的巨流之中。

(二) 十年建设

1927年4月，南京国民政府成立后，接收了科技落后的烂摊子。当时形势严峻，为了巩固政权，急需在国家建设方面有所作为。于是有的提倡，有的鼓吹，加上民间有识之士的积极推动，进入了十年建设时期。

这一时期，以中央研究院为首的学术团体林立，科学与工程教

---

① 陈独秀：《法兰西人与近世文明》。

育与之呼应，以归国留学生和本国培养的大学毕业生为主体，我国逐渐形成了一支二三万人的科技队伍，成为中华民族的宝贵财富。

与清末民初注重引进技术不同，自然科学的重要性日渐为国人所认识。地质学和生物学两科的成绩最著，气象学次之，它们均具有中国的特色。现代天文学研究有了一定的物质基础。物理学和化学工作者在相当艰苦的实验条件下，依然获得了出色的成果。现代数学人才开始引人注目。中医和中药学在一片非难声中，继续保持着长久的生命力。

技术方面开始扭转外国人喧宾夺主之势，有些领域已能依靠自己的力量发展。土洋并存、中外竞争是当时工程技术界的两大特点。建筑和水利事业探索中西结合的路子，某些方面接近或达到世界先进水平。但重工业基础薄弱，钢铁产量低，机械设备以仿造为主，与世界水平有一大截差距。轻纺工业的传统工艺遇到了现代科技的有力挑战，形成了机器大生产与小手工业并存的局面。纺织业几起几落，在与外商的竞争中求得生存和发展。化学工业分支众多，最为进步，基本化学工业的基础于此奠定。制碱、造桥等技术成就，向全世界展示了中国人民的聪明才智和赶超世界先进水平的潜力。

沿海和沿长江一带，首先接近电力时代，许多新兴的科学技术开始在中国传播，颇有代表性的是无线电热的兴起。总的来讲，这十年间我国科学技术与世界先进水平相比，依然瞠乎其后，特别是经济发展较缓的腹地和边远地区。

（三）八年抗战

抗日战争中，许多高等学校内迁，过程艰难曲折，总的损失巨大。当时科学人才几乎全集中于西南地区，在条件恶劣且有敌机轰炸的威胁之下，坚持教学和科研。因为设备材料不足，国外资讯难以获得，研究成果不及抗战以前。但也获得相当结果，且其精神尤为可嘉。当时在重庆主持英国大使馆的中英科学联络处的李约瑟博士，曾在英国著名科学杂志《自然》(*Nature*)上撰《科学的前哨》(*Science Outpost*)加以报导。文中说："当一个大学实验室缺乏电炉用的电热丝的时候，他们发现附近兵工厂钻枪管所产生的刨屑当作代用品甚好。当显微镜盖片无法获得的时候,他们就用天然云母的薄片代替……科学家和工程师们分外坚强地继续进行研究,使工厂运转,他们缺乏设备之情形,是任何其他民族都会吃惊的。"李约瑟在文中对当时的浙江大学,尤为称道。

抗战胜利后,为了中国向何处去,国共双方谈谈打打,忙于战争,几乎无暇顾及科技。经过几年内战,国民党战败,搬到台湾,共产党的星星之火,终于燎原,在大陆建立了中央政府。

二、教育和科研组织

20世纪10—40年代,我国科技教育经历了发展,充实提高和抗战内迁的曲折,选派留学生成为制度,培养和造就了一批科技中坚力量。以中央研究院、北平研究院为代表的学术机构,以中国科学社、中国工程师学会为代表的学术团体,为中国科学从近代向现代的过渡做了大量的组织推动工作,在中国近现代科学史上留下了艰苦的足迹。

(一)科技教育

民国初年,高等教育始具现代规模,大学数量未见明显增加,素质则有提高。1920年左右,全国约有大学60所,其中60%集中在北京、上海两地,其余24所分布于12个省份的18个城市中。

1928年5月,第一次全国教育会议在南京举行。会议发表的宣言中,有提倡科学教育的内容。到1931年,全国共有公私立大专院校108所,在校学生四万余人。其中12所大学附设研究所。从大专院校数量上看,1931年反不及20年前,但学校素质明显提高,学生人数大增。

抗战中,沦陷区大学纷纷内迁,有的一迁再迁。1938年,陈立夫(1900—2001年)出任教育部长,实施战区学生公费制度,颇有建树。北京大学、清华大学、南开大学西迁后在昆明成立西南联合大学,是抗战时我国最大的高等学府。中央大学等迁至重庆和其他城市。各校条件十分艰苦,仍坚持教学和开展一定的研究，并培养出一批后起之秀，如杨振宁、李政道、林家翘、黄昆、胡宁等。

派遣留学生依然是引进近现代科技的重要途径。1908年起，利用美国退还的庚子赔款筹建清华学堂（后改清华学校），培养学生赴美留学是留学史上的又一个重大事件。1908年，筹建肄业馆。次年，首批学生47人派赴美国留学。1911年清华学堂在肄业馆的基础上正式成立。1912年11月改名为清华学校，每年派送几十名留学生，十分之八学理工农商各科。1928年定名为国立清华大学。（图11-1）1929年，留美预备部结束。至此，清华已派遣留学生1279人。后来，派遣公费留学生取公开考试制度。

图11-1　清华大学

据1916年统计，官费留学生中，学理工科的占82%。留学生学成归国后，很多人进了教育界，逐渐取代外籍教师。1928和1929年，两个多学科的研究中心——中央研究院和北平研究院先后成立。前者以留美学生为主力，后者以留欧学生为主力。早期留学生的工作奠定了近代科学在中国扎根的基础，为中国近代科学的建立作出了可贵的贡献。

选派留学生制度化始自1916年。是年北京政府教育部公布了选派留学外国学生规程。1928年，国民政府教育部组织法提出"严限选派资格，注重应用科学，以为造就专门技术人才"。政策导向使留学生中学自然科学者的比例逐渐增大。1937年7月抗战爆发，因受外汇统制影响，出国公费和自费留学一度受到限制，人数锐减。至1943年1月，中国与英、美缔结了新条约，抗战的胜利也成了必然的趋势。为了加紧培养战后建设人才，教育部将出国留学的限制予以放宽，留学生人数激增。1946—1949年间，仅留学美国的就有4132人。"正是这批人形成了以后华裔美籍学者的首批主力，及建国初回国留学生的中坚力量。"①

延安自然科学院是中国共产党创办的培养科技人才的理工农综合性大学。1939年，"自然科学研究院"在延安成立，财政经济部部长李富春(1900—1975年)兼任院长，留德归来的有机化工博士陈康白(1898—1981年)任副院长。1939年底，自然科学研究院改为自然科学院，并成立自然科学研究会。1940年9月1日，自然科学院举行开学典礼，不久，由徐特立(1877—1968年)任院长。在极为艰苦的条件下，该院出了一批科技成果，解决了当时抗战和边区建设的急需。抗战胜利后，向东迁移，成为北京工业学院的前身。

(二)中国工程师学会和中国科学社

民国初年，在科学和实业救国的浪潮中，国内外涌现出了几个重要的学术团体。

1912年，广州和上海出现了三个类似的工程技术学会。即詹天佑在广东发起成立"广东中华工程师会"，上海的"中华工学会"和"中华铁路路工同人共济会"。第二年，三会合并成"中华工程师会"(后改名为"中华工程师学会")，詹天佑当选为会长，颜德庆(1878—1942年)、徐文炯为副会长。1931年8月，中国工程学会与中华工程师学会合并为中国工程师学会，成立时拥有会员2169人。至1937年，发展到2994名会员，有团体会员17个。②

---

① 姚蜀平：《留学教育对中国科学发展的影响——兼评留学政策》，《自然辩证法通讯》，1988年第6期，第26~37，81~82页。

② 钟少华：《中国工程师学会》，《中国科技史料》，1985年第3期，第38~45页。

我国第一个综合性的科学团体诞生于国外。1914年夏，远隔重洋的美国，传来了"中国科学社"成立的消息。它是留美中国学生任鸿隽(1886—1961年)、赵元任(1892—1982年)等发起成立的。1915年1月，中国科学社创办的《科学》杂志发刊。(图11-2)《科学》杂志在传播科学知识、提倡科学方法等方面起了重要的作用，是民国时期影响最大的学术刊物。至1950年12月，共出版了三十二卷。

图11-2　《科学》杂志创刊号封面，美国哈佛大学燕京图书馆藏

1915年10月，中国科学社制定会员新章程。那时，共有会员70名。1918年起，总部从美国迁回国内。据1919年的第四次年会报告统计，会员数已发展到604人。此后继续发展，1935年10月

学社成立20周年时，有社员1500余人。中国科学社是一个民办的学术组织，附有图书馆和一个科学仪器公司，它在我国近现代科技界发挥了一定的作用。中国科技界的许多栋梁之材，当年曾为中国科学社的社员。

除中国工程师学会、中国科学社外，据1935年1月教育部统计，当时还有其他自然科学类学术机关团体（包括理、工、农林、医药）32个。

（三）中央研究院和北平研究院

20世纪上半叶，我国最重要的科学研究机构是：中央研究院（1928年）、国立北平研究院（1929年）、实业部北平地质调查所（1913年）、中央农业实验所（1931年）等。此外，北平静生生物调查所（1928年）、塘沽黄海化学工业研究社（1922年）、中国西部科学院（1930年）、上海雷斯德药物研究院（1929年）等亦有时誉。各名牌大学附设的研究所是又一支劲旅，如北京大学的地质学、协和医学院的生理学研究等，均有名于时。

中央研究院成立于1928年，是我国第一个国家级综合性的现代科研机构，也是我国20世纪上半叶最主要的学术机构。

早在1924年冬，孙中山先生离粤北上时，就主张召开国民会议，拟设全国最高学术研究机关。1927年5月，南京政府决定成立中央研究院筹备处；7月，公布"中华民国大学院组织法"。次年4月，蔡元培被特任为中央研究院院长，设总办事处于南京。同年6月9日，蔡元培主持的第一次院务会议在上海召开，中央研究院宣告正式成立（图11-3）。

1928年11月，《国立中央研究院组织法》公诸天下，它规定"中央研究院直隶于国民政府，为中华民国最高学术研究机关"，其任务是"实行科学研究，并指导、联络、奖励全国研究事业"。中研院院长由南京政府特任，综理全院行政事宜。首任院长蔡元培，从手创中研院到溘然长逝，任职13年。院长之下设有行政、研究、评议三大机关。行政管理机关是总办事处，总干事聘请学有造诣、威望较高、组织能力较强的人担任。1928—1937年间相继

图 11-3 蔡元培

出任总干事的有杨铨（杏佛）（1893—1933 年）、丁燮林（1893—1974 年）（代理）、丁文江（1887—1936 年）和朱家骅（1893—1963 年）。研究机关包括自然科学和社会科学两方面的研究所，是中研院工作的中心。1929 年底有研究人员 193 人，分布于化学、工程、地质、气象、天文、物理、心理及教育、社会科学、历史语言等研究所，并附有自然历史博物馆。学术评议机关是评议会，它是全国最高的学术评议机关，致力于国内外研究事业的合作。

中央研究院的成立，标志着我国现代有系统的科学研究事业的开端。从此，不仅应用科学的研究获得重视，而且常规和永久性质的研究、基础科学、人文和社会科学的研究全面展开。中研院的"工作大纲"中还包括实行学术自由的原则，实际上自然受到一些限制。

中央研究院对于发展我国现代科学技术的作用首先在于，它作为一个全国学术研究的最高机关，担负着规划全国自然科学、技术科学和社会科学诸学科发展的重要使命，无论在科研开发，还是在人才培养方面，均做了大量的工作，颇有成效，为我国现代科学的进一步发展打下了良好的基础。

其次，中国幅员辽阔，资源丰富，在地质学、动植物分类和分布、气象学、海洋学等地域性很强的学科中，中国科学界的工作具有世界性的意义。中研院组织有关方面进行了一系列的合作研究，成果可观，对世界科学的发展和人类文明的进步作出了独特的贡献。

此外，为了促进国内外的学术交流，中研院在国际交往方面也作了多方面的努力。如派员出席国际学术会议，邀请世界著名科学家来华访问等。总而言之，中研院及其科学工作者在中国近现代科学发展史上占有举足轻重的地位。

中央研究院的主力是留美学生，以留欧学生为主体的北平研究院成立于1929年9月，院长为李煜瀛。北平研究院和中央研究院有所分工，所设有物理、镭学、化学、药物、生理、动物、植物、地质等研究所，以及史学、字体、经济、水利等研究会。

抗战时期，中央研究院迁往重庆，北平研究所迁至昆明。

尽管有八年抗战的颠沛流离，中央和北平研究院毕竟是我国多种近现代科学的综合研究中心，也是成长中的科学家的核心力量。筚路蓝缕，功不可没。他们在种种困难的条件下，为近现代科学在我国扎根作出了开创性的贡献。中华人民共和国诞生后，在这两个研究院的基础上，1949年11月成立了中国科学院，揭开了中国科学发展崭新的一页。

三、民国时期的科学

自民国成立至20世纪20年代初，是中国近现代科学的创始期。抗战前的十年，随着全面建设的铺开，科学上也颇有收获。总的来说，地质学、生物学先声夺人，天文气象也具中国特色，数理化的学术成就，反映了中国近现代科学追赶世界先进水平的势头。及至抗战爆发，中国科学进入了艰难曲折期。

(一)地质学和生物学

地质学和生物学是当时最有声誉的两门学科。

我国近代的地质科学研究事业的开始,以1913年地质研究所的成立为标志,其创始人为章鸿钊。

章鸿钊(1877—1951年),字演群,又字爱存,生于浙江吴兴。1904年,章氏以第一名考入南洋公学东文学院,不久赴日留学。1911年,他从日本东京帝国大学理学院地质系毕业,获理学士学位。同年回国,任京师大学堂农科地质学教员。辛亥革命后,曾任南京临时政府实业部矿政司地质科长。章鸿钊立志开拓中国地质事业,在他与留英地质学家丁文江等人的积极促动下,1913年6月,工商部设立了地质研究所,所长为章鸿钊。这是我国第一个现代科学研究所,立即开展了一系列的地质调查工作,同时也培养地质专业人才。至1916年因财政问题而停办,该所校结合的机构已培养了22名毕业生,其中不少人日后成为我国地质战线的骨干。

1922年,中国地质学会在北京成立,章鸿钊被推选为会长。

章鸿钊不仅开创了我国自己的地质事业,而且以现代地质岩石矿物知识整理中国古代有关文献资料,完成力作《石雅》,于1921年出版。著名地质学家丁文江、翁文灏分别用英文和法文为其作序,大加推崇。国际汉学家视为至宝,此书供不应求,乃于1927年修订再版。《石雅》是中国古代矿物学史方面的经典著作。李约瑟曾指出:"在中国的〔地质矿物学史〕文献中,最有分量者,要推章鸿钊的《石雅》,此书详论了中国古典中所提到的一些最重要的矿物,还涉及命名方面的许多有争议的问题。"[1]

章鸿钊著述甚多,他的又一重要著作《古矿录》(原名《中国分省历代矿产图录》)于1937年完成初稿,1948年增补完成,1954年出版。他以确凿的资料,证明中国的确地大物博,并指出:"地质一科至民国以来方始萌芽,故调查尚未普及。试稽诸载册,乃知

---

[1] Joseph Needham, *Science and Civilisation in China*, Vol. 3, Cambridge University Press, 1959, p. 592.

天赋实不薄,其所谓不足以自给者,一皆人为之,而今后之所当努力者。"

1927年以降,以北平地质调查所为中心,在中央研究院地质研究所、两广及各省的地质调查所、几所大学地质系的配合下,广泛开展了全国地质图的测制,矿产岩石的调查,古生物、土壤、燃料、地震等的研究工作,无论在地质学理论,还是在应用方面,均成绩卓著。

比如,由于美籍地质、古生物学家葛利普(Amadeus W. Grabau,1870—1946年)和他培养的中国学者的共同努力,中国古生界各系地层的存在及其在中国东部的大致分布得到确认,并在生物地层研究的基础上提出了进一步的划分和对比。1927年杨钟健(1897—1978年)发表题为《华北新生代后啮齿类》的博士论文,标志着中国古脊椎动物学的诞生。古人类学方面,裴文中(1904—1982年)于1929年12月2日在周口店第一地点首次发现北京人头盖骨化石,为人类发展史提供了重要证据,举世瞩目。接着又发现与猿人密切相关的古石器和用火遗迹。此后开展了广泛的多科性的学术工作。李四光(1889—1971年)对东亚地质构造和地质力学理论的研究,也在1929年取得了重要进展,《东亚一些典型构造型式及其对大陆运动问题的意义》一文问世。1934—1935年间,李四光应邀到英国讲学,讲稿汇成《中国地质学》在英国出版,对地质学理论又有新的阐发。他在古生物学、第四纪冰川的研究等方面亦多所建树。翁文灏(1889—1971年)长于综合,对成矿规律和地震等颇有研究。他在1926—1929年间把中国东部的晚中生代造山运动命名为"燕山运动",创立了东亚燕山运动学说。

数年之间,我国地质人员迅速增加,素质提高,地质调查范围不断扩大,地质研究领域不断扩展。至抗战前夕,我国地质科学已由靠外国专家带头转变为独立自主的科学事业。中国的地质刊物,如《中国地质学会志》(主编翁文灏)、《中国古生物志》(主编丁文江)、《地质专报》、《地质集刊》、《地质丛刊》等,逐渐走向世界,树立起权威形象,成为国际地质科学界不可或缺的专业读物。

生物学与地质学相仿，也是一门带有中国特色的学科。民国以前，中国研究中国植物学的人数，还不及外国研究者多。进入民国以后，这些情况逐渐改变。民国初年，北京有天然博物院，天津有北疆博物院，上海有亚洲文会博物院及法人主持的震旦博物院。中国第一部动物学大辞典在此时由商务印书馆出版。1918 年杜亚泉（1873—1933 年）出版了《植物学大辞典》。

我国第一个生物研究所——中国科学社生物研究所创办于 1921 年。20 年代末 30 年代初，各地涌现出不少生物研究机构，如北平静生生物调查所（1928 年）、中央研究院自然历史博物馆（1928 年成立，1933 年改名为动植物研究所）、北平研究院动物研究所和植物研究所（1929 年），广东中大农林植物研究所（1930 年），中国西部科学院生物学研究所（1931 年）等。全国诸研究机构和各大学生物系，在秉志（1886—1965 年）和胡先骕（1894—1968 年）两大学术带头人的领导和影响下，进行了大规模、有计划之分工合作，卓有成效。从 30 年代初至抗战前夕，在采集、调查、研究我国各地之动植物分类、形态、生理、遗传等方面，分头并进；加上注重经济效益、开发国家资源，搞得有声有色，有创见的著作大为增加。

这一时期，是 20 世纪上半叶动植物研究的黄金时代。国内动物学各分支皆有人才，尤以分类学较为发达，研究范围之广，几及全国。我国动物学家在世界上之影响，亦不断扩大。康奈尔大学博士秉志为中国现代动物学研究的开山大师，他对动物分类学、动物形态学、动物生理学、昆虫学和古生物学等均有造诣和相当的研究成就，尤精于动物解剖学。哈佛博士胡先骕则是当时植物学界的领袖。他专攻高等植物分类学，其与陈焕镛（1890—1971 年）合编的《中国植物图谱》颇为世所称道。陈焕镛擅长植物分类学，为研究华南植物和木本植物的巨擘。中大农林植物研究所在陈的主持下成绩斐然。该所专门研究广东及海南岛的植物，发现之多，前所未见。1935 年胡适指出："在秉志、胡先骕两大领袖领导之下，动物学植物学同时发展，在此 20 年中，为文化上辟出一条新路，造就许多人才,要算在中国学术上最得意的一件事。"①

抗战时期,研究所和各校生物系纷纷内迁,相互合作,亦收切磋之益。

自从西医传入我国,这种以解剖学、生理学、病理学、细菌学等分析科学为基础的近代医学便与中国以"五运"、"六气"等综合科学为基础的古医学发生了冲突。中西医学论战始于清末,入民国后更为激烈。1929年国民政府废止中医案激起中医组团进京请愿。后来中医虽然保留了下来,但不被重视。西医则有长足进步。中研院赵承嘏等关于药物的分析研究取得了显著成果。1932年中华医学会正式成立,当年有会员2500人。据1935年6月之《中华医学杂志》载,当时有西医师五千三百余人,主要分布在上海、广州、南京等大中城市。

(二)天文学和气象学

1877年,法国天主教会在上海建立了徐家汇天文台。它和随后一些帝国主义国家在中国设立的天文台一样,目的是为了收集气象情报,为其军事、经济利益服务。

辛亥革命后,北洋政府教育部派高鲁(1877—1947年)接管了清朝的钦天监,成立了中央观象台,但还谈不上近代的研究工作。

1922年10月,中国天文学会的成立标志着我国天文学进入了现代的阶段。1927年底,该会由北京迁往南京。1935年7月,中国正式加入国际天文学会,并派员(高均、潘璞)出席了在巴黎召开的国际天文学会第五届会议。

南京紫金山天文台的建立是中研院天文研究所的一件大事。天文研究所正式成立于1928年春,高鲁(字曙青)任第一任所长,为筹划紫金山天文台做了大量的工作。次年,高鲁调任驻法公使。接替高当所长的余青松(1897—1978年)曾在美国获得土木建筑学士和天文学博士,他所发明的光谱分类法,被美国编入了天文学教

---

① 刘咸选辑:《中国科学二十年》,中国科学社出版,1937年版,第15页。

程,蜚声国际。由余青松亲自勘测设计、主持施工,南京紫金山天文台于1934年9月胜利落成。

这是我国第一座现代天文台,主要建筑有天文台本部、子午仪室、赤道仪室、变星仪室等。室内装备多种比较先进的天文光学仪器,如反光赤道仪,附有石英双棱镜摄谱仪;目视望远镜及其摄影仪,附有太阳放大摄影仪;子午环;罗氏变星摄影仪;海尔式太阳分光仪等。屋外陈列一些富有代表性的中国古代天文仪器。当时,南京紫金山天文台是东亚第一流的天文台。日本学者新城新藏参观该台后感叹地说:"日本还没有能够建筑这样美好天文台的天文学家。"①可惜等到紫金山天文台一切就绪,可以实行工作之时,日本侵略军打来,不得不扔下许多设备忍痛拆迁。撤至西南之后,与云南大学合作,在凤凰山上设置了昆明天文台。抗战胜利后,又搬回紫金山。

20年代以前,我国基本上没有自己的气象事业,海关测候所和上海徐家汇天文台全为外国人所掌握,主要为外国资本在华利益服务。1924年,中国气象学会成立。1927年,竺可桢(1890—1974年)应中央研究院之聘,在南京筹建气象研究所。翌年,气象研究所正式成立,竺可桢任所长。是年竺主持修复金陵北极阁气象台,并以此为基地培训人才,加强气象科研合作,建立和扩展全国气象测候网。

经过多年的苦心经营,各省纷纷设置测候所和雨量站。至1933年,山东、江苏二省每县都设立了测候所,为全国建所最好的省份。至1935年,连地处高原边陲的拉萨也有了测候所。中央大学、清华大学、山东、浙江等大学在地理系内设立了气象学科,清华大学还设有气象台。在研究和教学单位通力合作下,诸如高空测候、无线电气象广播、天气预报等工作渐次展开,中国气候资料陆续整理出版。1935年创办的《气象杂志》(总编涂长望)则为我国气象工作者提供了发表成果的又一个定期园地。

---

① 陈遵妫:《中国近代天文事业创始人——高鲁》,《中国科技史料》,1983年第3期,第68~72页。

中国学者在国内外发表的气象研究成果得到了世人的重视，其贡献以气候学和天气学方面为最大，应用之处也最广。气象学家卓有成绩者，首推竺可桢。他于1930年当选为中国气象学会（成立于1924年）会长，在研究季风、中国区域气候、农业气候、物候学、气候变迁、自然区划等方面，获得了一系列的成果。1933年，竺可桢参加第五届太平洋学术会议，发表了《中国气流之运行》一文，得到了大会的好评。第二年，他又发表《东南季风与中国之雨量》一文，为我国季风气候以及长期天气预报的研究提供了重要的基础。

抗战时期，因军事上之需要，气象建设有长足进步，空军方面尤为显著。1941年，陪都重庆成立了中央气象局，绘制天气图，分析预报天气。1946、1947年，中央气象局和正中书局先后出版《中国气候图集》和《中国气候总论》两书，为有关中国气候志的较全面的综合性论述。

（三）数理化的成就

数学界的精英几乎咸集各高等学校。1927年以前，我国数学家的工作主要在于教学和翻译。藉一些归国留学生播种扶植之助，1930年后，各主要大学先后成立数学研究所，我国现代数学研究开始兴起。

陈建功（1893—1971年）诚如其名，在数学领域不断建功立业。他在函数论，特别是三角级数论、直交函数级数论、单叶函数论等方面取得了卓越的成就。他作为第一个中国人于1929年获得日本东北帝国大学理学博士学位。由于该学位门槛极高，陈建功成就不凡，此事轰动了日本科学界，他亦在国际上一举成名。同年，陈建功回国，出任浙江大学数学系教授、系主任。次年，他以日文撰写的名著《三角级数论》由日本岩波书店出版。陈建功是我国函数论学科的学术带头人，也是国内第一位用汉语讲授数学的大学教授。同时，清华大学的熊庆来（1893—1969年）、南开大学的姜立夫（1890—1978年）等，均以将现代数学引进中国而为学术界所推重。

1902年出生的两位数学家苏步青（1902—2003年）和江泽涵

(1902—1994年)，此时风华正茂。1930—1931年，江、苏先后在哈佛大学和日本东北帝国大学获得博士学位。他们于1931年回国，分别担任北京大学和浙江大学数学系教授。江泽涵专长拓扑学，苏步青在微分几何领域已硕果累累。后者与陈建功密切合作，在浙大举办数学科学讨论班，培养和锻炼了不少数学人才。

这一时期，我国数学大师华罗庚(1910—1985年)开始崭露头角。他是江苏省金坛县自学成才的初中毕业生，1930年在《科学》上发表《苏家驹之代数的五次方程式解法不能成立的理由》一文，被熊庆来慧眼发现，应邀到清华大学工作，由系图书馆助理员开始，很快升为助教、讲师。1936年，华以访问学者的身份前往英国剑桥大学，两年间在数论方面连破一些世界著名的难题，成为一颗正在升起的数学新星。

抗战前夕，我国数学研究已达国际水准。1935年，中国数学会诞生。翌年，开始发行《中国数学会学报》(Journal of the Chinese Mathematical Society)。八年抗战中，国人发表于国外数学期刊的论文，数量大为增加，学术水准也更精进。1947年7月，国立中央研究院数学研究所在南京正式成立。1948年秋，中国数学会在南京举行抗战胜利后第一次年会，与会者数逾百人，一时称盛。

物理学为20世纪的带头学科，风尚所趋，清末出现了不少专攻物理的留学生，如何育杰(1882—1939年)、夏元瑮(1884—1944年)、李耀邦(1884—约1940年)、张贻惠(1886—1946年)和吴南薰等人，他们大多数回国任教于国内大学，成为耕耘于我国近代物理园地的先驱。

民国成立后，出国学习物理的人增多，他们在国外的大学或研究院作过一些近代物理的研究，学成后，又回国执教，在各地创建了不少物理学系。北京大学物理门(系)在何育杰主持下，渐入正规，与南京高等师范学校的物理系一起，号称"南高北大"，一度蜚声国内物理学界。

二三十年代，全国大学物理教育粗具规模，骨干队伍初步形成，基本设备渐臻完善。北伐以前，以北京大学和东南大学的物理系最负时望。至1932年，设有物理系或数理系的大学数目已不下三十所。其中叶企孙(1878—1977年)和梅贻琦(1889—1962年)在1925年创建的清华大学物理系,拥有叶企孙、萨本栋(1902—1949年)、吴有训(1897—1977年)、周培源(1902—1993年)、赵忠尧(1902—1998年)五大教授,后来居上,实力最为雄厚,成果最丰。

因在美国从事X射线散射研究,进一步证实了康普顿效应而享有盛名的吴有训,1926年归国后继续进行着创造性的研究。他于1930年在英国《自然》杂志上发表《单原子气体所散射之X线》一文,开了国内物理学研究的先河。此后,国内物理研究结果寄往欧美杂志发表者,源源不断。1927—1937年间,国人在欧美及国内专门期刊上发表的物理学论文,达240多篇。几乎物理学的各个分支,我国均有了专才。继中央研究院物理研究所(1928年)和北平研究院物理研究所(1929年)成立之后,1932年中国物理学会在北平诞生,次年创办《中国物理学报》,研究工作走上了轨道。

中国物理学家的出色工作开始得到国际学术界的公认。1935年,吴有训被德国哈莱(Halle)大学自然科学研究院洪堡学会推举为会员。同年,北平研究院物理研究所和镭学研究所所长严济慈(1900—1996年)被法国物理学会选为理事(1935—1938)。萨本栋被聘为美国俄亥俄州立大学客座教授。

同时,我国物理学家在国外的研究,亦为祖国争得了荣誉。20年代末至30年代初,在美国加州理工学院的周培源、赵忠尧、何增禄(1898—1979年)三人,分别擅长理论物理、实验物理和技术物理,被著名物理学家密立根(Robert A. Millikan, 1868—1953年)誉为"加利福尼亚中国三杰"。王守竞(1904—1984年)于1927—1928年间在美国哥伦比亚大学首次成功地把量子力学应用于分子现象,曾被量子力学权威们赞为"中国的物理俊才"。①

抗战时期,内迁各校和科研机构在极为困难的条件下坚持物理学研究。一些物理学家适应抗战需要,从事战事生产事业。如中央大学曾制成新型氧化铜整流器,研制蓄电池及钨钢永久磁铁等。当

---

① 戴念祖:《物理学在近代中国的历程——纪念中国物理学会成立50周年》,《中国科技史料》,1982年第4期,第12~20页。

时研究条件恶劣,但国内完成的论文仍有60余篇,在国外完成者约160篇。部分科学家在国外作出了出色的成绩。40年代,钱三强(1913—1992年)、何泽慧(1914—2011年)夫妇在法国发现铀核三分裂、四分裂现象,并作出了初步解释。著名"三钱"中的另两位钱姓科学家钱伟长(1912—2010年)、钱学森(1911—2009年)也崭露头角。

1948年3月中央研究院选举院士,其中物理学家有吴大猷(1907—2000年)、吴有训、李书华(1889—1979年)、叶企孙、赵忠尧、严济慈、饶毓泰(1891—1968年)共七人。

除了美国人办的协和医学院进行的生物化学研究外,我国现代化学研究和化学教育有明显的进展是在1930年前后起步的。

中央研究院化学研究所成立于1928年,因为迁就水电供应方便,也为便利国内外学术交流,它和物理、工程研究所一样,亦设在上海。然而,全国化学研究的中心在北平。1930年北平研究院化学研究所成立。清华大学和北京大学的化学教研设备,约当西方二流大学的水平,而在研究精神上,则有过之而无不及。中国化学会是1932年在南京成立的,首任会长陈裕光(1893—1989年),书记吴承洛(1892—1955年),会计王琎(1888—1966年)。翌年,《中国化学会会志》发刊。

国内化学研究成绩突出的分支,首推生物化学和有机化学,理论化学次之,分析化学再次之,无机化学的研究较少。

在生物化学及生理化学方面,吴宪(1893—1959年)主持的协和医学院生物化学系仍为主要的研究中心,研究内容包括蛋白质的分离、变性及测定之法,代谢作用、激动素、抗体、及营养问题等,从1927至1939年发表论文近百篇。上海、北平等地的研究机关和大学也有成绩。有机化学方面,庄长恭(1894—1962年)于1933年在德国哥丁根大学对麦角甾醇结构的研究取得了重要成果。他关于甾醇及脂环族化合物的研究,是我国有机化学的先驱性工作。同年,曾昭抡(1899—1967年)等合成的"对亚硝苯酚"载入《海氏有机化合物词典》,为国际化学界所采用。

应用化学之研究成绩更为喜人。刘树杞(1890—1935年)1929

年在美国完成了关于"电解制造铍铝合金"的论文，被当时的化学界公认为卓越发明。其国内的研究中心，则非天津莫属。南开大学应用化学研究所和塘沽黄海化学工业研究社在此相得益彰。前者于1932年成立，由张克忠（1903—1954年）主其事。他于1928年在美国麻省理工学院完成的有关扩散原理的博士论文，引起了国际化工界的重视。后者创办于1922年，创办者是久大精盐公司和永利制碱公司总经理范旭东（1883—1945年）。永利碱厂用侯德榜（1890—1974年）博士摸索出的苏尔维制碱法制成优质"红三角"牌纯碱，于1928年在美国费城万国博览会上展出，夺得金质奖章。（图11-4）范旭东、侯德榜再接再励，1933年11月将永利制碱公司改组为"永利化学工业公司"，1934年在江苏省六合县卸甲甸创办了永利硫酸锉（铵）厂，至1937年春建成投产。这是我国第一家化肥厂。同时，中国基本化工的两翼——酸、碱终于长成，各种化学工业蓬勃兴起。

时任北京大学化学系主任的曾昭抡撰文指出："以资本之雄厚，工业之重要，及过去苦斗之精神言，'塘沽事业'，诚可称为我国现今化学工业之最重要的中心，在我国化学工业史上具有莫大光荣者。"①尤其值得称道的是，永利总工程师侯德榜的制碱巨著《制碱》，第一次把苏尔维法的全部秘密无私地奉献于世，1933年由美国化学会作为该会丛书出版后，迅即传遍全球，产生了巨大的社会效益。

中国化学会于1933年成立，同年发行了《中国化学会志》（*Journal of the Chinese Chemical Society*），可用英、德、法三种文字撰稿。抗战时，化学药品、仪器备感缺乏，少数大学在艰苦的环境下坚持教学研究，并维持了相当的学术水准，但成果数量大为减少。

在国外，几位中国籍化学家取得了辉煌的成就。如李卓皓（Li Choh Hao，1913—1987年）教授在美国自1938年起研究蛋白质激

---

① 刘咸选辑：《中国科学二十年》，中国科学出版社1937年版，第126页。

图 11-4　侯德榜

素,陆续发现多种激素,特别是肾皮激素(Adrenocorticotropic hormone)即 ACTH 的分离,以及具有 ACTH 活性物质的产生,是一项重要的生物化学医药成就。为此,李卓皓获得了 1951 年路易斯奖牌(Lewis Medal)。

四、重工业和交通事业

我国 20 世纪上半叶的重工业基础相当薄弱。矿产开发以煤铁为主。钢铁工业在第一次世界大战时一度形势看好,锑、钨国际驰名,但战后均萧条下来。东北日本控制的钢铁企业畸型繁荣,显示了浓厚的殖民地、半殖民地色彩。机械制造工业原以输入为主,30年代起在修配的基础上进而仿造,取得了一定的成绩。1935—1937年建成的钱塘江大桥,上承公路,下载铁道,是我国近现代交通史上的又一辉煌成就。由于军事、国防需要,飞机工业得到格外重视,保持了一定的发展速度,形成了相当的格局。

(一)矿冶工业

第一次世界大战期间,帝国主义列强忙于打仗,钢铁需求增加,中国钢铁工业一度出现了喜人的发展势头。除汉冶萍外,20世纪10年代在东北出现了日本资本插手的本溪和鞍山铁厂,成为今日鞍钢的前身。可惜当时中国政府没有抓住发展钢铁工业的良机,战后又萧条下来。据统计,20世纪前20年我国钢铁产量为:[1]

年代	生铁(吨)	钢(吨)
1900	25890	—
1905	32313	—
1910	119396	50113
1915	336649	48367
1919	407743	34851

第一次世界大战时,国际市场钨价倍增。1914年湘人发现钨矿,至1916年,中国钨砂年产量已逾二千吨,1918年更达一万吨以上,冠绝全球。湖南锑矿和钨矿齐名。1895年中国锑矿开始开采。1897年,长沙大成公司始炼生锑。1901年后,炼厂蜂起,数年间增至八家。1908年,华昌锑矿公司成立,购得法国的Herrenschmidt冶炼法专利权,自炼纯锑。1913—1914年间,土炉炼纯锑试验成功,品质佳,成本低,效法者日众。第一次世界大战结束后,锑价降低,新式炼厂因成本过高,大多停办,唯土法炼厂

---

[1] 杜石然等:《中国科学技术史稿》下册,科学出版社1982年版,第283页。

继续维持生产。钨钞产量也因战后价格猛跌，一落千丈。

国民政府成立后，在建设委员会、资源委员会的先后推动下，矿冶建设渐有起色，进入一有计划之阶段。特别是资源委员会成立后，在翁文灏、钱昌照（1899—1988 年）两人主持之下，通盘计划，一面调查勘测，一面设计采炼，各种重要矿产陆续开发。开发的重点，以矿产论，为煤铁；以地区论，着重于长江流域及西南各省。同时，川陕石油之钻探，青海金矿之开采，中央钢铁厂之筹设，高坑、天河等煤矿之开发，四川彭县、湖北阳新铜矿之探勘，锑、钨各矿之管理，均在此时奠定基础。该会对于矿冶人才的培养，也作了许多建设性的工作，为抗战时期的后方矿冶建设准备了干部。

此时我国重要煤矿已有三十余家，大多分布于东北、华北各地，邻近铁路，运输便利。东北抚顺煤矿，年产量达 800 万吨以上，系日人管理，为东亚第一大矿。由中英合办之开滦煤矿，年产 400 万吨以上，是国内第二大矿。此外，年产百万吨以上者，有二家；五十万吨以上者，有四处。

钢铁工业的殖民地、半殖民地性质相当严重，倚重的东北一隅沦于日人之手，民族工业所能支配的钢铁寥寥无几。

1920—1921 年以后，我国自办的钢铁厂经不起外国钢铁的倾销和市场不景气的冲击，产量不断倒退，1927 年后，更有一落千丈之势。当时冶炼钢铁，有新法、土法两种。新法炼铁在历史最高水平的 1919 年曾达 16.6 万吨，1930 年仅 2587 吨，1933 年曾回升到 34547 吨。新法炼钢的年产量，低则仅 15000 吨（1930，1931 年），多则 50000 吨（1934，1936 年），也比不上 1921 年的 76800 吨。国人所办的新式炼铁炉，往往时炼时停。抗战前开工者，仅六河沟煤矿公司铁厂（即扬子铁厂）及山西保晋公司炼铁厂，年产生铁只有二三万吨，加上土法炼铁也只有十六万吨左右。钢产量的回升，与各国倾销废钢有关。1932—1934 年间，上海涌塞大量废钢。和兴化铁厂乘机于 1935 年改组复工，轧制废钢。杨树浦的大鑫钢铁厂则于 1934 年 9 月建成一吨电炉两座，经营铸钢铸铁业务。

东北中日合资经营的本溪湖制铁厂和鞍山制铁厂，度过战后的衰退，通过一些技术改革，产量上升。1931 年东北沦陷后，更是急剧膨胀。鞍山制铁厂于 1933 年扩建,增设 100 吨平炉 4 座,150 吨平炉 2 座,600 吨炼铁炉 1 座。1935 年出钢,1936 年生铁产量达 45 万吨,成为远东第二大钢铁公司。东北地区 1937 年生铁产量达 81 万吨,钢产量猛增为 51.6 万吨。

据统计,包括东北在内,1936 年我国生铁产量 81 万吨,占世界第 12 位;钢产量 41.4 万吨,占世界第 18 位。[①] 但其中真正属于我国所有者,生铁仅五分之一,钢更微不足道。

汉冶萍公司在此期间停止炼铁,所出矿砂全部销往日本。据统计资料,1927—1934 年的总产量为 280 多万吨。[②] 昔日大有希望之中国企业,竟沦为日本侵略军火的原料供应地。

抗战时期,大江南北的大好矿厂大片沦于敌手。后方矿冶界发扬自力更生精神,埋头苦干,发明专利数迅增,仅 1943 年就有九件之多。后方各地大小煤矿日产量总共约五千多吨,因品质欠佳,遂对洗煤、炼焦悉心研究,也取得了一定成果。钢铁方面,从迁建委员会主办的百吨炼炉到民办厂的五吨小型炼炉,先后投产。此外,四川巴县天然气,陕西延长、永平石油矿等得到研究开发。1941 年玉门油矿成立,开始新法采油。战时重庆、昆明之制炼精铜,地位相当重要。1943 年昆明炼铜厂推出第一批电解铝,中国炼铝自此始。

(二) 机械工业

机械工业基础薄弱,民初至抗战前夕,以修配仿造为主。

国民政府成立后,设兵工署统辖各兵工厂,机器输入日渐增加。1927 年我国仅有机械工厂 19 个,1929 年增至 101 个,1931 年达 191 家,1933 年猛增至一千多家,其中上海力量最强,天津、广州次之。以发展阶段论,1931 年以前,工业机械以输入为主,

---

① 黄逸平:《中国近代钢铁工业史》,《中国冶金史料》,1985 第 1 期,第 87~95 页。

② 中国工程师学会编:《三十年来之中国工程》,中国工程师学会 1948 年版,第 804 页。

自行制造的不过是一些配件或简单机械。九一八事变以后，国防意识增强，机械自给的需要日感迫切，各地竞相设立工厂，以仿造取代进口，机械工业有了明显的进步。当时的兵工厂中，以金陵兵工厂最为著名。国营机械厂（包括铁路机械）中，以津浦机厂、四方机厂、吴淞机厂、武昌机厂规模较大，出品亦佳。民营厂中，以新中工程公司、永利化学公司机器厂、大隆机器厂、寰球机器厂、周恒顺机器厂、康元制罐厂、新民机器厂、顺昌机器厂等成绩较佳，出品优良。

到1936年，国内仿造成功的机械有2—50马力柴油机，6—100马力燃气机，2.5—200马力煤气机，5—160马力蒸汽机，1—20千瓦直流发电机，20—200千瓦交流发电机，车床、刨床、钻床、冲压机等各式金属加工机床，2″—14″的抽水机，三吨起重机，以及面粉机、碾米机、印刷机等等。甚至精密度较高的机器，如自动螺丝机、制灯泡用的钨丝拉丝机等，亦能仿造，且达到令人满意的精度。当时中国民族机器工业发展速度不平衡，缺乏统一管理，上海的外国洋行，往往以中国工厂自制的机器，加上洋行牌号，卖给中国其他工厂，从中渔利。

历来富有创造性的中国工程技术人员和工人们不满足于单纯仿造，时有一些革新或发明出现。在工商部及实业部初期，实施奖励工业品暂行条例，专利和褒状各审核三十余件。奖励工业技术暂行条例施行后的1933—1937年间，共核准专利120案，其中化学化工类与各种用具最多，机器与电器类次之，但相差无几。这些专利虽少，却为日后的独创作好了一定的思想和物质准备。

1936年，中国机械工程学会（CSME）成立于南京。

抗战时，诸重要厂大多内迁。公营厂中，以资源委员会设在昆明的中央机器厂，兵工署的第五、第十等厂，航委会的大定发动机制造厂等最为优良。民营工厂中，桂林中国汽车制造公司自制汽车，重庆民生机器厂造船造机，重庆上海机器厂自制小型水轮机，湖南新中工程公司推出煤气车，四川五通桥永利化学公司机械工厂制造化工设备，广西纺织机械厂制造纺织机等，均为传颂一时之成绩。

(三)陆海空交通

民国元年,孙中山辞去临时大总统后,以筹划铁路全权,发表三项政见:(一)建设大业,以交通政策为最要。(二)开放门户政策,利于保障主权。(三)借款筑路,与批给外人筑路利害之比较。当时,孙中山筹定全国铁路为三十干线,预定十年内筑成十万英里铁路。自孙中山振臂一呼,国人对铁路问题的观念为之一变。1918年,孙中山著成《建国方略》,又作了进一步的阐述。

然而,现代水陆空交通,丧失主权,仰赖外人鼻息的现象颇为严重。工程技术进步,以陆路为盛,发展也较快。水上运输和造船能力有所加强。因为军事需求的刺激,飞机制造技术也有明显提高。

据《三十年来之中国工程》一书统计,1911年全国铁路总长5849公里,至1927年为9387公里,增进缓慢。自20年代末开始,铁路建筑转入急进时期,次第完成之各线,大多在黄河之南,至1937年底止,累计总长已达14021公里。当时的公路总长为109500公里,其中土路84500公里,路面路25000公里。抗战前,已完成的重要工程有南京轮渡、钱塘江大桥、连云港辟港工程等。

在杭州钱塘江大桥修建以前,我国铁路桥梁都由外国专家一手包办。钱塘江大桥是第一座由我国自行设计和主持施工的较大的近代化桥梁。

自1933年8月至1934年12月,为钱塘江桥的筹建时期。茅以升(1896—1989年)受浙江省建设厅长曾养甫之命主持此项工程,任钱塘江桥工委员会主任委员和钱塘江桥工程处处长。其主要助手为罗英(1890—1964年)总工程师。大桥工程于1935年4月正式开工,至1937年9月大桥铁路通车;同年11月,大桥公路通车。全桥上承公路,下载铁道,全长1453米。正桥16孔,均用铬钢构成。此桥不但在规模上超过以前洋人在中国所建的大桥,而且造桥之困难也前所未有。一是江底有流沙细泥40余米,变迁莫测。二是举世闻名的钱塘江潮,凶险异常。茅以升等依靠工人们的努力支持,发明了"基础"、"桥墩"、"钢梁"三种工程,实施"上下并进,一气呵成"的新方案，并且在"射水法"、"沉箱法"、"浮运法"中，实现了全部工程半机械化，终于使钱塘江大桥在短期内竣工（图11-5）。

图11-5　钱塘江大桥

钱塘江桥的建成，体现了中国人民的爱国热忱和创造能力，反映出我国30年代已有较高的造桥技术水平，揭开了我国自力兴建特大桥梁的新篇章。它的出现，不仅填补了东南铁路网和公路网上的一个大缺口，为30年代工程建设的一大成就，而且赶在全面抗战开始，东南方吃紧之际适时完成，对于军民物资之运输保全作用甚大。

时有与茅以升齐名的凌鸿勋（1894—1981年），由于领导建筑陇海及奥汉两大铁路干线艰巨段落的成功，于1936年获得中国工程师学会颁发的第二枚工程荣誉金牌。第一枚金牌的得主是侯德榜（1935年），第三枚赠予茅以升（1941年），以表彰他领导修建钱塘江大桥之功。

我国铁路大多偏于东北及东部沿海各省，1936年铁道部拟订全国五年铁路计划（五年内建设8800多公里），抗战爆发后，不得不因时势而改变。为抗战建国之需，遂将西南西北两方面为建筑目标。大后方公路也应抗战需要，抢建完成一万余公里，重要干线有滇湎公路、西南公路、川滇东路、川滇西路等，对改善交通布局和支援抗战事业，作出了贡献。

自清末至抗战时期，国营造船工厂之规模较大者，有江南、马尾、大沽、青岛、东北五家；民营者大小十余家，多在上海、汉口二地。上海江南造船所为我国规模最大的造船厂，也是远东大型造船企业之一。原有540尺以上船坞二座。1934年添建船坞一座，长640尺，宽100尺，深26尺，至1936年完成。此后，所有到达中国海岸的远洋巨轮均可在此检修。其造船能力最高每年可达3万吨，但一直无从充分发挥。抗战胜利后，在台湾基隆接收了日本人创办的"台湾船渠株式会社"，后改组扩充为台湾造船公司，为台湾最大的造船厂。

宣统二年(1910年)，军谘府在北京南苑五里店设飞机试造工厂，为我国兴办航空工业之始。民国二年(1913年)，北京政府于南苑设航空学校，附设修理工厂，技术工作由法国工程师主持。第二年，从法国学成回国的潘世忠接任厂长，干了八年，颇有成绩。后该厂迁往清河，毁于1924年的直奉战争。

1918年，海军部就福州马尾船政局内筹设飞机工程处。次年，利用国产木料等造出了第一架飞机。1928年7月制成"海鹰"和"海鹏"号水上鱼雷轰炸机，最大时速为180公里，最大飞行高度3800公尺，装有机枪、火炮各一门，携炸弹八颗，可以带鱼雷。这种飞机的制造成功，表明我国已有一定的飞机生产能力和技术水平。1930年，此处北迁上海，改称为海军制造飞机处。

一·二八事变后，为了振兴空军，中央政府在杭州设立了飞机制造厂，于1934年开工生产。该厂利用美国专利，由美方提供各种原材料，开始成批制造飞机。与此同时，在南昌、韶关、萍乡等地继续兴办或扩建飞机制造或修理厂，飞行人才训练及地面建设，亦年有进展。

1929年春，中国航空公司成立。不久，由中国独资变为中英合办。此后，1931年成立了中德合办的欧亚航空公司，1933年筹备西南航空公司。我国除幼稚的空军外，民用航空事业也有了初步的基础。此时在东北,日本控制的满洲航空株式会社异常活跃。

抗战期间,原在东南之飞机工业相继内迁,经改组成立了第一、第二飞机制造厂、保险伞制造所,又新设发动机制造厂、航空研究院、第三及第四飞机制造厂。航空工业的成长未尝中辍。

抗战后期,赴英美考察的朱霖在美拟订航空工业计划,于1944年7月由航空工业局实施。抗战胜利至1948年春,迁厂建厂工作次第完成。当时飞机工业之重要者有:昆明的第一飞机制造厂,南昌的第二飞机制造厂,台中的第三飞机制造厂,贵州大定及广州的发动机制造厂,南昌的航空研究院,南京的航空配件厂,汉口之航空锻铸厂,杭州的保险伞制造厂等。

五、建筑、水利和纺织

20世纪二三十年代,中国建筑受西风影响,中西合璧、折中主义的"中国固有形式"风行一时,其代表作为南京中山陵。

民国时期,传统水利工程技术开始与近代科学知识和技术手段相结合,涌现了李仪祉等新型水利专家。

在轻工业中举足轻重的纺织业,受国内外形势的影响,几起几落。

(一)建筑风格多样化

中国自推翻帝制、实行共和以来,建筑上力求革新与进步,迎接世界潮流,建筑作风趋于国际化,应用新材料,采用新技术,容纳新思潮,已渐趋普遍。第一次世界大战前后,以巴黎为中心的欧洲新艺术运动传播于各国,使立体式建筑之创作,由理想达于成功。中国建筑界受其影响,有的直接提倡立体式建筑,有的提倡纯粹古典式,有的融合中西、采用古典折中式,形成了三大流派。民国元年至1927年,世事多艰,人才有限,建筑业处于滞留时期。1927—1937年是我国近代建筑蓬勃发展的时期,建筑技术在时代上并不逊于欧美诸强。

二三十年代,工商业大都会上海,首都南京等大城市的建设大步发展。上海的营造厂多达数百家,许多大型、大跨和复杂的工程先后完成;与此同时,建筑技术水平有了较大的进步,建筑设备也有了相应的发展。1929 年,国民政府提出了"首都计划",将南京规划为中央政治区、市行政区、工业区、商业区、文教区和住宅区,但除了部分住宅区外,其余计划都落了空。

我国古代建筑在世界上独树一帜,不少方面体现了中国传统文化的特色。1928 年在北平成立的中国营造学社,以研究发扬中国古代建筑艺术为己任,并刊行《中国营造学社汇刊》,对于弘扬我国民族文化传统多所贡献。

20 年代后期至 30 年代,欧美各国盛行现代建筑。中国受西风影响形成的主要建筑流派中,以中西合璧、折中主义的"中国固有形式"最风行一时。即采用宫殿式之布局,西式之构图,现代化设备及新式材料。"中国固有形式"的建筑设计,发端于 1926 年南京中山陵的有奖设计竞赛。

南京中山陵是当时规模最大的建筑工程,系采用青年建筑师吕彦直(1894—1929 年)的夺标方案,1926 年兴工,1929 年完成。陵园总平面分墓道和陵墓主体两大部分。在大片的绿化带中,自陵门至祭堂有 300 余宽大平缓的石级,把分散孤立、尺度不大的个体建筑联成一气。主体建筑祭堂采用新材料和新技术,借用旧形式加以革新。祭堂内部以黑花岗岩立柱和黑色大理石护墙,衬托位于中央的孙中山白石坐像。整个陵墓象征自由钟。气氛庄严、肃穆。中山陵是东方最大的陵墓公园,其整体建筑设计内容和形式大体上协调一致,十分成功。中山陵祭堂的西南角立有一纪念碑,纪念因建筑陵宫积劳病故的建筑师吕彦直。

在世界性"现代式"潮流的影响下,我国也出现了一些西式现代建筑,如1926—1928 年建设的上海沙逊大厦和1931 年竣工的24 层的上海国际饭店等,就是典型的例子。尽管现代化摩天大楼、高级公寓拔地而起,全国各地发展极不平衡,广大中小城镇、穷乡僻壤的建筑水平依然相当低下。

抗战时,防空工程和战时建筑引起了人们的注意。鉴于人力、物力困难,建筑工程师根据"就地取材"、"因地制宜"的原则,为抗战事业添砖加瓦，作出了应有的贡献。同时，工业建筑也获得了相当的发展。

(二) 李仪祉和水利建设

自古以来，水利在以农立国的我国受到异乎寻常的重视，涌现过许多著名的水利工程专家。民国时期，我国近代的水利工程专家开始成长。

著名水利专家李仪祉(1882—1938年)在辛亥革命前后，曾二度往德国留学。第一次学土木工程，第二次专攻水利。他于1915年春从德国丹泽大学学成归国，向张謇(1853—1926年)建议，创办了我国第一所高等水利学府——南京河海工程专门学校。1922年秋，李氏任陕西省水利局局长，兼渭北水利局总工程师。1928年，任华北水利委员会主席。中国水利工程学会于1931年成立时，李仪祉当选为会长。1933年夏至1935年，李氏出任黄河水利委员会委员长兼总工程师。他与德国学者保持学术联系，建立合作关系，为陕西水利、治黄、治淮等作出了重大贡献。

历来我国水患，以黄河为最烈。1933年黄河大水之后，成立了黄河水利委员会。李仪祉在任内撰文40多篇，进一步探讨了黄河的治本方策和具体的治理措施，提出治黄要上、中、下游并重，防洪和航运、灌溉、水电兼顾，将中国传统水利经验和西方的先进技术相结合，把治黄理论和方略向前推进了一大步。至抗战前夕，黄委会已作了大量的工作。如黄河下游地形水准已全部测量完毕；有关水文、气象、地质、土宜的各项资料，搜集颇丰；这一切，为拟订治本计划作好了充分的准备。

在主持黄委会工作前后，李仪祉曾主持修建黄河最大支流泾、渭、洛各河渠道。1932年完成泾惠渠，灌地75万亩；1937年完成渭惠渠；洛惠渠为汉龙首渠遗迹，穿山灌地，工程艰巨，历十余年始成……所修水利工程泽被三秦二百余万亩。同时，华北、淮河、扬子江、珠江等地的治理规划工作也在进行中。各省战时兴工的灌溉面积，总计不下二三百万亩。

(三)近代纺织业的曲折发展

在轻纺工业诸部门中,无论资本、劳力、产量、消费,纺织均占据首位,棉纺织业尤其举足轻重。

光绪五年(1879年),左宗棠创设甘肃织呢局,用德国机器织制呢绒,是为中国机器纺织之始。随后,李鸿章于光绪八年(1882年)在上海试办机器织布局,这是中国第一家机器织布工厂,后改为华盛纱厂。甲午战后,英美德日纷纷在沪创设洋商纱厂,华厂在竞争中处于下风。张之洞办的有广东缫丝局(1886年)、湖北纺纱织布局等。张謇在南通设立大生纱厂、布厂、丝厂,并开创南通纺织专门学校,更是后来居上。

1914年,第一次世界大战爆发,棉货价格腾升。我国民族资本乘机引进西方技术,大力发展纺织工业,开始建立起一个比较独立的体系,形成了城市纺织大生产与农村中分散的小手工业纺织生产长期并存的局面。1915—1921年间,为中国纺织工业发展的黄金时代。1914年全国纺锭数为97万锭,日商几占一半,华商和英德商合占一半。至1922年时,全国纺锭数约350万锭,其中华商占总数的三分之二,日商占总数的三分之一弱。1923年后,华商纱厂备受英日纱厂,特别是日商纱厂先进技术和雄厚资本的压迫,势渐不振。1927—1937年间,由于天灾人祸、日本帝国主义侵华及30年代世界经济危机的影响,中国纺织业经历了一条马鞍形的发展道路。1933年全国经济委员会下设棉业统制委员会,1934年后,逐渐复兴。

1930年4月,由朱仙舫(1887—1968年)等发起,中国纺织学会在上海成立。1934年中研院工程研究所和棉业统制委员会合办棉纺织染实验站,研究棉纺织业的原料、机械、制品及工厂管理;调查国内外动态,谋求国际间技术合作;试验鉴定国内外各种棉纺织品及原料;介绍推广国内外先进技术。至1936年,华商纱锭数从1928年的218.2万锭增至292万锭。同期,日商由151.5万锭增至248.5万锭,英国等其他外商由15.3万锭增至23万锭。这些年来,在日方极端倾轧之下,我国技术人员与工人们不屈不挠,自立自强，艰苦奋斗，在棉纺织发展史上写下了光荣的一页。惜因国内外条件限制，虽在纱锭总数上领先，增长速度却比不上日商。

抗战期间，沦陷区纺织厂先后沦入敌手。全国纺锭数毁损达130余万锭，上海之损失最重。内迁纺织工厂的20余万纺锭、二千织机，促成了大后方纺织工业的发展，以供战时之需。胜利后，1946年1月成立中国纺织建设公司，先后接收敌伪纺锭（及线锭）175万余锭，织机三万余台。至1949年1月，全国共有纺锭515万余锭，织机六万八千多台。

中国是世界丝织业的重要基地。民国建立后，新法养蚕缫丝的风气大盛。1917年中外专家及商会成立了中国合众蚕业改良会。1920年万国检验所（商品检验局）成立于上海，中国蚕丝业进而与各国竞争。我国丝织业以江浙一带最为集中。1930年上海有缫丝工厂130家，织绸工厂358家。杭州有纬成公司等，嘉兴、无锡等地也有较大的丝厂。广东有缫丝工厂280多家，亦为数不少。全国织机总数达五万台以上。我国丝织品虽然遭受人造丝及日本丝之倾轧，然而经营有方，除国内消费外，尚能出口。至于毛呢麻织品，国内工业基础相当薄弱，大多从国外进口。

纺织机械方面，至1936年，棉纺织机、缫丝及丝织机、毛织机、针织机及印染机，已先后在我国仿造成功，开始改变仰赖进口的局面。

六、电力、电讯和计量

19—20世纪之交，从电力照明开始，我国向电力时代起步。国民政府成立后，电力事业渐入正规发展。至抗战前，我国年发电量占世界第14位。与我国电机制造工业的生产、教育、研究之发展相应，中国电机工程师学会于1934年10月成立于上海。

电信工程发展的需求，刺激了学习电子技术的新潮，介绍电子技术的书刊，一度占各种科普书刊之冠。1932年建成投入使用的中央广播电台，功率为75千瓦，在东南亚首屈一指。1930年元旦起，《度量衡法》开始实施，为我国度量衡国际化踏出了重要的一步。

（一）电力事业及电工技术

19世纪70年代人类开始进入电力时代。我国土地上的第一家电厂，1882年开办于上海，供电照明。我国自办的电气事业，以1904年北平创设的京师华商电灯有限公司为最早，装置有150千瓦交流发电机二座。至1927年，全国拥有发电厂231座，总发电容量40万千瓦，其中国人经营的电灯电力事业之总容量，为15万余千瓦。[1]

1928年建设委员会在南京成立，下设电气事业指导委员会，我国电气事业的行政、技术与管理逐渐纳入正轨。据建设委员会1929年11月的统计资料，全国发电厂已达704座，发电设备总容量为835366千瓦。1932年，总数降为665座，总容量却增加到893000千瓦，其中519座发电厂专门售电，其余为企业自备电厂。到1936年，全国发电设备总容量达104.5万千瓦（若加上企业自备电厂的容量，共128.5万千瓦），年发电量占世界第14位。[2]

这一时期的电力事业，仍以外资经营为主，且大部分集中在少数沿海、沿江城市和日本占领的东北。1936年的104.5万千瓦中，外国资本经营的有70.96万千瓦，占67.9%。[3] 仅美商上海电力公司（即杨树浦电厂）一家，发电设备容量达18.35万千瓦，占17.6%。民族资本和官僚资本经营的，分别为30.7万千瓦和2.82万千瓦，各占29.4%和2.7%。其中较大的北平华商电灯公司，发电容量为3.2万千瓦。关内帝国主义经营的电业，主要分布在上海、天津、汉口、青岛等地。民族资本经营的电业，以江苏最多，浙江次之，其余散布于广东、福建、湖北、山东、河北等省。

电气之原动力，据1936年的统计，以汽轮机为最多，柴油机

---

[1] 李代耕编：《中国电力工业发展史料》，水利电力出版社1983年版，第14～15页。

[2] 黄晞：《旧中国电力发展史略》，《中国科技史料》，1985年第3期，第22～29页。

[3] 黄晞：《旧中国电力发展史略》，《中国科技史料》，1985年第3期，第22～29页。

次之，蒸汽机、煤气机又次之，水力发电则微不足道。

电厂的技术水平，以外资经营的电厂较高。1930年前后，上海电力公司基本上能跟上工业化国家的先进水平。如锅炉用粉煤，汽轮机用高温高压循环系统。此后，世界各国的电力系统和技术水平迅速发展，上海电力公司逐渐落伍。至于民族资本经营的电厂，受到帝国主义和官僚资本的双重压迫，资金短绌，设备陈旧，技术落后，规格混乱，设备利用率低，煤耗高，热效率低，线路损失大，远远落后于国际先进水平。

抗战时，发电设备部分拆迁，也有撤退时特地予以破坏者。沦陷区之电业基础，摧残殆尽。战时后方普遍感到电力供应不足，遂自行制造设备，建立了不少小型水力发电站。战后接收沦陷区的电厂设备，但大多残破不全，一时难以恢复战前的水平。

我国电机制造工业在1914年始于上海，其后逐渐发展。二三十年代，各高等学校纷纷设立电机工程系。（图11-6）1934年10月，中国电机工程师学会在上海成立，李熙谋（1896—1975年）任会长，《电工杂志》被确定为学会会刊。至抗战前夕，全国制造电器电料之大小工厂，凡二百多家，年产额一千万元以上，约占全国进口电气器材总值的一半。当时四分之三以上的电器制造厂集中于上海一带，河北次之。叶有才于1916年创办的上海华生电器制造厂，1924年开始制造电风扇，1926年制成交流发电机，1933年投产火车轮轴发电机及火车用各项电具。该厂在1936年已达全盛时期，其制造能力，变压器可至二千kVA，发电机可至二百千瓦。该厂业务，以仿美奇异公司产品制造电风扇为主，不但执国内市场之牛耳，而且外销南洋、印度一带。1939年，资源委员会经营的中央电工器材厂正式成立于西南内地，为全国各厂中规模最大者，勉力供应军需及民用。

国人对电工技术的研究，卓有成就者有萨本栋、顾毓琇（1902—2002年）、李郁荣（Yuk-Wing Lee，1904—1989年）等。1927年萨本栋在美国电机工程师学会会报上发表《空气介质之火花研究》，这是国人在国外发表的第一篇电机方面的论文。1929年冬，万国工业会议在东京举行，萨本栋的电路分析、顾毓琇的电机

图 11-6　交通部上海工业专门学校(交通大学)电机实习厂(1917 年)

分析研究蜚声中外。李郁荣于 1932 年在美国数理杂志上发表关于"电网络之综合"的重要论文,接着又与麻省理工学院维纳(Norbert Wiener,1894—1964 年)教授有共同发明,获美国专利,被国人引为自豪。1946 年萨本栋在美国出版 *Fundamentals of A. C. Machines* 一书,各大学多取为教材。

(二)电讯技术

电子技术的出现,激起了向往新意的国人的极大兴趣。20 世纪 20 年代后期起,国内出版的无线电技术的书刊,居各种科普书刊之首,风行一时。随即,不仅专门人才和科研成果开始涌现,业余无线电爱好者中也有值得一提者。如 1936 年 7 月 10 日,谭玉田在南京玄武湖表演用无线电操纵船模,获得成功,吸引了成千上万的观众。

当时,电子技术应用最广泛的领域是电信工程。1927—1937 年间,修旧建新同时并进,有线电报、无线电报、市内电话、长途电话和无线电话以及广播电台等均有所发展。

有线电报从1871年开始引进，主权操于外商水线公司之手。1904年海军部设马可尼式无线电机于海琛、海圻、海筹号军舰，陆军部设军用电台于天津、保定、南苑，以供军用。民国初年，官商无线电报逐渐发展，但越洋电话之建立未能实现。1929年6月，射电事业划归交通部办理，扩充国内外通报电路。至抗战前，国内电台已增至170处。1929年1月14日，上海—马尼拉直达无线电报开放，为中国自营的第一条国际直达电路。1930年12月6日，上海国际电台筹备完成，正式与欧美各国直接通报，并将一向受控于外商的国际通讯主权收回自营。抗战时，国际电台迁至昆明、成都、重庆工作，保持了国际通讯的运转。

1922年，上海首次出现了一家广播电台，系由美国记者创办。1927年上海新新公司创办了我国第一座自办的广播电台，功率为50瓦。次年秋，国民党中央党部在南京设立"中央广播电台"，功率为500瓦。1930年，该台向德商购置75千瓦电台，二年后新台建成投入使用。它不仅是中国规模最大的广播电台，而且在东南亚首屈一指。

1929年，在周恩来（1898—1976年）的筹划下，上海的共产党中央机关建立了秘密电台。1931年，江西苏区开始建立红军的无线电台。长征以前，以江西中央革命根据地为中心，联络其他革命根据地的无线电通讯网初步建成。抗战时期，共产党领导的广播电台于1941年设立于延安，后来发展为现在的中央人民广播电台。

1926年下半年至1927年春，外受无线电技术突飞猛进之影响，内应北伐军事的需要，北伐时军中通讯首次采用短波，短波无线电台亦开始由我国自行制造。1927—1928年间，根据海关规定，船用无线电机需求大增，也刺激了无线电制造业的发展。至抗战前，已有建设委员会电机制造厂、军政部电讯修造厂、亚美公司等十余家。抗战时，中央无线电机制造厂和军政部电信修造所为后方无线电制造业之主干，产品以军用收发报机为主，对军事通讯贡献良多。

(三)度量衡国际化

1929年2月，南京国民政府公布《度量衡法》。此法规定："中华民国度量衡，以万国权度公会所制定铂铱公尺公斤原器为标准。"公制为标准制，暂设市制为辅制。自1930年元旦起，《度量衡法》开始实施，对科学研究和国民经济的发展起到了良好的作用，但度量衡的划一进度颇有参差。是年10月，工商部设立全国度量衡局，以吴承洛为局长。公用度量衡的划一，进展较快，抗战前大致完成；各海关在1934年2月1日划一。各地民用度量衡的划一，由于交通及经济发展的不平衡，分批实施，进展有快有慢。

度量衡的国际化是中国科学技术与世界科学技术合流的一个例子。往后，中国科技的发展将在更多地折射出世界科技进步的同时，始终保持自己鲜明的特色。